Giesl-Gieslingen: Anatomie der Dampflokomotive — international

Meiner Familie und insbesondere unserer Tochter Johanna Simone gewidmet mit Dank für ihre wertvolle Mithilfe.

Dr. techn. Adolph Giesl-Gieslingen

Anatomie
der Dampflokomotive
international

Ihr Aufbau und ihre Technik in aller Welt von 1829 bis heute

Verlag Josef Otto Slezak
Wien 1986

Foto Simonis, Wien (15. 2. 1974)

Dipl.-Ing. Dr. techn. Adolph Giesl-Gieslingen, bis 1978 aktiver Honorar-professor für Eisenbahn-Triebfahrzeuge der Technischen Universität Wien, geboren in Trient, Südtirol, begann seine Laufbahn als Konstruk-teur der WLF, war anschließend neun Jahre in New York, seit 1936 als diplomierter Ingenieurkonsulent, dann wieder in der WLF, 1945 als Konstruktions- und Exportchef, wurde 1946 zum Honorardozenten ernannt, war dann bis 1950 bei der österreichischen Gesandtschaft in Washington als Leiter der Industrieabteilung des ERP-Büros, er-probte 1949 seinen Flachejektor bei der Chesapeake & Ohio Railroad, der ab 1951 von den Schoeller-Bleckmann Stahlwerken in Lizenz ge-baut wurde, und ist weiter als Konsulent und Autor tätig.

Der Verfasser und der Verleger danken folgenden Herren für freundliche Mithilfe: Wilhelm Baum-gartner, Dennis R. Carling, Anthony E. Durrant, Dipl.-Ing. Kurt Glass, Dipl.-Ing. Karl Heinz Knauer sowie Ing. Walter Kramer, Dipl.-Ing. Rudolf Lanner, Dr. Paul Mechtler, Hans Peter Pawlik, Dr. Erwin Schettek, Ernst Schörner, VDI, Dipl.-Ing. Ulrich Schwank und Johann Stockklausner.

Zum Titel und zum Titelbild:

Die Lokomotive als gleichsam lebendiges Wesen mit dem Begriff Anatomie zu verknüpfen, mag vielleicht vermessen erscheinen, aber diese Parallele beschränkt sich keinesfalls auf die Betrachtungsweise des Eisen-bahnfreunds, denn so mancher Dichter, den keine gefühlsmäßige Beziehung an die Eisenbahn bindet, umgibt Lokomotiven mit menschlichen Zügen, wie etwa Wladimir Nabokow, wenn er in seiner Erzählung *Wolke, Burg, See* sagt: *Die Lokomotive eilte mit fuchtelnden Ellenbogen durch einen Kiefernwald.* Wie treffend ist doch der Vergleich der bewegten Pleuelstangen mit den Ellenbogen eines Läufers! Auch Zeichner und Karikaturisten zeigen immer wieder Lokomotiven als Lebewesen. – Die zweiachsige Werkslokomotive Nr. 4 (Lithographie von Jiři Bouda, 1982) baute Krauss-München im Jahre 1884 (Fabriksnummer 1576) fürs Werk Kladno der Prager Eisenindustrie-Gesellschaft und sie befindet sich heute im Technischen Museum von Prag. Gölsdorfs berühmte 1C2-Lokomotive 210.01 fertigte die Lokomotivfabrik Floridsdorf im Jahre 1908 (Fabriksnummer 1789) und Hans Peter Pawlik zeigt sie in seinem Aquarell von 1970 aufgeschnitten.

Lektorat: Dr. Friedrich Slezak
Layout: Ilse Slezak
Umschlag: Herbert Schedlbauer

Band 37 der Schriftenreihe *Internationales Archiv für Lokomotivgeschichte* (IAL 37)
Dieses Buch enthält 128 Fotos und 395 Zeichnungen.

ISBN 3-85416-089-5

© 1986 by Verlag Josef Otto Slezak, Wiedner Hauptstrasse 42, A-1040 Wien 4., Telefon (0222) 587 02 59
Druck: Neuhauser Ges. m. b. H., Heinestrasse 25, A-1020 Wien 2

Inhalt

Abkürzungen

AAR	Association of American Railroads
ALCO	American Locomotive Company, Schenectady, New York, USA
AT&SF	Atchison, Topeka & Santa Fe Railway
ata	Atmosphären, absolut
atü	Atmosphären Überdruck
BBÖ	B. B. Österreich (Initialen der Österreichischen Bundesbahnen 1921 – 1938)
B&O	Baltimore & Ohio Railroad
BR	British Railways
BR	Baureihe (bei DRB, DB und DR)
DB	Deutsche Bundesbahn (seit 1949)
DR	Deutsche Reichsbahn (Deutsche Demokratische Republik, seit 1945)
DRB	Deutsche Reichsbahn (1920 – 1945)
ETR	Eisenbahntechnische Rundschau, Dortmund
FS	Ferrovie dello Stato / Italienische Staatsbahnen
GM	General Motors, La Grange bei Chicago, Illinois, USA
HD	Hochdruck(zylinder)
KFNB	Kaiser Ferdinands-Nordbahn
kkStB	kaiserlich-königliche österreichische Staatsbahnen
KPEV	Königlich Preußische Eisenbahnverwaltung
LM	Lok-Magazin, Franckh-Verlag, Stuttgart
LMS	London & Midland Railway
LNER	London & North Eastern Railway
Loc, Loco Cycl., Lok, Loktechn.: siehe Seite 353	
LON	LONORM (Deutsche) Lokomotivnormen
MÁV	Magyar Államvasutak / Ungarische Staatsbahnen
MM(A)	Master Mechanics' (Association) = Vereinigung der Lokomotivbauchefs (USA)
M + W	Maschinenbau und Wärmewirtschaft, Wien
ND	Niederdruck(zylinder)
NYC	New York Central Railroad
N&W	Norfolk & Western Railway
ÖBB	Österreichische Bundesbahnen (seit 1947)
Organ	Organ für die Fortschritte des Eisenbahnwesens; von 1930 an Verlag J. Springer, Berlin, während des Zweiten Weltkriegs mit Glasers Annalen vereinigt
PLM	Paris – Lyon – Méditerranée
PO	Paris – Orléans
PRR	Pennsylvania Railroad
RA	Railway Age, New York
Revue Gén.	Revue Générale des Chemins de Fer, Dounod Editeur, Paris
RG	Railway Gazette International, London
RLE	Railway & Locomotive Engineering, New York
Rly	Railway
RME	Railway Mechanical Engineer, Monatszeitschrift für Eisenbahnwesen
RR	Railroad
SACM	Société Alsacienne de Constructions Mécaniques; Graf(f)enstaden, Mulhouse (= Mülhausen) und seit 1881 Belfort
Santa Fe	Kurzform für Atchison, Topeka & Santa Fe Railway
SAR	South African Railways
SNCF	Société Nationale des Chemins de Fer Français / Französische Staatsbahngesellschaft
SOK	Schienenoberkante
StEG	(österreichisch-ungarische) Staatseisenbahngesellschaft
TV	Technische Vereinbarungen des VDEV bzw. VMEV
UP	Union Pacific Railroad
VDEV	Verein Deutscher Eisenbahnverwaltungen
VDI	Verein Deutscher Ingenieure
VMEV	Verein Mitteleuropäischer Eisenbahnverwaltungen
WLF	Wiener Lokomotivfabrik, Wien-Floridsdorf
WS	Wassersäule
ZÖIAV	Zeitschrift des Österreichischen Ingenieur- und Architekten-Vereines
ZVDI	Zeitschrift des Vereines Deutscher Ingenieure

Vorwort

Dieses Buch ist kein Lexikon im gewohnten Sinn, wenngleich es auf Grund des Stichwörterverzeichnisses als solches benützt werden kann. Nach den Grundgedanken von Verleger und Autor bildet der Text eine Beschreibung des Aufbaus Stephensonscher Dampflokomotiven und ihrer wichtigsten Elemente aus internationaler Sicht. Für alle, die neben eingehender Information wissen wollen, wie die gleiche Konstruktionsaufgabe in verschiedenen Ländern gelöst wurde, ist dieses Buch bestimmt. Zudem verleiht die in der anschließenden Einleitung erwähnte Lokomotivbaupolitik Chinas unseren Betrachtungen eine zwar logisch gerechtfertigte, aber in den letzten zwei Jahrzehnten kaum mehr erwartete Aktualität.

Ins Register am Ende des Buches, das ein gezieltes Nachschlagen erleichtert, wurden allerdings Nebenbegriffe, die nach Kenntnis des entsprechenden Hauptteils selbstverständlich sind, nicht aufgenommen. Die ab den zwanziger Jahren vom Deutschen Lokomotiv-Normenausschuß herausgegebenen LONORM-Tafeln mit den einheitlichen Namen der Bauteile, von denen einige wiedergegeben sind, enthalten hingegen eine Fülle solcher Nebenbezeichnungen, wie etwa 'Rahmenverbindung vor der Treibachse' oder 'am Bremszylinder' usw., die dem Auffinden von Werkstattzeichnungen dienen, mit denen wir aber unseren Stichwörterteil bloß belasten würden.

Textabbildungen und Fotos stellen eine internationale Auswahl dar. Manchmal sind Zeichnungen in älteren Quellen sorgfältiger ausgeführt als neuere und wurden, falls noch repräsentativ, zur Dokumentation herangezogen. Geschichtliche Daten, z. B. über die erste Anwendung einer Ausführungsform, werden nach Möglichkeit gebracht; es wird auch auf die Entwicklung wichtiger Teile oder Konstruktionsprinzipien eingegangen. Konstruktionen, die sich nicht bewährt oder nicht in größerem Maß durchgesetzt haben, werden bloß dann erwähnt, eventuell auch gezeigt, wenn dies dem Verständnis nützlich ist.

Berechnungen können im vorgesehenen Rahmen nur ausnahmsweise eingestreut werden, doch wird in wichtigen Fällen auf Literatur verwiesen. Gelegentlich gibt es dabei auch Irrtümer zu klären.

Mit dem Lokomotivbetrieb befaßt sich dieses Buch nur am Rande. Es ist daher kein Ersatz für die bekannten, dem Fahrpersonal gewidmeten Werke von Niederstraßer (1), Brosius & Koch (2) oder für das österreichische von Ulbrich (3). Dagegen bringt es weit mehr über wissenschaftlich begründete Zusammenhänge aus heutiger Sicht.

Der Verfasser

Einleitung

Die Dampflokomotive Stephensonscher Prägung erreichte ihre ausgereiften Proportionen spätestens um die Mitte unseres Jahrhunderts, weitgehend bereits in den dreißiger Jahren. Ihre Grundform baute jedoch schon 1829/30 die Lokomotiv- und Maschinenfabrik Robert Stephenson & Co. in Newcastle, die George Stephenson im Juni 1823 als 42jähriger gegründet, aber gleich nach seinem damals 20jährigen Sohn und Mitarbeiter benannt hatte, zumal den Vater der Bau der Stockton—Darlington Railway voll beanspruchte. Andere pflegten noch lange Zeit abweichende Bauformen, bis etwa 1845, worauf die Stephensonsche Lokomotive endgültig das Feld beherrschte.

Ausgesprochen wird der englische Name Stephenson wie *stiwensn*, der Eigenname Steven ist heute in dieser Schreibung gebräuchlicher. Der österreichische *Universal-Kalender Austria* brachte schon im 1. Jahrgang 1840 auf den Seiten 41 bis 62 eine Beschreibung des Dampfwagens von Robert Stephenson & Co., Newcastle, kleinerer Bauart (1A1) um 10.600 Gulden, mit Skizzen.

Seither ist die Stephensonsche Lokomotive oft in Wort und Schrift als die eindrucksvollste und lebendigste Maschine gefeiert worden, die der Mensch je geschaffen hat. Überdies ist ihr der Lokomotivkonstrukteur schon deswegen besonders zugetan, weil sie als einziges Triebfahrzeug für schwere Lasten von *einem* Mann nicht bloß im Gesamtentwurf, sondern auch in allen Einzelheiten konstruktiv durchgearbeitet werden kann. Ein in den Elementen des Maschinenbaus und in den zugehörigen Fächern, d. s. Mechanik und Festigkeitslehre, Wärme- und Strömungslehre, sowie wenigstens in den Grundzügen der Dynamik und Schwingungslehre versierter Ingenieur kann, geleitet durch das Vorbild erfolgreicher bestehender oder früherer Bauarten, eine neue Dampflokomotive für ein bestimmtes Betriebsprogramm vollkommen selbständig zur Herstellungsreife bringen. Hier gilt mit besonderem Nachdruck Goethes Wort aus Faust II: Daß sich das große Werk vollende,
               Genügt *ein* Geist für tausend Hände.

Auf die Triebfahrzeuge, welche die Dampflokomotive abgelöst haben, kann dieser Ausspruch nicht mehr angewendet werden. Die Elektrolokomotive braucht zu ihrer Verwirklichung neben dem Maschinenbauer den Elektrotechniker bzw. mehrere Spezialisten, und in ihren neuesten Formen auch besonders ausgebildete Fachingenieure der industriellen Elektronik. Bei der Schaffung einer Diesellokomotive bleibt dem leitenden Konstrukteur meist nichts anderes übrig, als einen verfügbaren Standard-Dieselmotor auszuwählen, und obendrein ist er nur selten frei in der Wahl des Lieferanten; bei elektrischer Kraftübertragung braucht er dazu die genannten Spezialisten, bei hydraulischer wieder andere, deren Arbeitgeber alle als Zulieferer auftreten, sogar für solche maschinenbauliche Elemente wie Zahnradgetriebe und Gelenkwellen. So wurde der Lokomotivbau zu einer zwar verantwortungsvollen, aber vielerart eingeengten Kombinationsaufgabe. Die Schaffensfreude wird dadurch erheblich vermindert; besonders initiative Naturen leiden darunter.

Für die als Generalunternehmer fungierende Lokomotivfabrik ist dieser Zustand auch geschäftlich höchst unerwünscht; er mindert die Gewinnchancen ganz einschneidend. Ein Unternehmen, das mangels eines großen Binnenmarkts nicht in der Lage war, die Eigenproduktion aller erforderlichen Hauptkomponenten mit den nötigen Fach- und Spitzenkräften und Einrichtungen zu organisieren, wie dies die übermächtige General Motors Corp. in den USA tun konnte und in weiser Voraussicht auch frühzeitig tat, hatte keine Freude an einer Umstellung auf neue Traktionsarten. Kein Wunder, daß so manche Dampflokomotivfabrik nur mit halbem Herzen dabei war und dann dem Wettbewerb nicht standhalten konnte. So blieben etliche in Europa, besonders in Großbritannien, und in Amerika am Wege liegen. Die prominentesten von diesen waren Beyer, Peacock & Co. in Manchester, die noch Mitte der fünfziger Jahre ein Weltgeschäft mit ihren hervorragenden Garratt-Gelenklokomotiven machten, darunter die 84 Stück noch 1952/56 gebauten — nach den amerikanischen Super-Mallets — trotz Meterspur größten Dampflokomotiven der Welt für Ostafrika und Australien; dann suchten sie ihr Heil in Diesellokomotiven mit hydromechanischer Kraftübertragung nach deutscher Lizenz unter dem Namen Hymek, konnten damit gegen die elektrische Übertragung nicht durchdringen und sahen sich gezwungen, 1966 ihre Tore zu schließen (4). Ebensowenig gelang es der North British Locomotive Co. in Glasgow, sich im Diesellokomotivbau zu etablieren; noch 1953/55 lieferte sie den größten Teil des zusammen mit Henschel & Sohn hereingenommenen Auftrags auf 140 auf Kapspur (1067 mm) epochemachende 2D2-Mehrzwecklokomotiven für Südafrika mit Wälzlagertriebwerk und 3500 PS (2570 kW) Zylinderleistung, davon 90 Maschinen mit einem 18 m langen Kondenstender. Die Fabrik existierte dann nur noch bis 1962 (5), weil Dampflokomotivaufträge, die ihr noch 1954 mit 769.000 damals hochwertigen Pfund Sterling den größten Gewinn in ihrer Geschichte beschert hatten, plötzlich wie von unsichtbarer Hand hinweggefegt worden waren. Aber auch Pionieren unter den Erzeugern von Hochleistungs-Diesellokomotiven, der Maschinenfabrik Esslingen und der American Locomotive Company, blieb nichts besseres übrig, als aufzugeben; erstere beendete ihren Eisenbahn-Fahrzeugbau 1967, nach 120 Jahren, mit Dampf-Zahnradlokomotiven für Indonesien (6), blieb jedoch als neues Mitglied der Daimler-Benz-Gruppe bestehen, die ALCO liquidierte 1969 (7), wiederum nach einem gescheiterten Versuch, den Protagonisten der elektrischen Kraftübertragung durch Erzeugung dieselhydraulischer Lokomotiven nach deutscher Lizenz die Stirn zu bieten. In der hoffnungsvollen Aufbauperiode nach dem Zweiten Weltkrieg hatte die ALCO im September 1946 noch die Fertigstellung ihrer 75.000. Lokomotive gefeiert, einer dreiteiligen 6000 hp (ca. 6100 PS, 4500 kW) Dieseleinheit für die damals in neuem Glanz erstandenen Stromlinienzüge der Santa Fe Railroad zwischen Chicago und der Westküste. 1948 baute sie ihre letzten Dampfrösser und lebte dann modern, aber zunehmend schlechter, bis die GM-Konkurrenz sie erdrückte.

Die Gefahr, den Dampflokomotivbau zu bevorzugen, bis es zu spät war, um in der modernen Technik zu reüssieren, war umso größer, als sich die Dampflokomotive ihren Widersachern jahrzehntelang nur für wenige Traktionsaufgaben unterlegen zeigte. Die in den westlichen Industriestaaten abgeschlossene und in Osteuropa vor dem Abschluß stehende Traktionsumstellung und das Verschwinden des Themas Dampfzugförderung aus der Fachpresse schon ein bis zwei Jahrzehnte zuvor täuschten darüber hinweg, daß diese Traktionsart, die gerade in der Glanzzeit der Eisenbahnen fast unumschränkt herrschte, auch heute noch in bezug auf Leistungsfähigkeit den Ansprüchen des Eisenbahnverkehrs auf dem größten Teil der lokomotivbetriebenen Bahnlinien außerhalb der Gebirge und der Hochleistungs-Hauptstrecken genügen könnte. Es sei daran erinnert, daß schon die amerikanischen 2D2-Typen der dreißiger Jahre ihre Fähigkeit bewiesen, Schnellzüge von 900 metrischen Tonnen mit Geschwindigkeit bis zu 160 km/h zu befördern, wobei die Beschleunigungsreserve bis 145 km/h noch durchaus befriedigend war (8, 9). Aber schon um 1950 gelang es gegnerischen Kräften, das Dampfroß von der in den USA üblichen Finanzierung der Lokomotivbeschaffung im Kreditwege (durch die Ausgabe von sogenannten Equipment Trust Certificates) auszuschließen. Nach dem Krieg verallgemeinerten sich die gegen Weiterbeschaffung oder Modernisierung von Dampflokomotiven gerichteten Praktiken; so z. B. wurden auf der Brüsseler Weltausstellung von 1958 keine Exponate von Dampflokomotiven oder Sondereinrichtungen für solche zugelassen, und ein von den Schoeller-Bleckmann-Stahlwerken in Wien dafür hergestelltes 1:2,5-Modell einer Rauchkammer mit Giesl-Ejektor kam daher vorzeitig ins Österreichische Eisenbahnmuseum.

Der größere Personalbedarf der Dampflokomotive für Betrieb, Wartung und Instandhaltung (in den beiden letztgenannten Punkten speziell gegenüber der elektrischen Traktion stark ausgeprägt) ist in Ländern mit teuren Arbeitskräften freilich ein gravierender negativer Faktor, der hingegen für die Entwicklungsländer mit ihren chronischen Arbeitslosenproblemen ein klares Positivum bedeutet. Als die Rhodesia Railways um 1960 einige Dutzend Lokomotivheizer suchten, meldeten sich nicht weniger als 2000! Doch darüber wurde nicht gesprochen; man lieferte lediglich Diesellokomotiven auf Kredit, langfristig gesehen als stillschweigend erzwungene Geschenke seitens der Steuerzahler in den Lieferländern. Daß dann vielfach ein hoher Prozentsatz dieser Lokomotiven nach wenigen Jahren betriebsuntauglich herumstand, zumal Kredite zwar für Neubauten, kaum aber für Ersatzteile gewährt wurden, verlautete nicht offiziell — darüber mußte man sich an Ort und Stelle informieren. Man sorgte für weitere Neulieferungen und die Erzeuger freuten sich. Österreich hat sich erfreulicherweise an solchen Geschäften nicht beteiligt.

Der geringe thermische Wirkungsgrad spricht natürlich grundsätzlich gegen die Dampflokomotive; sie kommt im Streckendienst bei bester Konstruktion je nach Belastung, Anstrengungsgrad und Fahrgeschwindigkeit auf 6 bis 9 Prozent[*], bezogen auf ihre Leistung am Zughaken in der Ebene und den Energieinhalt der verfeuerten Kohle oder eines sonstigen festen Brennstoffs. Eine neuzeitliche Diesellokomotive liefert unter gleichen Umständen 28 bis 31 Prozent. Doch unter dem Eindruck der immer wieder Schlagzeilen machenden Ölpreissteigerungen von 1974 an bis in die jüngste Vergangenheit, sowie der Gefahr von Versorgungsschwierigkeiten entstand bei manchen Dampflokomotivfreunden der Gedanke an eine Rückkehr vom Diesel- zum Dampfbetrieb. Werfen wir daher vor allem einen Blick auf die Brennstoffpreisentwicklung in den USA, dem Lande, in welchem die Dieseltraktion innerhalb von kaum mehr als zwei Jahrzehnten die Dampflokomotive verdrängt hat:

Als General Motors aus ihrer neugebauten Fabrik in LaGrange, Illinois, im Mai 1936 ihre erste Serien-Diesellokomotive, damals noch für den Verschubdienst, herausbrachten, betrugen die dortigen Dieselölkosten im Brennstofftank der Lokomotive höchstens 4,8 Cents, im Mittel bloß etwa 4 Cents pro US-Gallon zu 3,785 Litern. Bis März 1981 war dieser Preis auf einen Dollar gestiegen, also auf das 25fache, und blieb seither ziemlich stationär. Aber auch die Kohlenlieferanten nützten ihre Chancen, die Preise holten gewaltig auf und die ehedem auf amerikanischen Lokomotiven meist verfeuerte billige Förderkohle, die bei 7000 Kalorien Heizwert (1 Kalorie = kcal = 4,187 Joule) und 500 km Transportweg am Tender verladen 1936 durchschnittlich knapp über 2 Dollar je US-ton zu 907 kg kostete, kam dann schon auf 40 Dollar, sodaß auch hier ein 20facher Preisanstieg eintrat. Die Relation der Brennstoffkosten hat sich also in den USA bis dato nicht einschneidend verändert, wobei sich aus obigen Werten für März 1981 ein Kohlen-Wärmepreis von 6,3 Cents pro 10.000 Kalorien ergibt, für das Dieselöl ein solcher von 31 Cents, praktisch das Fünffache gegenüber dem Vierfachen vor 25 Jahren. Dazu kommt jedoch, daß auf Grund inzwischen erlassener strenger Umweltschutzverordnungen die Verfeuerung von Förderkohle mit ihrem im üblichen Lokomotivbetrieb großen Auswurf an nur teilweise verbranntem Grus nicht mehr so ohneweiters zulässig wäre und gute Stückkohle gleich um ein Viertel teurer käme, womit das alte Preisverhältnis von 1 : 4 faktisch wiederhergestellt erscheint, das auch bis dato nur lokale Abweichungen zeigt. In Mitteleuropa liegt es zwischen 4,5 und 5,5, aber die Absolutwerte der Wärmepreise sind fast doppelt so hoch wie in den USA.

In den hochindustrialisierten Ländern, in denen außer der Arbeitskraft auch die Kohle radikal teurer wurde, bringt die Ölverteuerung keine neue Hoffnung für die Dampflokomotive,

---

[*] Der ebenso geringe thermische Wirkungsgrad des Automobils behinderte dessen allgemeine Förderung aber nicht.

umsomehr als der Dieselölverbrauch der Eisenbahnen dort volkswirtschaftlich keine nennenswerte Rolle spielt. Selbst in den nahezu vollverdieselten USA beträgt er bloß 1,6 % des Ölverbrauchs der Nation und verschwindet in Mitteleuropa mit seinem weitgehend elektrifizierten Bahnverkehr fast völlig. Die Kosten der Traktionsenergie berühren vor allem die einzelnen Verbraucher.

Es gibt aber auch Länder, in denen das Wärmepreisverhältnis von Kohle zu Öl für die Dampflokomotive heute absolut vorteilhaft ist und diese auch durch die Personalkosten nur wenig belastet würde. Dies gilt z. B. für Südafrika, wo hochwertige Steinkohle, u. a. dank großer Mächtigkeit der Flöze, außerordentlich billig ist. Eine praktische Auswirkung hat dies auch dort nur auf die ziemlich ausgedehnten Zubringerbahnen der Kohlengruben, die jedoch auf den Ankauf freigewordener Dampflokomotiven der Staatsbahnen angewiesen sind, weil niemals eine einheimische Dampflokomotivfabrik bestanden hat und angesichts fast völliger Verschrottung der einschlägigen Fabrikationseinrichtungen, sowohl in der westlichen Welt als auch im Ostblock, der Neubau auf größte Hindernisse stößt, denn ohne Spezialeinrichtungen, vor allem für den Bau von Stephensonschen Kesseln, käme eine neue Dampflokomotive heute sehr teuer zu stehen, auch wenn die kompletten Werkszeichnungen vorhanden sind. 1981 hörte ich zwar privat über ein kleineres Werk in Auckland, Neuseeland, das Industrie-Diesellokomotiven baut, aber Motoren und Getriebe aus Europa bezieht und angesichts seiner voll erhaltenen Ausrüstung für den Dampflokomotivbau sowie sonstiger vorteilhafter Voraussetzungen den Gedanken hegte, diesen für lokale Bedürfnisse wieder aufzunehmen, zumal er Devisenersparnisse bringen würde; es kam jedoch offenbar nicht dazu.

Die Stephensonsche Lokomotive findet heute nur vereinzelt eine realistischere Beurteilung als im Vierteljahrhundert vor dem ersten 'Ölschock' von 1974, dem Jahr, in welchem die ölfördernden Länder sich zu einer aggressiven Preispolitik entschlossen, nicht zuletzt, um eine frühzeitige Erschöpfung ihrer Ölquellen zu verhüten. Unter dem Eindruck dieses Ereignisses war vom 18. bis zum 24. September 1974 von der Economic Commission der UNO für Asien und den Fernen Osten in Bangkok, ihrem Hauptquartier, eine Eisenbahnkonferenz über das Thema 'Maßnahmen der Eisenbahnen zur Bewältigung der Energiekrise' einberufen worden. Wie bei so manchen internationalen Konferenzen kam dabei nichts heraus, zumal man hauptsächlich über Elektrifizierung sprach, wofür die ökonomischen Voraussetzungen dort, wo diese nicht schon im Gang oder geplant war, mangels ausreichender Verkehrsdichte fehlen oder sich nur in Grenzfällen eine Rentabilität ergeben könnte. Einige Redner befaßten sich zwar mit Maßnahmen zur Kohlenersparnis bei Dampflokomotiven, brachten aber nichts Neues und fanden keinen Widerhall. Die Lizenznehmer für meinen Flachejektor und ich hatten sich wohlweislich gar nicht dorthin begeben, weil uns die zu erwartende Stimmung geläufig war. Die Indischen Staatsbahnen, zum Beispiel, hatten den Dampflokomotivbau zwei Jahre vorher zugunsten des Elektro- und Diesellokomotivbaus eingestellt (10); ihr Vertreter auf der Konferenz, Ogale, Mitglied der Forschungsabteilung seiner Verwaltung, erklärte, man habe zwar die Absicht, die Nutzungsdauer der Dampflokomotiven zu verlängern, diese aber nicht mehr zu verbessern — und dies von einer Bahn, auf der noch heute über 7000 Dampflokomotiven ein Drittel der Transportleistungen erbringen. Eine solche wirklichkeitsfremde, von einem überheblichen Modernitätskomplex getragene Haltung aus einem Land, das noch weitgehend von westlicher Hilfe lebt, war u. a. auch im Juni 1968 zum Ausdruck gekommen, als die Indischen Staatsbahnen auf dem Wiener internationalen Schnellfahrsymposium über Probleme bei Fahrgeschwindigkeiten von 200 bis 250 km/h und darüber durch ein halbes Dutzend Spitzenfunktionäre vertreten waren, während sie wohl über das Jahr 2000 hinaus froh sein müssen, mit einigen Zügen günstige Teilabschnitte mit 120 km/h zurücklegen zu können. Mit weniger Pomp traten übrigens auch etliche recht bescheidene Bahnen auf, für die das Schnellfahren im Geiste des Symposiums noch für ein weiteres Jahrhundert unerreichbar und auch sinnlos ist.

Im Gegensatz dazu zeigen die Chinesischen Nationalbahnen, 1949 mit der Volksrepublik gegründet, heute wie damals ein realistisches Verhalten. Einerseits wurde der Verdieselung auf dem seither von rund 20.000 auf 57.000 km angewachsenen Streckennetz frühzeitig Beachtung geschenkt und 1956 aus eigener Kraft mit der einschlägigen Produktion begonnen, sodaß nach dem Import von 30 dieselhydraulischen CC von 4600 und 5400 PS (3400 bzw. 4000 kW), von Henschel 1971/72 geliefert, sowie von 50 dieselelektrischen CoCo von 4000 PS aus Frankreich der letzte Import 1975 getätigt wurde, und zwar aus Rumänien dieselelektrische Lokomotiven, und heute schon 30 Fabrikationsstätten mit dem Diesellokomotivbau befaßt sind, die 1980 bereits dreihundert 3000-PS-Einheiten mit elektrischer Übertragung hervorgebracht hatten (11, 12); auch die in den großen Gebirgen des Südwestens wichtige Elektrifizierung wurde vorangetrieben und dort im Jahre 1975 die erste elektrische Hauptstrecke auf 679 km Länge eröffnet, wobei 48 französische Großlokomotiven mit solchen chinesischer Provenienz zusammenarbeiten. Aber fern von unangebrachtem Prestigedenken wurde, wie ich bereits in den Heften 100 und 110/111 des LOK-Magazins berichtet habe, die neu aufgebaute Dampflokomotiverzeugung in Datong auf jährlich 150 schwere 1E1-Maschinen Klasse QJ gebracht. Nach einem neueren Bericht (LM 122) kam man bereits auf 200 bis 300 Stück pro Jahr. Man kann schätzen, daß der Dampfanteil des chinesischen Lokomotivparks 1984 unverändert ca. 80 % beträgt und rund 10.000 Einheiten umfaßt.

Damit tragen die Chinesen der vorerwähnten Tatsache Rechnung, daß es Verhältnisse gibt, unter denen der Dampfbetrieb sehr wohl den Bedürfnissen entsprechen kann, voraussichtlich noch für mehrere Jahrzehnte. Dort wird der Stephensonschen Dampflokomotive ein Gebiet weiterbelassen, das nach seit langem vorherrschender Ansicht der Dieseltraktion gehört. Es geschieht dies auch im Einklang mit dem im August 1979 bekanntgegebenen Plan Chinas, seine wachsende Erdölproduktion tunlich dem Export zuzuführen, weil Kohle im Überfluß vorhanden ist.

Diese Entwicklung liefert einen praktischen Grund, um uns hinausgehend über das Streben nach Erneuerung und Vertiefung entschwindenden Wissens mit der Stephensonschen Lokomotive in ihrer verblüffenden Einfachheit und Logik aus älterer und heutiger Sicht eingehend zu befassen.

Dabei werde ich grundsätzlich die Ausdrücke anwenden, die in der Dampflokomotivliteratur üblich waren und sind, was aber nicht heißt, daß zweckmäßigen und allgemein verständlichen Neubildungen aus dem Weg gegangen wird. So soll für den alten Begriff Achsdruck der nach 1950 geprägte Achslast verwendet werden, wie ehedem in Tonnen (t) ausgedrückt, aber als Masse zu verstehen, ebenso wie wir heute das kg als Masse auffassen, den von ihr auf die Unterlage bei Erdbeschleunigung ausgeübten Druck aber als Kilopond (kp) bezeichnen, in welcher Einheit wir die Kräfte angeben. Den neuesten Ausdruck Achsfahrmasse will ich, obwohl in Bedeutung und Größe gleich der Achslast, als überflüssig nicht verwenden.

Die neuen Einheiten des in Österreich 1978 offiziell eingeführten Internationalen Meßsystems (SI) werden bloß zusätzlich zu den gewohnten angegeben, wo dies gewisse Vergleiche erleichtert; beispielsweise werden zu PS-Leistungen die entsprechenden Kilowatt meist in Klammern hinzugefügt, wie 1000 PS (736 kW), und bei ungefähren PS-Angaben auch die kW etwas abgerundet, um nicht den Eindruck einer falschen Genauigkeit zu erwecken. Im übrigen will ich dieses Buch nicht mit Zahlen überlasten.

Allgemeiner Aufbau Stephensonscher Lokomotiven

In der ROCKET, die bekanntlich im Oktober 1829 das weltberühmte Rennen von Rainhill gewann und den damals sehr in Frage gestellten Lokomotivbetrieb auf der 60 km langen Liverpool and Manchester Railway sicherte, fanden sich erstmalig die drei wesentlichsten Komponenten vereinigt, welche die Stephensonsche Lokomotive charakterisieren: erstens ein Dampf-

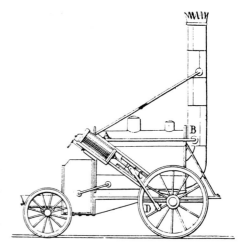

Die ROCKET in ihrer Ursprungsform von 1829. Die Zeichnung ist der französischen Quelle (13) entnommen, in der die in Längsansicht rechteckige Form der Feuerbüchse richtig dargestellt ist, wogegen vielfach, so auch bei Jahn (14) und bei Niederstraßer (1), fälschlich eine schräge Rückwand gezeigt wird; doch fehlt hier das Dampfrohr von der Feuerbüchsdecke zur Kesselrückwand.

kessel mit einer Vielzahl von Heizrohren, durch welche die Verbrennungsgase strömen, und einer von einem Wasserraum umgebenen Feuerbüchse, in welcher der Brennstoff verbrannt wird und deren Wände mittels Stehbolzen gegen eine äußere Umhüllung versteift sind; zweitens die Feueranfachung mittels Saugzugs und Ejektorwirkung des durch das Blasrohr in den Rauchfang geführten Abdampfs der Maschine, und drittens direkter Antrieb durch von den Kolben der Dampfzylinder auf die Treibräder wirkende Treibstangen; zu diesen gesellten sich gegebenenfalls, logisch und bereits verwendet, Kuppelstangen für benachbarte Räder. In Kurzfassung bedeutet dies: Heizrohrkessel mit stehbolzenversteifter Feuerbüchse, Blasrohranlage und direkter Stangenantrieb. Heute verbinden wir damit horizontale oder nur mäßig schrägliegende Dampfzylinder, um die Vertikalkomponenten der Treibstangendrücke zu beschränken. Die ROCKET hatte im Ursprungszustand unter 35° geneigte Zylinder, deren Kolbenkräfte das Spiel der wenige Jahre vorher an Lokomotiven erschienenen Tragfedern ungünstig beeinflußten, und die nachträglich in nahezu horizontale Lage gebracht wurden. Ferner trat anstelle des an die Heizrohre, bzw. die vordere Rohrwand, direkt anschließenden Rauchfangkrümmers eine Rauchkammer, in der sich auch Flugasche und durch den Kessel gerissene Kohleteilchen sammeln konnten.

Foto S.14

Anschließend wurden weitere für Liverpool—Manchester gebaute Lokomotiven in dieser Weise gestaltet, und im August 1830 erschien die NORTHUMBRIAN bereits mit der im Prinzip endgültigen Ausführungsform der Feuerbüchse, die mit ihrem äußeren Mantel nicht mehr an der hinteren, ebenen Abschlußwand der Kesseltrommel, des sogenannten Langkessels, befestigt war, sondern in einem an den Langkessel organisch anschließenden Stehkessel untergebracht wurde. Weiteres wird in den einschlägigen Kapiteln an Hand von detaillierten Abbildungen besprochen.

Foto S.14

Es muß hervorgehoben werden, daß die Schaffung dieser bis zum Ersatz der Dampflokomotive durch neuere Traktionsmittel gegenüber allen Abänderungsbestrebungen siegreich gebliebenen Grundform nicht allein George Stephenson zuzuschreiben ist, wie dies oft geschieht,

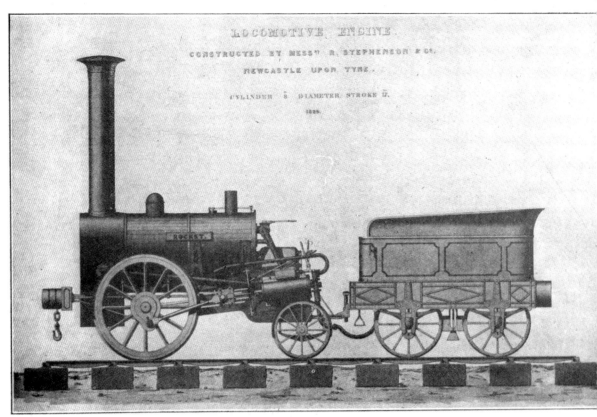

LOCOMOTIVE ENGINE.
CONSTRUCTED BY MESS^{RS} R. STEPHENSON & C^O.
NEWCASTLE UPON TYNE.

CYLINDER 8 DIAMETER STROKE 17.
1829.

Die endgültige Form der ROCKET mit schwach geneigten Zylindern und einer zweckmäßig tief herabgezogenen Rauchkammer, die daraufhin in Großbritannien vorzugsweise Verwendung fand. *(16)*

Die NORTHUMBRIAN von R. Stephenson & Co. mit der zukunftsweisenden Einheit von Steh- und Langkessel und ihrem großen mechanischen Widerstand gegen innere und äußere Kräfte. *(16)*

sondern in noch höherem Maße seinem Sohn Robert. Dazu kommt, daß die Verwendung eines von Heizrohren durchzogenen Kessels für eine Lokomotive von einem leitenden Angestellten der Fabrik, Henry Booth, vorgeschlagen wurde, der diese Idee wahrscheinlich unabhängig entwickelt hatte. An sich waren Heizrohrkessel für stationäre Zwecke in Cornwall schon seit 1780 im Gebrauch, und 1776 war ein einschlägiges niederländisches Patent erschienen, in Unkenntnis dessen etliche britische Patente erteilt wurden. All dies geht aus drei Büchern hervor, von denen das erste (15) 1857, also zu Robert Stephensons Lebzeiten (1803–1859) herauskam — sein Vater starb 1848 —, während die beiden anderen (16, 17) Arbeiten tiefschürfender britischer Autoren neuerer Zeit sind. Der Aufklärung diesbezüglicher geschichtlicher Irrtümer diene nachstehender Absatz.

In Frankreich hatte Marc Seguin am 22. Februar 1828 ein Patent auf einen Heizrohrkessel erhalten, das eine stationäre Ausführung zeigt, doch im November 1829, kurz nach dem Wettbewerb von Rainhill, kam eine mit seinem Kessel ausgerüstete Lokomotive in Betrieb (18, Seite 2), anfangs noch mit einem auf dem Tender gelagerten und von einer Achse angetriebenen Überdruckventilator (zur Luftzufuhr unter den Rost), der begreiflicherweise große Schwierigkeiten verursachte und zugunsten eines Blasrohrs verlassen werden mußte. Der Rost lag unter dem Langkessel und die Verbrennungsgase bestrichen bloß seine Unterseite, bevor sie zurückkehrend durch die Heizrohre strömten (17, S. 237). Loyalerweise schreibt Seguin selbst in seinem Buch von 1839 (19), zitiert von E. L. Ahrons (in Quelle 16, S. 10), daß die erste Lokomotive mit Heizrohrkessel auf der Liverpool and Manchester Railway in Betrieb ging. Somit steht L. Niederstraßers Behauptung, Stephenson hätte Seguins Verbesserungen übernommen (1, S. 3, ebenso wie im kürzlichen Nachdruck und in allen früheren Auflagen) in vollem Widerspruch zu den Tatsachen. Im übrigen ist die Feuerbüchse der ROCKET bei Niederstraßer zumindest noch in der dritten Auflage von 1939 falsch dargestellt, nämlich (gemäß späterer Bauweise) vollends wasserumspült; die letzten Auflagen (1, S. 4) zeigen richtig die über dem Rost ausgemauerte Vorderwand.

Während George Stephenson schon im zweiten Jahrzehnt des 19. Jahrhunderts mit einzigdastehender Konsequenz für die Dampftraktion tätig war und ihre Fahne in der Zeit des Zweifels durch Konstruktion und Bau von Grubenlokomotiven in Killingworth hochhielt, bis er die Werksgründung im nahen Newcastle vollzog, ist der bleibende konstruktive Fortschritt in der Anfangszeit der Dampflokomotiventwicklung von Robert Stephenson & Co. ausgegangen.

Betrachten wir nun den allgemeinen Aufbau einer Stephensonschen Lokomotive.

Von der dargestellten einfachsten zweiachsigen Bauart einer Tenderlokomotive, d.h. einer solchen, die Wasser- und Brennstoffvorrat mit sich führt und die vornehmlich für Verschub und Zubringerdienst in kleineren Industrieanlagen geeignet ist, bis zur vielachsigen Hochleistungsmaschine mit angekuppeltem Schlepptender[1] besteht jede Stephensonsche Lokomotive, weiterhin einfach Lokomotive genannt, im wesentlichen aus folgenden Bestandteilgruppen oder einfach Hauptteilen, die alle später behandelt werden.

a) Kessel und Zubehör

Der Kessel erzeugt den Arbeitsdampf für die Lokomotiv- oder Antriebsdampfmaschine, kurz Dampfmaschine genannt, und versorgt auch gewisse Hilfseinrichtungen. In ihm brennt das Feuer, und zwar in dem an den Heizerstand, der sich in der Regel im Führerhaus befindet, anschließenden Kesselteil, dem Hinterkessel; dieser enthält die Feuerbüchse mit dem Rost für

---

1 Im Englischen wird eine Lokomotive mit separatem Tender, also Schlepptender, als *tender locomotive*, eine, die ihre Vorräte mitführt, hingegen als *tank locomotive* (auf die Vorratsbehälter hinweisend) bezeichnet. Die Franzosen benützen das Äquivalent der deutschen Bezeichnung.

Eine typische einfache Tenderlokomotive deutscher Bauart.

feste Brennstoffe oder Einrichtungen für Ölfeuerung. Wie erwähnt, ist die Feuerbüchse vom Stehkessel umgeben; dazwischen befindet sich Kesselwasser. Sie hat zweckmäßig rechteckigen Grundriß, um den Rost einfach zu gestalten sowie die Herstellung zu erleichtern und dadurch zu verbilligen. In großen Lokomotiven wirft die Unterbringung des Hinterkessels oft Probleme auf, deren Lösung die Gestaltung der Lokomotive stark beeinflußt, wie wir unter Punkt e) sehen werden. In der älteren, speziell der österreichischen Literatur (siehe H. Steffan in der Zeitschrift *Die Lokomotive*) wurde übrigens der gesamte Hinterkessel als Stehkessel bezeichnet; im Englischen hingegen kennt man nur das Wort *firebox* und nennt ihre äußere Hülle *outer firebox*.

Bei der Verbrennung entstehen aus dem Brennstoff und der zugeführten Verbrennungsluft die Rauchgase (= Heizgase, Verbrennungsgase), welche die entstandene Verbrennungswärme enthalten. Diese Wärmemenge soll so vollkommen wie möglich an das im Kessel befindliche Wasser, das Kesselwasser, abgegeben werden, um den Heizwert des Brennstoffs, manchmal auch Wärmewert genannt, möglichst weitgehend zur Dampferzeugung auszunützen. Wohl wird schon in der Feuerbüchse ein beträchtlicher Teil der ausnützbaren Wärme an das Wasser abgegeben, hauptsächlich durch Strahlung des bei guter Verbrennung weißglühenden Feuerbetts und/oder der Flamme und der heißen Gase, aber dieser Teil sinkt von etwa 60 % bei geringer Dampferzeugung auf selten mehr als 35 % bei der Höchstleistung des Kessels ab; es ist daher äußerst wichtig, die Temperatur der aus der Feuerbüchse austretenden Gase, die auch bei sehr mäßiger Beanspruchung über 1000, bei Grenzlast bis 1400 Grad C beträgt, auf höchstens ein Drittel herabzusetzen, vorzugsweise auf ein Viertel. Dies geschieht mittels des bereits in der ROCKET verwirklichten Prinzips der Aufteilung des Gasstroms in viele Einzelströme, indem man ihn durch zahlreiche Rohre führt. Diese liegen also in dem an die Feuerbüchse anschließenden zylindrischen oder nach vorne etwas konisch verjüngten Langkessel und bilden in ihrer Gesamtheit die Kesselrohre. Aus ihnen treten die abgekühlten Gase in die Rauchkammer ein und werden dort von dem aus dem Blasrohr austretenden Auspuffdampf der Maschine mitgerissen und durch den Rauchfang ins Freie befördert; für diesen findet man manchmal den älteren Ausdruck Kamin oder Schlot, wogegen in der deutschen Fachliteratur das Wort Schornstein verwendet wird, das allerdings an eine gemauerte Bauweise erinnert. Ich will daher bei dem in Österreich heimischen Ausdruck Rauchfang bleiben.

Das im Betriebszustand im Kessel siedende Wasser steht unter hoher Spannung durch den Dampfdruck, meist Kesseldruck genannt, dessen Größe in einem eindeutigen Zusammenhang mit der Wassertemperatur steht. Im Einklang mit der klassischen Dampflokomotivliteratur bezeichnen wir ihn mit atü und messen ihn in kp/cm^2 Überdruck über die umgebende Atmosphäre. Nur die Franzosen benützen schon seit Jahrzehnten auch im Lokomotivbau eine Druckeinheit gemäß dem dortigen Gesetz vom 2. April 1919, das hectopièze (hpz); dieses ist ebenso abgeleitet wie die neue internationale Druckeinheit, das Bar = 100.000 Pascal, und beträgt wie dieses 1,02 kp/cm^2. Eine französische Lokomotive mit einem Kesseldruck von 20 hpz (heute gleich 20 bar) hatte also einen solchen von 20,4 atü. Gebräuchliche Kesseldrücke waren in der Anfangszeit 3,5 atü (Wassertemperatur 147° C), in den achtziger Jahren 10 atü (183°), zur Jahrhundertwende 14 atü (197°), gefolgt von einem sehr langsamen Anstieg auf 16 atü (203°) und in den dreißiger Jahren auf 20 (214°), höchstens 21 atü in den USA, und nur versuchsweise mehr, siehe die Mitteldrucklokomotiven der DRB aus den ersten dreißiger Jahren mit 25 atü, die aber rasch wieder verschwanden, weil erhöhte Instandhaltungskosten den thermischen Gewinn übertrafen. Aus weltweiter Erfahrung folgt, daß ein Kesseldruck von etwa 20 atü für Stephensonsche Lokomotiven eine vernünftige Grenze bedeutet. Es ist ja sehr bemerkenswert, daß sich diese Schöpfung selbst für das Sechsfache jenes Drucks als geeignet erwies, mit dem man begonnen hatte. Vereinzelt in Europa und in den USA gebaute Lokomotiven mit wesentlich höheren Drücken, für die der Stephenson-Kessel nicht mehr in Betracht kam, waren durchwegs erfolglos, mit Ausnahme feuerloser, die hohen Druck bloß zur Wärmespeicherung benützten und weiter benützen.

b) Rahmen und Tragwerk

Der Lokomotivrahmen, kurz Rahmen genannt, trägt den Kessel und stützt sich mittels eines Tragwerks, das in vertikaler Richtung nachgiebige Tragfedern enthält, auf die Achsen. Jede Achse bildet mit den beiden rechts und links auf ihr befestigten Rädern einen Radsatz. Zu den Hauptaufgaben des Rahmens gehören das sichere Halten der Dampfzylinder, die Parallelführung der zum Triebwerk gehörigen Achsen und die Aufnahme der Triebwerkskräfte. Auf den Rahmen wirken ferner die seitlichen Führungskräfte, besonders beim Kurvenlauf, und schließlich überträgt der Rahmen die Zug- und Druckkräfte auf Kupplungen bzw. Puffer, d. s. die sogenannten Zug- und Stoßvorrichtungen.

In der eingangs als Beispiel gezeigten Tenderlokomotive ist der Teil des Rahmens vor der Feuerbüchse auch als Wasserbehälter für die Kesselspeisung ausgebildet (Krausssscher Wasserkastenrahmen). Natürlich hat der Rahmen einer Tenderlokomotive auch die meist allein oder zusätzlich vorhandenen seitlichen und hinteren Wasserkasten mittels Konsolen zu tragen, ferner den Kohlenkasten, bei der in alter Zeit sehr verbreiteten, in neuerer hauptsächlich in exotischen Ländern angewendeten Holzfeuerung den Holzkasten (meist mit einem hohen Gitterwerk oder dergleichen) und bei Ölfeuerung den Öltank. In England und Amerika waren auf dem Kesselrücken sitzende Wassertanks, sogenannte Satteltanks, an kleinen Tenderlokomotiven sehr verbreitet.

c) Dampfmaschine und Triebwerk

Die Hauptteile der Dampfmaschine sind die Dampfzylinder, kurz Zylinder genannt, mit je einem vom Arbeitsdampf hin- und hergetriebenen Kolben, der mittels Kolbenstange, Kreuzkopf und Treibstange (früher auch Pleuelstange genannt, ein aus dem Stabilmaschinenbau kommender Ausdruck) auf den zugehörigen Kurbelzapfen wirkt und so das Treibrad mit der

Treibachse in Drehung versetzt. Letzteres gilt für Außenzylinder, die stets paarweise vorhanden sind, deren Kolben auf das rechte bzw. linke Rad eines Treibradsatzes wirken. Die Kolben bzw. Treibstangen von Innenzylindern, die innerhalb der Räder liegen, greifen an Kröpfungen der Treibachse an, die dann Kropfachse oder Kurbelachse genannt wird; auf ihr sitzen die Treibräder.

Das Einströmen des Arbeitsdampfs in den Zylinder auf die jeweils gewünschte Seite des Kolbens, um bei beliebiger Kurbelstellung Vor- oder Rückwärtsfahrt zu bewirken, die Dosierung der einströmenden Dampfmenge entsprechend der gewünschten Zugkraft und schließlich das Ausströmen des Dampfs aus dem Zylinder bewirken Einrichtungen, die in ihrer Gesamtheit als Steuerung bezeichnet werden. Die mit dem Dampf in Berührung stehenden Organe bilden die innere Steuerung, deren Antriebsorgane die äußere Steuerung.

Die Dampfmaschine liefert am Treibradumfang die Zugkraft, die sich über Achslager und Rahmen auf die Zug- und Stoßvorrichtungen überträgt und auch dann so genannt wird, wenn die Lokomotive den Zug schiebt, z.B. zur Nachhilfe auf einer großen Steigung, wenngleich man dann genauer von Schubkraft sprechen sollte. Sie kann jedoch nur dann wirklich ausgeübt werden, wenn die Reibung zwischen dem Umfang der Räder und den Schienen, heute präziser Haftreibung genannt, ausreichend groß ist, um ein Gleiten zu verhüten. Rücksichtnahme auf die Tragfähigkeit des Gleises und der Brücken verlangt eine Beschränkung der Gesamtbelastung der Schienen durch jeden einzelnen Radsatz, der Achslast. Diese darf seit etwa 50 Jahren auf mitteleuropäischen Hauptbahnen 21 t nicht überschreiten, wogegen in den USA heute maximal 30 t üblich sind und bei Dampflokomotiven bereits in den dreißiger Jahren vielfach 32, in manchen Fällen 35 t akzeptiert wurden, weil geringer belastete führende Laufachsen, d.s. Achsen ohne Antrieb, die Biegungsbeanspruchungen reduzieren, die in den Schienen unter den nachfolgenden angetriebenen Achsen auftreten. Auf Grund der Erfahrungen mehren sich in den USA Stimmen, die eine Reduktion der Höchstlasten befürworten, und auch in Europa denkt man wegen der gestiegenen Fahrgeschwindigkeiten nicht mehr an die in der Zwischenkriegszeit bei Brückenerneuerungen und -neubauten zugrundegelegte Achslast von 25 t, kombiniert mit einer entsprechend hohen Last pro laufendem Meter Gleislänge.

Sogenannte ungekuppelte Lokomotiven mit einer einzelnen angetriebenen Achse, auch als freie Treibachse bezeichnet, konnten selbst in der Ära leichter Schnellzüge von kaum mehr als 150 t Wagengewicht, wie sie noch um die Jahrhundertwende üblich waren, den Ansprüchen an Zugkraft nur in sehr günstigem Gelände und mit hoher Treibachslast (in England häufig 18 t in den achtziger Jahren und 19 t zehn Jahre später) genügen. Für den Güterzugdienst ergab sich auf den steigungsreichen englischen Kohlenbahnen bereits in der Anfangszeit des Lokomotivbetriebs die Notwendigkeit, die Zugkraft auf zwei oder drei Achsen, d.h. Radsätze, zu verteilen. Dies geschieht am zweckmäßigsten mittels Kuppelstangen, und man spricht, wenn insgesamt zwei oder drei Achsen miteinander gekuppelt sind, von einer zweifach bzw. einer dreifach gekuppelten Lokomotive, oder auch bloß von einem Zwei- bzw. Dreikuppler, welche Ausdrucksweise sinngemäß auch auf mehr gekuppelte Achsen angewendet wird. Die nur dazu gekuppelten, nicht direkt angetriebenen Achsen werden zum Unterschied von Treibachsen als Kuppelachsen bezeichnet; alle zusammen werden gekuppelte Achsen genannt, wobei sich auch zwei Treibachsen darunter befinden können, wenn z.B. ein außenliegendes und ein inneres Zylinderpaar einer Vierzylinderlokomotive je eine Achse antreibt. Die vernünftige Grenze liegt beim Sechs-, höchstens aber beim Siebenkuppler; die einzige Lokomotive der Welt mit drei Treibachsen (sechs Zylindern) war A. Chapelons experimenteller Sechskuppler von 1940 (20).

In den angelsächsischen Ländern werden nicht die Achsen oder die Räderpaare, sondern die einzelnen Räder gezählt, sodaß z.B. ein Zweikuppler auf englisch *four-coupled locomotive* genannt wird, ein Dreikuppler *six-coupled* usw. Einige Lokomotiven mit vier mittels Zahn-räder gekuppelten, teilweise seitenverschieblichen Achsen nach Konstruktionen von W. Headley und W. Chapman, von 1814/15 an auf der Wylam Kohlenbahn westlich von Newcastle während mehrerer Jahre im Betrieb (17, S. 73, 84—87), sollten geringe Achslasten von etwa 1,5 t ermöglichen.

Das Reibungsgewicht einer Lokomotive, auch Treibgewicht genannt, ist die Gesamtlast auf ihren gekuppelten Rädern, denn die ausübbare Zugkraft ist ja gleich der gesamten Ge-wichtskraft, mit der diese Räder auf die Schienen drücken, multipliziert mit dem Reibungs-koeffizienten oder Haftwert zwischen Radreifen und Schienen; sie heißt daher Reibungszugkraft. Bei trockener Witterung oder mit Unterstützung durch gute Sandstreuer können Dampfloko-motiven einen mittleren Haftwert ausnützen, der von etwa 0,22 bis 0,25 im Anfahrbereich auf 0,17 bis 0,2 bei etwa drei sekundlichen Radumdrehungen sinkt und dann fast konstant bleibt, Laufruhe und guter Massenausgleich vorausgesetzt. Die niedrigsten Werte gelten für Zweizylinder-Verbundtriebwerke; Drillingslokomotiven, das sind solche mit drei frischdampf-gespeisten, gleichen Zylindern, haben von allen üblichen Zylinderanordnungen das gleich-förmigste Antriebsdrehmoment, daher auch die gleichmäßigste Zugkraft und können die an-geführten oberen Grenzwerte noch um etwa 6 % überschreiten, also beispielsweise von 0,2 auf etwas über 0,21 kommen. Obige Haftwerte beziehen sich auf die mittlere Zugkraft, die sich aus Triebwerksabmessungen und Dampfdruck ergibt (20, S. 20).

Leider hat sich auch in die Fachliteratur der aus dem englischen entlehnte Ausdruck Adhäsion für die Reibung zwischen Rad und Schiene eingeschlichen und schließlich eingebürgert; er ist falsch, denn diese Reibung hat mit der Adhäsion zwischen zwei einander berührenden Körpern keinen ursächlichen Zusammenhang. Wir bleiben also beim richtigen Ausdruck Haftreibung und, wo keine Verwechslung möglich ist, auch bloß Reibung.

d) Laufwerk und Achsanordnungen

Nur verhältnismäßig langsamfahrende Dampflokomotiven können zur Gänze von gekuppelten Achsen getragen werden; schon für ziemlich bescheidenen Personenzugdienst sind zusätzlich Laufachsen, auch Tragachsen genannt, nötig oder zumindest erwünscht, das sind solche, die nicht angetrieben werden und mit ihren Laufrädern die Laufradsätze bilden. Dies hat zwei Hauptgründe, die gewünschte Reibungsgeschwindigkeit und den Führungseffekt von Laufachsen.

d1) Laufachsen zum Tragen großer Kessel

Die über die gekuppelten Achsen ausübbare Zugkraft entspricht einer Antriebsleistung, die vom Augenblick des Anfahrens an fast proportional mit der Fahrgeschwindigkeit steigt, bis sie den Punkt erreicht, in welchem der Dampfbedarf der Maschine die betriebliche Dauer-leistung des Kessels voll beansprucht. Der Kessel erzeugt dann seine Nenndampfmenge, aus-gedrückt in kg/h (ihre Größe in: 20, S. 22/25). Die entsprechende Fahrgeschwindigkeit heißt in der einschlägigen Literatur Reibungsgeschwindigkeit. Bei Zahnradlokomotiven, für deren Zahntriebwerks-Zugkraft nicht die Haftreibung, sondern die zulässige Dauerzugkraft maßgebend ist, sprechen wir indessen von der kritischen Geschwindigkeit, die im englischen als *critical speed* auch für Reibungsbetrieb gilt.

Hat nun eine Lokomotive ausschließlich gekuppelte Achsen, dann ist die auf eine Tonne Reibungsgewicht entfallende Nenndampfmenge natürlich kleiner, als wenn zusätzlich Lauf-achsen vorgesehen sind, deren Tragfähigkeit zu einem sehr erheblichen Teil einem größeren Kessel zugute kommt. Aus Untersuchungen des österreichischen Dampflokomotivforschers R. Sanzin (21) ergab sich beispielsweise für Kohle von 6250 Kalorien, daß die Reibungsge-schwindigkeit von Karl Gölsdorfs fünffach gekuppelten Gebirgs-Güterzuglokomotiven ohne

Laufachsen, Serien 180 und 80, 20 km/h betrug, wogegen die zweifach gekuppelte Schnellzuglokomotive Serie 106, deren Dienstgewicht durch Hinzufügen zweier voll belasteter Laufachsen auf das 1,9fache ihres Treibgewichts kam, eine Reibungsgeschwindigkeit von 45 km/h erreichte und die primär für die schnellen Bäderzüge von Wien nach Karlsbad bestimmte Serie 108 von 1901 mit zwei gekuppelten, aber drei fast vollbelasteten Laufachsen ihre volle Zugkraft sogar bis zu der für Dampflokomotiven außerordentlich hohen Reibungsgeschwindigkeit von 70 km/h ausüben konnte. Es ist somit ganz abwegig, wenn in einem 1976 erschienenen Buch (22) unter dem Bild einer Tenderlokomotive mit zwei gekuppelten und drei Laufachsen 'erläuternd' gesagt wird: *Die Nachteile dieser äußerst seltenen Achsfolge dürften auch dem Laien ins Auge springen. Die Kuppelradsätze dieser Maschine tragen nicht einmal 50 % des Lokomotivgewichtes.* In Wahrheit kann eine solche Lösung sehr wohl die beste für leichte, schnelle Züge darstellen. Kurioserweise ist direkt darüber kommentarlos die eben erwähnte Serie 108 gezeigt, die noch dazu einen vierachsigen Tender zum Durchfahren langer Strecken ohne Vorratsergänzung mitführt, sich hervorragend bewährt hat und auf der Mailänder internationalen Ausstellung aus Anlaß der Eröffnung des Simplontunnels 1906 mit einer Goldmedaille ausgezeichnet wurde.

d2) Führungsfunktion von Laufachsen

Laufachsen übernehmen im Dampflokomotivbau auch die wichtige Funktion einer besseren Führung der Lokomotive im Gleis, besonders beim Einfahren in Kurven, und ganz allgemein bei hohen Geschwindigkeiten. Sie können annähernd radial zum Gleisbogen einstellbar gemacht werden, ohne daß dadurch Komplikationen entstehen, wogegen man sich bei laufachslosen Lokomotiven oder solchen mit bloß einer Laufachse oft genötigt sieht, in einer Fahrtrichtung ungünstigen Lauf zu tolerieren. Obwohl die heute allgemein üblichen Elektro- und Verbrennungskraftlokomotiven ohne Laufachsen dank ihrer Drehgestelle weit bessere Fahreigenschaften haben als laufachslose Dampflokomotiven, brachten die ersten Hochleistungsdiesellokomotiven in den USA unangenehme Überraschungen: die Befürworter der neuen Traktion erwarteten Schonung der Gleise infolge Wegfalls der mit jeder Radumdrehung wechselnden Vertikalkräfte, die von den Treibstangendrücken der Dampfmaschine und auch von ihren Massenwirkungen herrühren. Bei der ersten Großdiesellokomotive der Atchison, Topeka & Santa Fe Eisenbahn mit einer Motorleistung von 2 x 900 hp (1825 PS = 1340 kW), 1931 von General Motors geliefert, hatte man daher unbedenklich eine Achslast von 31,8 t auf den beiden zweiachsigen Drehgestellen zugelassen, denn die Treib- und Kuppelachsen klaglos schnellfahrender Dampflokomotiven hatten ja schon 32 t ruhende Achslast. Aber in der Praxis zeigten sich Schienendeformationen und Brüche; die Maschine mußte neue Drehgestelle mit je einer zusätzlichen mittleren Laufachse erhalten, bei Verminderung der Achslast auf 21,5 t. Die Mechanik liefert uns die Erklärung dafür: im amerikanischen Dampflokomotivbau war es üblich, den im Streckendienst stets angewendeten führenden Laufachsen wenig mehr als die Hälfte der Kuppelachslast zuzumuten; dadurch wurden die Biegungsbeanspruchungen in den Schienen viel kleiner, als wenn ein hochbelasteter Radsatz voranläuft, der sich bei den im Verhältnis zu diesem doch leichten Schienen trotz der schon damals relativ engen Schwellenlage besonders kritisch auswirkte. In Europa hatte man solche Erwägungen wohl manchmal individuell angestellt, und bei den meisten Lokomotiven sind die Schienendrücke unter führenden Laufachsen kleiner als die der gekuppelten und der eventuell nachfolgenden sogenannten Schleppachsen, doch die Vorschriften ließen davon nichts erkennen. So war z. B. Karl Gölsdorf gezwungen, zur Erzielung möglichst hoher Kesselleistungen die Laufachsen seiner Schnellzuglokomotiven fast ebenso hoch zu belasten wie die gekuppelten Achsen, denn die im Ruhezustand offiziell zugelassenen Schienendrücke machten keinen Unterschied zwischen voranlaufenden und nachfolgenden Radsätzen. Richtig und betrieblich günstiger wäre es gewesen, für Lokomotiven mit führenden Laufachsen höhere Treib- und Kuppelachslasten zuzulassen, was die Schienenbeanspruchung bei gleichem Gesamtgewicht herabgesetzt und die ausübbare Zugkraft gesteigert hätte.

Manche Konstrukteure haben das häufig vernachlässigte Prinzip der in der Fahrtrichtung von vorn gegen die Mitte zu ansteigenden Achslasten logischerweise auch innerhalb gekuppelter Achsgruppen verwirklicht. So z. B. wurde bei der 1935 von Henschel & Sohn in Kassel gebauten großen Dreikuppler-Schnellzugtype Klasse 16 E der South African Railways, die erstmals dort eine Treibachslast von 21,3 t erhielt, die erste Kuppelachse um 1,6 t geringer belastet, die voranlaufenden Drehgestellachsen aber nach amerikanischem Muster nur mit knapp 10 t; diese Last lag schon nahe der unteren Grenze, die eingehalten werden mußte, damit die führenden Räder beim schnellen Einlaufen in Krümmungen die nötigen Seitenkräfte ohne Entgleisungsgefahr durch Aufsteigen der Spurkränze ausüben können. Diese berühmt gewordene Type, die übrigens die in bezug auf die Spurweite höchste Kessellage der Welt aufweist, worauf ich noch zurückkomme, wurde noch kürzlich gern für Paradefahrten mit Sonderzügen verwendet.

d3) Die Achsanordnung und ihre Bezeichnungen

Zur einfachen Kennzeichnung von Lokomotivbauarten auf Grund der Anzahl und vorzugsweise auch der Anordnung ihrer angetriebenen oder miteinander gekuppelten Achsen sowie ihrer Laufachsen, in neuerer Zeit Achsfolge genannt, wurden verschiedene Systeme entwickelt. Auf dem europäischen Kontinent bestand die älteste, aber auch unvollkommenste darin, die Anzahl der gekuppelten Achsen und die gesamte Achszahl in Bruchform darzustellen; demnach hatte eine 3/5 gekuppelte Lokomotive insgesamt fünf Achsen, davon drei miteinander gekuppelte, während ein laufachsloser Vierkuppler als 4/4, sprich vierviertel gekuppelt, bezeichnet wurde. Die Schweizer benützen diese Kennzeichnung noch heute, bei ihren Elektrolokomotiven Reihe Re 4/4, deren Re eine Gattungs- oder Reihenbezeichnung bedeutet, sagt 4/4 einfach aus, daß alle vier Achsen angetrieben sind. Wer nicht weiß, daß die Gattungsbezeichnung Re primär einer Schnellzugtype mit Einzelachsantrieb zugeordnet ist, könnte auch meinen, es handle sich um eine vierachsige Verschubmaschine mit Stangenkupplung aller Achsen.

Analog verrät uns der Ausdruck '3/5 gekuppelt' bei einer Dampflokomotive nicht, ob die zwei Laufachsen etwa in einem Drehgestell gelagert sind oder ob eine von ihnen vor und die andere hinter der Kuppelachsgruppe liegt; die Achsanordnung oder Achsfolge bleibt unbekannt. Es war Heinrich Übelacker (1874–1941) der Bayerischen Staatseisenbahnen, ab 1923 Schriftleiter vom altehrwürdigen *Organ für die Fortschritte des Eisenbahnwesens*, der in seinem Bericht (23) über die erwähnte Mailänder Ausstellung von 1906 erstmalig die uns längst geläufige spezifische Kennzeichnung der angetriebenen oder gekuppelten und der Laufachsen und ihrer Reihenfolge vorschlug und anwendete, wonach die Zahl der ersteren durch Großbuchstaben in der Reihung des Alphabets bezeichnet wird (A = eine angetriebene Einzelachse, B = 2, C = 3 gekuppelte Achsen usw.), die Zahl der gegebenenfalls davor und/oder dahinter befindlichen Laufachsen aber durch arabische Ziffern, in der normalen Fahrtrichtung vorne beginnend. Danach hat eine 2D1-Lokomotive zwei vordere Laufachsen, vier gekuppelte Achsen und eine hintere Lauf-, also eine Schleppachse; eine E-Lokomotive wäre ein laufachsloser Fünfkuppler usw.

Übelackers ausgezeichneter Vorschlag fand in der Praxis rasch Eingang und wurde beispielsweise von Hans Steffan für die Wiener Zeitschrift *Die Lokomotive* sogleich aufgegriffen. Ein Beschluß des Technischen Ausschusses des Vereins Mitteleuropäischer Eisenbahnverwaltungen (VMEV) vom Mai 1936 empfahl zusätzliche Zeichen, vor allem den auch heute in der deutschsprachigen Literatur vielfach verwendeten Apostroph nach einer Laufachszahl, wenn die betreffende Laufachse oder die Achsen zwecks Anpassung an Gleiskrümmungen nicht im Hauptrahmen, sondern separat gelagert sind, um auch Schwenkbewegungen ausführen zu können. Dieser Definition folgt jedoch gleich eine Ausnahmsbestimmung, wonach die im europäischen Lokomotivbau häufig verwendeten Adamsachsen trotz Lagerung im Hauptrahmen einen Apostroph erhalten; sie werden später besprochen und es sei hier nur erwähnt, daß sie sich mittels geeigneter Führungen beim seitlichen Ausschlagen ungefähr radial, d. h. in der Richtung zum Krümmungsmittelpunkt des durchfahrenen Gleisbogens, einstellen. Nach dieser Regelung wäre eine 2D1 mit führendem Drehgestell und einer radial einstellbaren Schleppachse mit 2'D1' zu bezeichnen. Da sie aber als Vierkuppler mit notwendigerweise großem Achsstand, d. h. großer Entfernung zwischen der ersten und der letzten Achse, früher Radstand genannt, praktisch auf keinen Fall ohne Lagerung der ersten beiden Laufachsen in einem Drehgestell und nur ganz ausnahms- und unerwünschterweise mit einer bloß seitenverschieblichen Endlaufachse ausgestattet würde, sagt uns diese 'verfeinerte' Bezeichnungsweise meist Selbstverständlichkeiten, zerhackt die sonst sehr augenfällige Ziffern-Buchstaben-Folge und wird daher in diesem Buch nicht verwendet, zumal auch die UIC (= Union Internationale des Chemins de Fer) sie in ihren Kodex 612 nicht aufgenommen hat.

Dazu kommt noch, daß die bei allen Lokomotiven mit mehr als drei gekuppelten Achsen notwendige und auch mit dreien grundsätzlich erwünschte Seitenverschieblichkeit einzelner Kuppelachsen durch ein einfaches System überhaupt nicht erfaßt werden kann, sondern nur mittels der von Steffan verwendeten Achsformel, die an anderer Stelle (20, S. 13/15) erklärt ist und allein einen wahren Einblick in die Maßnahmen gibt, die bei einer bestimmten Lokomotivtype zur Erzielung guter Laufeigenschaften in der Geraden und in Krümmungen getroffen (oder manchmal vergessen) wurden. Auch sie bedarf ergänzender Angaben darüber, ob die seitenbeweglichen Achsen durch Rückstellvorrichtungen wieder in ihre Mittellage gebracht werden, wie groß die darauf hinwirkenden Kräfte sind und welchen Verlauf sie haben, oder ob die Achsen sich selbst überlassen sind. Erst dann hat man das erwünschte vollständige Bild, das dem Fachmann oder dem gut informierten Laien ein Urteil über die Laufeigenschaften ermöglicht. Beschreibungen in der Literatur lassen da oft viel zu wünschen übrig und vor allem erfährt man selten etwas über nachträgliche Änderungen.

Sehr informativ und zeitsparend sind die ebenfalls vom VMEV festgelegten Zusätze, die an die Bezeichnung der Achsfolge angehängt werden, um der Reihe nach folgende Aussagen zu machen:

n = Naßdampf: Der Arbeitsdampf tritt aus dem Kessel über ein Absperr- und Drosselorgan, den Regler, direkt in die Maschine. Seine Temperatur entspricht ungefähr der zum Kesseldruck gehörigen Siedetemperatur des Wassers.

h = Heißdampf: Der Arbeitsdampf strömt außerdem vor seinem Eintritt in die Maschine durch ein von Verbrennungsgasen beheiztes Rohrsystem, den Überhitzer, und wird darin auf höhere Temperatur gebracht.

2, 3, 4 (6) = Anzahl der Dampfzylinder der Lokomotivmaschine.

v = Verbunddampfmaschine: Der Arbeitsdampf wird zuerst einem Hochdruckteil der Maschine (Hochdruckzylinder) und anschließend einem Niederdruckteil (Niederdruckzylinder) zugeführt.

t = Tenderlokomotive: Als Schlußzeichen verwendet, aber vom VMEV nicht vorgesehen.

Soll beispielsweise eine dreifach gekuppelte Heißdampflokomotive mit je einer Laufachse vorn und hinten, zwei Zylindern ohne Verbundwirkung und einem Schlepptender charakterisiert werden, so schreiben wir 1C1h2; für eine Tenderlokomotive gleicher Achsfolge mit einer zweizylindrigen Naßdampf-Verbundmaschine gilt der Ansatz 1C1n2vt. Will man letztere Lokomotive bloß als Tenderlokomotive kennzeichnen, ohne nähere Angaben zu bringen, dann schreibt man 1C1t; ein t nach der Achsfolge, aber gefolgt von der Zylinderzahl und eventuell weiteren Symbolen, wurde manchmal zur Kennzeichnung eines Dampftrockners verwendet, eines seit den zwanziger Jahren der Geschichte angehörenden Vorläufers des Überhitzers, wie ihn Petiet auf der französischen Nordbahn um 1860 verwendete (20, S. 43/44), wogegen er in einer neueren Bauweise als Gölsdorf-Clench Dampftrockner nach der Jahrhundertwende auf etlichen österreichischen Lokomotivserien zu finden war.

Das hin und wieder geübte Hinzufügen eines weiteren Buchstabens, wie S für eine Schnellzug- oder P für eine Personenzuglokomotive, ist schon etwas zuviel des Guten, zumal die Verwendungsfähigkeit auch vom Streckencharakter abhängt. So kann eine Eilgüterzugmaschine für Hügellanddienst sehr wohl eine gute Gebirgsschnellzuglokomotive abgeben und umgekehrt; die großrädrigen 2D2-Typen aus den letzten zwei Dezennien des amerikanischen Lokomotivbaus fungierten ausdrücklich als Mehrzweckmaschinen.

Laufachsen mit einem Hilfsantrieb mittels einer eigenen kleinen Dampfmaschine für zusätzliche Zugkraft beim Anfahren und bei langsamer Steigungsfahrt werden durch Hinzufügen eines Kleinbuchstabens nach dem Vorbild der gekuppelten Achsen gekennzeichnet. Solche Hilfsantriebe, Booster genannt, fanden nur in Nordamerika ausgedehnte Anwendung, meist an Schleppachsen von 2C1-Lokomotiven, die dann als 2C1a zu bezeichnen waren. 2C2a-Typen hatte die New York Central seit 1927, deren Booster auf die letzte Laufachse wirkten. Tenderbooster, bei denen eine Achse eines Drehgestells direkt angetrieben und eine zweite mittels Stangen mit ihr gekuppelt war, werden in das Bezeichnungssystem nicht einbezogen. Angetriebene und gekuppelte Achsen von Zahnradlokomotiven werden analog durch Kleinbuchstaben dargestellt und erhalten den Zusatz z.

Die Kennzeichnung sonstiger Sonderbauarten, vor allem der Gelenklokomotiven System Mallet und Garratt, die eine große Verbreitung erfuhren, erstere besonders in den USA, letztere in Afrika, Süd- und Zentralamerika sowie Australien, wird bei deren Besprechung behandelt. Es handelt sich dabei um Weiterentwicklungen der Stephensonschen Lokomotive unter voller Beibehaltung ihrer Grundmerkmale.

Im angelsächsischen Bereich ist die neuere mitteleuropäische Bezeichnungsweise bloß für Elektro- und Diesellokomotiven üblich, wogegen man dort für Dampflokomotiven an dem 1907 veröffentlichten System von F. M. Whyte festhält. Es setzt anstelle der *Achsen*zahl die der *Räder* und benützt lediglich Ziffern. Um zwischen Lauf- und gekuppelten Rädern unterscheiden zu können, wird grundsätzlich angenommen, eine Lokomotive habe vorn und hinten je eine Laufradgruppe und dazwischen zumindest eine Gruppe gekuppelter Räder, wobei eine 'fehlende' Laufradgruppe durch die Ziffer Null angedeutet wird und zwischen die einzelnen Zahlen Bindestriche gesetzt werden. Demnach wird eine 2D1-Type mit 4-8-2 bezeichnet, eine 1D mit 2-8-0, eine D mit 0-8-0. Bei besonderen Achsanordnungen (geteilte Triebwerke) können allerdings ohne erläuternde Hinweise Unklarheiten entstehen. Das mitteleuropäische System ist zweifellos das beste. Trotzdem folgt man in Frankreich dem angelsächsischen, zählt aber die Achsen, ebenso wie z. B. in Spanien, Rumänien und in der Sowjetunion.

In Nordamerika wurden etlichen gebräuchlichen Achsanordnungen Kennworte zugeteilt, von denen einige internationale Verbreitung gefunden haben, vor allem das Kennwort Pacific für eine 2C1; es fand sogar in die Musikgeschichte Eingang durch das 1923 von Arthur Honegger (1892−1955) komponierte Konzertstück *Pacific 231*, zu dem ihn eine französische 2C1-Schnellzuglokomotive inspirierte und in der er das Anfahren, das Dahinsausen mit Höchstgeschwindigkeit und schließlich die Ankunft im Zielbahnhof darstellt.

Lokomotiven für den schnellen Reiseverkehr in günstigem Gelände wurden in den USA im 19. Jahrhundert vernünftigerweise praktisch ausschließlich als 2B mit führendem Drehgestell gebaut, sodaß diese Type mit Recht die Bezeichnung *American Type* erhielt. Schon 1841 fand sie in Österreich und bald auch in Rußland Eingang. Hier sehen wir einen typischen Schnellzug der Baltimore & Ohio mit einer in den 90er-Jahren, dem dort letzten Baujahrzehnt der 2B, von Baldwin herausgebrachten Maschine, aufgenommen im August 1910 in der Nähe von Washington, D.C. Derartige Bilder vermitteln den Eindruck beschwingter Schnelle und Leichtigkeit, was man ebenfalls von schönen 2B1, gelegentlich auch noch von wohlgelungenen großrädrigen Dreikupplern sagen kann, nicht aber von den mühsam in das Umgrenzungsprofil hineingezwungenen Mammutlokomotiven der letzten Dampfbetriebsjahre, die schon den Stempel krampfhaften Bemühens tragen.

Häufig verwendete Kennworte sind:

2B	American	2C2	Hudson	2D1	Mountain
2B1	Atlantic	1D	Consolidation	2D2	Northern
1C1	Prairie	1D1	Mikado	1E1	Santa Fe
2C1	Pacific	1D2	Berkshire	1E2	Texas

Bestimmte Lokomotivbauarten erhalten bei den meisten Bahnen eine vor die laufende Betriebsnummer der Lokomotive gesetzte Reihenbezeichnung (in Österreich bis 1915 Serie, später ebenfalls Reihe genannt, im englischen Sprachraum Class = Klasse, in Frankreich Série), die nach einem bahneigenen Konzept in mehr oder weniger gelungener Weise gewisse Rückschlüsse auf die Lokomotivbauart zuläßt, womit wir uns aber nicht befassen wollen. Ausführliches über die diesbezügulichen Praktiken europäischer Bahnverwaltungen bietet Quelle 24.

e) Beispiele für den Aufbau charakteristischer Lokomotivtypen (Skizzen auf Seite 25; die Quellen 25 und 26 enthalten die Hauptabmessungen der österreichischen Typen)

Zweifach gekuppelte Lokomotiven der Achsfolge 2B mit vorderem Drehgestell stellten die erste ausgereifte Form der Schnellzuglokomotive für Flach- und Hügelland dar. In Mitteleuropa, aber auch in England, hatte sie bald nach 1870 die lange herrschenden 1B- und 1B1-Bauarten

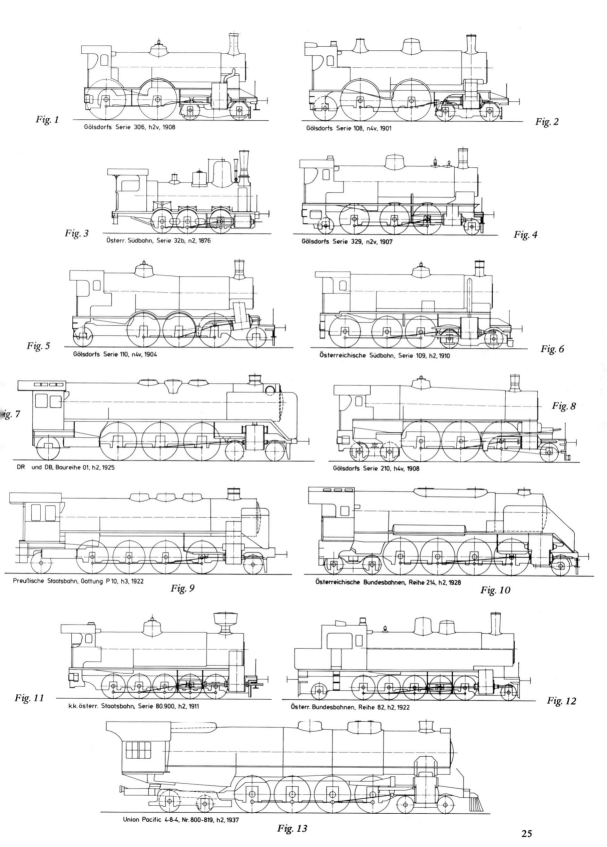

Fig. 1
Gölsdorfs Serie 306, h2v, 1908

Fig. 2
Gölsdorfs Serie 108, n4v, 1901

Fig. 3
Österr. Südbahn, Serie 32b, n2, 1876

Fig. 4
Gölsdorfs Serie 329, n2v, 1907

Fig. 5
Gölsdorfs Serie 110, n4v, 1904

Fig. 6
Österreichische Südbahn, Serie 109, h2, 1910

Fig. 7
DR und DB, Baureihe 01, h2, 1925

Fig. 8
Gölsdorfs Serie 210, h4v, 1908

Fig. 9
Preußische Staatsbahn, Gattung P 10, h3, 1922

Fig. 10
Österreichische Bundesbahnen, Reihe 214, h2, 1928

Fig. 11
k.k. österr. Staatsbahn, Serie 80.900, h2, 1911

Fig. 12
Österr. Bundesbahnen, Reihe 82, h2, 1922

Fig. 13
Union Pacific 4-8-4, Nr. 800-819, h2, 1937

25

Zeichnung: A. Laula

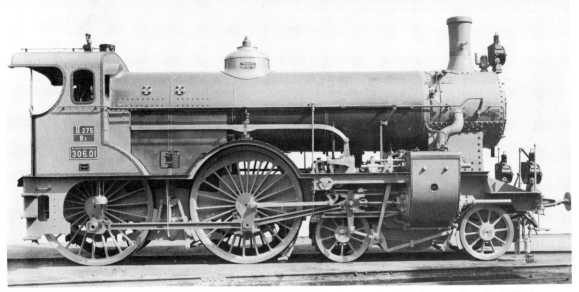

Auf seiner 2B-Serie 306 von 1908 wandte Karl Gölsdorf erstmalig den Schmidtschen Rauchrohrüberhitzer an; äußerlich war sie gleich den 70 Maschinen der Serie 206 von 1904 bis auf den Hochdruckzylinder mit Kolbenschieber auf der rechten Seite und das aus dem Überhitzerkasten anstatt aus dem Dampfdom kommende Reglergestänge. Die schönen ruhigen Linien dieser Maschine sind das augenfällige Resultat von Gölsdorfs Englandreise im Jahre 1899, was aus dem Vergleich mit der 2B-Serie 106 von 1898 und der 206 offenbar wird und was seinen eigenen Stil bei allen nachfolgenden Schöpfungen hervortreten ließ. Eine Besonderheit von Gölsdorfs 'American Type' war das nahe an die Treibräder herangerückte Drehgestell, bedingt durch das Streben nach einem großen Kessel, zu dessen Abstützung die Laufachsen in höherem Maße herangezogen werden mußten.

verdrängt, deren Verwendung für mehr als 80 km/h gemäß den Technischen Vereinbarungen (TV) des Vereines Deutscher Eisenbahnverwaltungen (VDEV, des Vorgängers des 1932 neu konstituierten VMEV) verboten worden war, weil eine einzige vordere Laufachse erfahrungsgemäß geringere Sicherheit der Führung im Gleis bot, vor allem bei kleinem Achsstand mit vorne überhängenden Zylindern. Erst die Kombination der Laufachse mit der nachfolgenden Kuppelachse durch das später zu besprechende Krauss-Helmholtz-Gestell von 1888 gewährte im Verein mit zwischen diesen Achsen liegenden Zylindern praktisch äquivalente Laufsicherheit.

Den ersten Versuch mit einem Drehgestell unternahm bereits 1832 John B. Jervis, ein prominenter amerikanischer Ingenieurkonsulent, auf einer Lokomotive für die Mohawk & Hudson Railway, die jedoch aus anderen Gründen nicht entsprach, während die Anordnung eines solchen Drehgestells vor zwei gekuppelten Achsen dort 1836 einem Henry R. Campbell aus Philadelphia patentiert wurde. Wenige Jahre darauf trat die 2B ihren Siegeszug in den USA an; sie wurde mit Recht *American Type* benannt und beherrschte bis zur Jahrhundertwende den Schnellzugverkehr.

S. 25
Fig. 1 Die hier abgebildete Serie 306 ist das Endglied der Entwicklungsreihe in Gölsdorfs 2B-Typen, die er 1894 begann. Bei 57 t Dienstgewicht hatte sie gemäß Sanzins Versuchen (21) von 80 km/h aufwärts eine Zylinderleistung von 1100 PSi (810 kW) mit mittelmäßiger Steinkohle von 6250 Kalorien Heizwert, das wären in SI-Einheiten 26.200 kJ (= Kilojoule) pro kg, welcher Umrechnungswert jedoch nur in diesem Beispiel angeführt wird. Bei Probefahrten wurden 130 km/h erreicht. Ihr preußisches Gegenstück, die Gattung S6 von 1906 mit 60 t Dienstgewicht, war im gleichen Geschwindigkeitsbereich mit ebensolcher Kohle in der Leistung etwas unterlegen, da Gölsdorf stets reichliche Rostflächen wählte. In Österreich wurden die ersten 2B-Lokomotiven 1844 für die Wien–Gloggnitzer Bahn geliefert, und zwar von der bahneigenen Maschinenfabrik unter dem gebürtigen Schotten John Haswell.

Eine der typisch amerikanischen Verschublokomotiven, wie sie nach etwa 1905 gebaut wurden, als Kolbenschieber die Flachschieber ersetzten. Das Dienstgewicht lag meist um 100 t, was später auch für die vierachsigen dieselelektrischen Verschublokomotiven galt und bei Dampfmaschinen unter den dortigen Betriebsverhältnissen einen Drehgestelltender von etwa zwei Dritteln des Lokomotivgewichts verlangte. Tenderlokomotiven gab es dort nur ganz ausnahmsweise, im Verschub bloß für Werksbahnen. Die Treibstangenlager
sind noch nachstellbar ausgeführt; die Dampfverteilung erfolgt durch eine ältere Form der Bakersteuerung,
die Lenkerstange zum Voreilhebel greift, wie normalerweise in Europa, erheblich unter dem Kreuzkopfbolzen
an. Die Tieflage der Steuerstange (unter dem Führerhausboden) verrät Umsteuern mittels Handhebel; später
gab es durchwegs Kraftumsteuerung mittels Druckluftzylinder, vor dem Stehkessel gelagert.

Durch Hinzufügen einer Schleppachse entstand die 2B1, hervorragend geeignet für Schnell- S. 25
Fig. 2
fahren. Karl Gölsdorf glaubte (25, S. 63) infolge unvollständiger Information über den amerikanischen Lokomotivbau, die 2B1-Schnellzug-Serie 308 der KFNB von 1894 wäre die erste
dieser Achsanordnung auf der Welt gewesen und in den USA unter dem Namen Atlantic
nachgeahmt worden. J. Jahn nennt in seinem hervorragenden Buch von 1924 (27, S. 180)
außer zwei hier nicht maßgebenden englischen 2B1t von 1881 und 1882 als erste amerikanische
2B1-Schlepptenderlokomotive ein Einzelstück von 1882 mit zwei Wellrohren anstelle der Steh-
bolzenfeuerbüchse, doch erschienen 1887 in den USA drei weitere 2B1; zwei davon waren
Sonderbauarten mit dem Führerhaus auf dem Kesselrücken (Camelbacks), die dritte aber, geliefert von den Rhode Island Locomotive Works für die New York, Providence & Boston Railroad, war, abgesehen von der noch ungewöhnlichen Achsfolge, konventioneller Bauart. Daß
ihre hintere Laufachse aus Gewichtsgründen nachträglich eingebaut wurde, kann sie in Anbetracht der Gestaltung der österreichischen Serie 308 nicht disqualifizieren, denn diese machte –
wie auch Gölsdorfs Serie 108 – keinen Gebrauch von der Möglichkeit, durch eine erhebliche
Verlagerung der letzten Laufachse nach hinten, also ihrer Ausbildung als typische Schleppachse,
eine breitere Feuerbüchse mit großem Rost einzubauen; dieses Merkmal aber wurde typisch
für die amerikanischen Atlantics von der Mitte der neunziger Jahre an, die demnach eine eigen-
ständige Entwicklung darstellen und in der preußischen S9 von 1908 sowie der formschönen
badischen Gattung IId von 1902 und anderen europäischen 2B1 Nachfolgerinnen fanden.

Gölsdorfs Serie 108 leistete dank ihrer hervorragenden Dimensionierung und reichlichen
Rostfläche in der tiefen, langen und verbrennungstechnisch günstigen Feuerbüchse bei nur 68,5 t
Dienstgewicht trotz Naßdampf mit der vorerwähnten mittelguten Kohle bei 80 km/h 1370 PSi
(1000 kW) und noch über 1100 PSe am Zughaken des großen vierachsigen Tenders Serie 86 (21).

Die C-Lokomotive entstand in primitiver Form mit Kettenkupplung um 1815, mit Kuppelstangen immerhin bereits 1827 als T. Hackworths ROYAL GEORGE der Stockton & Darlington Railway (17). Als der Kohlentransport auf dem hügeligen Gelände der englischen Gruben immer zugkräftigere Maschinen verlangte, schufen Robert Stephenson & Co. 1834 einen laufachslosen Dreikuppler von 17 t Gewicht, den HERKULES, damals die stärkste Lokomotive der Welt (14, S. 204). Seither wurden einfache C-Maschinen bis kurz nach der Jahrhundertwende in vielen Varianten für zahlreiche Bedürfnisse gebaut. Auf europäischen Gebirgsstrecken bewältigten sie bis über die Mitte der neunziger Jahre hinaus sogar den Schnellzugverkehr.

S. 25
Fig. 3

Eine solche langlebige Bauart war die dargestellte Serie 32b der österreichischen Südbahn aus dem Jahre 1876, nach den Worten Sanzins typisch für tausende mitteleuropäischer Güterzuglokomotiven dieser Zeit und auch nachfolgender Jahrzehnte. Zu ihren Vorgängerinnen, die sich nur im Detail unterschieden sowie durch 11 bis 13 anstatt 14 t Achslast und entsprechend kleinere Kessel mit Dampfdrücken von weniger als 10 atü, zählt auch die schon weltberühmt gewordene Nr. 671 der Südbahn, seit 1924 der Graz—Köflacher Bahn gehörig, die 1860 von der StEG-Fabrik gebaut worden ist und seit ihrer letzten Generalreparatur, in der neueren Eisenbahnsprache eingedeutscht, aber nicht treffend Hauptuntersuchung genannt, die im April 1978 abgeschlossen wurde, wieder in alter Frische zu allerlei Vergnügungs- und Gedenkfahrten zur Verfügung steht. Den meisten dieser C-Typen war die hinter der Kuppelachsgruppe angeordnete 'überhängende Feuerbüchse', besser ausgedrückt der überhängende Hinterkessel, gemeinsam, wodurch sich einfache Bauweise, relativ gute Zugänglichkeit bei Stehbolzenreparaturen und die damals noch bevorzugte niedrige Kessellage bei trotzdem vorteilhaft hohem Feuerraum ergaben. Der kurze Achsstand, der oft nur 40 %, bei dieser verbesserten Bauart mit 3,41 m immerhin schon 44 % der Länge der Hauptmasse der Lokomotive vom vorderen Ende der Dampfzylinder bis zur Hinterwand des Kessels betrug, gestattet nur mäßige Fahrgeschwindigkeiten, in diesem Falle 45 km/h, für das Verwendungsgebiet aber ausreichend. Nach Sanzin betrug die höchste Dauerleistung in der Nähe dieser Geschwindigkeit bereits 520 PSi (380 kW); die Nr. 671 bleibt bei gleicher Fahrgeschwindigkeit um etwa 30 % darunter.

Englische Dreikuppler erhielten, durch die schwächeren Krümmungen der dortigen Hauptbahnen begünstigt, meist viel größere Achsstände. So führt uns der vortreffliche Historiker des britischen Lokomotivbaus, E. L. Ahrons, in seinem umfassenden Werk von 1927 eine für ihre Zeit typische C-Bauart der London, Midland & Scottish Railway von 1869/73 vor (16, S. 202) mit so weit auseinandergezogenen Rädern, daß der Achsstand 5031 mm betrug, nicht weniger als 88 % der Hauptmassenlänge. Dies war konstruktiv nur mit innen, zwischen den Rahmenplatten, liegenden Zylindern möglich, die auf die mittlere Achse wirkten und so im Bereich der führenden Räder Platz finden konnten. In Mitteleuropa war ein derart großer Abstand fest gelagerter Achsen damals der Kurvenfahrt wegen verpönt; auch die nicht weniger als 1587 mm hohen Räder hätte man hier ohne führende Laufachsen des üblichen mäßigen Durchmessers von einem Meter oder weniger nicht mehr gewählt, seit man fand, daß die Entgleisungsgefahr mit dem Durchmesser der voranlaufenden Räder wächst. Doch auf dem damals sprichwörtlich erstklassigen Oberbau in Großbritannien, dessen flache Kurven auf den Hauptstrecken fast durchwegs 100 km/h zuließen, konnten derartige alte C-Lokomotiven vor Personenzügen unbedenklich mit 80 bis über 90 km/h dahinjagen und sie taten dies auch gut ein halbes Jahrhundert lang.

S. 25
Fig. 4

Karl Gölsdorfs erste Mehrzwecklokomotive kam 1907 als 1C1-Serie 329 heraus, mit zwei radial einstellbaren Laufachsen, nach der Bauweise des Engländers W. Bridges Adams von 1863 Adamsachsen genannt (16, S. 154). Vorher hatte man den Personenzugdienst in Österreich, wie in den meisten anderen Ländern des Kontinents, mit älteren Schnellzuglokomotiven bewältigt, denen aber die erwünschte Zugkraft zum raschen Beschleunigen nach häufigem An-

Der mächtige Kessel dieser 1C1h4v-Serie 10 von 1909, deren Naßdampfausführung vier Jahre früher herausgekommen war, zeugt schon rein visuell von dem Bestreben, den hier gelungenen Rekord an Dampfleistung pro Tonne Dienstgewicht zu erreichen (26), den der Buchtext näher erläutert.

halten fehlte. Der neugeschaffene Dreikuppler mit mäßigem Treibraddurchmesser von 1614 mm bei neuen, 70 mm starken Radreifen war selbst mit seiner Zweizylinder-Verbunddampfmaschine für 80 km/h voll geeignet und konnte auf günstigen Strecken, wie auf der Nordbahn, auch Kohlenzüge von 1500 t befördern. Diese Type fand, von 1911 an als Heißdampf-Zwilling mit noch höherer Zugkraft (Serie 429), in Österreich große Verbreitung.

Ein Beispiel für einen Dreikuppler höchster Leistung bei kleinstem Gewicht bietet als Gölsdorfs hervorragende Schöpfung die kkStB-Serie 110 (1C1h4v) von 1904, die einen niemals erreichten Weltrekord für Kesselheiz- und Rostfläche, also Dampfleistung pro Tonne Dienstgewicht, repräsentiert (26). Hier war im Interesse des gehobenen Schnellzugverkehrs auf Hügelland-, aber auch Bergstrecken mit bis zu 20 Promille Steigung eine in allen Einzelheiten auf Gewichtsparen hinzielende Konstruktion geschaffen worden. Auch die Schrägstellung der in einer gemeinsamen Ebene liegenden vier Zylinder der Verbundmaschine leistete dazu einen erheblichen Beitrag, denn die führende Adamsachse konnte dadurch näher an die erste Kuppelachse heranrücken, der Rahmen wurde kürzer und die zum Antrieb der Mittelachse ohnehin notwendigerweise schrägzulegenden Innenzylinder konnten bei einem Minimum an Materialaufwand mit den Außenzylindern gußtechnisch vereinigt werden. Schon die Naßdampfserie 110 leistet in der Nähe der mit 90 km/h festgelegten höchsten Betriebsgeschwindigkeit 1450 PSi (1070 kW); für die ab 1909 gebaute Heißdampfvariante Serie 10 sind 14 % mehr anzusetzen. Bei guter Laufruhe wurden 118 km/h erzielt. Diese Achsanordnung entstand übrigens schon 1856 an österreichischen Schmalspurlokomotiven für Lambach—Gmunden, deren Deichselachsen jedoch nicht ganz befriedigten, weil sie allzu leicht ausschwenkten. Als großrädrige Schnellzuglokomotive erschien die 1C1 vom Jahre 1901 auf der Lake Shore & Michigan Southern Railroad in den USA, die den Namen Prairie-Type kreierte (28, 29).

S. 25
Fig. 5

Ein 'Hayes ten-wheeler' der Baltimore & Ohio Railroad von 1853. Die Konzeption geht auf die der Camel-(Kamel)-Bauart mit dem Führerhaus auf dem Langkessel zurück, die der erfinderische Ross Winans (1796 bis 1877), in jungen Jahren Landwirt, später Leiter der B&O-Hauptwerkstätte und seit ca. 1843 unabhängiger Lokomotivbauer in Baltimore, erstmals 1848 herausgebracht hat. Bis 1857 in 200 Stück gebaut, bewältigten Winans Camels als D-Kuppler von 20 bis 24 t Dienstgewicht den gesamten schweren Verkehr der Bahn, während die 2C von Maschinendirektor Samuel Hayes, deren Treibgewicht auch auf fast 22 t kam, für gemischten Betrieb und die aufkommenden höheren Geschwindigkeiten speziell lauftechnisch besser geeignet waren und die von Winans ablösten. Gegenüber dem salonartigen Führerhaus fällt der primitive Heizerstand besonders auf; in späteren Camels, die vorwiegend für Anthrazitfeuerung gebaut wurden, mit höhergelegenem, besonders breitem Rost, stand der Heizer unter einem von der Lokomotive auf die Beschickungsbühne des Tenders übergreifenden Dach, doch war neben dem Stehkessel kein Platz für den Lokomotivführer, der weiterhin in der Mitte des Kessels blieb, wenn auch nicht mehr auf ihm stehend. 2C-Camels mit Schmidtüberhitzer besorgten noch nach Mitte der 30er-Jahre den Vorortverkehr auf der Central Railroad of New Jersey mit ihrem Kopfbahnhof Jersey City am Hudsonufer gegenüber New York.
Foto B&O

S. 25
Fig. 6
    Eine andere Bauart einer 3/5-gekuppelten Lokomotive ist die 2C, die man in den USA einfach Ten-Wheeler taufte, worunter sich der nicht Eingeweihte bloß zehn Räder vorstellen kann. Bei gleicher Leistung wird sie schwerer als die Prairie-Type, kann aber einen kleineren Achsstand erhalten, was für die österreichische Südbahn maßgebend war, als sie sich 1909 für die starke Schnellzug-Serie 109 mit 90 km/h entschloß, denn ihre Werkstatt-Schiebebühnen waren bloß 10 m lang. Sie erregte Aufsehen als die erste Breitbox-Lokomotive dieser Achsfolge in Europa, war robust und langlebig, doch naturgemäß nicht so leistungsfähig wie Gölsdorfs Vierzylinder-Prairietypen (26). Der erste Ten-Wheeler, gebaut in den USA von Hinkley & Drury in Boston, kam bereits 1847 auf der Boston & Maine Railroad in Betrieb und wurde Vorgänger einer großen Zahl von 2C-Typen, in den USA vor allem für schnellen Güterzugdienst bis nach der Jahrhundertwende gebaut, in Europa, speziell in England und Preußen, für Personen- und Schnellzugdienst bis in die zwanziger Jahre. Eine besonders gelungene Vertreterin ist die allbekannte preußische P8 von Robert Garbe, dem Vorkämpfer der Heißdampflokomotive.

S. 25
Fig. 7
    Auf dem europäischen Kontinent wurde die Achsfolge 2C1 bald nach ihrem Erscheinen auf der Paris—Orleans Bahn und auf den Badischen Staatseisenbahnen im Juli bzw. Oktober 1907 von einigen Verwaltungen übernommen und entwickelte sich nach dem Ersten Weltkrieg zum Standard im Schnellzugverkehr der meisten Bahnen mit mäßigen Steigungen. Ihr Ursprung liegt wieder in den USA: nach zwei oder drei unbedeutenden Einzelstücken aus den achtziger Jahren auf der Lehigh Valley und der Chicago, Milwaukee & Pacific Railroad sowie der ersten Lieferung nach Neuseeland durch Baldwin im Jahre 1901 machte sie, von der ALCO gebaut, ihr Debut 1903 auf der Missouri Pacific Railroad, und seither ist die Bezeichnung Pacific welt-

Die 1935 für den neuen 4-Stunden-Zug *Silver Jubilee* der LNER zwischen London und Newcastle geschaffene Drillings-Pacific-Klasse A4 mit 20 t Achslast, die Krönung von H. N. Gresleys (1876–1941) Schnellfahrlokomotiven, für welche die Briten den Weltgeschwindigkeitsrekord beanspruchen. Am 3. Juli 1938 erreichte Lokomotive Nr. 4468 MALLARD mit sieben Vierachsern 126 mph (202,8 km/h), in leichtem Gefälle, aber mit 45 % Zylinderfüllung und daher hoher Leistung. Die ursprünglich mit der Unterkante des Tenders fluchtende Stromlinienverkleidung wurde mit Rücksicht auf Kühlung und Wartung beschnitten, und damit auch die Ästhetik. Der Kreuzkopf hat die von Gresley 1918 von der Pennsylvania Railroad übernommene elegante Leichtbauform nach Axel Vogt, mit einem Gleitschuh zwischen einem oberen und zwei rechts und links darunterliegenden Linealen.

Nach der Verstaatlichung der vier großen britischen Privatbahnen im Jahre 1948 wurde unter zentraler Leitung sofort mit der Konstruktion von zwölf Standard-Dampflokomotivtypen begonnen, die alle von 1951 bis 1954 verwirklicht wurden. Bis zur Einstellung des Dampflokomotivbaus im Jahre 1960 waren davon 999 Maschinen erschienen, dazu aber auch von 1948 an 1538 dringend benötigte Privatbahntypen, hauptsächlich bis 1952 mit einigen Nachzüglern. Unter den etwa 19.000 zu Beginn dieser Periode vorhandenen Dampflokomotiven gab es ja in England auch archaische wie kaum anderswo, für deren Ersatz nun die Mittel genehmigt wurden. Die Standardtypen hatten, abgesehen von einem vereinzelt gebliebenen Drilling, sämtlich Zwillingszylinder. Von der hier gezeigten wohlgelungenen 2C1 der Britannia-Klasse (Zugkraftklasse 7) mit 20,6 t Achslast wurden als stärkste Standard-Schnellzugtype 55 Maschinen gebaut. Einfachheit und Robustheit gingen vor, reichlichere Roste (in diesem Fall 3,9 m²) und Belpaireboxen begünstigten hohe Dampfleistung. Die größeren Typen erhielten den von Gresley übernommenen Axel-Vogt-Kreuzkopf, die übrigen den konventionellen mit Gleitbahnen über und unter der Kolbenstange. Mit dem Kesseldruck ging man bis auf 17,6 atü, mit dem Raddurchmesser auf 1880 mm, nicht so hoch wie früher, und ließ höhere Drehzahlen zu, z.B. 7 U/sec bei 150 km/h, die im Gefälle manchmal noch etwas überschritten wurden. Die Achsen von Lokomotiven und Tendern, nicht aber die Triebwerke, erhielten Wälzlager. – Die Drillingslokomotive Nr. 71000 der Zugkraftklasse 8 mit ca. 22 t Achslast, ebenfalls eine Pacific, erhielt die neueste Form der in England verspätet zur Reife gebrachten British Caprotti-Steuerung und übertraf mit einer Nutzung des adiabatischen Wärmegefälls in den Zylindern bis zu 82,5 % auch die 66er der DB. Sie soll als Eigentum einer Privatgesellschaft 1985/86 wieder in Betrieb kommen.

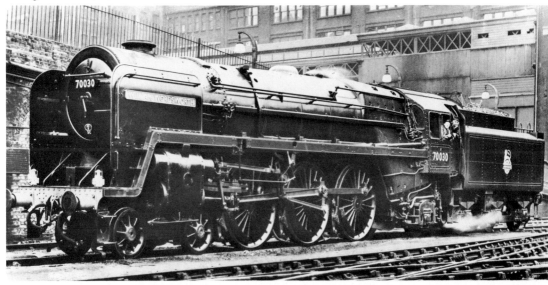

Unter allen deutschen Dampflokomotiven und gewiß allen mit Einfachexpansion arbeitenden des Kontinents erzielte die 1C2h2t-Baureihe 66 der DB von 1955 die beste Dampfwirtschaft. Ein Henschel-Team unter Prof. R. Roosen schuf sie als vorletzte der DB-Nachkriegs-Dampflokomotivtypen. Mit einer Überhitzungstemperatur von 422°C und 16 atü wurde ein Dampfverbrauch von 5,67 kg/PSih erreicht, bei 4,7 sekundlichen Umdrehungen entsprechend einer Fahrgeschwindigkeit von 85 km/h. Der Kessel lieferte dabei 7000 kg Dampf/h, wovon die Maschine 6640 kg verbrauchte, das sind 95 %. Die Heizflächenbelastung betrug 80 kg/m²h für 87,5 m² feuerberührter Heizfläche des mit einer Verbrennungskammer versehenen Kessels und einem Rost von 1,96 m², die Zylinderleistung 1170 PSi und der von der DB einheitlich auf Kohle von 7000 Kalorien (kcal/kg) lediglich proportional umgerechnete Kohlenverbrauch ergab sich zu 945 kg/h, der Kesselwirkungsgrad war 73 %. Da man aber mit um ca. 10 % höherwertiger Kohle fuhr, entsprach dieser Wirkungsgrad einer um ca. 9 % kleineren Rostbeanspruchung, hier ca. 440 kg/m²h, die für beste Nußkohle erfahrungsgemäß noch 73 % Kesselwirkungsgrad im Beharrungszustand ermöglicht. Die Lokomotive wiegt voll ausgerüstet 93,4 t mit 14,3 t Wasser und 5 t Kohle bei 47 t Treibgewicht. Trieb- und Laufwerk haben Wälzlager, im übrigen entsprach die Dampfmaschine deutschen Baugrundsätzen. Die auf die Zylinderleistung bezogene Ausnützung des Wärmeinhalts der verfeuerten Kohle betrug 11,2 %; etwas über ein Viertel davon benötigt die Lokomotive zu ihrer Fortbewegung samt dem Luftwiderstand, dessen Überwindung ja auch dem Wagenzug zugute kommt. Am Zughaken standen an der Horizontalen 2730 kp an Zugkraft zur Verfügung; auf 3 Promille Steigung waren dies bei 2/3 der Vorräte noch 2470 kp, womit ein Zug von knapp 400 t aus 9 modernen D-Zugwagen mit 85 km/h Beharrungsgeschwindigkeit befördert werden kann.

weit in Gebrauch gekommen. Die Typenskizze zeigt die Ursprungsausführung der DRB-Reihe 01 von 1925 in Zweizylinderbauart für 120 km/h. Ihre kurzlebige, aber im positiven Sinne umstrittene Vierzylinder-Verbundvariante und die von 1937 an bevorzugte Drillingsausführung als Baureihe 01.10 sind in der deutschen Literatur ausführlich behandelt worden (30, 31); eine Übersicht der bedeutendsten europäischen Pacific-Typen gibt Quelle 32.

Wie ersichtlich, ist die BR (Baureihe) 01 einfach und ungezwungen konzipiert. Da Drehscheiben von 23 m Länge und eine Achslast von 20 t zur Verfügung standen, brauchte an Baulänge und Gewicht nicht besonders gespart zu werden; daher auch der reichliche Abstand von 2300 mm zwischen den gekuppelten Achsen, um die Bremsklötze in die Ideallage, nämlich in die Achsebene, legen zu können, was sonst in der Welt fast nirgends praktiziert wurde und offenkundig bloß mäßige Bedeutung hat. Die Schleppachse liegt weit hinten und entspricht damit der typischen Pacific-Bauart mit großer Rostfläche, hier 4,5 m². Als Europas schwerste Pacific kam 1935 die belgische Type 1 mit 24 t Achslast und 5 m² Rostgröße heraus.

S. 25
Fig. 8 Schon während der Bauzeit der ersten europäischen Pacific schuf Karl Gölsdorf für denselben Zweck seine Serie 210 mit der umgekehrten Achsfolge. Trotz größerer Räder von 2140 statt 2000 mm Durchmesser war ihr gesamter Achsstand von 10.450 mm um fast zwei Meter kürzer als jener der BR 01, und mit einem ebenfalls vierachsigen Tender konnte sie bloß 20 m lange Drehscheiben benützen. Dank einer aus den USA übernommenen Langkesselkonstruktion mit einem sich nach vorn verjüngenden konischen Schuß, die Gölsdorf erstmalig bei seiner

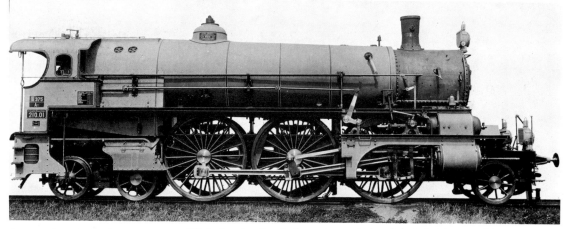

Den größten Dampferzeuger unter Gölsdorfs schnellen Lokomotiven erhielt seine Serie 210 von 1908, die zwar für die im wesentlichen flache Nordbahnstrecke nach Mähren gebaut wurde, aber in ihrer Heiß-dampfausführung als Serie 310 auch den schweren Schnellzugdienst Wien—Salzburg mit 10 bis 11 km langen 10-Promille-Rampen übernahm. Entgegen der Serie 10 sind hier alle Triebwerkslager nachstellbar. Der Asch-kasten weist auch seitliche Taschen für reichliche Luftzufuhr auf, die um viele Jahre jüngere Lokomotiven erst Jahrzehnte später erhielten. Der aus dem vorderen Kesselschuß heraustretende Reglerzug verrät den Gölsdorf-Clench-Dampftrockner, den Gölsdorf vor Aufnahme des Schmidt-Überhitzers an einigen Serien verwendete.

Serie 110 angewendet hatte und bei allen seinen Großlokomotiven bevorzugte, war es in Ver-bindung mit der Achsanordnung 1C2 möglich, trotz der geringen zugelassenen Achslast von nominell 14,5 t, tatsächlich 14,9 t bei bloß 84 t Dienstgewicht einen gewaltigen Kessel unter-zubringen, mit einem Rost von 4,62 m^2 und 252 m^2 feuerberührter Rohrheizfläche, wovon 64 m^2 auf den Gölsdorf-Clench-Dampftrockner entfielen. Mit der 2C1-Bauart wäre dies völlig unmöglich gewesen. Auch die Heißdampfvariante Serie 310 von 1911 wog dienstbereit nur 85 t und ihr Kessel kam in seiner Dampfleistung an den der in Zwillingsbauart 109 t, als Drilling 114 t schweren BR 01 bzw. 01.10 sehr nahe heran. Ein um 1910 beim Studium des europäischen Lokomotivbaus auch in Österreich-Ungarn weilender amerikanischer Regierungs-beamter bezeichnete in seinem Bericht (33) die Serie 210 als *superb*. Zum schnellen Befahren der kurvenreichen österreichischen Hauptstrecken mit Geschwindigkeiten bis 100 km/h war die Zusammenfassung der vorderen Laufachse mit der ersten Kuppelachse in einem Krauss-Helmholtz-Gestell unerläßlich. Interessanterweise reichte die Firma Henschel & Sohn in Kassel, die erfahrungsreichste deutsche Lokomotivfabrik, 1940 ein Projekt für eine Alternativlösung zur BR 01.10 als 1C2 in Vierzylinderverbund-Ausführung ein, das wohl infolge der Kriegs-eskalation nicht weiter verfolgt werden konnte (30, S. 117).

S. 25
Fig. 9

Kurz vor Gründung der Deutschen Reichsbahn hatte Borsig für die Preußisch-Hessischen Staatsbahnen die starke 1D1-Gattung P10 herausgebracht (34), um den schweren Personen-zugverkehr im Hügelland zu beschleunigen. Auch diese Achsfolge wurde in den USA geboren, von wo sie am Anfang der neunziger Jahre nach Japan exportiert wurde und daher den Namen Mikado erhielt (36). In Amerika vor allem für Güterzüge verwendet, eignet sie sich bei ent-sprechender Durchbildung sehr wohl für gehobene Ansprüche; es sei besonders die Vierzylinder-Verbundausführung von Hartmann in Chemnitz erwähnt, die als 'Sachsenstolz' bezeichnete Gattung XX Hv von 1918 mit 1905 mm Raddurchmesser (37, 38). Sowohl diese Type als auch die P10 hatten ein führendes Krauss-Helmholtz-Gestell.

Dank ihrer guten Laufeigenschaften und des Dreizylindertriebwerks konnte der P10 trotz ihres mäßigen Raddurchmessers von 1750 mm eine Betriebsgeschwindigkeit von 110 km/h zugestanden werden (von zunächst 120 km/h aus Instandhaltungsgründen herabgesetzt), womit sie über ihre ursprünglich vorgesehene Verwendung hinaus zum Schnellzugdienst im Hügelland emporstieg; aber in der Praxis paßten zu ihr doch besser 100 km/h, sodaß das Fehlen einer wahren Hügelland-Schnellzuglokomotive, die im Gegensatz zur sächsischen XX Hv, die nicht mehr weitergebaut wurde, die nun zulässige Achslast von 20 t voll ausgenützt hätte, bei den Betriebsleuten der Reichsbahn als Mangel empfunden wurde.

S. 25
Fig. 10

Die für Flach- und Hügelland gleichermaßen geeignete Reihe 214, für 120 km/h ausgelegt und zugelassen, die aber 156 km/h bei den sogenannten Polizeiproben erreicht hatte, ist die einzige spezifische Schnellzuglokomotive der Welt, die mit der Achsfolge 1D2 ausgeführt wurde; sonst fand diese nur für schwere Güterzuglokomotiven in den USA von 1925 an große Verbreitung, in Europa für einige Typen von Tenderlokomotiven. In Österreich wurde sie als logische Weiterentwicklung der 1C2 empfunden, natürlich wieder mit führendem Krauss-Helmholtz-Gestell, und bot unter anderem die einzige Möglichkeit, einen großrädrigen (1940 mm) Vierkuppler höchster Leistung und Robustheit mit vierachsigem Tender zum Wenden auf 20-m-Drehscheiben zu verwirklichen, wobei der Hinterkessel einfachst konstruiert war (26). Dem Streben nach Einfachheit und kurzer Konstruktionszeit entsprechend sowie zur Vermeidung von 'Kinderkrankheiten' erhielt sie in der Planung und Ausführung seitens der Wiener Lokomotivfabrik ein Zwillingstriebwerk. Ihr Erfolg führte in Rumänien 1937/40 zum Lizenzbau von nicht weniger als 79 Maschinen für schweren Schnellzugdienst; mehr als 30 Jahre später besorgten noch etliche Schnell- und dann Güterzugdienst, bis sie die Traktionsumstellung verdrängte. Ihre Leistung erreichte mit Kohlenfeuerung schon bei 90 km/h 2700 PSi (2000 kW) und stieg mit höherer Fahrgeschwindigkeit noch erheblich an. Durch Anwendung neuerer Erkenntnisse in der Ausbildung der Blasrohranlage und der Steuerung wäre eine Leistungssteigerung auf 3400 bis 3500 PSi möglich gewesen, doch bot die nach dem Zweiten Weltkrieg rasch fortschreitende Elektrifizierung der Österreichischen Bundesbahnen dazu keine Gelegenheit mehr.

S. 25
Fig. 11

Dieser einfache laufachslose Fünfkuppler kam in seiner Ursprungsform als Naßdampf-Zweizylinderverbundlokomotive Serie 180 der k. k. österreichischen Staatsbahnen schon 1900 heraus. Als Schöpfung Karl Gölsdorfs unter teilweiser Verwertung der Theorien von R. v. Helmholtz über Ausbildung von Triebwerken mit seitenverschieblichen Kuppelachsen zum Erzielen zwängungslosen Kurvenlaufs wurde bereits die Erstlingsbauart zum Vorbild für eine große Zahl gleichartiger und in der Form von 1E-Typen weiterentwickelter Lokomotiven in aller Welt. Schließlich gelangte man zur sechs- und sogar siebenfachen Kupplung, doch wurde die letztgenannte nicht in voll zweckmäßiger Form verwirklicht (20). Die skizzierte Serie 80 ist eine etwas verstärkte Heißdampfvariante der E-Type Serie 180 in der Zwillingsausführung von 1911 mit knapp 14 t Achslast.

Als bald nach dem Ersten Weltkrieg in großem Maß das Bedürfnis aufkam, auch schwere Güterzüge mit mehr als 50 km/h zu fahren, wurden die laufachslosen Bauarten von den Hauptstrecken verdrängt. In den USA und in Kanada fanden sie stets nur im Verschub Verwendung.

S. 25
Fig. 12

Für Güterzüge auf kürzeren Strecken und für Nachschub- und Vorspanndienst bestimmt, wurde 1921 diese erfolgreiche 1E1-Tenderlokomotive Reihe 82 von J. Rihosek zeit- und geldsparend unter Beibehaltung des Kessels sowie der kompletten Dampfmaschine samt Triebwerk der vorstehend gezeigten E-Type entwickelt (26). Adamsachsen an beiden Enden gewährleisteten eine gute Führung in beiden Fahrtrichtungen. Obzwar die Höchstgeschwindigkeit offiziell nicht gesteigert wurde, fuhren diese Maschinen im Vorspanndienst der Semmeringbahn bei der Durchfahrt in Stationen häufig mit mehr als 60 km/h in 250-m-Kurven klaglos ein. Im übrigen zeigt dieses Beispiel, wie es auch im Dampflokomotivbau möglich ist, einheitliche Konstruktionen für verschiedene Zwecke zu verwenden.

Die Achsfolge 2D2 kennzeichnet die letzten Höhepunkte der Entwicklung Stephensonscher Lokomotiven in ihrer einfachen Grundform mit bloß zwei Zylindern, die eine Gruppe gekuppelter Räder treiben. Sie entstand 1926 in den USA, wo sich auch die folgerichtige Entwicklung

Die 27 von ALCO 1945/46 an die New York Central gelieferten 2D2 der Niagara-Klasse erreichten ein Maximum an Publizität durch ihre Verwendung vor den altbekannten Namenszügen, wie 20th Century Limited, Commodore Vanderbilt und Empire State Express, aber auch durch hohe Kilometerleistungen mittels teils fast unglaublich erscheinender betrieblicher Maßnahmen, wie Begehen der Feuerbüchse nach Auswerfen des Feuers in einen wassergefüllten Kanal und Blasen von Außenluft durch die Box mittels des Hilfsbläsers in der Rauchkammer. Hierauf stiegen die sogenannten 'hot men', in Asbestanzüge gehüllte Männer, in die Box ein, um nach Ankunft von einem 1500-km-Lauf während einer Wendezeit von nur zweieinhalb Stunden Wartungsarbeiten durchzuführen innerhalb eines von heißem Wasser (190 bis 210° C!) umgebenen Raumes, wie wohl sonst nirgends in der Welt — doch es ging Chefingenieur Kiefer darum, dem Diesel die Stirn zu bieten. Weniger wild ging es bei der Norfolk & Western zu, deren Stromlinien-2D2 unsere Typenskizze zeigt und die außer Flachlandfahrten mit maximal 160 km/h auch schweren Bergdienst zu leisten hatten, weswegen ihre Kolben einen Volldruck von 78 Mp gegen 63,6 Mp bei den Niagaras ausüben konnten. Beide Typen hatten Wälzlagertriebwerke und Hohlgußradsterne, die Niagaras, wie ersichtlich, Bakersteuerung.

vollzog, bis zu höchsten Dauerleistungen von über 6000 PSi (4400 kW), mehr als 3000 pro Zylinder. Die auch dort nach europäischem Vorbild von der ALCO propagierte Drillingsdampf-maschine verlor schon in der ersten Hälfte der dreißiger Jahre ihren Nimbus, weil Wartung und Instandhaltung des Innentriebwerks dem Lokomotiv- sowie dem Heizhaus- und Werkstätten-personal mißfielen und daher oft vernachlässigt wurden. Bei den 2D2 fand sie überhaupt keinen Eingang, obwohl die ersten dieser Achsfolge — voran die der Northern Pacific von 1926, erste Schlepptender-2D2 der Welt, — in der Blütezeit der amerikanischen Drillingslokomotiven ent-standen. Die Northern entwickelte sich rasch von reinen Schnellzug- zu Allzwecklokomotiven für Flach- und Hügellandstrecken.

Von den mehr als fünf Dutzend nordamerikanischen 2D2-Spielarten, die bis 1945 gebaut wurden, unterschieden sich die meisten nur im Detail voneinander, oft durch unbedeutende Variationen in den Abmessungen von Kessel, Rädern und Zylindern sowie im Dampfdruck, die auf Eigenbröteleien der jeweiligen Maschinendirektoren und ihrer Stäbe zurückgingen, wofür ich in meinem Artikel (39) Beispiele gebracht habe. Die leistungsfähigsten haben Rost-flächen von 9,3 bis 10 m² (größere nur für geringerwertige Kohle) bei über 400 m² feuerberührter Verdampfungsheizfläche, 32 bis 33 t Kuppelachslast und 220 bis 230 t Dienstgewicht. Die dar-gestellte Klasse 800 der Union Pacific ist eine typische Vertreterin ihrer Achsfolge in den USA. Nach der ersten Bauart von 1937 hatte die zweite, etwas verstärkte ALCO-Lieferung von 1939/44 ein Dienst- und Reibungsgewicht von 223 bzw. 123 t bei 9,3 m² Rost- und ca. 410 m² Verdampfungsheizfläche sowie 21 atü Kesseldruck. Zwischen Omaha und Salt Lake City

S. 25
Fig. 13

Die zugkraftstärkste und erfolgreichste der großen britischen Standardtypen war die 1E-Klasse 9, die mit der Nr. 92000 im Jahre 1954 debutierte, während die 251. Einheit, EVENING STAR benannt, 1960 den britischen Dampflokomotivbau gebührend abschloß. Mit Rädern von bloß 1524 mm Durchmesser erwies sie sich als wahre Allzweckmaschine für schwere Züge, mit der Fähigkeit, Schnellzüge zeitweise mit 90 Meilen, das sind 145 km/h, zu befördern, entsprechend 6,8 sekundlichen Umdrehungen mit neuen Radreifen. Wie man sieht, haben die kurzen Kuppelstangen bloß rechteckigen Querschnitt. Die Konstruktion lag in den Händen von R. G. Jarvis der Hauptwerkstätte Brighton der ehemaligen Southern Railway, seit 1948 Southern Region von BR, der 1961 den Giesl-Ejektor in Österreich studierte und die gelungene Ausrüstung der 2C1 Nr. 34064 einleitete. Diesem Beispiel folgt nun die Lokomotive Nr. 34092 einer privaten Gruppe.

fuhr sie mit Schnellzügen 1650 km ohne Lokomotivwechsel, auch über die Rocky Mountains. Die letzte dieser Gattung, 1944 als Nr. 844 gebaut, macht seit 1963 als Nr. 8444 gelegentlich Sonderfahrten für Eisenbahnfreunde. Die schwerere Klasse J der Norfolk & Western Railway mit reinem Wälzlager-, Trieb- und Laufwerk und 32,5 t, das ist um 2 t höherer Kuppelachslast, von der die als Lokomotivfabrik ausgerüstete Hauptwerkstätte in Roanoke 1941 bis 1950 vierzehn Maschinen mit den Betriebsnummern 600 bis 613 herausbrachte, ist meines Erachtens für hohe Ansprüche sowohl an Zugkraft als auch an Geschwindigkeit und Dampfwirtschaft am besten dimensioniert. Ein glücklicherweise erhaltenes Exemplar, die Nr. 611 von 1950, steht seit 1982 ebenfalls für Sonderfahrten über die ausgedehnten Allegheny Mountains zur Verfügung, in deren Nordostteil Ghega 1842 seine Studien über Lokomotivbetrieb auf Gebirgsbahnen durchführte.

Foto S. 277

Einige Bahnen versuchten, die Achsfolgebezeichnung Northern durch eine eigene zu ersetzen, drangen aber damit nicht durch; nur im Osten hielt sich der Name Pocono, geprägt von der Lackawanna Railroad im Jahre 1927, da ihre sehr formschönen 2D2 dem gleichnamigen Gebirgsfluß im Staat New Jersey entlangfuhren. Die Bezeichnung Niagara für die Klasse S-1 mit der Nummernserie 6000 der New York Central von 1945 dürfte jedoch fortleben, da diese Lokomotiven durch die Beförderung berühmter Namenszüge zwischen New York (Harmon) und Chicago vor deren Verdieselung trotz ihrer kurzen Karriere viel Aufmerksamkeit erregten.

Robuste Konstruktion mit größter Bedachtnahme auf erstklassige Führung im Gleis, in der Geraden wie im Bogen, reines Wälzlager-Trieb- und Laufwerk und eine mechanisch flexible Kesselkonstruktion, die hohe und wechselnde thermische Beanspruchungen verträgt, — generelle Merkmale ausgereifter amerikanischer Dampflokomotiven — waren die Erfolgsgrundlagen der dortigen 2D2-Bauarten und ermöglichten in Verbindung mit flankierenden betrieblichen Maßnahmen das planmäßige Durchfahren von 1600 km und mehr ohne Lokomotivwechsel mit Monatsleistungen bis etwa 40.000 km im Vierteljahrdurchschnitt. Aber trotzdem konnten sie der heimischen Dieselkonkurrenz selbst im Güterzugdienst nur bis längstens in die späten fünfziger Jahre standhalten.

Besser erging es den in der Einleitung erwähnten britisch/deutschen 2D2 in Südafrika, von denen ein erheblicher Teil schon drei Jahrzehnte in schwerem Regeldienst steht, weil dort Wirtschaft und Umwelt für den Dampfbetrieb weniger nachteilig sind.

Der vorstehende Auszug aus dem vielfältigen Erscheinungsbild der Stephensonschen Lokomotive ist zwar auf Bauarten mit einer einzigen Triebwerksgruppe beschränkt, er genügt jedoch für einen Einblick in die Variationsmöglichkeiten, die sich dem Konstrukteur schon dabei darbieten. So manches wird aber erst voll verständlich, wenn die wichtigsten Konstruktionselemente und ihre Funktionen im Detail betrachtet werden. Erst nachher erscheint es richtig, erfolgreiche Sonderbauarten auf Stephensonscher Grundlage zu behandeln.

Jede Lokomotive muß, wie jedes andere Fahrzeug des Eisenbahnbetriebs, in die vorgeschriebene Querschnittsumgrenzung passen, von der wir einige Beispiele betrachten wollen.

Lichtraumprofil und Fahrzeug-Umgrenzungslinie

Das *Lichtraumprofil* stellt den von baulichen Anlagen und jeglichen fixen Gegenständen frei-
zuhaltenden lichten Raum um ein Eisenbahngleis dar. Der Konstrukteur darf seinerseits die
von der Bahn festgelegte *Fahrzeug-Umgrenzungslinie* nicht überschreiten, und zwar nicht bloß
in der Geraden, sondern auch im Gleisbogen, wo sich das Fahrzeug seitlich verschiebt. Deswegen
sind lange Waggons (Vierachser) etwas schmäler als kurze (Zweiachser), in denen man in der
Zeit der 3. Klasse Querbänke sogar mit 3 + 2 Sitzplätzen unterbrachte.

Die Figuren zeigen Beispiele von Fahrzeug-Umgrenzungen. Oben links das kontinental-
europäische Lademaß I für Wagen, das in Deutschland auch für Lokomotiven, aber mit einer
Höheneinschränkung von 100 mm für den Rauchfang, galt, der bei der Reichsbahn außerdem
einen abnehmbaren Aufsatz haben mußte, worauf aber bei der Kriegslokomotive verzichtet
wurde. In der österreichisch-ungarischen Monarchie und bei ihren südöstlichen Nachbarn galt
dieses Profil generell, doch die österreichische Südbahn hatte geteilte Rauchfänge wegen der
Grenzübergänge nach Italien; dort und in Teilen Frankreichs war die Höhe ganz erheblich,

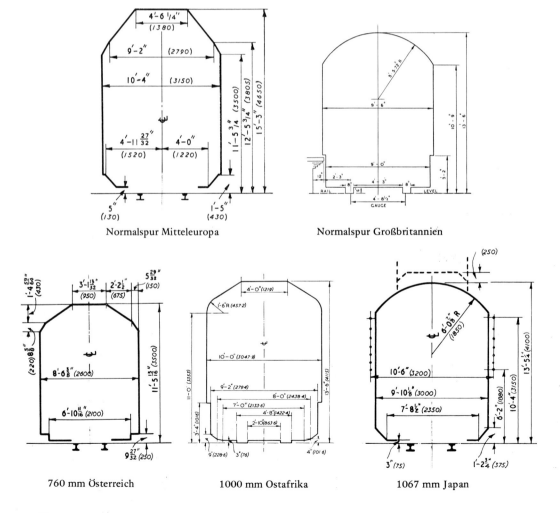

Normalspur Mitteleuropa   Normalspur Großbritannien

760 mm Österreich   1000 mm Ostafrika   1067 mm Japan

auf 4300 bzw. 4280 mm eingeschränkt. Fast dieselben vollen Höhen- und Breitenmaße fand man bei den Dampflokomotiven der großen Bahnen im Osten der USA. Die New York Central erlaubte eine nur um 25 mm größere Breite, aber sogar um 53 mm geringere Höhe, andere waren etwas liberaler; die N&W kam den westlichen Bahnen sehr nahe – die 2F1 der Union Pacific (20) beanspruchte 4887 mm Höhe und 3404 mm Breite, die Northern Pacific sogar 5233 mm Höhe, fast wie die Russen mit H = 5300 mm bei B = 3400 mm. Für dreistöckige Pkw-Transportwagen zum möglichst rationellen Befördern der Eisenbahn-Erzfeinde in der Dieselära wurden im Osten der USA Tunnelgleise abgesenkt, um 6 m lichte Fahrzeughöhe zu gestatten.

Sehr knapp nimmt sich oben rechts das englische Profil aus; das für Schottland ist noch etwas kleiner, und die letzte 1E Klasse 9F wurde mit nur 2695 mm Breite und 3988 mm Höhe ausgeführt! Diese Beschränkungen stellten an die Konstrukteure starker Dampflokomotiven hohe Ansprüche, wenn sie auch durch hochwertige Kohle und bescheidene Bodenerhebungen begünstigt waren. Unten sehen wir links die Maße für 760-mm-Spur der Steiermärkischen Landesbahnen, dann die der meterspurigen East African Railways und für die 1067 mm (Kapspur) der Japaner; es fällt auf, daß alle Schmalspur-Umgrenzungslinien relativ zur Spurweite viel größer sind als bei der westlichen Normalspur. Dies, zusammen mit schärferen Krümmungen, wirkt sich natürlich bei den Geschwindigkeiten aus, aber mit den heutigen Methoden von Gleisbau und Instandhaltung kann man schon etliche Fesseln lockern.

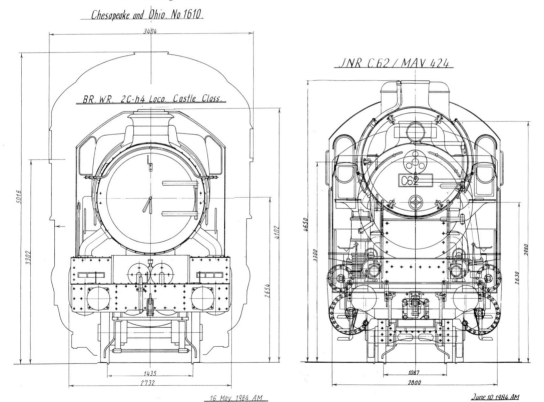

Das jeweils vorgeschriebene Fahrzeugprofil nützt die Möglichkeiten der Spurweite verschieden, wie diese beiden Vergleiche zeigen. *Links:* Das Profil der amerikanischen Chesapeake & Ohio (Umriß der Lokomotive No. 1610) übertrifft Beispiele von den British Railways (Castle Class der Western Region) ganz wesentlich, obwohl beide normalspurig sind. – *Rechts:* Dagegen ist das japanische Profil (am Beispiel der Reihe C62) trotz einer Spurweite von nur 1067 mm fast gleich breit wie das normalspurige von Mitteleuropa (am Beispiel der MÁV-Reihe 424). *Zeichnungen A. Minegishi*

Der Lokomotivkessel und sein Aufbau

Kessel

Von allen einfachen Hochleistungskesseln, ob stationär oder mobil, hat der Stephensonsche Lokomotivkessel den höchsten Wirkungsgrad. Dies ist in zwei Hauptfaktoren begründet: erstens geht die Verbrennung in einem allseits von zu verdampfendem Wasser umgebenem Raum vor sich, der Feuerbüchse, sodaß keine Wärme unmittelbar an Teile abgegeben wird, deren Erhitzung

Die 1920 fertiggestellte Montagehalle der Wiener Lokomotivfabrik (WLF) in Floridsdorf im Herbst 1939, als der seit 1937 krisenbedingt darniederliegende Lokomotivbau durch Bestellungen der DRB wieder in Schwung kam. In Fertigung befinden sich vor allem sechzig deutsche Einheits-Güterzuglokomotiven Baureihe 50, sowie acht Nachbauten österreichischer Elektrolokomotiven Reihe 1170.200 (E45.2 der DRB). Im Vordergrund links ein Rahmen (Barrenrahmen) der Baureihe 50, der in Kürze zum Aufsetzen des Kessels bereit sein wird. Der Kran hat eine Laufkatze von 10 t Nutzlast; am Ende der Halle stehen auf den oberen Laufbahnen zwei Krane von je 60 t Nutzlast; zusammen können sie eine Lokomotive von 120 t Leergewicht anheben und über andere Lokomotiven hinwegfahren, was man im Lokomotivbau das englische Montageverfahren nennt und das mit großer Platzersparnis verbunden ist. Damit konnten bis nach dem Zweiten Weltkrieg, ja bis zur Stillegung der WLF im Verband der verstaatlichten SGP (Simmering-Graz-Pauker AG) im Jahre 1969, die schwersten Lokomotiven aller Art gehandhabt werden und im Jahr des absoluten Höchstproduktion, 1943, war es möglich, pro Arbeitstag drei bis vier fertige Lokomotiven in der Halle zu montieren und herauszufahren. Leider fand sich später für diese gleich nach dem Ersten Weltkrieg weit vorausschauende Planung keine Verwendung mehr und die Halle wurde 1985 abgebrochen. *Foto WLF*

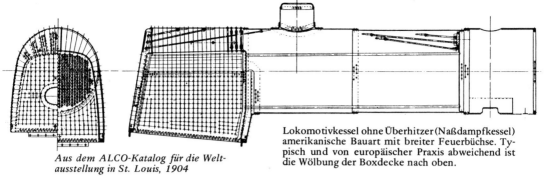

Lokomotivkessel ohne Überhitzer (Naßdampfkessel) amerikanische Bauart mit breiter Feuerbüchse. Typisch und von europäischer Praxis abweichend ist die Wölbung der Boxdecke nach oben.

unerwünscht ist, wie das Mauerwerk oder die Umhüllung der Brennkammer größerer ortsfester Kessel, und zweitens strömen die aus der Feuerbüchse austretenden Gase durch ein ebenfalls völlig von Kesselwasser umgebenes Rohrbündel, das eine optimale Wärmeübertragung ermöglicht. Dadurch kann die Abgastemperatur beim Eintritt in die Rauchkammer bei ökonomischer Durchschnittsbelastung von etwa 75 % der Nenndampfleistung des Kessels auf beispielsweise 120° C über die Kesselwassertemperatur beschränkt werden, wobei der Abgas-Wärmeverlust bloß 13 bis 15 % der in der verfeuerten Kohle enthaltenen Wärmemenge beträgt.

Hinterkessel

Anstelle des Ausdrucks Feuerbüchse wurde speziell in Österreich gern das bequeme englische Wort Box benützt, in Deutschland bis zum Ersten Weltkrieg auch die Bezeichnung Feuerkiste als wörtliche Übersetzung von firebox[1]. Ihren unteren Abschluß bildet für feste Brennstoffe der Rost, unterhalb dessen der Aschkasten angebracht ist. Die Größe der Rostfläche im Verein mit dem Heizwert und den sonstigen Eigenschaften des Brennstoffs hat grundlegenden Einfluß auf die Leistungsfähigkeit des Kessel und muß daher gleich beim Entwurf der Lokomotive festgelegt werden. Ferner ist zu entscheiden, ob Rost und Hinterkessel zwischen den Rahmenwangen (Rahmenplatten) oder über ihnen, jedoch zwischen gekuppelten Rädern liegen sollen,

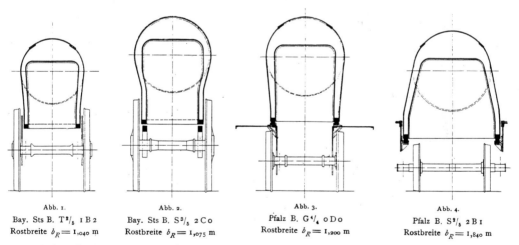

Abb. 1.	Abb. 2.	Abb. 3.	Abb. 4.
Bay. Sts B. T^2/$_5$ 1 B 2	Bay. Sts B. S^3/$_5$ 2 C o	Pfalz B. G^4/$_4$ o D o	Pfalz B. S^2/$_5$ 2 B 1
Rostbreite b_R = 1,040 m	Rostbreite b_R = 1,075 m	Rostbreite b_R = 1,200 m	Rostbreite b_R = 1,840 m

Querschnitte durch typische Feuerbüchsen europäischer Bauart und ihre Anordnung am Fahrgestell der Lokomotive. *(41)*

oder aber über allen Rädern. In letzterem Falle ist man, wie ersichtlich, in der Wahl der Rostbreite viel freier; eine breitere und daher meist kürzere Box wird in der Herstellung billiger, speziell bei größeren Rostflächen, und wenn sie völlig frei liegt, braucht der Kessel bei kleineren

---

1 Dies führte nach einer Notiz (40) dazu, daß der preußische Oberrechnungshof die Beschaffung einer teueren kupfernen Feuerkiste für eine Heereslokomotive als unbegründet rügte und die Mehrkosten auf den Truppenfonds überwälzte, da eine Holzkiste mit Eisenblechbeschalung genau dieselben Dienste getan hätte.

Einheitliche Benennung der Lokomotivteile
Gruppe: Kessel

Tafel 1

Konventioneller deutscher Kessel (2Ch2-Gattung P8 der KPEV von 1906).
LONORM-Tafel 1

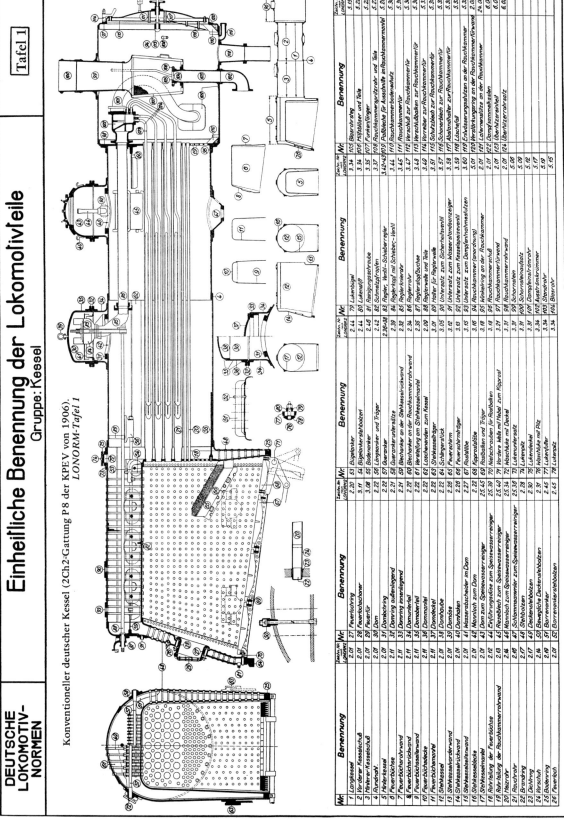

Nr.	Benennung	Zeichn. Nr. LONORM2
1	Langkessel	2.01
2	Vorderer Kesselschuß	2.01
3	Mittlerer Kesselschuß	2.01
4	Rundnaht	2.01
5	Hinterkessel	2.01
6	Feuerbüchse	2.11
7	Feuerbüchsrohrwand	2.11
8	Feuerbüchsrückwand	2.11
9	Feuerbüchsseitenwand	2.11
10	Feuerbüchsdecke	2.11
11	Feuerbüchsmantel	2.11
12	Stehkessel	2.01
13	Stehkesselvorderwand	2.01
14	Stehkesselseitenwand	2.01
15	Stehkesselrückwand	2.01
16	Stehkesseldecke	2.01
17	Stehkesselmantel	2.01
18	Rohrteilung der Feuerbüchse	2.12
19	Rohrteilung der Rauchkammerrohrwand	2.13
20	Heizrohr	2.14
21	Rauchrohr	2.10
22	Branding	2.17
23	Dichtring	2.17
24	Vorschuh	2.44
25	Bodenring	2.19
26	Feuerloch	2.01

Nr.	Benennung	Zeichn. Nr. LONORM2
27	Feuerlochring	2.20
28	Feuerlochschoner	3.11
29	Feuertür	3.08
30	Dom	2.01
31	Domkörung	2.01
32	Domring außenliegend	2.21
33	Domring innenliegend	2.11
34	Domunterteil	2.22
35	Domoberteil	2.22
36	Domdeckel	2.11
37	Domdeckel	2.11
38	Domhaube	2.01
39	Domdose	2.01
40	Domkasten	2.01
41	Wasserabscheider im Dom	2.01
42	Mannloch zum Dom	2.01
43	Dom zum Speisewasserreiniger	2.01
44	Einführungsdüse zum Speisewasserreiniger	2.12
45	Rieselblech zum Speisewasserreiniger	2.13
46	Mannloch zum Speisewasserreiniger	2.44
47	Schlammsammler zum Speisewasserreiniger	2.40
48	Stehbolzen	2.17
49	Deckenstehbolzen	2.17
50	Bewegliche Deckenstehbolzen	2.44
51	Barrenanker	2.19
52	Barrenankerstehbolzen	2.01

Nr.	Benennung	Zeichn. Nr. LONORM2
53	Bügelanker	2.20
54	Bügelankerstehbolzen	3.11
55	Bodenanker	3.08
56	Längsanker und Träger	2.22
57	Queranker	2.21
58	Queranker untersätze	2.21
59	Blechanker an der Stehkesselrückwand	2.21
60	Blechanker an der Rauchkammerrohrwand	2.22
61	Versteifung am Stehkesselmantel	2.22
62	Laschenanden zum Kessel	2.22
63	Stehkesselträger	2.22
64	Schängerstück	2.22
65	Feuerschirm	2.26
66	Feuerschirmträger	2.26
67	Feuerschirm	2.27
68	Kipproststäbe	2.22
69	Rostbalken und Träger	25.45
70	Nietschrauben für Rostbalken	25.39
71	Vordere Wellb mit Nebel zum Kipprost	25.40
72	Waschluke mit Deckel	25.34
73	Lukenunterteil	25.36
74	Lukenpilz	2.28
75	Lukendeckel	2.30
76	Waschluke mit Pilz	2.31
77	Lukenfutter	2.45
78	Lukensatz	2.45

Nr.	Benennung	Zeichn. Nr. LONORM2
79	Lukenbügel	2.44
80	Lukenpilz	2.44
81	Reinigungsschraube	2.45
82	Schmelzpfropfen	2.42
83	Regler, Ventil–Schieberregler	2.36–3.38
84	Reglerkopf (mit Schieber–Ventil)	2.39
85	Reglerknierohr	2.32
86	Reglerrohr	2.34
87	Reglerstopfbuchse	2.35
88	Reglerwelle und Teile	2.09
89	Halter für Reglerwelle	3.01
90	Untersatz zum Sicherheitsventil	3.05
91	Untersatz zum Wasserstandsanzeiger	3.12
92	Untersatz zum Kesselspeiseventil	3.43
93	Untersatz zum Dampfentnahmestutzen	3.15
94	Rauchkammer (anordnung)	3.16
95	Winkelring an der Rauchkammer	3.18
96	Rauchkammerschuß	3.18
97	Rauchkammerrohrwand	3.21
98	Rauchkammerrohrwand	3.31
99	Schornstein	3.31
100	Schornsteinaufsatz	3.31
101	Dampfeinströmrohr	3.31
102	Ausströmkrümmer	3.34
103	Standrohr	3.34
104	Blasrohr	3.34

Zeichn. Nr. LONORM2	Nr.	Benennung
5.15	105	Blasrohrkegel
5.22	106	Hilfsbläser und Teile
5.23	107	Funkenfänger
5.27	108	Rauchkammerspritzrohr und Teile
5.28	109	Paßbleche für Ausschnitte im Rauchkammermantel
5.30	110	Rauchkammerbodenschutz
5.31	111	Rauchkammertür
5.36	112	Verschluß zur Rauchkammertür
5.36	113	Verschlußbalken zur Rauchkammertür
5.31	114	Vorreiber zur Rauchkammertür
5.31	115	Schutzblech zur Rauchkammer
8.57	116	Schonerblech zur Rauchkammertür
5.31	117	Abstandhalter zur Rauchkammertür
5.37	118	Löschefall
5.39	119	Verstärkungsring an der Rauchkammer
5.37	120	Verstärkungsbolzen an der Rauchkammer
5.39		
2.01	121	Laternensitze an der Rauchkammer
24.08	122	Dampfsammelkasten
6.04	123	Überhitzereinheit
6.02	124	Überhitzerrohrsatz
6.02		

ELNA Nr. 36

Einheitliche Benennung der Lokomotivteile

Gruppe: Kessel, geschweißt

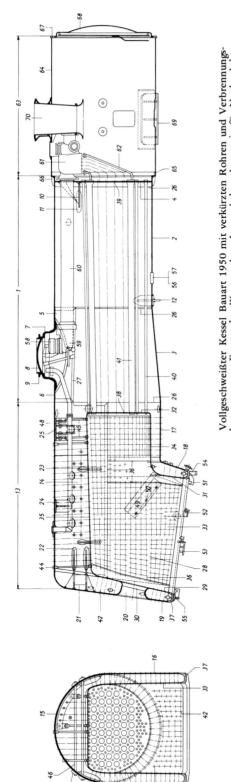

Vollgeschweißter Kessel Bauart 1950 mit verkürzten Rohren und Verbrennungskammer zum Ersatz des Wagnerschen Langrohrkessels, sowie für Neubaulokomotiven der DB.

(1, Tafel 6) 1954

Nr.	Benennung	Zchng. Nr.
1	Langkessel Nr 2 bis 12	2.040
2	Kesselschuß, vorn	2.041
3	Kesselschuß, hinten	2.041
4	Rauchkammerrohrwand	2.130
5	Feuerlochhals in der Feuerbüchse	2.222
6	Feuerbüchsvorderwand	2.044
7	Feuerbüchsrohrwand	2.044
8	Feuerbüchsseitenwand , links	2.221
9	Feuerbüchsmantel , vorn	2.223
10	Feuerbüchsmantel	2.223
11	Feuerbüchsdecke	2.224
12	Druckring	2.34
13	Blechanker	2.34
14	Befestigungsplatte für Blechanker	2.029
15	Befestigungsplatte für Pendelblech	2.49
16	Hinterkessel Nr. 14 bis 35	2.020
17	Stehkessel Nr. 15 bis 25	2.023
18	Stehkesselmantel, oben	2.023
19	Stehkesselmantel, seitlich	2.023
20	Stehkesselmantel, vorn unten	2.021
21	Stehkesselvorderwand	2.022
22	Stehkesselrückwand	2.201
23	Feuerlochhals im Stehkessel	2.32
24	Kesselverstärkung innen	2.029
25	Träger für beweglich aufgehängte Deckenstehbolzen	2.352
26	Rundnaht (V - Naht 70°)	2.010

Nr.	Benennung	Zchng. Nr.
27	Längsnaht (V - Naht 70°)	2.010
28	Feuerbüchse , vorn	2.041
29	Feuerbüchsbrückwand	2.041
30	Feuerlochhals in der Feuerbüchse	2.130
31	Feuerbüchsvorderwand	2.222
32	Feuerbüchsrohrwand	2.044
33	Feuerbüchsseitenwand , links	2.221
34	Feuerbüchsmantel , vorn	2.223
35	Feuerbüchsmantel	2.223
36	Feuerbüchsschweißnähte (V - Naht 70°)	2.224
37	Bodenring	2.34
38	Rohrteilung der Feuerbüchse	2.49
39	Rohrteilung der Rauchkammerrohrwand	2.020
40	Heizrohr	2.023
41	Rauchrohr	2.023
42	Stehbolzen, gewindelos mit Spiel eingeschweißt	2.28
43	Gelenkstehbolzen mit Ausgleichring und Verschlußkappe	2.29
44	Deckenstehbolzen gewindelos mit Spiel eingeschweißt	2.30
45	Beweglich aufgehängte Deckenstehbolzen, gewindelos mit Spiel eingeschweißt	2.31
46	Queranker gewindelos mit Spiel eingeschweißt	2.36
47	Untersatz für Queranker	2.39
48	Hängeeisen	2.30
49	Feuerschirm	3.120
50	Feuerschirmträger	3.131
51	Rostbalkenträger	3.181
52	Rostbalkenträger	2.47

Nr.	Benennung	Zchng. Nr.	Zchng. Nr. Fld
53	Untersatz für Lager	2.010	3.19
54	Stehkesselstütze	2.110	2.199
55	Befestigungsplatte	2.112	2.199
56	Lukenhalter	2.202	2.702
57	Lukenpilz mit Zubehör	2.113	3.31
58	Hilfsabsperrventil	2.114	3.41
59	Reglerknierohr	2.110	3.45
60	Reglerrohr	2.110	3.470
61	Dampfsammelkasten mit Mehrfach - Ventilregler	2.110	6.040
62	Überhitzereinheiten	2.190	6.02
63	Rauchkammer Nr. 64 bis 70	2.190	6.02
64	Rauchkammermantel	2.115	2.050
65	Rauchkammerwinkelring	2.130	2.051
66	Rauchkammerwinkelstütze	2.140	2.059
67	Rauchkammerstirnwand	2.160	2.053
68	Rauchkammertür	2.28	2.053
69	Rauchkammerträger	2.29	5.310
70	Schornstein	2.30	2.06
			5.060

Feuerbüchsreparaturen nicht abgehoben zu werden, was Kosten spart, sowohl direkte als auch indirekte durch kürzere Stehzeit. Verbrennungstechnisch ist die schmale und dafür längere Box im Vorteil, zumal man sie auch nach Bedarf tiefer gestalten kann, um einen längeren Brennweg zu erhalten, bevor die Verbrennungsgase in die Kesselrohre eintreten. Ob dies aber tatsächlich eine meßbare Verbesserung bringt, hängt von den Eigenschaften des Brennstoffs ab; gasarme Kohlen sind bekanntlich kurzflammig, brauchen also keinen langen Brennweg. In Belgien wurden unter Maschinendirektor A. Belpaire (1820—1893) zur Verfeuerung wohlfeiler Mager-Kleinkohlen von hohem Heizwert, die wegen ihres Zusammenbackens nur in ganz niedriger Schicht brennen durften, von 1860 an zunächst Roste von gegenüber der vorhergegangenen Praxis etwa verdoppelter Fläche ausgeführt; mit zunehmendem Leistungserfordernis wuchsen sie bis in die achtziger Jahre in immer breiteren, niedrigen Boxen mit ebener Decke und analog geformtem Stehkessel bis über 6 m². Damit war eine vernünftige Grenze erreicht und bei weiterem Steigen der Ansprüche in schwerem und schnellem Dienst mußte man diese Feuerungsart zugunsten längerflammiger Stückkohle und zunächst Anlehnung an englische Konstruktionspraxis wieder verlassen.

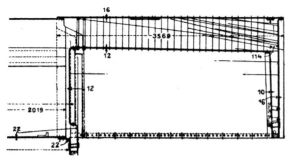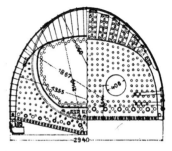

Amerikanische Wootten-Feuerbüchse zur wirtschaftlichen Verbrennung von Feinkohle; neuere Bauweise um 1900. Der hier 9,5 m² große Rost verlangte vom Heizer extreme Wurfweite und große Geschicklichkeit. In Belgien waren für den gleichen Zweck vor der Jahrhundertwende Rostflächen bis zu 6,5 m² üblich. *(42)*

Im Osten der USA, in Pennsylvania, war Anthrazit-Kleinkohle seit jeher billig zu haben und fand daher trotz der Probleme im Zusammenhang mit schwerer Entzündlichkeit, extremer Hitzeeinwirkung auf den Rost und der Unterbringungs- und Beschickungsmöglichkeit ausreichend großer Roste schon um die Mitte des 19. Jahrhunderts intensive Beachtung, wobei man sich lange Zeit mit Beimischung von längerflammigen Kohlen (bituminous coal) behelfen mußte (20, S. 53). 1877 schuf J. E. Wootten (1822—1899) als Chefingenieur der Philadelphia & Reading Railway die nach ihm benannte typische Breitbox mit seitwärts weit ausladendem Stehkessel und relativ zu deren Wänden ungefähr radial ausstrahlenden Stehbolzen. Die Abbildung zeigt die ausgereifte Form der Woottenbox, wie sie besonders von den Baldwin-Werken in Philadelphia um die Jahrhundertwende in großer Zahl gebaut wurde, mit einer an die zulässige Fahrzeugumgrenzungslinie heranreichenden Stehkesselbreite und Rostflächen von mehr als 9 m² (für Handbeschickung!), auch auf Lokomotiven von relativ mäßigen Dimensionen. Einige der die Anthrazit-Kohlenreviere bedienenden Bahnen behielten die Woottenbox bis zum Ende der Dampftraktion und der erste voll geschweißte amerikanische Lokomotivkessel für die Delaware & Hudson Railroad von 1937 hatte eine Woottenbox mit 3024 mm äußerer Stehkesselbreite (43). Erst 1895 verwendeten sie auch westliche Bahnen, um minderwertige Kleinkohle und Grus rationell verfeuern zu können, was ebenfalls nur in dünner Schicht, verteilt über eine große Rostfläche möglich ist (44), damit die Verbrennungsluft mit so geringer Geschwindigkeit durch das Feuerbett (die Brennstoffschicht) strömt, daß auch bei Vollast keine übermäßigen Flugverluste durch Herausreißen von Brennstoff entstehen. Die Beschickung erfordert dann große Geschicklichkeit und Umsicht seitens des Heizers, um die notwendige Gleichmäßigkeit zu erzielen.

Für große Leistungen ist Feinkohle bei Rostfeuerung nicht geeignet; speziell in der englischen und mitteleuropäischen Praxis arbeitete man grundsätzlich mit Nußkohle, vorzugsweise von 50 bis 150 mm Stückgröße, in Belgien und Frankreich auch mit hochwertigen Briketts. Für kleine, besonders hoch beanspruchte Kessel, wie auf den Zahnradlokomotiven der österreichischen Schneeberg- und Schafbergbahn, kann man es sich leisten, gesiebte Nußkohle in Körben bereitzustellen, um den Auswurf zu verringern; sonst muß eine Mischung mit kleineren Stücken in Kauf genommen werden, während größere von gewissenhaften Heizern mit dem Hammer zerschlagen werden, sofern die Kohle nicht die Eigenschaft hat, in der Gluthitze zu zerfallen, wie gewisse hochwertige englische Kohlen. Ein Anteil von Grus und grobem Staub gehört zum Alltagsbetrieb; in kleinen Mengen entsteht er ja schon durch Abrieb beim Umladen, mehr noch durch die Förderschnecken von mechanischen Rostbeschickern, und wenn einem Tender die letzten Vorräte entnommen werden, kommt stets der 'Kohlenmist' zum Vorschein. Man half oder hilft sich durch Nässen der Kohle mittels des am Führerstand stets vorhandenen Spritzschlauchs, der auch zum Reinhalten des Führerhausbodens dient, und verhindert damit, daß der Verbrennungsluftstrom schon während des Feuerns den Kohlenklein von der Schaufel reißt.

Von vereinzelten alten Experimenten mit dem Stabilkesselbau entnommenen Treppenrosten abgesehen, die sich für Lokomotivbetrieb nicht eignen, weil der Brennstoff hier überall möglichst gleichzeitig entzündet werden muß, wurden die Roste ursprünglich, bei kleinen Abmessungen aber ganz allgemein, einfach horizontal gelegt. Bei größerer Länge wählte man eine mäßige Rostneigung nach vorn, damit der Heizer die erforderliche Wurfweite leichter erzielen kann;

Im November 1935 stand Gölsdorfs 1C1-Tenderlokomotive 29.25 teilweise demontiert beim Heizhaus Wien West und so erkennen wir deutlich, daß der hintere (unverschalte) Teil des Kessels (Stehkessel) in den Bereich des Führerstands hineinreicht. *Foto Zell / Archiv Griebl*

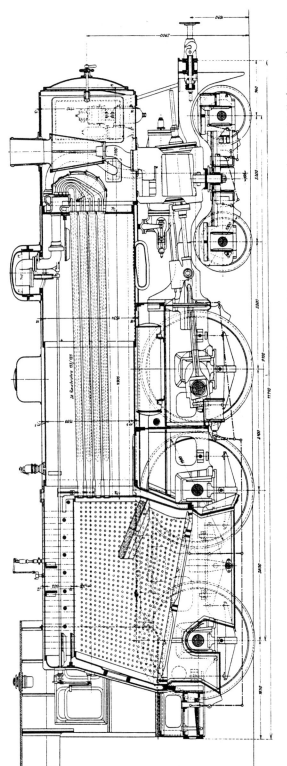

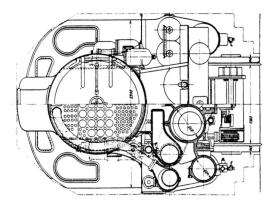

2C-Vierzylinder-Verbund-Heißdampf-Schnellzuglokomotive, Gattung S 10.2 (= DRB 17.2) der Preußischen Staatsbahnen von 1914 mit Schmidtschem Rauchrohrüberhitzer und besonders tiefer Feuerbüchse (Rost unter 1 : 5,5 geneigt).

LM 8 (1964)

Hochdruckzylinder	400 mm
Niederdruckzylinder	610 mm
Kolbenhub	660 mm
Treibraddurchmesser	1980 mm
Laufraddurchmesser	1000 mm
Größte Geschwindigkeit	110 km/Std.
Dampfüberdruck	15 atm
Heizfläche der Feuerbüchse	17,59 qm
Heizfläche der Rohre	147,09 qm
Gesamtheizfläche	164,68 qm
Überhitzerheizfläche	58,50 qm
Vorwärmerheizfläche	15,20 qm
Rostfläche	3,12 qm
Wasserraum bei 150 mm Wasserstand über F.B. Decke	7,15 cbm
Dampfraum	2,11 cbm
Verdampfungsoberfläche	10,22 qm
Leergewicht der Lokomotive	77,65 t
Dienstgewicht	84,17 t
Reibungsgewicht	51,99 t

neueste Gewichte

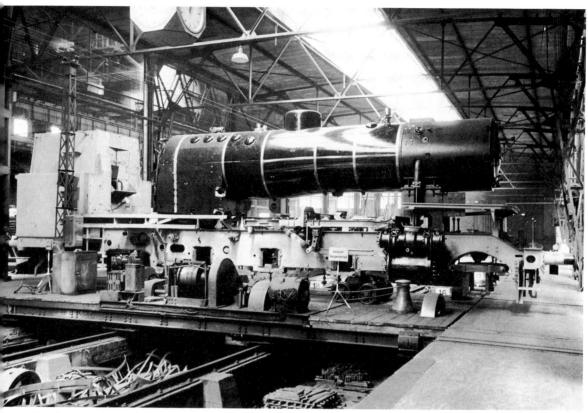

Kessel und Rahmen der Lokomotive 66 001 der DB von 1955, einer 1C2h2t, auf der Schiebebühne der Montagehalle von Henschel & Sohn GmbH in Kassel. Beim Vergleich mit dem analogen Bild der um fast drei Jahrzehnte älteren österreichischen 1D2 fällt hier vor allem die glatte Oberfläche des samt seinen Querverbindungen völlig geschweißten Rahmens auf. Der Kessel trägt bereits seine volle Verschalung; der nach unten konische mittlere Schuß verrät die eingebaute Verbrennungskammer. Der Hinterkessel hat auch eine ganz einfache Form.

ein erheblicher Nutzen ergab sich daraus nur, wenn der entsprechend geformte Hinterkessel z. B. zwischen großen Treibrädern und/oder den Rahmenplatten tief hinabgezogen wurde. Die Zeit dieser langen, schmalen Roste fiel hauptsächlich in die zwei bis drei Jahrzehnte nach 1890, als in Deutschland Geheimrat R. Garbe (1847–1933), der tatkräftige Kämpfer für die einfache Heißdampf-Zwillingslokomotive, auf der Höhe seines langen Wirkens stand. Er verfocht mit Beharrlichkeit den Standpunkt, daß für deutsche Verhältnisse die schmale, tiefe Feuerbüchse allen anderen Bauarten vorzuziehen sei und sie wegen ihrer hohen Belastungsfähigkeit jegliche Anforderungen an die Wärmeabgabe zur Dampferzeugung erfüllen könne (45). Die wohlgelungenen preußischen 2C-Schnellzuglokomotiven der 'S10-Familie' ab 1910, an deren Entstehung er beteiligt war, hatten einen typischen Garbe-Hinterkessel nach dortiger Bezeichnung, wenngleich man ebensogut an französische und englische Praxis dieser Zeit hätte denken können. Die hier gebrachte Zeichnung entspricht der neueren Gattung S10.2 von 1914 mit drei Meter langem, auf 3,12 m² vergrößertem Rost und besonders tief herabreichender Box, bei welcher der vertikale Abstand zwischen der vorderen Unterkante des Stehkessels und dem tiefsten Punkt der anschließenden Kesseltrommel, Krebstiefe oder genauer Krebstiefe am Kesselbauch genannt, mit einem vollen Meter ein nur vereinzelt um wenige Prozent übertroffenes Maß erreichte; dieses resultierte aus der Neukonstruktion des Kessels durch Henschel & Sohn zwecks Leistungssteigerung und war um mehr als 200 mm größer als bei der Ursprungsausführung. Von der Rostoberfläche gemessen, beträgt die größte lichte Höhe der Box, also die Höhe des Verbrennungsraums, zwei Meter. Die Abbildung zeigt auch den aus feuerfesten Schamottesteinen in selbsttragender Gewölbebauart ausgeführten Feuerschirm, der in den fünfziger Jahren

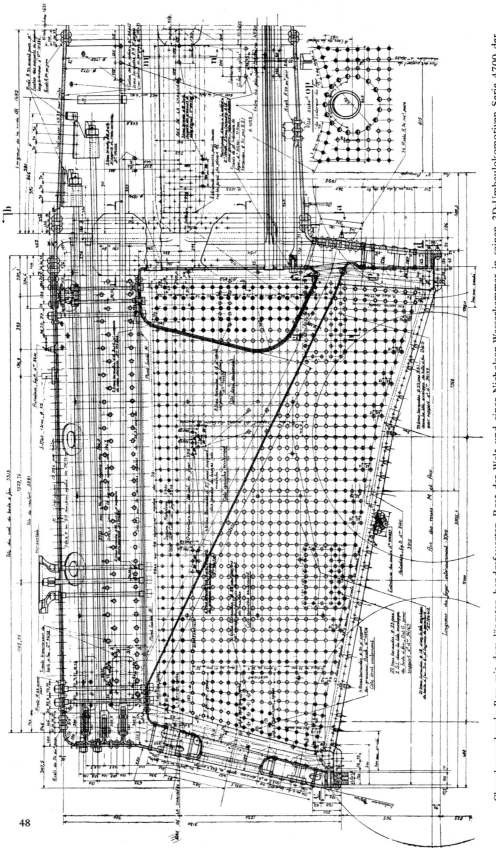

Chapelons schmale Box mit dem längsten handgefeuerten Rost der Welt und einer Nicholson-Wasserkammer in seinen 2D-Umbaulokomotiven Serie 4700 der Paris–Orléans Bahn von 1932/34. Querschnitt auf Seite 50.
(46)

Die Kesselhalle der WLF im Sommer 1940 mit fertigen Lokomotiv- und Stabil-(Flammrohr)-Kesseln für die Druckprobe sowie für Nacharbeiten.

des vorigen Jahrhunderts in den USA und in England entstand, als man nach Mitteln suchte, eine möglichst rauchlose Verbrennung zu erzielen. Die aus dem Vorderteil des Rosts aufsteigenden Verbrennungsgase müssen auf ihrem Weg zu den Kesselrohren den Schirm umströmen, der überdies eine hohe Temperatur annimmt und die vollständige Verbrennung fördert, sodaß auch weniger tiefe Boxen zufriedenstellende Ergebnisse zeitigen.

Karl Gölsdorf verwirklichte bei seiner 2B1-Serie 108 den mit 3,25 m bis dahin weltweit längsten schmalen Rost; er lag zwischen den hinteren Kuppelrädern, aber über dem dort tief ausgeschnittenen Rahmen und konnte so bei 1090 mm Breite 3,53 m² Fläche erhalten. Im hinteren Teil auf 800 mm horizontal, war der Hauptteil des Rosts 1:5 geneigt; die Mitte des Feuerlochs, das durch die Feuertür verschlossen wird, lag einen Meter über dem Niveau der Rostvorderkante, die Beschickung war daher noch bequem möglich. Bei 780 mm Krebstiefe betrug die größte Höhe der Boxdecke über dem Rost 1,86 m.

Den kühnsten Schritt zwecks Leistungssteigerung tiefer, schmaler Boxen wagte Chapelon 1932/34 bei seinen bekannten zwölf 2D-Umbaulokomotiven der Paris—Orléans Bahn mit den späteren Betriebsnummern 240.701 bis 712 der SNCF: er erreichte mit einem zwischen den Rahmenplatten liegenden Stehkessel-Unterteil und daher bloß 995 mm lichter Box- gleich Rostbreite einen Rost von 3,76 m² Fläche, indem er ihn 3,78 m lang machte. Der hintere Hauptteil war 1:5,5 geneigt, die vorderen 30 % der Rostlänge aber 1:3,4, sodaß die Kohle dort zum Teil von selbst nachrutschte. Die Feuertür lag nicht weniger als 1,4 m über dem vorderen Rostende und gemäß der Abbildung nur wenig über dem hinteren, ähnlich der Konstruktion von Gölsdorf; die Voraussetzungen für ordnungsgemäße Feuerhaltung waren

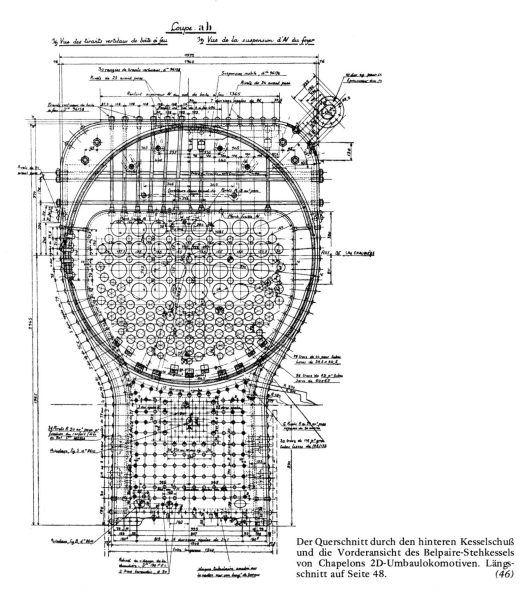

Der Querschnitt durch den hinteren Kesselschuß und die Vorderansicht des Belpaire-Stehkessels von Chapelons 2D-Umbaulokomotiven. Längsschnitt auf Seite 48. (46)

hier in gleichem Maße gegeben. Die in die Box eingebaute Wasserkammer wird später besprochen.

Der dazugehörige Kreuzriß zeigt, nach hinten blickend, einen Schnitt durch den Langkessel und eine Ansicht von Stehkessel und Feuerbüchse, sodaß die in der Längmittelebene liegende Wasserkammer unsichtbar ist. Der untere Teil des Hinterkessels hat die zur Unterbringung einer schmalen, tiefen Box typische seitlich zusammengedrückte Gestalt, hier besonders stark ausgeprägt, weil der Außendurchmesser des anschließenden konischen Kesselschusses mit 1894 mm ausnehmend groß ist. Im oberen Teil sehen wir die Formgebung nach Belpaire, die dieser bei der belgischen Staatsbahn 1864 einführte. Bei ihr folgt die Stehkesselwand oben nicht der halbkreisförmigen Kontur des Langkessels, sondern verläuft seitlich vertikal und geht mit kleinen Radien in eine ebene Stehkesseldecke über. Die Vorteile für hochbelastete Feuerbüchsen sind offensichtlich: die Breite der Wasseroberfläche ist hier beim Betrieb mit niedrigem Wasserstand um 15 %, bei hohem sogar um ein volles Viertel größer als mit zylindrisch geformter Stehkesseldecke, die von den Franzosen als *foyer Crampton* bezeichnet wird. Der Gewinn an Dampfraum über der Box übersteigt diese Beträge noch erheblich. Bei diesem Kessel Chapelons

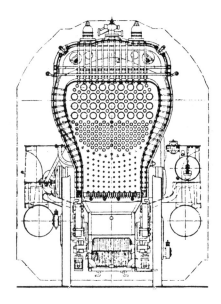

Querschnittsform des Belpaire-Stehkessels der preußischen
1D1-Gattung P10 (DRB 39.0—2). *(48)*

mit kurzen Rohren von bloß 4250 mm zwischen den Rohrwänden, aber langer Box, ist die Länge des Wasserspiegels im Bereich des Stehkessels mit 3,7 m relativ sehr bedeutend; die Belpaireform war daher hier besonders wirkungsvoll und trug wesentlich dazu bei, daß die angestrebten Rekordleistungen ohne Wasserreißen erzielt werden konnten. Auf Zugänglichkeit bei Reparaturen hat Chapelon hier allerdings nicht Bedacht genommen, sondern alles der Leistungssteigerung untergeordnet.

Die Einstellung der Lokomotivkonstrukteure zum Belpaire-Stehkessel, meist weniger treffend Belpaire-Feuerbüchse genannt, war sehr unterschiedlich. Die Entscheidung pro oder kontra wurde bei der bekannten diktatorischen Stellung der alten Eisenbahn-Chefingenieure stark von persönlichen Neigungen geprägt. Auch ästhetische Gefühle haben wohl da und dort eine Rolle gespielt — so hätten Gölsdorfs 2B1 und 1C2 durch stark vorstehende seitliche Umbüge der Stehkesseldecke an Eleganz verloren. Dafür, daß neuere Belpairekessel in, man möchte sagen, diskreter Form gestaltet wurden, kommen aber auch andere Gründe in Betracht: Demoulin weist darauf hin (47), daß das Umgrenzungsprofil bei hochliegenden Kesseln Beschränkungen auferlegen kann, und bestimmt lag oft eine zu geringe Einschätzung der Vorteile für die Erzeugung trockenen Dampfs und des größeren Speichervermögens des Kessels vor; dann beschränkte sich das Interesse auf die einfachere gegenseitige Abstützung der zueinander parallelen Decken von Box und Stehkessel sowie der rechten und linken vertikalen Stehkesselwandteile mittels unter sich gleichlanger Ankerstäbe, deren alle die Wände senkrecht durchdringen anstatt unter verschiedenen Winkeln. All dies kommt bei den meisten neueren und ein wenig verkümmerten Belpairekesseln zum Ausdruck. Ziemlich stilgerecht sind noch die wenigen deutschen, und zwar preußischen, Ausführungen, die wir lediglich auf der 1E-Type G12 von 1917, den aus ihr abgeleiteten 1D-Varianten G8.2 und G8.3, sowie der 1D1-Gattung P10 von 1921 finden. Da diese und andere Kessel aber nach der Praxis der DRB im Betrieb nicht hoch beansprucht wurden, was in der Standard-'Kesselgrenze' von nur 57 kg Dampf pro m² Heizfläche und Stunde zum Ausdruck kam, und die Blasrohranlage für keine sehr wesentliche Steigerung bemessen war, konnte auf die Belpaireform später wieder leicht verzichtet werden[2].

---

2 In der seinerzeit von der Gewerkschaft Deutscher Lokomotivbeamten herausgegebenen Zeitschrift *Die Lokomotivtechnik* erschien ab Jahrgang 1964, S. 113, eine Artikelserie für Nachwuchskräfte, betitelt *Bau und Bedienung der Dampflokomotiven,* in der auf S. 139 völlig irreführende Kesselskizzen gebracht wurden, darunter ein sinnlos verkümmerter Hinterkessel-Querschnitt der P10 (BR 39).

Im Gegensatz dazu hatte W. Dean (1840—1905) der englischen Great Western Railway in seiner 2C-Güterzugtype von 1899 einen im Verhältnis zu ihren übrigen Kesselabmessungen gewaltigen Belpaire-Stehkessel verwendet, der in Breite und Höhe über den Langkessel hervorragte (16, S. 308). Diese Bahn war der Belpaire-Bauart von 1897 bis zu ihrer Verschmelzung mit den British Railways im Jahre 1948 treu geblieben, und letztere übernahmen ihre Tradition für die letzten Neubautypen der fünfziger Jahre, so wie W. Stanier (1876—1965), als er 1932 Maschinendirektor der London Midland & Scottish Railway (LMS) wurde. Das knappe britische Umgrenzungsprofil machte sich allerdings bei diesen großen Maschinen sehr einschränkend bemerkbar. Im übrigen war der Belpairekessel in England bereits 1872 von Beyer-Peacock für den Export nach Belgien gebaut worden (16, S. 237) und dieses Unternehmen brachte auch die erste Anwendung in Großbritannien zustande, allerdings erst 19 Jahre später — ein weiteres Beispiel dafür, daß gut Ding Weile braucht, besonders im Eisenbahnwesen.

In Frankreich, dem Nachbarland des Erfinders, ging es nicht viel schneller, doch seit der Mitte der neunziger Jahre wurde der Belpaire-Stehkessel dort praktisch zum Standard (47) und fand schließlich durch Chapelon die besprochene Krönung in Kombination mit einem stark konischen Langkessel wie auf der Great Western.

In den USA gewann die Belpaireform von 1886 bis 1898 vorübergehend starke Verbreitung; später fand man sie gelegentlich. Die Pennsylvania Railroad blieb konsequent dabei, in etwas bescheidener Formgebung, aber ebenfalls kombiniert mit einem konischen Kesselschuß. Daß dort die Stehkesseldecke eine leichte Wölbung erhielt, zu der die Boxdecke parallel verlief, tat dem Prinzip keinen Abbruch.

In Mitteleuropa blieb die Anwendung bis zum Ende der Dampflokomotivzeit auf die erwähnten preußischen Typen beschränkt. Im südlichen Europa waren Maßnahmen zur Steigerung der Verdampfungsfähigkeit des Kessels schon wegen der durch die minderwertigen heimischen Kohlen bei Handfeuerung gegebenen Leistungsgrenzen nicht erforderlich. Italien besaß zur Jahrhundertwende einige wenige Belpairekessel. In Belgien wurde diese heimische Bauweise an den 1910 herausgekommenen Großlokomotiven, der damals stärksten Pazifiktype Europas Serie 10 und der 1E-Serie 36, beide mit 5 m^2 Rostfläche, nicht mehr verwendet; Maschinendirektor Flamme begnügte sich ebenso wie Gölsdorf mit einem hinten stark erweiterten Kegelschuß.

Einen ins Gewicht fallenden grundsätzlichen Nachteil kann man dem Belpaire-Stehkessel nicht anlasten; bloß der Übergang zum Langkessel erfordert ein etwas kompliziertes Preßstück, dessen Herstellung besondere Fertigkeit und sorgfältige Wärmebehandlung des notwendigerweise weichen Stahlblechs erfordert, um den Beanspruchungen bei den wechselnden Temperaturen und Drücken im Betrieb langfristig gewachsen zu sein. Bei der Konstruktion von Hochleistungskesseln war es jedenfalls berechtigt, sich an den Stehkessel nach Belpaire zu erinnern, bei dem ich wegen seiner interessanten Geschichte und Eigenschaften länger verweilte.

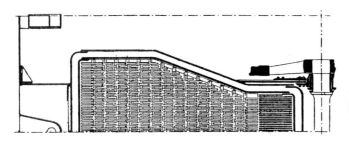

'Trapezrost' der 2C1-Lokomotiven Serie 4500 der Paris—Orléans-Bahn von 1907. Maßstab 1:50.
(18)

Der Kessel der im Juli 1907 von der Elsässischen Maschinenbau-Gesellschaft in Grafenstaden gelieferten 2C1n4v Nr. 4501 der PO mit 1850 mm hohen Rädern, deren Rost von 4,27 m² trapezoidale Form erhielt, um seinen Vorderteil zwischen die Rahmenplatten herabziehen zu können, den Kesselschwerpunkt nach vorne zu verlagern und auch die Länge der Lokomotive zu beschränken. Der Oberteil des Hinterkessels ist nach Belpaire geformt. Herstellung und Instandhaltung waren dadurch teurer, aber bis 1914 wurden 188 Lokomotiven damit ausgerüstet, einschließlich einer Variante Serie 3500 mit 1950 mm Raddurchmesser. Aus gleichen Überlegungen fand diese Bauform 1922 bei der preußischen P10 Verwendung, deren Rost ganz analog hinten 1744, vorn 968 mm breit war und von der bis 1927 sogar 260 Maschinen gebaut wurden.

Bei der 1907 von der Elsässischen Maschinenbau-Gesellschaft in Grafenstaden an die Paris–Orléans Bahn gelieferten ersten europäischen 2C1, Serie 4500, aus deren Bestand Chapelon ein Vierteljahrhundert später seine 2D-Umbau-Serie 4700 ausgewählt hatte, kombinierten die bezüglich Komplikationen oft sehr unbekümmerten Franzosen ingeniös eine Breitbox mit einer schmalen. Der Vorderteil des Stehkessels steckte im Bereich der hinteren Kuppelräder zwischen den Rahmenplatten, nach rückwärts aber verbreitete er sich, von seinen Fesseln befreit, auf fast das Doppelte. So entstand der 'Trapezrost', der immerhin 4,27 m² Fläche bei großer Krebstiefe und mäßigem Achsstand der Lokomotive erreichte. Diese Pluspunkte verschafften ihm sogar die Anwendung auf der 13 Jahre später von Borsig gebauten preußischen P10, obwohl die räumlich gekrümmten Seitenwände von Box und Stehkessel mit ihren nach den verschiedensten Richtungen weisenden Stehbolzen wahrhaftig nicht erstrebenswert waren.

In krassem Gegensatz dazu steht die Gesamtkonzeption der österreichischen 1D2-Reihe 214 der Wiener Lokomotivfabrik in Floridsdorf von 1928, die den einfachsten Kessel aller je gebauten großen Schnellzuglokomotiven aufweist. Bis auf die übliche, mehr Bewegungsfreiheit im Führerhaus schaffende Vorwärtsneigung der Stehkesselrückwand sind alle Stehkesselwände vertikal, die Langkesselschüsse zylindrisch mit großem Durchmesser. Diese Lösung wurde durch das zweiachsige hintere Laufgestell ermöglicht, das im Zusammenhang mit einer einzigen anstatt zwei führenden Laufachsen keine Veranlassung bot, den Kesselschwerpunkt nach vorne zu verlagern. Die Hochlage des Kessels mit seiner Mittellinie 3400 mm über Schienenoberkante

Kessel und Rahmen der 1D2-Reihe 214 der BBÖ in der Montagehalle der Wiener Lokomotivfabrik in Florids-dorf im Herbst 1928. Beide sind von einfachster Formgebung, am Aschkasten sieht man die seitlich außen herabreichenden Taschen mit zusätzlichen Luftöffnungen. Der Rauchkammerträger ist eine kräftige Blech-konstruktion mit Raum für vom Gasstrom mitgerissene Lösche; an der Rauchkammer ist schon die Luft-pumpe montiert. Der Rahmen hat sehr große Höhe und ist innen durch zwei hintereinanderliegende Stahl-gußstücke bis hinter die Treibachse versteift; zwischen dieser und der zweiten Kuppelachse verbindet ein Pendelblech Rahmen und Kessel. Der Zylinder ist noch ohne Ventilkasten für die Lentz-Steuerung, die Kreuzkopf-Gleitbahn ist bereits montiert.

(SOK), das größte Maß der Welt, gestattete immerhin, eine Krebstiefe von 690 mm auszuführen und die vordere lichte Höhe der Box auf 2045 mm zu bringen. Bei einer Rostlänge von nur 2,67 m war keine erhebliche Rostneigung erforderlich, sodaß die Box eine mittlere Höhe von fast zwei Metern über dem Rost und 8,5 m³ Verbrennungsraum erhalten konnte, entsprechend einer mäßigen spezifischen Wärmebelastung auch bei größter Heizerleistung. Derart einfache Großkessel fanden sich sonst nur an Gelenklokomotiven System Garratt (Kapitel Sonderbau-arten). Beyer-Peacock in Manchester, welche die Garratt-Lokomotive 1908 bis 1955 von den kleinsten bis zu den größten Einheiten entwickelten, hoben die Möglichkeit, den Kessel derart einfach und zweckmäßig auszubilden, stets als besonderen Vorteil dieses Systems hervor.

Die Feuerbüchse ist an ihrem unteren Ende mit dem Stehkessel durch den Bodenring ver-bunden. Dieser war in früheren Zeiten stets aus einem massiven Knüppel von rechteckigem Querschnitt gefertigt; durchgehende Nietreihen verbanden ihn gleichzeitig mit dem Stehkessel und den Boxblechen. In den USA wurde diese Konstruktion fast ausnahmslos bis zum Ende des Dampflokomotivbaus beibehalten, wogegen in Europa die letzten Kessel einen leichten gekümpelten Bodenring von U-förmigem Querschnitt erhielten, an den die Box- und die Steh-kesselwände ringsum angeschweißt wurden. Außer Gewichtsersparnis folgte daraus eine gleich-mäßigere Erwärmung — ein massiver Bodenring bleibt naturgemäß kühler, wenn die Ver-brennungsintensität rasch gesteigert wird, doch ist dies kaum von praktischer Bedeutung, wie die Erfahrung gezeigt hat.

Wie ersichtlich, ist die Breite des konventionellen Bodenrings gleich der unteren Weite der die Box umgebenden Wasserräume. Diese betrug an europäischen Hauptbahnlokomotiven bis in die dreißiger Jahre selten mehr als 75 mm. Für kleine Kessel genügen auch bei sehr hoher

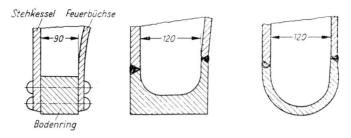

Bodenring in geschmiedeter, gefräster und gekümpelter Ausführung

spezifischer Kesselanstrengung, wie bei den Schmalspur-Zahnradlokomotiven der Schweiz und Österreichs mit etwas unter 1 m² Rostfläche, 50 mm. Große Kessel in den USA erhielten bereits um 1904 eine Bodenringbreite von 102 bis 127 mm, später bei 10 m² Rostfläche und darüber 152 mm, vereinzelt an Mammut-Malletlokomotiven sogar 178, das sind 7 Zoll. Europa zog erst sehr spät nach, meist in den fünfziger Jahren und in bescheidenem Maß, schon wegen der Gewichtsbeschränkung, doch auch weil ein Verbreitern der Wasserräume nach oben zu wichtiger ist: erst dort wird mehr Platz für die aufsteigenden Dampfblasen benötigt. Dieses Verbreitern mit dem Abstand vom Bodenring hat außerdem große Bedeutung für die mechanische Betriebstüchtigkeit des Kessels, weil es die Beanspruchung der Stehbolzen verringert, die durch die größere Wärmedehnung der Boxwände gegenüber denen des Stehkessels umsomehr verbogen werden, je größer die Box und ihre spezifische Wärmebeanspruchung ist. Letztere, vor allem durch die Strahlung bedingt, nimmt bei gleicher Rostbeanspruchung mit der Rostbreite zu. Da die Wände des Hinterkessels zu seitlichem Ausbeulen neigen, müssen die Bodenringseiten langer Boxen unterhalb des Rosts gegeneinander verstrebt werden.

Die Stehkessel-Vorderwand vermittelt den Anschluß an den Langkessel, früher — speziell in Österreich — auch Rundkessel genannt; ihrer Form wegen wurde sie als Stiefelknechtplatte bezeichnet, denn normalerweise umfaßt ihre obere Kontur halbkreisförmig die untere Hälfte der Langkesseltrommel an ihrem hinteren Ende, mit dem sie mittels Nietung oder Schweißung verbunden ist. Ihr unterer Teil wird auch Krebswand genannt; daher der bereits erläuterte Ausdruck Krebstiefe. Beim Belpairekessel besteht Veranlassung, die Stehkessel-Vorderwand zum gleichzeitigen Anschluß an den Oberteil der Kesseltrommel in einem einzigen Stück herzustellen, besonders bei genieteter Ausführung. Bei einem gegenüber der Trommel überhöhten und seitlich erweiterten Stehkessel versteht sich eine angepaßte einteilige Ausführung von selbst.

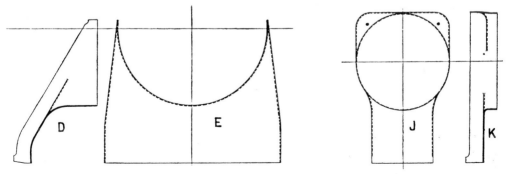

Links: Stiefelknechtplatte für einen stark nach hinten gezogenen Stehkessel. — *Rechts:* Doppelt gekümpelte Stehkessel-Vorderwand Bauart Belpaire.   *(50)*

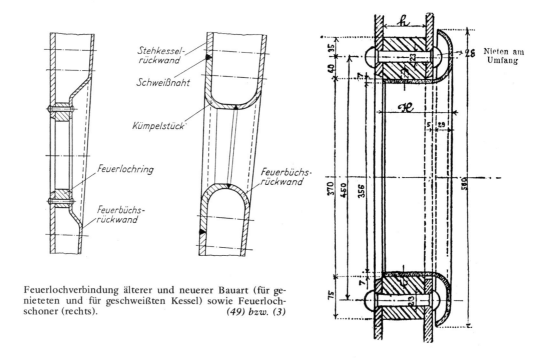

Feuerlochverbindung älterer und neuerer Bauart (für genieteten und für geschweißten Kessel) sowie Feuerlochschoner (rechts).   *(49) bzw. (3)*

Die Stehkessel-Rückwand, früher auch Türwand, enthält ebenso wie die Feuerbüchse das
Feuerloch, an dessen Umfang beide miteinander vernietet oder verschweißt sind, früher unter
Vermittlung eines dem Bodenring analogen Feuerlochrings, neuerdings lediglich mit Hilfe von
Kümpelungen in den zu verbindenden Blechen. Da feuerseitige Kanten einer solchen Blech-
verbindung bei Materialanhäufung wegen verminderter Kühlwirkung einem Abbrand unterliegen
und die Bleche durch die Schürgeräte des Heizers abgenützt werden, werden leicht auswechselbare Feuerlochschoner angeordnet; eine aus Flußeisen gepreßte einfachste österreichische Ausführung ist rechts abgebildet. Der Schoner kann natürlich auch aus hitzebeständigerem Stahl
oder Gußeisen und zweiteilig gestaltet werden, um das Einbringen durch das Feuerloch (die
Türöffnung) anstatt durch den Aschkasten zu ermöglichen, aber die auf S. 57 dargestellte und
seinerzeit durch ein Reichspatent geschützte Konstruktion nach den Deutschen Industrie-
normen, Blatt LON 2240 vom Dezember 1937, ist wohl ein Schulbeispiel für das bekannte
Motto: warum einfach, wenn's auch kompliziert geht! Auch die in drei Längen von 200 bis
300 mm vorgeschriebenen acht Befestigungsschrauben in Sonderbauart, deren feuerseitige
Köpfe überdies dem Abbrand voll ausgesetzt sind, stellen ein bemerkenswertes Detail dar, das
hier an die Stelle der nach Fig. A erforderlichen kurzen Kopfschrauben tritt, die in die ange-
deuteten Gewinde auf der zylindrischen Innenfläche des Feuerlochrings eingreifen und den
Schoner mit reichlichem Spiel halten. Dieses Beispiel ist stellvertretend für manche weitere
gezeigt, die zu überflüssiger Verteuerung von Anschaffung und Erhaltung beitragen.

Gekümpelte Feuerlöcher in Box- und Stehkessel-Rückwand, wie sie in den USA schon zu
Beginn des Jahrhunderts üblich waren (42), unterliegen infolge guter Kühlung keinem vergleichbaren Abbrand; der Schoner wird dann nur für die untere Hälfte der Türöffnung ausgebildet, um der erwähnten mechanischen Abnützung zu begegnen.

Die Vorderwand der Box heißt Feuerbüchsrohrwand, da die Kesselrohre von ihr ausgehen.
Bei einfachster Formgebung, wie in den meisten der bisher gezeigten Beispiele, ist sie eine
ebene Platte, die lediglich an ihrem seitlichen und oberen Umfang zwecks Verbindung mit

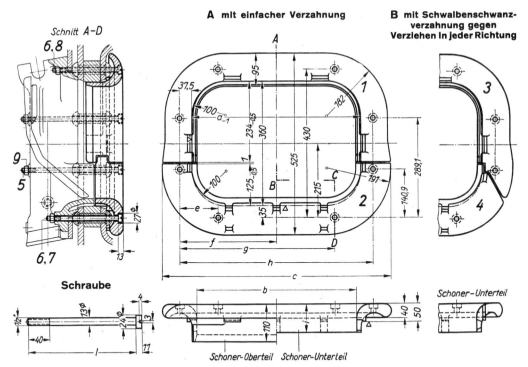

A mit einfacher Verzahnung

B mit Schwalbenschwanz-verzahnung gegen Verziehen in jeder Richtung

Schnitt A–D

6,8

9

5

6,7

Schraube

Schoner-Oberteil   Schoner-Unterteil

Schoner-Unterteil

Die Feuerlochschoner müssen als Ganzes, sowie die Ober- und Unterteile für sich austauschbar sein. Dies ist durch Verwendung geeigneter Herstellungsvorrichtungen gewährleistet. Zulässige Abweichung ± 0,5 mm für den Abstand jedes Schraubenloches von einem anderen und ± 1 mm von den Anschlagleisten.

Sonderkonstruktion eines gußeisernen Feuerlochschoners Bauart Marcotty. *Normblatt LON 2240 von 1937*

dem Feuerbüchsmantel umgebogen (gekümpelt) ist. Bei Lokomotiven mit einer einzigen hinteren Laufachse, insbesondere den Achsanordnungen 2C1 und 2D1 mit breiter Box, besteht, wie bereits offenbar wurde, Veranlassung, den Langkessel nach vorn zu verlagern, um die Schleppachse zu entlasten und überdies keine allzulangen Kesselrohre zu erhalten; diesem Bestreben entspricht eine Kröpfung der Feuerbüchsrohrwand unterhalb des Rohrfelds nach hinten, die für diese Achsanordnungen typisch ist. Eine starke Neigung der Türwände dient dem gleichen Ziel und verringert das Kesselgewicht. Die Erbauerin der zu den erfolgreichsten südafrikanischen Lokomotiven gehörigen 2D1, die North British Locomotive Co., wandte hier noch eine genietete Stahlbox an. Auf weitere Details komme ich später zurück. *(Zeichnung S. 58)*

Bezüglich der Gesamtgestaltung der Feuerbüchse ist zu sagen, daß die Verbrennung natürlich nur in ihr vor sich gehen und vor Eintritt der Verbrennungsgase in die Kesselrohre beendet sein soll, denn die starke Abkühlung in den engen Rohren löscht hineinschlagende Flammen und steigert den Verlust an Unverbranntem. Außerdem werden die Rohrenden durch Flammenstrahlung thermisch höher beansprucht als durch nichtleuchtende Gasstrahlung. Es muß jedoch betont werden, daß beide Einflüsse praktisch nicht sehr ins Gewicht fallen, jedenfalls viel weniger, als oft angenommen wird; dies zeigt sich an kleinen Lokomotiven, bei denen die Dimensionen der Box nur einen kurzen Flammenweg ermöglichen, sodaß bei schwerem Arbeiten und langflammiger Kohle das Hineinlecken von Flammen in die Rohre unvermeidbar ist. Immerhin hat der Konstrukteur Veranlassung, den Flammenweg nach Möglichkeit genügend lang zu gestalten, vor allem so hoch wie möglich, weil dadurch überdies das Mitreißen unverbrannter Brennstoffteilchen vermindert wird.

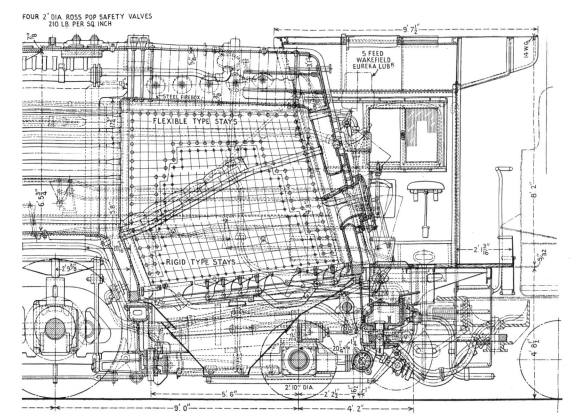

5 FEED
WAKEFIELD
EUREKA LUBR.

STEEL FIREBOX

FLEXIBLE TYPE STAYS

RIGID TYPE STAYS

Längsschnitt durch den hinteren Teil der neuesten 2D1-Lokomotive der Südafrikanischen Eisenbahnen, Klasse 15F von 1946, mit für diese Achsanordnung typischem Hinterkessel. *RG vom 20. 9. 1946*

Ein wichtiges Hilfsmittel zum Verlängern des Flammenwegs, das auf der englischen Midland Railway bereits 1859 zum Standard geworden war, ist der Feuerschirm, früher gemäß seinem Aufbau Feuergewölbe oder auch Feuerbrücke genannt. In Kontinentaleuropa erst fast zwei Jahrzehnte später eingeführt, wurde hier die freitragende Gewölbebauart der Ursprungsform praktisch überall beibehalten, obzwar es ziemlich riskant erscheint, ein solches Gewölbe den erdbebenartigen Erschütterungen auf einer Dampflokomotive auszusetzen, die nicht selten mit schon etwas ausgeschlagenen Lagern über nicht mehr einwandfreies Gleis dahineilt. Es hielt,

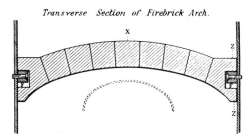

Transverse Section of Firebrick Arch.

Querschnitt durch die in Europa bis zuletzt vorherrschend gebliebene Bauform des Feuergewölbes der englischen Midland Railway von 1859. *(16)*

Rechts: Gestampfter Feuerschirm in einer Lokomotive Reihe 50 der DB. *(51)*

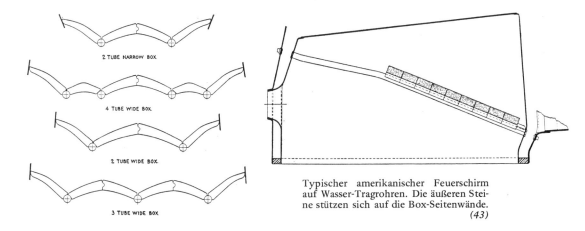

2 TUBE NARROW BOX

4 TUBE WIDE BOX.

2 TUBE WIDE BOX.

3 TUBE WIDE BOX

Typischer amerikanischer Feuerschirm auf Wasser-Tragrohren. Die äußeren Steine stützen sich auf die Box-Seitenwände.
(43)

begünstigt durch Zusammensintern der Bindeschicht aus Tonerdesilikat zwischen den einzelnen Formsteinen, relativ gut durch und es stürzte auch nach Ausbrechen von ein oder zwei Steinen nicht gleich eine ganze Reihe ein, doch waren Erneuerung und Lagerhaltung kostspielig, besonders die erforderlichen Stehzeiten. Erst die Rationalisierungsbestrebungen der letzten Zeit führten bei der DB etwa 1950 zum einteiligen, innerhalb der Box mittels einer Vorrichtung hergestellten Feuerschirm aus Stampfmasse mit jahrelanger Lebensdauer, wenn das richtige Mischungsverhältnis und die Qualität der Rohstoffe, nämlich Ton, gekörnte Schamotte und gewisse Zusätze, beachtet wurden (51). In den USA aber wurde schon vor der Jahrhundertwende die dort bald universell verbreitete Lösung entwickelt, individuelle Formsteine auf zwei bis sechs Wasserrohre (Tragrohre) von 76 bis 89 mm Außendurchmesser zu legen, welche die Box in geeigneter Lage von vorn (unten) bis hinten (oben) durchziehen. In sehr großen breiten Feuerbüchsen ist dies die einzig mögliche Methode; die Franzosen übernahmen sie zur Zeit des Ersten Weltkriegs. Versuche der Österreichischen Bundesbahnen, beispielsweise auf der Erstausführung der 1E-Reihe 181 von 1922, mit einer sehr ähnlichen Konstruktion des polnischen Ingenieurs Madeyski wurden wieder aufgegeben: die beiden bloß eingewalzten stählernen Tragrohre hatten die Tendenz, sich aus den Kupferboxen 'herauszuziehen', und wurden undicht, zumal sie bei ihrer viel zu groß bemessenen gegenseitigen Distanz von einem Meter durch die schweren Schamottesteine zu hoch belastet wurden. Dieselben Mängel zeigten sich in Deutschland. Allgemeine Verwendung fanden Feuerschirm-Tragrohre jedoch bei den modernen Lokomotiven der ČSD von 1946 an, wo sie wie in Amerika in Stahlboxen eingeschweißt wurden.

Mechanische Rostbeschickung verlangt einen langen, nach hinten bis über das Niveau der Feuerlochoberkante ansteigenden Feuerschirm, der sich über etwa 2/3 der Rostlänge erstreckt, damit die mittels eines fächerförmigen Dampfstrahlenbündels eingeblasene und über den Rost verteilte Kohle auch bei hohem Grusgehalt keinen übermäßigen Flugverlust erleidet; derart lange Feuerschirme wären in freitragender Gewölbebauart auch in mäßig großen Boxen kaum möglich.

In der Berührungszone mit der Feuerbüchsrohrwand werden vorzugsweise Aussparungen in den Steinen vorgesehen, um Flugaschenansammlung zu verhüten, zumal die untersten Kesselrohre sich leicht verlegen, wenn die Strömung durch sie nicht begünstigt wird.

Bei amerikanischen Großlokomotiven, beispielsweise Fünfkupplern mit nur einer Schleppachse, konnte ein langer Hinterkessel aus Gewichtsgründen nicht mehr, wie bei Vierkupplern, zur Gänze hinter dem letzten Kuppelräderpaar Platz finden, sondern mußte mit seinem Vorderteil darüber liegen. Die großen Kesseldurchmesser von 2,5 m und sogar etwas mehr schränkten dann die Krebstiefe so sehr ein, daß der Abstand der unteren Kesselrohre vom Rost nicht

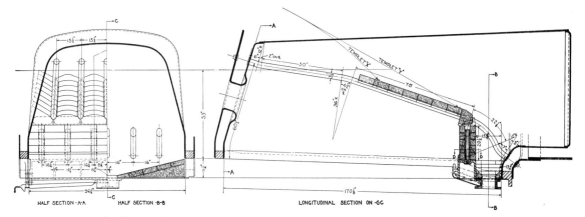

HALF SECTION -A·A   HALF SECTION -B-B   LONGITUDINAL SECTION ON -GC

Der Amerikanische Gaines Furnace mit einer aus Platzgründen sehr seichten langen Box und mittels einer Quermauer längenbegrenztem Rost. *(52)*

ausreichte, um den Feuerschirm unterzubringen und noch genügend Höhe für das Feuerbett sowie die Flammenausbildung zu lassen. Die 1912 geschaffene Lösung bestand darin, den Rost gegenüber der Boxlänge zu kürzen und bis zu einen Meter hinter der Rohrwand eine querliegende, vertikale Mauer zu errichten, von der aus sich der Feuerschirm nach hinten erstreckte. Diese Ausbildung des Verbrennungsraums wurde nach ihrem Erfinder *Gaines Furnace* genannt, die vertikale Trennmauer *Gaines Wall* (52). In dieser waren anfangs Kanäle vorgesehen, um erhitzte Sekundärluft unter dem Feuerschirm einzuführen; an sich gut, ergaben sich jedoch nicht unerhebliche Instandhaltungskosten und Stehzeiten, zumindest in der ursprünglichen Ausführung. Mit der Einführung zweiachsiger Schleppgestelle im Jahre 1925, die schwere Hinterkessel von maximal 4,5 m Länge tragen konnten, wurden fast nur mehr Gelenklokomotiven der Mallet-Bauart damit versehen. Eine einzigartige Type mit Gaines Furnace war die 2F1-Klasse 9000 der Union Pacific von 1926 (20, S. 111 und 185).

Reparatur eines Belpaire-Stehkessels in der Hauptwerkstätte Nairobi der East African Railways, um 1960. Der hünenhafte Afrikaner ist mit dem Preßlufthammer gut vertraut.

Vorrichtung zum gemeinsamen Bohren der Nietlöcher im Stehkessel und in der Langkesseltrommel bei deren Zusammenbau. Die Drehachse der Handbohrmaschine muß in Kesselmitte liegen, der Stehkessel ist hier gerade in verkehrter Lage, mit der Feuerbüchsdecke nach unten.

Gebördelte und mit der Boxrohrwand verschweißte Rohre der DRB-Reihe 50 am Ende der dreißiger Jahre, damals noch mit Einwalzen kombiniert. In den vierziger Jahren wurde das Bördeln aufgelassen. Für die weiteren Vereinfachungen siehe den Buchtext samt Zeichnungen.

Das autogene Beschneiden von Blechen kam Anfang der zwanziger Jahre auf. Hier wird eine Blechtafel für einen Rundkesselschuß mit Hilfe einer Vorrichtung zum Geradführen des Brenners beschnitten. Dieses und die folgenden Bilder von Kesselarbeiten wurden in der WLF 1942/43 bei der Serienfertigung der Reihe 52 aufgenommen.

Kombinierte Bohr- und Frässtange zur Bearbeitung von Rohrwänden. Sie trägt drei Werkzeuge: zu unterst einen Zweischneider, darauf einen Fräser und darüber einen Senker zum Abschrägen der Kante.

Bohren der Stehbolzenlöcher in Stehkessel und Feuerbüchse.

Oben:

Schneiden der Stehbolzengewinde mit Hand-Gewindeschneid-maschinen.

Mitte

Einziehen und Aufdornen der Stehbolzengehäuse für beweg-liche Stehbolzen.

Unten:

Vernieten des Stehkessels und der Feuerbüchse mit dem dazwischen befindlichen Bodenring mittels einer Nietpresse.

Wärmeübertragende Einbauten in Feuerbüchsen

s. S. 48

Wir kommen nun zu (in der Lokomotivgeschichte bereits uralten) Bestrebungen, die Wärmeaufnahme des Kessels mittels wasserbespülter Einbauten in die Feuerbüchse zu steigern. Der Längsschnitt durch die Box von Chapelons 2D-Umbaulokomotiven Serie 4700 zeigt eine neuere Form solcher Einbauten, die Nicholson-Wasserkammer, die sich in einigen Ländern, vor allem im Ursprungsland USA, in Frankreich und in der Tschechoslowakei, bis in die letzten Jahre der Dampftraktion in mehr oder weniger großem Umfang erhalten hat. Sie wurde unter dem Namen Nicholson Thermic Syphon 1918 von der Locomotive Firebox Co. in Chicago auf den Markt gebracht und mit großem Aufwand propagiert. Als Beweismittel für eine angebliche Steigerung des Kesselwirkungsgrads um 8,5 % wurde weltweit ein Bericht der Universität von Illinois aus dem Jahre 1931 angeführt (53), dessen völlige Unzuverlässigkeit ich stets in meinen Vorlesungen und 1980 im LOK-Magazin dargelegt habe (54), wogegen 1953 genaue Versuche auf der modernen Rugby Testing Station der British Railways (55) zu der offiziellen Feststellung führten, daß der Kesselwirkungsgrad vom Einbau zweier Wasserkammern dieser Art, jedoch mit einem um die Hälfte größeren Verhältnis der Kammer- zur Boxheizfläche, unberührt blieb. Das abschließende Urteil lautete, es würde sich zwar nicht auszahlen, bereits vorhandene Nicholsonkammern zu entfernen, aber ebensowenig wäre es gerechtfertigt, sie im Interesse der Kesselleistung einzubauen. Genau dies ist nach neuzeitlicher Berechnungsmethode zu erwarten (54). Die Versuche in Rugby wurden mit der 1941 herausgekommenen schweren 2C1 der englischen Southern Railway (Merchant Navy Klasse) durchgeführt, auf der Nicholsonkammern in Großbritannien erstmalig angewendet wurden. Sie vergrößerten die Boxheizfläche um 5,5 m^2 oder 28 %.

Die Frage nach dem Wert irgendwelcher Zusatzheizflächen in der Feuerbüchse wurde schon in der Anfangszeit des Lokomotivbaus gestellt und vielseitig behandelt. In besonders erfindungsreicher und beharrlicher Weise tat dies J. Beattie (etwa 1810—1875) der London & South-

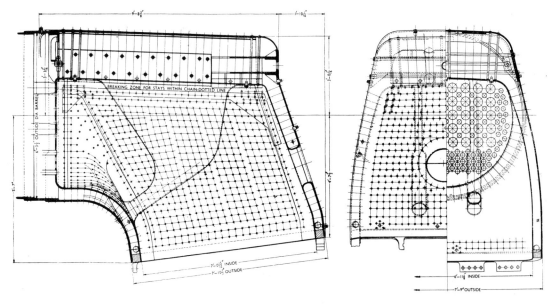

Feuerbüchse der Merchant-Navy-Klasse der britischen Southern Railway mit zwei Nicholson-Wasserkammern. *Aus einem Vortrag von O. V. S. Bulleid vor der Institution of Mechanical Engineers, London, am 14. Dezember 1945*

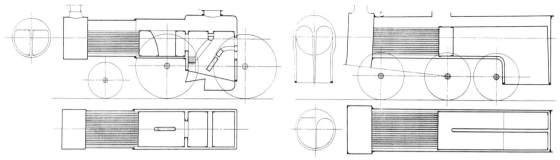

Beattie's System, London & South-Western Railway   McConnell's System, London & North-Western Railway

J. Beatties Kessel von 1859 mit was-
serverdampfenden Einbauten in der
Feuerbüchse und einer anschließenden
Verbrennungskammer.   *(16)*

J. E. McConnells Kessel von 1852 mit
einer langen Verbrennungskammer und
einer wasserverdampfenden Trennwand
zwischen zwei schmalen Rosten.   *(16)*

western Railway, die später in der Southern aufging, in der Zeit von 1853 bis zu seinem
Lebensende. Er erprobte mehrere Varianten von Feuerbüchs-Einbauten, kombiniert mit Ver-
brennungskammern, das sind im wesentlichen zylindrische Ansätze an die Box, die in den
Langkessel hineinragen und eine Vorverlegung der Boxrohrwand bewirken, also eine Kürzung
der Kesselrohre. Unser Beispiel zeigt, daß Beattie Komplikationen nicht scheute und hohe
Anforderungen an die Kunst seiner Kesselschmiede stellte. Die hier wiedergegebene Variante
von 1859, mit der Beatties Lokomotiven bis 1862 in erheblicher Zahl ausgerüstet wurden (16,
S. 133), enthält in der Verbrennungskammer einen großflächigen längsgerichteten Sieder, der
im Prinzip völlig dem von Nicholson entspricht und sich gerade um soviel unterscheidet, daß
dieser noch ein Patent erhalten konnte. In seinen späteren Kesseln, etwa von 1863 an, hat
Beattie die Verbrennungskammer, die in den fünfziger Jahren auch von anderen britischen
Chefingenieuren bevorzugt worden war, wieder verlassen; sie war ja im Streben nach Rauchverhütung durch Verlängern des Flammenwegs entstanden, dem jedoch der inzwischen aufge-
kommene Feuerschirm besser diente.

Einen schmalen, aber so großen Feuerbüchssieder, daß er die gesamte Box in eine rechte
und eine linke Hälfte mit zwei völlig voneinander getrennten Rosten teilte, verwendete
J. E. McConnell auf der London & North Western Railway von 1852 bis zu seiner Pensionierung
zehn Jahre später. Auch er verlängerte, wie ersichtlich, den Verbrennungsraum zunächst bis
tief in den Langkessel hinein, sodaß die Heizrohre auf wenig mehr als zwei Meter, nämlich die
halbe Langkessellänge, gekürzt wurden, ging aber von diesem Extrem wieder ab. Es war dies
eine sehr experimentierfreudige Zeit, aus deren Lehren die Beteiligten offenkundig die richtigen
Folgerungen zogen, wogegen sie von viel späteren Generationen vielfach nicht beachtet wurden.
In Großbritannien wurden jedenfalls in den siebziger Jahren Verbrennungskammern sowie
wasserverdampfende Feuerbüchseinbauten nicht mehr ausgeführt; übrig blieb die einfache Box
mit keramischem Feuerschirm. In den USA war die Verbrennungskammer sogar schon 1835
vorübergehend aufgetaucht; in den sechziger Jahren erlebte sie eine Renaissance (56) mit heftigen
Pro- und Kontra-Stimmen, wie sie überhaupt immer wieder militante Freunde fand, und dann
verschwand sie bis zum Erscheinen der Großlokomotiven in unserem Jahrhundert.

Diese längere Exkursion in die Entwicklungsgeschichte ist beim Kapitel Feuerbüchssieder
und Verbrennungskammern wichtig, weil gerade in den letzten Jahren Betrachtungen aufgetaucht sind, die beiden Einrichtungen eine ihnen gar nicht zukommende Bedeutung beimessen,
indem sie die Größe der Heizfläche des Verbrennungsraums und ihr Größenverhältnis zur Rostfläche sowie zur Rohrheizfläche geradezu zum Kriterium für die Güte der Kesselkonstruktion

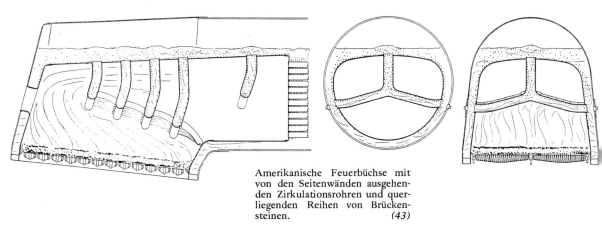

Amerikanische Feuerbüchse mit von den Seitenwänden ausgehenden Zirkulationsrohren und querliegenden Reihen von Brückensteinen. *(43)*

erheben und damit stark überbewerten. In meinem Artikel (54) habe ich diesen Fragenkomplex beleuchtet und die wichtigsten Komponenten auch quantitativ kurz analysiert. Was die Nicholsonkammer betrifft, so dient sie, abgesehen von ihrem minimalen thermischen Gewinn, in ihrem unteren, etwas ausgebauchten und rohrförmigen Teil ebenso wie ein Wassertragrohr als Auflage für Steine des Feuerschirms. Ferner kann die in ihr herrschende starke Wasserströmung die Boxdecke kurzzeitig ausreichend bespülen, um dem Personal bei Wassermangel Zeit zur Verhütung einer Kesselexplosion zu geben. In Deutschland und Österreich wurde sie nach dem Ersten Weltkrieg erprobt und abgelehnt.

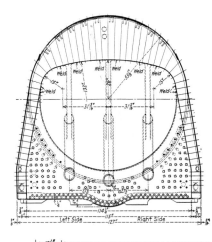

Größter Hinterkessel der Welt für die (1D)D2-Verbund-Malletlokomotive der Northern Pacific, Klasse Z-5 von 1920. Rostlänge 5,85 m bei 6,77 m Boxlänge. Gaines Wall und Feuerschirm nicht eingezeichnet. Maßstab 1:65. *(43)*

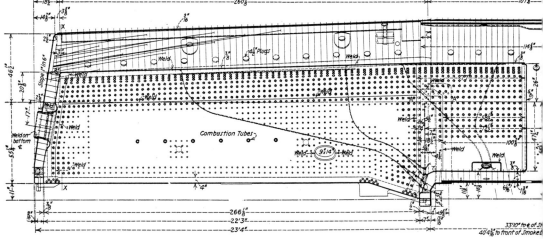

Bei etwa über vier Meter hinausgehender Rostlänge wird die Steifigkeit der für das Tragen langer amerikanischer Feuerschirme vorgesehenen längsliegenden Wasserrohre zunehmend beeinträchtigt, was zum Herabfallen von Schirmsteinen führen kann. Zur Abhilfe entwickelte die American Arch Company 1934/38 die als Security Circulators bezeichneten querliegenden Tragrohre, die von den Seitenwänden der Box ausgehen und mittels eines integralen Steigrohrs in die Boxdecke münden. Sie haben dank ihrer mäßigen Spannweite große Steifheit und bieten den sodann querliegenden Feuerschirm- oder Brückensteinen einen sicheren Halt. Diese vorteilhafte Konstruktion fand auch in den 2D2-Lokomotiven Klasse 25 der Südafrikanischen Eisenbahnen Verwendung. Vor ihrem Bekanntwerden mußten Nicholsonkammern für sehr lange Boxen allein wegen ihrer gegenüber einfachen Tragrohren wesentlich größeren Seitensteifigkeit zwecks sicherer Lagerung längsliegender Reihen von Feuerschirmsteinen gewählt werden. Daß es sich hierbei eher um eine Verlegenheitslösung handelte, läßt die Wiedergabe der größten Feuerbüchse der Welt erkennen. Security Circulators, denen auch eine gute Stützung der Boxdecke bei Überhitzung durch zu tiefen Wasserstand zugeschrieben werden kann, sind hingegen für Großfeuerbüchsen bestens geeignet.

Zu einer langen Verbrennungskammer können den Konstrukteur auch Gründe veranlassen, die mit thermischen Erwägungen nichts zu tun haben. An Lokomotiven mit sehr großem Achsstand kann sie dazu dienen, unerwünscht lange Kesselrohre zu vermeiden und/oder den Kesselschwerpunkt weiter nach vorn zu verlegen. Abwegig ist es jedoch, eine lange Verbrennungskammer mit dem Ausbrennen von hindurchfliegenden, aus dem Feuerbett gerissenen Kohleteilchen rechtfertigen zu wollen; denn bei extremer Kesselanstrengung mit erheblichem Flugverlust hat die Strömungsgeschwindigkeit in einer Verbrennungskammer die Größenordnung von 30 m/sec., die Dauer des Flugs auch durch die längsten Kammern ist daher so klein, daß nur Teilchen von Staubgröße ausbrennen können. Die größeren bedeuten unter solchen Verhältnissen auf jeden Fall den Verlust von einem Viertel bis mehr als einem Drittel der verfeuerten Kohle, entsprechend einer völlig unökonomischen Betriebsweise, die gelegentlich in Amerika beim Herausholen von Rekordleistungen vorkam und heute schon aus Gründen des Umweltschutzes ausgeschlossen werden müßte.

Kurze Verbrennungskammern wie bei der englischen Merchant Navy Klasse, die seit den dreißiger Jahren einen britischen Standard darstellten, bringen einen kleinen instandhaltungstechnischen Vorteil, denn sie entziehen das Rohrfeld der Boxrohrwand der Berührung mit den zwischen ihr und dem Feuerschirm durchleckenden Flammen. Dieser Einfluß darf aber nicht überschätzt werden; bei wasserseitiger Reinhaltung des Kessels ist er vernachlässigbar, weil die Rohrenden dann nur mäßige Temperaturen annehmen können — kaum 100° C über der Wassertemperatur bei höchster Dampflieferung.

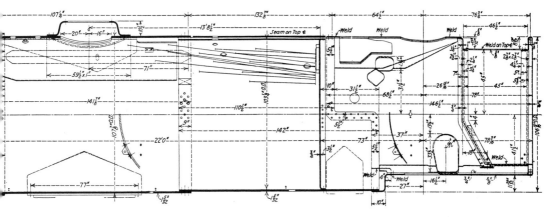

Verankerungen des Hinterkessels

Unter Verankerungen versteht man neben eventuell außen angebrachten Verstärkungen jene Einbauten im Kessel, die zur Aufnahme der im Betrieb entstehenden Kräfte dienen. Diese stammen vor allem vom Kesseldruck. Das charakteristische Verankerungselement des Stephensonschen Kessels ist der Stehbolzen, der in großer Zahl die einander in geringem oder mäßigem Abstand gegenüberliegenden Flächen von Feuerbüchse und Stehkessel verbindet. Ihre typische Anordnung geht aus mehreren der in diesem Kapitel enthaltenen Zeichnungen hervor, beispielsweise aus amerikanischen, französischen, englischen oder der deutschen nach Tafel 1. Man sieht, daß Stehbolzen sich auch stark gekrümmten Wänden anpassen, wenn diese gegeneinander nicht allzu schräg verlaufen, also keine zu großen Winkel einschließen.

Tafel 1
s. S. 42

Bei den in der Neuzeit des Dampflokomotivbaus, etwa seit den dreißiger Jahren, vorherrschenden Kesseldrücken von 15 bis 20 atü wich die Stehbolzenteilung, das ist die Seitenlänge der quadratischen, mäßig rechteckigen oder, wo erforderlich, auch ein wenig spitzwinkeligen Felder zwischen den Stehbolzen, mit meist 90 bis herab zu 75 mm (bei höheren Drücken) von den in alter Zeit gewohnten Werten kaum ab, gleichgültig ob die Bleche und die Bolzen aus Kupfer oder aus Stahl waren. Bei Stehbolzen-Schaftdurchmessern von 23 bis 25 mm für erstere und etwa 6 mm weniger für letztere waren die Zugbeanspruchungen mäßig, in der Größenordnung von 300 kp/cm^2 für Kupferstehbolzen und 500 kp/cm^2 für stählerne, entsprechend 1/7 oder 1/8 der Zugfestigkeit. Es wäre jedoch ganz verfehlt, dahinter eine sieben- oder achtfache Sicherheit gegen Bruch zu vermuten, denn im Betrieb werden Stehbolzen kaum jemals rein auf Zug beansprucht; fast überall entsteht durch unterschiedliche Dehnung der innen hochbeheizten, wenn auch wassergekühlten Feuerbüchse gegenüber den unbeheizten Stehkesselwänden ein gegenseitiges Verschieben der Bleche und damit eine Biegungsbeanspruchung in den Stehbolzen. Am Bodenring liegen Box- und Stehkesselbleche fest, aber je weiter ein Stehbolzen von ihm entfernt ist und je höher die Box, desto größer ist die Verbiegung der Stehbolzen und deren zusätzliche Beanspruchung. Die Höchstwerte treten an den oberen Enden der Boxseitenwände auf, sowohl vorne als auch hinten, da die Wärmedehnungen sich dort von der Boxmitte aus auch horizontal auswirken.

Die Probleme der Wärmedehnung können hier nur angedeutet werden. Sie steigen natürlich mit der Dampferzeugung des Kessels, also mit der Hitzeentwicklung in der Feuerbüchse. Eine rechnerische Untersuchung schafft auch dem Fachmann größte Schwierigkeiten, zumal die Stehbolzen den Dehnungen Widerstand entgegensetzen und die Boxbleche stauchen, wogegen die Stehkesselbleche gestreckt werden. Da die Bleche überdies an den Einspannstellen der Stehbolzen nachgeben und eine wenn auch kaum merkliche wellenförmige Gestalt annehmen, ist die Materie äußerst komplex. Eines aber kann man aus der Erfahrung sagen: wenn die Feuerbüchse von Kesselstein freigehalten wird und daher die Blechtemperatur dank guter (relativer) Kühlung durch das siedende Wasser mäßig bleibt, bereiten auch extrem große amerikanische Boxen keine Instandhaltungssorgen, vorausgesetzt, daß gewisse konstruktive und betriebliche Maßnahmen laut nachstehenden Ausführungen getroffen werden.

In meinem Artikel (54) habe ich u. a. als typischen Wert für die durchschnittliche feuerseitige Temperatur einer 10 mm starken stählernen Boxwand bei vernünftiger Höchstleistung des Kessels 90^0 C über der Wassertemperatur angegeben; dies gilt für eine gedrungene Breitbox, deren Heizfläche der vierfachen Rostfläche gleichkommt und die mit einem Wärmedurchgang von 260.000 Kalorien/m^{2}h schon sehr hoch angestrengt ist. Mit 16 atü Kesseldruck, also 203^0 Wassertemperatur, hat dann die Boxwand innen etwa 290^0. Ein fester Kesselsteinbelag von nur 1,5 mm Dicke bringt sie aber auf fast 470^0 — noch tragbar, aber langzeitig nicht mehr erwünscht, da die sogenannte Dauerstandfestigkeit des Feuerbüchsblechs über 400^0 C schon stark absinkt. Kesselstein ist der Feind Nr. 1 für hochbelastete Boxen.

68

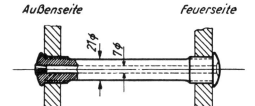

Außenseite Feuerseite

Klassischer Kupferstehbolzen (= Regelstehbolzen) der
Deutschen Reichsbahn aus der Zwischenkriegszeit. *(1)*

Als weitere wichtige Hilfen für die Erhöhung der Lebensdauer von Stehbolzen und Boxblechen sind zu nennen: erstens ständiges Warmhalten durch ein Ruhefeuer während der Stehzeiten der Lokomotive und zweitens möglichst konstante Leistungsentwicklung während des
Betriebs. Letztere Forderung setzt eine günstige Strecke voraus — am besten Flachland ohne
verlorene Gefälle. In wechselvoller Hügel- und Berglandschaft, wie meist in Österreich, wo
überdies zahlreiche enge Kurven die Entfaltung hoher Fahrgeschwindigkeit auch in flachen
Abschnitten häufig verbieten, kann diesem Anliegen oft nicht enstprochen werden und häufiger
Leistungswechsel ist dann unvermeidbar. Ein maßgebender Vergleich des Reparaturaufwands
verschiedener Bahnen ist daher oft nicht möglich. Der Ausdruck verlorenes Gefälle bedeutet,
daß die Gefällsfahrt, auch Talfahrt genannt, Bremsungen erfordert, um die zulässige Geschwindigkeit nicht zu überschreiten; die geleistete Bremsarbeit ist dann verloren.

Was die konstruktive Ausbildung der Stehbolzen betrifft, hat sich die Urform für viele
Verwendungszwecke bis zum heutigen Tag gehalten. Der mit einem kontinuierlichen, zwischen
den zu verbindenden Blechen jedoch weggedrehten Gewinde versehene Bolzen wird an einem
vierkantigen Ende gefaßt und eingeschraubt, sodann beiderseits so abgeschnitten, daß nach
Abfräsen der vorstehenden Gewindeteile das zum Formen der Nietköpfe erforderliche Material
bestehen bleibt, und schließlich unter Verwendung eines Gegenhalters mittels Drucklufthammers
vernietet. In Kombination mit dem als Resonanzkasten wirkenden Hinterkessel entsteht dabei
ein Höllenlärm, ein Charakteristikum einer klassischen Lokomotiv-Kesselschmiede, in der Niet-
pressen nur sehr beschränkt angewendet werden können. Das in Ostafrika aufgenommene Foto
im Bildteil zu diesem Kapitel soll uns vor Augen führen, daß der bei dieser Tätigkeit gezeigte
muskulöse Neger weit besser zu solch urwüchsiger Männerarbeit paßt als zum Aufsuchen und
Reparieren eines defekten elektronischen Steuerelements für neuzeitliche Traktion.

Eine zentrale Bohrung im Stehbolzen von 5 bis 6 mm Weite läßt im Falle eines Bolzenbruchs
Wasser austreten, daher der Name detector hole in England und tell-tale hole in Amerika.
Sie wird entweder durch Hohlziehen des Stehbolzenmaterials geschaffen oder durch Ausbohren,
manchmal bloß auf beiderseits etwa 50 mm Tiefe, d.h. im Bereich der größten Biegebeanspruchung. Schon 1855 von D. Joy der Exford, Worcester & Wolverhampton Railway erfunden
und angewendet (16, S. 126), setzte sich diese Idee weitgehend durch. Durchgangsbohrungen
werden meist am äußeren (stehkesselseitigen) Ende mittels eines Pfropfens verschlossen.

Auch André Chapelon verwendete in seinen erstmals 1932 erschienenen Hochleistungskesseln bis zuletzt Stehbolzen der klassischen Art, jedoch aus Stahl für ebensolche Boxen,
zum Teil aus Manganbronze, mit Dichtschweißung um den Rand des feuerseitigen Nietkopfs.

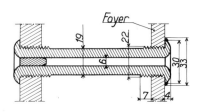
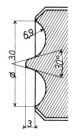

Klassischer Stahlstehbolzen mit zusätz-
licher Dichtschweißung am Boxende;
rechts der Kopf des Döpperwerkzeugs
zum Vernieten. *Nach A. Chapelon,
aus: Korrespondenz von 1947*

69

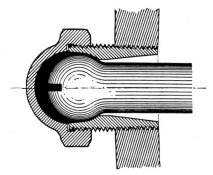

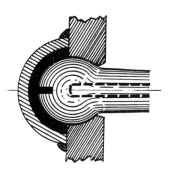

Links: Amerikanische Ursprungsform eines beweglichen Stehbolzenkopfs.

Rechts: Beweglicher Stehbolzenkopf neuerer Form für im Wasserraum befindliche Köpfe.
Annonce im RME, 7/1937

In den USA kamen schon bald nach der Jahrhundertwende bewegliche Stehbolzen (flexible staybolts) auf. Um 1905 war man über das erste Versuchsstadium hinausgekommen und nach einem Bericht der Master Mechanics Association von 1906 hatten bereits 26 Bahnen mit rund 3000 Lokomotiven über eine halbe Million davon eingebaut (57), um die unter ungünstigen Bedingungen (hohe und stark wechselnde Kesselanstrengung, hartes Speisewasser) häufigen Brüche auf großen Lokomotiven zu verringern. Auf deutsch vorzugsweise Gelenkstehbolzen genannt, fanden sie in Europa erst in der Zwischenkriegszeit zögernd Eingang, da sie für Kupferbolzen nicht in Betracht kamen. Beweglich ist bloß der stehkesselseitige Kopf, wogegen das boxseitige Bolzenende nach wie vor fest eingespannt bleibt. Die ältere amerikanische Ausführung des Gelenks hat den Vorteil größerer Bolzenlänge, also geringerer Biegespannungen bei gegebenem gegenseitigem Abstand der zu verbindenden Wände, deren äußere auch stark schräg zum Bolzen liegen kann, doch zeigt sich bei hartem Speisewasser, daß sich der konische Ringspalt im Laufe von Jahren oder auch schon Monaten mit Kesselstein verlegt und die Beweglichkeit weitgehend aufgehoben wird. Diese Ausführung wurde daher in den dreißiger Jahren in den USA durch jene ersetzt, bei welcher der kugelige Kopf direkt auf einer in die Wand eingearbeiteten Sitzfläche ruht und der äußere Dichtverschluß auf einfachste Weise mittels einer angeschweißten Haube erzielt wird. Bei gleichen Dimensionen und Materialbeanspruchungen können Gelenkstehbolzen einer doppelt so großen Wandverschiebung folgen wie beiderseits eingespannte Bolzen.

Ende der zwanziger Jahre wurde die Ursprungsbauart für deutsche Hinterkessel übernommen, die zwar bei weitem nicht so groß und thermisch nicht so hoch belastet waren wie amerikanische, aber infolge ihrer althergebrachten steiferen Konstruktion die Stehbolzen stark auf Biegung beanspruchten. Auch die Kriegslokomotiven Reihe 52 erhielten Gelenkstehbolzen in den besonders gefährdeten Regionen. An einem deutschen Stehbolzen aus der Mitte der dreißiger Jahre mit erweiterten Aufdornbohrungen ermöglicht die im Bereich der Gewinde stark vergrößerte Bohrung durch Hineintreiben von Stahldornen, die Bolzengewinde plastisch

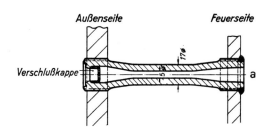

Gewinde-Stehbolzen mit erweiterter Aufdornbohrung mit Dichtschweißung auf der Boxseite. *(1)*

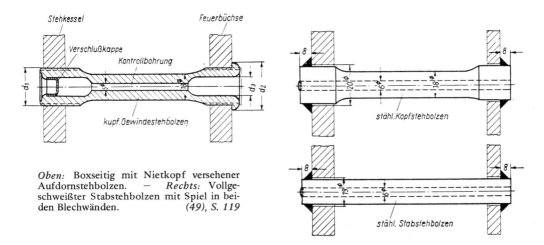

Oben: Boxseitig mit Nietkopf versehener Aufdornstehbolzen. — Rechts: Vollgeschweißter Stabstehbolzen mit Spiel in beiden Blechwänden. (49), S. 119

auszudehnen und zum Dichthalten zu bringen. Nach ihrem Erfinder Zwillings-Stehbolzen, später einfach Aufdornstehbolzen genannt, hatten sie anfangs auf der Boxseite noch einen Nietkopf (gedöpperter Stehbolzenkopf); in der hier dargestellten Ausführung ist dieser gemäß Reichsbahn-Oberrat Silbereisen der Direktion Hamburg-Altona seit 1933 durch eine Schweißnaht ersetzt. Ein diesbezüglicher Bericht (58), der verschiedene Detailausführungen für Kupfer- und Stahlboxen behandelt, bemerkt, daß das Bolzengewinde wenigstens vorläufig beibehalten wurde. Hier findet sich also bereits der Gedanke, später im Zusammenhang mit den Fortschritten der Schweißtechnik ohne Gewinde zu arbeiten; dieser führte zuerst in Rußland zum glatten, beiderseits in die Wandungen mit Spiel eingeführten und an seinen um ca. 6 mm vorstehenden Enden mit dem Blech verschweißten festen Stabstehbolzen. Die DRB machte damit etwa 1941 an Beutelokomotiven Bekanntschaft; nach und nach wurde diese verblüffend einfache Konstruktion in Mitteleuropa allgemein übernommen. So hatten die ÖBB schon im Mai 1948 ihr Normblatt 72040-330 über eingeschweißte Stehbolzen für die verschiedensten praktisch vorkommenden Fälle, auch für den Ersatz von alten Gewindebolzen; nur auf der Feuerseite von Kupferboxen wurde der eingeschraubte gedöpperte Stahlbolzen beibehalten, der inzwischen den Kupferbolzen ersetzt hatte.

In den USA hingegen zeigte man sich auf diesem Gebiet sehr skeptisch, was wohl mit den strengen Überwachungsvorschriften für Schweißarbeiten im Kesselbau zusammenhängt. Selbst Dichtschweißungen an den Boxenden geschraubter Stehbolzen waren 1947/48 in den USA und in Kanada erst an etwa 300 Lokomotiven praktiziert worden, kaum 2 % des Dampflokomotivbestands; über gewindelose, voll geschweißte Stehbolzen wurde zwar während des Zweiten Weltkriegs auf Tagungen der Eisenbahn-Kesselschmiede (Master Boiler Makers' Association) gesprochen, aber auch im Dezember 1947 war man erst so weit, daß F. P. Huston, ehemals Leiter der Eisenbahnabteilung der International Nickel Co., auf der Jahresversammlung der American Society of Mechanical Engineers in einem großen Referat über Stehbolzenboxen ein Forschungs- und Versuchsprogramm vorschlug, um die Überwachungsbehörde zur Zulassung solcher Bolzen zu bewegen (59). Aber bevor man dies erreichte, war die Dampflokomotive von den Schienensträngen der USA verschwunden.

Als kurioses Gegenstück sei erwähnt, daß derselbe Vortrag über die Anwendung von Explosionskapseln mit elektrischer Zündung anstelle von Aufdornwerkzeugen zum Expandieren der Stehbolzen-Gewindeköpfe berichtete, eine Methode, die der Chemiekonzern Du Pont 1941 mit Erfolg eingeführt hatte, da man in den USA dem mechanischen Aufdornen wegen seiner Arbeitsaufwendigkeit ablehnend gegenüberstand.

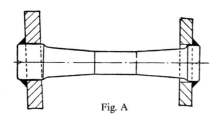

Fig. A

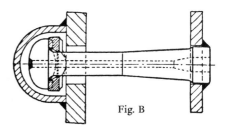

Fig. B

Vollgeschweißter Stehbolzen mit ver-
jüngtem Schaft nach Henschel/Tross von
1951.   (60)

Beweglicher, boxseitig vollgeschweißter
Stehbolzen nach Henschel/Tross von
1951.   (60)

Den letzten Verfeinerungen in der Stehbolzentechnik als Resultat eines Forschungsauftrags
seitens Henschel an den langjährigen Spezialisten Dr. A. Tross liegt das Streben nach einem
möglichst elastischen Stehbolzen zugrunde, der ein Maximum an Ausbiegung, also gegenseitigem Verschieben der beiden Blechwände, vor Erreichen seiner Streckgrenze zuläßt. Dies führt
zu einer Art 'Träger gleicher Festigkeit', für den die Summe aus Zug- und Biegungsbeanspruchung
in allen Querschnitten ungefähr gleich ist. Fig. A für den beiderseits durch Schweißung einge-
spannten Bolzen ist ohne weitere Erläuterung verständlich; Fig. B zeigt einen beweglichen Stehbolzen nach demselben Formgebungsprinzip, bei dem das amerikanische, mit Reibung belastete
Kugelgelenk durch ein reibungsloses Abwälzsystem ersetzt ist: zwischen Stehbolzenkopf und
Stehkesselwand liegt eine Scheibe, die den Druck der Wand über eine zylindrische Kontaktfläche
erhält, deren Achse senkrecht zur Zeichnungsebene steht, wogegen eine analog geformte Kontaktfläche auf der Außenseite der Scheibe, mit der Achse in der Zeichnungsebene, die Druckkraft an die ebene Fläche des Stehbolzenkopfs weitergibt. Diese neuartigen Tross-Stehbolzen
hat ihr Konstrukteur zusammen mit verwandten Konstruktionsproblemen in seinen Artikeln (61,
62) von 1951 bzw. 1953 behandelt. Die DB verwendete sie in ihren Neubaulokomotiven
'Bauart 1950' (63), Henschel versuchsweise 1953 auch in einigen Lokomotiven für Südafrika,
darunter in den großen 2D2. Dort haben sie sich allerdings nicht gehalten: nach einem Schreiben
des Maschinendirektors vom August 1980 traten an den feuerseitigen Schweißnähten nach
zwei Jahren Risse auf, ebenso wie anschließend in den umgebenden Zonen der Boxbleche. Bei
der DB rühmte Witte hingegen 1969 gerade das Aufhören letzterer Erscheinung bei Anwendung
von Tross-Stehbolzen. Die Gründe für den Mißerfolg in Südafrika können nur vermutet werden,
da diese Bolzen in den USA, d. h. unter ähnlich hoher Wärmebeanspruchung durch mechanische
Feuerung, nicht erprobt wurden; man betrachtete sie als zu kostspielig. Diese Einschätzung
hing sicherlich auch damit zusammen, daß die flexible Gestaltung der amerikanischen Hinterkessel mit ihren besonders weiten Wasserräumen, daher langen und relativ biegsamen Stehbolzen im Zusammenhang mit strengen Maßnahmen zur Vermeidung von Kesselsteinansatz
ohnehin zu großen störungsfreien Kilometerleistungen führte. Dazu sei noch erwähnt, daß die
Feuerbüchsbleche dort stets bloß 9,5 mm stark waren, die Stehkessel-Seitenbleche auch sehr
großer Lokomotiven 12,7, selten 14,3 mm. In Mitteleuropa hingegen hatte E. Metzeltin (1871
bis 1948) 1940 als Rufer in der Wüste unsere seitlich mindestens 15 mm dicken Stehkesselbleche als zu steif kritisiert (64).

Schon diese notwendigerweise nur in großen Zügen gebrachte Darstellung zeigt, daß der
Stehbolzen, das markanteste und scheinbar so einfache Element des Stephensonkessels, noch
nach 150 Jahren besten Fachleuten viel Kopfzerbrechen und auch Enttäuschungen verursachte
— aber immer nur im Detail. Seine Aufgabe hat er stets erfüllt und niemand brachte es zustande,
ihn zu verdrängen.

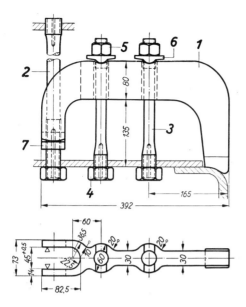

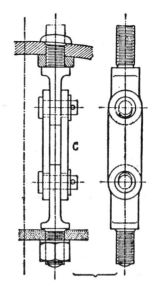

Ersatz der Deckenstehbolzen durch Bügelanker in Rohrwandnähe bei kupfernen Feuerbüchsen. *Deutsches Normblatt LON 2157
von 1926*

Beweglicher Deckenanker österreichischer
Bauart. *(3)*

Die übrigen Verankerungen bieten keine zusätzlichen Probleme. Die Feuerbüchsdecke ist normalerweise mittels entsprechend längerer Stehbolzen, Deckenstehbolzen oder auch Deckenanker
genannt, gegen die Stehkesseldecke abgestützt, die mit größerer Wandstärke, z. B. 20 mm und
darüber, ausgeführt wurde. Kupferne Rohrwände waren zwecks Haltbarkeit der eingewalzten
Kesselrohre 26 bis 30 mm stark und daher sehr steif. Da sie während ihrer Lebensdauer von
meist einem Dutzend Jahren durch Erwärmung und die wiederholten Einwalzvorgänge gegenüber dem stählernen Stehkessel in die Höhe wuchsen, war es nötig, eine oder besser zwei der
vordersten Reihen von Deckenstehbolzen nicht in die Stehkesseldecke münden zu lassen,
sondern in Bügelanker; diese stützen sich vorne auf den Umbug der Rohrwand, hinten auf
eine höhenverstellbare Mutter am Gewinde je eines verstärkten Deckenstehbolzens. Die feuer-
büchsseitigen Muttern dienen außer dem wasserdichten Anpressen der Gewinde auch dem Schutz
der Bolzenenden gegen Abbrennen; sie stehen daher um etwa 3 mm über die Bolzen hinaus und
können nach Abnützung bequem erneuert werden.

Eine speziell in Österreich verwendete einfache Art von Deckenankern für das vordere Ende
der Box kann dank ihrer zusammengesetzten Bauweise mit Langlöchern in den Verbindungs-
laschen einem Aufsteigen der Boxdecke nachgeben, die sich dann entsprechend dem Kesseldruck
etwas durchbiegt[3]. Diverse in ihrer Wirkung äquivalente konstruktive Varianten waren in den
USA üblich, wieder eine andere benützte Chapelon. Bei stählernen Rohrwänden ist nicht bloß
die Wärmedehnung geringer, sondern auch das Aufweiten und damit Wachsen beim Einwalzen
der Kesselrohre, sodaß speziell bei kleineren Kesseln auf längenanpassungsfähige Deckenstehbolzen verzichtet werden kann. Immerhin, der vorsichtige Konstrukteur blieb dabei, vor allem

---

3 Dies ist sehr instruktiv an der in ihrer Längsmittelebene aufgeschnittenen 2B-Schnellzuglokomotive 1.20
der k. k. österreichischen Staatsbahnen — einer Vorläuferin der weitverbreiteten Reihe 4 — im Wiener Eisenbahnmuseum zu sehen, die viele Betriebsjahre hinter sich brachte.

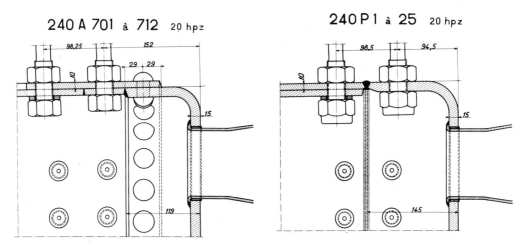

240 A 701 à 712 20 hpz

240 P 1 à 25 20 hpz

Ausbildung des Rohrwand-Oberteils und des Anschlusses der Boxdecke nach A. Chapelon: links für die 2D-Umbaulokomotiven von 1932 mit genieteter Stahlbox und rechts für die 2D-Lokomotiven mit geschweißter Box. *Aus Korrespondenz Giesl*

wenn hohe Dampfleistung verlangt wurde. Dies traf natürlich für Chapelon zu, bei dessen Anordnung der vorderen zwei Reihen von Deckenstehbolzen für genietete und geschweißte Stahlboxen.

Deckenstehbolzen sind meist genügend lang, um keine Maßnahmen zum Verringern der Biegebeanspruchungen zu erfordern, doch bei langen Boxen und über Verbrennungskammern sah man Veranlassung zum Einbau von Gelenkbolzen älteren Musters, welche Konstruktion sich auch einer erheblichen Schräglage der Wand zum Bolzen anpassen läßt, was amerikanische Kessel deutlich zeigen.

Ein weiteres wichtiges Element sind die Queranker, welche im Bereich oberhalb der Boxdecke ein seitliches Ausbeulen des Stehkessels zu verhindern haben. Sie sind ein spezifisches Merkmal europäischer Kessel und ferner ganz allgemein der Bauart Belpaire. Der Querschnitt in Tafel 1 (Seite 42) läßt sie erkennen. Amerikanische Stehkessel, sofern sie nicht nach Belpaire ausgeführt sind, kommen ohne Queranker aus, denn sie haben radial versteifte Hinterkessel (radial stay boilers), bei denen die im Querschnitt stark gewölbte Boxdecke mit dem Stehkessel mittels einer ununterbrochenen Reihe von Stehbolzen verbunden ist, die radial zur Box- oder zur Stehkesselwand stehen und deren waagrechte Kraftkomponenten die Wirkung der Queranker voll ersetzen. Dies geht aus amerikanischen Zeichnungen klar hervor. In Europa wird die oberste Zone einer gewölbten Stehkesseldecke oft durch innen angeschweißte, vertikal querliegende Bleche versteift, die wegen ihrer Form Sichelbleche genannt werden.

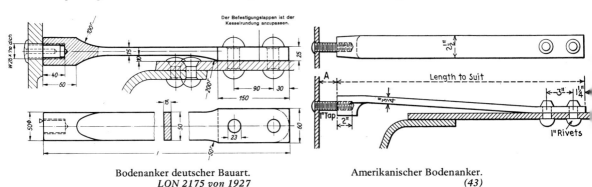

Bodenanker deutscher Bauart.
LON 2175 von 1927

Amerikanischer Bodenanker.
(43)

Trotz der gewaltigen Horizontalkraft, die der Kesseldruck auf die Boxrohrwand ausübt und die schon bei einer mittelgroßen europäischen Lokomotive mit 1800 mm Kesseldurchmesser und 18 atü rund 200.000 kp beträgt, wobei die Summe der Rohrlöcher in der Wand natürlich als Abzugspost von der gesamten Wandfläche berücksichtigt ist, benötigt die Wand im Bereich des Rohrbündels keine Versteifungen, da alle auftretenden Kräfte von den Kesselrohren und ihren Wandverbindungen im Verein mit den Rohrwand-Umbügen und ihrem Anschluß an die Feuerbüchse aufgenommen werden. Bloß an der Unterseite des Rohrbündels sind die Abstände bis zu den Stehbolzen an der Stiefelknechtplatte notwendigerweise so groß, daß dieser Teil der Rohrwand gegen den Boden des Langkessels abgestützt werden muß. Dies erfolgt mittels der Bodenanker, in Österreich Rohrwandanker genannt. Die österreichische Ausführung ist praktisch gleich der deutschen, der Vergleich mit der amerikanischen zeigt aber wieder einmal, wie man das prinzipiell gleiche Stück viel billiger gestalten kann. Die Niet- und Schraubverbindungen entfallen bei geschweißten Kesseln.

Die Rückwand des Stehkessels muß oberhalb der Boxdecke gegen den Dampfdruck versteift werden. In Mitteleuropa geschah dies fast ausschließlich durch Blechanker aus horizontalen Blechen und Winkeln gemäß Teil 59 auf Tafel 1. Die in Höhe der Boxdecke vertikal aufgebogene Rückwand ist ein spezifisch preußisches Merkmal zur Erzielung rechtwinkeliger Anbauflanschen, in Europa sonst selten angewendet, in den USA niemals. Die Blechanker ergeben im Verein mit den Wänden ein sehr steifes Gebilde; zunächst willkommen erscheinend, findet man bei näherer Betrachtung, daß eine gewisse elastische Nachgiebigkeit gegenüber horizontalen Kräften erwünscht wäre. Dies folgt aus der größeren Wärmedehnung der beheizten Flächen des Kessels gegenüber seiner Außenhaut, wodurch in allen Verbindungsteilen Spannungen entstehen, denen, wie wir bereits bei den Stehbolzen gesehen haben, am besten durch elastische Bauweise begegnet wird. Hier fanden wieder die Amerikaner ein wirksames und billiges Mittel in der Form von Längsankern, dort einfach boiler braces genannt. Wir finden sie bereits in der Zeichnung eines alten Naßdampfkessels sehr klar dargestellt; es sind Rundstangen, die mittels einfacher Bolzen und Laschen an ihrem einen Ende an der zu versteifenden Wand, am andern an der Stehkesseldecke oder auch am Oberteil eines Kesselschusses befestigt sind. Sie werden schon mit einem kleinen Spiel von maximal 3 mm montiert und geben unter den im Betrieb entstehenden Zugspannungen umso mehr nach, je mehr sich die Boxbleche erhitzen und auf die Stehkesselrückwand drücken. Nach diesem Vorbild erhielten z. B. auch etliche von Maffei in München gebaute Lokomotivtypen wie die badischen 2C1 Längsanker, die zur Erzielung hoher Elastizität von der Stehkesselrückwand bis in den ersten Kesselschuß reichen. Chapelon übernahm sie für seine 2D in horizontaler Anordnung, einige der letzten britischen Typen erhielten die Längsanker in der amerikanischen Originalform.

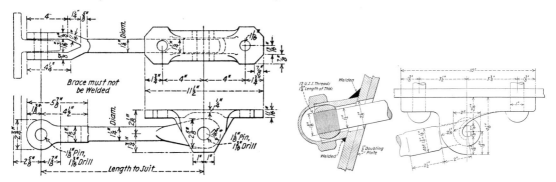

Amerikanischer Längsanker zur Abstützung der Stehkesselrückwand am Steh- oder Langkessel.   (43)

Amerikanischer Längsanker mit verstellbarem Kugel-
kopf.   (43)

Die mächtige 2F1 der Union Pacific von 1926 zeigt das typische 'Gesicht' der amerikanischen Großlokomotiven mit der kleinen Rauchkammertür und den schweren Pumpen; bei Reparaturen mußte die Vorderwand abgeschraubt und mittels eines Krans abgehoben werden (siehe Seite 90). *Foto UP*

Während der Entwicklung der Dampflokomotive wurde wiederholt versucht, die Stephensonsche Feuerbüchse durch eine stehbolzenlose Konstruktion zu ersetzen. Da mit einer solchen ein Hauptmerkmal der Stephensonschen Lokomotive wegfiele, gehören diese Bestrebungen nicht zu unserem Themenkreis. Ich möchte aber doch darauf hinweisen, daß nur die gänzlich aus Rohren und versteifungslosen Hohlkörpern zusammengesetzte 'Rohrbox' des Österreichers Johann Brotan (1843–1918) einen nennenswerten Erfolg erzielte und mehrere hundert Ausführungen erlebte, hauptsächlich in Ungarn von 1908 an bis in die Zeit nach dem Zweiten Weltkrieg, weshalb 1942/44 auch die Verwendung an den deutschen Kriegslokomotiven erwogen und erprobt wurde. Dieses Thema habe ich in meinem Kesselartikel (54) zusammenfassend betrachtet. Als negativ hervorzuheben ist die von allen Erfindern, die sich um die Schaffung von Rohrboxen bemühten, übersehene oder bagatellisierte Tatsache, daß der Stephensonsche Hinterkessel zusammen mit dem Langkessel ein Gebilde von größter Steifheit darstellt, welche die des Lokomotivrahmens weit übertrifft, sodaß er zum wahren Rückgrat der Lokomotive wird. Das Fehlen eines solchen führte stets zu Anrissen und Leckstellen in den Verbindungen zwischen Rohrbox und Langkessel nach einer oft bloß Monate zählenden Zeitspanne, eine unangenehme Quelle von Reparaturen und Stehzeiten.

Mangelnder Einblick in die besonderen Verhältnisse des Lokomotivbetriebs und die daraus resultierenden Anforderungen hat gelegentlich auch tüchtige Fachmänner des stationären Kesselbaus zu falschen Gedankengängen verleitet, deren Realisierung in der harten Wirklichkeit die zuständigen Stellen glücklicherweise meist verweigerten. Dieses Glück widerfuhr auch einem langjährigen Stabilkesselexperten, den ich um 1950 mit einer wegwerfenden Geste sagen hörte: *Ach, diese Lokomotivbauer mit ihrem blöden Stehbolzenkessel!*

Langkessel

Der an den Hinterkessel anschließende Langkessel, früher seiner Querschnittsform wegen auch Rundkessel genannt, dient vor allem dazu, die aus der Feuerbüchse noch sehr heiß austretenden Verbrennungsgase möglichst vollkommen zur weiteren Wasserverdampfung, aber auch zur Dampfüberhitzung auszunützen; gleichzeitig ist er als Heißwasser- und Wärmespeicher unerläßlich. Der Mantel des Langkessels besteht bei kleinen Lokomotiven aus einem einzigen eingerollten Blechkörper, einem Kesselschuß, ansonsten aus zwei oder mehreren Kesselschüssen. Diese Unterteilung ergibt sich aus den seitens der Walzwerke lieferbaren Blechbreiten. Genietete Kesselschüsse, die bis zum Ende des Dampflokomotivbaus weitaus überwogen, wurden ineinandergesteckt und damit auch, falls erwünscht, ein nach vorn abnehmender Kesseldurchmesser erzielt.

Die Gastemperatur beim Eintritt in die Kesselrohre liegt bei mittlerer Belastung der Lokomotive meist um 1100° C, bei hoher erreicht sie 1350° C und noch etwas mehr. Die theoretische Grenze für die Endtemperatur der Gase beim Verlassen der Rohre, also beim Übertritt in die Rauchkammer, ist natürlich gleich der Siedetemperatur des Kesselwassers, für die im Kapitel Allgemeiner Aufbau einige Zahlenbeispiele angeführt sind. In der Praxis aber muß zwischen den Gasen und dem Wasser, dessen Temperatur auch die Kesselrohre sehr annähernd annehmen, selbst am Kesselende noch ein ziemlich erhebliches Temperaturgefälle bestehen; andernfalls müßten übergroße Heizflächen vorgesehen werden, die aus Gewichts- und Platzgründen, aber auch deswegen unzulässig wären, weil sie den Gasen einen allzugroßen Strömungswiderstand entgegensetzen. Ein solcher könnte von der Blasrohranlage, wenn überhaupt, so nur mit hohem Gegendruck auf die Dampfkolben überwunden werden und der dadurch entstehende Leistungsverlust würde den Gewinn an Wärmeausnützung nur zu leicht übertreffen. So kommt es, daß die mittlere Temperatur der nach ihrem Eintritt in die Rauchkammer durchmischten Gase, die Rauchkammertemperatur, für mittlere Lokomotivleistungen meist um gut 100° C über der Wassertemperatur liegt, für hohe Leistungen um 160°, und nur beste Konstruktionen von Kesseln und Blasrohranlagen etwas bessere Werte erzielen, während häufig um 20 bzw. 40° höhere zu finden sind.

Die Wärmeausnützung im Langkessel erfolgt in den Kesselrohren, in ihrer Gesamtheit auch das Rohrbündel genannt; sie bilden die mittelbare Verdampfungsheizfläche zum Unterschied von der unmittelbaren, direkten oder Strahlungsheizfläche der Feuerbüchse mit ihren eventuellen Ein- und Anbauten. Naßdampfkessel, also solche ohne Überhitzer, in den letzten Jahrzehnten lediglich für untergeordnete Zwecke gebaut, haben ausschließlich Heizrohre. In der älteren Literatur findet man bis kurz nach 1920 noch den Ausdruck Feuerrohre; er stammt aus dem Englischen (fire tubes), ist aber nicht treffend, da ja durch die Rohre bloß heiße Gase strömen sollen und eventuell hineinleckende Flammen sogleich verlöschen. In Österreich und in Süddeutschland nannte man sie meist Siederohre, womit richtig ausgesagt wird, daß sie nur der Wasserverdampfung dienen; auch Professor G. Lotter (1878–1949) benützte diese Bezeichnung in seinem bekannten Handbuch zum Entwerfen regelspuriger Dampflokomotiven (41).

Die Bemessung der Heizrohre bezüglich Durchmesser, Länge und Anzahl bereitete den Konstrukteuren ein primäres Problem schon unmittelbar nach dem Erscheinen der ROCKET. Sie hatte 25 kupferne Rohre von 76 mm Außendurchmesser, wahrscheinlich 72 mm licht, und 1,85 m Länge zwischen den Rohrwänden. Für die Strömungsverhältnisse und den Wärmeübergang in den Heizrohren sind die Innendurchmesser maßgebend; es ist daher üblich und wissenschaftlich richtig, die Heizflächen auf der gasbespülten Seite anzugeben, im deutschen Sprachraum feuerberührte Heizflächen genannt. Hier hat sich diese bezüglich der Kesselrohre genau genommen unrichtige Bezeichnung ausnahmslos gehalten. Die Angelsachsen aber blieben bis heute bei der althergebrachten Berechnung der wasserberührten Verdampfungsheizfläche, die bei Heizrohren um etwa 10 % größer ist; sie nennen diese auch outer, das ist äußere Heizfläche, auf die Rohraußenwände bezogen. Eine amerikanische Spezialität ist die Angabe der Kesselrohrlänge über die Rohrwände gemessen (over tube sheets) anstatt, wie bei uns und auch in England, zwischen den Rohrwänden, sodaß die amerikanischen Längendimensionen um die Summe der beiden Rohrwanddicken größer sind; dies macht zwar bloß etwa ein halbes Prozent aus, stört aber den Uneingeweihten beim Umrechnen amerikanischer Zahlenangaben.

Es leuchtet ein, daß das Verhältnis der Rohrlänge L zum lichten Rohrdurchmesser d_i besondere Bedeutung hat. Bei der ROCKET betrug es 25,5 : 1. Eine größere Verhältniszahl infolge längerer oder engerer Rohre ergibt bei Gleichheit von Gasmenge und Strömungsquerschnitt eine bessere Wärmeausnützung, aber höheren Strömungswiderstand; in extremen Fällen könnten sich die Rohre zu stark durchbiegen, aber dies kommt kaum vor; erst bei $L/d_i = 150$ könnte man sich diesbezüglich Sorgen machen. Sicherlich fand man bei der ROCKET, daß die Gase noch sehr heiß in den Rauchfang abzogen, und zog daraus gleich die richtigen Konsequenzen, denn bei den weiteren noch 1830 für Liverpool—Manchester gelieferten, ganz ähnlichen Maschinen verkleinerten Robert Stephenson & Co. den nominellen, das heißt den äußeren Durchmesser der Heizrohre auf 2 Zoll und erhöhten die Rohrzahl auf 88 bis 92. Die letzte der Serie aber, die NORTHUMBRIAN, erhielt bereits nicht weniger als 132 Rohre von nur 1 5/8 Zoll Durchmesser, also 41 mm und wahrscheinlich 37 mm licht bei 2140 mm Länge. Das Verhältnis L/d_i war nun auf etwa 58 gestiegen, die Verdampfungsheizfläche des Kessels als Summe von Rohr- und Boxheizfläche auf ca. 37 m^2 und betrug rund das 50fache des ebenfalls etwas größeren Rosts. Mit letzterer Relation war eine schließlich bei Verfeuerung hochwertiger Kohle später weltweit übliche erreicht worden, siehe z.B. *Lokomotiv-Athleten* (20, S. 40/41).

Mit erstaunlicher technischer Intuition und sicherlich auch etlichen Temperaturmessungen waren Robert Stephenson & Co. binnen weniger als Jahresfrist nahe an die besten Proportionen eines Lokomotiv-Heizrohrkessels herangekommen. Ein günstigeres L/d_i von fast 100 war noch nicht erzielbar, denn bei zweiachsigen Lokomotiven damaliger Größe und zulässigen Gewichts (die NORTHUMBRIAN als schwerste wog 7,5 t) konnten die Rohre nicht mehr nennenswert verlängert werden, und im Zuge der Durchmesserverkleinerung war man von dem im Lokomotivbau je verwendeten Kleinstmaß von außen/innen 30/26 mm nicht mehr allzuweit entfernt; dieses hatte der uns bereits als besonders unternehmungslustig bekannt gewordene J. Beattie 1855 für seine Verbrennungskammer-Kessel gewählt, aber bei bloß 1600 mm Rohrlänge.

Immer noch sah Robert Stephenson Veranlassung, die Abgastemperatur zu senken, denn der Wirtschaftlichkeit schenkten die Bahnen bald großes Augenmerk und die Konkurrenz war stark im Wachsen, gab es doch schon vor 1840 ein Dutzend Lokomotiven bauende Werke von Bedeutung. Die Heizrohrlängen waren bei etwa 2,5 m stehengeblieben, bis 1841 die erste Stephensonsche Long Boiler Engine erschien, eine 1A1 mit 3,3 m Achsstand und 3,4 m langen Rohren. Diese Relation machte es jedoch nötig, den Stehkessel überhängend anzuordnen, das heißt hinter der letzten Achse dreiachsiger Lokomotiven, die damit bei höheren Fahrgeschwindigkeiten allerdings größere Laufunruhe zeigten; aber als C-Güterzugtypen eroberten sich derart konzipierte Maschinen, wie bereits besprochen, für ein halbes Jahrhundert einen prominenten Platz auf dem europäischen Kontinent. Der Long Boiler machte sofort Schule, denn mit seiner großen Heizfläche gleich der 80fachen Rostfläche und darüber ergaben sich erstmalig wirklich befriedigende Kesselwirkungsgrade. Anfangs wurde er nach Stephensonschen Zeichnungen in Lizenz gebaut und Versuche mit einer 1845 von Kitson in Leeds herausgebrachten 1A1 (16, S. 54) von bereits 21,5 t Dienstgewicht ergaben bei höherer Anstrengung eine Abgastemperatur von nur 315° C; sie lag 160° über der Kesselwassertemperatur für 4,7 atü, was durchwegs neuzeitlichen Temperaturdifferenzen gleichkommt. Bei Heizrohren von 3960 mm

Länge erwies sich das Verhältnis von L/d_i = 92 als so vorteilhaft und beständig, daß der hervorragende Konstrukteur und Kenner des internationalen Lokomotivbaus H. Steffan (1877 bis 1939) von der Maschinenfabrik der österreichischen Staatseisenbahngesellschaft (26) in seinen Artikeln vor und nach dem Ersten Weltkrieg den Wert L/d_i = 100 als in engen Grenzen erstrebenswert bezeichnete, um bei einer gut durchgebildeten Blasrohranlage der damaligen Zeit eine optimale Synthese von guter Wärmeausnützung im Kessel und mäßigem Blasrohrdruck zu erzielen.

Bei der Deutschen Reichsbahn anerkannte R. P. Wagner (1882—1953) dieselbe Erfahrungsrelation als vorteilhaft. Er stellte sie lediglich in einer anderen Form dar, nämlich durch das Verhältnis des freien Rohrquerschnitts q zur Rohrheizfläche H. Es ist leicht zu errechnen, daß für ein kreisförmiges Rohr q/H = $d/4L$ ist, sodaß sich für d_i/L = 1/100 ein Flächenverhältnis von 1 : 400 ergibt, das als Wagnersche Zahl in die deutsche Fachliteratur einging. Die Benützung des Flächenverhältnisses hat den Vorzug, daß es sich als Vergleichswert für den Strömungswiderstand nicht nur für glatte Kreisrohre eignet, sondern auch für solche beliebiger Querschnittsform, also insbesondere für Rohre, die Überhitzerelemente enthalten. Dies wird uns bei der Diskussion der Überhitzerdimensionierung nützlich sein.

Bei einer Heißdampflokomotive besteht das Rohrbündel im Langkessel aus den rein wasserverdampfenden Heizrohren und den im Durchmesser größeren Rauchrohren, in denen die Gase auch Wärme an die darinnenliegenden, vom Arbeitsdampf durchströmten Überhitzerelemente abgeben. Die Rauchrohre erhielten diesen Namen, weil die Überhitzer von Wilhelm Schmidt (1858—1924) anfangs in der Rauchkammer untergebracht waren und daher Rauchkammerüberhitzer hießen, schließlich jedoch in vergrößerten Kesselrohren Rauchrohrüberhitzer; so ergab sich die Bezeichnung Rauchrohre zur Unterscheidung von den Heizrohren, wenngleich bei tadelloser Verbrennung alle Rohre rauchlos bleiben, wogegen bei Rauchentwicklung auch die Heizrohre ihren Teil abbekommen. In diesem Licht sind die neueren britischen Bezeichnungen *small tubes* für Heizrohre und *large tubes* für Rauchrohre viel besser, wie auch die entsprechenden französischen, nämlich *petits tubes* und *gros tubes.* Den ursprünglich aus dem Deutschen übersetzten Ausdruck *smoke tubes* haben die Briten aufgegeben. Die Amerikaner nennen Heiz- und Rauchrohre *tubes* bzw. *flues,* an sich breite Begriffe, die nur bei Anwendung auf Lokomotivkessel eine sehr spezifische Bedeutung haben.

Die Kesselrohrlängen großer Lokomotiven erreichten um die Jahrhundertwende in Kontinentaleuropa 5 m, in den USA 6 m und etwas darüber, während der zwanziger Jahre gelegentlich 6 bzw. 7 m, bei amerikanischen Mallettypen vielfach 7,3 m. Vereinzelte Extremwerte betrugen hüben wie drüben 7,5 m. In Europa bemühte man sich zumeist, das alterprobte Verhältnis von Heizrohrlänge zu Durchmesser einzuhalten; erst als hier — speziell in Frankreich — die im Kapitel Saugzuganlagen zu behandelnden verbesserten Blasrohrsysteme aufkamen, verschob sich das Optimum zu relativ engeren Rohren. Dies war willkommen, weil man dadurch bei längeren Kesseln günstige Proportionen mit herkömmlichen Rohrdurchmessern erzielte. So konnte die österreichische 1D2-Reihe 214 bei 6 m Rohrlänge dank ihrem weiten Rauchfang mit dampfspreizender Zwischendüse nach einer verbesserten Bauart Kylälä (26) vorteilhaft L/d_i = 117 mit handelsüblichen Heizrohren von 57/51,5 mm Durchmesser erhalten. Die DRB aber war bei ihren alten 54/49er Rohren auch bei 5800 mm Länge geblieben, entsprechend L/d_i = 120, und $q : H$ = 1 : 480, was zu Wagners extrem weiten Rauchfängen mit sanfter Saugwirkung nicht mehr paßte (31), denn der Strömungswiderstand in einem Rohr ist ja unter sonst gleichen Verhältnissen dem H/q proportional, war also hier um 20 % größer als bei Einhaltung der Wagnerschen Zahl. Auch Wagners Langrohrkessel für die 2C1-Einheitslokomotiven Bauart 1925, Reihen 01 und 03, mit der übergroßen Rohrlänge von 6800 mm, hatten mit q/H = 417 für das gesamte Rohrbündel praktisch das gleiche Verhältnis. Dies folgte schon aus der Notwendigkeit, genormte Rohrdurchmesser zu wählen. Diese Kessel wurden im Betrieb nicht günstig beurteilt (31), weil sie nur mäßige Dampfleistungen, kaum mehr als die ziemlich willkürlich festgelegte deutsche Norm von 57 kg Dampf pro m² Heizfläche und Stunde, ohne mechanische Schäden (vor allem Leckwerden der Rohre in der Boxrohrwand) durchhalten konnten. Mit der Rohrlänge an sich hatte dies bestimmt nur wenig zu tun, wohl aber waren die sehr steifen Rauchrohre mitschuldig, siehe die Arbeiten von L. Schneider und U. Schwanck (66, 67), sowie die Beibehaltung der starren Blechversteifungen zwischen der Rückwand und dem Mantel des Stehkessels und an der Rauchkammerrohrwand. Diese Steifheit ergab auch hohe Beanspruchungen der Feuerbüchsrohr- und Rückwand an den Umbügen.

In Europa wurde ziemlich allgemein darauf geachtet, die Heizrohrweite in ein angemessenes Verhältnis zur Rohrlänge zu bringen. Zu diesem Zweck standen etwa nach der Häufigkeit ihrer Verwendung in neuerer Zeit folgende Einheitsdurchmesser zur Verfügung: 54/49 mm (früher, speziell in Österreich, 53/48), 51/46 (früher 50/45), 44,5/39,5, ferner 57/51,5 für besonders große und lange Kessel (das Maß für den Wagnerschen Langrohrkessel von 70/65 war eine Ausnahme), sowie 41/37 und 38/33,5 für sehr kurze Kessel. Die Außendurchmesser entsprachen ungefähr englischen Zollmaßen und üblichen Bruchteilen davon.

In den USA hingegen benützt man zumindest seit dem Ende des vorigen Jahrhunderts für Hauptbahnlokomotiven nur zwei Siederohrweiten, nämlich 2 und 2,25 Zoll Außendurchmesser, entsprechend nominell 50,8/44,9 bzw. 57,1/51,2 mm; von einer Längenabstimmung war nicht viel zu bemerken. So oft ich schon Gelegenheit hatte, auf sehr zweckmäßige, nachahmenswerte amerikanische Konstruktionen hinzuweisen, so wenig war von den theoretischen Kenntnissen der Lokomotivbauer zu halten. So kam es, daß auch dann keine größeren Heizrohrdurchmesser eingeführt wurden, als die Längen über 6,5 m anwuchsen, und mit 7 bis 7,5 m wurde L/di = 137 bis 146, letzteres schon einem H/q von fast 600 entsprechend. Die Folge waren enge Blasrohrquerschnitte, hoher Gegendruck und hoher Dampfverbrauch. Bei Verwendung des Schmidtschen Kleinrohrüberhitzers stieg H/q sogar bis über 700. Infolge unzureichender Kenntnis wählte man als Abhilfe, meist erst in den dreißiger Jahren, ein Kürzen der Rohre mittels langer Verbrennungskammern.

Es mag sonderbar erscheinen, einfachen Verhältniszahlen wie den vorstehenden L/di und H/q so große Bedeutung beizumessen und sie innerhalb ziemlich enger Grenzen günstig oder nachteilig zu nennen. Dies hat aber gute Gründe: die dem Lokomotivkonstrukteur auferlegten Beschränkungen bezüglich Umgrenzungsprofil, Achslast und Gewicht je Längeneinheit, Raddurchmesser und Längenentwicklung mit Rücksicht auf Kurvenlauf führen besonders bei Hochleistungslokomotiven zu einer weitgehenden Uniformierung der Kesselproportionen, zu denen

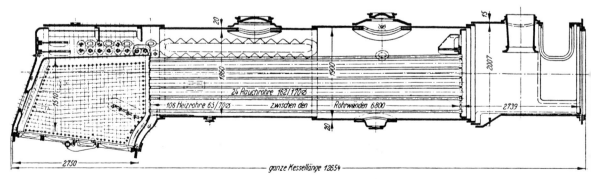

Der Wagnersche Langrohrkessel für die 2C1-Lokomotiven Nr. 02 009 und 010 der DRB von 1927. Praktisch unverändert in die Baureihe 01 ab Nr. 01 077 sowie in die Baureihe 01.10 eingebaut und etwas verkleinert, aber mit gleicher Rohrlänge, in die Baureihen 03, 03.10 und 41. *(65)*

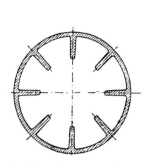

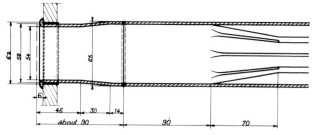

Feuerbüchsseitiges Ende eines Serverohrs mit angeschweißtem, im Durchmesser schwach eingezogenem Stutzen.

Von Chapelons 2D, Sammlung Giesl

Typischer Querschnitt eines Serverohrs = Rippenrohr Bauart Serve. Außendurchmesser 65 mm, Wandstärke 2,5 mm. *(18)*

eben in gewissen Grenzen liegende Rohrproportionen passen. Der einzige Faktor, der diese stark beeinflußt, ist der Wirkungsgrad der Blasrohranlage; je höher er ist, desto höher kann H/q liegen, desto tiefer können also die Verbrennungsgase im Rohrsystem abgekühlt werden, bevor das Ansteigen des Gegendrucks auf die Maschine den thermischen Gewinn überkompensiert.

Im vorigen Jahrhundert wurden im Heizrohrfeld noch vielfach einige Ankerrohre eingebaut, das waren starke Rohre mit etwa 8 mm dicker Wand, die zur Versteifung der Rohrwände gegen den Dampfdruck beitragen sollten. Sie waren aber angesichts der Widerstandsfähigkeit der in großer Zahl vorhandenen Heizrohre überflüssig und wurden später nicht mehr verwendet.

Chapelon wählte für seine 2D-Umbaulokomotiven die erstmals 1884 an französischen Schiffskesseln erprobten und nach ihrem Erfinder Serverohre benannten Heizrohre mit inneren Längsrippen. In den Lokomotivbau wurden sie in den neunziger Jahren von der PLM und der französischen Nordbahn eingeführt, um auch in kurzen Kesseln vorteilhaft niedrige Abgastemperaturen zu erzielen. Eine rechnerische Erfassung des Wärmeübergangs und der dazu nötigen Strömungsverteilung im Rippenrohr ist äußerst umständlich und mit Unsicherheiten behaftet. Sofort leuchtet jedoch ein, daß die erhebliche Zusatzheizfläche der Rippen, verglichen mit der des glatten Rohrs, nicht gleichwertig sein kann. Während anfangs noch Vollwertigkeit kolportiert wurde, bewertete die französische Ostbahn die Rippenheizfläche bloß mit der Hälfte der nominellen (18). Zwei Faktoren sind dafür verantwortlich: wegen des Wärmestromwegs in den dünnen Rippen nehmen diese gegen ihre inneren Enden ansteigende Temperaturen an, und überdies wird die Gasströmung durch die größere Wandreibung im Rippenbereich verzögert. Mit den dargestellten Proportionen, das heißt einer Rippenhöhe von 20 % des Lichtdurchmessers, wird der innere Rohrumfang fast genau doppelt so groß wie der des glatten Rohrs, sodaß bei halber Rippenwertigkeit effektiv mit 75 % der Gesamtheizfläche zu rechnen ist. Die Rippen erstrecken sich auf höchstens 90 % der Rohrlänge, um die Enden in die Rohrwände einwalzen zu können. Der Vergleich mit glatten Rohren von 38/33,5 mm Durchmesser für 4,25 m Rohrwandabstand wie bie Chapelons 2D liefert für die Serverohre kein günstiges Resultat: bei gleichem Verhältnis des gegenseitigen Rohrabstands zum Außendurchmesser lassen sich in einem Rohrfeld gleicher Größe genau dreimal so viele glatte Rohre unterbringen, die zwar nominell um 12 % weniger, effektiv aber um 16 % mehr Heizfläche haben, wobei der gesamte Strömungsquerschnitt in den glatten Rohren um 4 % über dem des Serverohrbündels liegt. Die glatten Rohre haben dazu den betrieblich großen Vorteil der problemlosen Reinigung, wogegen die Rippenrohre langwieriges und gewissenhaftes Bemühen erfordern, um sie einigermaßen sauber zu halten, wobei die Wirksamkeit ihrer Heizfläche immer noch geringer sein wird als nach obiger Rechnung. Serverohre konnten sich also bloß dann wärmewirtschaftlich

Britisches Swirlyflo-Rohr. Die Reinigung bietet, wie oben gezeigt, gegen den üblichen Vorgang keine Schwierigkeiten. *Prospekt der Spanner Boiler Co. England*

überlegen zeigen, wenn sie mit normalen Rohren zu großen Durchmessers verglichen wurden, die bei kurzen Kesseln die Regel waren. Auch Chapelon hat sie in weiteren Kesseln nicht mehr verwendet.

Obwohl die Rohrströmung im Lokomotivbetrieb stets turbulent ist, kann eine erhöhte Durchwirbelung die Wärmeübertragung noch erheblich steigern. Drallerzeugende Einbauten

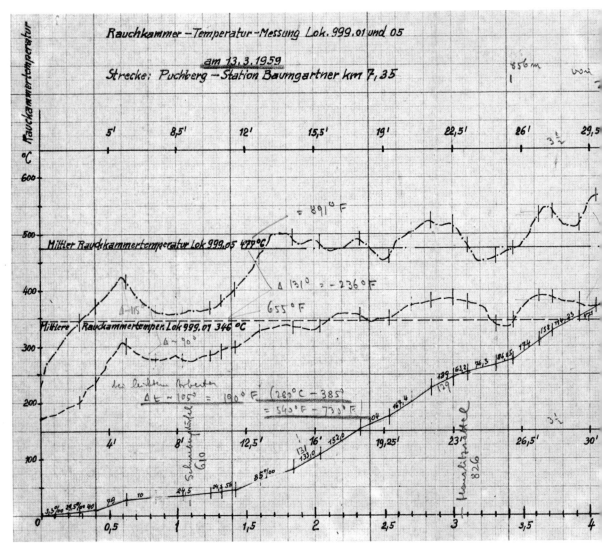

Vergleichsfahrten auf der Schneeberg-Zahnradbahn von der Talstation Puchberg (576 m Seehöhe) bis zur Station Baumgartner (1395 m) am 13. März 1959: Lokomotive 999.05 mit 150 normalen Heizrohren von 38/33 mm Durchmesser, 999.01 mit der gleichen Anzahl englischer Swirlyflo-Rohre

scheiterten stets an beschleunigtem Verlegen und der Unmöglichkeit einer betrieblich tragbaren Reinigung. Dagegen brachten schraubenförmig gewellte Wandungen Erfolg, wenn sie auch an Lokomotiven nur ganz vereinzelt Verwendung fanden. Das einzige neuzeitliche Beispiel bieten die kleinen, meterspurigen 250 PS-Zahnradlokomotiven der ÖBB mit 2 m Rohrlänge, in welche von 1957 an die sogenannten Swirlyflo-Rohre englischer Provenienz eingebaut wurden. Gegenüber den glatten Rohren, die zwar nicht die kleinste anwendbare, aber doch die kleinste auf dem Kontinent verwendete lichte Weite von 33,5 mm hatten, woraus ein $L/di = 60$ folgte, sodaß die Abgastemperatur bei den täglichen Planfahrten am Schneeberg bei Vollbeanspruchung über 500° C lag, ergab sich eine Senkung derselben um 145° und im Gesamtdurchschnitt der Fahrt um gut 130°. Die durch den Wärmegewinn verursachte Verkleinerung der Rostbeanspruchung resultierte in geringerem Auswurf an Unverbranntem und verdoppelte nahezu die primäre Ersparnis, sodaß der Kohlenverbrauch um etwa 15 % zurückging, bei forciertem Arbeiten sogar um mehr. Diese Rohre haben bei dem gleichen Außendurchmesser von 38 mm

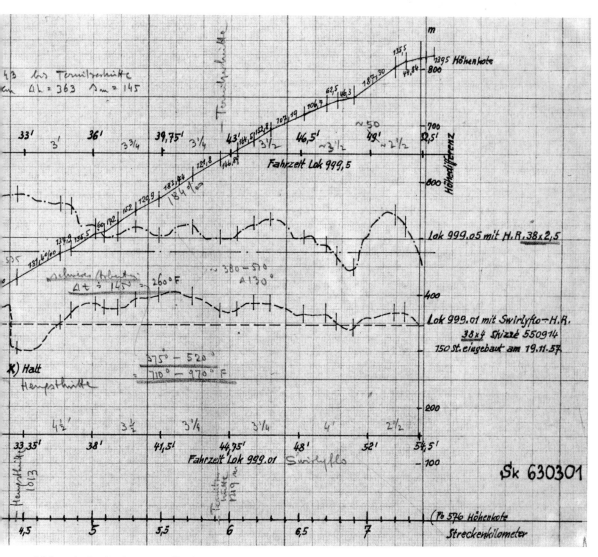

gleichen Außendurchmessers, die eine große Verringerung der Abgaswärme in der Rauchkammer bewirkten. Die Wagenlast von 18 t ist ungefähr normal, die zulässige beträgt 20 t.

6* Anatomie

(siehe laufenden Text Seite 83/84)

wie die glatten Rohre eine von 2,25 auf 4 mm vergrößerte Wandstärke, um den erhöhten Abrieb zu kompensieren. Interessanterweise konnte der Blasrohrquerschnitt des Flachejektors unverändert bleiben, weil das verringerte Rauchgasvolumen den größeren spezifischen Strömungswiderstand gerade ausglich; die Blasrohrleistung blieb dieselbe. So große Gewinne sind selbstredend nur bei kurzen Heizrohren möglich, die das logische Anwendungsgebiet darstellen.

Gedrallte Rohre ähnlicher Bauart waren gegen Ende des Ersten Weltkriegs in Schweden unter der Bezeichnung Ess-Rohre erschienen (68, 69). Die Bergslagernas-Bahn verwendete sie lange.

Der sicheren Befestigung der Rohre in den Rohrwänden galten erhebliche Anstrengungen, seit Dampfdrücke und Kesselgrößen gegen Ende des vorigen Jahrhunderts stärker zu wachsen begannen. Bis etwa 1870 hatten noch mittels eines Dorns an die Lochlaibungen gepreßte Rohre aus weichem Schmiedeeisen genügt, nachdem die spröden Messingrohre schon um 1845 aufgegeben worden waren. Dann wurden die bis in die Neuzeit benützten Rohrwalzen entwickelt, um die schädlichen Erschütterungen beim Einschlagen des Dorns zu vermeiden. Umbördeln der Rohrenden erfolgte damals auch auf der Rauchkammerseite, wo es später als überflüssig aufgegeben wurde. In die boxseitigen Rohrenden wurden häufig sogenannte Brandringe eingewalzt, zum besseren Dichthalten sowie zum Schutz gegen Flammeneinwirkung in kurzen Feuerbüchsen. Hohen Anforderungen entsprachen bis heute, wie schon erwähnt, bei Kupferboxen mit ihren 26 bis 28 mm starken Rohrwänden Stahlrohre mit angelöteten Kupferstutzen von 4 mm Wandstärke. Im neuen Zustand ist der lichte Durchmesser in der Rohrwand um 20 % kleiner als der volle lichte Rohrdurchmesser, was aber bei dem schlanken konischen Übergang und der wohlabgerundeten Form des starken Bördels keinen nennenswerten Eintrittswiderstand für die Gase hervorruft. Bei größeren Rohren als den in der Zeichnung dargestellten werden entsprechende Proportionen eingehalten. Das Einziehen (die Durchmesserreduktion) der Rohre bzw. Rohrstutzen am Boxende ist notwendig, um bei normaler Rohrteilung genügend starke Stege für das Einwalzen in die Wand zu erhalten. Am Rauchkammerende ist eine kleine Erweiterung vonnöten, denn man muß die Rohre ja auch bei dem stärksten zu erwartenden Kesselsteinbelag ohne Schwierigkeiten dort herausziehen können, um sie nach etlichen Betriebsjahren, in Europa etwa vier, teilweise zu erneuern und das Kesselinnere zu inspizieren. Zwecks ausreichender Haftfähigkeit in der Rauchkammerrohrwand, wo Stahl mit Stahl zusammentrifft, ist diese auf größeren europäischen Lokomotiven traditionell 26 mm stark, in den USA meist bloß 19 mm, selbst bei 21 atü Kesseldruck.

Mit dem Aufkommen stählerner Feuerbüchsen, in Amerika bereits vor der Mitte des vorigen Jahrhunderts, die wegen schlechterer Wärmeleitung Rohrwände von nur etwa halber Stärke der kupfernen erhalten konnten, erwies sich das Dichthalten bloß eingewalzter und gebördelter Rohre immer problematischer. Um häufige Stehzeiten zwecks Nachwalzens zu vermeiden,

Typisches Heizrohr nach altösterreichischer Praxis mit boxseitigem Kupferstutzen zum Einwalzen in die kupferne Rohrwand; heute noch gültige Ausführung für die Zahnradlokomotiven vom Schafberg und vom Schneeberg. *ÖBB-Hauptwerkstätte Knittelfeld (1985)*

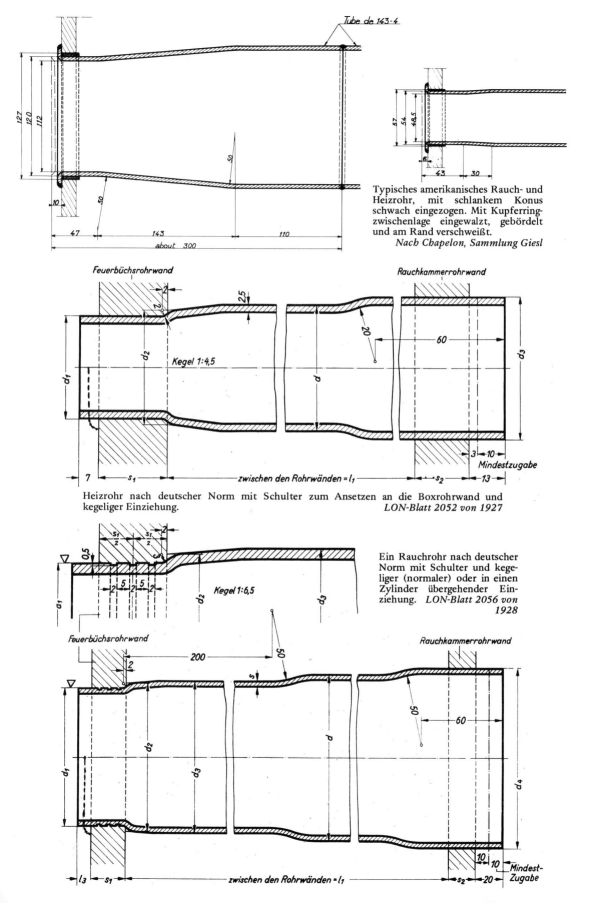

Tube de 143·4

127
120
112

10
50
50

47
143
110
about 300

57
54
48,5
6
43
30

Typisches amerikanisches Rauch- und Heizrohr, mit schlankem Konus schwach eingezogen. Mit Kupferringzwischenlage eingewalzt, gebördelt und am Rand verschweißt.
Nach Chapelon, Sammlung Giesl

Feuerbüchsrohrwand

Rauchkammerrohrwand

2
2,5
2
d_2
Kegel 1:4,5
20
60
d_1
d
d_3
3·10
Mindestzugabe
7
s_1
zwischen den Rohrwänden = l_1
s_2
13

Heizrohr nach deutscher Norm mit Schulter zum Ansetzen an die Boxrohrwand und kegeliger Einziehung.
LON-Blatt 2052 von 1927

$\frac{s_1}{2}$
$\frac{s_1}{2}$
2
0,5
3
a_1
2
5
5
2
d_2
Kegel 1:6,5
d_3

Ein Rauchrohr nach deutscher Norm mit Schulter und kegeliger (normaler) oder in einen Zylinder übergehender Einziehung. *LON-Blatt 2056 von 1928*

Feuerbüchsrohrwand

Rauchkammerrohrwand

2
200
50
s
50
60
d_2
d_1
d_3
d
d_4
10
10
Mindestzugabe
l_3
s_1
zwischen den Rohrwänden = l_1
s_2
20

Abb.
S. 85

Abb.
S. 85

begann man mit der Entwicklung der Schweißtechnik in den dreißiger Jahren, die Bördelenden mit der Boxrohrwand zu verschweißen. Das Zwischenlegen einer Kupfermanschette von 2 mm Stärke war ein Überbleibsel aus der Zeit vor der Schweißung, als man durch Einwalzen allein vollkommene Dichtheit zwischen Rohr und Lochlaibung erzielen mußte. Später kam man naturgemäß darauf, daß eine gute Schweißung keiner zusätzlichen Dichtungsmaßnahme bedarf.

Heiz- und Rauchrohre nach deutschen Normen weisen am Boxende eine in anderen Ländern nicht übliche Schulter auf, die sogenannte Rohrbrust, die zum Anlegen an die Rohrwand bestimmt ist; sie soll die richtige Lage des Rohrs relativ zur Rohrwand beim Einbau sichern helfen und, wie manchmal behauptet wird, auch zur Dichtheit beitragen, was in nennenswertem Maß nicht möglich ist. Da das Rohr vor dem Bördeln nur wenig vorstehen darf, weil zu breite Bördel einreißen, ist es oft nötig, die Rohrenden nach dem Einbringen abzuschneiden. Als Schulterrohre mit den Kriegslokomotiven nach Österreich kamen, fand man in dieser Formgebung keine Vorteile und behielt bei den österreichischen Typen die glatt und schlank eingezogenen Rohre bei, die in ihrer einfachen Form den amerikanischen entsprachen. Der normgemäß um rund 30 % verringerte Lichtdurchmesser in der Rohrwand — der Durchgangsquerschnitt ist aber auf die Hälfte herabgesetzt — führt bei den deutschen Normheizrohren im Verein mit der plötzlichen Erweiterung des Querschnitts an der Rohrbrust zu einer erheblichen Erhöhung des Gesamtwiderstands gegen die Rohrströmung, nämlich um gut 30 % gegenüber der österreichischen, amerikanischen und französischen Praxis mit schlank eingezogenen Rohrenden. Dies zeigt, daß anstatt der üblichen Bewertung des Widerstands durch das Verhältnis H/q der durch die Gestaltung des boxseitigen Rohrendes bedingte Zusatzwiderstand addiert werden muß. Da das Einziehen der Rauchrohre relativ viel weniger ausmacht, verzerrt eine bloß auf H/q aufgebaute 'Abstimmung' das wahre Widerstandverhältnis zwischen Heiz- und Rauchrohren. In der englischen Praxis wurden Heizrohre nur um 3 mm im Durchmesser eingezogen, Rauchrohre nur wenig mehr. Der Eintrittswiderstand wurde damit ein Minimum.

Bei dem in Österreich bis zum Ersten Weltkrieg verwendeten Rauchrohr System Pogany ist der hintere, nicht mit Überhitzerelementen besetzte Teil des Rohrs schraubenförmig gewellt, womit eine gewisse Längselastizität erzielt wird. Man fürchtete nicht mit Unrecht, daß die gegenüber den Heizrohren mehrfach steiferen Rauchrohre in der Nähe der Umbüge der Boxrohrwand zu hohe Drücke auf die Rohreinwalzstellen ausüben würden, wenn sich Box und Rohre bei höherer Kesselleistung und nach Kesselsteinbelag gegenüber den kühleren Außenwänden des Kessels stark dehnen. Erfahrungen scheinen nicht übermittelt zu sein; offenbar erwies sich diese Vorsichtsmaßnahme unter österreichischen Verhältnissen à la longue nicht als erforderlich. Die einspringenden Teile der Schraubenwindungen unterlagen zweifellos dem Abrieb durch mitgerissene Asche und Kohleteilchen, konnten jedoch zur Reparatur angeschuht werden, wie dies an beiden Enden von Kesselrohren stets üblich war. Wie dem auch sei, an steifen Kesseln wie dem gezeigten Wagnerschen Langrohrkessel hätte sich diese Rohrkonstruktion wohl günstig ausgewirkt, gegebenenfalls mit erhöhter Nachgiebigkeit des gewellten Teils.

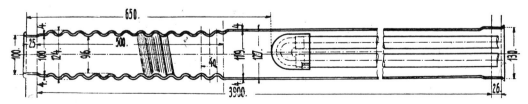

Rauchrohr System Pogany mit spiralig gewelltem Boxende der Österreichischen Mannesmannwerke in Komotau, 1907.
Lok, 1908, S. 167

Mit den Fortschritten der Elektroschweißtechnik begann man in den vierziger Jahren, auch auf boxseitiges Bördeln zu verzichten und die eingewalzten Heiz- und Rauchrohre mittels einer kräftigen Kehlnaht an die Rohrwand zu schweißen (in den Zeichnungen an der unteren Hälfte der Rohrenden strichliert). Dabei sollen die 2,5 bis 3 mm dicken Heizrohre nur rund 5 mm, die 4 mm starken, durch das Einziehen auf etwa 5 mm verdickten Rauchrohre 7 mm über die Wand vorstehen. Schließlich erkannte man, daß gegenüber einer gesunden Schweißnaht die durch Einwalzen gebotene Haftfestigkeit und Dichtheit keine wesentliche Rolle spielt, und begann — bei den ÖBB und der DB bald nach dem Krieg, in den USA jedoch nicht mehr —, die Rohre in einfachster Weise mit etwas Spiel in die Boxrohrwand einzusetzen und zu verschweißen. Dies erleichterte Rohrerneuerungen außerordentlich, da sie nach Abfräsen der Naht sogleich lose waren. Am Rauchkammerende mußte das Einwalzen allerdings beibehalten werden.

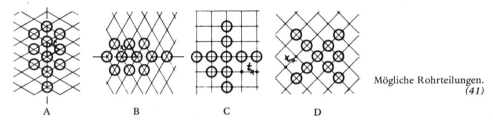

Mögliche Rohrteilungen.
(41)

A   B   C   D

Für die Anordnung, das ist Austeilung der Heizrohre stehen die in den Fig. A bis D gezeigten Möglichkeiten zur Verfügung. Die Platzausnützung ist bei den beiden erstgenannten gleich gut und den quadratischen Austeilungen überlegen; diese müssen aber für die Rauchrohre von Großrohrüberhitzern gewählt werden, und zwar in der vertikalen Reihung nach Fig. C, siehe das Kapitel Überhitzer. Für Heizrohre kommt vorzugsweise Fig. A in Betracht, weil diese Anordnung die besten Aufsteigwege für die Dampfblasen ergibt. Manchmal ist es günstig, beiderseits einer von Rohren freien vertikalen Mittellinie symmetrische Rohrfelder anzuordnen. Lotter bezeichnet einen Abstand der Rohraußenseiten voneinander, Wassersteg genannt, von 17 mm als normal; es ist jedoch richtig, diesen nach dem Rohr-Außendurchmesser zu proportionieren, weil daraus für jeden Rohrdurchmesser eine gleichbleibende Summen-Spaltweite resultiert, wogegen ein fixer Wassersteg umso weniger Dampfdurchtrittsfläche liefert, je größer die Heizrohre sind. Ein Wassersteg $s = da/3$ bei der Boxrohrwand ergibt gute Verhältnisse. In der Rauchkammerrohrwand hat man meist mehr Platz und kann dort die Rohrteilung etwas vergrößern, wenngleich mit Rücksicht auf die Intensität der Dampferzeugung das Umgekehrte der Fall sein sollte; daher die Berechtigung konischer Kessel auch ohne Verbrennungskammer. Optimal ist, z. B. bei der Wahl der vorstehenden Wasserstegproportion, eine geringfügige Verkleinerung des vertikalen Rohrabstands zugunsten des Abstands in der Schrägrichtung; dies tat Gölsdorf bei seinen großen Kesseln im Ausmaß von −1/+1 mm. Eine Studie über die mit verschiedenen Rohrdurchmessern erzielbaren Heizflächen und Strömungsquerschnitte je Kubikmeter Kesselinhalt in der Rohrzone bzw. je Quadratmeter Rohrfeldfläche habe ich veröffentlicht (70).

Der Gasquerschnitt im Langkessel, das ist der Durchgangsquerschnitt für die Verbrennungsgase mit der nominellen, also unverengten Lichtweite der Rohre, betrug zweckmäßigerweise meist 13 bis 14 % der Rostfläche (etwa 1/7,5) bei Verfeuerung guter Steinkohle von 7000 Kalorien. Geringerwertiger Brennstoff verlangt größere Rostfläche und drückt das prozentuale Verhältnis; so bevorzugte Gölsdorf für österreichische Verhältnisse 10,5 bis 11,5 % (im Mittel 1/9), wobei auch Gewichtsersparnis eine Rolle spielte. All dies gilt für gut ausgebildete konventionelle Blasrohranlagen; für solche hohen Wirkungsgrads, wie sie im entsprechenden Kapitel gezeigt werden, kann ein kleinerer Gasquerschnitt in engeren Rohren bessere Gesamt-

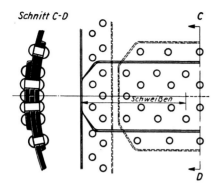

Schnitt C-D

Längs- und Quernähte eines deutschen genieteten Langkessels aus den dreißiger Jahren. *(1) Auflage 1939*

wirtschaftlichkeit von Kessel und Maschine im Rahmen des zur Verfügung stehenden Raums und zulässigen Gewichts ergeben. Wagner wählte für die großen Kessel der DRB reichliche Strömungsquerschnitte von rund 15 % der Rostfläche; denselben Wert erhielt vorsichtshalber die österreichische 1D2 im Interesse niedrigen Gegendrucks trotz ihrer höherwertigen Blasrohranlage. Seither entstanden wissenschaftlich fundierte Berechnungsmethoden zur Erzielung des jeweiligen Optimums.

Die geschweißten Neubaukessel Bauart 1950 der DB gemäß Tafel 2 verkörperten in ihrem Aufbau die nach dem Krieg von Witte realisierten Grundsätze, nämlich Vergrößerung der Strahlungsheizfläche mittels einer Verbrennungskammer, etwas kleineren Rost und eine kleinere, thermisch höher belastete Rohrheizfläche. Im Kesselwirkungsgrad zeigten sich keine einwandfrei meßbaren Unterschiede. Über das mechanische Durchhaltevermögen dieser Kessel bei ihrer offiziellen Grenzdampfleistung für die gleichen Lokomotivbaureihen, die nur um weniges, bei BR 01 um 3 % höher angesetzt waren als für die alten Kessel, liegen keine Veröffentlichungen vor. Die auf den ersten Blick eindrucksvolle Steigerung der spezifischen Heizflächenbelastung von 57 kg/m^{2}h als bekanntlich früherem Normwert auf nunmehr 75 folgt fast zur Gänze aus der verkleinerten Verdampfungsheizfläche (71) und auch die Überhitzung war um kaum 15 bis 20° höher als in den entsprechenden 'Altbaukesseln', außer — selbstverständlich — dort, wo man auf Ölfeuerung umbaute.

Ob genieteter oder geschweißter Bauart, wurden die Langkessel gemäß den Tafeln aus drei, in Amerika auch aus vier Schüssen hergestellt. Durch den Dampfdruck werden die Bleche parallel zur Längsachse des Kessels genau doppelt so hoch beansprucht wie im Querschnitt. Daher wird die Längsnaht als Doppellaschennietung hergestellt, wogegen für die Rundnaht eine einfache doppelreihige Nietung der ineinandergesteckten Kesselschüsse genügt. Die Längsnähte werden stets in den oberen Teil des Kessels verlegt, wo sie Anfressungen weitgehend entzogen sind. Zur Erleichterung des Zusammenbaus und des Dichthaltens an den Enden der Kesselschüsse werden dort die nach dem Einrollen aneinanderstoßenden Blechkanten auf etwa einen halben Meter Länge miteinander verschweißt.

In den USA führte 1858 die renommierte Lokomotivfabrik Rogers in Paterson, N.J., die 1837 gegründet wurde und 1913 in der ALCO aufging, den Wagon Top-Kessel ein, charakterisiert durch einen schief kegeligen hinteren Kesselschuß, dessen untere Begrenzung horizontal verläuft, die obere Kontur aber stark schräg nach unten. Die anschließenden Schüsse sind zylindrisch. Diese Formgebung gibt über der Box reichlichen Dampfraum sowie eine ebensolche Wasser-, also Verdampfungsoberfläche und spart erheblich an Gewicht. Es ist daher logisch, daß Karl Gölsdorf in seinem so erfolgreichen Streben nach leichten Hochleistungslokomotiven den Kessel seiner in Kapitel 1 gezeigten Rekordmaschine Serie 110 nach dieser Bauart entwarf. Der Dampfdom sitzt gemäß der amerikanischen Ursprungskonstruktion auf dem konischen Schuß. Eine Weiterentwicklung, bei welcher der hinterste Schuß zylindrisch ist und sich der schiefe Kegel nach vorn anschließt, liefert noch reichlicheren Dampfraum bei etwas größerem Gewicht und ist in ästhetischer Hinsicht überlegen. Diese Bauart wurde in den USA Extended Wagon Top-Boiler benannt und von Gölsdorf erstmalig 1906 bei der 1E-Serie 280 angewendet sowie anschließend bei allen seinen Großlokomotiven.

Weiters gibt es andere Bauarten von Langkesseln mit konischen Schüssen, die keine besonderen Namen führen. In Deutschland erhielten erst die Kessel Bauart 1950 einen konischen Schuß etwa in der Mitte, um das Rohrfeld der Verbrennungskammer nach unten hin zu vergrößern und lange Stehbolzen sowie einen reichlichen Wasserzufluß zum Unterteil der Feuerbüchse zu erhalten. Daher wurde hier der schiefe Kegel des Extended Wagon Top-Kessels um 180 Grad verschwenkt, sodaß die obere Kontur horizontal liegt und der Kessel auf den ersten Blick wie ein zylindrischer aussieht.

Während die Boxdecke häufig nach hinten abfallend angeordnet wurde, um den Wasserspiegel speziell beim Übergang in die Gefällsfahrt leichter über der Decke halten zu können, zeigten amerikanische Großlokomotiven allgemein eine parallel dazu abfallende Stehkesseldecke. Außer Längengleichheit einer großen Zahl von Deckenstehbolzen reicht dann die Stehkesselhinterwand nicht so knapp an das Führerhausdach heran und die Unterbringung von Rohrleitungen und Armaturen wird erleichtert. Einige der letzten britischen Typen haben ebenfalls diese abfallende Stehkesseldecke, die allerdings zur Ästhetik nicht beiträgt.

Dampfdome und meist damit zusammenhängende Einrichtungen zur Dampfentnahme aus dem Kessel werden im Kapitel Kesselausrüstung behandelt.

Die Rauchkammer schließt an das vordere Ende des Langkessels an und hatte in den letzten Jahrzehnten fast ausnahmslos rein zylindrische Form. Da die Unterbringung eines Überhitzerkastens sowie der damit verbundenen Rohranschlüsse etwas bequemer ist, wenn der Rauchkammerdurchmesser gegenüber dem des Kesselendes vergrößert wird, stellte in Preußen und bei den Einheitslokomotiven Bauart 1925 der DRB ein Zwischenring die Verbindung her. Süddeutschland, Österreich und die meisten Bahnen der Erde, insbesondere die amerikanischen und französischen, kamen mit dem Rauchkammerdurchmesser aus, den man erhält, wenn das Rauchkammer-Mantelblech einfach auf den Kesselschuß gelegt wird.

In Europa dient die Rauchkammer normalerweise auch dem Ablagern eines Teils der durch den Kessel gerissenen Asche und speziell der unverbrannten, besser gesagt nur teilweise verbrannten Kohleteilchen, in ihrer Gesamtheit Lösche genannt, auf englisch *cinders*, in Südafrika und manchmal auch in England *char*. Bei Zweizylindermaschinen kann zu diesem Zweck vorteilhaft ein Löschesack vorgesehen werden, das ist eine Vertiefung der Rauchkammer nach unten; in alter Zeit war dies in England sehr verbreitet, wurde dann vergessen und 1926/27 von A. Lehner mit seinen 1D1t-Nebenbahn- und Dt-Verschublokomotiven Reihe 378 bzw. 478

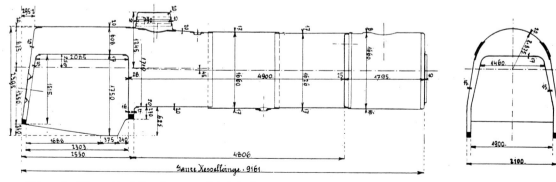

Skizze des 'Wagon-Top'-Kessels von Karl Gölsdorfs 1C1-Hügelland-Schnellzuglokomotive Serie 110 von 1904.
Lok, 1908

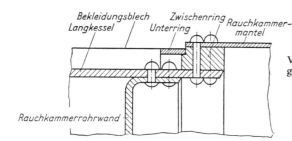

Bekleidungsblech   Zwischenring Rauchkammer-
Langkessel   Unterring   mantel

Rauchkammerrohrwand

Verbindung der Rauchkammer mit dem Langkessel:
genietete Ausführung mit Zwischenring.   *(49)*

Vorderes Langkesselende mit Rauchkammerverbindung:
geschweißte Ausführung.   *(49)*

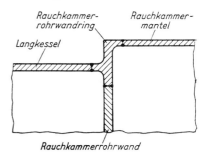

Rauchkammer-
rohrwandring

Rauchkammer-
mantel

Langkessel

Rauchkammerrohrwand

Die Rauchkammer-Türanord-
nung der amerikanischen Oka-
dee Co. mit extrastarken Dreh-
gelenken zum Tragen schwerer
Ausrüstungsteile und einer
schmalen Inspektionstür. *(43)*

Siehe auch das Foto Seite 76.

der BBÖ wieder eingeführt (26). Bei höchstbelasteten Lokomotiven mit mechanischer Feuerung,
die über lange Strecken durchlaufen wie in Nordamerika und in Südafrika, ist es nicht mehr
möglich, einen nur einigermaßen ins Gewicht fallenden Teil der Lösche zu sammeln; sie muß
wohl oder übel trotz der daraus resultierenden, oft sehr erheblichen Umweltbelästigung aus
dem Rauchfang ausgeworfen werden. Die dazu entwickelten Einrichtungen fallen in das Kapitel
Kesselausrüstung.

Selbstverständlich muß die Rauchkammer zur Inspektion sowie zu Reinigungs- und Reparaturarbeiten leicht zugänglich und hierauf luftdicht verschließbar sein. Die Rauchkammertür
erhält daher an der Türwand geeignete Dichtflächen, manchmal auch Asbestschnur-Einlagen,
und wird mit einem kräftigen Schraubverschluß und/oder mehreren Riegeln versehen. Die
meisten Bahnen reinigen die Kesselrohre von der Rauchkammerseite aus mittels sogenannter
Rohrlanzen (oder einfach Lanzen), die in die Rohre eingeführt werden und diese mittels
Druckluft oder Dampf ausblasen, erforderlichenfalls auch mechanisch durchstoßen. Dazu sind
große Rauchkammertüren nötig. In Nordamerika hingegen verbauten die Einrichtungen für
Selbstreinigung der Rauchkammer und Funkenschutz den Zugang zu den Rohren, die von
der Feuerbüchse her gereinigt werden mußten. Deswegen verwendete man dort kleine Inspek-
tionstüren von kaum halbem Rauchkammerdurchmesser, die bequem zu öffnen und leicht
abzudichten waren, zwecks voller Zugänglichkeit aber wurde die gesamte Türwand abschraub-
bar gestaltet und mit einem Kran abgehoben, in neuerer Zeit mittels starker Traggelenke aus-
schwenkbar gemacht.

Obenstehendes Fotos zeigt eine in den USA häufige Ausführung letztgenannter Art, bei der
eine Großtür sogar zwei schwere Bremsluftkompressoren trägt, für die anderswo kein Platz zu
finden war, und dazwischen bloß eine schmale ovale Inspektionstür. Die russische Praxis schloß
sich bald nach 1930 der amerikanischen an, die Chinesen übernahmen sie von den sowjetischen
Bahnen.

Kesselbaustoffe und ihre Beanspruchung

Schon Blenkinsop hatte 1812 seine unter Vermittlung eines Zahnrads und einer seitlich am Gleis befestigten Zahnstange fortbewegten Lokomotiven mit einem Kessel ausgestattet, der aus miteinander vernieteten schweißeisernen Platten bestand. Damit wurde jenes Gußeisen als Kesselbaustoff verlassen, das Trevithick 1804 bis 1808 noch notgedrungen verwendet hatte. In der Folgezeit herrschten schweißeiserne Platten, auch schmiedeeiserne genannt, nach den siebziger Jahren solche aus Flußeisen (mit der späteren Bezeichnung Flußstahl) unumschränkt als Baustoff für Lang- und Stehkessel. Schließlich wurde das aus Roheisen nach dem Siemens-Martin- oder anderen Verfahren im flüssigen Zustand gewonnene Material einheitlich als Stahl bezeichnet. Die verschiedenen Stahlsorten werden gruppenweise teils nach ihrem Verwendungs-zweck benannt, wie z. B. Werkzeugstähle und Federstähle, teils — und zwar genauer — nach ihren hauptsächlichen Legierungsbestandteilen, z. B. Nickelstahl. Obwohl Kohlenstoff (C) streng genommen ebenfalls ein Legierungsmaterial ist, das die Stahleigenschaften besonders beein-flußt, indem bereits eine Erhöhung des C-Gehalts von 0,12 auf 0,6 % die untere Grenze der Zugfestigkeit von 34 auf 70 kp/mm^2 steigert, wobei aber die Dehnung auf nicht viel mehr als ein Drittel abfällt, das Material also viel spröder wird, bezeichnet man reinen Kohlenstoffstahl als unlegiert.

Für Langkesselmäntel, das sind die einzelnen Kesselschüsse, sowie den Stehkessel, die Rauch-kammer und die anschließende Rauchkammerrohrwand wird nahezu ausschließlich unlegiertes Stahlblech mit einer Festigkeit (Nennfestigkeit = untere Grenze der Zugfestigkeit der be-treffenden Stahlsorte) von 34 bis höchstens 42 kp/mm^2 verwendet. Seit etwa 1930 wurden gelegentlich, hauptsächlich in Kanada und in den USA, genietete Langkessel aus Silizium-Manganstahl oder Nickelstahl hergestellt, um Gewicht zu sparen. Es ist damit möglich, die Nennfestigkeit von 34 kp/mm^2 um fast 40 % zu steigern, ohne an Dehnung einzubüßen, und so bei vorsichtiger Dimensionierung die Blechstärke um ein Viertel zu verringern. Eine voll zufriedenstellende Praxis konnte sich jedoch bis zum Ende des Dampflokomotivbaus nicht mehr entwickeln. Gerade bei den 26 berühmt gewordenen Niagaras der New York Central mußten mehrere ihrer Nickelstahlkessel wegen Versprödung des Materials schon um die Mitte ihrer nur knapp zehn Jahre währenden Lebensdauer durch solche aus konventionellem weichen Kohlenstoffstahl ersetzt werden (72), was einen schweren Schlag für die Vertreter der Dampf-traktion in dieser kritischen Phase bedeutete. Andererseits wurde damit bewiesen, daß man a priori ohne den Nickelstahl ausgekommen wäre; schließlich hatte die Gewichtsersparnis bloß etwas über 2 % des Dienstgewichts betragen, und da andere Bahnen bereits früher negative Erfahrungen gemacht hatten, war das Risiko nicht dafürgestanden.

In einer Kesseltrommel ist die tangentiale, das ist die größte Zugbeanspruchung durch den Dampfdruck im vollen Blech nach der einfachen Formel $\sigma = Dpk/2t$ zu rechnen, wobei σ die Zugbeanspruchung in kp/cm^2 (σ = Sigma = der 18. Buchstabe des griechischen Alphabets, in der Technik als Symbol für eine mechanische Beanspruchung bezogen auf eine Flächeneinheit verwendet), D der innere Kesseldurchmesser in cm, pk der Dampfdruck in atü und t die Wand-dicke in cm bedeuten.

Die österreichischen 1D2 haben einen größten lichten Kesseldurchmesser von 1958 mm bei 21 mm Blechstärke und 15 atü Kesseldruck. Für sie gilt daher $\sigma = 195,8 \times 15/2 \times 2,1 =$ 700 kp/cm^2 als Zugbeanspruchung im vollen Mantelblech des fabriksneuen Kessels. Aus Stahl-blech St34 erzeugt, beträgt die kleinste Zugfestigkeit 34 kp/mm^2 oder 3400 kp/cm^2, die scheinbare Sicherheit gegen Explosion wäre damit 3400/700 = ca. 4,85. In Wahrheit ist sie etwas geringer, denn in der genieteten Längsnaht sind die Nietlöcher von der Blechlänge ab-zuziehen. Beträgt der dadurch bedingte Multiplikationsfaktor, der Wirkungsgrad der Nietung,

85 %, dann wäre die mittlere Zugbeanspruchung in der äußeren Nietlochreihe 700/0,85 = 823 kp/cm², die Sicherheit 4,13. Beim vollgeschweißten Kessel, der durch Röntgenisieren auf die Qualität der Schweißnaht geprüft wird, gibt es keinen Materialverlust, doch wird auch hier ein die nominelle Widerstandsfähigkeit des Blechs infolge der Hitzeeinwirkung beim Schweißen vermindernder Rechnungsfaktor analog dem Wirkungsgrad der Nietung eingesetzt. Unter günstigsten Verhältnissen kann er faktisch 100 % betragen; durch behördliche Vorschriften wird er sicherheitshalber kleiner gehalten, liegt aber doch etwas über dem Wirkungsgrad der besten Doppellaschennietung.

Bei der praktischen Bemessung errechnet man zweckmäßigerweise die für einen üblichen Sicherheitsfaktor (z. B. 4) sich ergebende Wandstärke für das volle Blech, dividiert den erhaltenen Wert durch den Wirkungsgrad der Längsnaht und addiert noch einen Zuschlag für Abrosten, z. B. 1 mm. In den USA verlangt das Kesselgesetz einen Sicherheitsfaktor von mindestens 4,5 für neue Kessel und von 4,0 für im Betrieb befindliche, deren zulässiger Druck auf Grund einer Zustandsuntersuchung errechnet wird. An einem besonders großen genieteten Kessel aus Nickelstahl für die 1E2-Lokomotiven Klasse J der Kansas City Southern Railroad von 1937 (73) mit 21,8 atü, dem höchsten in Stephensonkesseln dauernd angewendeten Druck[4], und einem Innendurchmesser des letzten Schusses von 2534 mm finden wir bei 28,6 mm Blechstärke σ = 967 kp/cm² im vollen Blech. Dieser Wert deutet auf die erwähnte Steigerung der Zugfestigkeit gegenüber St34 um etwa 40 % hin, wenn man die Werte für große österreichische Kessel mit durchschnittlich 650 vergleicht und berücksichtigt, daß dieser amerikanische Kessel dank breiter innerer Laschen mit zusätzlichen Nieten auf einen Wirkungsgrad der Nietung von 92 % kommt.

Als Material für die Kesselrohre wurde in unserem Jahrhundert ausschließlich weicher Stahl verwendet, vorzugsweise nahtlos gezogen. Die Kupferrohre der Anfangszeit unterlagen bei steigender Kesselleistung erheblichem Abrieb durch Flugkoks und Ascheteilchen, besonders an den Boxenden; Messingrohre platzten gelegentlich infolge ihrer Sprödigkeit und ließen sich auch praktisch nicht börden. Die Wandstärke der Heizrohre liegt in Kontinentaleuropa zwischen 2,25 und 2,75 mm, in England und Amerika etwas höher, die der Rauchrohre beträgt ab 100 mm Lichtdurchmesser generell 4 mm.

Was das Feuerbüchsmaterial betrifft, so trennte man sich in Europa nur schwer von der aus der Zeit der ROCKET stammenden Kupferbox. Schon die leichte Formbarkeit war äußerst willkommen. Der Wärmedehnungskoeffizient ist zwar um etwa ein Viertel größer als der des Stahls, aber da die Wärmeleitung 7,5mal so groß ist, nimmt eine Kupferbox unter sonst gleichen Umständen trotz üblicherweise 16 anstatt 9,5 oder 10 mm Wandstärke weitaus niedrigere Wandtemperaturen an, dehnt sich also durch die Beheizung viel weniger als eine stählerne. Die der

---

4 Der Nenn-Dampfdruck pk im Stephensonkessel (Kesseldruck) hat sich — abgesehen von individuellen Präferenzen der gerade maßgebenden Maschinendirektoren — fast überall sehr gleichartig entwickelt; die im Lokomotivbau führenden Werke kannten ja die Wünsche und Erfahrungen ihrer Kunden. Von etwa 3,5 atü in den ersten Jahren war pk um 1860 weltweit auf 8 bis 9 atü gestiegen, blieb von 1873 an etwa zehn Jahre lang auf 10 atü, machte mit dem Erscheinen der Verbundmaschinen logisch einen kleinen Ruck auf 12 bis 13 atü zu Beginn der 90er Jahre, kam um die Jahrhundertwende auch bei Einfachexpansion auf 14/15 und bald auf 16 atü, womit in England die Great Western voranging (1902); 1903 erreichten die Franzosen 16 atü, in Deutschland führte damit Maffei (1904), wogegen die DRB, aber auch die USA, erst in den 20er Jahren nachzogen. In Österreich verwendete Gölsdorf 16 atü im Jahre 1906, aber weder er noch seine Nachfolger gingen höher, sondern blieben nach dem Ersten Weltkrieg auf maximal 15. Das Mitteldruckexperiment der DRB von 1933 mit 25 atü wurde wegen zu hoher Instandhaltungskosten bald abgebrochen. Schließlich blieb der Kesseldruck in Europa bei 18 bis 20 atü stehen, in Amerika ging man in der letzten Phase auf 21 bis zum vorgenannten Spitzenwert von 21,8, das sind 310 Pfund pro Quadratzoll, und war damit dank der flexiblen Kesselkonstruktion relativ zufrieden.

Wärmedehnung entgegenwirkenden Kräfte, welche die Kesselrohre, vor allem aber die Steh-bolzen, in beiden Fällen im Verein mit der kühlen Außenhaut, ausüben, erzeugen viel kleinere Spannungen, zumal Kupfer fast genau doppelt so elastisch ist wie Stahl. Also war es keine große Kunst, einen mechanisch zufriedenstellenden Kessel mit Kupferbox zu bauen — die Misere begann in Mitteleuropa im Ersten Weltkrieg, als Kupfermangel zum Ersatz durch Stahl-boxen führte, die nun in die Zwangsjacke eines starren Stehkessels gesteckt wurden und samt ihren kurzen und steifen Stehbolzen zahlreiche Brüche zeitigten. Gegen die chemisch bedingte Abzehrung durch stark schwefelhältige Kohle ist Stahl allerdings weitaus widerstandsfähiger als Kupfer, weshalb die k. k. österreichischen Staatsbahnen in Slowenien der dortigen Braun-kohle wegen das kleinere Übel wählten und in untergeordnetem Dienst stählerne Boxen ver-wendeten. Dort machten sie sich ganz gut, weil die verlangten Kesselleistungen mäßig waren. Sonst aber kehrte man nach dem Ersten Weltkrieg wieder zur Kupferbox zurück, sobald es die Finanzen erlaubten. Im übrigen rätselte man vielfach jahrelang, warum die Stahlbox in Amerika so gut durchhielt, und vermutete eine größere Überlegenheit des Materials, als dies tatsächlich der Fall war.

Unangenehm machten sich Kupferboxen dort bemerkbar, wo forcierte Lokomotivleistungen erforderlich waren, aber starker Kesselsteinbelag die Wandtemperatur in die Höhe trieb. Ein Millimeter Steinschicht genügte, um die kupferne Wand auf über 300° C zu bringen, von wo ab ihre Festigkeit rapid sinkt, sodaß Beulen zwischen den Stehbolzen und sonstige Schäden ent-stehen. Es war daher logisch, daß die Stahlbox in Europa zuerst von den Franzosen 'entdeckt' wurde, die ihre Lokomotiven traditionell hoch beanspruchten, wogegen die Amerikaner schon lange vor der Jahrhundertwende Kupferboxen nur noch auf besonderen Wunsch in Export-lokomotiven einbauten. Auf der anderen Seite des Atlantiks hatte man längst gelernt, 'stahl-boxgerechte' Kessel zu bauen, mit denen wir uns vorhin bereits befaßt haben, wobei wir er-fuhren, daß das Stichwort 'Flexibilität des Kessels' heißt. Natürlich gehört auch gutes Material dazu. So z.B. war es schon vor mehr als einem halben Jahrhundert eine Spezialität der Lukens Steel Co. in den USA, Boxbleche im Zug ihrer Herstellung nach jedem Walzendurchgang um 90° zu schwenken, wodurch ihr Gefüge gleichmäßig wurde, das sonst quer zu den Walz-fasern eine geringere Festigkeit aufweist. Beim Langkessel kann man dies berücksichtigen und die Fasern in die Umfangsrichtung legen, in Boxblechen hingegen können die größten Spannungen in jeglicher Richtung auftreten.

Hauptfeind des Feuerbüchs- und Stehbolzenmaterials ist das sogenannte Altern des Stahls, wodurch er brüchig wird. Es tritt nach Kaltverformungen, speziell nach anschließender Er-wärmung auf etwa 200 bis 300° C auf, oder nach Verformungen im Gebiet der Blaubrüchigkeit, das sind 150 bis 500° C. Krupp entwickelte seit den dreißiger Jahren die bekannten Izett-Stähle (74), wobei der erste Wortteil 'immer zähe' bedeutet und die Qualitäten Izett I und Izett II mit 34 bzw. 40 kp/mm^2 Mindestfestigkeit und 25 bzw. 22 % Bruchdehnung für eine Einspannlänge vom zehnfachen Probendurchmesser als Boxmaterial gelten. Für Box und Steh-bolzen der letzten DB-Schnellzuglokomotiven Reihe 10 von 1958 wurde Izett II verwendet.

Schon bei mittelgroßen europäischen Hinterkesseln erfahren die vom Bodenring und der Mittelzone der Seitenwände weiter entfernten Stehbolzen bei steigender Wärmebelastung der Box eine die Streckgrenze des Materials überschreitende Biegebeanspruchung, also eine bleibende Verformung, die beim Zurückbiegen infolge Temperatursenkung, sei es bei Rückgang des Leistungsbedarfs, Schließen des Reglers oder Auswaschen und völligem Abkühlen des Kessels zu einer Überbeanspruchung der vorher gedrückten Stehbolzenfasern auf Zug führt. Da diese mit der Größe der Box steigt, ist es verständlich, daß amerikanische Kessel trotz ihrer zweck-mäßigen Konstruktion vor Stehbolzenbrüchen nicht gefeit waren und man immer wieder noch widerstandsfähigeres Material suchte. Einer der letzten Berichte darüber von 1948 (59) zeigt,

Bemessung von Stehbolzenfeldern für diverse Normstehbolzen und gegebene Kesseldrücke

Bei nicht zu sehr abweichenden Daten (z. B. bis zu 22 atü Druck) können passende Werte von Feldgrößen für die angeführten und auch für abweichende Stehbolzengrößen mittels einfacher Umrechnung gefunden werden.

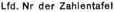

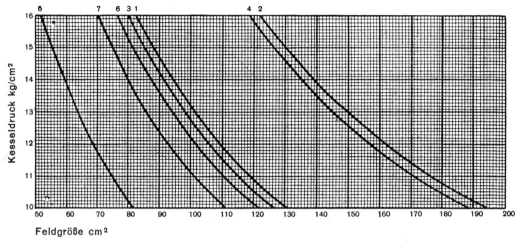

Feldgröße cm²

Lfd. Nr	Stehbolzen LON 2061 Form	Schaftdurchmesser mm	Bohrung Durchmesser mm	Werkstoff	Trag. Querschnitt mm²	Zul. Beanspr.[2] kg/mm²	Zul. Belastg. kg	Maximale Feldgröße[1] in cm² bei Kesseldrücken von kg/cm²						
								10	11	12	13	14	15	16
1	A	21	6	Kupf.	318	4	1272	130,7	119,1	109,5	101,4	94,4	88,3	83,0
2				Fl. E.		6	1908	194,3	176,9	162,5	150,2	139,8	130,7	122,7
3	B	21	7	Kupf.	308	4	1232	126,7	115,5	106,2	98,3	91,5	85,6	80,5
4				Fl. E.		6	1848	188,3	171,5	157,5	145,7	135,5	126,7	119,0
5	C	17	6	Kupf.	199	4	796	81,9	74,7	68,6	63,5	59,1	55,4	52,0
6				Fl. E.		6	1194	121,7	110,8	101,8	94,1	87,6	81,9	76,9
7	C	19,5	6	Kupf.	270	4	1080	111,0	101,2	93,0	86,0	80,1	75,0	70,5

[1]) Unter „Feldgröße" werden die Flächen verstanden, die durch die Verbindungslinien der Stehbolzenmitten gebildet werden (einschließlich Stehbolzenquerschnitt).

[2]) Die Werte der Spalte „Zulässige Beanspruchung" entsprechen den „Reichsgesetzlichen Bestimmungen über Anlegung und Betrieb von Dampfkesseln".

Deutsche Normtabelle und zugehöriges Schaubild für die Tragfähigkeit von Stehbolzen und die Größe des Stehbolzenfelds bei verschiedenen Kesseldrücken. *Aus Lonorm 2061 von 1928*

daß schwach legierte, etwa 2 %ige Nickelstähle bei besonders hohen Anforderungen Vorteile brachten, für mittlere Verhältnisse jedoch der alterungsbeständige weiche Kohlenstoffstahl vorzuziehen ist; eine auf jeden Fall gültige Voraussetzung ist dabei die Verhinderung von Undichtheiten auf der Feuerseite der Stehbolzen, also Dichtschweißen, um chemische Angriffe zu verhüten.

Die Kesselschmiede der Rheinmetallwerke in Düsseldorf in den frühen zwanziger Jahren.   *Sammlung Slezak*

Da die Überlappungen an genieteten Feuerbüchsen Anlaß zu Anständen sein können, experimentierte etwa Deutschland ab 1922 mit geschweißten kupfernen Boxen. Man erzielte zwar nach etlichen Jahren gute Erfolge (75), doch blieb die Nietung vorherrschend. Die beim Schweißen nötigen Vorsichtsmaßnahmen und die behördlichen Vorschriften bewirkten in den USA, daß selbst die logische Herstellung von Stahlboxen durch Schweißung bis zuletzt nicht ausschließlich geübt wurde und es immer noch genietete Boxen gab.

Für die Dickenbemessung der Feuerbüchswände ist die amerikanische Praxis als am maßgebendsten anzusehen; daher sei nachstehend die behördliche Formel wiedergegeben. Sie gilt für weichen Kohlenstoffstahl und lautete, auf metrisches Maß umgerechnet: $pk = 22{,}5\ t^2/a^2$, worin pk den Kesseldruck in atü, t die Blechdicke in Millimetern und a die Seitenlänge eines quadratischen Stehbolzenfelds in Zentimetern bedeutet. Nach unseren Betrachtungen sind Stehbolzen kleineren Durchmessers wegen ihrer Elastizität vorzuziehen. Wählen wir einen Bolzenabstand (Teilung) von 88 mm im Quadrat, was einer Feldgröße von 76,9 cm^2 entspricht (rechts unten in der Tabelle), dann genügt für 16 atü ein Stehbolzen von 17 mm Schaftdurchmesser, der mit 6 kp/mm^2 auf Zug beansprucht wird. Setzen wir diese Dimension in die obige amerikanische Formel ein, und zwar mit der dortigen normalen Boxblechstärke von 9,5 mm, so erhalten wir für dieses Blech einen zulässigen Kesseldruck von $22{,}5 \times 9{,}5^2/8{,}8^2 = 26$ atü. Dieser würde natürlich die für 16 atü berechneten Stehbolzen weit überlasten; man sieht aber, daß das Boxblech noch eine Widerstandsreserve von mehr als 60 % aufweist und nach der Formel sogar eine Stärke von bloß 7,5 mm vertrüge.

Höhenlage des Kessels

Bis etwa 1870 bestand eine gewisse Scheu davor, die Kesselmitte, das heißt die Mittellinie des Rundkessels, nennenswert höher als zwei Meter über die Schienenoberkante (SOK) zu legen. Abgesehen von der Gefahr des Umstürzens bei schneller Kurvenfahrt glaubte man, daß niedrige Kessellage ruhigem Lauf förderlich sei; dies erwies sich später als unrichtig. Aus der englischen Praxis erkennt man dieses Bestreben bis gegen Ende des 19. Jahrhunderts – die Kessel lagen in der Regel nur so hoch, wie es die Treibachse erforderte; so hatte die von dort bezogene B1 AJAX der österreichischen Nordbahn von 1841, bedingt durch das Innentriebwerk, gegenüber den amerikanischen 2A-Typen der Wien–Gloggnitzer Bahn das schon relativ große Maß von mk = 1824 mm.

Als die österreichische Südbahn 1872 bei ihren von Louis Adolf Gölsdorf, Karl Gölsdorfs Vater, geschaffenen D-Berglokomotiven von mk = 1780 auf 2160 mm ging, glaubte man an einen Rekord, doch Borsig war schon 1865 mit 2135 mm fast ebensohoch gekommen. Petiet auf der französischen Nordbahn hatte allerdings bereits 1858 mit mk = 2173 mm beide übertroffen, indem er als erster den Stehkessel über den Lokomotivrahmen legte (27, S. 209 beziehungsweise 296). Die Ausbildung der Feuerbüchse und die Zugänglichkeit des Stehkessels bei Reparaturen boten wichtige Gründe für ein Höherlegen des Kessels. Unter den Pionieren finden wir Maschinendirektor Buchanan der New York Central mit mk = 2629 bei seinen 2B-Rennern von 1889; Karl Gölsdorf folgte als europäischer Bahnbrecher mit 2800 mm bei der 2B1-Serie 108 von 1901, und sodann mit 3000 mm bei seinen Dreikupplern, zumindest im hinteren Teil der konischen Kessel. Für 1903 finden wir einen Spitzenwert von 3023 mm an der 1D-Lokomotive Nr. 1000 der Lake Shore & Michigan Southern, die im Jahre 1904 in St. Louis ausgestellt war. 1914 kam dann die österreichische Südbahn mit ihrer 2D-Reihe 570 auf den damaligen Weltrekord von 3250 mm, der erst 1928, wieder in Österreich, von den 1D2 mit 3400 mm geschlagen wurde. Dieses Maß übertrafen die Russen, die hohe Kessellage ebenfalls schon vor dem Ersten Weltkrieg pflegten, im Jahre 1934 noch um 50 mm mit ihrer 1E-Serie SO. Bilden wir jedoch logischerweise das Verhältnis von mk zur Spurweite, das bei 3400 mm und Normalspur 2,37 beträgt, so folgt, daß die russische Kesselhöhe erst mit 3610 mm äquivalent wäre. Relativ erheblich weiter gingen Henschel & Sohn 1935 bei ihrer 2C1 für Südafrika, Klasse 16E, mit mk = 2820, dem 2,64fachen der Spurweite, entsprechend fast 3800 mm bei Normalspur. Für die Standsicherheit ist aber natürlich die Höhenlage des Gesamtschwerpunkts der Lokomotive maßgebend, der bei obigen 1D2 2070 mm, das sind 61 % von mk beträgt; bei leichtem Rahmen und Triebwerk können es auch mehr als 70 % sein. Jedenfalls bewährte sich die 16E auch vor dem bekannten Luxuszug 'Blue Train'.

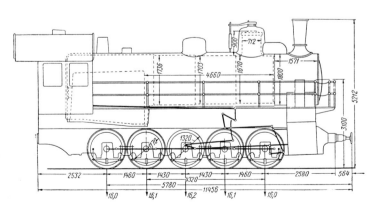

Die Kesselmitte dieses schweren russischen Fünfkupplers Serie Э von 1915 lag schon 3100 mm über SOK, die Rauchfangmündung mit 5212 mm nur noch 90 mm unter dem absoluten Maximum, das 1927 die sowjetische 2D-Serie M erreichte und das mit einigen Höchstwerten im Westen der USA übereinstimmt. Von dem sehr gut gelungenen Fünfkuppler bestellte die Sowjetunion 1920/21 in Schweden und Deutschland 1200 Maschinen, von denen einige noch heute in Betrieb stehen.

Kesselausrüstung

Niederstraßer definiert diese als die Gesamtheit der zum Betrieb des Kessels notwendigen Einrichtungen, meint aber, im weiteren Sinne könne man darunter alles verstehen, was am eigentlichen Kessel angebaut ist, und führt als Beispiele Überhitzer, Speisewasservorwärmer und Schlammabscheider an, die alle nützlich, aber nicht notwendig sind. Überhitzer sind übrigens nicht am Kessel angebaut, sondern liegen ganz in seinem Innern, wogegen z. B. der österreichische Dabeg-Vorwärmer völlig außerhalb des Kessels am Umlaufblech der Lokomotive angebracht war (26).

Auch über die Unterteilung des Kesselzubehörs in Grob- und Feinausrüstung gehen die Ansichten auseinander. So wird z. B. der Regler, den der Lokomotivführer zwecks Zufuhr des Arbeitsdampfs zur Maschine sowie zur Regelung des Einströmdrucks in den Zylindern und zum Absperren betätigt, von A. Ulbrich (3) als ein Teil der Feinausrüstung bezeichnet, was nach mechanischer Ausführung und Funktion absolut logisch ist, anderswo aber zur Grobausrüstung gerechnet. Wir wollen uns daher bezüglich der Klassifizierung nicht unbedingt festlegen und beginnen mit der Besprechung der betriebsnotwendigen Einrichtungen, die eindeutig zur Grobausrüstung gehören, und behandeln nur jene, die besonderes Interesse verdienen, wogegen alle untergeordneten, wenngleich ebenfalls notwendigen Teile und Ausführungsdetails den Normtafeln zu entnehmen sind, bezüglich des Kessels den Tafeln auf Seite 42/43.

Rost

Auf ihm erfolgt die Verbrennung aller festen Brennstoffe; da Holz in Scheiterform keine besondere Rostkonstruktion erfordert und Koks seit langem nicht mehr in Betracht kommt, wird weiterhin nur von Kohle gesprochen. Ausschließlich diese wurde in der Anfangszeit auf den englischen Grubenbahnen verfeuert, doch für den Betrieb in Wohngebieten kam zur Vermeidung der schon in frühester Zeit behördlich verbotenen Rauchbelästigung 1828 die Koksfeuerung auf, die drei Jahrzehnte lang vorherrschte. Interessanterweise waren die britischen Gesetze außerordentlich streng: die Konzession von 1825 für die 13 km lange, 1831 eröffnete Bolton & Leigh Railway, die in die Liverpool & Manchester Railway nahe deren Endpunkt mündete, untersagte Rauchentwicklung unter Androhung einer Strafe von 50 Pfund Sterling, – damals fast ein Zehntel des Preises einer Lokomotive (76, 17, S. 142)! Wegen der hohen Kosten der Koksfeuerung, auch bedingt durch rasches Abzehren des Rostmaterials und der benachbarten Zonen der Boxbleche in der Weißglut, bemühte man sich ab 1840 verstärkt um Rauchverhütung bei Kohle mittels reichlicher Luftversorgung des Feuers, Anfachen des Feuers durch einen frischdampfgespeisten Hilfsbläser bei geschlossenem Regler und, wie beschrieben, besondere Feuerbüchsbauarten; um 1860 gelang es, Kohle zufriedenstellend zu verbrennen und die Verwendung von Koks auf Sonderfälle zu beschränken.

Seit jeher wurde der Rost aus nebeneinandergelegten Stäben gebildet, des Abbrands wegen leicht auswechselbar. Da Gußeisen gegen Abzehrung widerstandsfähiger ist als Stahl, wurden die Roststäbe und ihre Träger meist gegossen, erstere entweder einzeln oder in Paaren, mit seitlichen Vorsprüngen zum Einhalten der gewünschten Spaltweite für den Luftzutritt zur Feuerschicht, die sich nach der Beschaffenheit des Brennstoffs richtet. Hoher Feinkohlen-(Grus-)gehalt und in der Hitze zerfallende Kohle verlangen natürlich engere Spalten, um Durchfallverluste zu beschränken.

Eine sehr praktische Lösung zum Verändern der Spaltweite ersann um 1920 die Deutsche Normalrost AG in Mönchen-Gladbach: bloß zwei Roststabformen mit besonders gestalteten Köpfen ergaben, verschiedenartig aneinandergelegt, Spaltweiten von 2 mm (für Gruskohle) bis zu 12 mm (für beständige Stückkohle oder Scheitholz) in 2 mm-Stufen. Die Berliner Ma-

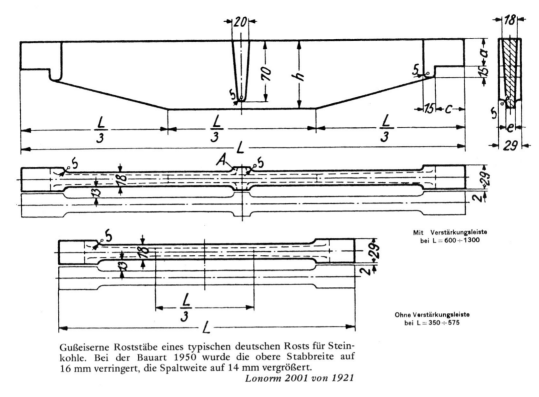

Gußeiserne Roststäbe eines typischen deutschen Rosts für Steinkohle. Bei der Bauart 1950 wurde die obere Stabbreite auf
16 mm verringert, die Spaltweite auf 14 mm vergrößert.
Lonorm 2001 von 1921

schinenbau AG vorm. L. Schwartzkopff empfahl sie in ihrem 1927 herausgegebenem Handbuch
für leichte Lokomotiven von 10 bis 350 PS mit Rostflächen von 0,16 bis 1,6 m², um die Spaltweite dem jeweils vorherrschenden Brennstoff bestens anpassen zu können. Die dabei 12 mm
breiten Gußeisenstäbe ergaben einen Luftdurchtrittsquerschnitt von rund 10 bis 40 %, bezogen
auf die gesamte Rostfläche, d. i. die entlang dem Rost gemessene Feuerbüchs-Querschnitts-
fläche. Dieser Prozentsatz wird als freie Rostfläche bezeichnet; sie betrug beim deutschen Normalrost der zwanziger Jahre ca. 32 %, bei der Bauart 1950 auch bei der DR 36 %. Der Querschnitt der Roststäbe ist stets nach unten zu verjüngt, damit in die Spalten eingedrungene
Kohlenstückchen u. dgl. durchfallen und die Luftzufuhr nicht behindern.

Österreich verwendete besonders einfache Roststäbe aus Walzstahl, die an beiden Enden
umgebogen waren, wodurch die gewünschte Spaltweite sichergestellt war. Auf der Zeichnung
ist auch zu erkennen, wie die letzten zwei oder drei Stäbe entlang den Seitenwänden der Box
durch Zusammennieten mit dazwischenliegenden Distanzrohren in ihrer Lage stabil gehalten
werden. Die obere Breite der Stäbe betrug 15 bis 16 mm, früher sogar weniger, die Spaltweite
aber war mit 21 bis 26 mm, international gesehen, außerordentlich groß. Es ist klar, daß auf

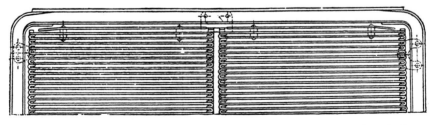

Gesamtanordnung eines Rosts aus Walzstahlstäben mit umgebogenen Enden zwecks
Distanzhaltung. *(3)*

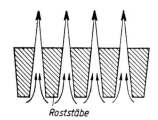 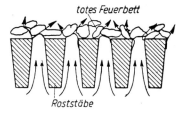

Eintritt der Verbrennungsluft ohne bzw. mit 'Totem Feuerbett' (Roststäbe relativ etwas zu dick und zu niedrig gezeichnet). *(49)*

einem solchen Rost kleinstückige oder brüchige Kohle wegen übermäßiger Durchfallverluste nicht rationell verfeuert werden konnte, ohne sich eines Kunstgriffs zu bedienen, der in Österreich und in einigen Nachfolgestaaten allgemein geübt wurde: man belegte den blanken Rost mit einer etwa faustdicken Schicht aus Schlackenresten, wie sie im Feuerungsbetrieb anfallen, und warf dann die Kohle darauf; man sprach hierbei von einem Betrieb mit Schlackenrost. Dadurch wurden auch die Stäbe vor übermäßiger Hitzeeinwirkung geschützt und ein geübter Heizer konnte die Schichthöhe der Schlackenunterlage den Erfordernissen der jeweiligen Kohle vor Antritt der Fahrt gut anpassen. Als jedoch die DRB 1939 mit der österreichischen 1D2 12.011 = 214.11 Versuche durchführte, blieb diese Art der österreichischen Feuerhaltung unbeachtet und es erscheint sehr merkwürdig, daß der offizielle Versuchsbericht einen übermäßigen Rostdurchfall von 17 % anprangerte, der zu einem schlechten Kesselwirkungsgrad geführt hatte (78). Man hätte wohl schon bei der üblichen Kontrolle der Lokomotive vor Aufnahme der Versuche bemerken müssen, daß der Rost fast das Doppelte der gewohnten Spaltweite aufwies, und es wäre selbstverständlich gewesen, der österreichischen Praxis auf den Grund zu gehen, anstatt dies einen Mangel der Lokomotive zu nennen!

Interessanterweise kam die DR, die auf überwiegende Verfeuerung von Braunkohlenbriketts übergehen mußte, durch die Notwendigkeit, die Durchfallverluste radikal zu verringern, auf eine ganz analoge Lösung: nachdem Rostformen mit kleinen Spalten keinen vollen Erfolg gebracht hatten, zumal sie bei gelegentlich anfallender Steinkohle wieder für diese nicht gut geeignet waren, blieb man schließlich statt eines Universalrosts bei der gewohnten Bauart und belegte den Rost mit einer 60 bis 80 mm hohen Schicht aus auf etwa Faustgröße zerkleinerten Schamottesteinen, ersatzweise auch aus Ziegelsteinbruch, Schlacke oder Schotter (49, S. 134). Man nennt diese Schicht dort Totes Feuerbett und dieses ist natürlich das Äquivalent des österreichischen Schlackenrosts.

Die Befestigung der Rostträger am Bodenring des Hinterkessels wäre an sich ein viel zu untergeordnetes Detail, um hier der Erwähnung wert zu sein, doch ist die Ausführung nach Fig. A nicht nur konstruktiv viel bequemer und bei Bruch leichter ersetzbar als die nach Fig. B, sondern sie bringt auch die Rostoberfläche in die erwünschte tiefere Lage, die in der neueren amerikanischen Praxis ebenfalls eingehalten wurde, um die Box gleichmäßiger zu beheizen und neben Verringerung der Wärmespannungen in der Wand die nominelle Boxheizfläche voll auszunützen; beide Gesichtspunkte wurden häufig vernachlässigt. Da sich zeigte, daß Stahl durch Aufspritzen einer Aluminiumschicht gegen Abbrand widerstandsfähiger wird, begannen die BBÖ in den zwanziger Jahren, die Walzstahl-Roststäbe zu 'schoopieren'. Eine Rentabilität ist jedoch nicht generell gegeben; bei einem Schlackenrost noch weniger.

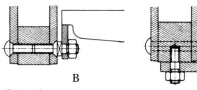

Befestigung der Rostträger am Bodenring: mittels durchgehender Nietschrauben (links) bzw. unten angeschraubter Traglaschen (rechts). *(77)*

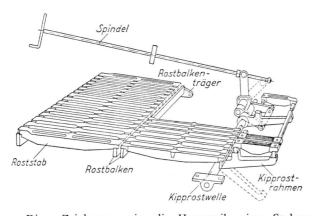

Neuerer Stabrost aus Gußeisenstäben mit
Kipprost im vorderen Mittelfeld.   *(49)*

Diese Zeichnung zeigt die Hauptteile eines Stabrosts mit einem Kipprost im vorderen Mittelteil. Dieser um eine Welle mittels einer Schraubenspindel vom Heizerstand aus in eine untere Schräglage schwenkbare Rostteil war für längere Fahrten eine Notwendigkeit, wenngleich man dem Heizer in Europa jahrzehntelang und mancherorts bis in die Neuzeit des Dampfbetriebs zumutete, die unverbrennbaren Rückstände und Schlacken, deren Bildung oft unvermeidlich war, mühsam durch die Feuertür herauszuangeln oder einige Roststäbe hochzureißen, um Durchfallöffnungen zu schaffen; während der Fahrt aber konnte man sich kaum helfen. Da waren es wieder praktische Amerikaner, die bald nach dem Übergang von der feuerungstechnisch unproblematischen Holz- zur Kohlenfeuerung um die Mitte des vorigen Jahrhunderts den Kipprost einführten. Fast gleichzeitig erschien er auf der englischen Südwestbahn und relativ frühzeitig folgten Belgier und Franzosen; seit den siebziger Jahren hatten französische Streckenlokomotiven ganz allgemein ihren jette-feu, einen am vorderen Boxende angeordneten, sich über die ganze Breite erstreckenden Kipprost. Vereinzelt gab es ihn bereits in Deutschland; nach Österreich kam er 1886 mit den 1B1-Schnellzuglokomotiven der in französischen Händen befindlichen österreichisch-ungarischen Staats-Eisenbahn-Gesellschaft (79, S. 117). Allgemein führten die deutschen Länderbahnen den Kipprost erst 1918 durch Beschluß des Lokomotivausschusses (80) ein. Daß große süddeutsche Lokomotiven schon viel früher damit ausgerüstet waren, ist auf die starke Schlackenbildung der dort vorherrschenden Kohlensorten zurückzuführen.

Die beste Möglichkeit zum laufenden Durcharbeiten des Feuers im Bedarfsfall bietet der Schüttelrost, bei stark schlackender Kohle oft noch mit einem Kipprost voller Breite kombiniert.

Abb.
S. 101

Eine derartige Ausführung zeigt Fig. A an einer englischen Lokomotive aus der Zeit des Ersten Weltkriegs, und zwar als Fingerrost, dessen Schüttelglieder mit ihren Fingern zwischen die des benachbarten Glieds greifen. Sie dürfen allerdings normalerweise nur um einen kleinen Winkel geschwenkt werden, da die Brennstoffschicht sonst zu sehr durchmischt wird. Andererseits eignet sich dieser Rost auch für billigste Förderkohle und wird daher in Südafrika vorgezogen, siehe Zeichnung. Nordamerika ersetzte den Fingerrost nach der Jahrhundertwende zunehmend durch andere Schüttelrostbauarten, nämlich Tafel- und Kastenroste. Einer der letzteren

Abb.
S. 101

ist hier dargestellt, und zwar in einer Sonderausführung mit Kastengliedern elliptischen Querschnitts, deren Form ein unnötig starkes Hochheben der Brennschicht verhütet, wenn bloß leicht geschüttelt werden soll; bei den sonst üblichen Varianten mit ebener Tragfläche entsteht beim gruppenweisen Schwenken der Felder ein erheblicher Höhenunterschied zwischen benachbarten Kanten. Der Zusatz W-S-D zum elliptischen Thomasrost bedeutet wiggling-shaking-dumping, also vibrieren, stark schütteln, entleeren. Ein Schüttelrost muß mit Vernunft betätigt werden, vor allem, wenn anstelle des Handhebels der Dampfzylinder eingeschaltet

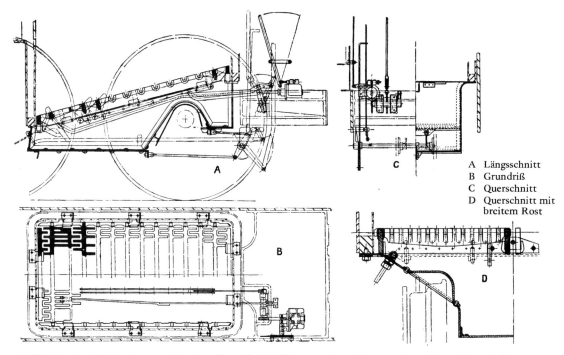

A Längsschnitt
B Grundriß
C Querschnitt
D Querschnitt mit
   breitem Rost

Schüttelrost englischer Bauart mit ineinandergreifenden Fingern an benachbarten schwenkbaren Rostgliedern (Fingerrost) mit Kipprost voller Breite im vorderen Feld. *(50)*

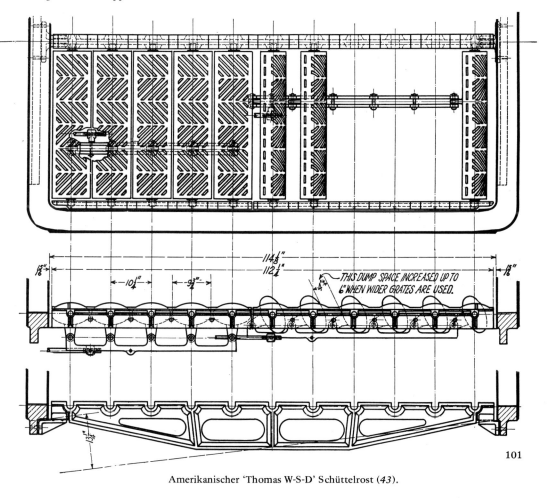

101

Amerikanischer 'Thomas W-S-D' Schüttelrost *(43)*.

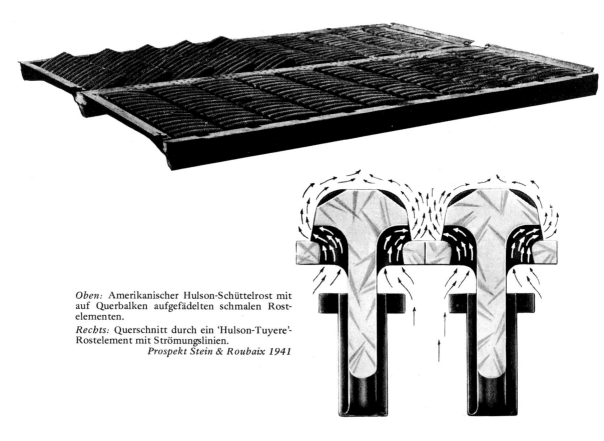

Oben: Amerikanischer Hulson-Schüttelrost mit auf Querbalken aufgefädelten schmalen Rostelementen.

Rechts: Querschnitt durch ein 'Hulson-Tuyere'-Rostelement mit Strömungslinien.

Prospekt Stein & Roubaix 1941

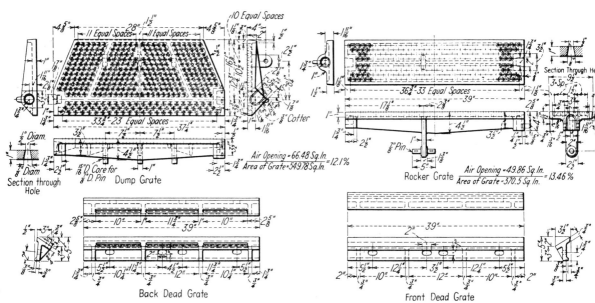

Rundloch-Rostglieder der Northern Pacific Railroad für 'Rosebud'-Braunkohle. (43)

wird. Ich erlebte 1932 auf einem Güterzug der Missouri Pacific Railroad, daß ein unvorsichtiger Heizer durch zu großen Schwenkwinkel die gesamte Feuerschicht in den Aschkasten warf und das Feuer mit Holz neu aufbauen mußte.

Trotz der ausgeklügelten Konstruktion des Thomasrosts, dessen wahrscheinlich einziger Minuspunkt gegenüber Tafelrosten die unvermeidlich wellenförmige Rostfläche ist, welche das Aufrechthalten einer vorteilhaft niedrigen Feuerschicht erschwert − ein tadelloses Feuer sollte ja bei rasch brennender Kohle bloß etwa 8 cm, bei 'schwerer' Kohle 10 bis 15 cm hoch sein −, setzte sich seit den dreißiger Jahren der ebenfalls amerikanische Hulsonrost immer mehr durch, den auch Chapelon für stokergefeuerte Lokomotiven wählte. Die neuesten britischen und tschechoslowakischen Lokomotiven erhielten ihn ebenfalls. Hier sind die schmal gehaltenen Rostglieder auf Trägern aufgefädelt und daher sehr handlich.

Die oberen Querrillen sollen die Luftströme unter die Kohlenschicht führen, was zwar je nach dem Verhalten der Asche mehr oder weniger unvollkommen der Fall sein wird, aber einen Schritt in erwünschter Richtung darstellt. Bei 15 mm Spaltweite zwischen den Rostgliedern beträgt die freie Rostfläche etwa ein Viertel der gesamten; für Feinkohle wählt man weniger.

Kleinkörnigen Lignit verfeuernde amerikanische Bahnen, wie die Northern Pacific, verwendeten Tafelroste mit konischen Rundlöchern von knapp 13 mm Mündungsdurchmesser und einer freien Rostfläche von nur 12 bis 14 %, womit dort der beste Kompromiß zwischen Rostdurchfall und Flugverlust gefunden war − kleine Löcher verringern den ersteren, steigern aber infolge hoher Luftgeschwindigkeit bei dünner Feuerschicht den letzteren. Über die Wirkung so kleiner freier Rostflächen auf das erforderliche Vakuum siehe das Kapitel über die Blasrohranlage. Für normale Stückkohlen wurden Tafelroste mit Langschlitzen von 16 mm Weite bei 43 bis 110 mm Länge benutzt, entsprechend 25 bis 35 % freier Fläche, wobei manche Bahnen die erstere Größe im hinteren, die letztere im vorderen Rostteil bevorzugten, um den Luftzutritt unter dem Feuerschirm zu begünstigen.

Dieser Überblick zeugt von einer interessanten Vielfalt der in der letzten Entwicklungsstufe der Dampflokomotive üblichen Rostbauarten. Sehr vielfältig waren auch die in alter Zeit versuchten Konstruktionen. Es sei hier nur an die aus Siederohren gebildeten Wasserrost erinnert, den Stephenson & Co. sogar schon 1827 in ihre C-Lokomotive EXPERIMENT einbauten (16, S. 4) und den z. B. Milholland in den USA von 1858 an und sodann auch für seine Ft benützte (20, S. 53), um die bei intensiver Anthrazitverbrennung infolge übermäßiger Hitze innerhalb weniger Wochen stark abgezehrten Schweißeisen-Roststäbe durch radikal gekühlte Glieder zu ersetzen. Milhollands Wasserrohre verbanden einfach die vordere und die hintere Boxwand dicht über dem Bodenring. In England gab es für Kohle- und Anthrazitfeuerung einige Varianten von Wasserrosten; den letzten führte F. W. Webb 1872 auf der London & Northeastern Railway ein. Seine rund zwei Meter langen längsgerichteten Rohre lagen zwischen querliegenden Verteil- und Sammelkästen (16, S. 207).

Aschkasten

Lange Zeit stiefmütterlich behandelt, ist der Aschkasten vielfach erst in den letzten Jahrzehnten des Dampflokomotivbaus zweckmäßig durchgebildet worden, auch was die Zufuhr der Verbrennungsluft unter den Rost betrifft. Der mit Größe und Kapazitätsausnützung wachsende Anfall an Verbrennungsrückständen sowie die Verteuerung der Arbeitskräfte erforderten Zeitersparnis beim Abschlacken, sei es am Fahrtende oder in Zwischenstationen. In der Anfangszeit des englischen Lokomotivbaus, als kleine Leistungen noch sehr wenig Rostdurchfall ergaben, ließ man den Rost unten frei und die Rückstände einfach auf die Gleisbettung fallen. Dies war überhaupt nur bei den damals sehr tief herabreichenden Feuerbüchsen möglich, unter denen sich keine Teile befanden, die durch Hitzestrahlung vom Rost oder Glutdurchfall gelitten hätten.

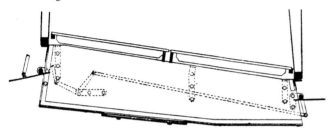

Einfacher älterer Aschkasten für eine C-Lokomotive. *(18)*

Aschkasten nach obenstehender Zeichnung fanden sich immer noch an kleinen Lokomotiven, in der Regel mit den dargestellten Lufteinlaßklappen in beiden Fahrtrichtungen, während man sich früher oft mit einer einzigen Öffnung begnügt hatte, deren Querschnitt meist zu klein war, um die für die Verbrennung nötige Luftmenge mit dem erwünschten geringen Strömungswiderstand einzulassen. In dieser Beziehung waren auch so manche Lokomotiven neuerer Herkunft fehlerhaft, nicht bloß hinsichtlich Durchtrittsflächen, sondern auch hinsichtlich Strömungswege, denn die Notwendigkeit, Rahmen-Querverbindungen oder unter dem Hinterkessel befindlichen Achsen auszuweichen, verleitete einen strömungstechnisch unbegabten Konstrukteur manchmal zu erheblichen Schnitzern. So z. B. hatten auch die neueren, in vieler Hinsicht lobenswerten tschechischen Lokomotiven fast durchwegs Aschkasten mit sehr schlechten Luftwegen, die das erforderliche Feuerbüchsvakuum und damit Blasrohrarbeit und Gegendruck völlig unnütz steigern, außerdem aber beim Beschicken den Eintritt größerer Kaltluftmengen durch das Feuerloch bewirken. Diese Falschluft kann kleineren Boxen und deren Rohrwand bzw. den Kesselrohrenden schaden und fehlt jedenfalls im Feuerbett, durch das die normal vorgesehene Menge strömen soll, um die Brenngeschwindigkeit nicht zu reduzieren. Während eine alte Regel besagt, daß die Durchtrittsflächen der Luftöffnungen in ihrer Gesamtheit, bei schnellfahrenden Lokomotiven aber die in die Fahrtrichtung weisenden, etwa 15 % der Rostflächen messen sollen, fand man oft unnötig kleinere. Eine zu Beginn des Zweiten Weltkriegs in Floridsdorf konstruierte C-Einheits-Tenderlokomotive für Industriezwecke hatte beispielsweise, vielleicht als gedankenlose Ersparnismaßnahme, bloß eine einzige Luftöffnung von 7,5 %, wodurch die Luftverdünnung im Aschkasten nicht weniger als ein Siebentel des Rauchkammervakuums betrug, viermal soviel wie nach der üblichen Bemessung. Bei Verwendung bloß im Werksverschub war dies zwar kein Unglück, aber die Type kam an sich auch für längere Zubringerstrecken in Betracht, und jedenfalls sollte kein Konstrukteur ohne zwingenden Grund einen solchen permanenten Nachteil in eine Lokomotive einbauen.

Zu vorstehender Zeichnung wäre noch zu sagen, daß die Luftöffnungen mit (nicht eingezeichnet) Sieben versehen sein müssen, um ein Herabfallen von glühender Asche oder dergleichen zu verhüten, denn dies beurteilte man nicht mehr so milde wie um 1830. Das Entfernen der

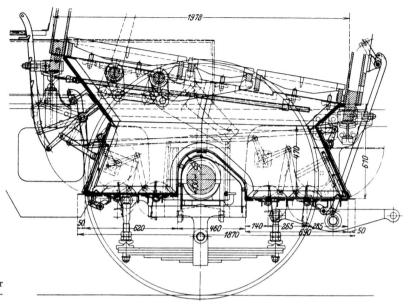

Typischer Aschkasten der deutschen Einheitslokomotiven von 1925 mit vier Bodenklappen. *(2) und (1)*

Rückstände geschah von einer Luftöffnung aus nach Herausnehmen des Siebs. Die Klappen dienen zum völligen oder teilweisen Abschließen, um Wärmeverluste bei nicht arbeitender Maschine zu vermeiden.

Sehr mangelhaft ist der englische Aschkasten (mit Fingerrost) ausgebildet, denn es fehlt eine hintere Luftöffnung und die hohe Einbuchtung über der letzten Kuppelachse verhindert eine ausreichende Luftversorgung des dahinterliegenden Rostteils. Die einzige vordere Öffnung ist überdies sehr knapp.

Abb.
S. 101

Besser ist der typische Aschkasten der DRB-Einheitslokomotiven von 1925, der größere Luftquerschnitte in beiden Fahrtrichtungen aufweist sowie vier Bodenklappen zur vollständigen Entleerung über dem Putzkanal, der auch in durchgehenden Gleisen vorgesehen wurde, wo Züge nach mehrstündiger Fahrt ohne Lokomotivwechsel anhielten. Zu bemängeln ist immer noch der scharfe Umlenkwinkel unter dem Vorderende des Rosts, dem der Luftstrom nicht gut folgen konnte. Erst nach dem Krieg erhielten die wichtigsten noch im Betrieb bleibenden Lokomotiven, speziell für Schnellzug- und durchgehenden Güterzugdienst, wesentlich verbesserte Aschkasten; ihr wesentlichstes Merkmal sind seitliche Luftöffnungen von großem Querschnitt, wieder in üblicher Weise mit Klappen verschließbar. Auch der vordere Umlenkwinkel ist ge-

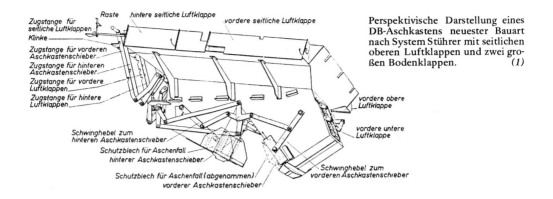

Raste   hintere seitliche Luftklappe
Zugstange für
seitliche Luftklappen
Klinke
Zugstange für vorderen
Aschkastenschieber
Zugstange für hinteren
Aschkastenschieber
Zugstange für vordere
Luftklappen
Zugstange für hintere
Luftklappen

vordere seitliche Luftklappe

Perspektivische Darstellung eines
DB-Aschkastens neuester Bauart
nach System Stührer mit seitlichen
oberen Luftklappen und zwei großen Bodenklappen.   *(1)*

vordere obere
Luftklappe

vordere untere
Luftklappe

Schwinghebel zum
hinteren Aschkastenschieber
Schutzblech für Aschenfall
hinterer Aschkastenschieber
Schutzblech für Aschenfall (abgenommen)
vorderer Aschkastenschieber

Schwinghebel zum
vorderen Aschkastenschieber

mildert, wäre jedoch dank zusätzlichem seitlichem Lufteintritt nicht mehr kritisch. Die Darstellung zeigt, daß der moderne deutsche Aschkasten mit seinem vielfältigen Klappen- und Hebelwerk schon ein sehr ansehnliches Gebilde darstellt, das nunmehr am Rahmen gelagert wurde, anstatt am Hinterkessel aufgehängt zu sein.

Seitliche Luftöffnungen zur Verbesserung der Versorgung des Feuers auf breiten Rosten sind nicht neu; Gölsdorf verwendete sie in anderer Form schon von 1908 an auf seiner ersten 1C2-Type Serie 210 und logischerweise finden wir sie analog auf den österreichischen 1D2-Lokomotiven. In ganz einfacher Weise gestalteten die Amerikaner die Luftzufuhr für ihre großen Roste schon vor den zwanziger Jahren. Als es die Platzverhältnisse nicht mehr ge-statteten, zufriedenstellende Luftquerschnitte in den Wandungen des Aschkastens unterzu-bringen, ließ man die gesamte Luft einfach durch direkt unter dem Bodenring angeordnete, meist der gesamten Rostlänge entsprechende Seitenöffnungen eintreten. Damit können strö-mungstechnisch günstige und daher mit 10 % der Rostfläche noch zufriedenstellende Luftwege erzielt werden, bei wesentlich einfacherer Bauweise als etwa die vorhin gezeigte. Meist ließ man diese Luftwege einfach offen; sie können jedoch bequem mit einstellbaren Klappen ver-sehen werden.

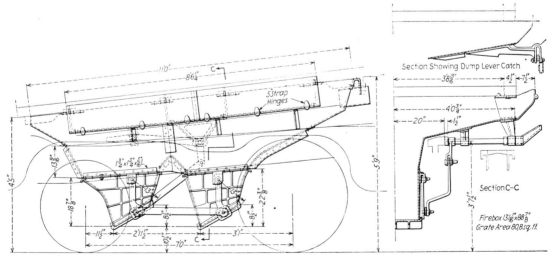

Neuzeitlicher amerikanischer Aschkasten mit Stahlguß-Falltaschen und reiner Seitenluftzufuhr für eine 2C2-Lokomotive der Canadian Pacific.

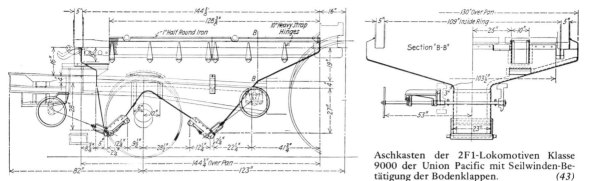

Aschkasten der 2F1-Lokomotiven Klasse 9000 der Union Pacific mit Seilwinden-Betätigung der Bodenklappen. *(43)*

Sehr breite Roste ergeben, wie man sieht, unerwünscht geringe Querneigungen der zum Aschenfall führenden Rutschflächen. Nun erfordert aber jeder Aschkasten ohnehin eine Spritzeinrichtung (Aschkastenspritze) zum Löschen eventuell weiterbrennenden Rostdurchfalls und bei entsprechend kräftiger Spritzwirkung konnten die auf den schwach geneigten Flächen liegengebliebenen Rückstände fallweise hinuntergespült werden.

Dieses Foto einer der letzten noch 1918 in Floridsdorf fertiggestellten österreichischen 310er (leider mit zwei höheren Domen und einem primitiven Rauchfang, dazu wegen Kupfermangels mit Brotanbox) zeigt die tiefliegenden seitlichen Lufttaschen besonders deutlich, was ihnen den Tadel von Ästheten eintrug. Daß dieses Detail auch weniger aufdringlich gestaltet werden kann, zeigt die 1D2 von 1928, siehe (26, Seite 135). Diese 310er mit der preußischen S11-Nummer 1304 Berlin (ursprünglich 310.303) ist eine von sieben Maschinen, die 1919 an die Preußischen Staatsbahnen verkauft worden waren, und wurde am 4. April 1920 von K. Pierson im Bahnbetriebswerk Berlin-Grunewald fotografiert.

Feuertür und Zweitluftzufuhr

Anfangs diente die Feuertür nur zum Verschließen der für das Einbringen des Brennstoffs erforderlichen Öffnung in der Box, des Feuerlochs. Die ROCKET hatte, ähnlich wie ihre Vorgängerinnen, eine einfache rechteckige Blechtür, etwas breiter als hoch, wie bei einem alten Küchenherd; ein vertikal schwenkbarer Riegel hielt sie einigermaßen luftdicht verschlossen und sein Griff diente auch zum vollen Öffnen der Tür.

Schon um 1845 erhielt eine von Hawthorn in Schottland gelieferte Lokomotive im Zusammenhang mit den erwähnten Bestrebungen zur Rauchverhütung erstmals Dampfstrahlen, die oberhalb des Feuerlochs in die Box Luft mit Richtung auf die Brennschicht einbliesen (16, S. 132). In der Folge wurde diese Maßnahme von D. K. Clark (1822—1896), dem hervorragenden Forscher im Lokomotivwesen und Autor des Werks Railway Machinery von 1855, weiterentwickelt und erlangte größere Verbreitung. Dampfstrahlen in der Box mit oder ohne Luftzufuhr wurden seither bis zum Ende des Dampflokomotivbaus versucht und in mannigfaltigen Formen gewissermaßen immer wieder neu erfunden, zuletzt noch in den USA.

Man beobachtete auch, daß Rauchentwicklung vor allem eintrat, sobald man nach dem Feuern die Tür verschloß, bei teilweisem Öffnen der Tür aber wieder verschwand oder erheblich gemildert wurde. In beliebiger Weise über dem Feuerbett eingeführte Luft wird im Feuerungsbau allgemein Oberluft, Sekundär- oder Zweitluft genannt, zum Unterschied von der durch Rost und Feuerbett strömenden Primärluft. Die Erkenntnis, daß ein gewisses Maß von Sekundärluftzufuhr vor allem nach Aufwerfen frischen Brennstoffs vorteilhaft ist, führte 1856 in England zur Verwendung von Schiebetüren, von welchen man eine etwas spätere, im wesentlichen aber zeitlose Bauart in jeder beliebigen Stellung zwischen zu und offen stehen lassen und so die Sekundärluftmenge bequem regeln kann. Da es erwünscht ist, den eintretenden kalten Luftstrom nach unten zu führen, um ihn vor der Mischung mit unvollkommen verbrannten Gasen und Flugteilchen möglichst stark zu erhitzen, wurde von der englischen Midland Railway schon damals der dargestellte Luftdeflektor am oberen Rand des Feuerlochs angebracht, der seither zu einem charakteristischen britischen Merkmal wurde, aber sonderbarerweise sonst kaum irgendwo Verwendung fand, auch nicht an kleinen Kesseln, wo er besonders vorteilhaft wirkt. Sein Abbrand ist natürlich mangels Kühlung erheblich, der Ersatz jedoch einfach und billig.

Schiebetüren an sich waren häufig, auch bei deutschen Länderbahnen, zu finden. Mit der Steigerung der Verbrennungsintensität in den neunziger Jahren erhielten sie doppelte Wände und Luftlöcher zwecks Kühlung. Zur Verringerung des Bewegungswiderstands mußten sie auf Rollen laufen.

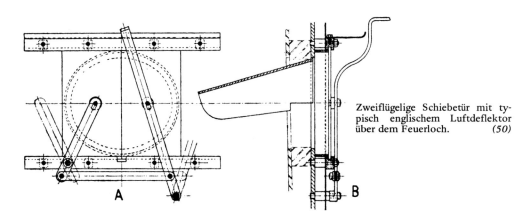

Zweiflügelige Schiebetür mit typisch englischem Luftdeflektor über dem Feuerloch.   *(50)*

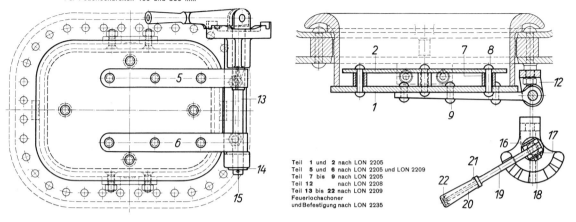

Für Feuerlochbreiten 400 und 500 mm

Teil **1** und **2** nach LON 2205
Teil **5** und **6** nach LON 2205 und LON 2209
Teil **7** bis **9** nach LON 2205
Teil **12**   nach LON 2208
Teil **13** bis **22** nach LON 2209
Feuerlochschoner
und Befestigung nach LON 2235

Einfache deutsche Feuertür aus den zwanziger Jahren. Rechts Mittelschnitt und Draufsicht.
LON 2203 von 1926

Die einfache Drehtür wurde noch 1926 zur deutschen Norm erhoben, als bereits längst höher entwickelte Bauarten im Gebrauch waren. Laut Zeichnung hat sie nicht einmal Luftlöcher. Sekundärluft kann durch Einlegen des vertikal schwenkbaren Handgriffs in eine der Kerben zugeführt werden, bei allerdings ungeregelter, seitwärts gerichteter Strömung.

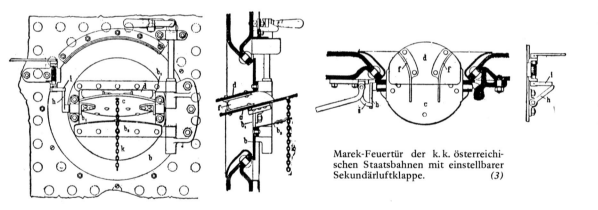

Marek-Feuertür der k.k. österreichischen Staatsbahnen mit einstellbarer Sekundärluftklappe.   (3)

Sehr gut ausgebildet war die Feuertür von Karl Marek (1850 bis nach 1920), 1883 Zugförderungschef der Dux—Bodenbacher Bahn, von 1909 an Sektionschef der k.k. österreichischen Staatsbahnen, bei denen diese mit einer leicht einstellbaren Sekundärluftklappe von etwa 450 cm² größtem Querschnitt versehene Tür weit verbreitet war. Beim Schließen der Tür nach der Beschickung wird die Luftklappe mittels eines seitlich am Türrahmen angebrachten Anschlags geöffnet und so lange festgehalten, bis der Heizer den Anschlag außer Kontakt bringt; die Klappe schließt dann durch Schwerkraft, kann aber, falls erwünscht, mittels einer Kette in eine beliebige Zwischenstellung gebracht und festgehalten werden. Wie ferner ersichtlich, lenkt die Klappe die Sekundärluft nach unten und bildet für die halbe Luftmenge einen Kanal, der Leitschaufeln enthält, um auch die rückwärtigen Seitenteile der Box zu versorgen. Der britische Luftdeflektor ließe sich mit dieser Tür sehr vorteilhaft kombinieren.

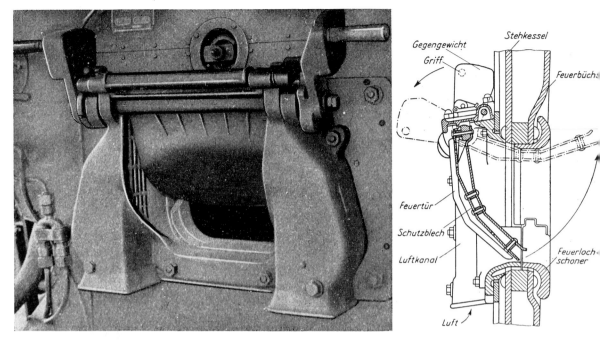

Marcotty-Feuertür, spätere Ausführung mit seitlichen Luftkanälen (links: halbgeöffnet, rechts: in geschlossener und offener Stellung). *(49)*

Nach innen öffnende, im wesentlichen rechteckige Feuertüren bieten bei entsprechender Ausbildung den Vorzug im Falle der Gefahr, bei Entstehen eines Überdrucks in der Box durch ein geplatztes Kesselrohr oder dergleichen, selbsttätig zu schließen, und ferner, in teilweise geöffnetem Zustand, einen schräg nach unten gerichteten breiten Sekundärluftstrom zu liefern. Die bekannteste Bauart ist die von F. Marcotty (1845–1920), einem gebürtigen Belgier und an sich technisch begabten Kaufmann, unter Mitwirkung von De Grahl (geb. 1865, Dr.-Ing., aber kein Eisenbahningenieur) um die Jahrhundertwende entwickelte und nach ersterem benannte Tür. Sie machte einige Wandlungen durch und wurde in der gezeigten Form zur Standardtüre für große Lokomotiven in Deutschland sowie von 1928 an in Österreich, hier zuerst an der Reihe 214 verwendet. Die großen seitlichen Taschen am Rahmen der Marcotty-Feuertür enthalten Sekundärluftkanäle, die nach Schließen der Tür in Aktion treten und deren innere Drosselklappen wahlweise eingestellt werden können. Im Lichtbild ist eine Type ohne Handeinstellung mit gewichtsbelasteten Klappen zu sehen, die sich bei hohem Boxvakuum öffnen, um, wie es heißt, bei verschlacktem Feuer Oberluft zu geben; dieser Gedanke ist jedoch nicht zielführend, denn die Klappen öffnen auch dann, wenn das Feuer in Ordnung ist, die Maschine aber schwer arbeitet. Manuelle Einstellung ist vorzuziehen. Eine ähnliche französische Tür, mittels Federn anstelle von Gegengewichten ausbalanciert, verzichtete auf eigene Luftkanäle und ließ die gesamte Sekundärluft, soweit erwünscht, durch die Türöffnung selbst treten, je nach der einstellbaren Lage der Tür; dies ist auch bei der Marcotty-Feuertür möglich und für die Praxis völlig ausreichend (18, S. 46).

Bei mechanischer Rostbeschickung wird der Brennstoff kontinuierlich aufgeworfen; es besteht daher keine Veranlassung zu einer intermittierenden Zufuhr von Sekundärluft — man braucht sie entweder dauernd oder gar nicht. Sollte aber der Kesseldruck gerade vor Beginn eines großen Leistungserfordernisses abgesunken sein, sodaß der Heizer 'überfeuern' muß, um

A

Amerikanische Franklin 'Butterfly'-Feuertür, breite Ausführung
mit einzeln zu öffnenden Flügeln.
(43)

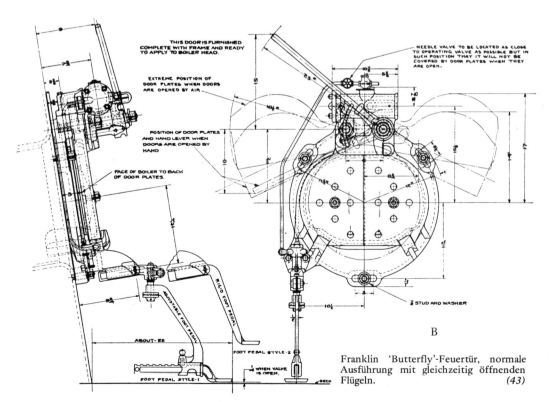

B

Franklin 'Butterfly'-Feuertür, normale
Ausführung mit gleichzeitig öffnenden
Flügeln. (43)

den Druck raschest hochzubringen, dann wird allgemein Luftmangel herrschen, den das Öffnen eines Zustromwegs für Sekundärluft der vorstehend geschilderten Arten nur ganz unzureichend zu mildern vermag. Zeitweises Öffnen der Feuertür kann sodann bloß den ärgsten Qualm aufhellen.

Moderne amerikanische Feuertüren hatten daher keine Sekundärluftkanäle, obgleich solche an sich dort bereits seit der Mitte des vorigen Jahrhunderts bekannt waren und etliche neueste Kessel fix eingebaute Rohre enthielten, die eine geringe Menge von Oberluft, etwa 3 bis 5 %, zwischen Rost und Feuerschirm einließen, vereinzelt auch mit Dampfstrahlunterstützung.

Abb. S. 111 Die beliebteste und einfachste Konstruktion war die 'Butterfly'-Feuertür der Franklin Railway Supply Co., New York; Abbildung A zeigt ein breites Modell zum gemeinsamen oder getrennten Öffnen der beiden Schwenkflügel, die Zeichnung das Normalmodell. Die Betätigung erfolgt durch Druckluftkolben mittels Fußhebel oder wahlweise auch von Hand, wenn man bloß das Feuer durch einen Spalt beobachten will.

Einen drei Jahrzehnte andauernden Erfolg mit anfangs automatischer, dann manueller Zweitluftzufuhr durch die Feuertür in Verbindung mit einem sogenannten Dampfschleier, dem Wiederaufleben des 1845 erprobten Mittels, um aufsteigende Rauchschwaden in der Box wieder herabzudrücken und mit Oberluft zu mischen, hatte Th. Langer (1865−1927), ein Werkstätteningenieur der Österreichischen Nordwestbahn. In Zusammenarbeit mit Marcotty, der nach Berlin gezogen war, entstand Mitte der neunziger Jahre die Langer-Marcotty-Feuerung, später arbeitete Langer allein mit seinem vereinfachten Dampfschleiermodell, das in Österreich zunächst große Verbreitung erfuhr, nach 1927 jedoch nicht mehr eingebaut wurde. In (26) habe ich darüber näher berichtet.

Zusammenfassend ist zu sagen, daß Oberluft wohl kleinere Verbrennungsmängel beseitigen kann, was auf sehr einfache Weise erzielbar ist und kostspielige Apparaturen weder rechtfertigt noch erfordert. In den letzten Jahren propagierte der Argentinier L. D. Porta massive Sekundärluftzufuhr bei geflissentlichem Luftmangel im Brennstoffbett, um den Flugverlust radikal zu verringern. In Patagonien fahren einige Lokomotiven damit seit mehreren Jahren. Grundsätzlich verlockend, weil der Flugverlust bei forcierter Kesselleistung gravierend ist, ist die Anwendung auf gasreiche Kohlen beschränkt (in Patagonien beträgt der Anteil der flüchtigen Bestandteile 50 %), vorzugsweise solche mit hohem Aschenschmelzpunkt − sonst muß man einem Verschlacken des Feuers durch Kühlen mittels Dampfzufuhr entgegenwirken, die Feuerführung wird besonders bei Wechselbelastung kompliziert und unsicher. 1985 begann Porta, sein System auf der für Sonderfahrten verwendeten 2D2 Nr. 614 der Chesapeake & Ohio von 1937 zu erproben.

Mechanische Rostbeschickung (Stoker)

Im Eisenbahnwesen ist Stoker der amerikanische Ausdruck für mechanische Einrichtungen zum Beschicken des Rosts. Dieses Wort ist holländischen Ursprungs (stoken = Schüren oder Bedienen eines Feuers). In der angelsächsischen Dampfschiffahrt nannte man einen das Feuer mit Brennstoff versorgenden Mann *stoker,* auf Lokomotiven aber *fireman,* auf deutsch allgemein Heizer. In seiner lokomotivtechnischen Bedeutung wurde das Wort Stoker als Hauptwort auch ins Deutsche übernommen, nachdem man früher, genauer, aber weniger elegant, von selbsttätigen Rostbeschickern und Selbstfeuerern gesprochen hatte. In Amerika war die ursprüngliche Bezeichnung *automatic stoker* sehr bald fallengelassen und im offiziellen Gebrauch zunächst durch *mechanical stoker* ersetzt worden, da die Apparatur nie völlig automatisch arbeitete, sondern das An- und Abstellen sowie das Regeln der Fördermenge in Anpassung an den Dampfbedarf und die eventuelle Beeinflussung der Kohlenverteilung über den Rost dem Heizer oblagen, dem vor allem die manuelle Schwerarbeit abgenommen wurde. Die einzige Ausnahme im Zuge des 1947/48 von der Norfolk & Western Railway durchgeführten Umbaus einer D- in eine 1D-Verschublokomotive mit vom Kesseldruck her vollautomatisch gesteuertem Stoker war eine Eintagsfliege (81).

Die Geschichte des Stokers ist ein Schulbeispiel dafür, wie eine nach ihrer ausgereiften Verwirklichung fast selbstverständlich erscheinende, einfache und zweckmäßige Lösung oft erst nach komplizierten und verfehlten Konstruktionen gefunden wird. Ich möchte ihr etwas mehr Raum geben, zumal die Stokerliteratur zerrissen und unzureichend ist.

In Europa waren mechanische Feuerungen, ausgenommen die Kohlenstaubfeuerung, bloß für wenige Kleinbahntypen geschaffen worden, bei denen keine Veranlassung vorlag, einem Heizer die Arbeit zu erleichtern, sondern Einmannbedienung (durch den Lokomotivführer) angestrebt wurde. Auf kleine Roste von kaum einem halben Meter Breite und etwa gleicher Länge konnte man die Kohle zur Not aus einem hochliegenden Bunker über eine Dosierungseinrichtung durch ein schräges Rohr herabfallen lassen. Der Bildung eines unerwünschten Schüttkegels wurde manchmal durch Schräglage des Rosts begegnet.

Praktisch die gesamte Entwicklung des Stokers vollzog sich logischerweise in den USA, wo die Lokomotivleistungen um die Jahrhundertwende nach langer Stagnation rasch zu wachsen begannen und die Weltausstellung in St. Louis 1904 eine eindrucksvolle Schau großer Lokomotiven brachte, mit anderswo ungekannten Kesselabmessungen, wie feuerberührten Heizflächen von 200 bis zu erheblich über 400 m^2 und Rosten von vielfach über 5 m^2 für übliche Lokomotivkohle. Im Zusammenhang mit Langläufen war damit das Feld für die mechanische Feuerung gegeben. Eine Frühgeburt soll schon um 1850 existiert haben (81), doch auch die zu Beginn dieses Jahrhunderts eingetretene rege Erfindungstätigkeit brachte bis 1904 keine sehr attraktiven Konstruktionen zustande. Sie waren alle von der hopper type, d.h. der vor der Feuertür aufgestellte Stoker trug einen Behälter (hopper), in den der Heizer die Kohle schaufeln mußte; es wurde ihm also bloß das Schleudern und Verteilen über den Rost abgenommen, das z.B. dampfbetriebene Stoßkolben besorgten, doch auch dies geschah nur unvollkommen. Besonders das Beschicken der hinteren Rostecken blieb ein wunder Punkt. Zur Abwehr mangelhafter Erfindungen und Produkte sah sich 1904 ein für Stokerfragen gebildetes Komitee der Railway Master Mechanics' Association, der Vereinigung der Eisenbahn-Chefingenieure, genötigt, das sogenannte Stoker Manifest herauszugeben, in dem u.a. nachstehende Bedingungen festgelegt wurden, die ein Stoker zu erfüllen hat:

1. Fördern der Kohle vom Tender bis auf den Rost
2. Leistungsreserve
3. Verteilung ohne Mithilfe des Heizers
4. 'Ideale' Feuerbeschaffenheit
5. Zuverlässigkeit.

Eine der Erstkonstruktionen, der Day-Kincaid Stoker, ab Ende 1904 von der Viktor Stoker Co. in Cincinnati unter ihrem Namen hergestellt, von Garbe 1907 (82) und von Stockert 1908 (57) beschrieben, aber richtigerweise sehr skeptisch beurteilt, wurde von seinen Sponsoren mit allzugroßem Optimismus in 18 Ländern patentiert und angeblich in Europa, Südafrika und Australien erprobt (83). Doch er entsprach in keinem der Punkte 1, 3 und 4 des Manifests und man hörte kaum weiteres über ihn.

Punkt 1 erfüllte 1906 der Haydn Stoker (57), indem die Kohle mittels einer dampfbetriebenen Becherkette vom Tender unter das Führerhausdach und in Ladebehälter des Stokers gebracht wurde. In der Durchführung recht umständlich, war dies doch ein grundlegender Fortschritt. Der Stoker war zur Gänze an der Stehkesselrückwand oberhalb der Feuertür untergebracht, beanspruchte also keinen Platz auf der Führerstandplattform. Die mechanische Wurfeinrichtung war bereits durch — etwa ein Jahr vorher anderwärts versuchte — Dampfstrahlen ersetzt worden, welche die Kohle entlang einer Verteilerplatte über den Rost verteilten. Dieses Prinzip erwies sich später als ein dauerhafter Fortschritt.

Um den erhöhten Flugverlust zu vermeiden, der beim Einbringen der Kohle in die Box entstand, weil Kohlengrus und Staub vom Luftstrom mitgerissen wurden und nur teilweise verbrennen konnten, versuchte jedoch die Pennsylvania Railroad 1905 eine Unterschubfeuerung nach den Ideen eines ihrer Konstrukteure, des späteren Vorstandsmitglieds D. F. Crawford. Nun ist es aber klar, daß die nach dem im Betrieb üblichen Wurfverfahren auf ein in voller Glut befindliches und durch starke Luftzufuhr angefachtes Feuerbett fallende frische Kohle unver-

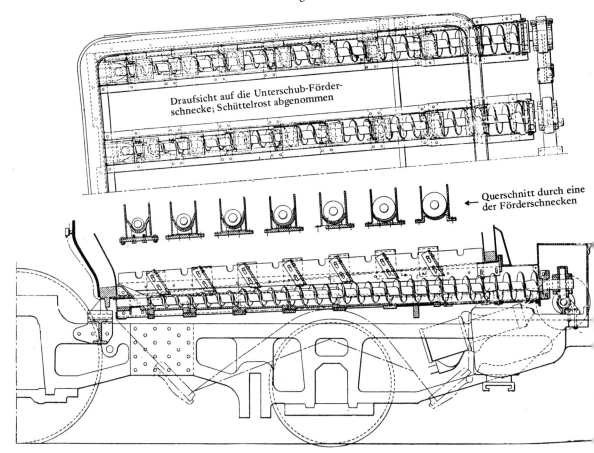

Draufsicht auf die Unterschub-Förderschnecke; Schüttelrost abgenommen

Querschnitt durch eine ← der Förderschnecken

Die amerikanische Barnum-Unterschubfeuerung von 1911.   *Lok, 1914*

Der Street Stoker von 1907 beanspruchte viel Platz auf der Stehkesselrückwand, stand aber dennoch ein Vierteljahrhundert in Verwendung. Dampfstrahlen warfen die Kohle auf den Rost.   (81)

gleichlich schneller anbrennt als daruntergeschobener Brennstoff und das Unterschubverfahren den oft rapiden Belastungsschwankungen des Eisenbahnbetriebs nicht zu folgen vermag. Immerhin gelang es Crawford, seine Bahn zum Einbau von etwa dreihundert Exemplaren seines Stokers zu veranlassen, da er eine erhebliche Leistungssteigerung auf den langen Rampen des Alleghany-Gebirgs nachweisen konnte. Dadurch angeregt, erhielt 1911 eine neue Mammut-1E1, Klasse M-2, der Burlington Railroad für ihren 8,2 m² großen und 2,4 m breiten Rost einen Unterschubstoker anderer Provenienz, Bauart Barnum, der von einem Gurtförderer versorgt wurde, der ähnlich wie bei Crawford Förderschnecken belieferte. Im Gegensatz zu einem günstigen Bericht in der Wiener Zeitschrift *Die Lokomotive* (1914, S. 34) mußten alle fünf damit ausgerüsteten Lokomotiven auf Handfeuerung umgestellt und mit durch Abdecken verkleinerter Rostfläche untergeordneter Verwendung zugeführt werden, bis ein brauchbarer Stoker verfügbar wurde (83, 1925, S. 303).

Schon 1907, mehrere Jahre bevor die Bemühungen um die Schaffung von Unterschubstokern wegen ihrer grundsätzlichen Unbrauchbarkeit für den normalen Lokomotivbetrieb aufgegeben wurden, erfand C. F. Street den nach ihm benannten Stoker, der trotz noch zu komplizierter Detailkonstruktion zum Grundstock der systematischen Entwicklung wurde. Die fortschrittliche Lake Shore & Michigan Southern Railroad, die bereits 1904 durch ihre alle anderen Schnellzuglokomotiven an Leistung und Zugkraft schlagenden 1C1 mit 25 t Achslast aufgefallen war, führte die Neuerung 1909 zuerst ein. Der Street Stoker war an der Stehkesselrückwand angeordnet. In die dreieckige Öffnung unter der Führerhausplattform mündet der vom Tender kommende Schneckenförderer. Eine nicht sichtbare, weil in ihrem unteren Strang tieferliegende Becherkette hebt die Kohle in die links gelegene Steigleitung; von dem schräg abwärts laufenden

The Elvin Mechanical Stoker

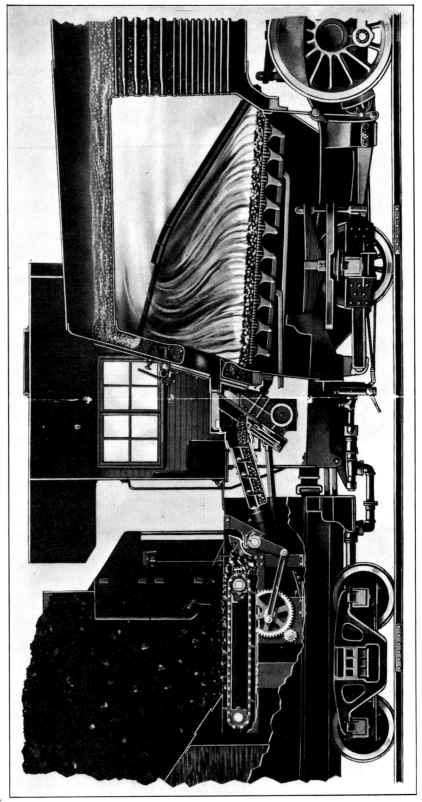

Der Brecher des Elvin Stokers zum Zerkleinern großer Kohlenstücke hat Kurbeltrieb; eine jede von der Transportschnecke geförderte Ladungseinheit wird von dem schrägen Flachkolben auf die Schaufelplatte gehoben und von der rechten oder linken Wurfschaufel erfaßt.

Prospekt der Locomotive Stoker Co. von 1926

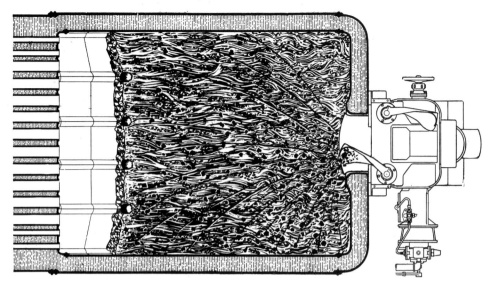

Der Elvin Stoker war der einzige mit rein mechanischer Wurfbeschickung, der noch 1926 mit der Dampfstrahlbeschickung konkurrieren konnte. Jede der beiden abwechselnd arbeitenden Wurfschaufeln erfaßte den größten Teil der Rostfläche. *Prospekt der Locomotive Stoker Co. von 1926*

Strang führt je ein Fallrohr zu drei beiderseits sowie über der Feuertür alter Bauart angeordneten Beschickungsköpfen, von denen aus die Kohle mittels je eines Dampfstrahlenbündels über Verteilerplatten in die Box geblasen wird. Die leeren Becher kehren im rechtsliegenden Rohr zurück.

Die drei auseinandergezogenen Beschickungsköpfe ermöglichten eine gute Versorgung der hinteren Boxecken, aber auch der Heizer konnte unbehindert nachfeuern. Die Wirkung war so gut, daß trotz der Verbauung der Stehkesselwand und trotz Verrußen der Mannschaft durch aus Undichtheiten austretenden Kohlenstaub Anfang 1913 bereits 189 Einheiten in Betrieb standen. Bei einer noch sehr bescheidenen Gesamtzahl von 450 Stokern einschließlich der im Bau befindlichen zeugt dies von relativ raschem Vordringen des Street Stokers; tatsächlich überstieg der Verkaufserfolg gegen 1914 die Produktionskapazität der in Schenectady im Staate New York errichteten kleinen Werkstätten der Street Stoker Co. Dadurch gelang es der Westinghouse Air Brake Co., diese Gesellschaft aufzukaufen. Damit begann die Stokerentwicklung durch die Männer der Locomotive Stoker Co. mit Sitz in Pittsburgh, die 1915 von Westinghouse gegründet wurde. Ihr Chefkonstrukteur N. M. Lower, bis 1914 in der Bremsen-Versuchsabteilung in Wilmerding tätig gewesen, hatte seither ein Jahr Stokerpraxis in Schenectady gewonnen, wo Street Stokers noch bis 1917 gebaut wurden, und widmete sich nun der Schaffung einer bezüglich Herstellung, Einbau und Instandhaltung günstigeren Konstruktion.

In Anbetracht der großen Einfachheit und bequemen Regelbarkeit der Beschickung mittels Dampfstrahlen ist es interessant, wie lange sich der mit Schwenkschaufeln arbeitende Elvin Stoker hielt, dessen Erzeugungsrechte die Locomotive Stoker Co. ebenfalls erwarb. In der Zeichnung ist die sinnreiche Schaufelanordnung zu sehen und es ist angedeutet, daß jede der beiden abwechselnd mit 15 bis 20 Hüben pro Minute arbeitenden Schaufeln ca. 85 % der Rostfläche mit Kohle versorgt; die weiße Fläche stellt einen Teil des Feuerschirms, von oben gesehen, dar. Die hinteren Ecken werden zwar nur von je einer Schaufel beschickt, dafür aber mit einer größeren Menge pro Flächeneinheit. Gemäß der Gesamtanordnung ist der äußerst kompakt gestaltete Antriebsdampfmotor unten am Beschickerteil des Stokers angebaut. Seine zentrale, auf der Gegenseite zum Vorschein kommende Kurbelwelle wird mittels einer Kombination zweier flacher rechteckiger Kolben angetrieben, die aufeinander senkrecht stehende Bewegungen ausführen, sodaß der den Kurbelzapfen umfassende innere Kolben einen Kreis beschreibt, seine Seitenflächen sich aber nur parallel bewegen. Die Kolben steuern die Dampfzu- und -abfuhr selbst, ohne zusätzliche Steuerungsteile. Mit 6 PS beträgt die Dampfmotorkapazität das Dreifache der erforderlichen Antriebsleistung. Über eine Kardanwelle treibt der Motor den Kettenförderer auf dem Tender, von dessen Vorschubgeschwindigkeit die Beschickungsmenge abhängt, ferner den Kohlenbrecher mit Kurbeltrieb und die Förderschnecke; diese bringt die Kohle in den Schrägschacht, aus dem sie vor jedem Schaufelwurf auf die Schaufelplatte gehoben wird. Die stündliche Beschickungsmenge konnte zwischen rund 600 und 8000 kg Kohle eingestellt werden. Infolge der hohen Wurfgeschwindigkeit genügt eine geringe Höhenlage der Schaufelplatte über dem Rost. Im Zusammenhang mit mäßiger Zerreibung der geförderten Kohle ist es glaubwürdig, daß der Flugverlust bei diesem Stoker kleiner war als bei den nun zu besprechenden neueren Konstruktionen; doch beim Übergang in die dreißiger Jahre siegte deren Einfachheit.

Der Duplex Stoker wurde 1917 von der Locomotive Stoker Co. als Ergebnis der Entwicklungsarbeit N. M. Lowers herausgebracht. Charakteristisch sind die beiden schräg angeordneten Steigrohre, die in je einen Beschickerkopf münden. Sie ersetzen mit ihren Förderschnecken den komplizierten Förderapparat des Street Stokers, nachdem sich auch erwiesen hatte, daß zwei Beschickungsstellen ausreichen und die normale Feuertür in ihrer üblichen Position dazwischen liegen konnte. Eine wichtige Neuerung war der mit der horizontalen Zubringer-

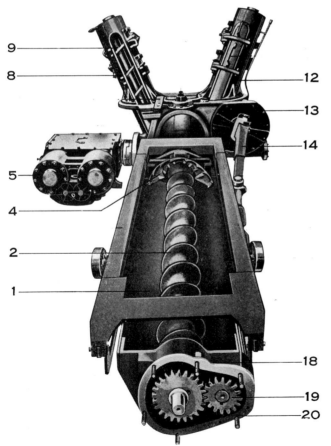

Der Duplex Stoker arbeitete mit kontinuierlicher Schneckenförderung und ist schon wesentlich einfacher. Die beiden schrägen Schnecken brachten die Kohle zu den beiden rechts und links etwas oberhalb der Feuertür gelegenen, mit Dampfstrahlen arbeitenden Verteilern.

Die wichtigsten Teile:
1 Kohlentrog am Tenderboden
2 Förderschnecke
4 Kohlenbrecher
5 Antriebsdampfmaschine
8, 12 Hubschnecken
9 Verteilerkopf links
(analog rechts)
13, 14 Hubschneckenantrieb
18—20 Zahntrieb mit Untersetzung

Prospekt der Standard Stoker Co
von 1929

Der ideal einfache Kohlenbrecher des Duplex Stokers von
1917.   *(81)*

schnecke kombinierte Kohlenbrecher. Der Street Stoker erforderte entweder kalibrierte Kohle oder Kleinkohle, während die in den USA aus Preisgründen bevorzugte Förderkohle die Anordnung eines separaten Brechers am Tender verlangte, eine erhebliche Komplikation. Th. W. Bennett, zur Entwicklungszeit des Duplex Stokers Konstrukteur bei der Locomotive Stoker Co., beschreibt (84), wie ihm ein Zufall seine Brecherbauart eingab, als während einer Probefahrt der lange Stiel eines zu Reinigungsarbeiten mitgeführten Besens von der Förderschnecke erfaßt und in zahlreiche Stücke zerbrochen wurde. Die darauf von Lower durchgeführte Detailkonstruktion mit verschieden langen Zähnen brachte einen großen Fortschritt und der Duplex Stoker wurde dadurch der erste mit einem integralen Kohlenbrecher ohne zusätzliche bewegte Teile, wie er seither universell angewendet wurde. Die etwa 800 mm über dem Rost liegenden Beschickerköpfe konnten Roste von 6 Meter Länge bedienen, wobei der Dampfdruck vor den Verteilerdüsen gegen 2 atü betrug. Die links angeordnete zweizylindrige Antriebsdampfmaschine konventioneller Bauart ist samt ihrer Steuerung völlig gekapselt; sie wurde normalerweise auf der Lokomotive montiert, konnte jedoch aus Gewichtsgründen auch auf dem Tender untergebracht werden. Nach knapp zehn Jahren beherrschte der Duplex Stoker weitgehend den Markt; es erhielten ihn z. B. die 2F1-Lokomotiven der Union Pacific und die 2C2 der New York Central.

Bennett, 1926 zum Verkaufsingenieur ernannt, bereiste zwecks Einführung der mechanischen Rostbeschickung 1926/27 Mexiko, Westeuropa, Australien und Südafrika. Ende 1927 waren in den beiden letztgenannten Ländern mehr als 60 bzw. 30 Lokomotiven ausgerüstet, aber um die der Firmenleitung vorschwebende Einrichtung einer Stokerproduktion in Übersee zu rechtfertigen, reagierten die Eisenbahnen viel zu zurückhaltend. Selbst in den USA ging es nicht so rasch vorwärts, wie man auf Grund der Vorteile für die Leistungsentwicklung größerer Lokomotiven erwarten konnte. Diesbezüglich ist mir ein Gespräch mit einem alterfahrenen Heizer der Baltimore & Ohio Railroad von 1948 in lebhafter Erinnerung, der zwar eine stokergefeuerte 1D1 bediente, die 2600 t über lange Steigungen von 8 bis 9 Promille nahm, aber in den schärfsten Worten über die Haltung der Bahnverwaltungen wetterte, die vielfach erst durch gewerkschaftliche und gesetzliche Maßnahmen gezwungen werden mußten, die Fronarbeit abzuschaffen, die sie von ihren Heizern unbedenklich verlangt hatten, denen der Schweiß in die Stiefel rann und viele aus Gesundheitsgründen aufgeben mußten. Das Stokergesetz war erst 1937 in Kraft getreten!

Wenn auch Mitte 1924 insgesamt knapp 9000 Stoker aller Typen im Betrieb waren, machte diese Zahl doch bloß etwa ein Siebentel der vorhandenen Lokomotiven aus und die jährlichen Produktionszahlen blieben im Durchschnitt erheblich unter tausend. Selbst die 1926 gebauten 2C1 Klasse K-5 der New York Central mit 84 t Reibungs- und 137 t Dienstgewicht, die mit 900 bis 1000 t schweren Schnellzügen auch auf der Flachstrecke New York—Chicago reichlich hoch beansprucht waren, hatten bei 6,3 m² Rostfläche noch Handfeuerung!

So machte sich 1927 bei der Locomotive Stoker Co. eine gewisse Resignation breit. Generaldirektor W. S. Bartholomew trat zurück und die Westinghouse Air Brake Co. verkaufte ihre Schöpfung an die seit langem stationäre Feuerungen und damals seit kurzem auch Lokomotiv-Stoker erzeugende Standard Stoker Co. in Erie, Pennsylvania, eine Tochtergesellschaft des großen Chemiekonzerns DuPont. Sogar N. M. Lower und Th. W. Bennett traten aus; ersterer widmete sich zunächst einer eigenen Stokerkonstruktion für stationäre Kleinfeuerungen, letzterer einer rein kaufmännischen Laufbahn, bei der er ebenfalls mit Eisenbahnen nichts mehr zu tun hatte.

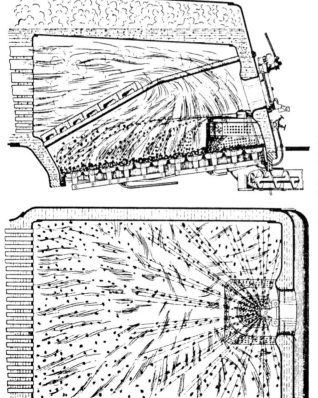

Der um die Mitte der zwanziger Jahre geschaffene DuPont Simplex Stoker ergab eine zufriedenstellende Rostbeschickung auch für die breitesten amerikanischen Roste mittels einer einzigen Dampfstrahlengruppe von einem knapp unter der Feuertür im Innern der Box gelegenen Verteilertisch aus. *Prospekt Nr. 45 der Standard Stoker Co.*

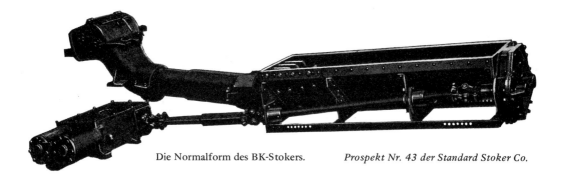

Die Normalform des BK-Stokers.   *Prospekt Nr. 43 der Standard Stoker Co.*

Die Standard Stoker Co. ließ sich vor allem die weitere Vereinfachung und Verbilligung der Konstruktion angelegen sein. Schon ihr zum Unterschied von der Duplex-Type als DuPont Simplex bezeichnete Stoker arbeitete mit einer einzigen Beschickerplattform, die direkt unter dem Feuerloch innerhalb der Box angeordnet war. Unter den Bezeichnungen Standard Type B und MB wurden um 1930 in einigen Details verbesserte und vereinfachte Bauarten herausgebracht. Beispielsweise erhielt die mit Kühlluftlöchern versehene Schutzwand, die den aufsteigenden Brennstoffschacht umgibt, eine nach unten kegelförmig verbreiterte Form, um die Kühlwirkung im Inneren zu verbessern. Diese aus feuerfestem Gußeisen bestehende Wand mußte natürlich öfters ausgewechselt werden.

Während die Duplex sowie die B- und MB-Stoker für die größten Boxen bestimmt waren, mit Beschickungsleistungen bis über 15 t pro Stunde für Braunkohle, z. B. auf den (1D)D2-Mallets der Northern Pacific, wurde die gänzlich außerhalb der Box liegende Type BK für allgemeine Verwendung auch für kleinere Lokomotiven entwickelt. Sie erfordert im Gegensatz zu den Typen B und MB keine Änderungen am Rost und verringert selbstredend auch seine Fläche nicht, doch muß die lichte Höhe des Feuerlochs — bei Handbeschickung nur rund 400 mm — auf etwa 650 mm vergrößert werden, um das Feuer durch die über dem Stokerkopf verbleibende Öffnung mit Schürgeräten bearbeiten zu können.   (Zeichnung auf Seite 122)

Wie ersichtlich, wird die Kohle auf ihrem Weg vom Ende der Förderschnecke bis zur Verteilerplatte etwa einen halben Meter hochgehoben. Der entsprechende Druck muß von den letzten Schneckenwindungen ausgeübt werden; dadurch vergrößert sich der Anteil von Grus und Kleinkohle, speziell bei brüchigen Sorten. Zur Abhilfe wurde 1933 der Standard HT Stoker

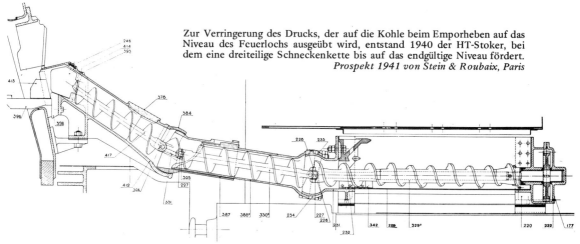

Zur Verringerung des Drucks, der auf die Kohle beim Emporheben auf das Niveau des Feuerlochs ausgeübt wird, entstand 1940 der HT-Stoker, bei dem eine dreiteilige Schneckenkette bis auf das endgültige Niveau fördert.
Prospekt 1941 von Stein & Roubaix, Paris

121

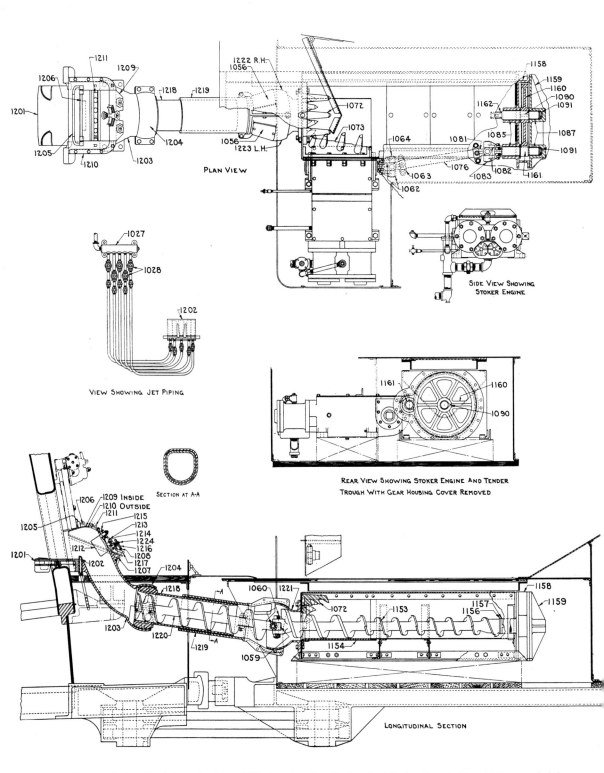

PLAN VIEW

VIEW SHOWING JET PIPING

SECTION AT A-A

SIDE VIEW SHOWING STOKER ENGINE

REAR VIEW SHOWING STOKER ENGINE AND TENDER TROUGH WITH GEAR HOUSING COVER REMOVED

LONGITUDINAL SECTION

Kurz nach dem Erscheinen des 'Type B' Stokers brachte die Standard Stoker Co. die Type BK heraus, bei der die Kohle von außen her in die untere Zone des Feuerlochs eingeführt wird und bloß die Verteilerplatte in die Box hineinreicht. Damit war die einfachste Dauerform gestaltet. *Prospekt Nr. 43 der Standard Stoker Co.*

herausgebracht, bei dem ein drittes, stärker geneigtes Schneckenglied die Kohle bis über die Verteilerplatte hebt. Es ist dabei wichtig, daß jedes Schneckenglied ein etwas größeres Fördervermögen hat als das vorhergehende, damit sich die Kohle in den Gelenken nicht staut. Auch der russische Stoker von P. Ratschkow aus dem Jahre 1935 verwendete eine bis zur Tür reichende dritte Transportschnecke, doch obwohl ihre Neigung mit bloß 25 bis 30° kleiner war als beim dargestellten HT-Modell, übertraf die Zerkleinerungswirkung gemäß einer russischen Quelle (85) auch die des BK-Stokers; man vermutete damals eine unvollkommene Konstruktion des Kreuzgelenks. Der verbesserte Ratschkow-Stoker erhielt ein Kreuzgelenk, das den Winkel zwischen benachbarten Schnecken halbierte und laut einem weiteren Bericht (85, Heft 12) eine merkliche Ersparnis brachte.

Mit der Type Standard HT, die auch die Niagara-Klasse der New York Central erhielt, war die Stokerentwicklung in den USA abgeschlossen, wenn wir davon absehen, daß 1939/44 erfolglose Versuche mit einer FD = Front-Delivery-Bauart gemacht wurden. Es war dies ein MB-Stoker mit einer unter dem Rost bis zur Krebswand verlängerten Förderschnecke, dessen Verteilertisch unter der Wurzel des Feuerschirms lag, von wo aus die Kohle nach hinten über den Rost geblasen wurde. Man hatte sich davon eine Verringerung der Flugverluste erhofft, die gemäß ersten Berichten eintrat, doch per Saldo fand die Baltimore & Ohio Railroad, die an diesem Experiment mit 71 Lokomotiven beteiligt war, daß sich die Erwartungen nicht erfüllten; sie hatte 1946 schon etliche FD-Stoker wieder ausgebaut, wohl wegen höherer Instandhaltungskosten.

In Europa fielen die von der Standard Stoker Co. Ende der zwanziger Jahre wieder aufgenommenen Bemühungen zur Einführung des Stokers bloß in Frankreich und viel später in der Tschechoslowakei nach Anlaufzeiten von mehreren Jahren auf fruchtbaren Boden. Die französische Nordbahn ging zielbewußt voran, nachdem sie 1931 den ersten Versuch mit dem BK-Stoker auf einer älteren 2C1 mit 4,27 m² Rostfläche gemacht hatte. Drei Jahre danach wurden zehn 1E der Serie 5-1200 und nach eingehenden Versuchen 1937 weitere dreißig ausgerüstet, und zwar mit dem BK-1-Stoker, einem dem europäischen Bedarf angepaßten kleineren Modell, dem 1941 die Variante HT-1 folgte, die fortan ausschließlich Verwendung fand. Die Pariser Firma Stein & Roubaix baute diese Stoker in Lizenz und funktionierte auch während der deutschen Besetzung, z.B. als 1943/44 die Projekte für eine geplante dritte deutsche Kriegslokomotive hoher Leistung ausgearbeitet wurden (20, speziell S. 237).

Die 1E der Nordbahn war insofern ein Markstein, als sie bloß 3,54 m² Rostfläche aufwies, die man im allgemeinen für einen rentablen Stokerbetrieb als zu klein betrachtet hätte; doch diese großrädrige (1550 mm) 4hv, gebaut 1933/35, stand in schwerem und schnellem Langstrecken-Güterzugdienst und der Stoker gestattete eine erheblich höhere Ausnützung. Dann ging es in Frankreich relativ rasch aufwärts und 1942 waren 264 Stoker eingebaut oder bestellt. Foto S. 124 Die erste große Nachkriegslieferung von 1945/46 umfaßte nicht weniger als 1340 Stück der bekannten amerikanischen 1D1-Allzweckmaschine Serie 141R, alle mit HT-1-Stoker (später zum Teil auf Ölfeuerung umgestellt); Ende 1947 waren über 1800 Maschinen stokergefeuert und es wären zweifellos noch erheblich mehr geworden, wenn die nachfolgende Versorgungs- und Energiekostenlage nicht die Ölfeuerung bis gegen das Ende des Dampfbetriebs begünstigt hätte.

Die Britischen Eisenbahnen machten hingegen erst 1958 ihren ersten und gleichzeitig letzten Versuch auf drei neugelieferten 1E-Lokomotiven Klasse 9F, deren Berkley Stoker praktisch völlig dem Standard HT-1 entsprach. Man fürchtete damals eine weitere Qualitätsverschlechterung der zu annehmbaren Bedingungen erhältlichen Lokomotivkohlen. Da jedoch die Preise der minderen Qualitäten per Einheit ihres Heizwerts nicht um soviel niedriger waren, um den Mehrverbrauch zu kompensieren, der durch den größeren Anteil an Kohlenklein und Grus plus

die durch den Stoker selbst bewirkte Steigerung des Flugverlusts entstand, und die in Großbritannien damals besonders forcierte Verdieselung bald keinen Anreiz zu höheren Dampfbe-
triebsleistungen mehr bot, wurden die Stoker 1962 wieder entfernt.

In Deutschland erging es dem Stoker nicht viel besser. Für die Einheitslokomotiven Bauart 1925 hatte ihn R. P. Wagner begreiflicherweise nicht in Betracht gezogen und im Zweiten
Weltkrieg kam man über Studien zwecks Leistungserhöhung nicht hinaus. Einer solchen stand
ja überdies die längst zutagegetretene Schadensanfälligkeit der Vorkriegs-Reichsbahnkessel
bei höheren Heizflächenbeanspruchungen entgegen. So bekamen als primäre Kandidatinnen
die zehn erst 1952 mit höher belastbaren Kesseln versehenen schweren 1E1, Baureihe 45,
Stoker aus Frankreich, wurden aber durch Elektrifizierung der Hauptstrecken 1958 arbeits-
los und noch in demselben Jahr verschrottet, bis auf drei, die dem Versuchsamt Minden als
Bremslokomotiven zugeteilt wurden. Weiters hatten bloß fünf 1E der Baureihe 44 mit Neubau-
kesseln zur gleichen Zeit wie die 45er Stoker erhalten, doch wo im Dampfbetrieb höhere
Leistungen noch nützlich erschienen, ging die DB bald darauf zur damals rationeller scheinen-
den Ölfeuerung über.

In Österreich nahm die Wiener Lokomotivfabrik dreimal einen Anlauf, den Stoker zwecks
Verfeuerung heimischer Braunkohle zur Devisenersparnis einzuführen. Im Sommer 1931 wurde,
mit meiner Mitwirkung von den USA aus, die Ausrüstung einer Gölsdorfschen Eh2, Reihe 80,
projektiert und mit N. M. Lower eingehend besprochen; ich erzielte Einführungspreise und
eine Stück-Lizenzgebühr von bloß 150 Dollar (damals rund öS 1.000,—) für die Erzeugung
in Österreich mit Exportrecht in Balkanstaaten zu 100 Dollar Lizenzgebühr. Der Verkaufs-
preis in den USA betrug 2250 Dollar. Auch der Patentschutz wurde sorgfältig behandelt.
Warum die BBÖ auf die Erprobung als unerläßliche Basis für weitere Entscheidungen nicht
eingingen, ist heute kaum noch feststellbar; ich besitze nur meine eigenen Berichte aus den
USA. Sechs Jahre später wurde die Angelegenheit nochmals aufgegriffen, als die Firma Fours
et Appareils Stein, bald darauf in die erwähnte Stein et Roubaix umgeformt, Standard-Stoker
in Paris erzeugte. Dieses Vorhaben, das geschäftlich lange nicht mehr so interessant erschien,
scheiterte schon durch Hitlers Einmarsch. Ein Jahr nach Kriegsende versuchte ich als Chefkonstrukteur der WLF, die damaligen ÖStB zu einem Einbau in die schwere Kriegstype Reihe 42
zu gewinnen, wieder zur Verwertung heimischer Braunkohle. Derselbe Gedanke kam jedoch

nicht bei uns, sondern in der Tschechoslowakei zum Durchbruch, wo um diese Zeit das große Programm der stokergefeuerten Neubautypen vorbereitet wurde, allen voran die 1E-Reihe 556.0 und die Mehrzweck-2D1 Reihe 475.1 sowie die 498er, die in wenigen Jahren einen stattlichen Park von rund 770 Maschinen umfaßten, anteilmäßig viel mehr als in Frankreich. Es war ein Vergnügen zu erleben, wie gerade eine thermisch sehr geringwertige Braunkohle von 3000 Kalorien beispielsweise auf einer schwer arbeitenden 556er in völlig gleichmäßiger Schicht von ca. 10 cm Höhe weißglühend und durchsichtig brannte (mit reichlicher Luftversorgung durch einen Giesl-Ejektor), eines der schönsten Feuer, die ich je beobachten konnte (86). Daß uns dieses Vergnügen in Österreich vorenthalten wurde, lag allerdings in unserem damaligen handelspolitischen Interesse, denn die Steinkohleneinfuhr aus Polen und der Tschechoslowakei mußte österreichische Ausfuhren dorthin kompensieren und überdies gab es russischen Einfluß zugunsten von Ölfeuerung. Das Angebot von Stein et Roubaix vom 22. Mai 1946 auf eine Kleinserie von HT-1-Stokern samt Hulsonrost nannte einen Preis ab Werk von 4700 Dollar, damals 47.000.— öS; das Gesamtgewicht betrug 3700 kg, wovon einschließlich der Antriebsmaschine 2900 kg auf die Lokomotive entfielen, den Rest hatte der Tender zu tragen und rund 1300 kg waren für den wegfallenden Normalrost abzuziehen.

Bald nach dem Krieg erhielten auch die PKP 100 stokergefeuerte amerikanische 1E-Lokomotiven, die Reihe Ty51, mit dem HT-Stoker. Bei der dort ausschließlich herrschenden Steinkohlenfeuerung und durchschnittlich mäßigem Leistungserfordernis kam es zu keinem Stokerprogramm für bestehende, wohl aber zum Nachbau von 130 der amerikanischen Maschinen.

Vor Inkrafttreten des amerikanischen Gesetzes über die Ausrüstung großer Dampflokomotiven mit Stokern ergab in den USA eine Bestandserhebung folgendes Resultat:

Kohlengefeuerte Dampflokomotiven in runden Zahlen (1937):

Güterzug	21.000	davon stokergefeuert	10.160	= 48 %
Reisezug	6.830	davon stokergefeuert	1.350	= 20 %
Summe	27.830	davon stokergefeuert	11.510	= 41 %

Zu diesen gesellten sich 6.300 ölgefeuerte Einheiten im Güter- und Reisezugdienst und über 13.000 in untergeordneter Verwendung für Verschub und Kurzstrecken. Der Gesamtbestand von 47.400 Dampflokomotiven war gegenüber dem Höchststand im Jahre 1924 von rund 65.000 Stück bereits um mehr als ein Viertel gesunken, da seither Kassierungen die Neubauten wesentlich überwogen. Zwar waren fast alle neubestellten Dampflokomotiven mit Stokern versehen, aber ihre Zahl betrug z. B. 1937 nur 176 und stieg erst im Krieg wieder erheblich; dies, aber speziell die Stokereinbauten auf Grund der neuen gesetzlichen Bestimmungen, brachten die Zahl der Stoker in den USA Ende 1946 auf rund 16.500. Es war dies die letzte Blütezeit des Stokergeschäfts. Stein & Roubaix gaben die nachstehenden Zahlen über den Stokerbestand auf der Welt per Ende 1946 an:

USA	16.500	Indien	38
UdSSR	3.000	Algerien	36
Frankreich	1.840[1]	Italien	29
Canada	1.500	Chile	20
Tschechoslowakei	770[2]	Mexiko	14
Südafrika	174	Spanien	4
China	155	Neuseeland	3
Australien	88	Polen	102[3]
Brasilien	42		
S u m m e			24.315

1) Einschließlich der aus den USA noch zu liefernden Lokomotiven.

2) Fehlt in der Aufstellung von Stein & Roubaix.

3) Einschließlich der 100 aus den USA zu beziehenden 1E-Lokomotiven, zu denen bis 1958 noch ca. 130 Nachbauten kamen.

Den Höchstbestand an Stokern auf der Welt kann man somit auf 25.000 schätzen, also etwa 11 % des Bestands an Dampflokomotiven bald nach Kriegsende. Diese Summe schließt die 140 neuen 2D2-Klassen 25 und 25NC in Südafrika ein; die SAR beschafften bis 1958 noch 860 Dampflokomotiven, waren jedoch bei Stokern sehr zurückhaltend. China hatte inzwischen 2000 schwere 1E1, Klasse FD, aus der UdSSR importiert, wo der Dampflokomotivbau 1956 aufgegeben wurde; diese hatten normalerweise Stoker, doch auch ihr Weiterbau in China als Klasse QJ führte infolge des raschen Rückgangs der Dampftraktion in Nordamerika global gewiß zu keinem vorübergehend höheren Stokerbestand.

Wahrscheinlich der letzte Entwurf einer Lokomotivfeuerung mit Unterschubstoker.

Aus der deutschen Patentanmeldung der Fried. Krupp AG Nr. K 137 623 von 1935, ausgelegt am 10. 5. 1939

Der Kuriosität halber sei erwähnt, daß das Prinzip der Unterschubfeuerung in einer Patentanmeldung der Firma Krupp in Essen für einen Lokomotivstoker noch einmal auflebte, die 1935 eingereicht und am 20. Juli 1939, also nach reichlich langer Prüfung, ausgelegt wurde. Die Trägheit dieser Feuerungsart sollte dadurch überwunden werden, daß der Hauptteil des Rosts 3 im Augenblick der Beschickung durch den Kolben 16 eine gegenläufige Bewegung ausführt, um brennende Kohle mit der frischen zu vermengen. Dies ist gewiß wesentlich besser als reiner Unterschub, aber für Lokomotivbetrieb wahrscheinlich noch nicht zufriedenstellend. Über eine Probeausführung wurde nichts bekannt.

Ganz abwegig erscheint der Versuch der im Kleinlokomotivbau sehr rührigen, seit 1864 bestehenden Hunslet Engine Co. in Leeds, zu dem späten Zeitpunkt 1961/63 mit der totgeborenen Unterschubidee nocheinmal aufzutreten, in der Hoffnung, dem neuen britischen Gesetz gegen Rauchbelästigung auf den Lokomotiven der staatlichen Kohlengruben (National Coal Board) zu entsprechen. Abgesehen davon, daß die normalerweise verwendete Kohle wegen Klinkerbildung in dem notwendigerweise nunmehr hohen Feuerbett überhaupt ausschied, war die Rauchverhütung ungenügend und es ist nicht wenig amüsant, in dem Bericht der angesehenen Zeitschrift *The Engineer* von 1961 zu lesen (87), daß die so ausgerüstete Lokomotive 'ausgezeichnet' entsprach und bloß die Höchststeigung nicht nehmen konnte, auf der die Beförderung vollbeladener Wagen eine 'außergewöhnlich schwierige' Aufgabe gewesen sei! Nun ist es allerorts selbstverständlich, daß eine Lokomotive in der Lage sein muß, alles zu ziehen, was die Haftreibung zwischen Rad und Schiene an Anhängelast zuläßt, und es bei der Einfahrt in jede beliebige Steigung unerläßlich ist, die Intensität der Verbrennung sogleich auf die nötige Höhe zu bringen, damit der Dampfdruck nicht abfällt. Dies konnte die Unterschubfeuerung natürlich nicht, und es konnte auch nichts nützen, daß außer der Blasrohrwirkung noch zwei Unterwindventilatoren vorgesehen waren, die dem Feuer also Luft unter Druck zuführten. Trotzdem versuchte es Hunslet mindestens noch bis 1963 (88); dann wurde es endgültig still um die Kohlenzufuhr zur Lokomotivfeuerung von unten her.

Technické zprávy československých stát. drah.

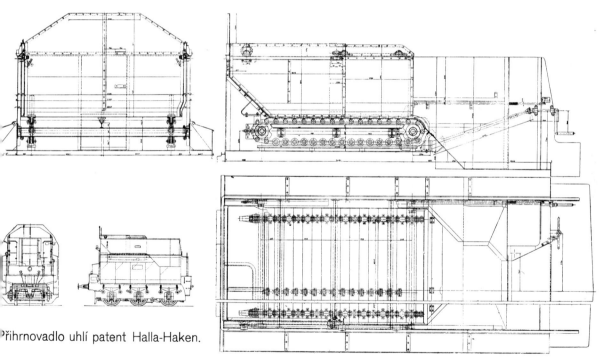

Přihrnovadlo uhlí patent Halla-Haken.

Um bei abgesunkenem Kohlenvorrat am Tender die Kohle dem Heizer näherzubringen, wurden manchmal Einrichtungen zum Kohlenvorschub verwendet. Die gezeigte Apparatur der ČSD (Patent Halla-Haken) benutzt zu diesem Zweck eine Gliederkette mit Handantrieb. Dasselbe gilt für die amerikanischen 'coal pushers', schaufelartig und mit Druckluft betätigt, sowie für Kohlenbehälter in Zylinderform, die, schräg gelagert, ihren Inhalt durch langsames Drehen nach vorn brachten. Letztere fand man auf einigen englischen und algerischen Garratt-Gelenklokomotiven.   *Sammlung E. Suchý*

Ölfeuerung

Die Entwicklung der Ölfeuerung begann vor über hundert Jahren. Pionier war der in Schottland gebürtige Ingenieur Thomas Urquhart (ca. 1840–1900), langjähriger Obermaschinenmeister der Grjasi–Zarizyn-Bahn in Südrußland, der seit 1874 mit Rohölfeuerung experimentierte. Der Durchbruch gelang ihm 1882 mittels eines Rundbrenners mit einer vom Brennstoff umflossenen zentralen Dampfdüse (89, S. 320), dessen Prinzip später die sowjetischen Bahnen beibehielten; 1884 waren bereits mehr als 100 Maschinen ausgerüstet (16, S. 311). In den USA unternahm 1879 die Central Pacific Railroad, die zehn Jahre zuvor mit holzgefeuerten Lokomotiven die transkontinentale Verbindung mit der Union Pacific hergestellt hatte, mangels günstig gelegener Kohlenvorkommen Versuche; diese waren jedoch dort noch verfrüht, denn in größeren Mengen mußte das Öl damals sogar per Schiff und Bahn von der Atlantikküste zugeführt werden, was seine Verwendung unwirtschaftlich machte. Der Erdölreichtum von Kalifornien, Texas und Oklahoma wurde erst in den neunziger Jahren entdeckt und der Lokomotivfeuerung nutzbar gemacht. Im Osten der USA aber boten die reichen Vorkommen billig gewinnbarer, hochwertiger Kohle niemals einen genügenden Anreiz zu Ölfeuerung.

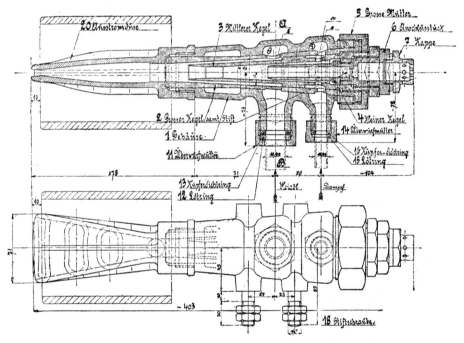

Holden-Brenner neuerer Bauart vor dem Ersten Weltkrieg, für Öl-Zusatzfeuerung über dem Rost. Das Heizöl wird durch die größere Zuleitung von 18 mm Lichtweite zugeführt, der Zerstäuberdampf durch die kleinere von 12 mm Weite. Brennerleistung ca. 600 kg Heizöl pro Stunde. *(3)*

In England hatte J. Holden (1837–1925), seit etwa 1885 Maschinendirektor der Great Eastern Railway, 1893 Teer aus Gaswerken mittels des nach ihm benannten Brenners zu verfeuern begonnen und bald etwa 60 Lokomotiven ausgerüstet. Holden arbeitete, wie bei allen brauchbaren Konstruktionen, mit einem Dampfstrahl zum Zerstäuben des Öls; wie bei Urquhart trat dieser aus einer runden, vom Öl umflossenen Düse, in die jedoch eine kleine Luftdüse zur Unterstützung der Zerstäuberwirkung mündete. Der Endstrom trat, wie ersichtlich, durch eine flachgedrückte Mündung aus, um die Flamme zu verbreitern und zu verkürzen, umgeben von einem Luftzutrittsstutzen, der Box und Stehkesselwand durchdrang.

Eine weit größere Verbreitung fand der Holden-Brenner in anderen Ländern, besonders auch in Österreich. Hier wurden 1894 im Hinblick auf die steigende Erdölgewinnung in Galizien Versuche mit Öl-Zusatzfeuerung zur Verringerung der Rauchplage im Arlbergtunnel unternommen. Die galizische Rekordförderung führte vor dem Ersten Weltkrieg zur Ausrüstung von 800 Lokomotiven der k. k. österreichischen Staatsbahnen. Schon in der Anfangszeit verfeuerte Österreich nicht Rohöl, sondern die weitaus billigeren Destillationsrückstände aus den Raffinerien, damals Masut genannt, später schweres Heizöl (amerikanisch Bunker C oil). Dieser dunkelfarbige, bei Raumtemperatur zähflüssige und schon bei 8 bis 10º C erstarrende Brennstoff wird bei 50 bis 70º C leichtflüssig. Sein spezifisches Gewicht liegt zwischen 0,9 und 0,95; der untere Heizwert, zwischen etwa 10.200 und 9.700 Kalorien/kg, nimmt mit zunehmendem spezifischen Gewicht ab. Vorgenannte Werte entsprechen den deutschen Normen für schweres Heizöl.

Der Holden-Brenner wurde an der Stehkessel-Türwand so angeordnet, daß die Flamme unter den Feuerschirm gerichtet war. Zwei Brenner lagen rechts und links der Tür, je nach deren Höhenlage etwa in ihrer Mitte oder tiefer. Der Rost wurde unverändert beibehalten. Das Anheizen erfolgte wie gewöhnlich mit Holz und Kohle, der Betrieb meist mit Kohle für die Grundlast plus Öl für die höheren Leistungen. Man konnte aber auch auf reine Ölfeuerung übergehen, vorausgesetzt, daß — wie in Österreich ohnehin üblich — ein ausreichend starker Belag aus Schlackenstücken oder Schamottebruch besonders auf der hinteren Rosthälfte unter-

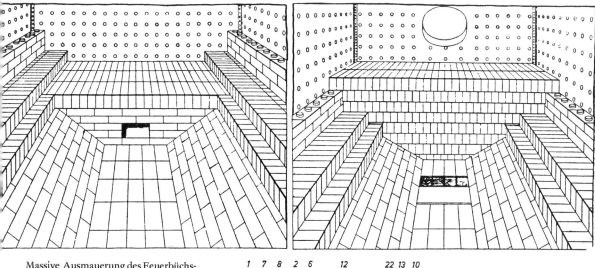

Massive Ausmauerung des Feuerbüchs-Unterteils und des anstelle des Aschkastens angeordneten Feuerkastens auf einer Lokomotive der Southern Pacific Railroad, USA. Aus der Türwand wurde die Mauer jedoch in neueren Ausführungen bis zum 'Feuerloch' hochgeführt, das hier nur der Zufuhr von Sekundärluft, der Flammenbeobachtung und als Mannloch dient.
(91)

Rechts: Schema der Ölhauptfeuerung einer 2C1-Lokomotive Baureihe 01.10 der DB. Die Ausmauerung ist nicht so massiv wie die der Southern Pacific. Auch hier wurde der Feuerschirm weggelassen. (1)

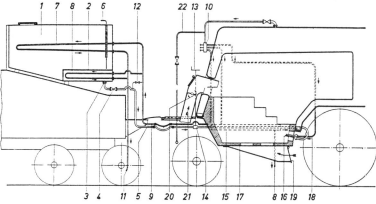

halten wurde, um die Hauptmenge der Verbrennungsluft unter der Feuerbrücke eintreten zu lassen und sie mit dem dort stark verbreiterten, zerstäubten, teilweise brennenden Ölstrom zu vermischen (90, S. 6). Doch der relativ kurze Flammenweg und noch immer mäßige Turbulenz sowie mangelnde Wärmekonzentration im Bereich der Flamme ergaben bei obiger Brenneranordnung und reiner Ölfeuerung bloß einen Kesselwirkungsgrad von kaum über 65 % auch bei mäßiger Kesselanstrengung (90, S. 20), wogegen man mit Ölfeuerungen, die den Erfordernissen des flüssigen Brennstoffs voll angepaßt sind, auch bei hoher Forcierung auf 75 % kommt. Dazu ist es notwendig, die Verbrennung in einer heißen Zone einzuleiten und weiterzuführen, in welcher die Abstrahlung an wassergekühlte Boxwände durch eine intensive Rückstrahlung teilweise kompensiert wird. Man erreicht dies mittels einer trogförmigen Brennkammer oder

Abb.
S. 129

Brennmulde, deren Boden und Seitenwände aus feuerfesten Steinen bestehen, ein maßgebendes Merkmal einer Ölhauptfeuerung, wie eine Feuerung mit Öl genannt wird. In den Darstellungen der amerikanischen Box ist der Brenner in der im untersten Mittelteil der vorderen Mauer ausgesparten Öffnung zu denken, vgl. den Längsschnitt durch die schematische Gesamtanordnung

Abb.
S. 129

einer Ölhauptfeuerung für die DB-Baureihe 01.10. Daß hier von *einem* Brenner gesprochen wird, schließt die Anordnung von deren *zwei*, dicht nebeneinander in einer einzigen Öffnung nicht aus. Man fand auch, z. B. bei der DB, einen zusätzlichen Zündbrenner kleiner Leistung, der unterhalb des Hauptbrenners angebracht war und zum Warmhalten bei abgestelltem Hauptbrenner diente.

Der bei Rostfeuerung obligate Feuerschirm wurde meist weggelassen. Die gelegentliche Behauptung, der Einbau eines solchen hätte eine wesentliche Ölersparnis gebracht, galt nur dort, wo es vorher nicht gelungen war, den Flammenweg ordnungsgemäß zu gestalten. Das am Brennermund durch den mit etwa Schallgeschwindigkeit austretenden Dampfstrahl mitgerissene und dabei zerstäubte Öl bildet eine zunächst schwach nach aufwärts gerichtete Flamme, welche durch die aus Bodenöffnungen zuströmende Hauptmasse der Verbrennungsluft nach oben abgelenkt wird. Im Bereich der an der Türwand gelegenen Mauer muß die Flamme bereits vertikal nach oben gerichtet sein. Die Türmauer wird dabei am stärksten erhitzt und in den USA *flash wall* genannt, weil sich an ihr noch nicht brennende Ölpartikel entzünden, vor allem beim Wiedereinsetzen der Ölzufuhr nach einer kurzen Betriebsunterbrechung; sie wird daher zur Wärmespeicherung und auch der Abzehrung wegen massiv gestaltet und ihre auf der Innenseite konkave Form wurde manchmal noch mehr akzentuiert, um die Flamme von der Tür fernzuhalten und ihre Umlenkung zu fördern. Sehr große Boxen, wie die der 1955 gebauten (2D1)(1D2)-Garratt-Klasse 59 der East African Railways mit einer Boxgrundfläche von 2190 x 3075 mm, erhielten zwei in getrennten Mulden arbeitende Brenner.

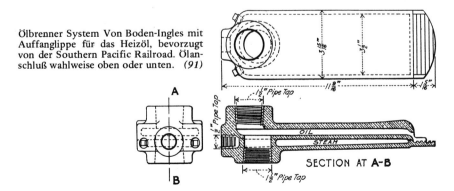

Ölbrenner System Von Boden-Ingles mit Auffanglippe für das Heizöl, bevorzugt von der Southern Pacific Railroad. Ölanschluß wahlweise oben oder unten. *(91)*

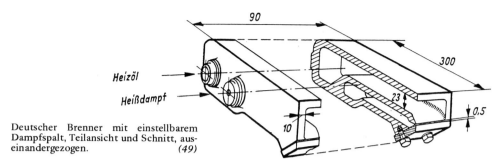

90

300

Heizöl

Heißdampf

23

0,5

10

Deutscher Brenner mit einstellbarem Dampfspalt, Teilansicht und Schnitt, auseinandergezogen. *(49)*

Nach Quelle (91) betrug die Zahl der in den USA erteilten Patente auf Ölbrenner aller Art bis 1929 rund 3000! Für Lokomotiven waren jedoch weniger als ein halbes Dutzend der einfachsten Bauarten in Gebrauch. Bei diesen trat das Öl aus einem im Verhältnis zu seiner Höhe breiten Spalt aus und wurde beim Herabfließen von einem direkt darunter austretenden flachen Dampfstrahl gleicher Breite erfaßt, mitgerissen und in feine Tröpfchen zerstäubt[1]. Es ist dies das genial einfache Prinzip des mexikanischen Flachbrenners. Die Ausführung hat an der unteren Begrenzung des Dampfstrahls eine Lippe, die eine kleine Ablenkung nach oben bewirkt. Beim DB-Brenner ist die Spaltweite der Dampfdüse einstellbar.

Die wichtigsten der in der Anordnungsskizze (S.129) mit Nummern bezeichneten Teile seien nachstehend erläutert. Zwecks Erzielung der erforderlichen Dünnflüssigkeit wird das Heizöl im Tank 1 von zwei Heizschlangen 7 und 8 erwärmt, von denen letztere vor der Entnahmestelle im Siebkasten 2 untergebracht ist. Das Kondensat des Heizdampfs fließt durch die Leitung 11 ab. Die vom tiefsten Punkt des Tanks zum Brenner 16 führende Ölleitung 15 ist seitlich der Box von einem dritten Vorwärmer in Form eines Heizmantels umschlossen, in Amerika *oil superheater* genannt, der das Öl auf die zur wünschenswerten feinsten Zerstäubung nötige Temperatur von 85 bis 90⁰ C bringt.

Die Zufuhr der Verbrennungsluft erfolgt zu einem kleinen Teil durch die Öffnung rund um den Brenner, der Kühlung erfordert. Dazu genügt ein geringer Durchtrittsquerschnitt von 5 % des Rauchgasquerschnitts in den Kesselrohren, das ist etwa ein Achtel der gesamten Eintrittsquerschnitte in die Brennmulde im Ausmaß von 38 bis 40 % dieses Rauchgasquerschnitts. Oft wurde der Luftquerschnitt um den Brenner, auch Primärluftquerschnitt genannt, mit 8 % und manchmal 10 % des Rauchgasquerschnitts bemessen, doch ist es vorzuziehen, die Primärluft zu beschränken und den weitaus größten Teil der Verbrennungsluft durch die Bodenöffnungen einzulassen, also quer zum Ölstrom, sowohl wegen der Flammenablenkung, als auch um die Turbulenz zu fördern und dadurch die Luft bestmöglich mit dem Brennstoff zu mischen. Aus demselben Grund darf der Querschnitt der Bodenöffnungen nicht zu groß sein; die Luft muß den Ölstrahl mit ausreichender Geschwindigkeit beaufschlagen.

Ein weiterer Teil der Verbrennungsluft, Sekundärluft im wahren Sinne, kann, falls nötig, durch die Türöffnung zugeführt werden, an die ein Luftkanal 21 angeschlossen ist. Er enthält eine Drosselklappe bis zum praktisch völligen Abschluß der Strömung. Im oberen Teil des Kanals befindet sich ein verschließbares Schauloch zur Beobachtung der Flamme.

Die ÖStB rüsteten im Herbst 1945 einige hundert Lokomotiven mit Öl-Zusatzfeuerung aus, zunächst zehn 1E (Reihe 42); später erfolgten auch Umbauten auf Ölhauptfeuerung, z. B. bei der Reihe 52, aber um die Mitte der fünfziger Jahre kehrte man aus Kostengründen zur Kohlenfeuerung zurück. Die Bahnen im Südwesten der USA wechselten in Abständen traditionell zwischen Kohlen- und Ölhauptfeuerung, je nach der längerfristigen Kostenlage. Rumänien

---

1 In Quelle (1), Niederstraßer 1954 samt Nachdruck, S. 380, heißt es irrtümlich, daß das Öl unterhalb des Dampfstrahls austritt; es würde dann größtenteils unzerstäubt auf den Boden der Brennkammer fließen!

ging naturgemäß schon frühzeitig zur Ölfeuerung über und die dort in Lizenz gebauten österreichischen 1D2 wurden vorwiegend damit betrieben. Ansonsten führten die an sich zufriedenstellenden Probeinstallationen der dreißiger Jahre auf einigen wenigen europäischen Bahnen, speziell in Frankreich, zu keiner dauernden Anwendung. Erst als in der ersten Hälfte der fünfziger Jahre wegen Engpässen in der Kohlenversorgung Westeuropas vielfach amerikanische Importkohle verfeuert werden mußte, deren hoher Gehalt an flüchtigen Bestandteilen bei mäßiger Feueranfachung zu erheblicher Rauchbelästigung führte, wurde die Ölfeuerung interessant und durch die Preisentwicklung nach 1957 bis gegen das Ende der europäischen Dampftraktion da und dort rentabel. Spanien, Frankreich, Bulgarien und in kleinerem Umfang die DB nahmen davon Notiz. Letztere rüstete insgesamt 109 Lokomotiven aus, alle bis zum Jahre 1962; es waren dies 34 Schnellzuglokomotiven der Baureihe 01.10 und die letzten beiden DB-Pazifik Baureihe 10, ferner 1E-Güterzuglokomotiven (Reihe 41 und 44), sowie eine einzelne 50.40 mit dem Rauchgas-Speisewasservorwärmer der Bauart Franco-Crosti (92).

Ölgefeuerte Lokomotiven erfordern meist eine stärkere Blasrohrwirkung als solche mit Kohlenfeuerung; oft muß der Blasrohrquerschnitt um mehr als 10 % verkleinert werden, was bereits einer Gegendrucksteigerung um ein Viertel entspricht. Da aber der theoretische Luftbedarf für die Verbrennung pro Wärmeeinheit um eine Kleinigkeit geringer ist als für hochwertige Lokomotivkohle (und erheblich kleiner als für mindere Sorten), kann man ohne Blasrohrverengung auskommen, wenn Öl und Luft so gut vermischt werden, daß mit gleichem Luftüberschuß wie bei guter Kohlenfeuerung gefahren werden kann. Wie weit dies gelingt, ist ein Kriterium für die Güte der Gesamtkonstruktion einschließlich Zerstäubung und Ölvorwärmung. Die von den ÖBB für die Reihe 52 ausgearbeitete Ölhauptfeuerung ergab erstklassige rauchfreie Verbrennung bei folgenden Konstruktionsmerkmalen: Länge und Breite der Brennmulde 1,8 x 1,2 m, Tiefe 0,45 m, Höhe der Ausmauerung hinten (flash wall) 0,6 m, Primärluftquerschnitt um den Brenner 0,04 m^2 gleich 8 % des Gasquerschnitts in den Kesselrohren von 0,5 m^2, Lufteinlaß im Muldenboden durch 66 radial etwa gegen die Kessel-Mittelachse gerichtete Siederohrstutzen von 49 mm Lichtdurchmesser und dazu drei in Längsmitte angeordnete Einlaßöffnungen von 125 mm Durchmesser, gebildet durch Rauchrohrstutzen, ca. 1,2 m vom Brenner entfernt, zum Verstärken der Umlenkwirkung des Luftstroms auf die Flamme; gesamter Luftquerschnitt im Muldenboden 0,16 m^2. Der Türluftkanal gab maximal

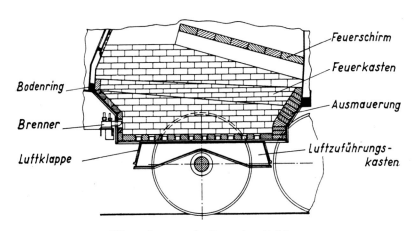

Ölhauptfeuerung der Deutschen Reichsbahn mit Brenner unter der Türwand, Feuerschirm und bis zu diesem hochgezogener Ausmauerung. (49)

0,11 m² frei, blieb aber meist fast völlig geschlossen. Auch der Primärlufteinlaß war im Normalbetrieb etwa zur Hälfte gedrosselt und wurde nur dann voll geöffnet, wenn der Kesseldruck aus irgendeinem Grund rasch gesteigert werden mußte, also erhöhte Ölzufuhr nötig war. Der Feuerschirm der Kohlenfeuerung von 1,2 m Länge wurde beibehalten, der Blasrohrquerschnitt von 135 cm² entsprach dem für eine 1:1-Mischung von polnischer Stein- und österreichischer Braunkohle üblichen.

Ebensogut arbeitete die in Bulgarien an den Kriegslokomotiven Reihe 52 (dort Reihe 15) und 42 (dort Reihe 16) verwendete Konstruktion mit einem nach russischem Muster in der Türwand angeordneten, also nach vorne gerichteten Brenner. Hier bewirkt die noch länger bemessene Feuerbrücke eine zweimalige Umkehr der Flamme, die zunächst über dem Muldenboden, dann umkehrend an ihr entlang und schließlich über sie hinwegstreicht. Der Hauptluftstrom durch den Boden der Brennmulde wird wieder fein verteilt durch Siederohre eingeführt, welche Methode offenbar vorteilhaft ist, wenngleich die meisten Bahnen nur eine oder zwei rechteckige Bodenöffnungen vorsehen. In allen Fällen sollen die Luftzufuhröffnungen mittels Klappen regelbar und zwecks Warmhaltens der abgestellten Lokomotive auch voll verschließbar sein. Die früher für Ölfeuerung typischen Schornsteindeckel sind trotz ihrer Einfachheit abzulehnen, da sie brennbaren Gasen den Abzug versperren.

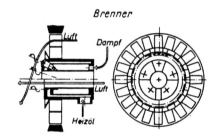

Ölbrenner der SNCF um 1950, gebaut von der Compagnie des Freins et Signaux Westinghouse, Paris. Maßstab 1:10. Die Leitschaufeln sind fix.

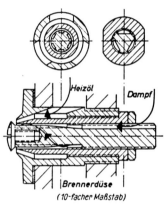

Eine der fünf Düsen dieses Brenners im Maßstab 1:1.
ETR, Heft 8/1955

Ein französischer Rundbrenner, von der SNCF entwickelt, erzielt dank einer auf eine lange Umfangslinie verteilten Zerstäubung besonders innige Mischung von Luft und Öl, erzeugt eine relativ kurze breite Flamme und kommt mit einem geringeren Luftüberschuß aus als der sonst vorherrschende Flachbrenner. Er wurde beispielsweise auch an den F1-Zahnradlokomotiven der Maschinenfabrik Esslingen für Argentinien verwendet und dort, unterhalb der Boxrohrwand nach hinten feuernd, mit starker Neigung nach oben eingebaut (20, S. 233). In Osteuropa gab es konventioneller ausgeführte Rundbrenner russischer Herkunft, die nach vorne unter die Brücke feuerten, mit ebenfalls ausgezeichneten Resultaten bei mäßigem Luftbedarf, wovon ich mich 1966 bei Probefahrten überzeugen konnte.

Das Anheizen ölgefeuerter Lokomotiven erfolgt meist in einfachster Weise mittels durch das Türloch (hier eine sinnvollere Bezeichnung als Feuerloch) geworfener ögetränkter und gezündeter Putzwolle; bei kaltem Kessel muß der Brenner Frischdampf erhalten. Für die Ölzerstäubung sind bei Vollast etwa 4 % der Dampfproduktion erforderlich, bei kleineren Leistungen sinkt der Verbrauch etwas weniger als die Leistung des Kessels, sodaß sich der prozentuelle Anteil in leichtem Dienst auf 6 %, ausnahmsweise noch etwas darüber, erhöhen kann.

Um auf einer wechselvollen Strecke Rauch zu vermeiden, muß der Heizer wesentlich aufmerksamer sein als bei Kohlenfeuerung. Während sich die Brenngeschwindigkeit von Kohle der von der Blasrohranlage zugeführten Luftmenge von selbst anpaßt, sodaß bei abnehmender Leistung sogleich weniger verbrennt und umgekehrt, muß der Heizer den Ölzulauf zum Brenner unverzüglich dem Dampfbedarf anpassen, der sich sofort in der proportional zugeführten Luftmenge äußert. Dies gelingt am besten durch Beobachten der aus dem Rauchfang strömenden Auspuffsäule und Handhabung des Ölzulaufschiebers in solcher Weise, daß der Auspuff stets jene Färbung hat, die erfahrungsgemäß dem Konstanthalten des Kesseldrucks entspricht. Das Blasrohr soll so abgestimmt sein, daß der Auspuff dann schwach getönt ist; bei Nacht ist elektrische Anleuchtung zweckmäßig, ja fast notwendig. Je nachdem, wie es dem Heizer gelingt, Rauch zu verhüten, müssen die Kesselrohre selten (erst nach Stunden) oder öfters von Ruß gereinigt werden, entweder mittels der Rußbläser, oder indem bei kurzzeitig weit ausgelegter Steuerung, d.h. großer Zylinderfüllung und Auspuffwirkung (und voller Regleröffnung), Sand durch das Türloch geworfen wird. Da der Rauchfang bei dieser Operation eine pechschwarze Wolke ausstößt, darf sie vor einem Reisezug nur bei mäßiger Fahrgeschwindigkeit ausgeführt werden, um den Ruß von den Wagen fernzuhalten.

Im Weltmaßstab erzielte die Ölfeuerung niemals große Verbreitung, weil die Rentabilität gegenüber Kohle nur relativ selten gegeben war. In den USA war ihr Anteil wohl am größten, betrug aber auch dort 1928 nur knapp 12 % und 1937 über 13 % des Lokomotivbestands. Die größte Bahngesellschaft mit einem ausschließlich ölgefeuerten Lokomotivpark, die 1948 durch Zusammenschluß der Eisenbahnen von Kenia, Uganda und Tanganjika gebildeten East African Railways (inzwischen wieder auseinandergefallen), hatte nach einem großen Aufbauprogramm unter britischer Führung am Ende der fünfziger Jahre 414 Dampflokomotiven. Auf der ganzen Welt dürften ölgefeuerte Lokomotiven, die ihre Höchstzahl vor dem Niedergang der amerikanischen Dampftraktion um 1950 erreichten, 6 % des gesamten Dampflokomotivbestands von etwa 230.000 ausgemacht haben, denn auch in der Sowjetunion blieb ihr Anteil gering.

Fünf der fünfzig E-Güterzugslokomotiven (entsprechend der preußischen Gattung G10) mit Ölfeuerung, welche Rheinmetall, Düsseldorf, 1921 für Rumänien baute (Fabriksnummern 225 bis 229); das Foto zeigt sie mit den Nummern 5501 bis 5505 (auf der Rauchkammer aufgemalt), später erhielten sie die Betriebsnummern 50-101 bis 105. *Sammlung Slezak*

Kohlenstaubfeuerung

Dieses an sich recht interessante Thema rechtfertigt hier eine bloß kurze Betrachtung, denn nach klaren technischen Erfolgen war der kommerzielle trotz ausgedehnter Bemühungen minimal.

Die Amerikaner waren vorausgegangen. John E. Muhlfeld (1873 bis ca. 1936), bekannt unter anderem durch die Einführung der Mallet-Gelenklokomotive in den USA, als er 1903 Maschinendirektor der Baltimore & Ohio Railroad geworden war, berichtete auf der Jahresversammlung der ASME im Dezember 1916, damals als selbständiger Ingenieurkonsulent, über die 1913 begonnenen Versuche mit Verfeuerung der verschiedensten Kohlenarten in Staubform auf fünf Lokomotiven von vier Bahnverwaltungen, voran die New York Central, denen interessanterweise die brasilianische Zentralbahn mit 12 Maschinen gefolgt war. Als aber Muhlfeld im September 1929 im Rahmen der National Coal Association neuerlich über diese Entwicklungen sprach, an denen er selbst beteiligt war, konnte er bloß zwei weitere Anwendungen, beide in den USA, von 1916 und 1925 hinzufügen, wobei letztere, auf einer schweren (1D)D der Kansas City Southern Railroad, Einrichtungen für die separate oder gleichzeitige Verfeuerung von Staubkohle und Öl aufwies. Tatsächlich sind die verbrennungstechnischen Einrichtungen für die beiden Feuerungsarten einander sehr ähnlich, wie wir aus den nachstehenden Abbildungen im Vergleich mit denen im vorigen Kapitel ersehen können.

Während der durch Kohlenknappheit bedingte Betrieb von 17 Lokomotiven mit Torfpulverfeuerung auf der etwas über 100 km langen Strecke Falköping—Nassiö in Mittelschweden von 1917 bis 1920 in obigem Vortrag keine Erwähnung fand, wohl weil er mangels Rentabilität eingestellt wurde, ging Muhlfeld, der Beziehungen zu R. P. Wagner unterhielt, auf die Arbeiten in Deutschland ein, wo 1923 die systematische Entwicklung der Staubfeuerung begonnen hatte. Zu diesem Zweck wurde damals die Studiengesellschaft für Kohlenstaubfeuerung auf Lokomotiven gegründet, kurz STUG genannt, in der unter Führung von Henschel fünf Lokomotivfabriken zusammenarbeiteten; die großen Braun- und Steinkohlensyndikate waren fördernde Mitglieder. Die Reichsbahn unterstützte die Forschung zunächst durch Beistellung von Kesseln für stationäre Versuche und später durch Umbauaufträge; dies bezog sich auch auf die AEG, die sich in eigener Regie mit der Sache befaßte und 1921 auch den Dampflokomotivbau aufgenommen hatte, den sie allerdings im Krisenjahr 1931 an Borsig abgab.

Die STUG übertrug die Leitung der Arbeiten im September 1923 F. Hinz, dem späteren langjährigen technischen Direktor bei Henschel & Sohn. Dieser trat mit tiefschürfenden theoretischen und praktischen Untersuchungen über die Staubverbrennung hervor, die ihm 1927 das Doktordiplom der Technischen Hochschule Darmstadt eintrugen und als Broschüre von 78 Seiten erschienen (93). Über diese Versuche und ihre durchaus positiven Resultate berichtete R. Roosen, der 1928 die Leitung übernahm, als Hinz in die Henschel-Hauptverwaltung berufen wurde (94). An den Entwicklungen bei der AEG für die Lokomotiv-Staubfeuerung hatte Kurt Pierson, heute rühriges Ehrenmitglied des neuen Museums für Verkehr und Technik in Berlin, maßgebenden Anteil, wie aus seinen Veröffentlichungen (95 und 96) hervorgeht. Zum Unterschied von der STUG hatte dieses Unternehmen Erfahrungen im Bau stationärer Staubfeuerungen, die allerdings wegen deren räumlicher Unbeschränktheit weitaus leichter zu verwirklichen waren.

Zum Unterschied von den amerikanischen Ausführungen, bei denen die Vermahlung der Kohle zu Brennstaub am Tender erfolgte, trugen die deutschen nur einen Staubbunker. Die Abbildung zeigt die STUG-Feuerung in ihrer früheren Form von 1928 für die 1E-Lokomotiven 58 1353 und 1677 der Gattung G12. Die Dosierung des Kohlenstaubs für jeden der beiden nebeneinanderliegenden Brenner besorgte je eine Transportschnecke am entsprechend

Abb.
S. 136

135

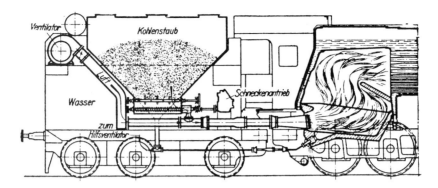

Anordnung der Kohlenstaubfeuerung nach dem System der 1923 gegründeten deutschen Studiengesellschaft für Kohlenstaubfeuerung auf Lokomotiven, Bauart STUG von 1928. *(93)*

geformten Trichterboden des Staubbunkers, welche die zugehörige Luftleitung belieferte. In diese blies ein dampfbetriebener Turboventilator die gesamte Verbrennungsluftmenge ein; starke Wirbelbildung sorgte für gute Durchmischung. Die düsenförmig erweiterten Brenner mündeten in eine brausenartig durchlöcherte Platte; daher die Bezeichnung Brausenbrenner.

Die AEG-Variante der Kohlenstaubfeuerung von 1927 für die 1D-Lokomotive 56 2906 der Gattung G8.2 und eine Schwestermaschine war in bezug auf Tenderausrüstung grundsätzlich gleich; der Ventilator befand sich zwar am Vorderende des Staubbunkers, wurde jedoch bei den Nachbestellungen von 1929 der Geräuschbelästigung des Personals wegen nach hinten verlegt. Die Brenner aber lagen seitlich unter dem Bodenring, waren als langgestreckte Körper mit jalousieartigen, wassergekühlten Leitschaufeln und dazwischenliegenden Schlitzdüsen aus-

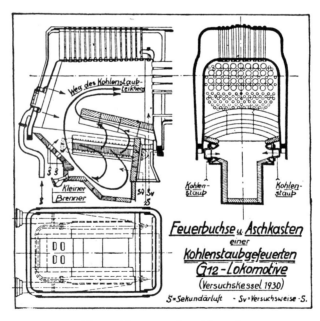

Kohlenstaubfeuerung der Allgemeinen Elektrizitäts-Gesellschaft, Berlin, Bauart AEG von 1930. *(94)*

gebildet und erhielten bloß einen, wenn auch wesentlichen, Teil der Verbrennungsluft, während der Rest als Sekundärluft durch je einen Kanal entlang der Krebswand und hinter der Türwand angesaugt wurde, sodaß sie im Sinne der dünnen Pfeile in den Verbrennungsraum eintrat. Die Flammen entwickelten sich entsprechend den dicken Pfeilen. Das Sekundärluftprinzip erwies sich als besser; es wurde bei den Nachlieferungen von 1930 auch von der STUG übernommen und die Primärluftmenge von 100 auf 40 % reduziert. Über die Versuchsergebnisse berichtete Nordmann (97). Aber trotz guter Verbrennung und leicht gesteigertem Kesselwirkungsgrad ergab sich doch eine so bescheidene Wärmeersparnis zwischen 5 und 9 %, daß von einer Amortisation des Gesamtaufwands keine Rede sein konnte. So blieb es bei insgesamt zehn Kohlenstaublokomotiven, nachdem die elfte, die verkehrt, das heißt mit Box und Führerstand voraus fahrende Hochgeschwindigkeits-Schnellzuglokomotive 05 003 von 1937 mit AEG-Feuerung infolge der langen und komplizierten Staubleitungen Schwierigkeiten ergeben hatte und 1944/45 auf Rostfeuerung umgebaut werden mußte, natürlich unter Umdrehung der Fahrtrichtung in die normale.

Es war klar geworden, daß an Kohlenstaubfeuerung nur in Notsituationen gedacht werden konnte, wenn mit sehr geringwertiger Braunkohle hohe Dauerleistungen erreicht werden mußten, denen *ein* Heizer nicht gewachsen war, und Stokerfeuerung aus irgendwelchen Gründen nicht in Betracht kam. Nach dem Krieg sah man bei der ostdeutschen Reichsbahn Veranlassung zu einem neuen Anlauf zwecks Verwendung mitteldeutscher Braunkohlen. H. Wendler vereinfachte die STUG-Feuerung grundlegend, indem er die Förderung der Verbrennungsluft und des Kohlenstaubs mittels der Saugwirkung der Blasrohranlage zustandebrachte, sodaß die schon wegen der fehlenden natürlichen Automatik unangenehme Ventilatoranlage sowie die Förderschnecken wegfielen. Der Heizer hatte nur mehr die Zuteilung des Brennstaubs zu regeln, analog einer Ölfeuerung (98).

Die Staubfeuerung hatte damit ihre technisch einfachste Form und 1949 Serienreife erreicht. Wendlers ideale Lösung zeugt wieder davon, daß — wie in der Geschichte des Stokers — der einfache und logische Gedanke und seine Verwirklichung oft erst am Ende einer komplizierten Entwicklung stehen.

Es ging bei der DR mit Wendlers Staubfeuerung zunächst rasch aufwärts, zumal als Brennstaub der bei der Briketterzeugung entstehende Abrieb für mäßige Lokomotivzahlen billig zur Verfügung stand. Bis 1952 wurden 80 Lokomotiven ausgerüstet. Dann verlangsamte sich das Tempo so stark, daß erst 1966 der Höchststand von 93 Stück erzielt wurde, bloß drei Prozent des Dampflokomotivbestands (99). Es hatten sich bereits um die Mitte der fünfziger Jahre gewichtige Gegenstimmen angesichts der großen Nebeninvestitionen für die Staubversorgung erhoben (100); zudem bildeten sich bei mäßigem Aschenschmelzpunkt und höheren Leistungen die gefürchteten Schwalbennester an den Feuerboxenden der Kesselrohre bis zum Zuwachsen der Heizrohrlöcher, was die verwendbaren Kohlensorten einschränkte. Dazu kam ein höherer Reparaturstand sowie eine erhebliche Belästigung der Fahrgäste in Reisezügen durch den feinen Aschenauswurf. So konnte sich die Staubfeuerung auch in jenem Land nicht wirklich durchsetzen, wo die beste Technik gefunden worden war und die Verhältnisse sie während zwei Jahrzehnte begünstigt hatten.

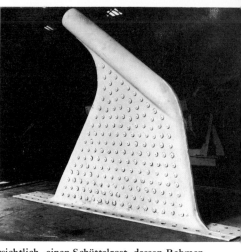

Links oben: Aschkasten der Klasse 9F der BR. Sie hatte, wie ersichtlich, einen Schüttelrost, dessen Rahmen vom Bodenring des Hinterkessels umgeben war, sodaß die Roststäbe relativ hoch lagen. In der Ausnehmung für die letzte Kuppelachse sieht man ein halbzylindrisches Distanzblech, um die Achse nicht zu sehr anzuwärmen. Die Lüftungsklappen vorn und hinten sind mäßig dimensioniert, die verschiebbaren Bodenklappen noch nicht angebaut. — *Rechts oben:* Amerikanische Feuerbüchs-Wasserkammer (Nicholson Thermic Syphon) für die von Maschinendirektor O.V.S. Bulleid (1882—1970) der englischen Southern Railway konzipierten 2C1h3-Klasse 35 von 1941 und die um 15 % leichtere Klasse 34 von 1945. Sie wurde sonst in Großbritannien nicht verwendet. *Fotos BR und Southern Railway* — *Links unten:* Giesl-Ejektor vom März 1959 für die Klasse 9F der BR. Entsprechend der britischen Umgrenzungslinie ist er der niedrigste aller für Hauptbahnlokomotiven gelieferten Ejektoren. Eine völlig gleiche Type, jedoch mit noch niedrigerem Standrohr über dem Innenzylinder der Drillingsmaschine, erhielt 1962 die 2C1h3 Nr. 34064 FIGHTER COMMAND der nunmehrigen BR Southern Region, und ein Duplikat, derzeit in England im Bau, soll noch 1985 die der 34092 Preservation Society gehörige Lokomotive CITY OF WELLS erhalten, die unter anderen die Strecke Leeds—York—Scarborough an der Nordsee befahren soll. — *Rechts unten:* Der nach österreichischer Gepflogenheit stets parallel zur Fahrtrichtung zu bewegende und zwecks Feinfühligkeit mit reichlichem Hub versehene Regler-Handhebel der 1D2-Lokomotiven von 1928/29. *Fotos Schoeller-Bleckmann und Glass*

Blasrohranlage

Die Dampfleistung des Kessels hängt, außer von den maßgebenden Abmessungen vor allem des Rosts und der Heizflächen, von der Blasrohrwirkung ab. Der bestbemessene Kessel kann eine völlig unbefriedigende Dampfmenge liefern, wenn die Menge der Verbrennungsluft nicht richtig dosiert ist. Obendrein ist die Abstimmung zwischen der Luft- und der zu erzeugenden Dampfmenge eine sehr empfindliche Sache, von der die Güte der Verbrennung bestimmt wird. Daher gab es immer wieder mehr oder weniger authentische Berichte über große Leistungssteigerungen durch Verbessern der Blasrohranlage.

Ihre unerläßlichen Hauptteile sind das Blasrohr, durch dessen Mündung der Auspuffdampf der Maschine strömt, und der Rauchfang. Das Blasrohr ist in der Regel nur ein kurzer Stutzen, Blasrohrkopf oder Blaskopf genannt, und sitzt auf einem Dampfzuführungsrohr, dessen innerhalb der Rauchkammer liegender Teil als Standrohr bezeichnet wird, wenn er am Rauchkammerboden stehend befestigt ist, hingegen sinngemäß als Ausström-Zweigrohr, wenn die von den Zylindern kommenden Auspuffrohre erst in der Rauchkammer zusammengeführt werden. Der englische Ausdruck *front end* umfaßt genau genommen die Rauchkammer mit ihren Einrichtungen, wird jedoch meist auf die Blasrohranlage an sich bezogen, eventuell unter Einschluß eines Funkenfängers; fachunkundige Übersetzer sprechen dann vom 'Vorderende' der Lokomotive, ja, sogar von ihrer *Vorderseite*[1], und stiften damit Verwirrung.

Die Entdeckung der Blasrohranlage wird R. Trevithick (1773–1833) zugeschrieben, der auf seiner ersten Lokomotive INVICTA von 1904 den Auspuff in den Rauchfang leitete. Dies geschah zwar nicht in der Absicht, die Verbrennung zu fördern, doch hielt er schriftlich fest, daß die Feueranfachung verstärkt wurde; die günstige Wirkung der Kombination Blasrohr/Rauchfang war also erkannt. E. L. Ahrons (16, S. 6–8) geht mit der ihn auszeichnenden Genauigkeit auf die Schicksale der Blasrohranlage in der Anfangszeit des Lokomotivbaus ein. Offenkundig wurde sie wiederholt vergessen und zufällig wiederentdeckt, bis T. Hackworth (1786–1850) als Maschinenmeister der Stockton & Darlington Railway in seine C-Lokomotive ROYAL GEORGE von 1827 erstmalig mit Bedacht ein konisch verjüngtes Blasrohr in der Rauchfangachse anordnete, ein Charakteristikum jeder richtig gestalteten Blasrohranlage, womit man auch die erforderliche Mündungsgeschwindigkeit und lebendige Kraft des Dampfstrahls erreichen und doch Auspuffrohre von reichlichem Querschnitt mit geringem Strömungswiderstand vorsehen konnte. Daß man zu jener Zeit das Blasrohr auch ohne besondere Unannehmlichkeiten vergessen konnte, war auf den geringen Strömungswiderstand der kurzen Flammrohrkessel zurückzuführen, für die bei geringen Leistungsanforderungen und besonders bei Koksfeuerung der natürliche Zug in den damals üblichen hohen Rauchfängen zur Not ausreichte.

Stephensonsche Heizrohrkessel konnten ohne den künstlichen Zug der Blasrohranlage von allem Anfang an nicht betrieben werden. Die Streckenlokomotiven der neunziger Jahre aber brauchten für ihre betrieblichen Höchstleistungen mit mittelguter Kohle bereits ein Rauchkammervakuum (Luftverdünnung gegen die Außenluft) von 120 bis 150 mm Wassersäule, manchmal sogar darüber. Dieses Vakuum entspricht dem gesamten Strömungswiderstand im Kessel vom Eintritt der Luft in den Aschkasten bis nach dem Passieren des Funkenfängers in der Rauchkammer, wovon meist fast 2/3 auf den Widerstand der Kesselrohre entfielen. Bei den Parforcefahrten von Chapelon stieg das Rauchkammervakuum bis auf 350 mm WS. Noch höhere Werte bis 500 mm WS waren im neueren amerikanischen Dampfbetrieb an der Tagesordnung.

Um die Mitte des 19. Jahrhunderts zollte ein hervorragender Lokomotivfachmann, der Schotte D. K. Clark (1822–1896), den Proportionen der Blasrohranlage und ihrem Verhältnis

---

1 O. S. Nock: *Europas Große Bahnlinien*, Seite 185, letzter Absatz; Verlag Orell Füssli, Zürich, 1964.

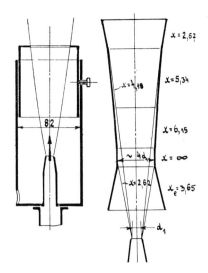

Die von A. Prüsmann 1863 ermittelten Proportionen einer Lokomotiv-Blasrohranlage, abgeleitet aus seinen Modellversuchen mit kalter Luft; die Zeichnung entstammt Prüsmanns Patentschrift von 1865. Die Zahlenwerte x bedeuten das Verhältnis der Längendifferenz zur Durchmesserdifferenz der diversen kegelförmigen Rauchfangabschnitte sowie der ideellen Kegel zwischen der Blasrohrmündung und der engsten Stelle bzw. dem obersten Teil des Rauchfangs. Die Prüsmannschen Proportionen eignen sich jedoch nicht für hohe Strömungsgeschwindigkeiten, wie sie auch für nur mäßige Lokomotivleistungen nötig sind. Die Praxis führte zu wesentlich schlankeren Formen. Den grundsätzlich richtigen Schritt aber hatte Prüsmann getan.

zur Kesselgröße bereits gebührende Beachtung und brachte den Rauchfangquerschnitt in Relation zur Rostfläche. Damals waren ausschließlich zylindrische Rauchfänge bekannt, die bloß an ihrem unteren Ende in der Regel eine glockenförmige Erweiterung für störungsfreien Eintritt der Rauchgase aufwiesen. Erst A. Prüsmann (1823–1869) erfand 1863 als Obermaschinenmeister der Hannoveranischen Staatsbahnen den in seinem Hauptteil gegen die Mündung hin divergierenden Rauchfang (101) und ließ sich die aus Modellversuchen gefundene Form patentieren. Wenige Jahre nach ihrem Bekanntwerden veröffentlichte der Altmeister der Thermodynamik, G. Zeuner, eine wissenschaftliche Abhandlung (102), welche die vorteilhafte Wirkung des konisch-divergierenden Rauchfangs nachwies. Dies hinderte L. Troske (1856–1934) der Preußischen Staatsbahnen jedoch nicht, auf Grund von 1894 in Berlin-Tempelhof durchgeführten äußerst umfangreichen Modellversuchen durch Ansaugen von Luft seine Behauptung scheinbar zu rechtfertigen, daß ein konisch-divergierender Rauchfang stets durch einen äquivalenten zylindrischen ersetzt werden könne (103). Nach einem einzigartigen Aufwand von 30.000 Ablesungen, die zu fast 200 Diagrammen verarbeitet wurden, schrieb Troske: *Die Legende von der Überlegenheit konischer Essen ist durch Prüsmann veranlaßt.* Er schrieb dies zu einer Zeit, da die konische Form längst auf der ganzen Welt in Verwendung stand und in Mitteleuropa durch die Bezeichnung Prüsmannrauchfang charakterisiert wurde. Auf die Studie von Professer Zeuner ging Troske nicht ein; 1896 wurde er auf den Lehrstuhl für Eisenbahnmaschinenwesen an der Technischen Hochschule Hannover berufen, doch war der Lokomotivbau damals eine rein empirische Sache.

In meiner Dissertation von 1929 über die Blasrohranlage habe ich nachgewiesen, daß Troskes Versuche abwegig waren und sein Fehlurteil durch den Vergleich von Rauchfängen allzugroßen Durchmessers zustandekam. Nach den Grundsätzen der Strömungslehre soll der Rauchfang in seinem unteren Teil, wo sich der Auspuffdampf mit den Rauchgasen mischt, relativ eng sein, weil damit eine hohe Gasgeschwindigkeit erzwungen wird, die den Stoßverlust beim Zusammentreffen der Gase mit dem verhältnismäßig extrem rasch aus dem Blasrohr strömenden Dampf verringert; dies setzt natürlich voraus, daß der Rauchfang, wie in Prüsmanns Zeichnung, ziemlich nahe der Blasrohrmündung beginnt. Hat nun der Rauchfang von der Mischzone bis zur Mündung zylindrische Form, dann ist die Austrittsgeschwindigkeit des Gas/Dampfgemisches aus der Rauchfangmündung hoch, und daher auch die darin enthaltene und verlorengehende Strömungsenergie; ein in seinem oberen Teil erweiterter, also ein konisch-divergierender Rauchfang, ergibt hingegen eine kleinere Verlustenergie, und da diese der vierten Potenz des Durchmessers proportional ist, beträgt sie bei 20 % Durchmesservergrößerung bereits nur mehr die Hälfte.

Dazu ist nötig, daß die Strömung die Rauchfangmündung voll ausfüllt. Nun sind alle Strahlapparate äußerst empfindlich gegen Änderungen in ihren Proportionen. Berechnen kann man nur die erwünschten Strömungsquerschnitte, nicht aber die Ausbreitung des Dampfstrahls, also dessen Kegelwinkel, und da dieser von der Rauchfangwand umsomehr eingeschnürt wird, je enger der Rauchfang in der Mischzone von Gas und Dampf ist, ändert sich damit auch die zulässige kegelige Erweiterung. Dazu kommt der ebenfalls nur experimentell feststellbare und durchaus nicht einheitliche Erweiterungswinkel der Rauchfangwände gegen die Mündung zu, der maximal zulässig ist, ohne daß sich die Strömung von der Wand ablöst, was die Pumpwirkung der Blasrohranlage stark beeinträchtigen würde. Dieser nach oben erweiterte Teil des Rauchfangs heißt in der Strömungstechnik der Diffusor, sein Erweiterungswinkel, der bei verfeinerten Formen gegen die Mündung hin zunimmt, der Diffusorwinkel, doch sind diese Ausdrücke im Lokomotivbau nicht gebräuchlich gewesen, wie überhaupt nur wenige Lokomotivkonstrukteure strömungstechnisch ausreichend gebildet waren, um all diese Zusammenhänge zu durchschauen, geschweige denn einer wissenschaftlichen Darstellung folgen zu können. Bei den Troskeschen Versuchen z. B. waren die Zylinderrauchfänge an ihren Mündungen ziemlich gut von der Strömung ausgefüllt, die konischen aber nicht.

So hat der Kegelrauchfang bald nach Prüsmanns Entdeckung zwar weite, aber keineswegs ausschließliche Verbreitung gefunden, zumal die in seinem Patent niedergelegten Proportionen für die Erfordernisse der Praxis erst in Richtung auf schlankere Rauchfänge geändert werden mußten, was nicht jeder richtig zustandebrachte. Noch 1930 fragte mich J. E. Muhlfeld, damals Konsulent der Delaware & Hudson Railroad in New York, als er den Auftrag hatte, die Zweckmäßigkeit eines Versuchs mit dem von mir vorgeschlagenen Flächejektor zu beurteilen, ob ich einen konisch-divergierenden Rauchfang oder einen zylindrischen für besser halte (!). Meine Antwort: *Der konische ist besser, wenn man weiß, wie man ihn zu bemessen hat; weiß man dies nicht, dann wähle man einen zylindrischen — bei dem kann man weniger Fehler machen.* So haben beispielsweise sämtliche Lokomotiven des Neubauprogramms der nach der Unabhängigkeitserklärung Indiens 1948 entstandenen Staatsbahnen Zylinderrauchfänge erhalten.

Unter solchen Umständen ist es nicht verwunderlich, daß um 1927, als ich mich nach vierjährigen Vorstudien an meine Dissertation heranmachte, die Blasrohranlagen auf verschiedenen prominenten Bahnen der Welt das auszugsweise hier gezeigte, reichlich bunte Bild ergaben. Wohl fand man in Europa fast nur mehr konisch-divergierende Rauchfänge, aber bezüglich ihrer Weite und Länge sowie der Relativlage der Blasrohrmündung herrschte völlige Uneinigkeit, die, sofern nicht da und dort auf neue Sonderbauarten übergegangen wurde, bis zum Ende des Dampflokomotivbaus bestehen blieb. Nur die ganz kurzen Rauchfänge wie der auf der spanischen Nordbahn und über der Kesselmitte großer Lokomotiven liegende Blasrohrköpfe sind bald verschwunden.

Im vorliegenden Rahmen kann ich auf dieses komplizierte Gebiet bloß Streiflichter werfen. Die vorzüglich gelungene Anlage der alten österreichischen Südbahn-Schnellzugtype 17c hat den besten Pumpwirkungsgrad von allen; bei den höchsten Betriebsanstrengungen, mit denen stets ein Absinken des Wirkungsgrads verbunden ist, werden noch 12 % der kinetischen Energie des Auspuffdampfs in der Blasrohrmündung, kurz Blasrohrenergie genannt, in Pumparbeit zum Hinausschaffen der Rauchgase aus der Rauchkammer gegen den Atmosphärendruck umgesetzt. Dem Wesen der Blasrohranlage entsprechend, muß aber gleichzeitig der Dampf hinausgeschafft werden; damit kommt man auf die 1,5fache Pumparbeit, also auf einen Wirkungsgrad von 18 %. Bei den hoch über dem Blaskopf liegenden deutschen Rauchfängen ist der Wirkungsgrad rund halb so groß, die kurzen und engen erreichen bloß ein Drittel.

Die Südbahnmaschine mit ihrem tiefliegenden Kessel konnte einen relativ zu ihrer Größe besonders langen Rauchfang erhalten und die Gesamtanlage kommt der Prüsmannschen Form

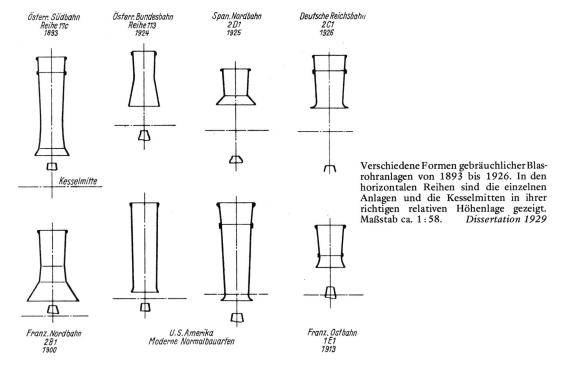

Österr. Südbahn
Reihe 11c
1893

Österr. Bundesbahn
Reihe 113
1924

Span. Nordbahn
2 D 1
1925

Deutsche Reichsbahn
2 C 1
1926

Kesselmitte

Verschiedene Formen gebräuchlicher Blasrohranlagen von 1893 bis 1926. In den
horizontalen Reihen sind die einzelnen
Anlagen und die Kesselmitten in ihrer
richtigen relativen Höhenlage gezeigt.
Maßstab ca. 1 : 58.   *Dissertation 1929*

Franz. Nordbahn
2 B 1
1900

U. S. Amerika
Moderne Normalbauarten

Franz. Ostbahn
1 E 1
1913

so nahe, wie dies angesichts der geschilderten Notwendigkeit schlankerer Formgebung möglich war. Eine Maschine dieser Type, Betriebs-Nr. 372 im Besitz der Graz−Köflacher Bahn, ist im Originalzustand im Lokomotivmuseum Strasshof erhalten und absolvierte noch bis März 1985 Sonderfahrten (104, mit ausführlichen Versuchsergebnissen).

Die Bauweise der Deutschen Reichsbahn, an der bis zum Ende des Dampflokomotivbaus grundsätzlich festgehalten wurde, gestattet die weiteste Rauchfangmündung, denn der Dampfstrahl kann sich wegen der tiefen Lage des Blaskopfs und seines großen Abstands vom Rauchfang stark ausbreiten. Dem kleinen Austrittsverlust an der Rauchfangmündung steht hier ein großer Stoßverlust gegenüber, weil der Blasrohrdampf auf die sehr langsam strömende Gasmenge in der Rauchkammer stößt. Die Rechnung ergibt, daß dann 67 bis 70 % der Blasrohrenergie durch diesen Stoß verlorengehen. Die Berechnung des Stoßverlusts war der wichtigste Teil meiner Dissertation.

Die amerikanische Formgebung liefert ungefähr den gleichen Gesamtwirkungsgrad wie die deutsche, doch ist bei ihr der Stoßverlust viel kleiner, etwa 33 bis 40 % der Blasrohrenergie, der Austrittverlust aber entsprechend größer. Man kann jedoch mit der amerikansichen Anordnung ein weitaus größeres Rauchkammervakuum erzielen als mit der deutschen, was bei den dortigen hohen Kesselanstrengungen und den ebenfalls hohen spezifischen Strömungswiderständen in den großen Kesseln notwendig war. Die weit größeren Austrittsgeschwindigkeiten aus den amerikanischen Rauchfängen sind übrigens betrieblich angenehm, die Auspuffsäule wurde besser hochgeworfen, sodaß Windleitbleche nur ausnahmsweise als nötig befunden wurden.

Hemmend für den Fortschritt in der Ausbildung von Blasrohranlagen, aber sehr willkommen angesichts des weltweiten Mangels an tieferem Wissen war der Umstand, daß man mit einer ziemlich primitiven 'Ofenröhre' sehr gut, obgleich nicht sehr wirtschaftlich, Dampf machen konnte, wenn sie nicht zu weit und zu kurz war, sondern ihre Abmessungen in einem halbwegs vernünftigen Verhältnis zu denen bereits bewährter Ausführungen gewählt wurden. Dann passierte es allerdings öfters, daß die Blasrohrmündung (oft sagt man einfach 'das Blasrohr')

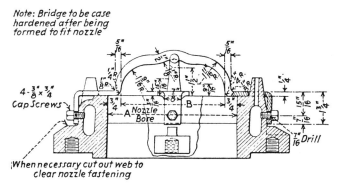

Note: Bridge to be case hardened after being formed to fit nozzle

4-3/8" × 3/4" Cap Screws

When necessary cut out web to clear nozzle fastening

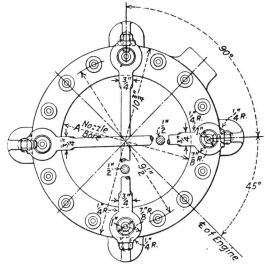

Die Endform des normalen amerikanischen Blasrohrkopfs mit Korbkreuzsteg zur Spreizung des Auspuffstrahls. Der umlaufende Dampfkanal zur Versorgung der Hilfsbläserbohrungen ist nach englischer Praxis im Gußstück ausgebildet. (43)

gegenüber der geplanten verengt werden mußte und dann der Rauchfang nicht mehr gut ausgefüllt war. Das naheliegende und schon in alter Zeit verwendete Mittel, über den Blaskopf einen sogenannten Steg zu legen, der gleichzeitig die erforderliche Querschnittsverengung und Strahlspreizung bewirkte, blieb bis zum Ende des Dampfbetriebs erhalten, in verbesserter Form als Kreuzsteg. In den USA wurde um 1930 als gezieltes Mittel zur Strahlspreizung und zum Erreichen etwas größerer Rauchfangweiten die (anderswo aber trotz ihrer Bewährung kaum verwendete) *basket bridge* populär. Man könnte sie im Deutschen als Korbkreuzsteg bezeichnen. Die starke Wölbung nach oben bewirkte einen sehr geringen Zusatzwiderstand bei erwünschter Strahlturbulenz. Die Auflageflächen am Blaskopf sind nach innen verlängert, um am Umfang eine stärkere Spreizung zu erzielen; dies erinnert an die ebenfalls amerikanischen, nach innen vorspringenden Einsatzstücke im Blaskopf von 1914, nach ihrem Erfinder, einem Mitarbeiter der Pennsylvania Railroad am Lokomotivprüfstand von Altoona, Goodfellow projections genannt, von denen vier Stück am Mündungsumfang gleichmäßig verteilt und auswechselbar befestigt waren. Die Goodfellow-Einsätze hatten jedoch nach unten gerichtete Keilflächen zur möglichst widerstandslosen Dampfspreizung; sie wurden von britischen Kolonialbahnen viel verwendet und auch Chapelon benützte sie, zumal sie dank leichter Auswechselbarkeit eine ziemlich bequeme Abstimmung der Feueranfachung ermöglichten.

Die alte, aber immer wieder zu findende Vorstellung, daß der Dampfstrahl die umgebenden Gase durch eine Art Oberflächenreibung mitnimmt und daher eine große freie Oberfläche die Hauptsache sei, wurde bereits 1864 von Nozo und Geoffroy in Frankreich widerlegt: sie ersetzten einen zylindrischen Rauchfang mit kreisrundem Blaskopf durch eine große Zahl geometrisch ähnlicher Rauchfänge und Blasköpfe mit gleichem Gesamtquerschnitt und stellten fest, daß die Saugwirkung trotz gewaltiger Oberflächenvergrößerung annähernd gleich war (105). Dies wurde nur wenigen bekannt, und so manche wollten es auch nicht recht glauben, weil sie sich den molekularen Mischvorgang mangels physikalischer Kenntnisse nicht vorstellen konnten. Daher spielte in den sage und schreibe rund 800 Patenten über Blasrohranlagen und Funkenfänger, die ich 1931 im amerikanischen Patentamt vorfand, das Streben nach der Schaffung von Blasrohrstrahlen mit möglichst großer Oberfläche eine besondere Rolle.

In bescheidenem Maße war damit schon etwas zu gewinnen, denn die erforderliche gute Durchmischung wird in geringerer Höhe über dem Blaskopf erreicht, wenn die austretenden Dampfstrahlen geringere Dicke haben. Daß die Gesamthöhe der Blasrohranlage mit wachsender Kesselgröße aus Profilgründen sogar absolut, noch viel mehr aber relativ kleiner werden muß, verlangt Maßnahmen zum Verringern der für die Mischung erforderlichen Höhe; sie alle verursachen aber zusätzliche Strömungswiderstände im Blasrohr und/oder Blaskopf, und man muß in der Strömungslehre sehr bewandert sein, um nicht mehr zu verlieren, als man gewinnt. Daher entstand im Laufe der Jahrzehnte eine Unzahl von absurden Formen und schon 1923 schrieb Angus Sinclair, ein gewiegter Kenner des Lokomotivbaus, in der von ihm in New York herausgegebenen Zeitschrift *Railway and Locomotive Engineering,* die Blasrohranlagen stellten eher eine Kuriositätenschau dar als eine Dokumentation konstruktiver Fähigkeiten. Fünfzehn Jahre später erklärte J. Partington, Technischer Direktor der ALCO, in einem Vortrag (106) in seiner launigen Art, die Epidemie der Blasrohrformen habe nur wenige herausgebracht, die sich noch bewährten, wenn sie von ihrem Geburtsort verpflanzt wurden. Damit spielte er auf zweierlei menschliche Schwächen an: das Bestreben, eigene Ideen irgendwie nützlich erscheinen zu lassen, die anderer aber beiseite zu schieben.

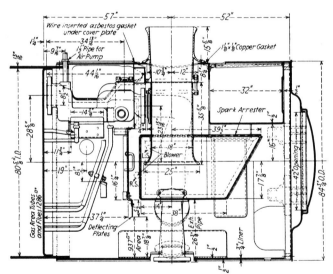

Amerikanische Normalblasrohranlage in der verfeinerten Ausführung der New York Central Railroad für ihre 2C2-Klasse J-3 von 1937 mit nach zahlreichen Strecken- und Standversuchen auf das Optimum gebrachten Proportionen und relativ kleiner Höhe des Rauchfangeintritts über dem Blasrohr.   (43)

Trotzdem zeitigte die amerikanische Erfindungs- und Experimentierfreudigkeit den beachtlichen Erfolg, unbeschwert von wissenschaftlicher Erkenntnis, die mit einem Blasrohrkopf nach obenstehender Zeichnung ausgestattete Anlage der New York Central so vorteilhaft zu gestalten, daß sie bezüglich Luftförderungskapazität, also Dampferzeugung, allen vernünftigen Ansprüchen genügte, obwohl der Strömungswiderstand im Kessel sehr hoch war. Sie gestattete, was ich dank Teilnahme an Versuchsfahrten bezeugen kann, schon bei der 2C2 von 1927/30 eine wirtschaftliche Kesselleistung von 30 t Dampf pro Stunde mit nicht ausgesuchter Kohle von 7000 Kalorien, und als Maximum konnten 35 t/h eingehalten werden, allerdings mit erheblichem Rauch und Löscheauswurf. Der einfache Kessel ohne Verbrennungskammer mit 7,6 m² Rost- und 390 m² feuerberührter Verdampfungsheizfläche hatte wegen des Kleinrohrüberhitzers und 6215 mm Rohrwandabstand ein Verhältnis der Wandreibungsfläche zum Strömungsquerschnitt in den Kesselrohren von 622, genau um 50 % mehr als bei der deutschen 1E-Type Baureihe 50, und arbeitete nach obigem mit einer Heizflächenbelastung von 77 bzw. 90 kg/m²h, wogegen die DRB bekanntlich die 'Kesselgrenze' mit nur 57 kg/m²h ansetzte (bei einem Rauchkammervakuum von knapp über 100 mm WS) und die DB erst bei den Hochleistungskesseln der Bauart 1950 auf 75 kg/m²h ging. Das Rauchkammervakuum betrug 400 bzw. 550 mm WS, mit DRB-Anlagen nach Wagner nicht im entferntesten erreichbar, mit denen der DB nach Witte ebenfalls nicht; hier aber auch nicht erforderlich. Natürlich wütete dann der Auspuff wie Kanonendonner, denn die Mündungsweite des Rauchfangs war mit 505 mm kleiner als bei Baureihe 50 (samt Rauchfangaufsatz 590 mm nach Wagner, 520 mm nach Wittes Umbau in den fünfziger Jahren). Der effektive Blasrohrquerschnitt war mit 211 cm² relativ günstig, nämlich 1/42 des Kesselrohrquerschnitts, gegen 1/31 für Wagners schwache Anfachung und 1/38 für die Neubemessung der deutschen Blasrohranlagen durch Witte. In Verbindung mit dem hohen spezifischen und insbesondere absoluten Kesselrohrwiderstand und dem zusätzlichen der selbstreinigenden Rauchkammer zeugt all dies von der leistungsmäßig vorteilhaften Ausbildung der amerikanischen Anlage.

Freilich, bei obiger Forcierung war der Blasrohrdruck trotzdem sehr hoch und betrug bei den genannten Dampfleistungen für die 2C2 der New York Central 1,2 bzw. 1,6 atü; es gab noch guten Grund, sich um Herabsetzung durch konstruktive Maßnahmen zu bemühen.

Zylindrische Zwischendüsen, in den USA *petticoat pipes* genannt, von denen ein, eventuell zwei, zwischen dem Blaskopf und dem Rauchfang eingesetzt wurden, waren seit altersher versucht und manchmal verwendet worden, doch kam man bei Großkesseln davon ab, weil sie nur bei relativ weiten Rauchfängen nützen konnten, die es auf neueren amerikanischen Lokomotiven nicht mehr gab, zumal der Platz in vertikaler Richtung fehlte. Die Behauptung Chapelons, daß der Stoßverlust bei der Mischung durch eine Zwischendüse generell um 50 %, durch deren zwei um 65 % und durch drei gar um 75 % herabgesetzt werde (107), ist völlig falsch; er hat sie in späteren Veröffentlichungen nicht wiederholt und ließ seiner Feststellung (107) von 1928, die Theorie der Blasrohranlage sei noch nicht gefunden worden, keine weiteren Äußerungen folgen. Seine noch zu besprechende Kylchap-Anlage benützt Zwischendüsen aus anderen Gründen.

Unter der Voraussetzung, daß die Mischung von Gas und Dampf gemäß einem von zwei charakteristischen Grenzfällen vor sich geht, entweder in einem freien Raum zwischen Blaskopf und Rauchfang oder innerhalb eines zylindrischen Teils des Rauchfangs, gelten für den Stoßverlust gemäß meiner bereits mehrmals erwähnten Dissertation die zugehörigen Kurven im Diagramm auf Seite 146. Man sieht, daß dieser Verlust sehr klein sein kann, wenn es gelingt, den Mischraum des Rauchfangs im Verhältnis zum Mündungsquerschnitt des Blasrohrs eng zu halten. Dies aber setzt voraus, daß die hohe kinetische Energie am Ende des Mischraums in einem wirkungsvollen, d.h. langen und optimal divergierenden Diffusor, also dem erwähnten konisch erweiterten Rauchfang-Oberteil, auf einen Bruchteil herabgesetzt wird. Damit ist das Wesentliche gesagt, doch die Verwirklichung ist nur dann verhältnismäßig einfach, wenn die Lokomotive klein ist und viel Platz für einen relativ langen Rauchfang zur Verfügung steht; andernfalls sind Sonderkonstruktionen nötig und auf jeden Fall müssen auch die bei der Optimierung hochgezüchteter Blasrohranlagen eine größere Rolle spielenden Wandreibungsverluste ins Kalkül gezogen werden. Die Berechnung ist daher äußerst aufwendig; erst wenn man eine anpassungsfähige Standardbauweise gefunden hat, wird die Größenermittlung einfach genug für die praktische Anwendung ohne Computerprogramm.

Stoßverlust-Diagramm

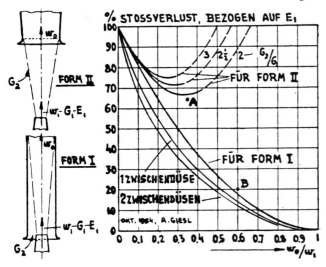

Auf der Abszisse bedeutet w_0 die mittlere Geschwindigkeit des Gemisches im engsten Teil des Rauchfangs, w_1 die Dampfgeschwindigkeit am Blasrohraustritt. Die drei unteren Kurven gelten für vollkommene Mischung in einem zylindrischen Teil des bis zum Blasrohr herabgezogenen Rauchfangs, die drei oberen Kurven zeigen die prozentuellen Werte des Stoßverlusts, wenn die Mischung in der Rauchkammer selbst vor Eintritt in den Rauchfang erfolgt, dieser also nach typisch deutscher Praxis hoch über dem Blaskopf liegt. In diesem Fall ist das Verhältnis des Gasgewichts G_2 zum Dampfgewicht G_1 von erheblichem Einfluß; in ersterem Fall spielt es praktisch keine Rolle, die Energieausnützung ist auch weitaus höher, speziell wenn der Mischraum relativ eng gehalten wird. Der Flachejektor ermöglicht es, w_0/w_1 bis auf nahezu 0,8 zu bringen, sodaß Zwischendüsen keinen praktischen Wert mehr haben. *Dissertation 1929*

Die Kurven für eine oder zwei Zwischendüsen gelten unter der Voraussetzung, daß sie zylindrisch sind und die Strömung ihren Austrittsquerschnitt voll und gleichmäßig ausfüllt. Dazu müssen sie ziemlich lang sein und verursachen nicht unerhebliche Strömungswiderstände. Sie bringen daher auch im besten Fall nur geringen energietechnischen Nutzen, außer man versieht sie mit Einbauten zum Erzielen einer größeren Divergenz der Schornsteinströmung.

In der Praxis ist es nicht nötig, daß die Mischung von Gas und Dampf zur Gänze im zylindrischen Mischraum vor sich geht; man braucht daher den Blaskopf nicht in den Unterteil des Rauchfangs hineinreichen zu lassen, was schon wegen der betrieblichen Reinigung unerwünscht wäre, und bei nicht völlig zylindrischem Mischraum kann man mit einem geschätzten mittleren Querschnitt rechnen.

Neuere Variante des 1899 von D. Sweeney, einem Studenten der Universität von Illinois, USA, erfundenen Sweeney-Blaskopfs mit sechs sternförmig angeordneten länglichen Einzelöffnungen.
RME, 1930, S. 501

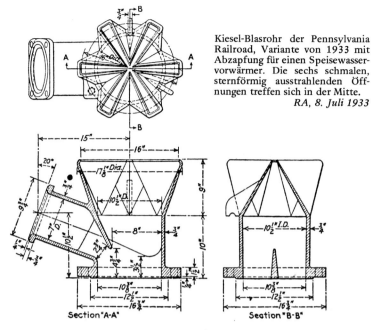

Kiesel-Blasrohr der Pennsylvania Railroad, Variante von 1933 mit Abzapfung für einen Speisewasservorwärmer. Die sechs schmalen, sternförmig ausstrahlenden Öffnungen treffen sich in der Mitte.
RA, 8. Juli 1933

Die zwei hier abgebildeten amerikanischen Blaskopfformen bezwecken mittels je sechs radial mehr oder weniger langgestreckter und daher schmaler Mündungen eine gute Durchmischung schon in geringer Höhe. Der Sweeney Blaskopf ist konservativ geformt und seine effektive Öffnung kann durch eine zentrale Platte verändert werden. Er wurde gelegentlich angewendet, aber nur die Norfolk & Western benützte eine ähnliche Bauart konsequent auf ihren großen Mallet-Verbundlokomotiven für langsamen Bergdienst, die sie bis in die fünfziger Jahre in ihren eigenen Werkstätten baute.

Das Sternblasrohr der Pennsylvania Railroad von ihrem Chefkonstrukteur W. F. Kiesel jr. hat extrem schmale Öffnungen, wie sie in praktisch gleicher Form ein Vierteljahrhundert später von den Ungarischen Staatsbahnen unter dem Namen Ister-Blasrohr eingeführt wurden. Energietechnisch an sich nicht schlecht, gehören beide Konstruktionen zu jenen, die nur bei ihrer Ursprungs-Bahnverwaltung in nennenswertem Umfang Verwendung fanden. Aus den Daten in einem ausführlichen Bericht über Versuche der Wabash Railroad im RA vom 8. Juli 1933 kann man errechnen, daß das Kiesel-Blasrohr den gleichen Gegendruck ergab wie ein kreisrundes von um 19 % kleinerem Mündungsquerschnitt; d.h. sein spezifischer Strömungswiderstand war um mehr als die Hälfte größer, was hauptsächlich durch Strahlkontraktion verursacht wurde. Es blieb zwar noch ein akzeptabler Gewinn übrig, aber der Hauptnachteil dieser extrem schmalen Öffnungen war ihr rasches und unregelmäßiges Zusetzen mit Ölkohle sowie die beschwerliche Reinigung; dazu kam bei rascher Fahrt das Niederschlagen des Auspuffs infolge zu kleiner Austrittsgeschwindigkeit aus dem weiten Rauchfang. Die New York Central erprobte das Kiesel-Blasrohr 1937 mit einem Rauchfang von 686 mm Mündungsdurchmesser, wie er auch für 2C1-Schnellzugmaschinen auf der Pennsylvania benützt wurde, fand diesen jedoch aus letzterem Grunde nicht akzeptabel.

Als Kuriosität unter den Zylinderrauchfängen sei erwähnt, daß die AT & SF (Santa Fe) gegen Ende der vierziger Jahre Verlängerungsstücke installierte, die mittels Druckluft um 915 mm aus- und einziehbar waren. Auf offener Strecke reichten sie bis 5,8 m über die Schienen und verbesserten die Sichtverhältnisse sowie die Feueranfachung (RME, Nov. 1949, S. 670). War hier die Zylinderform unumgänglich, so hätte der ziemlich aufwendig gestaltete Rauchfang der Northern Pacific vorteilhaft einen langen konischen Oberteil erhalten können. Im übrigen

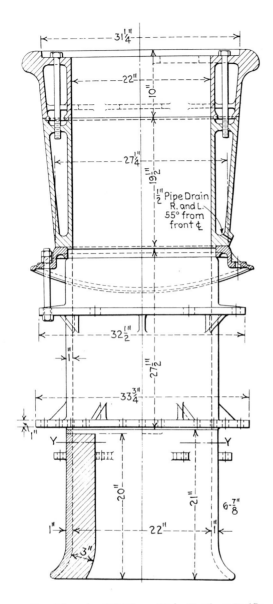

Rauchfang der 2D2-Klasse A2 der Northern Pacific
von 1934. Der abnehmbare Aufsatz reicht bis auf
5233 mm über SOK, um den Auspuff möglichst
hoch zu heben. In den Hohlraum münden diverse
Abdampfleitungen.   *RME, 1936*

Lemaître-Blasrohranlage für die 2C1-Lokomotiven
der französischen Nordbahn, Serie 231.1251 bis
1290 von 1930. Sie wurde 1935 nach ausgedehnten
Versuchen als Standard für die neueren Hochleistungslokomotiven dieser Bahn eingeführt.
                              Révue-Gen., 1936

fällt hier die einmalig große Wandstärke von 25 mm auf; damit wurde die Lebensdauer verlängert, die mit den normalerweise 10 bis 13 mm starken Wänden in angestrengtem Dienst
nur 250.000 bis 300.000 km Fahrstrecke betrug, was für die Niagara-Schnellzuglokomotiven
der New York Central mit ihren extrem hohen Monatsleistungen den Ersatz des gesamten
Rauchfangs nach acht Betriebsmonaten bedeutete. Im Gegensatz dazu konnte man es sich in
Europa meist noch in den dreißiger Jahren leisten, Rauchfänge aus 3 bis 5 mm starkem Blech
zu fertigen, wie bei folgendem Beispiel. Der Unterteil enthält als Besonderheit drei radiale
Rippen, die eine Drallbewegung der Gase und erhöhtes Abreiben der Wände verhindern sollen.

Zu den Sonderformen gehört das belgische Lemaitre-Blasrohr von 1932 mit fünf divergierend angeordneten fixen Düsen und einer Mitteldüse, deren freier Querschnitt mittels einer axial verschiebbaren Birne zu verändern ist. Es gestattet die Anwendung eines stärker erweiterten Kegelrauchfangs, der hier eher primitiv geformt ist. Lemaître war Betriebsingenieur der belgischen Nordbahn, als er diese Konstruktion herausbrachte. Die französische Nordbahn suchte zu dieser Zeit eine bessere Blasrohranlage, um hohe Kesselleistungen mit mäßigem Ausströmdruck zu erzielen, und entschloß sich 1935 für das System Lemaître in Präferenz zum noch zu besprechenden Kylchap Chapelons, weil man an einer weitgehenden Regelbarkeit der Saugwirkung interessiert war, um sich auch außergewöhnlichen Betriebsverhältnissen anpassen zu können (108). Dies wurde durch einen besonders in Frankreich grundsätzlich altbekannten zentralen Einsatz, hier in Birnenform, bewirkt, der umso weniger Ausströmquerschnitt freigibt, je höher er steht.

Blasrohre mit veränderlichem Mündungsquerschnitt, variable oder verstellbare Blasrohre genannt, waren auch in Mitteleuropa vor der Jahrhundertwende sehr verbreitet, in Österreich und Süddeutschland mit schwenkbaren Klappen ausgerüstet (Klappenblasrohre), welche die Mündungsweite beeinflußten. Bald nach 1910 wurden sie jedoch aufgelassen, weil sich zeigte, daß eher mit zu kleiner Öffnung gefahren und dadurch Brennstoff vergeudet wurde. Nur die Franzosen, nicht jedoch Chapelon, hielten weitgehend an verstellbaren Blasrohren fest.

Einen guten Vergleichsmaßstab für den Wirkungsgrad einer Blasrohranlage, insbesondere an normal proportionierten Kesseln, gibt das mit einem bestimmten Blasrohrdruck erzielte Rauchkammervakuum. So z.B. wäre ein Vakuum von 200 mm Wassersäule für 0,25 atü Blasrohrdruck ein hervorragend guter Wert. Bei der Beurteilung von Versuchsresultaten ist es jedoch erfahrungsgemäß unerläßlich, den effektiven Mündungsquerschnitt das Blasrohrs und die durchströmende Dampfmenge zu kennen, um zu kontrollieren, ob der Blasrohrdruck richtig angegeben ist. Er wird nämlich häufig an einer Stelle gemessen, an welcher der Abdampf mit erheblicher Geschwindigkeit strömt und sein statischer Druck bereits gesunken ist, wogegen auf die Kolben der Maschine der volle statische Druck des ruhenden Abdampfs als Gegendruck wirkt. Beispielsweise ergab eine solche Kontrolle für das Lemaitre-Blasrohr (108) anstatt der angegebenen 0,4 atü in Wahrheit 0,66 atü. Der tatsächliche statische Druck kann nach der Darstellung in meinem Buch *Die Ära nach Gölsdorf* (26, S. 14 bis 16) bequem berechnet werden. Zum genaueren Vergleich von Blasrohrwirkungsgraden muß letzten Endes auch das Verhältnis der Dampf- zur Gasmenge berücksichtigt werden.

Aus den erwähnten Versuchsergebnissen von Nozo und Geoffroy kann man schließen, daß der Ersatz einer einzelnen Blasrohranlage durch n geometrisch ähnliche Anlagen die erforderliche Bauhöhe auf $1/\sqrt{n}$ reduziert, für n = 4 also auf die Hälfte. Damit kann dem Mangel an Bauhöhe auf großen Lokomotiven begegnet werden. Die Pennsylvania Railroad hatte in den zwanziger Jahren eine kurzlebige (1D)D-Mallettype Klasse HC mit vier im Quadrat angeordneten Rauchfängen, und in der Sowjetunion propagierte Professor Konakow in den fünfziger Jahren analoge Konstruktionen. Wegen Erschwernissen bei Wartung und Reparaturen fanden sie keinen Anklang, aber hintereinander liegende Doppelrauchfänge wurden — abgesehen von vereinzelten alten Experimenten — 1925 in Belgien mit Erfolg eingeführt und fanden anschließend mäßige Verbreitung in Kontinentaleuropa, den USA (dort fast nur auf Malletlokomotiven) und nach dem Krieg auch in England. Bei der DB wurden die letzten 2C1 (Baureihe 10) damit ausgerüstet. Ein Teil der für eine einzelne Blasrohranlage verfügbaren Bauhöhe geht zwar durch die Standrohrverzweigung verloren, doch bleibt noch immer ein deutlicher Gewinn. Es ist auch ersichtlich, daß die für die letzte Entwicklung in England typische Ausführung von der Möglichkeit einer Herabsetzung des Stoßverlusts keinen Gebrauch macht, sondern der deutschen Praxis folgt, jedoch nicht den extremen Rauchfangweiten Wagners.

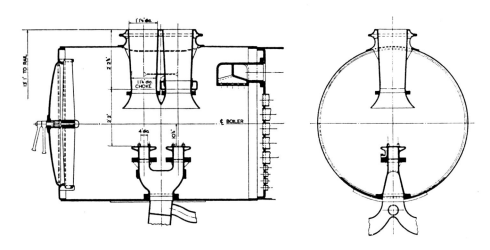

Doppelschornstein der Britischen Eisenbahnen für die 1E-Klasse 9F von 1953.
Trains Illustrated, 1961

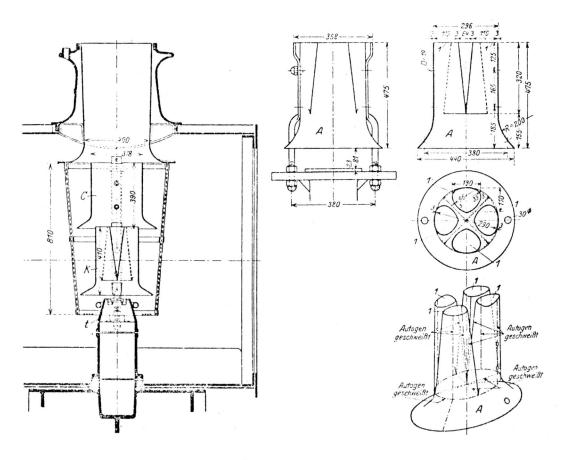

Links: Einfach-Kylchapanlage der Paris–Orléans Bahn von 1928. Es gab auch solche ohne zylindrische Zwischendüse mit tiefer herabreichendem Rauchfang. – *Rechts:* Typische Kylälä-Düse, wie sie für die Kylchap-Anlagen verwendet wurde.
Organ, 1929

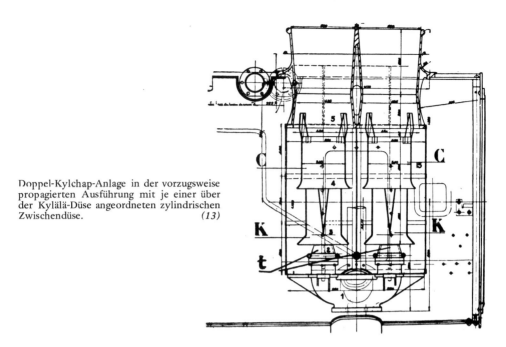

Doppel-Kylchap-Anlage in der vorzugsweise propagierten Ausführung mit je einer über der Kylälä-Düse angeordneten zylindrischen Zwischendüse.   *(13)*

Die 1921 von dem finnischen Lokomotivführer Kyösti Kylälä (1873–1938) erfundene dampfspreizende Zwischendüse verwendete A. Chapelon in der Kombination mit einer zylindrischen Zwischendüse. Die Details der Kylälä-Düse zeigt die Abbildung. Das Ansaugen der Rauchgase aus drei verschiedenen Höhen in der Rauchkammer wurde von Chapelon als wichtig für die gleichmäßige Verteilung der Saugwirkung auf Rohrbündel und Rost bezeichnet, doch fand dies die französische Nordbahn irrelevant (108), und dieselbe Feststellung machte man in Ungarn um 1955 durch gleichzeitiges Fotografieren der Anzeigen von 16 über die Rohrwand verteilten Vakuummessern, die trotz einer eng begrenzten Saugzone in einer bloß mittellangen Rauchkammer praktisch alle gleich waren. Die Kylälä-Düse sendet vier divergierende Strahlen eines Dampf-Gas-Gemisches aus, die einen stärker erweiterten Rauchfang ausfüllen können. Besseren Gebrauch von dieser Möglichkeit macht die Ausführung der Doppel-Kylchapanlage (Kylchap = Kombination aus Kylälä und Chapelon), deren Rauchfänge größere Konizität aufweisen und mit 500 mm Mündungsweite einer Einzelmündung von 707 mm Durchmesser entsprechen. Dies bedeutet für Lokomotiven europäischer Dimensionen bereits eine extrem niedrige Austrittsenergie. Das Aggregat ist allerdings schon recht kompliziert und sein Aus- und Wiedereinbau bei Reparaturen in der Rauchkammer erfordert Stunden. Extrem in dieser Hinsicht ist die Dreifach-Kylchapanlage, die Chapelon in seine 2D2-Umbaulokomotive von 1948 installierte.

Die österreichische 1D2-Reihe 214 erhielt kurz nach Beginn der Probefahrten meine modifizierte dampfspreizende Zwischendüse mit aus theoretischen Erwägungen konstantem Strömungsquerschnitt bis zu ihrer Mündung (26); vom Einbau einer zweiten Zwischendüse wurde abgesehen. Damit konnte der oben 614 mm weite Rauchfang gut ausgefüllt werden. Sowohl meine Lösung als auch das Kylchapsystem wurde 1929/32 in den USA patentiert, letzteres jedoch dort nie ausgeführt, wogegen meine Anlage 1930 auf der New York Central vor 1100-Tonnen-Schnellzügen eingehend erprobt wurde. Die Leistungssteigerung trat sogleich zutage, doch die Bahn konnte sich mit Rauchfangmündungen größerer Weite wegen *smoke trailing* (Niederkommen des Auspuffs) bei kleinerer Leistung nicht befreunden und lehnte Windleitbleche damals als 'zu deutsch aussehend' ab. Erst 1945 wandte sich Chefingenieur P. W. Kiefer

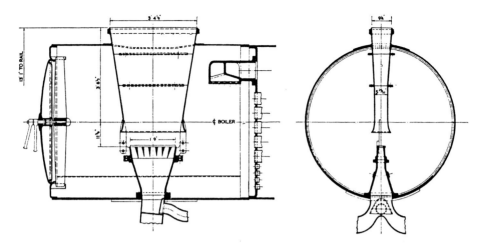

Typischer Giesl-Ejektor für die 1E-Bauart der British Railways Klasse 9F.   *Trains Illustrated, 1961*

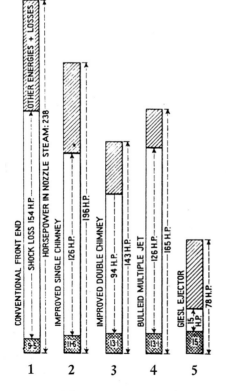

1   **Einfache ursprüngliche Blasrohranlage**
    Rauchkammervakuum 91 mm W.S.
    Ausströmdruck 0,45 atü
    Pumpwirkungsgrad 4,0 %

2   **Verbesserter einfacher Rauchfang**
    Rauchkammervakuum 103 mm W.S.
    Ausströmdruck 0,36 atü
    Pumpwirkungsgrad 5,9 %

3   **Doppelrauchfang**
    Rauchkammervakuum 118 mm W.S.
    Ausströmdruck 0,26 atü
    Pumpwirkungsgrad 9,1 %

4   **Weiter Rauchfang mit Mehrdüsenblaskopf, System Bulleid**
    Rauchkammervakuum 118 mm W.S.
    Ausströmdruck 0,30 atü
    Pumpwirkungsgrad 7,8 %

5   **Giesl-Ejektor**
    Rauchkammervakuum 126 mm W.S.
    Ausströmdruck 0,13 atü
    Pumpwirkungsgrad 19,3 %

Pumparbeit und Leistungsverluste für diverse Blasrohranlagen am Beispiel einer 2C-Lokomotive der Jubilee-Klasse der London, Midland & Scottish Railway von 1934 für eine Dampferzeugung von 9070 kg/h, Heizflächenbelastung 65 kg/m2h. Alle Zahlenwerte in englischen Pferdestärken (H.P.):

Gesamthöhe der Balken   = Blasrohrenergie in H.P.
Untere schraffierte Höhen   = Netto-Pumpleistung in H.P.
Balkenhöhe ohne Schraffur   = Stoßverlust in H.P.
Oben schraffierte Höhe   = alle anderen Verluste, hauptsächlich Austrittsenergie aus dem
                              Rauchfang.

an mich wegen der Dimensionierung von Windleitblechen und brachte sie an seiner Niagara-Type an. Im übrigen mußte ich den dampfspreizenden Oberteil der Düse abnehmbar ausbilden und aus Gußeisen mit soliden Spreizkeilen fertigen lassen, denn 6-mm-Blech war bereits nach 6000 km Fahrstrecke durchgescheuert, während in Europa 3 mm für die Normalausführung genügten. Die anfängliche Blechdüse löste sich einmal von ihren Halterungen und wurde vom Auspuff hoch in die Luft geschleudert.

Auch diese Erfahrung ließ ein Zurückgreifen auf Gölsdorfs Flachschornstein von 1915 (damals wegen seiner abwegigen Querstellung 'Breitschornstein' getauft) geboten erscheinen, dessen prinzipielle Form gemäß meiner Dissertation einen hohen Pumpwirkungsgrad bei mäßiger Bauhöhe erreichen ließ, ohne ein Spreizen des Dampfstrahls zu erfordern. Gölsdorfs Proportionen (26, S. 278) waren intuitiv vorteilhaft gewählt und jenen viel zu weiten, etwa zur gleichen Zeit erschienenen Rauchfängen länglichen Querschnitts weit überlegen, mit denen D. M. Lewis im Mittelwesten der USA etliche Jahre lang experimentiert hatte. Dessen durch falsche Dimensionierung verursachten Mißerfolge führten zum finanziellen Zusammenbruch seines Unternehmens und zu einem zunächst unüberwindlichen Mißtrauen gegenüber derartigen Ideen; so konnte ich erst nach gelungener Ausrüstung mehrerer Werkslokomotiven für österreichische und deutsche Industrien (109) in der Kriegszeit den inzwischen praktisch voll entwickelten Flachejektor 1949 just in den USA erproben, wo die Zeit der Dampflokomotive bereits zu Ende ging.

Dieser in die 100 t schwere D-Verschublokomotive Nr. 191 der Chesapeake & Ohio eingebaute Ejektor unterschied sich von allen vorhergegangenen Ausführungen u. a. durch ein Blasrohrgußstück, das anstelle einer einzigen schlitzförmigen Mündung mehrere (damals fünf, später sieben), durch keilförmige Querstege voneinander getrennte Mündungen aufwies, die fächerförmig divergierende Dampfstrahlen aussandten. Dieses wesentliche Detail gestattet es, dem Rauchfang in der Querrichtung eine größere Weite zu geben und ihn in der Längsrichtung stark nach oben divergierend zu gestalten, sodaß der Platzbedarf in Blasrohrnähe mäßig ist. Die Reinigung der Blasrohrmündungen ist bequem möglich und dank ihrer Weite nicht so oft erforderlich; last not least sind die Wandreibungen erheblich kleiner, besonders im Rauchfang.

Unter Aufwand an Blasrohrenergie für eine gegebene Netto-Pumparbeit versteht man die reine Verdichtungsarbeit für die Rauchgase vom Rauchkammerdruck auf den Druck der umgebenden Atmosphäre, das ist das mittlere Gasvolumen mal dem Rauchkammervakuum. Der Bildtext bringt die nötigen Erläuterungen. Die untersuchte Schnellzuglokomotive ist von mittlerer Größe; ihre Original-Blasrohranlage (erster Balken links) war verbesserungsbedürftig, die Luftförderung reichte zu guter Verbrennung nicht aus. Auch die modifizierte Anlage nach Nr. 2 befriedigte noch nicht ganz, erst ein Doppelrauchfang nach Nr. 3 erzeugte die gewünschte Wirkung. Zum Vergleich sind unter Nr. 4 die Werte für eine von Lemaître abgeleitete Fünfdüsen-Anlage mit sehr weitem Rauchfang nach O. V. Bulleid, 1937/49 Maschinendirektor der britischen Southern Railway, eingetragen und schließlich (Nr. 5) die für einen Giesl-Ejektor von noch etwas größerer Pumpleistung. Besonders interessant ist ein Vergleich der Stoßverluste, die bei Nr. 5 bloß ein Zehntel der Werte für Nr. 1 betragen. Auch bei der Bulleid-Anlage ist der Stoßverlust sehr hoch; sie lebte gewissermaßen nur von der äußerst niedrigen Austrittsenergie aus dem extrem weiten Rauchfang, der aber erhebliche Belästigungen von Personal und Fahrgästen durch Niederschlagen des Auspuffs verursachte. Beim Giesl-Ejektor ergibt die bewußt größer gehaltene Austrittsenergie, die man sich dank minimalem Stoßverlust leisten kann, verbunden mit der schmalen, aber in der Fahrtrichtung langen Mündung ein optimales Hochwerfen des Auspuffs. Die Auspuffenergie darf also nicht als reiner Verlust gewertet werden, sondern ist zu einem angemessenen Teil zur effektiven Nutzarbeit zu addieren.

Der Giesl-Ejektor ist in seiner Standardausführung die konstruktiv einfachste aller hochwertigen Blasrohranlagen. Auf der Blasrohrmündung sind die beiden Einstellschieber zu erkennen, deren gegenseitige Distanz die wirksame Blasrohrweite, somit den Mündungsquerschnitt und die Intensität der Feueranfachung bestimmt. Um die für den Betrieb günstigste Einstellung auf einer neu ausgerüsteten Type rasch finden zu können, wird an der rechten Außenseite der Rauchkammer eine Vorrichtung montiert, die mittels Kurbeln und Zug-Druckstangen die Schieber zu verstellen gestattet, bevor sie festgeschraubt werden. Der mechanische Aufbau als robustes selbstzentrierendes Aggregat ist ebenfalls wesentlich und war eine Voraussetzung für den Export. Weitere Informationen sind der Literatur zu entnehmen (speziell 26, 110, 111).

Mit dieser Konstruktion hat die ungemein vielfältige, nur von wenigen durchschaute Entwicklung der Blasrohranlage ihren Abschluß gefunden. Nach Erprobung seitens der Südregion der Britischen Eisenbahnen (Southern Region der BR) auf der 2C1-Lokomotive Nr. 34 064 der West Country-Klasse im Mai 1962 gab die Maschinenabteilung ein Informationszirkular für das Personal heraus, dessen letzter Absatz in Übersetzung lautet: *Der Giesl-Flachejektor kann als die Endlösung des Blasrohrproblems auf Dampflokomotiven angesehen werden; er vereinigt das Beste an Theorie und Praxis auf einem Gebiet, auf das in der Vergangenheit große Anstrengungen konzentriert wurden.*

Die kurz darauf von der Generaldirektion der BR angeordnete beschleunigte Umstellung der südlichen Fernstrecken auf Dieselbetrieb vereitelte die bereits schriftlich angekündigte Absicht der Southern Region, die restlichen 49 Lokomotiven der West Country-Klasse mit Giesl-Ejektoren auszurüsten, was sie nach den Erfahrungen befähigt hätte, im gleichen Turnus mit den um 18 % schwereren Maschinen der Merchant Navy-Klasse zu fahren. Doch für die Lokomotiv-Nummer 34092 dieser Type, die nun der privaten *34092 Partnership* in Mittelengland gehört, wurde 23 Jahre später (1985) ein solcher Ejektor in Lizenz gebaut; die so ausgestattete Lokomotive soll im Sommer 1986 auch Sonderschnellzüge führen.

Gemäß dem im Vorwort betonten Prinzip, Konstruktionen, die sich nicht in größerem Maß durchgesetzt haben, nur dann zu erwähnen, wenn dies dem Verständnis nützlich ist, empfiehlt sich folgender Hinweis. In Großbritannien blüht wie kaum anderswo das Bedürfnis, in Leserbriefen private Ansichten zu veröffentlichen. So streiten sich dort 'steamfans' in einschlägigen Zeitschriften um Themen, die vielfach mangels Fachwissens emotionell betrachtet werden; ein solches Thema ist seit etwa 1982 die Frage, ob dem Giesl-Ejektor wirklich der Vorzug gebührt und nicht etwa dem Kylchap oder der von dem Argentinier L. D. Porta unter dem Namen Lempor propagierten Blasrohranlage (*Steam World*, High Bentham, Lancaster bis Ende 1983, dann *Steam Railway*, Bretton, Peterborough). Letztere wurde 1981 in die 2D2-Lokomotive Nr. 3450 der SAR eingebaut, zusammen mit mehreren Dutzend kleinerer Änderungen, Vorwärmung des Speisewassers sowie Portas erwähntem Feuerungssystem mit überwiegender Zweitluftzufuhr. Diese rotlackierte Maschine, RED DEVIL benannt und propagandistisch reiflich ausgeschlachtet (siehe z. B. LM 114, S. 181), blieb vereinzelt und die Lempor-Anlage, deren geringe Verbreitung von ihren Anhängern beklagt wird, weist keine Merkmale auf, die sich von lange bekannten wesentlich unterscheiden. In einem (vorzugsweise) Doppelrauchfang mit zylindrischem Mischraum sind je vier kreisrunde Düsen mit divergenten Mittellinien eingebaut, ähnlich dem System Lemaître mit fünf Düsen. Ferner sind die einzelnen Düsen in ihrer Mündungszone schwach divergent geformt, sodaß die engste Stelle tiefer liegt und der Mündungsquerschnitt etwas größer ist. Dies hat einen energetischen Vorteil, wenn das Druckgefälle überkritisch ist, siehe die Lavaldüse. Ich hatte ein solches Blasrohr in meinem USA-Patent Nr. 1998009 vom 16. 4. 1935 gezeigt und schon 1934 der New York Central vorgeschlagen; damals nicht beachtet, erhielten es zehn Jahre später stillschweigend die 2D2 der Niagara-Klasse. An meinen Ejektoren sah ich wegen geringer Ausströmdrücke keine Veranlassung, dieses Prinzip anzuwenden. Solange die

Lemporanlage nicht so genau untersucht wird, wie dies 1959 in Rugby mit meinem Flachejektor geschah, steht die Behauptung einer Überlegenheit im Zweifel, aber heute könnten sich höchstens noch die Chinesen damit wissenschaftlich beschäftigen. Die ungarische Ister-Anlage von 1959 gleicht dem Lempor prinzipiell, doch hat die ebenfalls im zylindrischen Mischraum liegende Blasrohrmündung sechs schmale, sternförmig angeordnete Öffnungen, analog dem Kiesel-Blasrohr. Wegen praktischer Nachteile wurde sie außerhalb Ungarns nicht akzeptiert. Im übrigen wurde speziell nach Bekanntwerden der Flachejektor-Patente mehrfach versucht, andere Bauformen unter Beibehaltung der auf geringen Stoß- und Austrittsverlust hinzielenden Merkmale zu finden; die Wirkungsgrade kamen einander näher, doch in praktischer Beziehung und im Umfang der Anwendungen blieb der Abstand groß.

In letzter Zeit ist China nach mehrjährigen Untersuchungen in immer größerem Maß auf den Giesl-Ejektor übergegangen, auch für seine stärksten Lokomotiven, die bekannte 1E1-Reihe QJ. In der *Ära nach Gölsdorf* (26) zeigt das untere Foto auf Seite 174 (Nanking 1977) eine 2C1 der chinesischen Reihe SL_6, von der die Nr. 406 in dem 1983 in Australien erschienenen Buch *Locomotives in China* von Peter Clark abgebildet ist. Der darauf zu sehende Flachrauchfang ist viel unvollkommener geformt als ein Giesl-Ejektor und gleicht den zu Beginn der 40er Jahre erprobten Flachrauchfängen, die in meinem Buch (26) auf den Seiten 174/175 gezeigt sind, und eine billige Bauart für Werkslokomotiven darstellen. Offenbar waren die Chinesen in den 70er Jahren noch im Stadium des Experimentierens, bis sie etwa 1984/85 richtige Giesl-Ejektoren zustandebrachten, die seitdem in erheblicher Zahl zu finden sind. Da die Chinesen unsere wiederholten Angebote einer Zusammenarbeit im Rahmen eines know-how Vertrags niemals beantworteten, erhielten sie auch keinerlei Daten und tappten etwa 8 bis 10 Jahre lang im dunkeln.

In den letzten Jahren gelegentlich beobachtete Fälle des Ersatzes von Giesl-Ejektoren durch Normal-Blasrohranlagen bei der DR sind auf Abnützung nach langer Dienstzeit in intensivem Betrieb zurückzuführen. Bei der Durchführung des Ejektor-Großprogramms bei der DR vor 20 Jahren (554 Lokomotiven) war mit einem so langen Dampfbetrieb nicht gerechnet worden. Andernfalls hätte man die alternativ entworfene Graugußkonstruktion anstelle der Ausführung aus 8-mm-Blech angewendet.

Im Jahre 1927 hatte der im Lokomotiv-Versuchswesen bekannte Professor W. Goss (1859 bis 1928) der Universität Purdue in den USA mit Nachdruck den Ersatz der Blasrohranlage durch einen Turboventilator propagiert. Seine Versuchsausführung fand jedoch keine Nachfolger; auch verbaute sie die Rauchkammer fast völlig. Günstigere Lösungen dieser Art gelangen Henschel & Sohn für ihre Kondenslokomotiven und die DB erprobte den Henschel-Turbosaugzug erstaunlicherweise 1955, gewissermaßen fünf Minuten vor zwölf, auf der 2C1 Nr. 01 077. Nach F. Wittes Bericht (112) war das Resultat nicht schlecht, für ein gegebenes Rauchkammervakuum bewirkte der Turbosaugzug einen um 45 % niedrigeren Gegendruck als das verbesserte Regelblasrohr der DB, doch zeigte sich der damals in die 1E-Lokomotive 50 1503 eingebaute Giesl-Ejektor mit 75 % Gegendrucksenkung weit überlegen. Gegenüber einer hochentwickelten Blasrohranlage war die mechanische Zugerzeugung nicht konkurrenzfähig. So blieb die Stephensonsche Lokomotive auch bezüglich dieses charakteristischen Details siegreich.

Dem Hilfsbläser widmete erst 1948 C. A. Cardew der Staatsbahnen von New South Wales in einem großangelegten Bericht (113) die gebührende Beachtung und Analyse. Obgleich seine Notwendigkeit unbestritten ist, fand er in der Literatur sonst überall nur sehr knappe Erwähnung. Es handelt sich um eine Strahlpumpe, die zum Unterschied von der abdampfbetriebenen Blasrohranlage mit Frischdampf gespeist wird. Beim Anheizen der Lokomotive, während ihr Kessel noch keinen Überdruck oder weniger als etwa zwei bis drei atü aufweist, wird dem Hilfsbläser, kurz Bläser genannt, zwecks Zeitersparnis, aber speziell auch zur Rauchverhütung, Fremddampf oder Druckluft zugeführt. Falls die Bläserdampfleitung auf der Lokomotive keinen Anschluß zu diesem Zweck aufweist, kann auch ein mobiler Hilfsbläser mit Fremdversorgung in den Rauchfang des anzuheizenden Kessels gehängt werden, der allerdings mangels richtiger Größenabstimmung und Zentrierung meist weniger wirksam und wirtschaftlich ist.

Die historischen Flammrohr-Lokomotivkessel mit minimalem Strömungswiderstand und hohen Rauchfängen konnten noch leidlich gut ohne Bläser auskommen, besonders mit gasarmem Brennstoff, der kaum rauchte. Nach Cardews Forschungen wurden Frischdampfbläser ab 1824 in britischen Dampfschiffen benützt, dort auch für den Dauerbetrieb zur Unterstützung des natürlichen Schornsteinzugs, wogegen er die Anwendung auf Lokomotiven erst 1839 in den USA auf einer 2B der Philadelphia & Reading vorfand. In England datiert der Lokomotivbläser nachweisbar von 1841, war aber lange Jahre hindurch bloß ausnahmsweise zu finden; erst um 1860 war der Hilfsbläser zu einer üblichen Einrichtung geworden. Ursprünglich nur einen einzigen Dampfstrahl in den Rauchfang sendend, war damals zur Geräuschminderung, aber auch des besseren Effekts wegen der mit einer größeren Zahl von Strahlbohrungen versehene Ringbläser im Gebrauch, der sich prinzipiell unverändert bis in unsere Tage gehalten hat, speziell in Kontinentaleuropa. Interessanterweise verwendeten die Amerikaner, die doch traditionell auf einfache Lösungen ausgerichtet sind, schon seit Beginn dieses Jahrhunderts fast ausschließlich höherwertige Gußkonstruktionen mit integralem Dampfkanal im Blaskopf. Die Bläserbohrungen waren dabei viel länger als im kreisrund gebogenen Rohr und gaben dem austretenden Dampf eine exakte Führung. Die Briten folgten viel später nach.

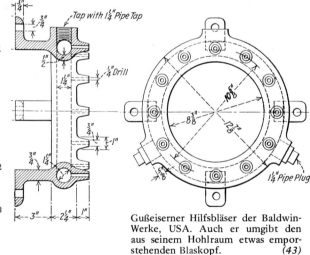

Gußeiserner Hilfsbläser der Baldwin-Werke, USA. Auch er umgibt den aus seinem Hohlraum etwas emporstehenden Blaskopf. (43)

Hilfsbläser einfacher Bauart in der Rauchkammer einer deutschen Lokomotive. Der den Blaskopf umgebende Bläserring ist aus einem Stahlrohr gebogen. Der Korbfunkenfänger ist hier abmontiert. (49)

1 Rauchfang	2 Spritzrohr
3 Dampfzuleitung zum Hilfsbläser	4 Bläserring

156

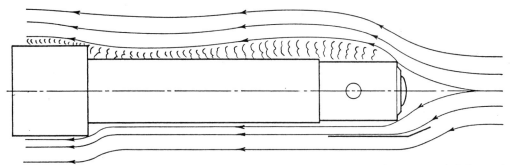

Skizze der Luft-Stromlinien und Wirbel während der Fahrt bei Windstille oder reinem Gegenwind ohne und mit Windleitblechen. *Giesl*

Im allgemeinen sind die Hilfsbläserdüsen einfach zylindrisch gebohrt. Bei der deutschen Reihe 52 beträgt der Gesamtquerschnitt der achtzehn 3-mm-Löcher 1,27 cm². Eine einfache, wenn auch rohe Dimensionierungsgrundlage ist das Verhältnis zum Strömungsquerschnitt für die Gase in den Kesselrohren, ebenfalls in cm² gemessen, das hier 1,27 : 5078 gleich rund 1 : 4000 beträgt. Bei 12 atü im Bläserring strömen ca. 550 kg/h durch die Bohrungen, gerechnet mit einem Durchflußkoeffizienten von 0,65 wegen der Strahlkontraktion an den notwendigerweise scharfen Loch-Eintrittskanten. Damit wird ein Rauchkammervakuum von 20 mm Wassersäule erzeugt, ausreichend für eine Dampferzeugung von 3300 kg/h bei reichlichem Luftüberschuß für rauchfreie Verbrennung. Wie man sieht, ist aber der Dampfverbrauch sehr hoch, 20 % der verfügbaren Netto-Dampfmenge, wenn der Kessel z. B. Heizdampf abgeben soll.

Im Durchschnittsbetrieb ist der Hilfsbläser je nach dem Gelände sowie der Häufigkeit und Dauer des Anhaltens während 10 bis 20 % der Gesamtbetriebszeit der Lokomotive geöffnet, jedoch meist nur geringfügig. Immerhin rentiert es sich, die Bläserdüsen in Form der bekannten de Laval-Düsen mit einem konisch-divergenten Auslauf, also einem Diffusor, zu versehen, aus dem der Frischdampf mit erheblich höherer Geschwindigkeit ausströmt. Beim Bläser des Giesl-Ejektors, der die Energie der Formgebung des Rauchfangs wegen überdies weit besser ausnützt, wird für den Austrittsquerschnitt der doppelte Halsquerschnitt gewählt; dieser ergibt fast eine Verdreifachung der kinetischen Austrittsenergie bei gleichem Dampfverbrauch. Entsprechend kleinere de Laval-Bläserdüsen können daher z. B. mit halber Dampfmenge noch eine bedeutend höhere Saugwirkung ergeben.

Der Hilfsbläser ist manchmal auch sehr nützlich, wenn bei ungünstigen Windverhältnissen und schwachem Arbeiten der Maschine oder Leerlauf (dann auch ohne Wind) Abgasschwaden an den Führerhausfenstern vorbeiziehen und die Sicht behindern. Vollanstellen eines starken Bläsers kann die Strömung aus dem Rauchfang u. U. genügend hochtreiben, kostet jedoch Frischdampf. Als R. P. Wagner von 1922 an bei der Deutschen Reichsbahn seine weiten Rauchfänge einführte, gelang es unter Mitwirkung der aerodynamischen Versuchsanstalt in Göttingen, Abhilfe mittels Windleitbleche zu schaffen, im Englischen *smoke deflectors* genannt, die bei vielen Bahnen außerhalb Nordamerikas ein Charakteristikum schnellfahrender Lokomotiven ohne Stromlinienverkleidung wurden. Rechts und links der Rauchkammer an der Profilgrenze angebracht und über die Rauchkammertürwand vorstehend, bewirken sie einen Luftstrom entlang dem Kessel, der die sonst dort durch ein Teilvakuum entstehenden Luftwirbel beseitigt und verhindert, daß über den Kessel ziehende Schwaden herabgezogen werden.

An die Stelle der großen, unten vom Umlaufblech begrenzten Windleitbleche trat anfangs der fünfziger Jahre, zunächst wieder in Deutschland, die nach ihrem Erfinder Witte-Bleche benannte kleinere Variante, die sich über etwa je ein Viertel des Kesseldurchmessers ober- und unterhalb der Mittelebene des Kessels erstreckt und ihren Zweck auch mit geringerem Luftwiderstand erfüllt. Mit zunehmendem Kesseldurchmesser und wachsender Kessellänge verringert sich der Effekt, zumal dann immer weniger Luft am Kessel entlanggelenkt wird. Die mehrfach versuchten kleinen Lenkbleche in Rauchfangnähe, Rauchfangkragen und dergleichen erwiesen sich als praktisch wertlos.

Funkenfänger

Bei Verfeuerung fester Brennstoffe sind Einrichtungen zum Verhüten des Austretens zündender Funken aus dem Rauchfang in der Regel unentbehrlich und daher auch meist in behördlichen Vorschriften verankert. Eine prominente Ausnahme bildete Großbritannien mit seinem feuchten Klima, zumindest in neuerer Zeit, in der auch dort die Rauchkammerlänge ein dem Kontinentaleuropäer seit jeher geläufiges Maß gleich ihrem Durchmesser oder darüber erreicht hatte. Vor 1900, besonders aber vor 1890, lagen englische Blasköpfe in den extrem kurzen Rauchkammern so nahe an den Siederohrenden, daß auch große Funken direkt in den Rauchfang gerissen wurden und Schutzmaßnahmen erforderten. Ahrons berichtet über solche in *The Locomotive* von 1910, S. 163, und fügt hinzu, daß Funkenfänger zwar von einigen Bahnen benützt werden, aber nicht beliebt sind, weil sie die Dampferzeugung beeinträchtigen können.

Kapriolen der Witterung brachten manchmal Ausnahmssituationen: im trockenen Sommer 1960 mußte die Südregion ihre Lokomotiven raschest mit Funkenfängern versehen. Doch bei den 2C1 der West Country-Klasse mit Bulleids Fünfstrahlblasrohr und weitem Rauchfang verschlechterte der Strömungswiderstand eines Funkensiebs die Dampferzeugung derart, daß eine planmäßige Schnellzugförderung nicht mehr möglich war. J. Click, ein jüngerer Konstrukteur, der 1959 die Flachejektorversuche mit der 1E Nr. 92250 in Rugby mitgemacht hatte, empfahl den Einbau eines Giesl-Ejektors. Da die Generaldirektion der BR dagegen war und die in ihrem Auftrag versuchten Maßnahmen keinen Erfolg brachten, fuhren diese Maschinen weiter ohne Funkenfänger. Nach dem Gesetz der Serie war aber 1961 wieder ein heißer Sommer und eine dieser Lokomotiven verursachte einen Großbrand, worauf ein Ejektor mit Korbfunkenfänger — s. a. Quelle (110) — der Normalbauart (mit Funkenprallrost auf der der Rohrwand zugekehrten Seite) bestellt und in die gegen Ende des Blasrohrkapitels angeführte Nr. 34064 eingebaut wurde. Er beseitigte gefährlichen Funkenflug sowie das Niederkommen des Auspuffs bei schneller Fahrt und steigerte die Leistung um mehr als 20 % gegenüber der Normalausführung ohne Funkenfänger.

Ganz allgemein zeigen Betriebsbeobachtungen, daß bei Verfeuern stückiger Steinkohle und mäßiger Kesselanstrengung kein Funkenflug auftritt. Mit steigender Leistung aber beginnt der Auswurf, je nach Kesselproportionen und Rauchkammergröße beispielsweise bei einer Rostbelastung von 350 bis 400 kg/m^2h, und steigt bei Überschreiten von 500 kg/m^2h rapid. Kleine Lokomotiven im angestrengten Dienst sind die gefährlichsten, zumal es dem Heizer keine besondere Mühe bereitet, höchste spezifische Beschickungsmengen aufzuwerfen; stokergefeuerte bilden natürlich ein besonderes Kapitel.

Holz und Braunkohle erfordern die wirksamsten Funkenfänger, weil sie ein Maximum an Funken erzeugen und diese infolge ihres hohen Sauerstoffgehalts am längsten glühen. Im Gegensatz zu England herrschte in Amerika die Holzfeuerung zu Beginn des Eisenbahnzeitalters lange Jahre vor; daher wurden dort die bekannten Kegelrauchfänge erfunden, aber bloß nach ihrem äußeren Erscheinungsbild so benannt, denn es waren einfache Zylinderrauchfänge mit einem umgebenden Kegelmantel, der den Funkenfänger enthielt. Als 1838 der aus Utritsch in Böhmen stammende Ludwig v. Klein (1813—1881) mit F. A. v. Gerstner zu Studienzwecken nach Amerika fuhr, vier Jahre vor Carl v. Ghega, regten ihn die schon seit 1831/32 verwendeten Funkenfänger dieser Art zur Weiterentwicklung an. Er trat 1841 mit seiner Konstruktion hervor, die auf der österreichischen Südbahn für Holz- und Braunkohlenfeuerung zum Standard wurde[1].

---

1 In (57), Band II, S. 563, heißt es irrtümlich, die Anwendung von Funkenfängern gehe bis in das Jahr 1841 zurück, in welchem *Klein den ersten Funkenfänger baute*. Ansonsten wird aber darin eine reiche Übersicht über einschlägige Einrichtungen gegeben.

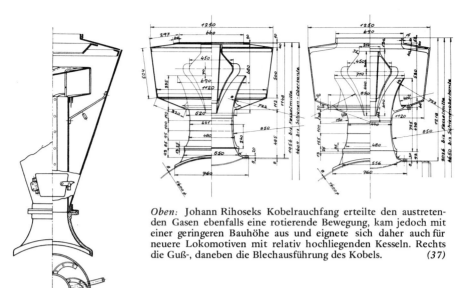

Oben: Johann Rihoseks Kobelrauchfang erteilte den austretenden Gasen ebenfalls eine rotierende Bewegung, kam jedoch mit
einer geringeren Bauhöhe aus und eignete sich daher auch für
neuere Lokomotiven mit relativ hochliegenden Kesseln. Rechts
die Guß-, daneben die Blechausführung des Kobels.   (37)

Links: Ludwig von Kleins Funkenfänger aus dem Jahre 1841
prägte das Bild der österreichischen Südbahnlokomotiven Jahrzehnte hindurch und befand sich auch auf den Engerth-Loko-
motiven für den Semmering.   (77)

Die Kleinsche Rose erteilte dem Auspuff einen starken Drall zwecks Zerkleinerung der Funken
bis zur Ungefährlichkeit, wobei ein Teil im Kegelmantel verblieb und später durch eine Tür
entfernt werden konnte.

Das Prinzip der Drallerzeugung war sehr wirksam und wurde im Lauf eines vollen Jahrhunderts
in verschiedener Weise verwirklicht, wie das Gebiet der Funkenfänger überhaupt durch mehrere
hundert Patente allein in den USA von ausgedehnter Erfindungstätigkeit zeugt. Eine weitere
hervorragende Konstruktion österreichischen Ursprungs ist der Rihoseksche Kobelrauchfang,
bei dem Strömungswiderstand und Höhenbedarf mittels besonderer Formgebung der Rauchfangmündung und des Dralleinsatzes wesentlich vermindert werden. Er wurde speziell in Güter-
zug- und Tenderlokomotiven der k. k. österreichischen Staatsbahnen während der ersten zwei
Jahrzehnte unseres Jahrhunderts eingebaut. Der ablenkungsfreie Kanal im Zentrum der Strömung umfaßt die erfahrungsgemäß funkenfreie Zone und verkleinert ebenfalls den Widerstand.
Während der Rihoseksche Kobel auf den braunkohlengefeuerten tschechoslowakischen Güterzuglokomotiven noch viele Jahre nach dem Ersten Weltkrieg weiterverwendet wurde, verlor
er unter österreichischen Nachkriegsverhältnissen an Bedeutung und wurde auch von Rihosek
selbst bald nicht mehr beschafft. Auf großen, hochliegenden Kesseln war für den Kobel kein
Platz; auf das Sammeln von Funken und dergleichen im Kobelmantel war von vornherein
verzichtet worden.

Für kleinere Lokomotiven mit hochliegendem Blasrohrkopf genügte für Steinkohlenfeuerung
ein horizontales oder schwach nach vorn abfallendes ebenes Funkensieb, das oberhalb der
Kesselrohrmündungen, aber unterhalb des Blasrohrkopfs angebracht war und so die Rauchkammer unterteilte. Als dann die Blasrohrmündungen um die Jahrhundertwende tiefer und in
die Nähe der Kesselmitte, später noch darunter rückten, mußte man den Blasrohrkopf mit
einem Siebkorb umgeben. Bei größerem Abstand von der Rauchfang-Unterkante, wie nach
deutscher Praxis, war es logisch, das gesamte Funkenfängersieb gemäß E. Holzapfel (1840—1889)
als kegeligen oder zylindrischen, zweiteiligen Korb auszubilden.

Die Dimensionierung der Siebmaschen verursachte stets eine Art Gewissenskonflikt zwischen
den Aufgaben, die Feuersgefahr möglichst zu vermeiden, den Betrieb aber nicht durch hohen

Abb.
S. 160

159

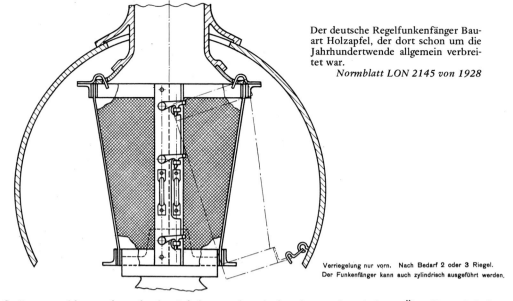

Der deutsche Regelfunkenfänger Bauart Holzapfel, der dort schon um die Jahrhundertwende allgemein verbreitet war.
Normblatt LON 2145 von 1928

Verriegelung nur vorn. Nach Bedarf 2 oder 3 Riegel.
Der Funkenfänger kann auch zylindrisch ausgeführt werden.

Strömungswiderstand zu beeinträchtigen, wie wir bereits gesehen haben. Überdies wird der Widerstand ja nicht allein durch das Sieb selbst, sondern oft noch mehr durch den in seinen Maschen steckengebliebenen Flugkoks bewirkt. Daher akzeptierten die Österreichischen Bundesbahnen in der Zwischenkriegszeit den Langer-Funkenteller, einen zwischen Blasrohr und Rauchfangeintritt angeordneten großen tellerartigen Prallkörper mit einer Öffnung für den Dampfstrahl dicht über der Blasrohrmündung, wo noch keine Funken eindringen können. Er ist in der *Ära nach Gölsdorf* auf S. 172 behandelt. Auch der Giesl-Ejektor wurde bei den ÖBB normalerweise bloß mit einem funkenabweisenden Prallblech, bei Auslandlieferungen von 1960 an meist mit einem aus Quadratstäben mit 4 mm Kantenabstand gebildeten Funken-Prallrost versehen, der sich dem direkten Gaseintritt in den Rauchfang in der Hauptströmungsrichtung von der Rohrwand her entgegenstellte und zwecks Zugänglichkeit zur Rohrreinigung schwenkbar war.

Nach deutscher Norm für Funkensiebe betrug die Maschenweite bei 2,5 mm Drahtstärke für Steinkohlenfeuerung 6 mm im Quadrat, für Braunkohle 4 mm, was meist bloß beschränkte Sicherheit bot, sodaß das Gesetz tatsächlich der Eisenbahn entgegenkam. In den USA, wo Brandverhütung in den weiten, schwach besiedelten Gebieten besonders wichtig war und strenge Vorschriften galten, erhielt die Standardanordnung Langmaschen von 4,8 x 19 mm bei ca. 3 mm Drahtstärke, doch konnten die Funken dort nicht direkt in das Sieb eindringen, sondern nur nach Passieren der ersichtlichen Umlenkungen in der unter dem Namen *Master Mechanics' Front End* bekannten Einrichtung. Deren Durchbildung begann sich in den neunziger Jahren herauszukristallisieren und 1936 wurden die hier wiedergegebenen Querschnittsverhältnisse im Strömungsweg festgelegt.

Das Master Mechanics Front End, die selbstreinigende Rauchkammereinrichtung, die 1906 von der Vereinigung amerikanischer Eisenbahn-Chefkonstrukteure als Standard empfohlen wurde. Die Lenkplatten bewirken das Reinblasen des Rauchkammerbodens durch den Gasstrom und das Hinauswerfen der mitgerissenen Lösche aus dem Rauchfang. Die angeführten Verhältniszahlen entsprechen den neuesten Empfehlungen von 1936.

Empfohlene Strömungsquerschnitte in Prozenten des Gasquerschnitts in den Kesselrohren:

Querschnitt bei	empfohlen	Grenzwerte
A	25 %	23 bis 27 %
B	130 %	110 bis 140 %
C	85 %	80 bis 95 %
D	75 %	65 bis 80 %
E	95 %	95 bis 110 %

Die Werte B gelten für den freien Gesamtquerschnitt des Funkensiebs.
RME, August 1936

Dieses Lenkplattensystem des MM Front End unterschied sich grundsätzlich von allen außeramerikanischen Funkenfängern und bezweckte gleichzeitig das Reinfegen der Rauchkammer von allen durch die Kesselrohre gerissenen Brennstoffresten und Ascheteilchen, in ihrer Gesamtheit im Deutschen Lösche genannt, in England und Amerika *cinders* (weswegen man in der Anfangszeit auch bei uns Zinder sagte), in Südafrika vorzugsweise *char*, alles Ausdrücke für nur teilweise verbrannte Brennstoffteilchen und sonstige Rückstände. Dieses Reinfegen bedeutet Auswurf aus dem Rauchfang, denn die naheliegenden Bestrebungen, die bei schwerem Arbeiten zu 20 % bis über einem Drittel des verfeuerten Brennstoffgewichts anfallenden Löschemengen mit einem Heizwert von etwa 2/3 des ursprünglichen wieder der Verbrennung zuzuführen, scheiterten durchwegs an der Unmöglichkeit, sie rasch genug zu entzünden, bevor sie wieder ihren Weg durch den Kessel nahmen. Der in Amerika bewußt programmierte Löscheauswurf steht im Gegensatz zum alten europäischen Prinzip, einen möglichst großen Teil in der Rauchkammer zu sammeln und am Fahrtende zu entfernen; bei den langen Lokomotivläufen, hohen Beanspruchungen, vorzugsweiser Verfeuerung wohlfeiler Förderkohle mit großem Grusanteil und, schließlich, Stokerfeuerung blieb aber kein anderer Weg und auf stark befahrenen Bergstrecken watete man beiderseits des Bahnkörpers bis zu den Knöcheln in Lösche — für heutige Begriffe von Umweltschutz und Energiesparen ein untragbarer Zustand. Auch der Schnellzugreisende vernahm das Geräusch der auf die Waggondächer niederfallenden Lösche, und im Sommer erhielten nichtklimatisierte Wagen Moskitonetze in den traditionellen amerikanischen Doppelfenstern zum Schutz gegen den Löscheregen. Es ist ein wenig erstaunlich, daß das MM Front End, ins Deutsche etwas umständlich mit die selbstreinigende Rauchkammer zu übersetzen, in den fünfziger Jahren z.B. in England in beschränktem Maß übernommen wurde, wo zwingende Voraussetzungen fehlten. Auch die Inder hätten es kaum nötig gehabt. In Südafrika war es hingegen selbstverständlich; dort ersetzte man das Sieb durch gelochtes Blech mit Öffnungen von 4,8 x 38 mm.

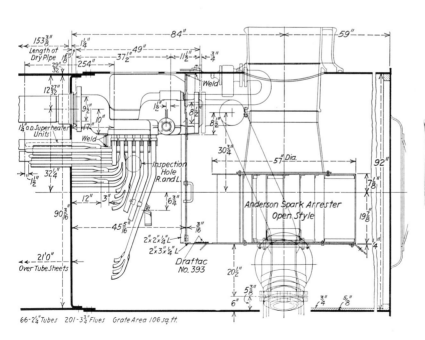

Links: Selbstreinigende Rauchkammer mit Zyklon-Funkenfänger Bauart Anderson der 2D2-Klasse S-2, Milwaukee Road, USA.
Oben: Zyklon-Funkenfänger Bauart Anderson. (43)
Trommel-Funkenfänger mit Siebwänden in selbstreinigender Rauchkammer siehe Seite 144.

Als Funkenzerkleinerer ist das MM Front End sehr wirksam, weil der Strömungsquerschnitt unter dem sogenannten *draft sheet* stark verengt ist und durch Kontraktion der Strömung effektiv noch um ein weiteres Drittel herabgesetzt wird. Die Lösche prallt vorn an, und was noch zu groß bleibt, wirbelt längere Zeit herum, bis es durch das Sieb entweichen kann. Der Strömungswiderstand ist natürlich hoch und beträgt meist 30 % des Gesamtwiderstands im Kessel, manchmal noch etwas mehr, mindestens aber ein Viertel.

Abb.
S. 161

Noch in den dreißiger Jahren entstanden in den USA neue, wenn auch nicht grundsätzlich neuartige, Variationen des MM Front Ends. Die Abbildung zeigt anstelle des ebenen Siebs ein kastenförmiges mit viel größerer Durchtrittsfläche und auch die verkümmerten Lenkplatten ergaben kleineren Widerstand; allerdings blieb vorn ein Löscheberg liegen. Es war dies eine patentumgehende Version der ovalen Siebtrommel, die unter der Bezeichnung *Mudge Security Unit Spark Arrester* auf den Markt kam.

Abb.
S. 161

Wie die Abbildungen zeigen, werden die Funken in einer mit Leitschaufeln versehenen Blechtrommel zerkleinert. Einen ähnlichen Weg beschritt das 1931 auf der Northern Pacific erschienene *Cyclone Front End* (114), und in Neuseeland kam gegen die Mitte der dreißiger Jahre, ebenfalls für Braunkohle, der Waikato Funkenfänger heraus (115), eine Zyklontrommel mit horizontaler Achse. Während beim klassischen MM Front End Kesselrohre und Überhitzer noch durch Lösen der Keilverschlüsse einiger Platten und Profilstähle zugänglich gemacht werden konnten, verbauten obige Trommelkonstruktionen die Rauchkammer in einer Weise, die man früher als betrieblich untragbar abgelehnt hätte. Da steigende Kosten höhere Kilometerleistungen verlangten, mußten Wartung und laufende Reparaturen in der Rauchkammer oft zum Schaden der Brennstoffwirtschaft eingeschränkt werden. Es ist dies nur ein Teilaspekt der Schattenseiten hochgezüchteter Riesen-Dampflokomotiven. Noch 1947 (!) rief ein offizieller amerikanischer Bericht nach Front Ends, die ohne mehrstündige Arbeit aus- und wiedereingebaut werden können (116).

Als ich 1952 daranging, auf Wunsch des Konstruktionschefs der ÖBB, Ministerialrat J. Schubert, einen absolut brandsicheren Funkenfänger für die Zahnradlokomotiven des Schafbergs und Schneebergs zu entwickeln, wurde mir bald klar, daß nur ein entsprechend feinmaschiges Sieb in der Rauchfangmündung absolute Sicherheit geben kann, das an seinem gesamten Umfang voll abschließt. Zur Verringerung der Anzahl der Funken, die sich in Siebmaschen verklemmen, sowie zur Herabsetzung der Siebbeanspruchung durch die Gewalt des Auspuffs muß das Sieb von der Strömung schräg getroffen, zweckmäßig verkehrt dachförmig geformt werden und zwecks Dauerhaftigkeit aus Hartstahldraht bestehen. Ausreichende Siebgröße und Überwindung des Strömungswiderstands verlangen einen Flachejektor. Bei einer Maschenweite von 2 mm im Quadrat für Stein- und von 1,7 mm für Braunkohle war das Ziel erreicht (26, 110). Es wurden 41 Lokomotiven auf fünf Bahnen ausgerüstet, die genannten Zahnradmaschinen bereits 1954/55, als sie schon bis zu 60 Jahre alt waren; alle elf stehen noch heute in vollem Betrieb mit ihren Mikro-Funkenfängern, wie diese getauft wurden, und die am Schafberg nötig gewesenen Brandwachen konnten aufgelassen werden. Verbunden mit Löscherückführung in die Rauchkammer kommen Normalspurlokomotiven bis zu 1200 PS (ca. 900 kW) Zylinderleistung in Betracht; darüber hinaus muß das Drahtsieb durch ein Sieb aus eng gestellten und starr gehaltenen Stäben ersetzt werden. Ein Vorversuch auf der 1D1t 93.1437 der ÖBB von 875 PS Nennleistung im Ursprungszustand bei 60 km/h (26) mit Blick auf Südafrika im Jahre 1971 gelang vollauf, die Maschine blieb damit bis zu ihrer Kassierung im Betrieb; doch die SAR fanden die Einrichtung zu teuer, wie sie überhaupt dem Flachejektor ablehnend gegenüberstanden.

Kesselspeisung und Wasseraufbereitung

Das von der Lokomotivmaschine und den Hilfseinrichtungen verbrauchte Kesselwasser muß natürlich ersetzt werden, und zwar innerhalb des Spielraums zwischen dem niedrigsten und dem höchsten zulässigen Wasserstand im Kessel. Aus Sicherheitsgründen sind zwei voneinander unabhängige Speiseeinrichtungen gesetzlich vorgeschrieben.

In der Anfangszeit stellte die Kesselspeisung ein großes Problem dar. Trevithicks INVICTA von 1804 hatte keine Speiseeinrichtung. Mangels spezifischer Berechnungsunterlagen mußten ihn bei der Dimensionierung seines Kessels Intuition und Glück begleiten, denn auf seiner historischen, vierstündigen Demonstrationsfahrt am 13. Februar 1804 über eine fast 15 km lange, im wesentlichen etwas fallende Strecke kam er mit rund 15 t Nutzlast an Eisen und Menschen mit dem Wasservorrat im Kessel aus (17, S. 14). Noch acht Jahre später schrieb Blenkinsop über die Vorteile einer Speisepumpe gegenüber der wärmeverschwendenden Praxis, den Kesseldampf entweichen zu lassen, um das verbrauchte Wasser drucklos ersetzen zu können, und in der Zwischenzeit legte er eine hochliegende Zisterne an, von der heißes Wasser der stehenden Lokomotive durch eine Druckleitung zugeführt wurde (17, S. 39); bei seinem Kesseldruck von 3,9 atü war dies noch möglich und das hügelige Gelände erleichterte eine entsprechende Hochlage des Wasserbehälters.

Als nächster Schritt wurden auf der Lokomotive langhubige Speisepumpen installiert, deren Tauchkolben direkt vom Kreuzkopf mitgenommen wurden, und um 1840 erschienen in England kurzhubige Pumpen mit Exzenterantrieb; beide aber verlangten Hin- und Herfahren im Heizhaus- oder im Bahnhofsgelände, um speisen zu können, und zur Sicherheit wurden noch mühsam zu betätigende Handspeisepumpen installiert. Der bereits 1847 gegründete Verein Deutscher Eisenbahnverwaltungen, dem auch Österreich angehörte, schrieb 1850 eine vom Triebwerk unabhängige Dampfspeisepumpe vor, damals logischerweise mit Kurbeltrieb und Schwungrad, wofür vertraute Steuerschieber verwendet werden konnten.

Schon 1858 aber trat der geniale Franzose Henry Giffard (1825–1882), auch bekannt als Schöpfer des ersten lenkbaren Luftballons von 1852, mit seinem Injektor auf den Plan, der unverzüglich zu einem der wichtigsten Ausrüstungsteile einer Dampflokomotive wurde. Weitere interessante Details brachte Franz Scholz (1898–1977) in (117). In der deutschen Fachliteratur als Dampfstrahlpumpe bezeichnet, arbeitet der Apparat in einer neueren Ausführungsform wie folgt. Aus dem Dampfraum A strömt Kesseldampf durch eine zentrale Düse n

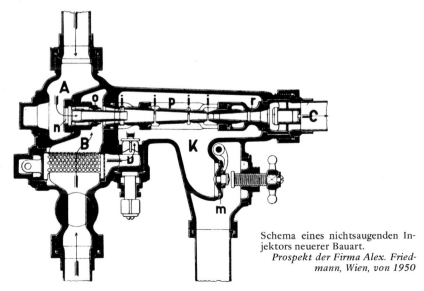

Schema eines nichtsaugenden Injektors neuerer Bauart.
Prospekt der Firma Alex. Friedmann, Wien, von 1950

und eine Ringdüse o, erreicht durch Expansion eine hohe Geschwindigkeit und reißt das Speisewasser aus dem Raum B mit sich in die Mischdüse oder Düsengruppe p, wobei er abgekühlt wird und völlig kondensiert. Die durch die Dampfexpansion in kinetische Energie umgewandelte Spannungsenergie bleibt in der Mischung bis auf die allerdings großen Stoß-, Reibungs- und Wirbelverluste erhalten und reicht aus, um in der Druckdüse r durch Herabsetzen der Strömungsgeschwindigkeit einen Druck zu erreichen, der sowohl den Kesseldruck als auch die Widerstände in der Speiseleitung C und den erforderlichen Rückschlagventilen am Injektorauslaß und am Kesseleinlaß zu überwinden vermag. Dies ist dadurch möglich, daß die im Treibdampf enthaltene und bei seiner Expansion größtenteils freiwerdende Spannungsenergie wegen seines großen spezifischen Anfangsvolumens mehrfach größer ist als die zum Einspeisen des Kondensats samt dem Speisewasser erforderliche Pumparbeit, sodaß auch der relativ geringe Wirkungsgrad des Injektors kein Hindernis bedeutet; ja, dieser hat sogar den Vorteil einer starken Erwärmung des eingespeisten Wassers um 60° C und mehr, wodurch die Kesselwände gegenüber dem Kaltspeisen mittels der alten Dampfpumpen geschont werden.

Beim Anlassen des Injektors braucht der Treibdampf etwas Zeit, um die Strömung in Gang zu bringen. Währenddessen entsteht im Mischdüsensystem ein Überdruck und das überschüssige Wasser, das sogenannte Schlabberwasser, entweicht durch Öffnungen in den Schlabberraum und fließt über das Schlabberventil m nach außen ab. Durch Schließen des Schlabberventils kann Dampf in die Speiseleitung vom Tender eingeblasen werden, um sie im Winter anzuwärmen.

Der dargestellte Injektor ist nichtsaugend, d.h. das Tenderwasser läuft ihm durch Gefälle zu, er ist also in Tieflage unter dem Führerstand angebracht. Daher muß er gegebenenfalls vor dem Einfrieren geschützt werden, hat jedoch den Vorteil, höhere Speisewassertemperaturen zu vertragen und bei gegebener Größe höhere Liefermengen zu erreichen als saugende Injektoren, die im Führerhaus seitlich am Stehkessel oder an der Türwand montiert wurden. Das Diagramm zeigt die Leistungen bzw. die zulässigen Speisewassertemperaturen von Friedmann-Injektoren Bauart 1950, mit deren nichtsaugender Ausführung z.B. die Einheitslokomotiven 1950 der DB versehen wurden.

Bei saugenden Injektoren ist die Steigleitung vor dem Anlassen des Injektors mit Luft gefüllt, es muß also zunächst das Wasser angesaugt werden, was beim Friedmann-Injektor der durch die Ringdüse o eintretende Ringdampf besorgt. Diese Variante hat daher eine Dampfeinlaßspindel, die beim Öffnen zunächst nur den Ringdampf einläßt; einen Moment später ist der Injektor mit Wasser gefüllt und die Hauptdüse wird ebenfalls beaufschlagt. Bei Unterbrechung des Wasserzuflusses, etwa durch eine heftige Erschütterung, sorgt der Ringdampf für rasches Nachströmen und Wiederanspringen des Injektors. Es ist dies das Charakteristikum des Restarting Injektors, der zur Jahrhundertwende ein Novum war, wobei die Erzeugerfirmen sich verschiebende oder sogar geschlitzte und sich öffnende Mischdüsen anwendeten, um bei Ausfallen des Wassers einen Dampfstau zu verhüten, was Friedmann durch mehrfache Spalte i in der langen Mischdüse erreichte.

Der Injektor kann auch zur Lieferung von Spritzwasser für verschiedene Zwecke verwendet werden, wie zum Nässen der Kohle am Tender, der Rückstände in Rauchkammer und Aschkasten, sowie zum Feuerlöschen, wozu entsprechende Abzweigungen bzw. Anschlüsse an der Druckleitung vorgesehen sind. Die Wasserlieferung in den Kessel erfolgt über den Speiskopf, der direkt am Kessel angebaut ist und ein Rückschlagventil enthält. Die gesetzliche Forderung nach zwei voneinander unabhängigen Speiseeinrichtungen führt auch zu zwei Speisköpfen. Um die Temperatursprünge in den Kesselwandungen beim Speisen zu verringern, wird das Speisewasser in den vorderen Teil des Langkessels eingebracht, wo auch mit Kesselstein belegte Heiz- und Rauchrohre relativ mäßig warm sind. Da diese aber trotzdem gelegentlich schadensanfällig

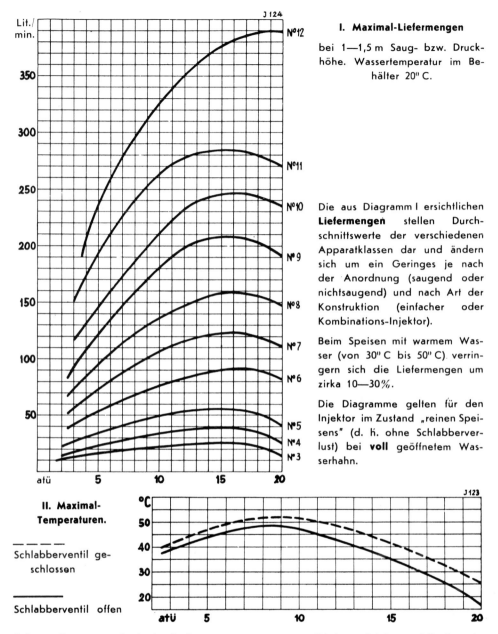

Leistungsdiagramm und zulässige Speisewassertemperaturen von Friedmann-Injektoren (Mittelwerte).
Prospekt der Firma Alex. Friedmann, Wien, von 1950

waren, teilte man das in den Kessel eintretende Wasser manchmal in feine Strahlen auf. Das Ausfällen von gelösten Kesselsteinbildnern im Zuge der Wassererwärmung führte jedoch bei solchen Konstruktionen leicht zu Verkrustungen und Verringerung, wenn nicht gar Versagen der Speisung. Daher müssen Strahlverteiler zur Reinigung durch ein Mannloch zugänglich sein.

Gölsdorf berichtet (25, S. 88) über einen von ihm 1904 nach Versuchen an Stabilkesseln eingeführten Schlammabscheider, bei dem das von jedem Injektor gelieferte Wasser in einen unter der Wasseroberfläche angeordneten Kasten strömt, den es durch Schlitze nach oben verläßt, während die ausgefällten Kesselsteinbildner sich im Kasten sammeln sollen, um durch einen Ablaßhahn entfernt zu werden. Die Apparatur erlangte nur geringe Verbreitung, denn sie teilte nach einem Bericht im Sonderheft 1916 von *Glasers Annalen* mit etlichen weiteren Lösungsversuchen den Mangel zu geringer Wirkung, weil die in Lokomotiven zugeführten erheblichen Wassermengen von schon damals 2 bis über 3 Litern pro Sekunde nur zum Teil auf die Ausfälltemperatur erwärmt wurden und die Beimengungen doch hauptsächlich in das Kesselwasser gelangten. Man mußte daher zu aufwendigeren Konstruktionen greifen. Cornelius Pecz (1857–1929) und Carl Rejtö (1868–1939) von den Ungarischen Staatsbahnen verlegten die Abscheidung in eine große dampferfüllte Trommel auf dem Kesselrücken (118) und erzielten damit von 1910 bis nach dem Zweiten Weltkrieg gute Erfolge, doch selbst für einen mittelgroßen europäischen Kessel betrug die Bauhöhe 700 mm, was die Verwendung aus Profilgründen stark einschränkte und bei großen Lokomotiven ausschloß. Die offizielle Bezeichnung lautete Speisewasserreiniger Pecz-Rejtö.

Beim Schlammabscheider des preußischen Eisenbahn-Zentralamts vor dem Ersten Weltkrieg wurde das Speisewasser von oben in den Dampfraum des Kessels eingeführt. In der domlosen Ausführung für die preußische 1E-Gattung G12 liefern die beiden Speisköpfe V das Wasser an Sprühdüsen E zwecks rascher Erwärmung und Ausfällen der Kesselsteinbildner. Ein Blechmantel B umschließt einen Teil des Kesselrohrbündels, sodaß das eingespritzte Speisewasser an jenem entlangfließen muß, bevor es sich seitlich mit dem Kesselwasser vermischen kann. Der auf diesem Weg als Kesselstein haften gebliebene Schlamm wird von Zeit zu Zeit durch Auswaschen etc. unter Benützung der Luken A und O entfernt; der im Speisewasser schwebende Teil sinkt zwischen dem Mantel B und der Kesselwand und hat bis zu einem gewissen Grad Gelegenheit, sich im Schlammsack S abzusetzen, der etwas nach hinten versetzt ist, um der natürlichen Strömung des Kesselwassers Rechnung zu tragen. Zum Erzielen eines größeren Abscheidungseffekts wurde die Speisung später nach Fritz Wagner (1863–1938) in einen Speisedom verlegt, der auch das Bild der deutschen Einheitslokomotiven der zwanziger Jahre

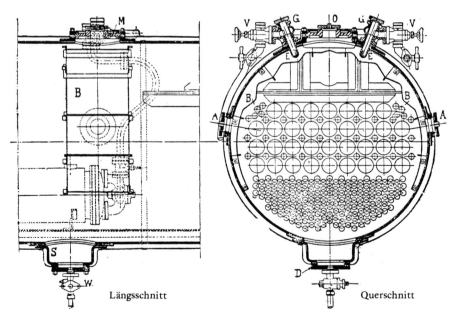

Längsschnitt   Querschnitt

Speiseeinrichtung der DRB mit Schlammabscheider, früher Speisewasserreiniger genannt, am Beispiel der 1E-Gattung G12.   *(3)*

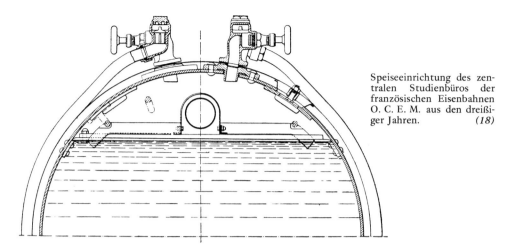

prägte und eine mehrfache Lage von rostartig angeordneten Winkeleisen enthielt, über die das Wasser herunterrann, wodurch es mehr Zeit fand, Kesselstein abzusetzen. Auf großen Lokomotiven mit niedrigem Speisedom lag der Winkeleisenrost zum Teil im Dampfraum des Rundkessels. Grundsätzlich ist diese Konstruktion sehr alt. Sie entstand 1863 in England nach einem Patent von G. Spencer (16, S. 352), der das Speisewasser über eine Serie von nach unten immer größer werdenden Tassen fließen ließ, und ähnliches erschien im selben Jahr auf der Bergisch-Märkischen Eisenbahn (119). In der Folgezeit wiederholt aufgegeben und wieder aufgegriffen, so wie z.B. um 1890 in Frankreich durch Chapsal, gibt die Abbildung eine einfache französische Lösung aus den dreißiger Jahren wieder, die zwar auch Schlamm und Kesselstein auf einer horizontalen Platte absondert, primär aber dazu dient, krasse örtliche Temperaturunterschiede im Kessel zu verhüten. Speisewassereintritt am Kesselscheitel wurde z.B. in Südafrika 1925 durch von Baldwin in Philadelphia gelieferte Lokomotiven eingeführt und bis heute als Standard beibehalten. In den USA war diese Praxis lange Zeit praktisch verschwunden, aber zu Beginn der vierziger Jahre in Verbindung mit Sprühdüsen unter der Bezeichnung Top Feed wiederentdeckt (RME, November 1949). Bei den deutschen Neubautypen Bauart 1950 trat das Speisewasser wieder durch einen einfachen, am Speiskopf sitzenden Krümmer in den Wasserraum des Kessels ein, nunmehr aber in Verbindung mit totaler Enthärtung des Wassers und hoher Vorwärmung.

Die Versorgung der Lokomotiven mit geeignetem Speisewasser aus Flüssen, Quellen oder Brunnen, meist über Hochbehälter, Wassertürme genannt, war stets ein besonderes Anliegen. Wir wissen schon vom häuslichen Wasserkochen über die Hartnäckigkeit des sich ansetzenden Kesselsteins, den die erste Auflage der *Schule des Lokomotivführers* (2) von 1873 auch als Pfannenstein bezeichnet. Ein erheblicher Teil der im Rohwasser chemisch gelösten Beimengungen sowie auch der wegen ihrer Kleinheit unsichtbaren Schwebe-, Schwimm- und Sinkstoffe wird bei der Erwärmung des Wassers als Schlamm ausgeschieden und bewirkt mit zunehmender Anreicherung im Zuge von Dampfentnahme und Nachspeisung das Schäumen des Kesselwassers, auf das wir noch zu sprechen kommen. Während langer Talfahrten und Stillstände aber setzt sich der Schlamm an den tiefen Stellen ab und kann den Hinterkessel über dem Bodenring mit der Zeit auf einige Dezimeter Höhe zusammen mit dem Kesselstein geradezu vermauern, wenn nicht durch genügend häufiges Auswaschen des Kessels für seine Reinhaltung gesorgt wird. Dazu dienen Auswaschöffnungen von rund 30 bis 130 mm Durchmesser, deren Anzahl bei großen Lokomotiven neuerer Bauart auf drei Dutzend stieg. Kleine Auswaschöffnungen wurden mittels einfacher konischer Gewindepfropfen verschlossen, Auswaschschrauben genannt, größere erhielten zweckmäßig Autoklavendeckel, um hochbeanspruchte Deckelschrauben zu vermeiden. Das Auswaschen erforderte jedesmal einen Stehtag für die Lokomotive und mußte bei Speisung von gutem Rohwasser meist alle 8 bis 15 Tage, bei sehr hartem Wasser, aber guten Tonnenkilometerleistungen sogar schon an jedem vierten Tage vorgenommen werden.

Die Härtebildner im Speisewasser bewirken Kesselsteinansatz, aber auch einen Teil der Verschlammung; ihre Gewichtsmengen pro Liter Wasser werden in Härtegraden angegeben. Weitaus überwiegend beruht die Härte auf Kalzium-, weniger auf Magnesiumverbindungen mit Kohlen- und Sauerstoff, Karbonathärte genannt. Der in Mitteleuropa geltende deutsche Härtegrad ist, was den Beitrag des Kalziums betrifft, als 10 Milligramm CaO (Kalziumoxyd) pro Liter = 1^0 dH (1 deutscher Härtegrad) definiert; dabei beträgt der Kalziumgehalt gemäß dem Molekulargewichtsanteil des Elements Ca in der chemischen Verbindung CaO 7,1 mg/l. Im Kesselspeisewasser herrscht jedoch das Kalziumkarbonat $CaCO_3$ vor und es entspricht der gleiche Kalziumanteil einem Karbonatgewicht von 17,9 mg/l.

Auch in England, Frankreich und den USA wird die Härte in Graden ausgedrückt und dabei die Karbonathärte auf die Karbonatgewichte bezogen. Die Engländer bezeichnen mit einem Grad Clark eine Kalziumkarbonatmenge von 14,4 mg/l; ein französischer Härtegrad enthält bloß 10 mg/l, sodaß ersterer 0,8 und letzterer 0,56 eines deutschen Härtegrads gleichkommt. Dabei lautet die englische Definition für einen Härtegrad: 1 grain $CaCO_3$ pro imperial gallon, das sind 65 mg/4,545 l, die amerikanische analog für eine US gallon von nur 3,785 l, womit wir für letztere auf $0,96^0$ dH kommen. Wir befinden uns also schon mitten im Wald der Maßstäbe; aber es kommt noch schlimmer.

Da die Karbonathärte nicht nur von den Kalzium-, sondern auch von den entsprechenden Magnesiumverbindungen herrührt, sei noch erwähnt, daß ein deutscher Härtegrad auch als 7,19 mg Magnesiumoxyd oder 15,0 mg Magnesiumkarbonat pro Liter Wasser definiert ist; die Summe aus Kalzium- und Magnesium-Karbonathärten ergibt die gesamte Karbonathärte.

Dazu gesellt sich die Nichtkarbonathärte, bestehend aus Kalk- und Magnesiumverbindungen mit Schwefel, Chlor, Stickstoff und Silizium oder Kieselsäure. Man nennt sie auch bleibende Härte; ihre Komponenten fallen nicht, wie die der Karbonat-, d.h. der vorübergehenden Härte, bei der Wassererwärmung aus, sondern erst, wenn der Sättigungsgrad im Kesselwasser erreicht ist. Ihr Beitrag zu den Härtebildnern muß ebenfalls bewertet werden; mengenmäßig sind sie zwar gering, meist bloß ein Fünftel der Karbonathärte, aber es gehört zu ihnen z.B. das Kalziumsulfat, das viel härteren Stein bildet als die Karbonate. Eine Idee von der Kompliziertheit der Vorgänge im Lokomotivkessel, die durch die Härtebildner und die sonstigen Beimengungen im Speisewasser bewirkt werden, geben die Ausführungen von Louis Armand, Initiator der modernen Speisewasserbehandlung bei den französischen Eisenbahnen, die L. Schneider 1944 übersetzte (120); neben etlichen interessanten Informationen läßt diese Darstellung zwar manches offen, wohl aus Gründen geschäftlicher Geheimhaltung, doch man erkennt, daß dies ein Gebiet für Chemiker ist, die nicht nur mit dem Kesselbetrieb im allgemeinen, sondern mit dem Betrieb von Lokomotivkesseln vertraut sein und mit ihm leben müssen. Es wäre daher nicht sinnvoll, einige im Kesselwasser vor sich gehende chemische Reaktionen vorzuführen, wie dies in den meisten einschlägigen Veröffentlichungen geschieht, und sich damit ein fadenscheiniges Mäntelchen umzuhängen; wir wollen uns hier lieber mit einigen praktischen Aspekten beschäftigen.

Die Härtebildner im Speisewasser machten den Betriebs- und den Werkstättenleuten der Bahnen seit jeher zu schaffen, aber meist wurden sie damit mittels rein betrieblicher Maßnahmen fertig. Sehen wir uns zunächst an, welche Mengen von Fremdstoffen mit dem Wasser in den Kessel gelangen können.

Gemäß gut übereinstimmenden Angaben in der europäischen Literatur bis zum Zweiten Weltkrieg wurde Speisewasser mit einer Karbonathärte von 5 bis 6° dH als sehr gut, 8 bis 14° als tragbar und mehr als 17° als schlecht bezeichnet[1]. Der im französischen Lokomotivbetrieb prominente Edouard Sauvage (1850–1937), seinerzeit ein Förderer A. Chapelons, gab 1904 in der vierten Auflage seines Buches (18) ein Beispiel für den erstgenannten Fall: eine Lokomotive wird normalerweise dann ausgewaschen, wenn sie soviel Speisewasser verbraucht hat, daß darin 25 kg Beimengungen enthalten waren, die sich also in Form von Kesselstein und Schlamm im Kessel befanden, wenn kein Überreißen von Kesselwasser in die Maschine erfolgte, was man ja auch gar nicht tolerieren darf. Anstelle von Härtegraden zu sprechen, nimmt Sauvage den sogenannten Ausdampfrückstand als Vergleichsbasis, das ist die Gesamtmenge der nach völliger Verdampfung des Wassers verbleibenden Feststoffe, hier 100 mg/l. Wenn das Wasser nur Kalzium-Härtebildner enthielte, würde der Verdampfungsrückstand als $CaCO_3$ auftreten und die Wasserhärte hätte 100/17,9 = 5,6° dH betragen. Unter Einschluß der anderen Bestandteile, vor allem des leichteren Magnesiums, könnte sie auf 6° kommen, eventuell aber auch eine Reduktion erfahren — jedenfalls gehörte dieses Rohwasser zur ersten Klasse, falls nicht etwa Kieselsäure und Gips einen ungewöhnlich großen Anteil an den Härtebildnern hatten. Wenn die Lokomotive 10 kg Steinkohle/km verbrauchte, entsprach dies 70 Liter Wasser/km mit einem Ausdampfrückstand von 70 x 100 mg = 7 Gramm pro km und die zwischen zwei Auswaschtagen zulässige Laufleistung betrug 25.000/7 = 3500 km. Unter damaligen Verhältnissen entsprach dies in schnellem Reisezugdienst einem Auswaschintervall von etwa zwei Wochen, im Hauptbahn-Güterzugdienst aber von einem Monat.

Sauvage bringt eine Übersicht über die Ausdampfrückstände französischer Lokomotivspeisewässer, die von bloß 30 mg/l an einem Ort in den Vogesen über 250 bis 300 in den meisten Gegenden Mittelfrankreichs bis zu Extremen von 1100 bis 1220 mg/l in den südöstlichen Kalkalpen reichen. Die obigen Mittelwerte herrschen auch in Deutschland und England vor, die Maxima entsprechen jenen, die für Ungarn bei Diskussionen über die Einführung der Brotanbox bei deutschen Kriegslokomotiven angegeben wurden. Auch in den USA ging man in den dreißiger Jahren auf die summarische Vergleichsbasis des Ausdampfrückstands über — dort in ppm = parts per million angegeben, zahlenmäßig gleich unseren mg/l. Welcher Teil der Ausdampfrückstände sich als Kesselstein absetzt, kann nur in groben Zahlen geschätzt werden; im Lokomotivbetrieb wurden gemäß Armands Beispielen 25 bis 40 % festgestellt, der Rest bleibt als Kesselschlamm in Schwebe, kann sich aber zum Teil dem Kesselstein zugesellen, wenn die Betriebsweise das Absetzen begünstigt.

Hätte das Speisewasser der in obigem Beispiel von Sauvage behandelten alten Lokomotive einen Ausdampfrückstand AR = 250 bis 300 mg/l aufgewiesen, dann wäre das Auswaschintervall je nach Verwendung der Maschine auf 6 bis 10 Tage gesunken; man konnte es noch etwas strecken, sodaß erst bei wesentlich über 300 mg/l die effektiven Kilometerleistungen empfindlich beschnitten wurden. In Mitteleuropa fand man bis zum Ersten Weltkrieg eine chemische Speisewasserenthärtung in ortsfesten Anlagen kaum rentabel, und obwohl die französische Nordbahn schon um 1900 zahlreiche derartige Installationen besaß, äußerte sich Sauvage noch 1930 skeptisch über die generelle Nützlichkeit. Hingegen war der Zusatz von Kesselsteingegenmitteln zum Tenderwasser bereits in alter Zeit versucht worden, doch heißt es über diese in dem 1873 in erster Auflage herausgekommenen deutschen Standardwerk für Lokomotivführer von Brosius und Koch (2), zu dem kein Geringerer als Edmund Heusinger von Waldegg (1817–1886), der Gründer des Organs für die Fortschritte des Eisenbahnwesens, das Vorwort geschrieben hat,

---

1 Eine amerikanische Studie von 1925/30 über die Härte des Lokomotiv-Speisewassers an der Ostküste von Florida ergab für das Rohwasser 11 bis 12 amerikanische, also praktisch auch deutsche Härtegrade.

alle haben das gemeinsam, daß ihre Bestandteile Geheimnis sein sollen und daß sie für Loko-motivkessel nichts taugen. Weiters wird ganz richtig gesagt, das im Verlaufe einer langen Bahn-strecke aufzunehmende Speisewasser sei von zu unterschiedlicher Beschaffenheit, als daß ein und dasselbe Mittel gleich nützlich sein könnte; das Beste sei ein gründliches Ausspülen des gesamten Kessels.

Daß aus offenen Gewässern gewonnenes Speisewasser von mitgeführten Fremdkörpern be-freit werden muß, ist selbstverständlich. Dies geschieht durch die physikalische Speisewasser-reinigung, neuerdings mit der generellen Bezeichnung Aufbereitung bedacht. Auch Filtern durch Kiesschichten ist vorzugsweise damit verbunden.

Mit steigenden Lokomotivleistungen und Personalkosten sowie dem Zwang zum Sparen angesichts der Wettbewerbslage ab der Zwischenkriegszeit wurde aber das Verringern, besser Verhindern von Kesselsteinansatz immer wertvoller und damit die chemische Speisewasser-aufbereitung. Ihre wissenschaftliche Entwicklung war am Ende des Dampfbetriebs in den Industrieländern noch keineswegs abgeschlossen; sogar 1950, kaum sechs Jahre vor dem Ver-schwinden der Dampflokomotive von den amerikanischen Hauptstrecken, hielt der Inspektor für Wasserbehandlung der Baltimore & Ohio Railroad einen Vortrag über Maßnahmen zur Ver-besserung laufender Praktiken (121), speziell zum Verringern des Schäumens im und des Wasser-überreißens aus dem Kessel; dabei sind gerade die USA auf diesem Gebiet führend gewesen, was die Anwendung auf Lokomotiven betrifft. Bereits 1891 hatte die Union Pacific eine chemische Aufbereitungsanlage installiert und um die Jahrhundertwende waren mehrere große Bahnen ihrem Beispiel gefolgt. Während des Zweiten Weltkriegs hatten von 13.250 bedeutenden Wasserstationen bereits 5000 chemische Aufbereitungsanlagen, in denen laut RME vom De-zember 1945 jährlich 750 Millionen m^3 Wasser behandelt wurden, das sind 45 % des Gesamt-verbrauchs der 42.000 Dampflokomotiven. Aus der mit rund 100.000 Tonnen geschätzten Menge der Härtebildner im behandelten Wasser folgt der mäßige spezifische Gehalt von 130 mg/l; dies heißt, daß man unter den dortigen Verhältnissen strenge Maßstäbe bezüglich Wassergüte rentabel fand. In Europa hätte man bei nur 7 oder 8 deutschen Härtegraden des Rohwassers kaum irgendwo eine Enthärtungsanlage aufgestellt; allerdings leisteten die 42.000 amerikanischen Lokomotiven damals erheblich mehr als die 64.000 des Ersten Weltkriegs und ihr durchschnitt-licher Wasserverbrauch betrug mit 40.000 m^3 pro Jahr wohl mehr als das Vierfache des mittel-europäischen.

Um 1945 stand, wie A. G. Tompkins (121) hervorhebt, das Problem des Schäumens und, als Folge, des Wasserüberreißens in die Dampfwege und die Maschine längst im Vordergrund. Man kannte es schon seit jeher; wenn das Auswaschen fällig war, hatte sich das Kesselwasser mit schaumbildenden Schwebestoffen angereichert, es war trübe und der Wasserstand im Glas war bei höherer Dampfentnahme unruhig geworden. Aber gerade die dem Enthärten des Wassers dienende chemische Behandlung verstärkt die Tendenz zum Schäumen sehr erheblich, denn sie formt die im Speisewasser gelösten Kesselsteinbildner in unlösliche schlammbildende Schwebe-stoffe um. Die Abbildung veranschaulicht die Phänomäne des Schäumens und des Spuckens an Hand einer mit den nötigen Erläuterungen versehenen Darstellung aus dem stationären Hoch-leistungs-Kesselbau.

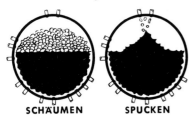

SCHÄUMEN   SPUCKEN

Darstellung des Schäumens und Spuckens am Beispiel der Obertrommel eines stationären sogenannten Steilrohrkessels, bei denen diese Phänomene ebenso kritisch sind wie bei Lokomotiven.
Schäumen wird durch ein Übermaß an Schwebestoffen im Kesselwasser verur-sacht und durch hohe Alkalität begünstigt. Überreißen von Wasser entsteht, wenn ein Teil des Schaums mit dem Dampf fortgerissen wird.
Spucken ist ein heftiges örtliches Aufsteigen des Kesselwasserspiegels, das durch zu plötzliche Dampfentnahme oder zu rasche Steigerung derselben verursacht wird.

Da die Beimengungen im Speisewasser größtenteils aus Salzen bestehen, wird der Ausdampf-rückstand in der Speisewasserchemie als Salzgehalt des Kesselwassers bezeichnet. Im stationären Kesselbau wird er zumindest seit den dreißiger Jahren nach französischem Vorbild in Grad Baumé gemessen, wobei einem Grad Bé die sehr hohe Konzentration von einem Prozent des Wasser-gewichts, das sind 10.000 mg/l oder, anschaulicher, ein Salzgehalt von 10 kg/m^3 entspricht. Für einen Steilrohrkessel wäre ein noch betriebsgünstiger Wert des Salzgehalts 0,3^o Bé, ein alter Wellrohrkessel mit seiner geringen spezifischen Leistung vertrug bis zu 6° Be, also richtiges Schmutzwasser, und der moderne Lokomotivkessel arbeitete bei 0,5^o Bé und Vollast meist schon auf einem kritischen Niveau. Wenn die Lokomotive im Beispiel von Sauvage 7 m^3 Kesselwasser enthielt, was bei 14 atü einem Wassergewicht von 6000 kg entspricht, und wir die angegebene Menge der Kesselsteinbildner von 25 kg vor dem Auswaschen gleich dem Ausdampf-rückstand setzen, betrüge der entsprechende Salzgehalt 25/6 = 4,2 kg/m^3, das sind 0,42^o Bé.

Die Speisewasseraufbereitung ermöglicht es, die Laufleistungen zwischen den Auswaschtagen auf ein Mehrfaches zu verlängern, wobei sich in intensivem Betrieb ein Monat als praktisch er-wiesen hat, bei mäßigen Lauf- und Tonnenkilometerleistungen auch bis zu zwei Monaten. Ganz ohne Auswaschen geht es nicht, denn man darf nicht riskieren, daß Schlammabsetzung an die Stelle des Kesselsteins tritt. Überdies muß nunmehr eine früher unbekannte Maßnahme hinzutreten, indem durch planmäßiges Ablassen von gewissen Kesselwassermengen, Abschlammen genannt, dafür gesorgt wird, daß die Salzkonzentration im Kessel einen betriebsgünstigen Höchst-wert nicht überschreitet. Diese Praxis, die natürlich auch ohne chemische Wasseraufbereitung vorteilhaft ist, fand in Mitteleuropa seit den dreißiger Jahren Eingang. So konnte die DB mit den Schnellzuglokomotiven Baureihe 01.10 zuletzt Monatsleistungen von etwas über 20.000 km erzielen, die New York Central mit ihren 2D2 der Niagara-Klasse von 1945 sogar 40.000 km, in beiden Fällen durch Flachland begünstigt.

Anfangs war das Abschlammen mittels eines an tiefer Stelle des Stehkessels, vorzugsweise an der Krebswand, angebrachten Abschlammschiebers oder -ventils nur im Stillstand möglich, später auch während der Fahrt durch Betätigung vom Führerstand aus. Zum Konstanthalten eines den Betriebserfahrungen entsprechenden zulässigen Salzgehalts im Kesselwasser ist das Ablassen einer Wassermenge W nötig, die X % der eingespeisten Menge beträgt, wobei X = 100/(A/a-1) und A/a das Verhältnis des Salzgehalts im Kesselwasser zu dem im Speisewasser bedeutet. Für A = 0,4^o Bé und Speisewasser sehr mäßiger Qualität mit einem Salzgehalt von 300 mg/l wird A/a = 13,5, und es ist im Durchschnitt Kesselwasser im Ausmaß von 8 % der Speisewassermenge abzulassen. Dies kostet natürlich Wärme, und zwar errechnet sich für eine Heißdampflokomotive mit tü = 350° und Speisewasservorwärmung durch Abdampf ein zu-sätzlicher Wärmeaufwand von 1,4 %; dies ist erträglich. Ohne Überhitzung und Vorwärmung kommt man allerdings auf 2,5 %. Jedenfalls darf man das Abschlammen nicht übertreiben.

Man muß sich auch darüber klar sein, daß der wärmewirtschaftliche Gewinn aus der Kessel-steinverhütung viel kleiner ist, als häufig, speziell in Firmenprospekten, behauptet wird; er bewegt sich im Betriebsdurchschnitt etwa zwischen 2 und 3 % bei einer Naßdampflokomotive und bloß zwischen 1 und 2 % bei Heißdampf, da verringerte Verdampfungsfähigkeit einen Rückgewinn durch höhere Überhitzung ergibt (diesbezügliche Versuche der DRB: 122). So starker Kesselsteinansatz, daß seine Verhütung nennenswert größere Wärmegewinne ergäbe, kann wegen Überhitzung von Boxblechen schon aus Sicherheitsgründen nicht zugelassen werden. So hatte z. B. auch in einer Gruppe von 2C2-Tenderlokomotiven der ÖBB im gleichen Dienst-plan der Direktion Linz die 78.622 als einzige ohne Innenaufbereitung des Wassers in den fünfziger Jahren stets den besten Kohlenverbrauch, was der anfänglichen Unglaubwürdigkeit wegen sorgfältig festgestellt wurde. Der Gewinn aus der Kesselsteinverhütung ergibt sich daher aus besserer Ausnützung der Lokomotiven und Ersparnis an Kesselreparaturen.

Daraus ersieht man, daß es im wechselvollen täglichen Betrieb nicht einfach ist, die Abschlammung richtig zu dosieren, und dasselbe gilt für den Chemikalienzusatz. Daher erlebten auch prominente Bahnen nach Einführung der Speisewasseraufbereitung zunächst erhebliche Enttäuschungen. Ein Beispiel von der London, Midland & Scottish Railway, später London Midland Region der BR, liefert E. S. Cox in seinem Buch (123), auf dessen einschlägigen Abschnitt ich in meinem Artikel (54) zusammenfassend hingewiesen habe. Nach acht Jahren des finanziellen Mißerfolgs mit nicht weniger als 158 Aufbereitungsanlagen sah man sich 1945 veranlaßt, bei den Amerikanern in die Schule zu gehen, und lernte dabei, mit welcher wissenschaftlicher und organisatorischer Präzision die Aufbereitung des Speise- und die Überwachung des Kesselwassers vorgenommen werden muß, um aus den erforderlichen Investitionen Nutzen zu ziehen. Dabei war hüben und drüben grundsätzlich die gleiche Aufbereitung mittels des altbekannten Kalk-Soda-Verfahrens benützt worden, aber in wichtigen Details war man in den USA voraus. Erstens war die durch den Wegfall des Kesselsteinüberzugs entstandene Korrosionsgefahr im Kessel durch relativ hohe Alkalität mittels einer größeren Dosis Soda verringert und durch Zusätze zur Bindung des im Wasser enthaltenen Sauerstoffs gebannt worden. Ferner beschränkte man sich nicht auf das in England geübte kontinuierliche Abschlammen, sondern ergänzte oder ersetzte es durch kräftige Abschlammstöße aus großen Ventilen nach genau festgelegten Plänen. Drittens wurde streng darauf geachtet, daß tatsächlich 99 bis 100 % des verwendeten Speisewassers aufbereitet waren, und schließlich wurde das Kesselwasser täglich vor Dienstantritt und am Dienstende chemisch untersucht, um keinerlei Mängel unbemerkt zu lassen. Auch in den USA gab es Nachlässigkeiten, doch jene Bahnen, auf denen die Regeln streng eingehalten wurden, wie die New York Central, Illinois Central, Chesapeake & Ohio und Union Pacific, hatten tatsächlich absolut reine Kessel, frei von sogenanntem Lochfraß und Flächenkorrosionen, wovon sich die britischen Delegationsmitglieder durch persönliche Inspektion überzeugen konnten (123, S. 163).

Kurz darauf nahm die Innenaufbereitung Aufschwung, bei der auf die kostspieligen stationären Anlagen verzichtet wird und die Chemikalien dem Tenderwasser beigegeben werden. Damit wurde im Grunde genommen auf die eingangs erwähnte älteste Methode zurückgegriffen, Kesselsteingegenmittel in den Tender zu werfen, aber in einer von der modernen Chemie geprägten Weise. Den Anfang dazu machte man 1939 in Frankreich nach dem T.I.A.-System = Traitement Interne Intégrale Armand, benannt nach seinem Erfinder, dem späteren Generaldirektor der SNCF, das dann bis zum Ende des dortigen Dampfbetriebs fast universell angewendet wurde. Inzwischen beschäftigte man sich damit auch in Italien, später in der BRD und der DDR sowie, natürlich, in den USA, wo schon 1939 ein Film mit Innenaufnahmen eines schäumenden Lokomotivkessels gezeigt worden war (124) und die National Aluminate Corporation in Chicago, kurz Nalco genannt, unter anderem auch den außerhalb der stationären Wasseraufbereitung noch bestehenden Markt eroberte.

Die DB begann mit der Innenaufbereitung zu Beginn der fünfziger Jahre unter dem Druck steigender Anforderungen an die Leistung der Schnellzuglokomotiven sowie des Mangels an stationären Aufbereitungsanlagen und knapper finanzieller Mittel. Über die Pannen, die es dabei gab, berichtet F. Witte in einem sehr instruktiven kritischen Artikel (125), der jedem an dem Thema Interessierten zum Studium empfohlen sei. Er kommt schließlich zu einem positiven Urteil, aber nur unter analogen Voraussetzungen, wie man sie in Amerika für den Erfolg einer hochintensiven Lokomotivausnützung mit wissenschaftlich aufbereitetem Speisewasser geschaffen hatte. Die Bekämpfung der erhöhten Korrosionsbereitschaft, des Schäumens und Spuckens mit seinen unter Umständen katastrophalen Folgen durch Wasserschlag und Wasserreißen, aber auch des schleichenden Verkrustens lebenswichtiger Einrichtungen wie Speiseapparate und Leitungen, erforderte mehrjährige Anstrengungen sowohl verschiedener Chemiefirmen als auch der DB. Die naheliegende Frage, wie die chemischen Reaktionen im Tenderwasser, das noch dazu aus verschiedenen Quellen in wechselnden Mengen ergänzt werden muß, mit der nötigen Regelmäßigkeit vor sich gehen sollen, löst die Nalco in sehr origineller Weise: die beiden Speiseapparate, hier als Injektoren 3 dargestellt, beliefern die üblichen Speisköpfe 4 und beziehen ihr Wasser über die durchhängend gezeichneten Kupplungsschläuche aus kurzen Leitungen im Tendertank über je eine Siebrose in Form einer Kugelkalotte. Der Chemikalienbehälter 1, samt seinen Akzessorien Nalco Feeder genannt, enthält die für das betreffende Rohwasser erforderlichen Zusätze in Form von je etwa 450 g schweren Kugeln; an seine unter Öffnung schließt eine Leitung an, mit je einem Zweig, der knapp über einer der beiden Siebrosen mündet. Ein kleiner Teil des von dem jeweils arbeitenden Speiseapparat gelieferten Wassers wird über Armaturen 2 mit kalibrierten Düsen und Rückschlagventilen in den oberen Teil des Behälters 1 gepumpt. Dadurch wird erreicht, daß der Chemikalienzusatz zum Wasser nur während des Speisens erfolgt, bei regelbarer Zufuhr proportional der eingebrachten Speisewassermenge; das Verschlammen des Tenderwassers wird verhütet und überdies das Ausfällen der Härtebildner durch einen chemischen Zusatz genügend verzögert, um die Speiseorgane vor Verkrustungen zu schützen.

Die Zusammensetzung der chemischen Zusätze, in obigem Fall der Nalco-Kugeln, ist zum Teil ebenso Firmengeheimnis wie in den vor mehr als einem Jahrhundert von Brosius und Koch gerügten Fällen — nunmehr jedoch von Wissenschaft und Praxis untermauert. Aber die Erforschung der für Hochleistungs-Dampflokomotiven erwünschten Speisewasserbehandlung und deren zufriedenstellende Durchführung gelang erst wenige Jahre vor dem Ende der Dampftraktion in den Industrieländern. Ergänzend seien noch einige deutsche Abhandlungen über einschlägige Probleme aus den Jahren 1952/59 angeführt (126, 127, 128), wenngleich sie zum Teil Kenntnisse aus der Chemie voraussetzen und manche wichtige Detailfrage unbeantwortet lassen. Dieses Kapitel ist von größter Bedeutung für alle, die heute und in Zukunft noch Dampflokomotiven betreiben, denn mit der Erhaltung des Stephensonkessels steht und fällt ihr Betrieb.

Die Dosierungseinrichtung der Nalco für die Chemikalienbeigabe zum Speisewasser von Lokomotiven mit Innenaufbereitung.

Prospekt

173

Speisewasservorwärmung mit Abdampf

Wenn bei einer Lokomotive von einem Speisewasservorwärmer schlechthin die Rede ist, wird darunter stets ein solcher verstanden, der einen Teil des Abdampfs der Lokomotivmaschine dazu verwendet. Dies ist insofern logisch, als die zweite Möglichkeit, die Heranziehung der Abgaswärme, trotz vieler Bemühungen nur ausnahmsweise Anwendung fand. Weiter vereinfacht, verstehen wir auch unter Vorwärmer ohne nähere Angaben stets einen Abdampf-Speisewasservorwärmer. Wir befassen uns zunächst mit diesem in seinen verschiedenen Erscheinungsformen.

Die geschichtliche Entwicklung geht weit zurück. Die 1792 gegründeten Neath Abbey Iron Works nördlich der Swansea-Bucht bauten 1829/37 etliche wenig bekannte Lokomotiven; zumindest deren erste, die SPEEDWELL, hatte zwei dem Kessel entlanglaufende Abdampfrohre mit langen, vom Speisewasser durchflossenen Mänteln (17, S. 208). Aber erst der erfindungsreiche J. Beattie der London & Southwestern Railway ging systematisch vor und versah 1856/78 fast alle Lokomotiven dieser Bahn mit seinem Abdampfvorwärmer, in dem Speisewasser und Dampf ebenfalls durch Wärmeaustauschflächen voneinander getrennt waren. Dies ist das Charakteristikum des Oberflächenvorwärmers, englisch closed type heater. Beatties Wärmeaustauscher sah originellerweise wie ein zweiter, kürzerer Rauchfang aus, der vor dem eigentlichen auf der Rauchkammer angebracht war (16, S. 99 und 114, und *The Loc.*, Okt. 1910). Nach Beatties Abgang wurden die Apparaturen sehr bald entfernt; zweifellos hat dazu die Erfindung des Injektors maßgebend beigetragen, der die Kesselspeisung nun ideal einfach gestaltete, aber nur relativ kühles Wasser fördern konnte, sodaß eine nennenswerte Vorwärmung unbedingt wieder eine mechanische Pumpe erforderte[1]. Mit Ausnahme einiger unbedeutender Versuche und eines kurzen Wiederauflebens ab 1904, als D. Drummond (1840–1912) auf der erwähnten Bahn neuerlich eine größere Zahl von Lokomotiven mit am Tender gelagerten Vorwärmertrommeln ausrüstete, fanden Abdampfvorwärmer in Großbritannien keine Verwendung mehr, außer in der Form des am Ende dieses Kapitels zu erwähnenden Abdampfinjektors, der wiederum in anderen Ländern wenig Zuspruch fand.

Über die Entwicklung in Deutschland und auf dem Kontinent berichtet der spätere Reichsbahndirektor G. Hammer (129) an Hand einer dem ersten deutschen Maschinenmeister (seine früheren Kollegen waren Engländer) Heinrich Kirchweger (1809–1899) patentierten und 1859 in die Personenzuglokomotive DIEMEL der Westfälischen Eisenbahn eingebauten Anlage. Bei dieser wurde ein vom Führerstand aus regelbarer Teil des Abdampfs direkt in den Tenderwasserkasten geleitet und zweckmäßigerweise für dauerndes Ausblasen von Öl und Verunreinigungen gesorgt. Dies war ein Vorläufer des modernen Mischvorwärmers, im Englischen open type heater genannt, mit Warmwasserspeicher. Das Tenderwasser soll bis nahe an die Siedetemperatur gebracht worden sein; jedenfalls bildete sich ein großer Teil des Kesselsteins im Tendertank. Auch diese Einrichtung entstand bereits 1853 und zeitigte, wie in obigem Bericht ausführlich dokumentiert wird, so ausgezeichnete wirtschaftliche Erfolge, daß die Einführung des Giffardschen Injektors um Jahre verzögert wurde, bis der Preußische Minister für Handel und Gewerbe weitere Vergleichsversuche anregte, deren Ergebnis 1867 in einer ministeriellen Aussendung an alle königlichen Eisenbahndirektionen erging mit der Empfehlung, der Injektorspeisung den Vorzug zu geben. Damit verschwanden Abdampfvorwärmer auch in Deutschland, bis zu Beginn unseres Jahrhunderts neues Interesse an der Speisewasservorwärmung auftauchte. Einen wichtigen Anstoß dazu lieferte Frederick H. Trevithick (ca. 1851–1931), ein Enkel des Erbauers der INVICTA, der bei den Ägyptischen Staatsbahnen, deren Chefingenieur er 1883 bis 1912 war,

---

1 Die Erwärmung des Speisewassers durch den mit Kesseldampf betriebenen Injektor bringt keinerlei Wärmeersparnis; es wird ja bloß eine dem Kessel entnommene Wärmemenge wieder in diesen zurückgeführt.

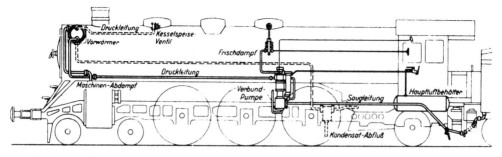

Typische Anordnung eines Knorr-Vorwärmers am Beispiel der deutschen Einheitslokomotive Baureihe 01 mit Verbundspeisepumpe Bauart Nielebock-Knorr. *(1)*

ab 1901 etliche Konstruktionen von Oberflächenvorwärmern verwirklichte (130, 131), wobei die erste Vorwärmstufe mit Abdampf beheizt wurde, während eine zweite, in Serie geschaltet, in der Rauchkammer untergebracht war, um mittels der Abgase höhere Temperaturen als 100° C zu erzielen. Auf der Mailänder Internationalen Ausstellung von 1906 zeigten Henschel & Sohn eine mit diesem System ausgerüstete Personenzuglokomotive für Ägypten, die zwar sehr günstige Ergebnisse brachte (129), aber in Europa vermutlich deswegen für einige Zeit keinen praktischen Widerhall fand, weil die Entwicklung der Heißdampflokomotive damals alle Aufmerksamkeit auf sich konzentrierte.

Immerhin, nach wenigen Jahren kommerziell unbefriedigender Bemühungen verschiedener Firmen, besonders seitens Caille-Potonie in Frankreich um 1908 und der Norddeutschen Armaturenfabrik in Bremen (später Atlas-Werke), die ab 1910 den im Schiffbau in großem Umfang erfolgreichen englischen Weir-Oberflächenvorwärmer lieferte, gelang 1912/13 in Deutschland der endgültige Durchbruch mit Hilfe der Verbesserungen, welche die Knorr-Bremse GmbH in Berlin in kürzester Zeit zustandebrachte. Sie waren durchwegs konstruktiver Natur, das alte Prinzip des Oberflächenvorwärmers blieb unberührt: in einer Trommel ovalen oder (später aus-

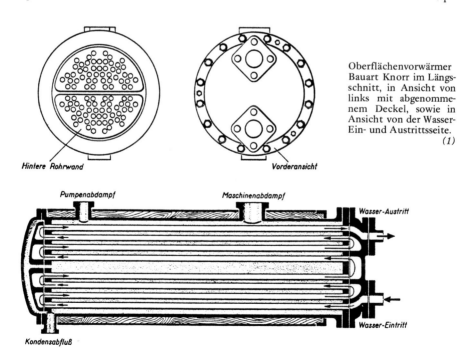

Oberflächenvorwärmer Bauart Knorr im Längsschnitt, in Ansicht von links mit abgenommenem Deckel, sowie in Ansicht von der Wasser-Ein- und Austrittsseite.

(1)

175

schließlich) kreisrunden Querschnitts umströmte der Abdampf ein Rohrbündel, durch welches das Speisewasser von einer Kolbenpumpe getrieben wurde, um anschließend direkt in den Speiskopf zu gelangen. Die Platzverhältnisse auf Lokomotiven, die Befestigung von Speisepumpe und Vorwärmertrommel an ziemlich elastischen und Erschütterungen ausgesetzten Teilen sowie die sich fortwährend ändernden Wärmespannungen im intermittierenden Betrieb bewirkten, daß in der 1913 als serienreif zum Einbau gekommenen Form des Knorrvorwärmers kein Bauteil des in Stabilanlagen und Schiffen so bewährten Weir-Systems unverändert beibehalten werden konnte. Knorr hatten außerordentlich schnell gearbeitet und 1916 waren bereits etwa 3 500 Vorwärmer im Betrieb oder in Auftrag.

Die Pumpe, deren Dampfzylinder und Steuerung denen der Druckluft-Bremspumpen glichen, konnte meist bequem seitlich des Kessels angeordnet werden, die Vorwärmertrommel an beliebiger Stelle des Laufblechs, eventuell unter dem Langkessel oder, bei Tenderlokomotiven, weniger ästhetisch oberhalb desselben, bis sie schließlich bei den deutschen Einheitslokomotiven ihre uns geläufige Querlage auf der Rauchkammer in einer Mulde vor dem Rauchfang fand. Die Trommel enthält Messingrohre von 22/19 mm Durchmesser; zwecks besseren Wärmeübergangs werden sie vom Wasser in vierfachem Hin- und Herlauf durchströmt. Auch der Abdampf der Hilfseinrichtungen wird zur Vorwärmung herangezogen. Die gleiche Trommelanordnung wählte die amerikanische Superheater Co. in New York für ihren Elesco getauften Vorwärmer; ihre Konkurrenz, die J. S. Coffin, Jr., Co. in Englewood, N. J., bog die Vorwärmerrohre halbkreisförmig und brachte sie in einem passend geformten Kasten unter, dessen Außenkontur jener der Rauchkammer glich und der nach dem Einschweißen einen integralen Bestandteil derselben bildete. Man vermied damit Ausdehnungsprobleme mit den Vorwärmerrohren und erzielte ein glattes Äußeres.

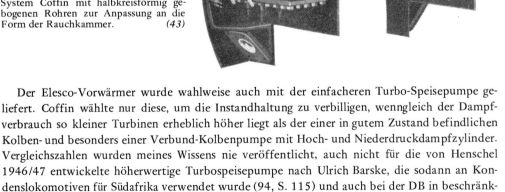

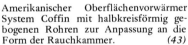
Amerikanischer Oberflächenvorwärmer System Coffin mit halbkreisförmig gebogenen Rohren zur Anpassung an die Form der Rauchkammer. *(43)*

Der Elesco-Vorwärmer wurde wahlweise auch mit der einfacheren Turbo-Speisepumpe geliefert. Coffin wählte nur diese, um die Instandhaltung zu verbilligen, wenngleich der Dampfverbrauch so kleiner Turbinen erheblich höher liegt als der einer in gutem Zustand befindlichen Kolben- und besonders einer Verbund-Kolbenpumpe mit Hoch- und Niederdruckdampfzylinder. Vergleichszahlen wurden meines Wissens nie veröffentlicht, auch nicht für die von Henschel 1946/47 entwickelte höherwertige Turbospeisepumpe nach Ulrich Barske, die sodann an Kondenslokomotiven für Südafrika verwendet wurde (94, S. 115) und auch bei der DB in beschränktem Umfang Eingang fand.

Amerikanischer Mischvorwärmer System Worthington in der Einblock-Ausführung Type BL-2 für eine Speiseleistung von 20 t/h. Rechts oben liegt der Dampfzylinder mit seinem Kolbenschieberkasten, darunter die Kaltwasserpumpe, die das Wasser über eine Sprühdüse in die links gelegene Mischkammer drückt; ganz links in der Mitte der Anschlußflansch für die Abdampfleitung und rechts unten die Warmwasserpumpe mit dem dahinter liegenden Anschluß für die Speiseleitung. *(43)*

Mit einem modernen Mischvorwärmer nach McBride kam die Worthington Pump & Machinery Corporation in den USA kurz vor 1920 heraus; er kennzeichnet grundsätzlich bereits die letzte Entwicklungsstufe. Da der Wärmeaustauscher mit seinem Rohrsystem entfällt, war es möglich, die Dampfpumpen für Kalt- und Heißwasser samt der Mischkammer in einem einzigen Aggregat zu vereinigen, das schon 1925 bis zu einer Kapazität von 36 t/h gebaut wurde, für die es noch an einer von der unteren Hälfte des Langkessels oder vom Rahmen auskragenden Konsole getragen werden konnte (20, Fotos Nr. 56 und 58). Als man aber bald Speiseleistungen bis zu 60 t/h verlangte, wurde die Blockbauart auf 20 t/h beschränkt und für größere Kapazität eine Trennung der Dampfpumpen von der Mischkammer vorgenommen, die wieder vorzugsweise vor dem Rauchfang untergebracht ist. Auch die Pumpen wurden voneinander räumlich getrennt: die Kaltwasserförderung, die nur einem geringen Druckunterschied unterliegt, besorgt eine Turbopumpe, das Speisen aber eine Dampfkolbenpumpe, wodurch guter Wirkungsgrad mit relativer Einfachheit erreicht wird.

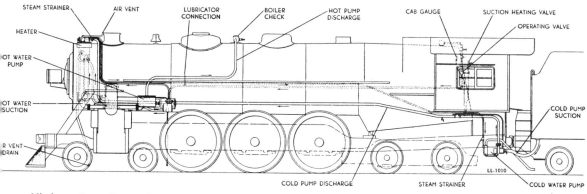

Mischvorwärmer Bauart SA von Worthington für Speiseleistungen zwischen 20 und 60 t/h mit getrennten Pumpen und Mischkammer vor dem Rauchfang. *(43)*

Auch in Österreich wurde das moderne Mischvorwärmerprinzip sehr bald verwirklicht; bereits 1922 und 1927 erschienen zwei bemerkenswerte Konstruktionen, die sogenannte Dabegpumpe und der Heinlvorwärmer, vereinfacht auch als Heinlpumpe bezeichnet. Sie werden als Produkte der *Ära nach Gölsdorf* in meinem Buch (26) beschrieben und daher hier nur kurz erwähnt. Wegen der Mischung des Abdampfs mit dem Speisewasser waren beide mit Dampfentölern eigener Konstruktion versehen, um Ölansatz an den Kesselheizflächen zu verhüten. Die Dabegpumpe war als Fahrpumpe mit dem Triebwerk gekoppelt, ihr spezifischer Dampfverbrauch war also praktisch gleich dem der Lokomotivmaschine. Im Mittel erfordert die Kesselspeisung sehr annähernd 0,4 % der Leistung der Lokomotivzylinder, also benötigte eine Dabegpumpe nur wenig über diesen Prozentsatz der Arbeitsdampfmenge, wogegen die in den zwanziger Jahren üblichen Einfachexpansions-Dampfpumpen das Zehnfache, die späteren Verbundpumpen immer noch das Fünffache an Dampf verbrauchten (132). Die BBÖ rüsteten damals den größten Teil ihrer Hauptbahnlokomotiven mit Dabegpumpen aus.

Der Heinlvorwärmer, der im Gesamtaufbau der Einblockausführung Type BL-2 von Worthington ähnelt, zeichnet sich, auf der Welt erstmalig, durch eine zweite Mischkammer aus, in welcher der Pumpenabdampf bei höherem Druck und der dazugehörigen Sattdampftemperatur kondensiert wird. Dazu ist außer dem Warmwasser-Pumpenzylinder noch ein Heißwasserzylinder nötig, dessen Kolben auf derselben Stange sitzt; ersterer drückt das bei atmosphärischem Druck z. B. 96⁰ C warme Wasser in die zweite Mischkammer, in der normalerweise eine um 15⁰ höhere Temperatur und sodann ein Druck von 1,51 ata herrscht, und von der aus das Heißwasser in den Kessel gepumpt wird. Diese Temperatursteigerung des Wassers entspricht dem gesamten Wärmeverbrauch des Pumpendampfzylinders abzüglich des Wärmeäquivalents der von ihm geleisteten Arbeit sowie der geringfügigen Wärmeverluste nach außen. Wenn nun der Pumpendampfverbrauch aus irgendwelchen Ursachen, z. B. einem Kolbenringbruch, steigt, dann geht der gesamte zusätzliche Wärmeverbrauch in der zweiten Vorwärmstufe in das Speisewasser und damit in den Kessel zurück; das Wasser wird nun beispielsweise auf 120 Grad erhitzt und nimmt in der Mischkammer einen Druck von 2,0 ata an. Ein Wärmeverlust tritt nicht ein.

Probeweiser Einbau eines Heinl-Zweistufen-Mischvorwärmers in der Reihe 42 der DRB, 1944.

Wenn hingegen der Pumpenabdampf eines einstufigen Vorwärmers, wie üblich, in die Mischkammer oder in die Oberflächen-Vorwärmertrommel geleitet wird, dann verdrängt dieser Dampf bloß eine thermisch äquivalente Menge von Maschinenabdampf, die durch das Blasrohr entweicht. Mit einem einstufigen Vorwärmer ist der Dampfverbrauch der Speisepumpe — ebenso wie der der Lichtmaschine oder der Bremspumpe für Druckluft oder Vakuum — voll als Aufwand in Rechnung zu stellen; führt man ihn ins Freie, dann muß allerdings der Blasrohrquerschnitt entsprechend der größeren Abzapfmenge aus der Auspuffleitung etwas verkleinert werden und es entsteht ein geringer Verlust durch etwas höheren Gegendruck auf die Kolben. Immerhin soll grundsätzlich jeder vermeidbare Verlust unterbunden werden.

Im Gegensatz zu der bei der Dabegpumpe sowie allen üblichen Vorwärmern bis lange nach dem Ersten Weltkrieg geübten Praxis wurde mit dem Heinlvorwärmer zunächst bei der 1931 herausgekommenen 2C2-Schnellzug-Tenderlokomotive Reihe 729 der BBÖ ein Warmwasserspeicher kombiniert, um auch bei Fahrt ohne Dampf eine gewisse, Abwärme enthaltende Wassermenge nachspeisen zu können und die erzielbare Ersparnis zu steigern. Der Effekt ist nur auf wechselvollen Strecken von Bedeutung, weshalb die Amerikaner durchwegs darauf verzichteten. Eine solche Konstruktion stellt auch der französische ACFI-Vorwärmer dar, der

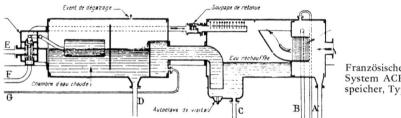

Französischer Mischvorwärmer System ACFI mit Heißwasserspeicher, Type RM Intégral.
(18)

in der deutschen Literatur zwar oft erwähnt, aber nicht ausreichend beschrieben wurde; auch Quelle (133) von 1930 läßt wichtige grundsätzliche Fragen im Zusammenhang mit der behaupteten Steigerung der Vorwärmtemperaturen auf über 100° C offen. Die Abbildungen zeigen die gewiß sinnreiche, jedoch recht komplizierte Konstruktion der seinerzeitigen Erbauerin des Caille-Potonié-Vorwärmers mit dem neuen Firmennamen l'Auxiliaire des Chemins de Fer et de l'industrie (ACFI). Der Abdampf tritt durch den rechts gelegenen Stutzen in die Vorkammer des Mischgefäßes ein und von dort durch den Entöler in den Mischraum. Der Entöler besteht aus versetzt hintereinandergestellten Winkeleisen, an denen sich Öl und Verunreinigungen festsetzen, um periodisch von oben und über den Ablaß A ausgewaschen zu werden. Ein Einbau im Mischgefäß lenkt den Dampf in den Bereich des aus dem Spritzrohr strömenden Kaltwassers. Am Sumpfboden sitzt ein Ablaßrohr C sowie eine Reinigungsluke. Das Warmwasser fließt durch das tief herabgezogene weite Rohr in den Speicherbehälter, seine Temperatur wird über die Meßleitung D angezeigt und nach Passieren eines Überlaufs nimmt es das durch den dargestellten Schwimmer kontrollierte Niveau an, solange die Maschine arbeitet. Steigt der Schwimmer, so wird das aus der Druckleitung E der Kaltwasserpumpe kommende Wasser durch die Leitung F retourniert, ebenso wie im Leerlauf bei arbeitender Speisepumpe. Der auch als Entgasungsraum bezeichnete Speicherbehälter und somit auch die Mischkammer sind mit der Außenluft bloß durch eine Bohrung von 2 bis 3 mm Durchmesser verbunden. Dadurch kann sich in den Behältern ein wesentlich höherer Druck aufbauen, wenn die Maschine angestrengt arbeitet und der Blasrohrdruck beispielsweise auf 0,6 bis 1 atü steigt, entsprechend einer maximalen Wassertemperatur von 113 bis 120° C bei einem Außendruck von 1 atü. Der Abdampf der Hilfsdampfverbraucher wird natürlich ebenfalls vor dem Ölabscheider eingeführt.

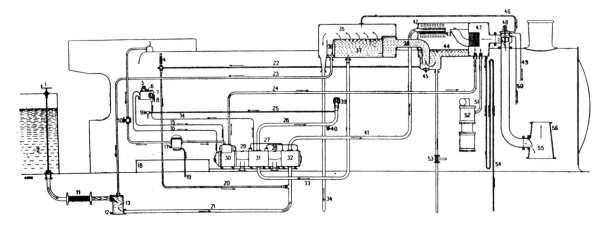

Typische Anordnung eines ACFI-Vorwärmers Type RM. *(13)*

In dieser Zeichnung ist die Gesamtanordnung auf einer Lokomotive mit einigen Änderungen am Vorwärmer dargestellt. Vor allem wird der Zustrom des Maschinenabdampfs von einem Ventil 48 geregelt, das durch die Leitung 46 mit dem Speicher verbunden ist und den Dampfzufluß bei zu hohem Speicherdruck drosselt, was allerdings mit einer hochwertigen Blasrohranlage und wirtschaftlicher Fahrweise kaum eintreten kann. Ein zu hoher Wasserstand im Speicher wird hier nicht durch einen Schwimmer vermieden, sondern einfach durch Überlaufen in die Kammer 38 und Rücklauf des Überschußwassers in die Kaltwasserleitung 21 über den Topf 13. Das Entlüften des Speichers erfolgt über die hier nach unten führende Leitung 34. Die Vorwärmerausführung Type Intégral ist die neuere; daß an den Pumpendampfzylinder 30 die Warmwasserpumpe 31 und die Kaltwasserpumpe 32 anschließt, erhellt aus dem Verlauf der Leitungen. In Beschreibungen wird erwähnt, daß schon vor 1930 der Versuch gemacht wurde, bei Verbundlokomotiven höhere Vorwärmung durch Dampfentnahme aus dem sogenannten Verbinder zwischen Hoch- und Niederdruckzylindern zu erzielen; ohne einen weiteren Heißwasserzylinder wie beim Heinlvorwärmer könnte dies jedoch kein nennenswertes Resultat bringen.

In Berichten über Versuchsresultate mit Speisewasservorwärmern, auch schon in Quelle (129) aus dem Jahre 1916, wimmelt es von Kohlenersparniszahlen zwischen 4 und 25 %. Die untere Grenze gilt für Vorort- oder Lokalbahnbetrieb mit vielen Haltestellen, sodaß man entweder häufig mit dem Injektor speisen oder Abblasen der Sicherheitsventile in Kauf nehmen muß, wenn man nicht mit stark schwankendem Kesseldruck fahren will, was dem Material nicht gut tut. Die obere Grenze konnte in Spezialfällen erreicht werden, wenn die vorwärmerlose Vergleichslokomotive sehr nahe an ihrer Kesselgrenze arbeitete, sagen wir mit einer Rostbeanspruchung von mindestens 600 kg/m²h, und man peinlichst darauf achtet, die ohne Vorwärmer gefahrenen Geschwindigkeiten und Leistungen nicht zu überschreiten. Eine so hohe Gesamtersparnis ist daher sehr prekär und selten zu verwirklichen; sie resultiert bloß etwa zur Hälfte aus der Senkung des Wärmeaufwands durch die Speisewasservorwärmung, die andere Hälfte liefert hauptsächlich der höhere Kesselwirkungsgrad, der sich bei Herabsetzung der Rostbeanspruchung nahe der Kesselgrenze stark auswirkt. Auch der um etwa 20 % kleinere Gegendruck infolge der Dampfentnahme vor dem Blasrohr kommt im Grenzleistungsgebiet mehr zur Geltung. Die größte Ersparnis ergibt sich bei Naßdampf, denn wie ich erläutert habe (20, S. 28), senkt ein Vorwärmer die Heißdampftemperatur.

Was bei einer gut ausgelasteten Lokomotive während der Beharrungsfahrt an Kohlenersparnis erzielbar ist, folgt primär aus dem geringeren Wärmeaufwand für die Dampferzeugung. Wir denken dabei nicht an eine Lokomotive, die früher keinen Vorwärmer hatte, sondern an eine mit solchen Kesselproportionen, daß wir trotz Vorwärmung die gewünschte Überhitzung, bei mittlerem Arbeiten 380°, erzielen, und führen die Rechnung zudem auch noch für eine Naßdampflokomotive durch, deren Frischdampf 2 % Feuchtigkeit enthält, in beiden Fällen für 16 atü Kesseldruck.

Die Zahlen bedeuten die Wärmeinhalte in kcal/kg, jeweils in der linken Spalte ohne, in der rechten mit Vorwärmer:

Heißdampf	767	767	Naßdampf	654	654
Speisewasser *	10	95		10	95
Zuzuführende Wärmemenge	757	672		644	559
Minderbedarf an Wärme		11 %			13 %

* zahlenmäßig gleich der Speisewassertemperatur.

Diese potentielle Wärmeersparnis verringert sich um den Dampfverbrauch der Speisepumpe (der des ansonsten verwendeten Injektors geht ja wieder in den Kessel zurück), im Betriebsdurchschnitt für die Einzylinderbauart 4 %, für die Verbundbauart 2 %. Im intermittierenden Betrieb, wo diverse Belastungsgrade mit Leerfahrten und Stehzeiten abwechseln, verbleibt nach deutschen Untersuchungen von 1935/36 (132) mit dem voll ausgereiften Knorrvorwärmer eine Kohlenersparnis von 6 bis 7 %; österreichische Statistiken ergaben in den fünfziger Jahren für den Heinlvorwärmer 8 %, in guter Übereinstimmung mit der durch das Zweistufenprinzip zu erwartenden Verbesserung.

Obwohl in den USA Einfachheit der Konstruktion stets im Vordergrund stand, gehörte ein Abdampfvorwärmer an Neubaulokomotiven für Streckendienst seit der Mitte der zwanziger Jahre zur Standardausrüstung. Im Jahre 1920 mit Null beginnend, war die Anzahl der Vorwärmer Mitte 1937 auf 9700 gestiegen, aber Einbauten in bestehende vorwärmerlose Lokomotiven hielten sich in sehr engen Grenzen. Dieser Umstand erinnert mich an ein Gespräch mit einem an sich sehr versierten und zweifellos wohlmeinenden Beamten der ÖBB um 1954, als ich im Begriffe war, ein Großprogramm für die Installierung meines Flachejektors zur Vorlage an die Maschinendirektion auszuarbeiten. Gewiß mit innerer Überzeugung meinte mein Gesprächspartner, ich solle mir keine großen Hoffnungen machen, denn selbst mit Vorwärmern, also einer Einrichtung, um deren Rentabilität jedermann wisse, seien bei uns nur wenige Prozent der Lokomotiven ausgerüstet — meine Sache aber habe ja erst den Probebetrieb hinter sich gebracht! Die Argumentation war nicht so ohneweiters von der Hand zu weisen, doch wußte ich, daß der Einbau meines Ejektors in jedem Heizhaus mit 45 bis 60 Mannstunden vorgenommen werden konnte, der einer Vorwärmeranlage jedoch nur in einer Hauptwerkstätte möglich war, und so erkundigte ich mich in Floridsdorf über den Arbeitsumfang; er betrug ca. 1000 Mannstunden bei mindestens zwei Wochen Stehzeit für die Lokomotive! Damit fiel ein im ersten Moment bestechendes Urteil in sich zusammen. Die 2D-Schnellzug-Reihe 33 auf der Südbahn erhielt angesichts ihres angestrengten Dienstes bevorzugt Heinlvorwärmer und auch Ejektoren, aber in der weiteren Verbreitung erlangten diese einen vielfachen Vorsprung.

Im Weltmaßstab blieb die Anwendung des Abdampfvorwärmers auch an Neubaulokomotiven hinter jenen Erwartungen weit zurück, die G. Hammer in seinem Artikel (129) von 1916 zum Ausdruck brachte, den er mit den Worten beschloß: *Die großen Vorteile der Speisewasservorwärmung durch Abdampf, denen keine nennenswerten Unkosten gegenüberstehen* (? d. V.), *werden dazu führen, daß in absehbarer Zeit wohl keine Lokomotive, sei es für Voll- oder für Kleinbahnen, noch ohne Einrichtung zur Vorwärmung gebaut werden wird.* Tatsächlich aber konnte sich der Vorwärmer auch auf Hauptbahn-Streckenlokomotiven nur in wenigen hochindustrialisierten Ländern voll durchsetzen, und dies erst in den letzten zweieinhalb bis vier Jahrzehnten ihres Dampflokomotivbaus.

Angesichts des bewährten, hochwertigen und doch einfachen Heinlvorwärmers war es wohl unrealistisch, noch nach 1950 sowohl in der BRD als auch in der DDR neue, aber keineswegs grundsätzliche Fortschritte bringende Mischvorwärmerkonstruktionen zu schaffen, sodaß in den letzten Jahren des Traktionswandels auf der DB als Folge ihrer Entwicklungswünsche neben dem konventionellen Knorrvorwärmer mindestens fünf Bauarten bestanden: die von Henschel, gleich in drei Varianten allein für Schlepptenderlokomotiven (1, S. 216), eine modifizierte Heinlanlage von Knorr (1, S. 218) und eine daraus hervorgegangene Knorranlage mit Fortfall der Heinlschen Heißwasserstufe. Entwicklungsprobleme schildert R. Roosen anschaulich (94, S. 147). Der im wesentlichen konventionelle ostdeutsche Mischvorwärmer mit Speicher wird in Quelle (49, S. 249) beschrieben.

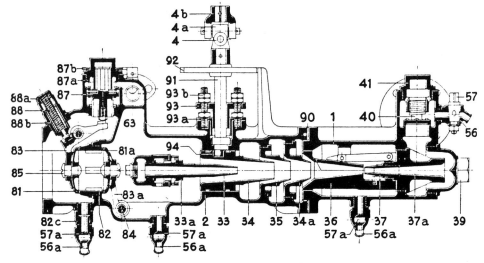

Friedmannscher Abdampfinjektor Klasse LF, Größen V/5 bis X/11 für größte Liefermengen von 2,5 bis 12 m3/h, jeweils auf 60 % der maximalen herabregulierbar. *Friedmann-Prospekt von 1941*

Der Abdampfinjektor beruht auf dem kühnen Gedanken, die Pumparbeit für das Einspeisen des Wassers gegen den Überdruck im Kessel mittels Abdampfs aufzubringen, dessen Spannung doch bloß einen kleinen Bruchteil beträgt. Die Lösung der Aufgabe gelang nur mittels eines Kompromisses — ganz ohne Frischdampf ging die Chose nicht, doch es gelang Davies & Metcalfe schon vor 1900, einen in der englischen Heimat zu Ehre gekommenen Doppelinjektor zu bauen, dessen erster Teil einen Wasserdruck von 3,5 atü mittels Abdampfs zustandebrachte, während der zweite die weitere Drucksteigerung mit Frischdampf besorgte (50, S. 96, sowie Ausgabe 1904 von Quelle 18). Für die moderne Version von etwa 1920 nahm die Wiener Firma Alex. Friedmann eine Lizenz. Langsames Betätigen des Anlaßventils bewirkt zunächst die Frischdampfströmung durch die Düse 33 und dann das Öffnen der Zufuhrklappe 81 für den Maschinenabdampf. Dieser öffnet sich selbst die Rückschlagklappe 81a, strömt durch die Haupt-Abdampfdüse 34 und über eine Umführung in die Zusatzdüse 34a, während das außerhalb der Zeichenebene gelegene Wasserventil den Wasserzustrom durch Schwerkraft zur Saugdüse 35 und zur Mischdüse 36 öffnet. Im übrigen verläuft der Arbeitsprozeß wie bei jedem Injektor, doch wird für Anpassung der Fördermenge an den Dampf- und damit den Speisewasserbedarf durch Verschieben der Düse 34 gesorgt, indem ein Verkleinern des Ringquerschnitts zwischen den Düsen 34 und 35 den Wasserzustrom zu drosseln gestattet. Wenn kein Abdampf verfügbar ist, arbeitet der Injektor ausschließlich mit Frischdampf und erhält ungedrosselten durch die Düse 33, wogegen gedrosselter einem Kranz von Bohrungen rund um dieselbe bei 33a zugeführt wird und die Abdampfdüsen beaufschlagt.

Der Abdampfinjektor erzielte seine besten Verkaufserfolge in den frühen zwanziger Jahren. Nach einer Aufstellung von Davies & Metcalfe in einem Friedmann-Prospekt waren auf der Welt bis April 1925 etwas über 6400 Stück bestellt worden, um 1300 mehr als bis Ende 1923; die entsprechenden Zahlen für Großbritannien von 4200 bzw. 3880 zeigen, daß dort schon eine gewisse Sättigung eingetreten war. In Deutschland fand der Abdampfinjektor keinen Eingang, in den USA gab es 1924 die ersten 24, dann kam 1925/26 ein Zuwachs auf 362, der sich aber in diesem Ausmaß nicht wiederholte, und 1937 gab es dort einschließlich erteilter Bestellungen 1170 Abdampfinjektoren, das waren 10,6 % aller Abdampfvorwärmer (134). Einige weitere Angaben enthält Quelle (26, S. 262/63).

Zweifellos eine geniale Erfindung und Entwicklung, lebte der Abdampfinjektor doch naturgemäß von hohem Gegendruck und konnte mit der Verbesserung der Blasrohranlagen in den letzten drei Jahrzehnten des Dampflokomotivbaus mit keinen eindrucksvollen Ergebnissen aufwarten. Merkwürdig ist, daß sich meines Wissens niemand der allerdings recht mühevollen und auch kostspieligen Aufgabe unterzog, die Abdampf- und Frischdampfmengen für maßgebende Speiseleistungen und Blasrohrdrücke zuverlässig festzustellen; jedenfalls fehlen Veröffentlichungen darüber. Wenn ich für die mit einem Abdampfinjektor zu erwartende Steigerung der Nenndampfleistung eines Kessels acht Prozent einsetzte (20, S. 26), so geschah dies mit Rücksicht auf konventionelle Blasrohranlagen. Bei hochwertigen muß man mit einem kleineren Effekt rechnen, ist aber auf Schätzungen angewiesen, und im Durchschnittsbetrieb gibt der Abdampfinjektor auch mit einer konventionellen Blasrohranlage unter europäischen Verhältnissen wohl selten mehr als 3 % Kohlenersparnis, zumal er nicht mit einem Warmwasserspeicher kombiniert werden kann und bei kleiner Lokomotivleistung ausschließlich mit Frischdampf arbeitet. Seine Einfachheit aber war und bleibt bestechend.

Die FS-Lokomotiven 743.283 (mit Franco-Crosti-Kessel) und 740.187 (mit Normalkessel) am Lago di S. Croce, Venetien, im April 1977. In den Jahren 1941 bis 1953 erhielten 95 der langlebigen, von 1911 an gebauten 1D-Lokomotiven Reihe 740 Vorwärmer nach dem System Franco-Crosti und dabei die Serienbezeichnung 743 bei gleichgebliebenen Ordnungsnummern.
Foto F. Deliotti

Speisewasservorwärmung mit Abgasen

Die Ausnützung der Abgase des Kessels, also der Rauchkammergase, zur Vorwärmung des Speisewassers ist noch viel älter als der Abdampfvorwärmer, hatte doch George Stephenson seine erste Killingworth-Lokomotive BLUCHER vom Juli 1814 mit einer den Rauchfang-Unterteil umgebenden Kammer versehen, in der das Wasser erwärmt wurde (17, S. 106). Die Heizfläche wurde durch die sehr heißen Abgase aus dem unwirtschaftlichen Flammrohrkessel aufgewertet, sowie auch durch die langen Arbeitspausen, in denen das Wasser reichlich Zeit zu erheblicher Erhitzung hatte. Aber für den Betrieb auf öffentlichen Eisenbahnen war die Wirksamkeit viel zu gering; es verlautet nichts mehr über Abgasvorwärmer, bis Petiet 1867 eine zweite Serie seiner berühmten CCt-Lokomotiven mit einem schon akzeptablen Röhrenvorwärmer bauen ließ, dessen gasbespülte Fläche ein Achtel der Verdampfungsheizfläche betrug, doch der Krieg von 1870/71 und sein Tod machten seine Pläne zunichte (20, S. 46). Dann war es auf diesem schwierigen Gebiet wieder fast vier Jahrzehnte lang still; über neuere Bemühungen bringt mein Buch (26) einige Angaben — sie waren samt und sonders letzten Endes erfolglos, denn auch voll betriebstüchtige Konstruktionen brachten es nicht zu einer Dauerverwendung auf wenigstens einem Dutzend Lokomotiven, und selbst eine Vorwärmfläche von einem Fünftel der Verdampfungsheizfläche, die man noch in der Rauchkammer unterbringen konnte, ergab im Durchschnittsbetrieb eine Wassererwärmung um kaum 40° C, wenn kein Abdampfvorwärmer vorgeschaltet war, das Wasser vom Injektor mit etwa 65° in den Vorwärmer geliefert und dadurch das größtmögliche Temperaturgefälle ausgenützt wurde.

Einen bedeutenden Vorwärmeffekt erzielte lediglich das letzte Konstruktionsprinzip, das des Italieners Attilio Franco (1873—1936), der seinen Röhrenvorwärmer in vom Stephensonschen Kessel völlig getrennten, mehrere Meter langen Trommeln unterbrachte und so Wärmeaustauschflächen in der Größenordnung der gesamten Verdampfungsheizfläche verwirklichen konnte. Dadurch kam endlich eine hohe Vorwärmung zustande. Die Wassertemperatur stieg z.B. bei Injektorspeisung und guter Auslastung um 100° C bei 220° Rauchgasabkühlung im Vorwärmer, wobei zu bemerken ist, daß die Zunahme der Wassertemperatur aus wärmetechnischen Gründen zwischen 45 und 50 % der Abnahme der Rauchgastemperatur betragen muß, der höhere Wert für Verfeuerung geringerwertiger Kohle, die pro Wärmeeinheit mehr Luft erfordert.

Eine der fünf Schnellzuglokomotiven Reihe 685 der Italienischen Staatsbahnen, die im Jahre 1940 auf Franco-Crosti-Kessel umgebaut wurden.   *Prospekt von ca. 1948*

Die 1D-Reihe 743 zeigt das Foto auf Seite 183.

Franco erlebte bloß seine aufsehenerregende, technisch gelungene, aber wegen ihrer Monstrosität vereinzelt gebliebene dreiteilige (C1)1B1B1(1C)t, eine 250-t-Maschine mit Doppelkessel und zwei Vorwärmern, 1932 von der damals bekannten belgischen Lokomotivfabrik in Tubize unweit von Brüssel gebaut. Sie wurde auf der schwierigen Strecke nach Luxemburg mit Erfolg erprobt, 1935 noch auf der Brüsseler Weltausstellung gezeigt, danach aber verschrottet. Um diese Zeit, kurz vor Francos Tod, begann in Italien der Umbau der bekannten 'rückwärtsfahrenden' 2C-Lokomotiven schon unter Mitwirkung von Piero Crosti (1885–1968) und damit ein sich auf zwei Jahrzehnte erstreckendes Geschäft für die ca. 1926 gegründete Società Anonima Locomotive a Vapore Franco in Mailand, die in Italien 144, in der BRD 33, in anderen Ländern aber nur ganz wenige Umbauten bestehender Lokomotiven oder Neubauten durchsetzen konnte.

Diese Entwicklung hat W. Messerschmidt im *LOK-Magazin* (135) ausführlich behandelt; seinem Literaturverzeichnis wäre noch der offizielle Bericht über die Versuchsergebnisse der DB von 1953 hinzuzufügen (136). So seien hier bloß noch einige Bemerkungen an Hand der beigefügten Abbildung gemacht. Sie zeigt die italienische Normalform einer Franco-Crosti-Lokomotive mit zwei beiderseits des Stephenson-Langkessels angeordneten Vorwärmertrommeln, in welche dessen Abgase vorn eintreten und nach Durchströmen der Rohrbündel von je einer rechts und links gelegenen Blasrohranlage mit flachem Rauchfang abgesaugt werden. Wenn man von den Problemen absieht, welche chemische Angriffe durch die unter ihren Taupunkt abgekühlten, meist schwefelhältigen Rauchgase sowie der Sauerstoff-Lochfraß auf der Wasserseite des Vorwärmers infolge stagnierender Strömung brachten, denen man mit freilich ersparnisminderndem Aufwand begegnen kann, ist die Konstruktion als einwandfrei zu bezeichnen. Die Kohlenersparnis einer Umbaulokomotive, deren Überhitzer und Kesselrohre zur Erzielung gleicher Heißdampftemperaturen neu bemessen wurden und die ebenso wie die Vergleichsart einen Abdampfvorwärmer besitzt, konnte im Durchschnittsbetrieb bei guter Auslastung ehrliche 8 oder 9 % betragen, was sich bei der DB gezeigt hat, wo die 1E-Lokomotiven mit der Reihenbezeichnung 50.40 die neue konstruktive Lösung mit einer einzigen, unter dem höhergelegten Rundkessel angeordneten Trommel und einem linksseitigen Rauchfang erhielten, dessen Auspuff allerdings, wie auch bei früheren Ausführungen, bei geringer Last oft Personal und Reisende belästigte.

Der Mißerfolg eines groß angelegten Versuchs mit zehn 1E-Neubaulokomotiven der Klasse 9F bei den Britischen Eisenbahnen im Jahre 1955 war unter anderem in der mäßigen Dampfleistung von 7200 kg/h begründet, die als Vergleichsbasis vorgeschrieben wurde, wobei sich die Franco-Gesellschaft und mit ihr Professor Crosti unverständlicherweise auf eine Kohlenersparnis von 18 % und ein Minimum von 12 % festlegte, auf solcher Basis völlig undenkbar. Die Maschinen wurden nach etwa vier Jahren auf Normalkessel umgebaut.

Als ich 1950 von meinem dreijährigen Amerikaaufenthalt zurückgekehrt war, hatte mir A. Demmer ein Paket Unterlagen der Franco-Gesellschaft übergeben, die einen Vertreter in Österreich suchte. Obwohl es für mich verlockend gewesen wäre, die plumpen, flachgedrückten Ofenröhren, die man in Italien verwendete, durch meinen Flachejektor zu ersetzen, lehnte ich die Vertretung ab, denn ich sah keine Geschäftschancen für so kostspielige Umbauten. Die Erfahrungen der DB und der BR haben dies bestätigt.

Überhitzer

Als die Firma R. & W. Hawthorn in Newcastle 1839 das offenbar erste Patent auf einen Lokomotivüberhitzer erhielt, hatte sie bereits acht Jahre lang Lokomotivbau betrieben. Abgesehen von zu erwartenden Unbequemlichkeiten bei Reparaturen in der Enge der damaligen britischen Rauchkammern, zeugte die Konstruktion von einigem Gefühl für das Erfordernis

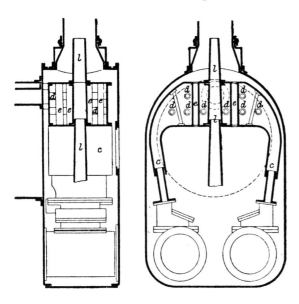

Rauchkammerüberhitzer für Lokomotiven von R. u. W. Hawthorn in Newcastle, britisches Patent Nr. 8277 vom 21. November 1839. *(137)*

einer ziemlich großen Heizfläche und − erstaunlich für die damalige Zeit − hoher Strömungsgeschwindigkeiten; möglicherweise hatte man dabei auch schon die grundsätzlichen Vorzüge der seit 1831 von R. Stephenson verwendeten engen Heizrohre von nur 37 mm Lichtdurchmesser beachtet. Obwohl der thermische Nutzen der Dampfüberhitzung an Stabilanlagen bereits 1832 demonstriert worden war, blieb Hawthorns Erfindung wohl auf dem Papier, denn andernfalls hätte E. L. Ahrons (16) gewiß darüber berichtet.

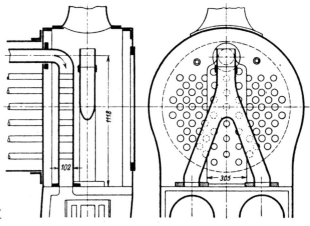

Rauchkammerüberhitzer von J. E. McConnell nach dem britischen Patent Nr. 14182 vom 24. Juni 1852.
(137)

Tatsächlich ausgeführt wurde hingegen 1852 die Konstruktion von J. E. McConnell, dem wir bei den Feuerbüchsen begegnet sind. Er erfand ebenfalls einen Rauchkammerüberhitzer, doch zeigt der Querschnitt, daß die von wenigen Rauchgasrohren durchsetzte, vom Arbeitsdampf durchflossene Überhitzerkammer viel zu klein geraten war. An sich machte diese Idee Schule in etlichen Formen und noch in den letzten zwei Jahrzehnten des vergangenen Jahrhunderts tauchten derartige Kammern in größeren Dimensionen auf, meist nur als Vorschläge und in Patentschriften, aber 1899 legte Sir John Aspinall (1851—1937), ein fruchtbarer Lokomotivkonstrukteur und damals schon Generaldirektor der Lancashire & Yorkshire Railway, eine große Überhitzertrommel in die Rauchkammer, die deren Querschnitt ganz ausfüllte, von mit den Kesselrohren fluchtenden Heizrohren durchzogen und von einer vorderen sowie einer hinteren Rohrwand begrenzt war. Man benötigte einen erheblichen Abstand zwischen letzterer und der Kessel-(Rauchkammer-)Rohrwand, um in die so entstandene Zwischenrauchkammer zwecks Nachwalzens der Heizrohre und für Reinigungsarbeiten einsteigen zu können. Der mit solchen Konstruktionen verbundene Aufwand, auch an Gewicht und totem Raum, führte zur

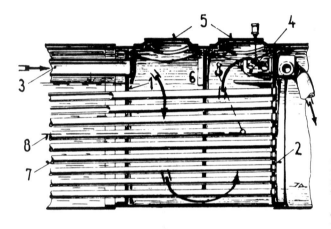

Gölsdorf-Clench-Überhitzer der k. k. österreichischen Staatsbahnen. Die Welle des Schieberreglers 4 ragt seitlich aus dem vorderen Langkesselschuß heraus. In die Zwischenrohrwand sind die Heizrohre eingewalzt, die Führungswand 6 durchtreten sie mit kleinem Spiel.
J. Bek: *Atlas Lokomotivy*, Band 3 (1900 bis 1918), Prag, 1978

Erfindung des Clench-Überhitzers von 1891, der 1904 von Gölsdorf aufgegriffen und bis 1908 in einige seiner Typen eingebaut wurde; er ging eigentlich auf ein vergessenes Patent des Amerikaners Benjamin Crawford aus 1863 zurück und bestand im Einbau einer Zwischenrauchkammer, etwa einen Meter hinter der Rauchkammerrohrwand, in welche die Heizrohre mittels langer Rohrwalzvorrichtungen ebenfalls eingewalzt wurden. Die so gebildete Kammer war hinten durch ein weites offenes Rohr mit dem Dampfraum des Kessels verbunden, die Dampfentnahme für die Maschine erfolgte an ihrem vorderen Ende; eine oder mehrere vertikale Führungswände bewirkten einen Zickzackkurs des Dampfs und eine bessere Wärmeübertragung. Die Einrichtung war einfach, erzielte aber außer der Trocknung bloß eine Dampfüberhitzung von 30 bis 40° C, daher wird meist vom Crawford-Clench oder Gölsdorf-Clench Dampftrockner anstatt Überhitzer gesprochen und für Bauartkennzeichnung das Symbol t anstelle des Symbols h verwendet, das für Heißdampf steht. Gölsdorf begründete sein Interesse an dieser Einrichtung mit den damals noch nicht ausgereiften Überhitzerkonstruktionen und der Notwendigkeit, Stopfbüchsen und Schieber für die Dampfverteilung im Zylinder neu durchzubilden, um höheren Temperaturen gewachsen zu sein; er verhielt sich daher bis 1908 abwartend.

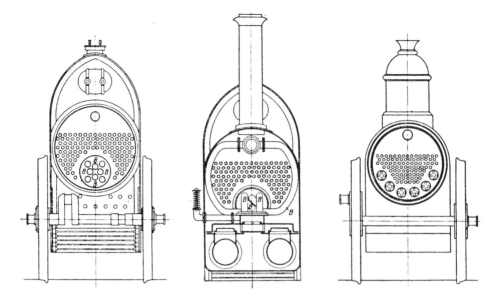

Querschnitte durch Lokomotiven mit Überhitzern in Langkesselrohren nach französischen Patenten von de Quillacq und Monchenil von 1849/50: Unterbringung in einem großen Flammrohr oder in mehreren sogenannten Rauchrohren (rechts).   (137)

Um 1850 weit ihrer Zeit voraus waren hingegen die französischen Ingenieure de Quillacq und Monchenil mit ihren in Kesselrohren untergebrachten Überhitzerschlangen entweder in einem Flammrohr großen Durchmessers oder in mehreren Rohren mittlerer Weite. Damit war die Möglichkeit gegeben, die Überhitzerheizfläche bis in beliebig heiße Zonen zu verlegen. Der hier nicht wiedergegebene Längsschnitt zeigt sie auch bis zur Boxrohrwand reichend. Solche Kühnheit mußte damals zum Verhängnis werden, aber diese Konstruktionen waren die verblüffend ähnlichen Vorläufer des Flammrohrüberhitzers von Wilhelm Schmidt aus dem Jahre 1898, bzw. dessen Rauchrohrüberhitzers vom folgenden Jahr, der die Welt eroberte.

Wir wollen uns bloß mit den letzten Bauformen befassen. Die umfangreiche Geschichte wurde vor allem in drei Werken (137, 138, 139) geschildert, die eindrucksvoll zeigen, welche Mißgriffe zwischen den genannten Anfangs- und Endentwicklungen lagen. In der sich über fünf Zeitschriftjahrgänge erstreckenden Darstellung (138) ist bei aller Hochschätzung des großen Fleißes des Verfassers an einigen Stellen vor Fehlern zu warnen, mehr noch vor durch den damaligen Wissensstand bedingten Fehlurteilen. Die in den abschließenden Fortsetzungen gebrachte umfangreiche Anführung von Versuchsergebnissen enthält — wie könnte es anders sein — einen guten Teil unwahrscheinlicher, propagandistisch aufgezäumter Ergebnisse ohne nähere Angaben über ihre Entstehung. Dies ist ein weitverbreitetes Übel, auch in der technischen Literatur.

Warum Heißdampf von angemessen hoher Temperatur wesentlich wirtschaftlicher ist als Naßdampf, läßt sich in großen Zügen leicht erklären; für den zahlenmäßigen Gewinn aber brauchen wir einwandfreie Versuchsdaten, wie sie in zuverlässiger, wissenschaftlich verarbeiteter Form speziell seit den fünfziger Jahren zur Verfügung stehen, als auch die Proportionen der Dampfmaschine einen gewissen internationalen Standard aufwiesen. Zum Verständnis betrachten wir einen Kubikmeter Dampf von 15 atü, der in einem Lokomotivzylinder Arbeit leistet. Er wiegt laut Dampftafel 7,91 kg in trocken gesättigtem Zustand; als Heißdampf von bescheidenen 300° C, wie in der Anfangszeit der Heißdampflokomotive, wiegt er 6,15 kg, bei 400° nur mehr 5,15 kg; gewichtsmäßig brauchen wir also vom 300gradigen Dampf um 22 %, vom 400gradigen sogar um 35 % weniger. Natürlich benötigen wir zur Erzeugung des Heißdampfs mehr Brennstoff; rechnen wir ohne Vorwärmer ab 10° C Speisewassertemperatur, dann müssen wir pro kg Sattdampf wieder laut Dampftafel 657 Kalorien (kcal) zuführen, für obige Heißdampfqualitäten 716 bzw. 767, also um 9 % bzw. 17 % mehr, was unsere Ersparnis auf 15 % bzw. 24 % drückt (man darf ja Prozente nicht addieren oder subtrahieren, sondern muß stets ordnungsgemäß multiplizieren). Übrigens, wenn wir mit Speisewasservorwärmung auf 95° arbeiten, werden die Ersparnisse durch Überhitzung geringer: sie sinken auf 13 bzw. 21 % − ein Beispiel für die Wechselwirkungen zwischen verschiedenen Maßnahmen, die manchmal vergessen werden.

Wir müssen jedoch gleich hinzufügen, daß uns obige Rechnungen bloß eine Idee von den Einflüssen des Heißdampfs auf den Wärmeverbrauch geben; es gibt noch weitere Aspekte: der wichtigste von ihnen ist ein sehr positiver, denn bei obigen Temperaturen leistet der Dampf fast bzw. tatsächlich seine ganze Arbeit im Zylinder im überhitzten, ohne Überhitzung jedoch im nassen Zustand. Die bei Naßdampflokomotiven auftretenden Niederschlagsverluste durch Abkühlung an den Wänden der Dampfmaschine steigern den Dampfverbrauch um mindestens ein Viertel, wogegen die geringe Wärmeleitung des trockenen Heißdampfs den Wärmeaustausch und damit die Verluste radikal reduziert. Deswegen ist der wahre prozentuelle Gewinn erheblich größer als der rechnungsmäßige, auch wenn man nach den strengen Gesetzen der Thermodynamik rechnet, auf die ich hier nicht eingehen kann. Die Anwendung des Heißdampfs brachte den größten wirtschaftlichen Fortschritt im Dampflokomotivbau. Für erstklassig durchgebildete Lokomotiven mit konventioneller Steuerung der Dampfverteilung in den Zylindern sind die für verschiedene Zustände des Eintrittsdampfs geltenden Verbrauchszahlen in *Lokomotiv-Athleten* (20, S. 29 bis 32) zu finden.

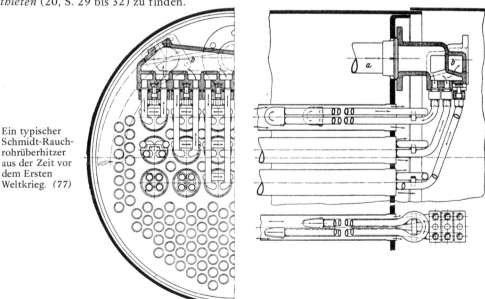

Ein typischer Schmidt-Rauchrohrüberhitzer aus der Zeit vor dem Ersten Weltkrieg. (77)

Die Abbildung zeigt den im wesentlichen bereits ausgereiften Rauchrohrüberhitzer von W. Schmidt (1858−1924) für eine kleinere Lokomotive mit noch mäßiger Dampftemperatur von wenig über 300° C bei Vollast ohne Speisewasservorwärmung. Man erkennt dies aus der verhältnismäßig großen Zahl von Heizrohren bei bloß 18 Rauchrohren, in denen je ein Überhitzerelement liegt, in Deutschland später Überhitzereinheit genannt. Die Überhitzerrohre, hier mit 34 mm Außendurchmesser bei 3,5 mm Wandstärke, haben noch Umkehrenden aus Stahlguß, die eine Verstopfungen begünstigende Verengung des Strömungsquerschnitts im 119 mm weiten Rauchrohr bewirkten. Der gußeiserne Überhitzerkasten, auch als Sammelkasten bezeichnet, in der Schweiz als Überhitzerkopf, verteilt den aus dem Naßdampfrohr a kommenden Dampf auf die einzelnen Elemente und sammelt den überhitzten Dampf in abwechselnd nebeneinanderliegenden Taschen, die in den Kanal b münden; an diesen sind rechts und links die Flanschen für die Einströmrohre zu den Dampfzylindern angegossen.

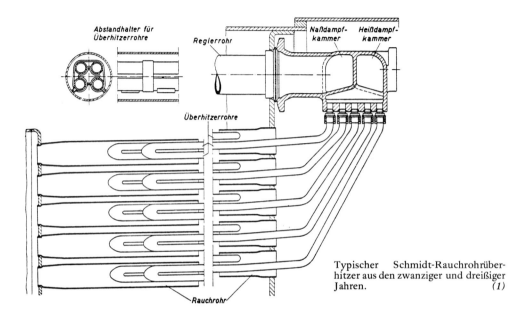

Typischer Schmidt-Rauchrohrüberhitzer aus den zwanziger und dreißiger Jahren. *(1)*

Der moderne Überhitzer hat vor allem, wie schon seit 1920, stromlinienförmige Umkehrenden an den Überhitzerrohren. Sie werden mittels eines sinnreichen Gesenkschmiedeverfahrens der Schmidt-Heißdampfgesellschaft aus zwei nebeneinandergelegten Rohrenden geformt und dann mit den Rohrsträngen der Überhitzerelemente stumpf verschweißt. An die Stelle der rauchkammerseitigen Umkehrschleife zwischen dem zweiten und dritten Rohrstrang trat nun ebenfalls ein geschweißtes Umkehrende, das allerdings einen höheren Druckverlust in der Dampfströmung verursacht als die Schleife. Es ist nur dann nötig, wenn die Strömungsumkehr auch vorne innerhalb der Rauchrohre erfolgt; dies geschah bei der DRB unter R. P. Wagner, der den zweiten und dritten Rohrstrang um etwa ein Fünftel der Entfernung zwischen den Rohrwänden kürzte, sodaß das vordere Umkehrende um mehr als einen Meter hineinrückte. Es hieß, die Überhitzerfläche im vorderen Teil des Kessels sei zuwenig wert, doch läßt sich nachweisen, daß der Wärmeübergangskoeffizient infolge der Querschnittsvergrößerung im Rauchrohr durch Wegnahme einer Überhitzerschleife dort um etwas über 20 % kleiner wird, was die verbleibende Heizfläche weiter entwertet; zu einem Verlust von ca. 4 Grad an Überhitzungstemperatur gesellt sich fast ein halbes Prozent Verdampfungseinbuße und am Zughaken verliert man mehr als ein Prozent. Das ist nicht aufregend, doch war die Kürzung der Elementschleifen keine positive Maßnahme und durch die Gewichtsersparnis, die bei der BR 01 nur 320 kg betrug, keineswegs begründet. Damals wurden Entscheidungen von der Obrigkeit gern aus dem Handgelenk getroffen, obwohl die Lehre von der Wärmeübertragung schon eine ausreichend genaue Berechnung ermöglicht hätte.

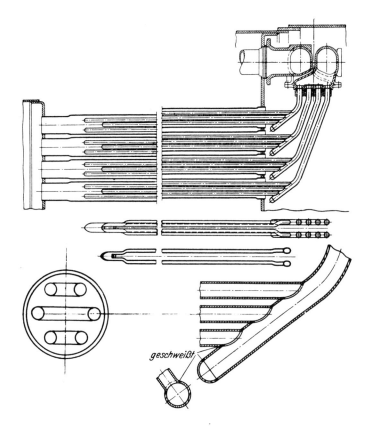

geschweißt

Dreischleifen-Überhitzer für Langrohrkessel der DRB, nach R. P. Wagner, aus den dreißiger Jahren. (2)

Der Wagnersche Dreischleifenüberhitzer, gegen Ende der zwanziger Jahre für die großen Einheitslokomotiven der DRB im Zusammenhang mit seinem Langrohrkessel eingeführt, erhielt bei viel größeren Rauchrohren von 163 mm Lichtweite Überhitzerrohre von nur 29 mm Außendurchmesser. Er lieferte 400° Dampftemperatur mit einer um 15 % kleineren Heizfläche als der Schmidt-Überhitzer, aber nur infolge bedeutend höherer Abgastemperaturen, da der Wärmeübergangskoeffizient schlechter war. Die große Temperaturdifferenz zwischen den beiden Rohrsträngen einer Schleife bewirkte Verformungen und Risse; auch übten die viel steiferen Rauchrohre zu hohe Drücke auf ihre Verbindungen mit den Rohrwänden aus. Mit dem Erscheinen der Nachkriegs-Neubaukessel wurde diese Überhitzerbauart verlassen.

Der Überhitzerkasten ist in einen separaten Naßdampf- und einen Heißdampfkasten unterteilt, was bereits beim Schmidt-Überhitzer der Einheitslokomotiven von 1925 der Fall war. Die österreichischen 1D2 erhielten dieselbe Bauart aus Stahlguß. Die ihr zugrundeliegenden Überlegungen bezüglich kleinerer Wärmespannungen und Verhinderung des Wärmeaustausches zwischen den ein- und den austretenden Dampfströmen sind richtig, in letzterer Hinsicht allerdings praktisch bedeutungslos; es bewährten sich auch die anderswo normalerweise verwendeten einteiligen, für hohe Temperaturen aus Stahlguß gefertigten Überhitzerkasten.

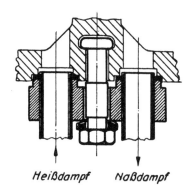

Heißdampf   Naßdampf

Befestigung der Überhitzerelemente am Überhitzerkasten:
links die in Mitteleuropa bis
nach dem Zweiten Weltkrieg
verwendete Dichtung mittels
flacher Kupferringe mit Asbest-
einlage, unten links die spätere
deutsche Bauart mit Doppel-
konusringen, unten rechts die
seit den dreißiger Jahren weit-
verbreitete amerikanische Bauart mit nach einem Verfahren
der Superheater Company in
New York geschmiedeten Rohrenden mit kugeligen Sitzflächen, die an konischen Flächen
anliegen.   *(1), (49) und eine
südafrikanische Konstruktions-
zeichnung*

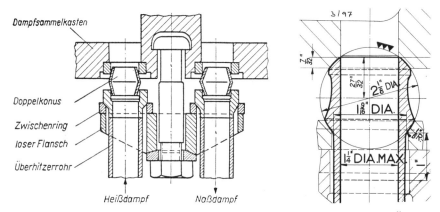

Die drei Abbildungen veranschaulichen die Befestigungsmethoden für die Überhitzerelemente
am Sammelkasten. Mit zunehmender Anzahl der Rauchrohre, aber auch der Tendenz zum
Wasserreißen durch steigende Leistungsanforderungen und schlammbildende Wasseraufbereitung
gaben die alten, aber vielfach bis zuletzt verwendeten Flachdichtungen zunehmend Anstände
und führten zu den ebenfalls dargestellten widerstandsfähigeren Lösungen, von denen die
amerikanische die robusteste ist. In Europa erschien sie zuerst in Frankreich, bald nach 1930.
Unter amerikanischen Betriebsverhältnissen verlangten die großen Auswurfmengen von Flugkoks
und dergleichen einen Schutz der in der Rauchkammer zum Überhitzerkasten führenden Ele-
mentenden gegen Abrasion, wozu entsprechend geformte Blechstreifen mittels Punktschweißung
an die Überhitzerrohre geheftet wurden.

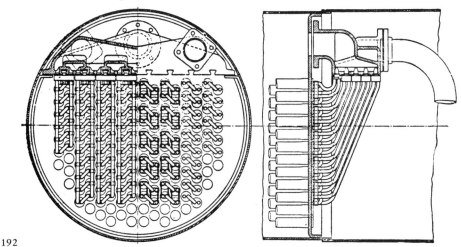

Schmidtscher Kleinrohrüberhitzer mit je einmaligem Eintauchen eines jeden Elements
in zwei benachbarte.   *(3)*

Die Schmidtsche Heißdampfgesellschaft propagierte bereits von 1909 an ihren Kleinrohr-überhitzer, mit dem sie nach vereinzelten Versuchen in mehreren Ländern bloß in den USA gegen Ende der zwanziger Jahre weitgehend durchdrang. Er ist durch eine sehr große Zahl von Rauchrohren kleinen Durchmessers, etwa 70 bis 83 mm licht, charakterisiert, die nur je eine Überhitzerrohrschleife aufnehmen, wobei ein jedes Überhitzerelement wieder zwei Schleifen aufweist, damit aber nun zwei einander benachbarte Rauchrohre besetzt. Das Verhältnis der Überhitzerheizfläche zum Gasquerschnitt in den Rauchrohren wird bei dieser Konstruktion aber viel kleiner und es muß für eine gegebene Heißdampftemperatur ein viel größerer Prozent-satz der gesamten Gasmenge durch die Rauchrohre gehen, sodaß schließlich fast alle Kessel-rohre Rauchrohre sind; man nannte diese Konstruktion daher auch Überhitzer mit voller Besetzung. In den USA wurde er Type E genannt, zum Unterschied von Type A, dem normalen Großrohrüberhitzer. Die ersterem nachgerühmte hohe Überhitzung kann durch geeignete Be-messung der konventionellen Bauart voll erreicht werden, und zwar mit erheblich geringerem Aufwand und Gewicht. Näheres siehe *Die Ära nach Gölsdorf*, S. 266.

Die Franzosen entwickelten eigenwillige Sonderkonstruktionen von Überhitzern, die jedoch auch in Frankreich nur beschränkt akzeptiert wurden. Das Streben ging nach einer wirksameren Heizfläche beim Hingang des Dampfs im Gegenstrom zu den Rauchgasen. Der wichtigste war der Houlet-Überhitzer, den Chapelon gern verwendete und der in *Lokomotiv-Athleten* auf Sei-te 200/202 beschrieben ist; er war sehr wirksam, gab auf der Dampfseite geringen Druckabfall, aber bei den gewählten Proportionen extrem hohen Strömungswiderstand für die Rauchgase

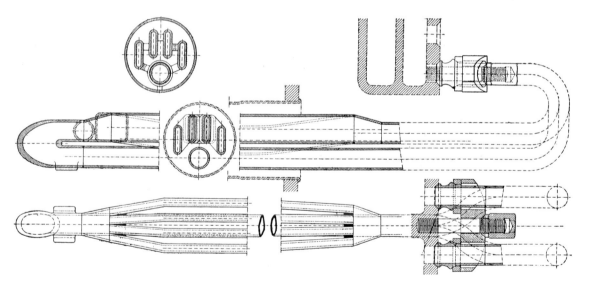

Überhitzer von Duchatel-Mestre der französischen Ostbahn, die in den zwanziger Jahren mehrere Lokomo-tivtypen damit ausrüstete. *(18)*

und die schmalen Gaswege waren nur schwer zu reinigen. Noch viel anfechtbarer war der Überhitzer von Duchatel-Mestre, den die französische Ostbahn (EST) z. B. in ihre 2D1 von 1925 einbaute. Im neuen Zustand war die Wärmeaufnahme ausgezeichnet, aber die Betriebsleute können mit den nur 15 mm breiten Überhitzerrohrsträngen, die auf fünf Meter Länge in 9 mm Abstand voneinander liegen sollten und der Reinigung wegen nur schlecht abgestützt werden konnten, keine Freude gehabt haben. Die Konstruktion fand keinerlei Verbreitung und ver-schwand innerhalb eines Jahrzehnts.

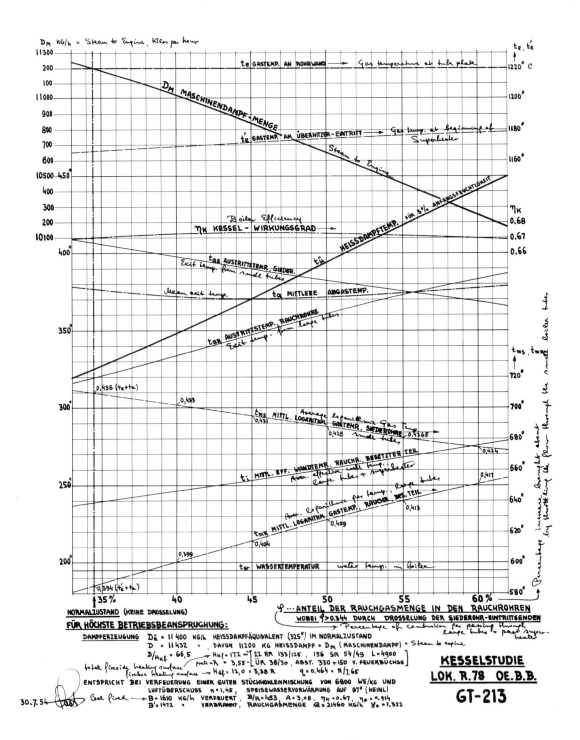

Gestützt auf die Dissertation von Carl Theodor Müller (1903–1970; DRB und später DB) aus dem Jahre 1933 (140), in welcher dieser den Wärmeübergang im Lokomotiv-Rauchrohr mit der ihn auszeichnenden Begabung für die mathematische Behandlung technischer Probleme untersuchte, und auf einige neuere Arbeiten (141, 142) sowie nach Durchführung wärme- und strömungstechnischer Korrekturen wurde es in den letzten Jahren des Dampflokomotivbaus möglich, den Wärmehaushalt von Kessel und Überhitzer mit großer Genauigkeit durchzurechnen. Dies fand ich an zahlreichen Beispielen, als es darum ging, die Überhitzung bestehender Lokomotiven ohne jeden Umbau, nur durch Steigerung des durch die Rauchrohre strömenden Gasmengenanteils auf Kosten der Strömung durch die Siederohre (Siederohrdrosselung) ganz radikal zu erhöhen. Interessanterweise stellte sich später heraus, daß diese Idee schon zweieinhalb bis drei Jahrzehnte früher in Frankreich und Polen aufgetreten und erprobt worden war, aber ohne Erfolg, weil die konventionellen Blasrohranlagen den gegebenenfalls mehr als verdoppelten Strömungswiderstand im Kesselrohrsystem nicht oder nur mit extrem hohem Gegendruck und bei stark reduzierter Kesselleistung verkraften konnten. Der Flachejektor aber war dieser Aufgabe vorteilhaft gewachsen.

Als Ergänzung zu den bisherigen Veröffentlichungen bringe ich ein auf dem letzten Stand der Wärmerechnung basierendes Diagramm über die Änderung der Heißdampftemperatur und der Dampfmenge mit der Gasverteilung im Kessel. Die resultierende Kohlenersparnis brachte ich in (70, S. 200). Interessant ist unter anderem die relative Konstanz der Abgas-Mischtemperatur mit zunehmender Drosselung der Siederohrströmung, da das starke Ansteigen der Austrittstemperatur aus den Rauchrohren durch die entsprechende Abkühlung in den Siede- oder Heizrohren weitestgehend kompensiert wird. Ulrich Barske von der Firma Henschel, dessen Begabung R. Roosen in seinen Lebenserinnerungen (94) hervorhob, machte schon 1930 in seiner Studie (143) eine analoge Feststellung bei der Untersuchung eines Naßdampfkessels, bei dem er eine völlig gleichmäßige Strömungsverteilung mit einer stark ungleichen verglich. Bei der DRB und der DB aber hielt man starr an der These fest, die spezifischen Widerstände in den Rauch- und den Heizrohren müßten eines guten Kesselwirkungsgrads wegen möglichst gleich sein, und ließ sich auf wissenschaftliche Erörterungen nicht ein. So konnte ein engster Mitarbeiter F. Wittes die Zweckmäßigkeit der Siederohrdrosselung einfach nicht verstehen und bekämpfte mit 'Erfolg' deren Erprobung durch die DB um 1955; der Chefingenieur der BR, R. C. Bond, kam ebenfalls zu keiner besseren Einsicht, wogegen R. G. Jarvis von der BR Southern Region, Konstrukteur der letzten britischen Dampflokomotive, der 1E-Klasse 9F, die Erprobung vergebens befürwortete. In Österreich wurden diese Rechnungsresultate durch Versuche voll bestätigt; die größte Überhitzungssteigerung ergab sich auf der 1E t-Reihe 95, die mit ihrem alten Kessel Modell 1911, der vorher nur auf 340° Heißdampftemperatur gekommen war, dank des Effekts starker Siederohrdrosselung am Semmering dauernd mit 436° hinauffuhr. Die wirksamste Proportionierung des Schmidt-Überhitzers für beste Gesamtwirtschaftlichkeit des Kessel behandelt ebenfalls mein Artikel (70).

Von Zeit zu Zeit wurde vorgeschlagen, die Überhitzung durch Strahlungselemente in der Box zu steigern, sei es mittels aus den Rauchrohren herausstehender Elemente, sei es durch Anordnung eines reinen Strahlungsüberhitzers in der Feuerbüchse. Roosen (138) berichtet über einige Beispiele, aber alle Bestrebungen dieser Art blieben erfolglos. Nur im Bau von kleinen Dampflokomotiven für Garten- und Modellklubbahnen, meist mit 89 und 127 mm, aber auch 184 mm Spur, wie sie seit Jahrzehnten in England, Australien und den USA in großer Zahl gebaut werden — eine englische Firma gab kürzlich bekannt, sie habe bereits tausend kleine Injektoren für solche geliefert — und in den letzten Jahren auch in der BRD, in Frankreich und in Österreich steigendem Interesse begegnen, sind Überhitzer mit Strahlungsteil aus hitzebeständigem Stahl erfolgreich, da die Boxtemperaturen in tragbaren Grenzen bleiben. Heißdampfbetrieb ist für derartige Kleinlokomotiven wichtig, um das lästige Spucken des Auspuffs zu beseitigen.

Der Dampfdom, ein auf den Kessel gesetzter, seinen Dampfraum vergrößernder domförmiger Behälter, gehört fast stets zum Erscheinungsbild des Lokomotivkessels und enthält dann die Einmündungen der Entnahmerohre für den Maschinendampf und meist auch für die dampfbetriebenen Hilfseinrichtungen; hohe Lage derselben über dem Wasserspiegel verringert die Dampfnässe und die Gefahr des Wasserreißens. Bis etwa 1850 fand man den Dampfdom häufig als Teil einer hohen kuppelförmigen Stehkesseldecke, oder noch auf dieser aufgebaut; daß darunter gerade der intensivste Siedevorgang stattfand, beeinträchtigte allerdings die genannten Wirkungen. Mit dem Verschwinden der Stehkesselkuppeln blieb der Dom manchmal noch an dieser Stelle, meist aber wurde er schon in besserer Erkenntnis auf den Langkessel gesetzt, vorteilhaft auf dessen Vorderteil, wie bei zahlreichen alt-österreichischen Typen, später mehr in die Mitte; dafür sprach außer der Ästhetik die Erwägung, daß bei Bergfahrt in verkehrter Stellung und bei Schwankungen des Wasserspiegels dort die günstigsten Verhältnisse herrschen. Zwei Dampfdome mit Verbindungsrohr fand man in Frankreich (Paris—Orléans gegen 1890), anschließend in Österreich und Süddeutschland, und vergrößerte damit den Dampfraum bis zu einem Drittel, was zur Verringerung der Dampfnässe nützlich war; die ČSD verwendeten diese Anordnung noch in den zwanziger Jahren bei Neu- und Umbauten.

Mit wachsender Höhenlage der Kessel mußten die Dampfdome schrumpfen, die ehedem um den vollen Kesseldurchmesser auftragten, wie noch bei der wohlgelungenen 2B-Type Serie 17c der österreichischen Südbahn von 1885, deren trockenen Dampf Sanzin (144) hervorhob. Trotzdem aber gab es, besonders in England, schon frühzeitig Anhänger domloser Kessel; ein solcher war D. Gooch (1816—1899) von der Great Western Railway, der von 1847 an den Dom wegließ, wogegen sein Nachfolger die Neubautypen wieder damit versah. Hierauf folgte dort ein stetes Schwanken, bis die Great Western von 1898 an im Gegensatz zu den anderen britischen Verwaltungen am domlosen Kessel festhielt (145). Es ist anzunehmen, daß die anfänglichen Schwierigkeiten durch Wasserreißen in den kleinen Kesseln von 1830/40 mit bloß 20 bis 25 % Dampfraum (bezogen auf den Wasserinhalt) und niedrigem Druck von 3,5 bis 5 atü, daher großem Dampfblasenvolumen, bei reichlich bemessenen Kesseln mit höherem Druck weitgehend verschwanden, sodaß ein hochliegendes, oben geschlitztes oder perforiertes Dampfentnahmerohr oft gleichwertig erschien. Auf neuzeitlichen Großlokomotiven mit ihren verkümmerten Domen sind solche Rohre überlegen, weil sie die Dampfentnahme auf eine große Länge verteilen, anstatt unter dem Dom örtlich starkes Aufkochen zu bewirken. Eine gute Durchbildung erfolgte z. B. für die großen Henschel-2C1 für Südafrika, Klasse 16E von 1935, mit dem, wie erwähnt, relativ höchstgelegenen Kessel der Welt, deren im hinteren Teil gegabeltes Entnahmerohr zahlreiche trompetenförmige, bis knapp an den Kesselscheitel heranreichende Einlaßstutzen aufweist, die sich auf 3,5 m Länge erstrecken. Diese Konstruktion wurde dort fortan für alle Großlokomotiven verwendet, und in der Zeichnung ist der hintere Teil des Entnahmerohrs mit den Einlaßstutzen zu sehen (Seite 58).

Seite 197 (oben) zeigt die Dampfentnahme auf der letzten Schnellzugtype der DB von 1957. Da das Dampfeinlaßorgan zur Maschine, der Regler, hier nach dem Überhitzer auf der Heißdampfseite des Überhitzerkastens sitzt, enthält der Dom ein Absperrventil, um bei Schäden, wie dem Platzen eines Elements, den Dampffluß stoppen zu können. In den USA verzichtete man meist darauf, zumal der Schüttelrost im Notfall ein rasches Auswerfen des Feuers gestattet. Die Entnahmezone ist hier mit 1,1 m Länge zwar größer als bei den anderen DB-Kesseln, doch blieb die BR 10 vom Wasserreißen nicht verschont und man hätte dem Beispiel Henschel/Südafrika folgen sollen.

Der Regler, früher auch in Mitteleuropa durch Übernahme des englischen Ausdrucks als Regulator bezeichnet, in Amerika als *throttle* (von drosseln), ist ein hochwichtiges Organ,

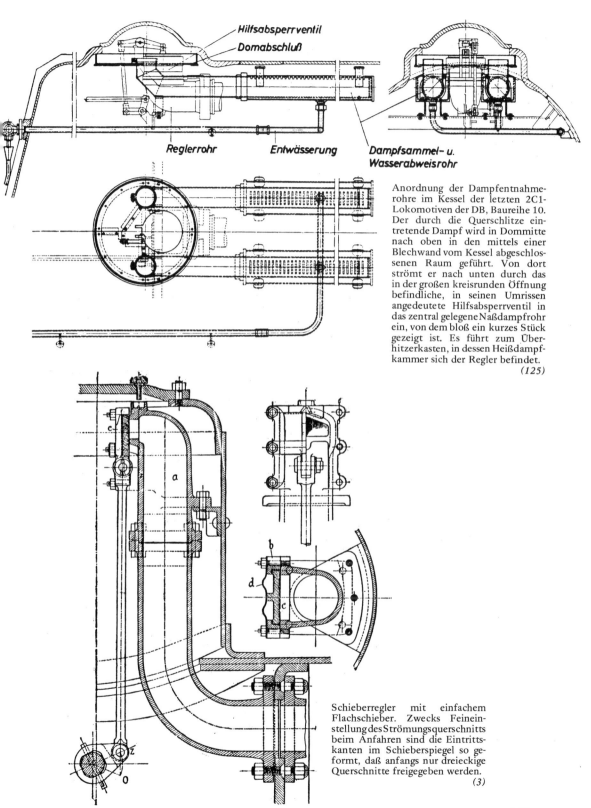

Hilfsabsperrventil

Domabschluß

Reglerrohr   Entwässerung   Dampfsammel- u.
Wasserabweisrohr

Anordnung der Dampfentnahme-
rohre im Kessel der letzten 2C1-
Lokomotiven der DB, Baureihe 10.
Der durch die Querschlitze eintretende Dampf wird in Dommitte
nach oben in den mittels einer
Blechwand vom Kessel abgeschlos-
senen Raum geführt. Von dort
strömt er nach unten durch das
in der großen kreisrunden Öffnung
befindliche, in seinen Umrissen
angedeutete Hilfsabsperrventil in
das zentral gelegene Naßdampfrohr
ein, von dem bloß ein kurzes Stück
gezeigt ist. Es führt zum Überhitzerkasten, in dessen Heißdampfkammer sich der Regler befindet.

(125)

Schieberregler mit einfachem
Flachschieber. Zwecks Feinein-
stellung des Strömungsquerschnitts
beim Anfahren sind die Eintritts-
kanten im Schieberspiegel so geformt, daß anfangs nur dreieckige
Querschnitte freigegeben werden.

(3)

von dessen Ausbildung es abhängt, ob man die Lokomotive mit dem Zug feinfühlig ohne Zerren und überflüssiges Rädergleiten ingangsetzen kann. Das Anfahren muß nämlich stets mit gedrosseltem Dampf erfolgen, das heißt mit einer Einlaßspannung zur Maschine, die erheblich unter dem Kesseldruck liegt. Würde man die Zylinder so knapp bemessen, daß keine Drosselung nötig ist, dann hätte sie bei Betriebsgeschwindigkeit auf Bergfahrt eine zu geringe Zugkraft und müßte bei guter Auslastung allgemein mit zu großen Zylinderfüllungen, also unwirtschaftlich arbeiten.

Es gab zwar bereits 1839 die zuletzt grundsätzlich bevorzugten Ventilregler, jedoch in Form von Doppelsitzventilen, mit denen feinfühliges Öffnen kaum erreichbar ist. Daher dominierten sogleich die Schieberregler, von denen S. 197 (unten) ein einfaches Beispiel an einer österreichischen Lokomotive der achtziger Jahre zeigt, auch auf der Serie 17c der Südbahn verwendet. Der Schieber gab maximal 60 cm^2 frei, hatte eine geringe Durchflußkontraktion und bei der Nennleistung des Kessels von stündlich 7,6 t Dampf betrug der Druckabfall im Regler kaum 0,1 at. Für größere Kessel, manchmal auch schon für kleinere, wurde über dem Hauptschieber ein kleiner Hilfsschieber angeordnet, der eine für das Anfahren ausreichende Öffnung freigab, etwa 5 % obiger Maximalfläche. Daher braucht der Hauptschieber erst geöffnet zu werden, sobald im Einströmrohr ein erheblicher Druck herrscht und der Regler leichter zu handhaben ist, weil er dank kleinerer Druckdifferenz nicht so stark auf seinen Sitz gedrückt wird. Dieser einfache Flachregler mit Hilfsschieber bewährte sich sogar auf den großen 1E-Gebirgsschnellzuglokomotiven der österreichischen Südbahn von 1912, die wegen ihrer hohen Zylinderzugkraft besonders sorgfältiges Anfahren verlangten. Der dargestellte österreichische Regler wird durch ein längs des Kessels angeordnetes Gestänge, den Reglerzug, mittels des parallel zur Fahrtrichtung zu bewegenden Reglerhebels im Führerhaus betätigt.

Gölsdorf verlegte auf seinen Heißdampflokomotiven den Regler in den Überhitzerkasten, und zwar auf dessen Naßdampfseite. In der Rauchkammer angeordnete Regler gab es bereits in alter Zeit und für domlose Kessel ist dies die logische Lösung. Die beiden Abbildungen

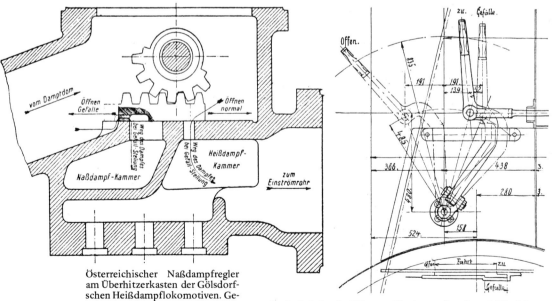

Österreichischer Naßdampfregler am Überhitzerkasten der Gölsdorfschen Heißdampflokomotiven. Gezeigt ist die normale Abschlußstellung; bei Gefällsfahrt wurde der Schieber um 11,5 mm über diese hinaus verschoben, wodurch eine geringe Dampfmenge durch die beiden Überströmkanäle links in den Überhitzer und rechts auch direkt in die Zylinder strömte. *Lok, 1912*

Reglerhebel mit Führung (Reglerquadrant) und Einrichtung zur Bewegung des Reglerschiebers über die Abschlußstellung hinaus im Sinne der vorhergehenden Zeichnung. *Lok, 1912* zeigen die im Prinzip schon von der Aussig – Teplitzer Bahn von 1899 an verwendete Konstruktion eines über Zahnsegmente bewegten Schieberreglers und seiner Betätigungsanordnung. In der 'Gefällsstellung' des Reglers wurden ca. 0,2 kg Dampf pro Sekunde durchgelassen, um eine gewisse Kühlung der Überhitzerelemente und eine 'Schmierwirkung' für Schieber und Kolben durch Dampf von mäßiger Temperatur zu bewirken, die ein Trockenlaufen der Maschine auf langen Talfahrten verhüten sollte. Ein Erfolg dieser bei Naßdampf öfters geübten Maßnahme war indes bei Heißdampf eher unwahrscheinlich und J. Rihosek gab diese Praxis auf; der Überhitzer bedarf bei Leerlauf keiner Kühlung und die Schmierung muß durch entsprechende Ölzufuhr erzielt werden.

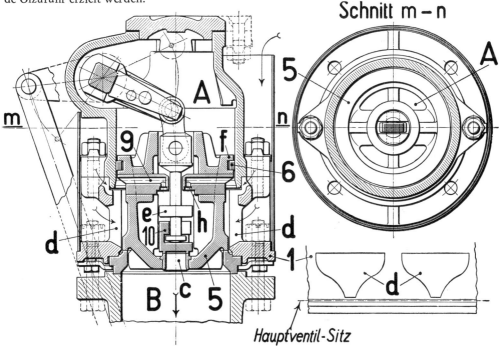

Einheits-Naßdampfregler der DRB seit den zwanziger Jahren, Bauart Fritz Wagner & Co., Berlin.
Firmenprospekt von 1931

Erfolgreich und in seiner Konzeption genial ist der Wagner-Ventilregler von Fritz Wagner & Co. in Berlin, der auch bei den BBÖ nach dem Ersten Weltkrieg Fuß faßte, während er in einer früheren Ausführungsform als Schmidt & Wagner-Regler in Deutschland schon 1910 gebaut worden war. Er beruht auf dem Gedanken, das einsitzige und daher leicht dicht zu haltende Hauptventil rein mittels Kesseldampfs zu bewegen und den Steuerdruck durch ein kleines Ventil zu regeln, das auch als Anfahrventil dient. Das Reglergehäuse 1 ist von einem oben offenen Blechmantel umgeben, in den der Kesseldampf eintritt. Das Haupt-Reglerventil 5 hat seinen Sitz unten im Gehäuse, sein oberer Rand ist als Kolben f mit Dichtungsring 6 ausgebildet. Der Oberteil des Gehäuses 1 bildet eine geschlossene Kammer A. Der Hauptventilkörper enthält Kanäle 9, die über die peripheren Einlaßöffnungen d des Reglergehäuses Kesseldampf erhalten. Im hohlen Innenraum des Hauptventils wird das Hilfsventil 10 durch Gleitflächen geführt; es verschließt im Ruhezustand die Anfahröffnung c. An der Hilfsventilspindel greift das Reglergestänge an, dessen Welle das Gehäuse 1 dampfdicht durchsetzt. Der Hohlraum des Hauptventils kommuniziert mit der Kammer A, siehe Schnitt m-n. In der gezeigten Abschlußstellung des Reglers herrscht im Naßdampfrohr B praktisch Atmosphärendruck, oben überall

Kesseldruck, wodurch beide Ventile fest auf ihre Sitze gedrückt werden. Beim Anfahren wird das kleine Ventil von seinem Sitz abgehoben; die Dampfströmung in das Naßdampfrohr B wird durch die Kanäle 9 gespeist, die aber nur kleinen Querschnitt haben, sodaß der Druck in den Innenräumen stark abfällt. Bei weiterem Hochheben des Hilfsventils verschließt die Scheibe e auf seiner Spindel die Ausflußöffnungen h der Kanäle 9, der Druck in A sinkt, bis der Überdruck des Kesseldampfs auf die Ringfläche unter dem Kolbenteil des Hauptventils dieses abzuheben beginnt. Folgt man dann der Hubbewegung des Hauptventils durch einfaches Weiterbewegen des Reglerhebels, dann steigt es weiter empor und öffnet immer größere Strömungsquerschnitte durch die Einlaßöffnungen d, wobei der Kontakt zwischen der Scheibe e und ihrem oberen Anschlag aufrechterhalten bleibt[1].

In dem Moment, da man durch eine Bewegung des Reglerhandgriffs in Richtung Schließen das Hilfsventil senkt, strömt wieder Kesseldampf durch die Kanäle 9, der Druck in A steigt und drückt das Hauptventil herunter. Die Druckänderungen gehen so rasch vor sich, daß bei voll geöffnetem Hilfsventil das Hauptventil beliebigen Bewegungen der Hilfsventilspindel derart folgt, als ob eine mechanische Verbindung vorhanden wäre, jedoch ohne eine nennenswerte Kraft am Angriffspunkt des Reglergestänges zu beanspruchen. Nur das erste Anheben des geschlossenen Hilfsventils erfordert bei vollem Kesseldruck ca. 15 kp am Reglerhandgriff. Der Wagner-Regler hatte bereits 1930 rund 46.000 Ausführungen erfahren.

Die Wichtigkeit eines guten Reglers bezüglich Dichthaltens, sachten Druckanstiegs beim Anfahren und präziser Handhabung führte im Lauf der Lokomotiventwicklung zu einer großen Zahl von Konstruktionen. Beispielsweise war nach der Jahrhundertwende in England ein Vorgänger des Wagner-Reglers, der Hulburd Servo Regulator, erschienen (*The Loc.*, Dez. 1910, S. 263), der nach dem gleichen Grundprinzip arbeitete, aber konstruktiv unterlegen und empfindlich gegen vom Dampf mitgerissene Verunreinigungen war. Der italienische, von G. Zara (1856–1915) erfundene Zara-Regler mit einem hochliegenden Tellerventil und einem Hilfsventil zu dessen Entlastung sowie zum Anfahren (146) wurde auch in Österreich verwendet. Der erstrebenswerte Verlauf der Eröffnungskurve als Funktion der Regler-Handgriffbewegung in der angenäherten Form einer aufstrebenden Parabel konnte übrigens auch mit einfachen Schieberreglern erreicht werden, doch mit größerem Kraftaufwand seitens des Lokomotivführers.

Die historische Gepflogenheit, die Betätigungswelle für den Regler parallel zur Kesselachse durch die Stehkesselrückwand zu führen und sie zum Öffnen um ihre Achse zu schwenken, blieb bei vielen Bahnen die Regel. Die DB gab sie zugunsten des in Österreich seit altersher bevorzugten Seitenzugs erst auf, als sie nach 1950 den amerikanischen Heißdampfregler einführte. Man kann sich an alles gewöhnen, doch ist eine das Öffnen und Schließen des Reglers im Sinn der normalen Fahrtrichtung bzw. entgegen derselben zweifellos natürlicher als eine Querbewegung; man hat mehr Gefühl und kann nötigenfalls eine größere Kraft ausüben.

Heißdampfregler sind auf der Ausgangsseite des Überhitzers angeordnet. Sie werden daher am einfachsten mit der Heißdampfkammer des Überhitzerkastens kombiniert oder als separater Reglerkörper angeflanscht. Die Vorteile liegen im kleinen Dampfvolumen zwischen Regler und Maschine, wodurch die Dampfspannung in den Zylindern rascher auf die Reglereröffnung reagiert, sowie in der Möglichkeit, Hilfseinrichtungen, wie Druckluft- und Speisepumpen, mit Heißdampf zu versorgen. Die manchmal aufgestellte Behauptung, die Überhitzerelemente würden gekühlt, weil sie stets mit Dampf gefüllt sind, ist natürlich irrelevant, denn stagnierender Dampf kann keine Kühlung bewirken. Der Wagner-Regler wurde unter Verwendung höherwertiger

---

1 Im DDR-Fachbuch *Die Dampflokomotive* (49, S. 270) sind in der Darstellung des Wagner-Reglers die Ausflußöffnungen g fälschlich nicht nur nach unten, sondern auch nach oben durchgehend gezeichnet. Man erkennt, daß dann die geschilderte Dampfsteuerung des Hauptventils nicht bewirkt werden könnte, weil der Druck im Raum A beim Anlegen der Scheibe D nicht sinken würde.

Typische deutsche Reglerhebelanordnung an der Stehkesselrückwand. Ebenso wie in der Frühzeit des Lokomotivbaus ging die Reglerwelle durch den Kessel parallel zu dessen Achse. *(49)*

Werkstoffe gelegentlich dafür adaptiert, aber die traditionelle Heißdampfausführung stammt aus den USA in der Form des Mehrfachventilreglers. Der Dampf erfüllt, direkt aus den Elementen kommend, über den Kanal R den über den Tellerventilen liegenden Raum X. Der Raum Y steht mit den Einströmstutzen zur Maschine in Verbindung. Beim Anfahren hebt die Reglerwelle 3 zunächst nur das Hilfsventil (pilot valve) 2, das Dampf aus X in die Druckausgleichkammer Z strömen läßt, wodurch die Ausgleichkolben der einzelnen Hauptventile beaufschlagt werden und diese zum Öffnen nur mehr eine geringe Kraft erfordern. Zum Unterschied von den bisher erwähnten Regler-Hilfsventilen liefert das Ventil 2 keinen Dampf in die Maschine; dies geschieht erst bei weiterem Drehen der Reglerwelle durch nacheinander erfolgendes Anheben der übrigen Ventile, von denen das erste kleiner ist und zum Anfahren dient. Das Hilfsventil dient hier lediglich dazu, den Regler startbereit zu machen. Mit dieser von der Superheater Co. gelieferten Reglerbauart waren die meisten der neueren amerikanischen Lokomotiven ausgerüstet.

Wasserabscheider, von denen vielfältige Bauarten entstanden sind, ergänzen vorteilhaft die unter Dampfentnahme besprochenen konstruktiven Maßnahmen zur Erzielung möglichst kleinen Wassergehalts des Betriebsdampfs in Kesseln mit Dampfdomen geringer Höhe. Da die Überhitzung je Prozent Anfangsfeuchtigkeit um rund 8° C abnimmt, ist dies schon rein wärmetechnisch wichtig, aber praktisch noch viel wichtiger ist das möglichst starke Verringern des

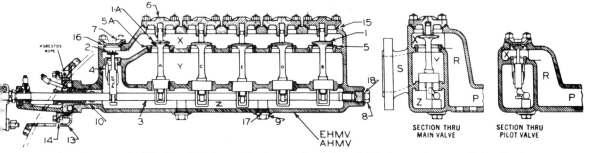

Heißdampf MV (Multi-Valve) Mehrfach-Ventilregler amerikanischer Einheitsbauart, im wesentlichen für die Neu- und Umbaulokomotiven Bauart 1950 der DB und der DR übernommen. *(43)*

Mitreißens von Schlamm, besonders bei aufbereitetem Wasser. Ein mannigfach angewandter Grundsatz ist eine abrupte Richtungsänderung des zum Regler oder zum Entnahmerohr strömenden Dampfs, und zwar im Zuge einer starken Verringerung seiner Geschwindigkeit nach vorheriger Beschleunigung, wodurch die schwereren Wassertröpfchen sich vom Dampfstrom trennen. Tafel 1 zeigt eine einfache Verwirklichung bei 41, bestehend aus einer großen kreisrunden Tasse mit nach unten gerichtetem Rand, der den aufwärts gerichteten Rand der durchlöcherten Mittelzone einer darunterliegenden, den Querschnitt des Dampfdoms fast ausfüllenden Platte umgibt; auf dieser sammelt sich das abgeschiedene Wasser, um an ihrer Peripherie in den Kessel zurückzufließen.

Tafel 1
S. 42

Wasserabscheider mit Zentrifugalwirkung der Superheater Co. zur Verwendung mit einem in der Rauchkammer angeordneten Naßdampf- oder Heißdampfregler. *(43)*

Wasserabscheider der Dri-Steam Valve Sales Corporation, New York, von etwa 1935, mit von mehreren zehntausend gestanzten Nadellöchern durchdrungenem Siebkörper. *Prospekt von 1937*

Die Zentrifugalkraft benützt der von der Superheater Co. entwickelte und in den USA vor dem Zweiten Weltkrieg zu erheblicher Verbreitung gekommene Fliehkraftabscheider. Für ihn wurde geltend gemacht (43, S. 347), daß er bis zu 20 % Wassergehalt bewältigen kann und über 80 % Abscheidung bewirkt. Ein derartiger Wasserschwall darf und kann selbstredend bloß eine ganz vereinzelte Ausnahme sein, sonst wäre ein Betrieb unmöglich. Bei normalen Feuchtigkeitsgraden von, sagen wir, einem bis höchstens fünf Prozent (Schlammbildung) ist aber die Fliehkraftabscheidung wegen ihrer ohne übermäßigen Strömungswiderstand beschränkten Drallintensität und der äußerst kurzen Durchströmdauer nur wenig wirksam; dies zeigte sich (147, No. 4, 1980, S. 8) auch bei der letzten in Serie gebauten britischen Schnellzugtype Klasse 7, den *Britannias* von 1951, deren Zentrifugalabscheider mit seiner knapp 300 mm über dem höchsten Wasserspiegel liegenden Einlaßkante Wasserreißen nicht ganz verhindern konnte. Befriedigende Wirkung ergab ein um ca. 120 mm vergrößerter Vertikalabstand bei Ersatz des Zentrifugalabscheiders durch ein feines Sieb. In diese Richtung weist auch der bewährte amerikanische Sieb-Wasserabscheider mit seiner interessanten Konstruktion: dessen vorgeschaltete Mehrfachreihen von Einlaßschlitzen dienen der Grobabscheidung, die gestanzten düsenförmigen 'Mikrolöcher' der Feinabscheidung. Das ausgeschiedene Wasser sammelt sich in einem Ringkanal und fließt durch nicht dargestellte Klappen-Rückschlagventile in den Kessel zurück. Dieses Prinzip läßt sich auch in Verbindung mit horizontalen Entnahmerohren für domlose Kessel verwirklichen.

202

Kesselarmaturen

Wichtige Standard-Ausrüstungsteile des Kessels, die in den vorstehenden Kapiteln nicht behandelt wurden, seien nun mit kurzem Kommentar angeführt. Sie gehören zur Feinausrüstung. Von bildlichen Darstellungen wird abgesehen; Einzelheiten werden am besten den Quellen (1, 2, 3) und ähnlichen Handbüchern entnommen, speziell solchen, die für das Lokomotivpersonal bestimmt waren.

Wasserstandsanzeiger

Die Kesselgesetze schreiben deren zwei vor, grundsätzlich Wasserstandsgläser; in manchen Ländern, wie in Mitteleuropa, kann eines davon durch drei Prüfhähne (in Österreich Probierhähne, englisch *gauge cocks*) ersetzt werden, deren unterster in der Ebene des niedrigsten zulässigen Wasserstands liegt, das ist 100 mm über der Boxdecke, während aus dem obersten stets Dampf austreten soll, damit Dampfraum und Wasseroberfläche nicht zu klein werden. Die sichtbare Glashöhe beträgt bei großen Lokomotiven wie bei mittleren ca. 170 mm, auf Gebirgsstrecken kann wegen der Veränderung der Anzeige auf großer Steigung ein längeres Glas erwünscht sein. Als normaler Wasserstand auf der Horizontalen gelten in Mitteleuropa 150 mm über der Boxdecke, in England gilt die halbe sichtbare Glashöhe.

Sicherheitsventil

Es sind stets zwei, bei amerikanischen Großlokomotiven drei federbelastete Ventile vorhanden. Die Druchgangskapazität wird nach der Kesselgröße bemessen, für große europäische Kessel beträgt der Ventildurchmesser 60 mm. Die amerikanischen Vorschriften verlangen im Verhältnis zur Kesselheizfläche ungefähr gleiche Querschnitte wie nach älteren europäischen Gepflogenheiten: für einen Kessel von 250 m^2 feuerberührter Heizfläche und 17 atü mußten zwei Ventile von 82 mm Durchmesser verwendet werden, die bei 3 mm Hubhöhe stündlich ca. 12 t Dampf durchlassen konnten, das sind 80 % der Nennleistung des Kessels. Eigentlich ist dies etwas übertrieben, wenn man bedenkt, wie mäßig ein eventueller Überschuß an Dampferzeugung über den jeweiligen Bedarf der Maschine tatsächlich ist bzw. höchstens sein kann, wie rapid die Dampferzeugung fällt, sobald die Blasrohrwirkung mit dem Schließen des Reglers aufhört, und wie mäßig dann der Kesseldruck noch steigt. Aus Amerika kamen zu Beginn unseres Jahrhunderts die Pop-Ventile mit Hochhub, Bauart Coale, deren Schnellschluß später vom deutschen Ackermann-Ventil noch übertroffen wurde; für Pop-Ventile wurde etwa der halbe Ventilquerschnitt gewählt, womit man auf die obigen 60 mm Durchmesser kommt.

Kesseldruckmesser

Dieser wird in Österreich und in der Schweiz traditionell als Manometer bezeichnet. Neuere Lokomotiven besaßen meist auch ein Schieberkastenmanometer, um dem Führer anzuzeigen, mit welchem Eintrittsdruck die Maschine arbeitet und welchen Druckabfall ein nur teilweise geöffneter Regler bewirkt.

Heißdampf-Temperaturmesser

In der Regel als elektrisches Pyrometer ausgeführt, basierend auf einem Thermoelement. In Österreich waren im ersten Jahrzehnt des Heißdampfbetriebs mechanische, durch Wärmeausdehnung betätigte Pyrometer in Verwendung, deren Zifferblatt in Sichtweite des Lokomotivführers rechts schräg oben an der Rauchkammer saß.

Dampfpfeife

Diese ist das akustische Erkennungszeichen und der Signalgeber der Dampflokomotive, der vom Führer betätigt wird. Der Ton ist nicht standardisiert und manchmal ein Charakteristikum einer bestimmten Bahnverwaltung oder Lokomotivreihe. Früher meist knapp vor dem Führerhaus angebracht, liegen die besonders lautstarken amerikanischen Pfeifen mit ihrem einzigartigen Heulton weiter vorn, was auch in Europa Schule machte. Melodische Mehrtonpfeifen sind da und dort im Gebrauch, mit einer zweiten einfachen Pfeife zur Abgabe von Signalen für Bahnhofpersonal etc.

Schmelzpfropfen

Auch Sicherheitsschrauben oder Bleischrauben, bei den SBB Sicherheitsbolzen genannt, werden sie weitgehend angewendet, um das Personal auf gefährlich niedrigen Wasserstand aufmerksam zu machen. In die Boxdecke eingeschraubt und z. B. mit Blei ausgegossen, lassen sie nach ihrem Ausschmelzen einen Dampf/Wasserstrahl in die Box treten. Dann muß allerdings schon der Regler geschlossen, das Feuer gedämpft und in den Aschkasten geworfen werden. In den USA gab es außerdem schwimmerbetätigte Niederwasser-Alarmeinrichtungen, mit einer vor dem Führerstand angebrachten Pfeife (low-water-alarm). Einige Bauarten sind in (43, S. 490 und 491) dargestellt; weitere, auf Wärmeausdehnung beruhende auf S. 492/493 derselben Quelle.

Läutewerk

In Europa, vor allem in Deutschland, auf Lokalbahnen vorgeschrieben, in den USA jedoch ganz allgemein, zeigt das Läutewerk der Lokomotive im Bahnhofsbereich und an gewissen Stellen ihr Herannahen unabhängig von der Pfeife an. Es wird mit Dampf oder Druckluft betrieben.

Dampfentnahmestutzen

Dieser wird in Österreich und Süddeutschland als Armaturkopf, in den USA als *steam turret* bezeichnet und dient der Dampfentnahme für alle Hilfseinrichtungen, deren Ventile an ihn angeschlossen sind. Er sitzt entweder oben an der Stehkesselhinterwand oder bei Platzmangel vor dem Führerhausdach; manchmal ist ein zweiter Stutzen seitlich am Kessel vorgesehen. Die Dampfversorgung erfolgt über ein aus dem Dom oder, bei Lokomotiven mit Heißdampfregler, vorzugsweise aus der Heißdampfkammer des Überhitzerkastens kommendes Rohr.

Näßeinrichtungen,

auch Spritzeinrichtungen genannt, dienen der Zuführung von Wasser zum Abkühlen der oft glühenden Lösche in der Rauchkammer (Rauchkammerspritze), der Rückstände im Aschkasten (Aschkastenspritze), zum Nässen der Kohle, z. B. auf dem Tender, und zum Reinigen des Führerstandbodens. Dazu wird Druckwasser verwendet, das aus den Speiseleitungen der Injektoren und/oder der Speisepumpe entnommen wird.

Kesselablaßhahn

Dieser sitzt an der tiefsten Stelle des Bodenrings der Feuerbüchse und dient sowohl dem Ablassen des Kesselwassers als auch dem Füllen des Kessels mittels Schlauchanschlusses. Die in alter Zeit am Kesselrücken angebrachte, prominent sichtbare Füllschale verschwand meist nach 1860, doch fand man sie manchmal noch dreißig Jahre später.

Dampfheizung

Die bei Dampftraktion seit den neunziger Jahren praktisch alleinherrschende und überdies bequem durchführbare Dampfheizung der Züge, die auch beim Dieselbetrieb noch Jahrzehnte überlebte, verlangt eine stündliche Lieferkapazität von 30 bis 40 kg Dampf pro vierachsigem Wagen mit einem Maximaldruck von 4,5 atü. Die ebenfalls vom Armaturkopf versorgte Heizleitung hat natürlich Anschlüsse an beiden Enden der Lokomotive und ein Umschaltventil, ein Sicherheitsventil sowie ein Manometer. Die Druckminderung wird entweder durch Drosseln mit dem Heizventil bewirkt oder mittels eines automatischen, auf den erforderlichen Druck einstellbaren Reduzierventils, wobei das vor dem Ersten Weltkrieg von der Firma Alex. Friedmann entwickelte besondere Verbreitung erlangte (3).

Kesselarmaturen der kkStB-Lokomotive 100.01 (1911): Die Führerstandeinrichtung ist einfach. Rechts, über dem Schutzblech für den Lokführer, ist der Umsteuerhandgriff mit seinem Klinkenrad zu sehen, darüber der Reglerhebel, der in Österreich stets parallel zur Fahrtrichtung bewegt wird. Der tiefliegende, registrierende Geschwindigkeitsmesser ist verdeckt. Rechts und links der Feuertür sind die beiden Ölbrenner angebracht.
Foto Wiener Lokomotivfabrik

Rahmen und Tragwerk

Bei der mechanischen Stärke und Robustheit des Kessels war es logisch, ihn in der Anfangszeit zum direkten Tragen von Elementen der Dampfmaschine und des Triebwerks heranzuziehen. So steckten ja die Zylinder während der ersten zwei Jahrzehnte nach Trevithicks INVICTA im Kessel. Später, schon bei der ROCKET, waren sie am Stephensonschen Stehkessel befestigt, bei anderen Konstruktionen in stark schräger Lage vorn am Kessel; dies war mit dem bis 1840/41 auf 5 atü gestiegenen Dampf- und 5 bis 6 Mp Kolbendruck ganz unbedenklich. Die Achslager befestigte Trevithick an der Unterseite seiner gußeisernen Kessel, wobei ihm bei seiner ersten Rückfahrt das Wasser ausgeblasen wurde, da eine Befestigungsschraube brach, für welche die Bohrung im Kessel bis in den Wasserraum durchgeführt worden war, wohl der bequemen Herstellung wegen (17, S. 14). Als aber 1812/14 der Lokomotivbau richtig begann, setzten Blenkinsop und George Stephenson die Flammrohrkessel erstmals auf Rahmen, aus dicken Eichenbalken gezimmert. Noch einmal wurde der Rahmen vorübergehend verlassen, als Stephenson 1816 das hochoriginelle Experiment mit 'Dampffedern' durchführte, deren vertikale Zylinder und Stützkolben wieder direkt unten am Kessel befestigt waren (17, S. 112). Dann folgte ein filigraner schmiedeeiserner Rahmen zum Halten der Achslager bei Kesselabstützung auf Blattfedern, die für Dampflokomotiven bis zuletzt als bestgeeignet verwendet wurden, nur vereinzelt (bei Laufachsen) mit Schraubenfedern an ihren Enden kombiniert.

Nach Ahrons (16) erschien 1830 der erste Lokomotivrahmen im endgültigen Sinn, wobei es Streit um die wahre Urheberschaft gab. Jedenfalls hatte Robert Stephensons PLANET bereits in ihrer Urausführung als 1A einen solchen, auf dem nicht bloß der Kessel saß, sondern auch die Dampfzylinder befestigt waren — hier auf dem Umweg über den vertieften Rauchkammermantel, der sie umgab — sowie die Achslagerführungen für Treib- und Laufachse, sodaß der Rahmen die Triebwerkskräfte aufnahm und das gesamte gefederte Gewicht der Lokomotive auf die Radsätze übertrug, und an dem schließlich Zug- und Stoßvorrichtungen angebracht waren, um Wagen anzuhängen oder unter Vermittlung von Puffern zu schieben. Er war ein Außenrahmen, das heißt seine in der Fahrtrichtung rechts und links liegenden Rahmenwangen und die Achslager befanden sich außerhalb der Räder. Diese Bauweise hielt sich besonders in England, aber auch auf dem Kontinent, speziell in Belgien, bis in die neunziger Jahre. Im übrigen hatte die PLANET Rahmenwangen der Sandwich-Bauart, d. h. zwischen zwei vertikalen Blechplatten war ein Hartholzbalken eingeschlossen; auch diese waren in Großbritannien langlebig, die Great Northern verwendete sie noch bis 1866. Eine der letzten Neukonstruktionen mit Außenrahmen, natürlich aus Stahl, war Gölsdorfs starke 2Cn2v-Gebirgsschnellzugtype Serie 9 von 1898, die in ihrer Umbauform von 1923 als Heißdampf-Zwilling mit Ventilsteuerung (26) noch den Zweiten Weltkrieg kurz überlebte.

Der Außenrahmen hatte den Vorteil guter Zugänglichkeit der Achslager, auf welche die Kolbendrücke weit geringere Kräfte ausübten als auf Innenlager, und als man hochliegende Kessel noch scheute, war es gelegentlich angenehm, einen bis zu 1750 anstatt 1200 mm breiten Stehkessel zwischen den Rahmenwangen unterbringen zu können. Für seine Serie 9 brauchte Gölsdorf den Platz jedoch vorn für die innenliegende Maschine mit ihrem großen Niederdruckzylinder von 800 mm Durchmesser. Er benützte aber auch einen Hilfsrahmen in der Längsmittelebene zur Stützung der durch die große Außenlagerdistanz von fast zwei Metern hochbeanspruchten gekröpften Treibachse. Solche Stützrahmen, sogar deren vier, waren in alter Zeit, so auch bei der PLANET, zu finden, wobei es nicht leicht war, ein Zwängen der vielen Lager zu vermeiden, aber Entgleisungsschutz bei Achsbruch ging vor. Nachteilig ist ferner die erschwerte Querversteifung der Rahmenwangen infolge der dazwischenliegenden Räder, besonders wenn sie großen Durchmesser und knappen Achsstand haben. Für große Außenzylinder ist ein

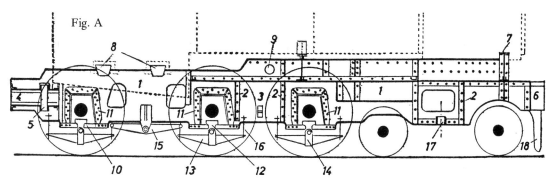

Fig. A

Genietete Blechrahmen am Beispiel der 2C-Gattung P8, Baureihe 38.10 der Deutschen Reichsbahn. *(51, 1965)*

1	Rahmenwange	11	Achslagerführung
2, 3	Rahmenverbindungen	12	Achslagergehäuse
4, 5	Zugkasten und Hauptkuppelbolzen	13, 14	Tragfeder und Federbund
6	Pufferträger	15	Längsausgleichshebel
7	Rauchkammerträger	16	Federspannschraube
8	Klammern für Stehkesselträger	17	Drehzapfenlager
9	Ausschnitt für Steuerwelle	18	Bahnräumer
10	Achsgabelsteg		

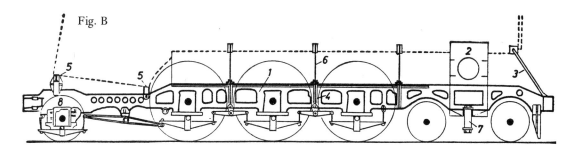

Fig. B

Barrenrahmen einer Einheits-Schnellzuglokomotive Baureihe 03 der Deutschen Reichsbahn.   *(51, 1965)*

1	Rahmenwange	5	Stehkesselauflager
2	Rauchkammerträger	6	Pendelblech
3	Rauchkammerstrebe	7	Drehzapfen des Drehgestells
4	Rahmenquerverbindung	8	Schleppachse Bauart Adams

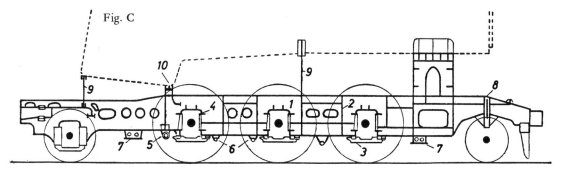

Fig. C

Geschweißter Blechrahmen für die Einheitslokomotive Baureihe 23 der Deutschen Reichsbahn von 1950.
          (51, 1965)

1, 2	Rahmenwange und Querverbindungen	6	Träger für Federspannschrauben
3	Achsgabelsteg	7	Träger für Längsausgleichshebel
4	Achslagerführung	8	Führung der Federstütze
5	Bremswelle	9, 10	Pendelbleche und Stehkesselstütze

Einheitliche Benennung der Lokomotivteile
Gruppe: Blechrahmen mit Zubehör

DEUTSCHE LOKOMOTIV-NORMEN

LONORM-Tafel 5

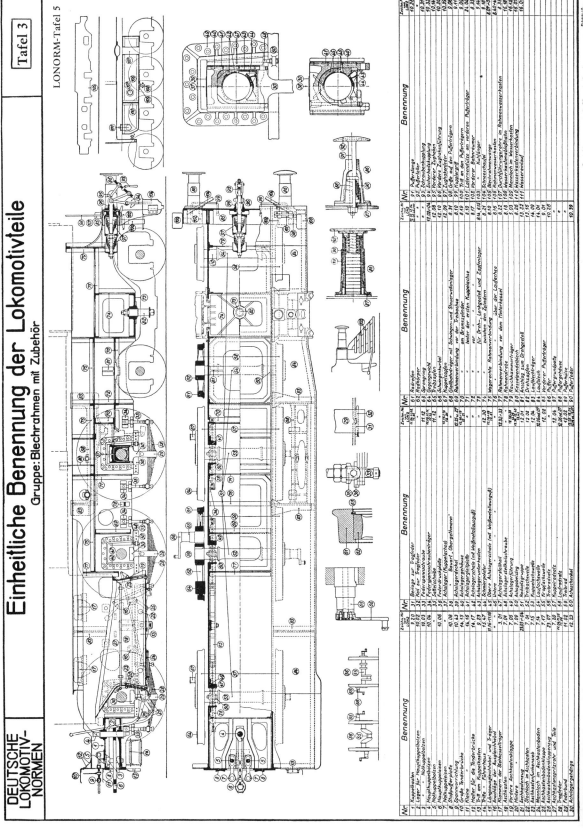

Nr.	Benennung	Nr.	Benennung	Nr.	Benennung
1	Kuppelkasten	31	Beilage zur Tragfeder	61	Radreifen
2	Lager für Hauptkuppelbolzen	32	Mol. zur Tragfeder	62	Radkörper
3	Nothkuppelbolzen	33	Federspannschraube	63	Sprengring
4	Nothkuppelbolzen	34	Federspannschraubenträger	64	Gegengewicht
5	Nothkuppelbolzen	35	Sattelscheibe	65	Treibzapfen
6	Hauptkuppelbolzen	36	Federscheibe	66	Vorderer Zughaken
7	Nothkuppelboizen	37	Achslagerkeile	67	Schraubenkupplung
8	Stoßaufnehmer	38	Achslager Kuppelachse	68	Zughakenführung
9	Stoßaufnehmerplatte	39	Bauart „Obergethmann"	69	Gießbahnträger mit Schwingen- und Steuerwellenlager
10	Spannvorrichtung	40	Achslagerdeckel	70	Rahmenverbindung vor der Treibachse
11	Große Tenderbrücke	41	Achslagergehäuse	71	" am Bremszylinder
12	Kleine Tenderbrücke	42	Achslagerdeckel	72	Tritt an den Pufferträgern
13	Halter für die Tenderbrücke	43	Achslagerschale (mit Weißmetallausguß)	73	Lenkschwinge am vorderen Pufferträger
14	Tritt am Kuppelkasten	44	Achslagerunterkasten	74	Vorderer Bahnräumer
15	Tritt-Führerhaus	45	Obere Achslagerschale (mit Weißmetallausguß)	75	Kuhfänger
16	Längsausgleichhebel und Träger	46	Schmierpolster	76	Schneeschaufel
17	Ausgleichhebel der Bahnräumer	47	Achslagerkeilheil	77	Blechschneevorge
18	Klammern der Rahmenschräger	48	Achslager für die Laufachse über der Laufachse	78	Rahmenverbindung vor dem Hinterkessel
19	Aschkasten	49	Achslagerführung	79	Durchführungsrohre im Rahmenwasserkasten
20	Vordere Aschkastenklappe	50	Achslagerstellschraube	80	Wasserkastenablaßhahn
21	Hintere Aschkastenklappe	51	Radsatzlager	81	Mannloch im Wasserkasten
22	Aschkastenzug	52	Treibachswelle	82	Wasserkastenverbindung
23	Stochloch im Aschkasten	53	Kuppelachswelle	83	Drehzapfen
24	Aschkastenfunkenasche	54	Laufachswelle	84	Laubblechträger
25	Mannloch im Aschkastenboden	55	Kropfachswelle	85	Laufblech
26	Aschkastenbodenklappe	56	Treibradsatz	86	Vorderer Pufferträger
27	Aschkastensperrrohr und Teile	57	Kuppelradsatz	87	Puffer
28	Tragfeder	58	Laufradsatz	88	Puffergehäuse
29	Federbund	59	Treibrad	89	Pufferhülse
30	Achslagergehänge	60	Achsschenkel	90	Pufferteller

Nr.	Benennung
91	Pufferstange
92	Schraubenkupplung
93	Sicherheitskupplung
94	Vorderer Zughaken
95	Hinterer Zughaken
96	Zughakenführung
97	Zughakenbolzen
98	Griffe auf den Pufferträgern
99	Kuppelgriff
100	Tritt an den Pufferträgern
101	Lenkschwinge am vorderen Pufferträger
102	Vorderer Bahnräumer
103	Kuhfänger
104	Schneeschaufel
105	Blechschneevorge
106	Rahmenverbindung vor dem Hinterkessel
107	Durchführungsrohre im Rahmenwasserkasten
108	Wasserkastenablaßhahn
109	Mannloch im Wasserkasten
110	Wasserkastenverbindung
111	Wasserkastenanlauf

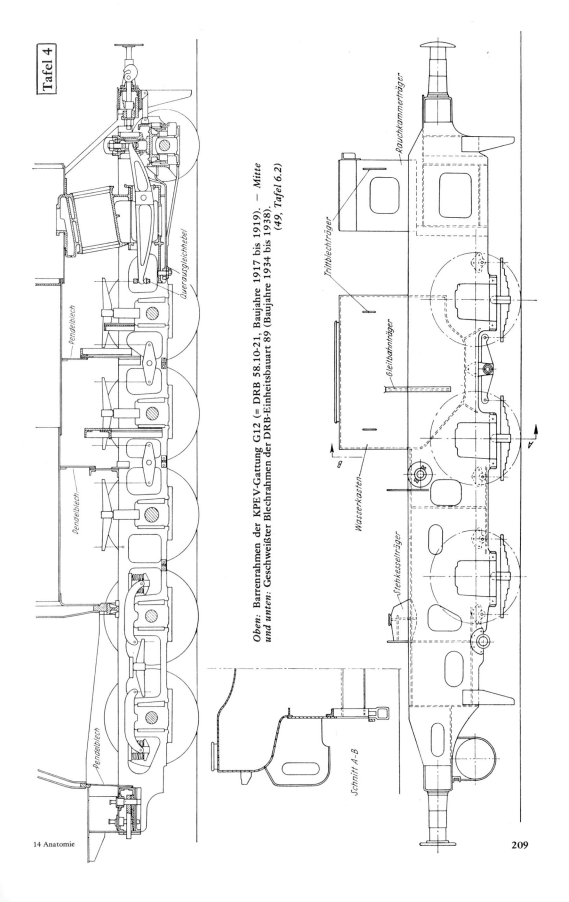

Oben: Barrenrahmen der KPEV-Gattung G12 (= DRB 58.10-21, Baujahre 1917 bis 1919). — *Mitte und unten:* Geschweißter Blechrahmen der DRB-Einheitsbauart 89 (Baujahre 1934 bis 1938). (49, Tafel 6.2)

Querausgleichhebel

Pendelblech

Pendelblech

Pendelblech

Rauchkammenträger-

Trittblechträger

Gleitbahnträger

Wasserkasten

Stehkesselträger-

Schnitt A–B

Außenrahmen aus Platz- und Festigkeitsgründen überhaupt nicht zu brauchen und so verschwand er völlig aus dem Dampflokomotivbau unseres Jahrhunderts, Schmalspur- und Zahnradlokomotiven ausgenommen; bei jenen ging man oft von einem Innenrahmen im Triebwerksbereich auf einen dahinterliegenden Außenrahmen über, um Platz für den Stehkessel zu schaffen (148). Der Elektro- und der Diesellokomotivbau aber bemächtigten sich aus verschiedenen zwingenden Gründen sehr bald des Außenrahmens, der sodann bei allen Triebgestellbauarten Alleinherrscher wurde.

Abb.
S. 207
S. 208
Abb.
S. 207

Die charakteristischen Grundbauarten des Innenrahmens, wie sie die Skizzen (S. 207–209) zeigen, waren geeignet, den Anforderungen zu entsprechen. Unter den ersten drei Figuren sind die Hauptteile angeführt und LONORM-Tafel 5 bringt eine Fülle von Einzelheiten der Konstruktion eines Blechrahmens mit ihren Bezeichnungen. Der Kommentar wird daher allgemein gehalten. In Fig. A sind die Rahmenwangen gewalzte Platten, die vom Pufferträger, auch Pufferbrust genannt, bis zum hinteren Rahmenende geradlinig durchlaufen und bei größeren Lokomotiven 28 bis 34 mm dick sind. Sie müssen besonders zwischen den Zylindern, hier über dem Drehgestell, kräftig gegeneinander versteift sein, sowie auch bis zur mittleren gekuppelten Achse, an der hier die Treibstangen angreifen. Dahinter ist in diesem Fall wegen des tief herabreichenden Stehkessels und des Aschkastens eine Querverbindung nicht möglich; sie wird in ihrer Wirkung durch den Kessel selbst ersetzt, der mit den Rahmenwangen entsprechend verbunden sein muß.

Für einen dem Eisenbahnwesen fernstehenden Maschinenbauer ist die Treib- und Kuppelachslagerung einer Dampflokomotive ein wenig erschreckend. Schon bei der bloß mittelgroßen deutschen Personenzuglokomotive Gattung P8 wirken die Kolbenkräfte von maximal 33 Mp rechts und links im gegenseitigen Abstand von 2080 mm auf die Treibzapfen, wogegen die Achslager einen Mittenabstand von bloß 1120 mm voneinander haben. Beim Anfahren einer Zwillingsmaschine kann es vorkommen, daß der Kolben auf der einen Maschinenseite in Totlage steht und z. B. mit voller Kraft nach hinten wirkt, während der auf der entgegengesetzten Seite in seiner Mittellage stehende Kolben mit gleicher Kraft nach vorne zieht, oder umgekehrt. Auf die Treibachse wirkt dann bei der P8 ein Kräftepaar von 33 Mp und beansprucht die Achslager mit einem waagrechten Druck von 33 x 2080/1120 = 61 Mp, dem 1,85fachen des Kolbendrucks. Diese großen Kräfte trachten die Rahmenwangen gegeneinander nach hinten bzw. vorne zu verschieben. Jeder Konstrukteur würde einen möglichst großen Lagerabstand anstreben, damit das Verhältnis des Lagerdrucks zur Kolbenkraft kleiner wird, aber bei einer Lokomotive mit Innenrahmen ist dies nicht zu verwirklichen — ja im Gegenteil, je größer die Triebwerkskräfte und damit die Zylinder und Stangenlager, desto weiter rücken ihre Wirkungsebenen hinaus, wogegen die Achslagerabstände sogar etwas kleiner werden, denn mit wachsender Lagerlänge rücken ihre Mittelebenen nach innen. Bei der 1D2-Reihe 214 der BBÖ sind die obenbezeichneten Dimensionen 2310 bzw. 1030 mm, der Druck auf die Treibachslager wird analog obigem Beispiel schon das 2,25fache des Kolbendrucks von 49 Mp, also 110 Mp; damit näherte sie sich bereits amerikanischen Kraftwirkungen: die erfolgreiche 2D2 der Union Pacific, von der Nr. 8444 seit vielen Jahren Sonderfahrten durchführt, hat 2337 mm Zylinder- und 1016 mm Lagerabstand, daher bei 64 Mp Kolben- 148 Mp Lagerdruck. Damit waren die Grenzen noch nicht erreicht, die schwersten 2D2-Mehrzwecklokomotiven kamen auf fast 200 Mp Lagerdruck, 1E2 sogar auf 250 Mp, und stellten damit enorme Ansprüche an die Rahmen, die längst nicht mehr in konventioneller Bauweise, sondern als integrale Stahlgußstücke (Fotos auf Seite 211) ausgeführt wurden. Daß diese Drücke durch die Kuppelstangen durchschnittlich auf mehrere Radsätze verteilt werden, was allerdings in den Totlagen bei abgenützten Kuppelstangenlagern oft gar nicht der Fall ist, und die Reaktionskräfte (Zugkräfte) am Radumfang je nach Kurbelstellung verkleinernd, aber auch vergrößernd mitwirken, ist für die Rahmen-

Commonwealth Stahlgußrahmen für die 2D2-Lokomotive der Lackawanna Railroad, USA, von 1930. *(43)*

Commonwealth Stahlgußrahmen ohne Hinterkesselstütze für eine 1E1 der Union Pacific Railraod. *(43)*

Integraler Commonwealth Stahlgußrahmen für die 2BB2-Duplextype der Baltimore & Ohio Railroad von 1937. *(43)*

Commonwealth-Stahlgußrahmen mit großen Niederdruckzylindern für (1D)D1-Malletlokomotive der Norfolk & Western Railroad, ca. 1928, Weiterbau bis 1952. *(43)*

beanspruchung von sekundärer Bedeutung. Während der Fahrt werden diese Kräfte wohl kleiner, erreichen jedoch bei hoher Zugkraft an der Reibungsgrenze noch drei Viertel der obigen Werte, und da die Räder bei voller Schnellzugfahrt fünf oder sechsmal in der Sekunde herumwirbeln und die doppelt so oft ihre Richtung wechselnden Lagerdrücke dabei noch immer etwa halb so groß, bei Leerlauf (mit geschlossenem Regler) aber bei schweren Triebwerken sogar noch größer sein können (wenn auch nicht sollen), haben wir guten Grund zu Respekt vor der Widerstandsfähigkeit von Lokomotivrahmen und verstehen auch, daß manchmal ein beginnender Riß ausgemeißelt und verschweißt werden mußte; dies geschah womöglich gleich im Heizhaus während einer Betriebspause.

Abb.
S. 207
Der Ausdruck Barrenrahmen gemäß Fig. B besagt, daß die Dicke der Rahmenwangen mit 100, in den USA bis 140 mm ein Mehrfaches der Blechrahmendicke beträgt. Wegen seiner größeren horizontalen Steifheit sind weniger Querverbindungen nötig, er ist daher für Innentriebwerke vorteilhaft, die dann überdies besser zugänglich sind. In Amerika seit ältester Zeit heimisch, faßte der Barrenrahmen in Deutschland Fuß, seit Maffei 1908 nach guten Erfahrungen mit amerikanischen Importlokomotiven die badische 1D-Gattung VIIIe damit ausrüstete. Gölsdorf blieb (ebenso wie die Franzosen) auch für Vierzylindermaschinen ausschließlich beim Blechrahmen und verwendete Barren bloß wegen ihrer kleinen Bauhöhe und ihrer Seitensteifheit zum Anstückeln im Stehkesselbereich der 1C2-Typen Serie 210 und 310 (149).

Abb.
S. 207
Geschweißte Blechrahmen, Fig. C, zuerst am Ende der Zwischenkriegszeit für Industrielokomotiven eingeführt, erhielten die Nachkriegsneubauten der DB, zumal die großflächigen Blechwangen eine bessere Zylinderbefestigung gestatten.

Als letzter Schrei war in den USA schon 1925/26 der *Locomotive Bed* getaufte Stahlgußrahmen der Commonwealth (später General) Steel Castings Corporation in Granite City, Illinois, erschienen — wie vorhin erwähnt — in einem Stück gegossen, mit allen Querverbindungen, Zylindern und Schieberkasten, Auspuffkanälen sowie Konsolen und Anbauten aller Art, später auch Druckluftbehältern. Keine andere Stahlgießerei der Welt wagte sich an derart komplizierte und große Stücke, und noch in den fünfziger Jahren wurden die Rahmen von Großlokomotiven für Süd- und Ostafrika sowie für Australien von dort bezogen. Die Gußwandstärken betrugen in der Fläche bloß 19 oder 22 mm. Unser versierter Floridsdorfer Gießereileiter Porkert führte die Ausführungsmöglichkeit auf den hervorragenden Sand zurück, der für das Formen zur Verfügung stand, und dazu kam das Know-how der auf Stahlguß spezialisierten Firma. Der Widerstandsfähigkeit dieser Rahmen kommt nur W. Schindlers kombinierte Blech- und Stahlgußkonstruktion für die 1D2-Zwillingslokomotive der BBÖ gleich (26).

Abb.
S. 207
Bei allen Rahmenarten müssen die zwecks Einsetzens der Achslagergehäuse und der Radsätze unten offenen Rahmenausschnitte mit einem starken Element verschlossen werden, dem Achsgabelsteg, in Österreich Unterzugeisen genannt. Die Fig. A bis C zeigen auch die Trag- und Befestigungsteile für den Kessel. Schon wegen der Dampfleitungen zu und aus den Zylindern

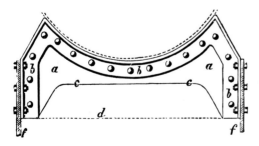

Rundkesselstütze alter Bauart. Der Kessel liegt frei und daher für Wärmedehnungen längsverschieblich auf.   (2)

muß die Rauchkammer starr mit dem Rahmen verbunden sein. Nach hinten zu ist jedoch der Wärmedehnung des Kessels Rechnung zu tragen. Dies geschah ehedem durch Gleitstützen für den Hinterkessel, die auch ein Abheben vom Rahmen verhinderten, und unter dem Langkessel gab es eine oder zwei Gleitstützen von sehr zweifelhaftem Wert, denn ein Stephensonkessel ist immer steifer als der Rahmen, wegen seines großen Durchmessers meist sogar zehnmal so steif, außer bei kleinen Lokomotiven. Wenn eine lange Lokomotive z. B. an ihren Rahmenenden mit dem Kran gehoben wird, biegt sich der Rahmen nach unten durch und der Kessel hebt sich von den altmodischen Stützen ab. Auch hiefür fand man in den USA eine ideale Abhilfe, das Pendelblech, das für alle Verbindungen mit dem Kessel hinter der Rauchkammer geeignet ist. Es wird mit Rahmen und Kessel fix verschraubt oder verschweißt und gibt in Richtung der Wärmedehnung dank seiner geringen Dicke von etwa 10 mm federnd nach. Gölsdorf verwendete es seit 1903 universell.

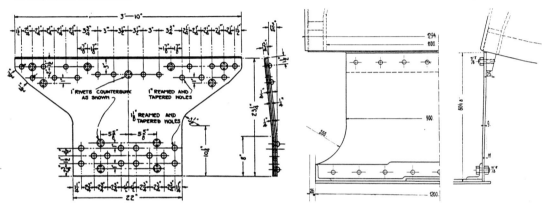

Pendelbleche zur in vertikaler Richtung kraftschlüssigen, horizontal aber elastischen Verbindung zwischen Rahmen und Kessel. Die aus drei dünneren Blechen zusammengesetzte amerikanische Anordnung (dortiger Fachausdruck: expansion sheet) ist für die größten Vertikalkräfte geeignet. Bei geringer Höhendistanz wurden, meist am vorderen Stehkesselende, Gleitstützen verwendet, zum Verhindern des Abhebens klammerförmig ausgebildet. Rechts das Pendelblech am hinteren Kesselende von Gölsdorfs 2B-Serie 306.

(43) und Lok, 1908

Eine weitere Hauptaufgabe des Rahmens ist das Abstützen der Lokomotive auf ihren Radsätzen mittels des Tragwerks, gebildet von Tragfedern und ihren Stütz- oder Aufhängeteilen, meist auch unter Kombination mit Ausgleichhebeln zwecks gleichmäßiger Achslastverteilung. Ausgleichhebel gab es schon 1827 an englischen Dreikupplern und 1836 in den USA, wo sie rasch zum Standard wurden, während sie in Großbritannien angesichts der traditionell erstklassigen Gleislage vielfach umstritten waren und spätere Dreikuppler meist ohne solche ausgeführt wurden. Gölsdorf wandte sie stets an, verfolgte keine einheitliche Praxis in deren Anordnung, benützte aber häufig Querausgleichhebel an Endlaufachsen, um die Raddrücke rechts und links gleich zu halten und dadurch Entgleisungsgefahr zu bannen. Die österreichischen 1D2 waren in Europa ein Unikum, indem alle fünf vorderen Achsfederpaare mittels Längsausgleichhebel miteinander verbunden waren; am hinteren Laufgestell lagen die Stützpunkte des Rahmens näher beisammen als die Tragfedern, es resultierte aber eine Vierpunktabstützung.

Abb. S. 214

In den USA herrschte prinzipiell die Dreipunktabstützung, die in der Sprache der Mechanik statisch bestimmt ist, was bedeutet, daß die Raddrücke von unebener Gleislage wenigstens theoretisch nicht beeinflußt werden. Um störende Reibungswiderstände im Federgehänge möglichst klein zu halten, legte man Drehpunkte von Ausgleichhebeln auf Schneiden anstelle von Bolzen. Die Zeichnung entspricht einer bewährten Ausführung, die in dieser Form erstmals 1914 auf der Pennsylvania unter W. F. Kiesel erschien. Den in der Längsmittelebene der Lokomotive befindlichen Stützpunkt legte man zweckmäßigerweise stets in der Fahrtrichtung nach vorn,

Abb. S. 214

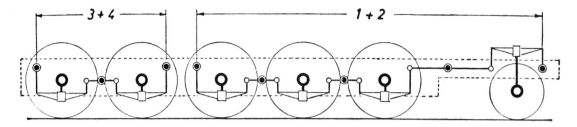

Vierpunktaufhängung einer 1E-Lokomotive, z.B. Reihe 52 oder auch Reihe 44 der DRB. Die durch Ausgleichhebel in der Längsrichtung verbundenen Federgruppen bilden rechts und links je einen resultierenden Abstützungspunkt; hier sind es auf jeder Seite zwei. *(51, 1965)*

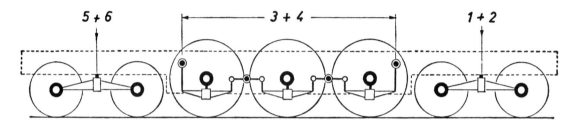

Sechspunktaufhängung einer 2C2-Tenderlokomotive mit drei Abstützungspunkten pro Seite. *(51, 1965)*

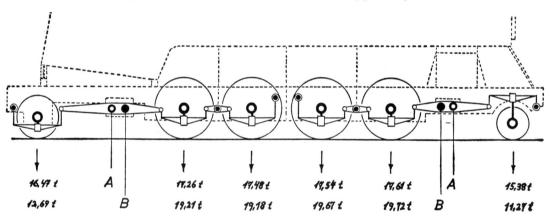

Vierpunktaufhängung der 1D1-Baureihe 41 der DRB mit Einrichtung zum Verändern der Achslasten durch Umstecken der Ausgleichhebelbolzen von A auf B. *(51, 1965)*

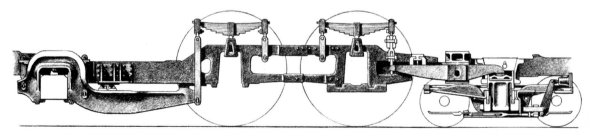

Traditionelle amerikanische Dreipunktabstützung der schweren 2B1-Klasse E6s der Pennsylvania Railroad. Die Federn der Kuppelachse sind vorne mittels eines Querbalanciers verbunden, in dessen Mitte der das Drehgestell belastende Längshebel angreift. Dies ergibt einen einzigen resultierenden Stützpunkt für die drei vorderen Achsen. *(157)*

um vor allem das führende Drehgestell gleichmäßig zu belasten. Man sprach aber auch dann noch von einer Dreipunktabstützung, wenn später zu zeigende Rückstellvorrichtungen für seitenverschiebliche Drehgestelle zwei seitlich in mäßigem Abstand nebeneinanderliegende Stützpunkte ergaben.

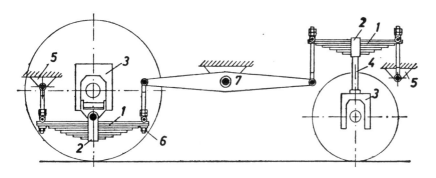

Ausführungsschema der Federanordnung einer Laufachse mit obenliegender und einer Kuppelachse mit untenliegender Tragfeder 1 und Ausgleichhebel 7.

2   Federbund
3   Achslagergehäuse
4   Federstütze
6, 5 Federspannschraube und Träger

(51, 1965)

In der typisch europäischen Federanordnung dienen Federspannschrauben, wie der Name sagt, zur Höhenverstellung, bei Mehrpunktabstützung auch zum Einstellen der gewünschten Radlasten, im Gegensatz zur amerikanischen Praxis mit bloßen Federgehängen und Vollausgleich der Radlasten ohne Verstellmöglichkeit. Die Federeinsenkung, d. h. der Höhenunterschied zwischen der unbelasteten und der durch das zu tragende abgefederte Gewicht der Lokomotive belasteten Feder, wird an Dampflokomotiven wegen der Vertikalkomponente der Triebwerkskräfte knapp gehalten, für gekuppelte Achsen bei etwa 65 mm, für Laufachsen manchmal etwas mehr, wobei aber wegen Ausbildung von Nickschwingungen (Galoppieren) Vorsicht geboten ist. In der Zeichnung ist schließlich das gesamte Federgehänge einer vierachsigen Lokalbahnlokomotive anschaulich dargestellt. Vielfach ist anstelle von Abstützung der Ausdruck Aufhängung im Gebrauch; so spricht Lotter im Zusammenhang mit dieser Zeichnung von einer Dreipunktaufhängung.

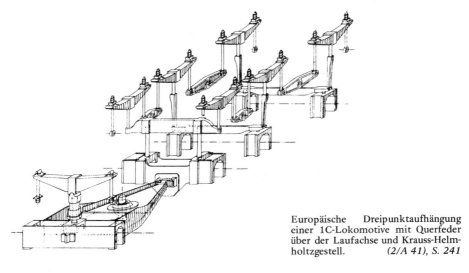

Europäische Dreipunktaufhängung einer 1C-Lokomotive mit Querfeder über der Laufachse und Krauss-Helmholtzgestell. *(2/A 41), S. 241*

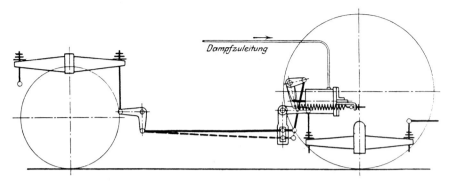

Vorrichtung zur Steigerung des Treibgewichts beim Anfahren oder auf Steigungen am Beispiel der badischen 2C1-Klasse IVf von 1908. Durch Dampfbeaufschlagung des horizontalen Kolbens (rechts und links) wird die Zugstange zwischen den Winkel-Ausgleichhebeln aus ihrer stark ausgezogenen Normallage in die strichlierte Lage gebracht; dadurch werden die Achslasten auf den gekuppelten Radsätzen bei Verringerung der Laufachslasten erhöht. *(77), S. 364*

Beim Anfahren und auf größeren Steigungen wäre es stets erwünscht, die gekuppelten Achsen höher zu belasten, was da und dort zulässig sein kann. Maffei versah die 2C1-Gattung IVf von 1908 mit einer gut ausgebildeten dampfbetätigten Vorrichtung, welche die Kuppelachsen höher belastet. Es geht aber nur selten so bequem.

Die im österreichischen Eisenbahnmuseum aufgestellte B1-Lokomotive AJAX, gebaut 1841 von James, Turner & Evans für die Nordbahn, wurde 1908 Gölsdorfs erster 1C2 gegenübergestellt. Deren Vierzylinder-Verbundtriebwerk ist auch von außen an den schräg herausstehenden HD-Kolbenstangen zu erkennen. Dank Gölsdorfs gewichtsparenden Einzelheiten, wie dem amerikanischen Extended Wagon-top Kessel mit allerdings mächtiger Box für einen Rost von 4,6 m2, wog die 210er mit ihren 84 t nur das 3,8-fache der AJAX, ihre PS-Leistung aber war zwanzigmal so groß.

Dampfmaschine und Triebwerk

Wenn man bedenkt, daß diese Elemente das Augenfälligste an der Stephensonschen Lokomotive sind, was sie uns äußerlich gegenüber allen anderen Eisenbahntriebfahrzeugen so lebendig und interessant macht, dann mag es zunächst ein wenig sonderbar erscheinen, daß dieses Kapitel nicht länger ausfiel und gegen jenes über Kessel und Zubehör an Umfang stark zurücktritt. Die Gründe dafür werden jedoch bald klar zutage treten. Die Ausbildung der Zylinder, in denen der Dampf seine Arbeit verrichtet, sowie derjenigen Steuerungen, die in den letzten Phasen des Dampflokomotivbaus überhaupt noch in Betracht kamen, und des im Prinzip von Anfang her unverändert gebliebenen Kurbeltriebs verursachte relativ geringe Schwierigkeiten und bereitete den Konstrukteuren viel weniger Kopfzerbrechen als der Kessel samt Ausrüstung, dessen vielfältige wärmetechnische und bauliche Probleme international gesehen bis zuletzt keine klare, geschweige denn einhellige Beurteilung erfuhren und auch heute, nach dem Verschwinden der Dampflokomotive von den mitteleuropäischen Hauptstrecken, interessierten Fachleuten Anlaß zu Kontroversen geben, sodaß ich mich 1979 zu meinem Artikel *Der Lokomotivkessel — das unbekannte Wesen* veranlaßt sah (54). Dazu kommen die vielfältigen Einrichtungen zum Steigern der Wirtschaftlichkeit, Qualität und Quantität der Dampferzeugung, die noch heute einer je nach Umständen verschiedenen, sorgfältigen Auswahl bedürfen, falls für bestimmte Zwecke neue Stephensonsche Lokomotiven gebaut werden sollten. Mit der Maschine aber werden wir rascher fertig, ohne ihr weniger Aufmerksamkeit angedeihen zu lassen.

In der Mitte geteilter Zylinderblock samt Rauchkammersattel für K. Gölsdorfs 1C1n4v-Serie 110 von 1905 und seine 1Et4v-Serie 280 von 1906. Eine interessante Lösung für derart verschiedene Achsanordnungen! Die sich bloß durch Heißdampf und Kolbenschieber unterscheidende 1Eh4v Serie 380.100 von 1910 zeigt das Foto auf Seite 236.   *Aufgenommen bei StEG, Sammlung Slezak*

Zylinder und innere Steuerung

Diese beiden Begriffe werden zweckmäßig gemeinsam behandelt, da die Bauweise des Zylinders von den Dampfverteilungsorganen, also der inneren Steuerung wesentlich geprägt wird. Der einfache Flachschieber, seiner Form wegen auch Muschelschieber genannt, begleitete uns seit George Stephensons Zeiten und würde auch morgen wieder gewählt, wenn jemand eine problemlose kleine Naßdampflokomotive bauen wollte; auf dem Hobby-Gebiet der kohlegefeuerten Kleinlokomotiven für Gartenbahnen und dergleichen geschieht dies laufend, auch für niedrige Überhitzung.

Die Fig. A bis E zeigen eine Zylinderbauart, die in Verbindung mit historischen Schieberantrieben eine sehr einfache Gesamtanordnung gestattete, weil die Schieberstange in einer Ebene mit der Treibachse und der Kolbenstange lag. Der senkrecht gestellte Schieberspiegel, wie die Gleitfläche des Schiebers am Zylinder genannt wird, wurde erstmals 1840 von Pauwels in Lille (Frankreich) verwendet, von Stephenson & Co. Ende 1841 aufgenommen und fand rasche Verbreitung. In Österreich war diese Bauart besonders in den sechziger und siebziger Jahren sehr beliebt; von der D-Type Serie 73 der k. k. Staatsbahnen von 1885 wurden bis 1909 (!) rund 450 Stück gebaut, zumal sie das Militär wegen ihrer Einfachheit bevorzugte. Immerhin wäre sie gewiß die letzte mit dieser Steuerungsausbildung geblieben, die sich für Heißdampf nicht eignete und lange, thermisch ungünstige Dampfkanäle erforderte, hätte nicht Gölsdorf selbst ihre Dampfmaschine unverändert für seine bezüglich des Kessels modernisierte Serie 174 übernommen, deren einfachste Form, d. h. ohne Brotankessel und ohne Clench-Dampftrockner, noch 1912/14 in 18 Exemplaren gebaut wurde — parallel zu seinen Vierzylinder-Verbundmaschinen für Schnellzüge! Dieser uralte senkrechte Flachschieber wurde nur durch den Frischdampf dichthaltend an den Schieberspiegel gedrückt, lief nach Reglerschluß locker und ließ z. B. die Kompressionsdrücke der leerlaufenden Maschine praktisch widerstandslos durch, sodaß ein leichter Gang keine besonderen Leerlaufeinrichtungen erforderte.

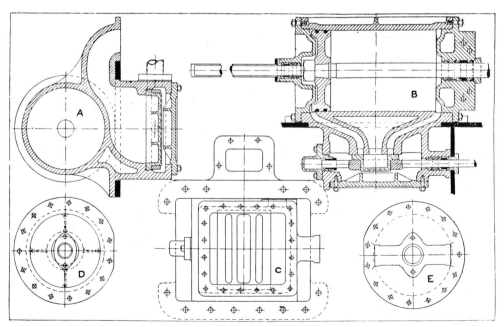

Alter englischer Zylinder mit zwischen den Wagen eines Innenrahmens vertikal stehendem Flachschieber. A senkrechter Mittelschnitt, B Horizontalschnitt, C Ansicht des Schieberspiegels, D Ansicht von vorne, E Ansicht von hinten. *(50)*

Der aus den Fig. A und B ersichtliche Schieberrahmen ist für Flachschieber typisch und umgibt den Schieber, um ihn in seiner richtigen Lage zu halten und ihm die hin- und hergehende Bewegung der von der äußeren Steuerung bewegten Schieberschubstange aufzuprägen. Er ist hier insofern falsch dargestellt, als der Spalt zwischen Schieber und Schieberkastendeckel, im Maschinenbau als die Luft bezeichnet, auch zwischen dem Schieber und seinem Rahmen vorhanden sein muß, damit er sich vom Spiegel abheben kann. Der Schieberrahmen wurde mit der zumindest hinten in einer Stopfbüchse geführten Schieberstange bzw. ihrer vorderen Verlängerung traditionell aus einem Stück geschmiedet und allseits bearbeitet — besonders für große Niederdruckzylinder von Verbundmaschinen, deren Flachschieber oft 700 x 300 mm maßen, ein kostspieliges Stück, das bei hoher Drehzahl äußere Kräfte von 2,5 Mp und mehr aufnehmen mußte.

Der in Fig. C in Draufsicht dargestellte Schieberspiegel, früher auch das Schiebergesicht genannt, enthält in seiner Mitte den Ausströmkanal, flankiert von den beiden Einströmkanälen für die beiden Seiten des Kolbens, die Kurbelseite (im Bild rechts) und die Deckelseite (im Bild links). Der gezeigte Zylinder hat auch auf der Kurbelseite einen aufgeschraubten Deckel, der die starken Gleitbahnträger zur vorderen Befestigung der Gleitbahnen für den Kreuzkopf aufweist; oft aber wird dieser Deckel mit dem Zylinder aus einem Stück gegossen, wie z.B. beim Commonwealth Stahlgußrahmen (siehe die Zeichnung). Getrennt aufgesetzte Außenzylinder werden vorzugsweise rechts und links gleich ausgeführt, um dasselbe Gußmodell verwenden zu können, was natürlich separat aufgesetzte Deckel vorausetze. Die Innenkonturen der beiden Deckel folgen denen des Kolbens mit der nötigen Luft. Dabei muß gegenüber dem kalten Zustand die Wärmedehnung der Kolbenstange im Betrieb berücksichtigt werden, die für unlegierten Flußstahl bei Erwärmung von 10 auf 110° C als mäßige Mitteltemperatur 1,2 mm beträgt; dazu kommt der Ausgleich von Abnützungen im Triebwerk mittels eventueller Keilnachstellung von Treibstangenlagern und Achslagergehäusen, die früher ganz allgemein üblich war. Die mittlere Deckelluft beträgt bei Hauptbahnlokomotiven beiderseits je 12 bis 15 mm, wobei die höheren Werte für stark schrägliegende Zylinder gelten; im kalten Zustand ist die Luft meist hinten um 2 mm kleiner als vorn.

Bei Fig. A ist der Zylinder an der Außenseite eines Innenrahmens befestigt, der innenliegende Schieber hat daher verhältnismäßig geringen Abstand und die Dampfkanäle sind nicht allzu lang; bei Außenrahmen, aber auch bei starken Lokomotiven wie der österreichischen Serie 73 wird der Abstand des Schieberspiegels vom Zylinder viel größer, die Kanäle sind entsprechend gegen die Innenseite gestreckt, was erhöhte Verluste durch Abkühlung des Eintrittsdampfs an den Kanalwänden, aber auch durch größeres Kanalvolumen verursacht. Mit wachsender Bedachtnahme auf Dampfersparnis, bequemere Wartung und Reparatur wurden die Schieber allgemein über die Zylinder gelegt und durch einen außenliegenden Mechanismus angetrieben; die äußere Steuerung von Außenzylindern lag dann wirklich außen an der Lokomotive, wogegen ihr Name nur besagt, daß sie sich außerhalb von Zylinder und Schieberkasten befindet. Zur weiteren Ver-

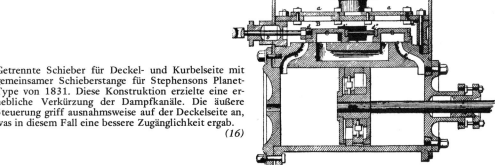

Getrennte Schieber für Deckel- und Kurbelseite mit gemeinsamer Schieberstange für Stephensons Planet-Type von 1831. Diese Konstruktion erzielte eine erhebliche Verkürzung der Dampfkanäle. Die äußere Steuerung griff ausnahmsweise auf der Deckelseite an, was in diesem Fall eine bessere Zugänglichkeit ergab.

(16)

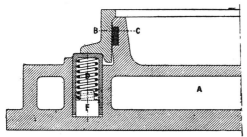

Teilschnitt durch einen entlasteten Flachschieber der französischen Midi-Bahn. Der Schieber A hat oben einen kreisrunden Ansatz, der einem Abschlußring B als Führung dient. Schraubenfedern D drücken diesen nach oben, um gegen den Schieberkastendeckel abzudichten, während Dichtungsringe C an der Innenfläche von B anliegen. Der dadurch geschaffene, praktisch überdrucklose Raum kommuniziert mit dem Auspuffkanal des Schiebers durch kleine Bohrungen. *(18)*

kürzung der Dampfkanäle erdachte man bei Stephenson & Co. schon zur Zeit der ROCKET die bemerkenswerte Konstruktion mit zwei Schiebern. Sie wurde allerdings bald wieder verlassen.

Größere Flachschieber bedürfen einer Reduktion ihrer Belastung durch den Arbeitsdampf, die z. B. bei effektiv 10 at mehrere Mp betragen kann und trotz guter Schmierung mit einem Reibungswert von 1/25 einige hundert kp Bewegungswiderstand ergibt. Die Skizze zeigt einen entlasteten Schieber mit einer wirksamen Einrichtung zu diesem Zweck, die bei langen Schiebern auch zu zweit angeordnet werden kann. Als Schiebermaterial hat sich Bronze als optimal erwiesen, obzwar in Amerika lediglich Gußeisen verwendet wurde, zweifellos von einer weicheren Sorte als der Zylinderguß.

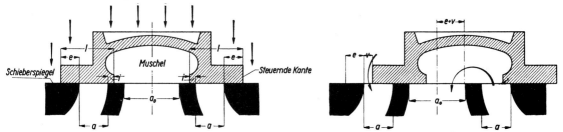

Muschelschieber in seiner Mittellage bzw. in seiner der linken Totlage des Kolbens entsprechenden Stellung. Es bedeuten: a Kanalbreite, a_0 Ausström-Kanalbreite, e Einströmüberdeckung, i Ausströmüberdeckung, l Schieberlappenbreite = a+e+i, v Voreinströmung. Das in der rechten Zeichnung oben angegebene Maß e+v ist sinnlos und ein Fehler in diversen Auflagen von Niederstraßer (1); es ergibt meist einen zu schmalen Ausströmkanal, ferner sind v und i relativ etwa zweifach zu groß gezeichnet. *(1), S. 80 und 81*

Die Erklärung der Vorgänge bei der Dampfzu- und abfuhr durch die innere Steuerung erfolgt am anschaulichsten an Hand des Muschelschiebers; die Wirkungsweise anderer Steuerorgane ist dann auch leicht zu verstehen. In seiner Mittellage sperrt der Schieber die zum Zylinder führenden Kanäle ab. Bevor der nach Öffnen des Reglers den Schieberkasten beaufschlagende Arbeitsdampf in den Zylinder eintreten kann, muß sich der Schieber um den Betrag der Einströmüberdeckung e, hier wegen ihrer Lage auch äußere Überdeckung genannt, aus seiner Mittellage verschieben. Ebenso kann im Zylinder befindlicher Dampf nicht durch die Muschel in den Ausströmkanal a_0 austreten, den der Schieber um den Betrag i, die Ausström- oder innere Überdeckung, überlappt. Es gibt allerdings auch häufig Schieber mit einer negativen Ausströmdeckung, deren Zweck noch beschrieben wird: dann sind in der Mittelstellung beide Seiten des Kolbens mit dem Ausströmkanal, also auch mit dem Blasrohr, verbunden.

Hat der Kolben auf seinem Weg nach links die Totlage erreicht, dann muß dem Zylinder Arbeitsdampf zugeführt werden, damit der Kolben seinen Arbeitshub von links nach rechts beginnen kann. Die Drehrichtung des Kurbeltriebs ist dabei zunächst gleichgültig, wir wollen aber festlegen, daß für alle kommenden Betrachtungen die Kurbelseite links angenommen ist und die Drehrichtung für die Vorwärtsfahrt im Uhrzeigersinn erfolgt; die Lokomotive fährt also im Bild nach rechts. In der Kolbentotlage hat der Schieber den Kanal bereits um den Betrag der Voreinströmung v geöffnet; dies ist notwendig, um im Zylinder gleich zu Beginn des Arbeitshubs nahezu vollen Druck aufzubauen, wozu besonders bei höherer Drehzahl Zeit erforderlich ist. Auf der entgegengesetzten Kolbenseite muß der mehr oder weniger entspannte Dampf ungehindert ausströmen können. Der Kanal a wird auf der Ausströmseite im Normalbetrieb meist mehr als voll geöffnet (d. h. der Schieber überschleift dessen äußere Kante), doch muß darauf geachtet werden, daß dann der mittlere Ausströmkanal a_0 noch um etwas mehr als die Weite a offen bleibt.

Schema eines Flachschiebers ohne Überdeckungen aus den Anfängen des Lokomotivbaus, samt Antrieb mittels Exzenters, das hier durch eine äquivalente Kurbel dargestellt ist.
(164)

Die obenstehende Zeichnung führt uns zurück zu den ersten Lokomotiven mit Schiebersteuerung mittels Exzenter um 1824, vielleicht schon 1814, als jedoch noch meist mit Schwenkhähnen gesteuert wurde, um Dampf durchzulassen oder abzusperren (17, S. 40, 84, 115). Im Gegensatz zu den Zeichnungen auf Seite 220 fehlten damals die Einlaß- und die Auslaßüberdeckungen, das heißt es waren e = 0 und i = 0. Ein ganz kleines Maß muß e jedoch gehabt haben, denn andernfalls hätte in der Mittelstellung des Schiebers Frischdampf an den nicht ganz scharfen Schieberkanten vorbei direkt in den Auspuffkanal strömen können. Das Exzenter mußte dabei, um Dampf nach Überschreiten des Totpunkts einzulassen, der Treibkurbel um 90° voreilen; nach einer sehr kleinen Kurbeldrehung war sodann der Einlaß links geöffnet und blieb offen bis knapp vor Erreichen der rechten Kolbentotlage. Dann wiederholte sich das Spiel für die rechte Kolben-, also die Deckelseite. Im Moment der Einlaßeröffnung wurde der gegenüberliegende Auslaß geöffnet und im Moment des Einlaßabschlusses öffnete sich der zur selben Kolbenseite gehörige Auslaß; der Dampf arbeitete daher während des ganzen Hubs mit praktisch vollem Einströmdruck (Volldruck) und puffte dann mit entsprechender Vehemenz aus, sodaß nicht nur erheblicher Lärm entstand, sondern vor allem die durch Dampfexpansion erzielbare Arbeit, die Expansionsarbeit, verlorenging.

Ein Schieber mit Einlaßüberdeckung bewirkt auf jeden Fall ein Arbeiten mit Expansion. Da die Einströmung erst beginnt, sobald sich der Schieber um den Betrag der Einlaßüberdeckung über seine Mittelstellung hinaus bewegt hat und dies noch vor Erreichen der Kolbentotlage geschehen soll, muß das Steuerungsexzenter gegen die Treibkurbel um erheblich mehr als einen rechten Winkel voreilen. Man hat nun seit jeher die Regelung getroffen, unter Voreilwinkel δ (Delta) jenen zusätzlichen Winkel zu verstehen, um den das Exzenter über den rechten Winkel hinausgehend voreilt. Je größer dieser Winkel, desto kürzer ist die Einströmstrecke, gemessen in Prozent des Kolbenhubs, und desto länger die Expansion bis zum Hubende, bzw. zum Öffnen des Ausströmkanals. Dies wird im Kapitel Äußere Steuerung erklärt, das die Einrichtungen für variable Expansion und Umkehr der Fahrtrichtung behandelt.

Für nennenswert überhitzten Dampf erwies sich der Flachschieber als ungeeignet, erstens infolge Wegfalls der selbstschmierenden Wirkung des Naßdampfs und weiters durch die Schwierigkeit, das Heißdampföl gleichmäßig über die langen schmalen Flächen des Schieberspiegels zu verteilen, zumal die Schieber sich unter dem Einfluß der größeren Temperaturdifferenzen verzogen. Man mußte zum Kolbenschieber greifen, der übrigens bereits 1832 vorübergehend aufgetaucht war, als zwei B-Lokomotiven von Stephenson & Co. für die Liverpool & Manchester Railway, ATLAS und (wahrscheinlich) MILO, solche erhielten, und zwar sogar schon mit geschlitzten, das heißt federnden, Ringen (16, S. 21). Was das Steuerungsprinzip betrifft, besteht zwischen einem Kolben- und einem Flachschieber kein Unterschied. Jener entsteht durch Rotation des Flachschieberprofils um eine in angemessener Distanz über der Lauffläche liegende Längsachse. Während aber beim Flachschieber nur äußere Einströmung praktisch ausführbar ist, was bedeutet, daß der Dampfeinlaß durch die äußersten Schieberkanten gesteuert wird, können die Steuerkanten beim Kolbenschieber vertauscht werden. Der Einlaß wird dann in die Schiebermitte verlegt, der Auslaß erfolgt vorne und hinten, die Einlaßüberdeckungen liegen innen und man spricht von innerer Einströmung. Diese hat den Vorteil geringerer Wärmeverluste und die Schieberstange ist bloß gegen den Auspuffdampf abzudichten; sie wurde daher zur Norm im modernen Lokomotivbau.

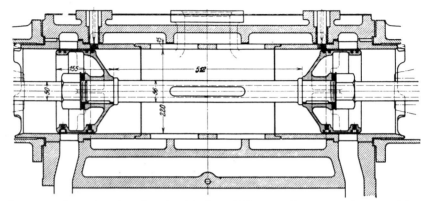

Gesamtanordnung eines deutschen Regel-Kolbenschiebers von 220 mm Durchmesser. *(2)*

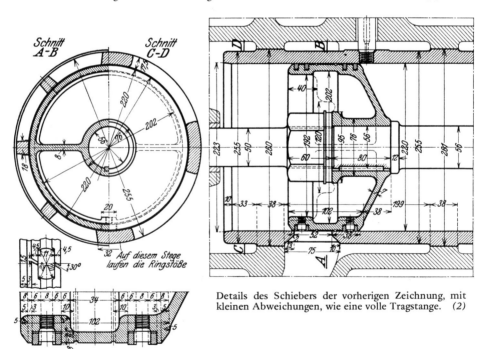

Details des Schiebers der vorherigen Zeichnung, mit kleinen Abweichungen, wie eine volle Tragstange. *(2)*

Ein solcher Kolbenschieber deutscher Einheitsbauart, der bis zum Ausreifen der Druckausgleichschieber (während des Zweiten Weltkriegs) ab 1915 zuerst in Preußen in seiner grundlegenden Konstruktion alleinherrschend wurde, ist in zwei als Schieberkolben bezeichnete Hälften unterteilt, die weit auseinandergezogen sind, um praktisch gerade Kanäle zu den Zylinderenden zu erhalten; es erinnert dies an die hintereinander angeordneten Flachschieber.

Die Schieberkolben werden von einer durchlaufenden Stange getragen, gegebenenfalls hohl ausgeführt, und sind im Durchmesser bloß um etwa 2 mm kleiner als die Laufbüchsen; man kann daher ihre äußeren und inneren Kanten als die steuernden ansehen, wogegen die Dichtungsringe den vollen Abschluß besorgen. Diese sind nach der um 1912 entwickelten Praxis nur 6 mm breit ausgeführt, da sich gezeigt hat, daß die anfangs verwendeten breiten Ringe, die sich über den Dampfkanal und die beiden Überdeckungen erstreckten, durch den auf ihrer Innenseite lastenden Dampfdruck in einer gewissen Analogie mit dem Flachschieber umsomehr Anpreßdruck und damit Bewegungswiderstand sowie Abnützung erlitten, je dichter sie hielten.

Die Laufbüchsen sind des bequemen Auswechselns und der Formhaltigkeit wegen vorzugsweise nicht eingepreßt, sondern lose eingesetzt und werden durch die Deckel gegen je einen eingeschliffenen Sitz dampfdicht festgehalten; wird jedoch Preßsitz gewählt, dann ist dieser auf mäßig breite Innenzonen beschränkt. Die Ausnehmungen für die Dampfkanäle in den Schieberbüchsen, wie die Laufbüchsen normalerweise genannt werden, sind durch am Büchsenumfang verteilte Stege unterbrochen, deren Begrenzungen nicht in der Bewegungsrichtung des Schiebers liegen, sondern um 30 bis 45° geneigt sind, damit Riefenbildung vermieden wird, was jedoch z. B. in den USA meist unbeachtet blieb. Die an der tiefsten Stelle gleitenden Trennfugen der Schieberringe müssen über einen entsprechend breiten Steg laufen. Der Netto- oder effektive Umfang der Dampfkanäle beträgt zwischen 60 und 70 % des inneren Gesamtumfangs, der höhere Wert für dreieckige Öffnungen und große Schieber, woraus sich der Durchgangsquerschnitt errechnet; seine Wertigkeit ist jedoch je nach strömungstechnischer Gestaltung um ein Viertel bis ein Drittel geringer als die eines Flachschieber-Kanalquerschnitts, weil auf der dem Zylinder abgewandten Seite größere Strömungswiderstände auftreten. Praktisch vorkommende Eröffnungswerte werden im Kapitel über die äußere Steuerung angeführt.

Vergleich eines Kolbenschieberzylinders mit einem Zylinder für das Aufsetzen eines getrennten Ventilkastens für Lentzsteuerung einer 1E1h2t der ČSD (Umbau 1931). Das grundsätzlich zweckmäßige Prinzip der Verwendung standardisierter Ventilkasten wurde hier allerdings durch eine vom Erfinder propagierte filigrane Neukonstruktion der inneren Steuerung zum Scheitern gebracht. *Aufgenommen bei ČKD, Prag-Lieben, Sammlung Giesl*

Die Kolbenschieber der österreichischen Südbahnlokomotiven waren nach deutschem Muster ausgeführt, also mit innerer Einströmung. Gölsdorf hingegen hielt an der äußeren fest, um den Steuerungsantrieb bei Übergang von einem Flachschieber beibehalten zu können; dies galt auch für seine Verbundmaschinen, die meist zunächst in Naßdampfausführung mit Flachschiebern gebaut wurden. Ein Beispiel eines großen kombinierten Rohr-Kolbenschiebers von 460 mm Durchmesser zur gemeinsamen Hoch- und Niederdrucksteuerung für die 1F-Type Serie 100 ist in *Lokomotiv-Athleten* (20, S. 64) gezeigt. Diese Kombination verwendete Gölsdorf erstmalig auf seiner 1C2-Serie 210 von 1908; sie ergab zwar einen einfachen, rein außenliegenden Steuerungsantrieb, aber thermische und bei höheren Drehzahlen auch mechanische Nachteile, auf die ich (26, S. 255) hingewiesen habe.

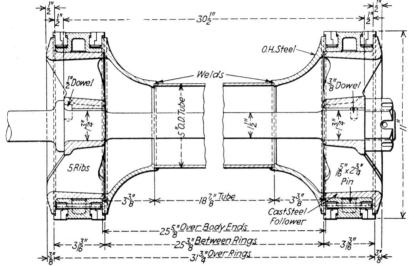

Typischer amerikanischer Kolbenschieber von 280 mm Durchmesser mit doppelten Segment-Dichtungsringen.   (43)

Der in den USA durchwegs üblich gewesene Rohrschieber, der für die größten Maschinen mit 356 mm (14 Zoll) Durchmesser ausgeführt wurde, weicht mehrfach von europäischen Konstruktionen ab: die durchgehende Tragstange fehlt, der Schieber gleitet mittels breiter, auswechselbarer Gußeisenringe auf der Büchse, die flankierenden, ebenfalls breiter als in Europa ausgeführten Dichtungsringe enthalten die Steuerkanten und der vordere Auspuffraum kommuniziert mit dem hinteren durch den Hohlraum des Rohrschiebers, sodaß dem Abdampf auf seinem Weg zum Blasrohr etwas mehr Querschnitt zur Verfügung steht. Trotz des offensichtlich größeren Bewegungswiderstands dieser Konstruktion hatten moderne amerikanische Lokomotiven auffallend leichte, elegante Steuerungsgestänge, also war die Widerstandserhöhung im Vergleich zu den Massenkräften bei Schnellfahrt unerheblich.

Hans Steffan (1877–1939), der bedeutende Konstrukteur der letzten Lokomotivbauarten der österreichischen Südbahn, dessen Wirken ich in der *Ära nach Gölsdorf* gewürdigt habe, veröffentlichte im Juliheft 1916 seiner Zeitschrift *Die Lokomotive* (mit einem Nachtrag auf den Seiten 17 und 173 von 1917) eine ausführliche Zusammenfassung der Kolbenschieberentwicklung, in der er nach einem Hinweis auf die 'unübersehbare Menge' der entstandenen Bauarten 18 neuere anführt, die seit 1905 in derselben Zeitschrift abgebildet und ausführlich beschrieben wurden. Daraus geht auch hervor, daß die erste Lokomotive mit Kolbenschiebern auf dem europäischen Kontinent eine großrädrige C-Type für gemischten Dienst war, 1878 von der Ungarischen Staatsmaschinenfabrik MÁVAG in Budapest für die Theißbahn geliefert und in demselben Jahr in Paris ausgestellt. Zwei Jahre darauf versuchte Ricour den Kolben-schieber auf der französischen Staatsbahn, der sich jedoch trotz des vorteilhaften geringen Bewegungswiderstands erst durchsetzen konnte, als der Heißdampfbetrieb ihn zwingend er-forderte. Ein gewichtiger Grund dafür ist die Einfachheit des Flachschiebers und sein bereits geschildertes Abheben beim Auftreten eines größeren Überdrucks im Zylinder, vor allem bei Wasserschlag, im Gegensatz zum unnachgiebigen Kolbenschieber, der aus Sicherheitsgründen besondere Zusatzeinrichtungen erfordert.

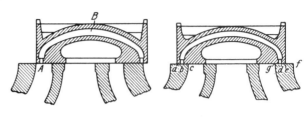

Flachschieber mit doppelter Einströmung System Trick von 1854. − *Links:* Ein-strömbeginn in den Kanal A, wobei der Überströmkanal B von der entgegenge-setzten Seite des Schiebers Arbeitsdampf erhält. − *Rechts:* Wie erkenntlich, dürfen die Mündungsweiten des Kanals B nicht zu groß sein, damit die Dichtheit der Kanten c und f gewahrt bleibt und keine unbeabsichtigte Verbindung der beiden Zylinderseiten stattfindet.   (2)

Im Jahre 1854 war der Kanal-Flachschieber entstanden, nach seinem Erfinder Josef Trick (1812−1865), der beim Aufbau der Maschinenfabrik Esslingen hervortrat, Trickschieber ge-nannt. Er war von einfacher Bauart und erzielte eine Verdoppelung der Einströmquerschnitte im Bereich kleiner Schieberstangenhübe, wie sie beim Ausüben mäßiger Zugkräfte, aber hoher Fahrgeschwindigkeit, also erheblichem Dampfdurchsatz auftreten. Dieser Schieber erfreute sich großer Beliebtheit in Kontinentaleuropa. Vor dem Ersten Weltkrieg entstand in Preußen der Hochwaldschieber und die Bauart Schichau, bei denen dieses Prinzip auf den Kolben-schieber übertragen wurde (77, S. 116). Ersterer wurde überdies in einer Variante ausgeführt, die auch doppelte Ausströmung ergab; diese fand z. B. bei der bayerischen S 3/6 und bei den älteren preußischen 2C-Schnellzuglokomotiven Gattung S10 Verwendung. Die Niederdruck-zylinder schnellfahrender Verbundmaschinen kamen am ehesten dafür in Betracht, aber auch ein großer Teil der Dh2-Güterzug-Gattung G8.1 erhielt bis 1915 Hochwaldschieber mit doppelter Einströmung. Wegen ihrer Kompliziertheit mit bis über 20 Kolbenringen konnten sie sich jedoch auch in ihrem Ursprungsland nicht lange halten und die preußischen Staatsbahnen gingen schon kurz nach dem Ersten Weltkrieg endgültig zu Einheitskolbenschiebern mit ein-facher Ein- und Ausströmung über. Der ob seiner gewissenhaften Untersuchungen hochge-schätzte Dezernent für Lokomotivversuche in Berlin Georg Strahl (1861−1922) kam laut seinem erst 1924 posthum herausgekommenen Buch (150) zu dem Ergebnis, daß doppelte Einströmung zwar erwartungsgemäß den Spannungsabfall des Dampfs im Zylinder vom Hub-beginn bis zum Füllungsabschluß verringert, ein versuchsmäßig feststellbarer Einfluß auf den Dampfverbrauch pro Leistungseinheit jedoch nicht auftrat. Seine darin wiedergegebene Formel für diesen Spannungsabfall, notwendigerweise etwas kompliziert, ergibt ganz ausgezeichnete Übereinstimmung mit der Wirklichkeit, wovon ich mich auch nach Umformung für Ventil-steuerung im Zuge der Konstruktion der österreichischen 214er überzeugen konnte. Aber Strahls Verbrauchswerte beschränkten sich auf einen Bereich, in dem die doppelte Einströmung nur sehr wenig bringen kann, nämlich auf Fahrten mit D-Güterzuglokomotiven bei erheblicher Zylinderfüllung und kleiner Drehzahl, fast durchwegs unter zwei sekundlichen Umdrehungen; die einzige Ausnahme betraf eine 2Ch3-Schnellzuglokomotive bei etwas über drei Umdrehungen. Auf der Ausströmseite betrachtete Strahl nur den mittleren Gegendruck während des Kolben-rückgangs, der weitgehend vom Blasrohrdruck bestimmt wird und dessen Einfluß auf Leistung und Wirtschaftlichkeit bekanntlich vorherrschend ist.

Fast zwei Jahrzehnte später kam Chapelon zu umfassenderen Resultaten. Vor allem hob er in seinem großen Werk (151) von 1938 hervor, es sei erstaunlich, daß man so spät auf die Idee kam, doppelte Ausströmung anzuwenden, die viel mehr bringt als auf der Einströmseite, besonders im Schnellzugdienst mit 5 und mehr Radumdrehungen pro Sekunde. Der vorzüglich durchgearbeitete Willoteaux-Schieber mit doppelter Ein- und Ausströmung entstand auf der P. O. und ist wesentlich einfacher als der Hochwaldschieber. Eingehende Erläuterungen stehen bei der Abbildung. Chapelon weist allerdings darauf hin, daß die doppelten Steuerkanten auch einer Verdoppelung des abzudichtenden Schieberumfangs und damit der Lässigkeitsverluste entsprechen, die den Erfolg zunichte machen können, wenn nicht überwiegend mit

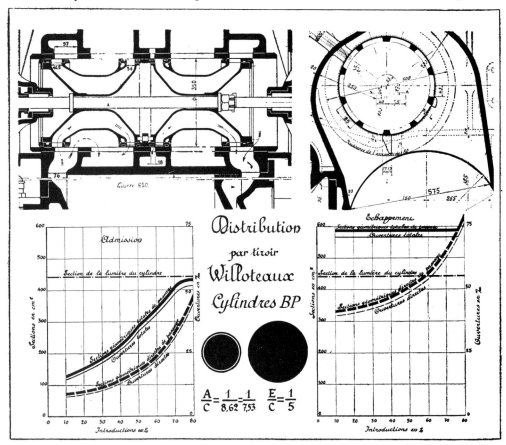

Willoteaux-Kolbenschieber der P. O. mit doppelter Ein- und Ausströmung. Er wurde von Chapelon im Rahmen seiner Versuchsserie von 1932/36 zur Feststellung des Einflusses vergrößerter und besser gestalteter Dampfwege auf der modernisierten 2C1h4v Nr. 3.521 von 1910 erprobt (151). Dargestellt ist der Niederdruckschieber. Der Arbeitsdampf, hier der Abdampf der Hochdruckzylinder (Verbinderdampf), erfüllt die Räume vor und hinter dem Schieber sowie den mittleren Ringraum; es liegt also kombinierte äußere und innere Einströmung vor. Dazwischen liegen zwei Auspuffräume, aus denen der Dampf zur Blasrohranlage geleitet wird. Zeichnungsgemäß nähert sich der Kolben seiner rechten Totlage. Rechts, auf der Deckelseite, beginnt eben die doppelte Einströmung aus dem rechten und dem mittleren Arbeitsdampfraum, links ist die doppelte Ausströmung praktisch schon voll geöffnet. Die beiden Hohlräume des Schiebers, zwecks konstanten Strömungsquerschnitts im Schnitt etwa sichelförmig, dienen abwechselnd dem Durchströmen des Eintritts- und des Auspuffdampfs. Die Diagramme zeigen die maximal erreichten Einström- (links) und Ausströmöffnungen in Abhängigkeit von der Zylinderfüllung. Die dicken Linien geben die Öffnungsquerschnitte in cm^2 an (strichliert einfache, voll ausgezogene doppelte Eröffnung), die dünnen die entsprechenden Öffnungswege. Die strichpunktierten horizontalen Geraden zeigen die Querschnitte der beiden Zylinderkanäle von je ca. 440 cm^2, das sind rund 1/7,5 der Kolbenfläche; dies ist der Wert A/C nach Chapelon, wobei der eingetragene kleinere Bruch 1/8,62 offenbar für den engeren Querschnitt zwischen Zylinderdeckel und Wandkante gilt. E bedeutet die größte Schieber-Kanalöffnung, von Chapelon mit 1/5 der Kolbenfläche angestrebt und hier auch erreicht. Die schwarzen Kreisflächen sollen durch ihre Durchmesser diese Relationen veranschaulichen.

(151); leider ist die Zeichnungswiedergabe in Chapelons Werk sehr mangelhaft.

hohen Drehzahlen gefahren wird. Bei dem langsamen Güterzugdienst vor 1920 war Strahls negatives Urteil über die doppelte Einströmung jedenfalls richtig. Der Willoteaux-Schieber wurde von der französischen Staatsbahn in gewissem Umfang übernommen, 1932/36 für zwanzig 2C1-Lokomotiven Type 231W, wogegen Chapelon lange Zeit mehr zur Ventilsteuerung neigte, die hier des Antriebs wegen erst im Anschluß an die äußere Steuerung zur Sprache kommt.

Ein typischer Kolbenschieberzylinder ist hier dargestellt, kombiniert mit dem größten deutschen Einheitsschieber von 300 mm Durchmesser. An dem allseitig bearbeiteten Barrenrahmen ist er mittels einer langen oberen Leiste in seiner Höhenlage fixiert und mit 21 Paßschrauben von 42 mm Durchmesser befestigt, die allerdings bezüglich der horizontalen Mittelebene des Zylinders stark unsymmetrisch liegen, weil die Rahmenwangen zuwenig tief herab-

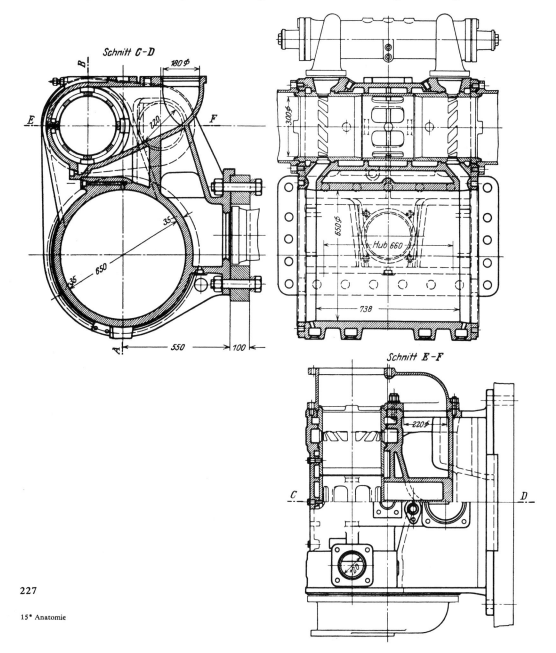

reichen, was bei vorderen Drehgestellen oft der Fall ist; es erwies sich auch später als nötig, die Zylinder durch angegossene, in Rahmenausschnitte eingreifende Winkelleisten und Paß- stücke gegen Lockerwerden zu sichern. Oben am Zylinder sind die Umrisse des Druckaus- gleichers für die Verbindung der beiden Kolbenseiten bei Leerlauf eingezeichnet, der weiter unten behandelt wird.

Während dieser deutsche Zylinder auch an einen Plattenrahmen angebaut werden könnte, setzt die amerikanische Normalausführung Rahmenwangen geringer Bauhöhe, also einen Barren-

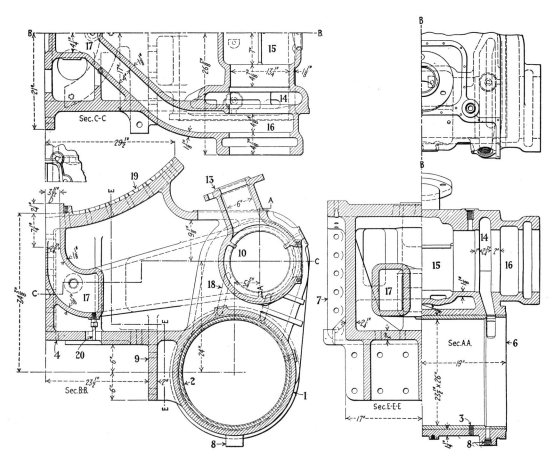

Typischer amerikanischer Zylinder für die schwere 2B1-Klasse E-6s der Pennsylvania mit 62 t Reibungsge- wicht bei 14,5 atü Kesseldruck. Obwohl aus Gußeisen, wie der davor gezeigte deutsche Zylinder, ist zur Verlängerung der Lebensdauer eine gußeiserne Laufbüchse eingepreßt. *(43)*

rahmen, voraus. Die Konstruktion in Form eines zweiteiligen symmetrischen Zylinderblocks samt Rauchkammersattel zum Tragen und Befestigen des Kessels war in Amerika allgemein, in Europa aber fast nur bei Mehrzylinderlokomotiven mit Innentriebwerk zu finden (die öster- reichische 1E-Reihe 81 von 1920 war eine Ausnahme); sie gestattet eine thermisch und strö- mungstechnisch überlegene Gestaltung der Dampfwege. Die Abdampfkanäle berühren den Zylinder nicht, ihre Zusammenführung von den Enden des Kolbenschiebergehäuses zur Ma- schinenmitte erfolgt stromlinienförmig unter Vermeidung separat aufgesetzter Teile. Auch die späteren Stahlgußzylinder wurden dort in dieser Bauweise, nur mit kleineren Wandstärken, ausgeführt. Zu bemängeln ist der kleine Querschnitt des Frischdampfanschlusses und das ungenügende Dampfreservoir dortselbst; der gezeigte Zylinder datiert zwar von 1914, doch waren auch die neuesten diesbezüglich kaum besser und bewirkten daher einen leicht verringerbaren Druckverlust durch Dampfbeschleunigung während der kurzen Öffnungszeiten der Schieber bei schneller Fahrt.

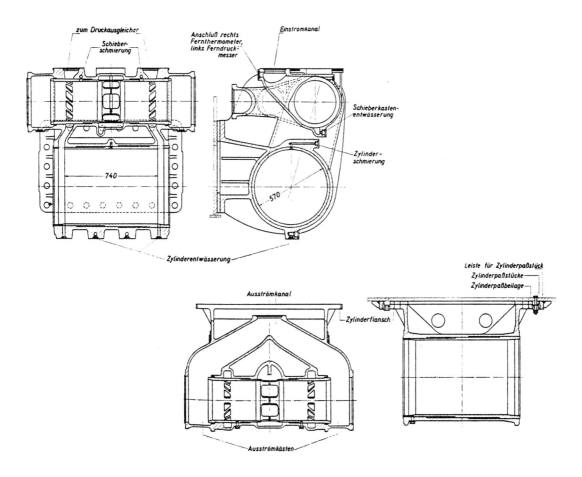

Stahlgußzylinder der 1C1-Neubaureihe 23 der DB von 1950 mit gußeiserner Laufbüchse. Die Tragleiste an der Flanschoberkante ist entfallen: dafür ist der Zylinderflansch vorn und hinten mittels nachstellbarer Paßstücke gegen an der Rahmenwange angeschweißte Leisten abgestützt. Anstelle der angeschraubten Ausströmkasten traten im Zylindergußstück geformte Kanäle. *(1, 1954)*

Die neue Zylinderbauart der DB für ihre Einheitslokomotiven der fünfziger Jahre, nunmehr aus Stahlguß, lehnten sich teilweise an die amerikanische Konstruktion an, aber die Zusammenführung der Ausströmkanäle ist dieser noch deutlich unterlegen; erst der in einem Stück hergestellte Stahlguß-Dreizylinderblock der letzten DB-Schnellzugtype BR 10 von 1957 zeigt eine optimale Auspufführung (152, S. 60) sowie auch ein verbessertes, doch noch keineswegs reichliches Einström-Dampfreservoir zum Verringern der Druckschwankungen während des Einströmvorgangs.

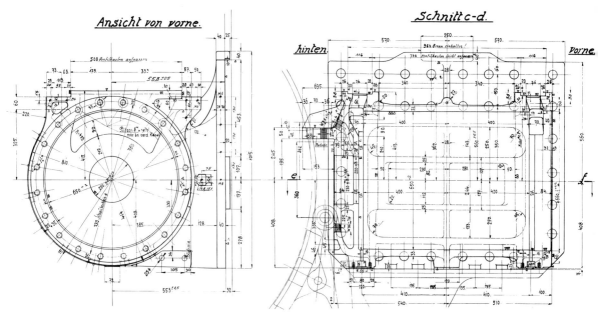

Ansicht von vorne.

Schnitt c–d.

Dieser Gußeisenzylinder der österreichischen Reihe 214 von W. Schindler ist der einfachste aller Zylinder von Großlokomotiven, da der Ventilkasten mit der inneren Steuerung separat gefertigt und mittels bloß vier T-Kopfschrauben befestigt wird. Der hintere Zylinderdeckel ist als elegante Hohlgußkonstruktion mitgegossen, ein kleiner Hilfsdeckel trägt die Stopfbüchse. Den Kolbendruck von 49 Mp nehmen 33 günstig verteilte Schrauben von 45 mm Durchmesser auf, die allein durch Reibung halten: trotzdem liegen Entlastungsleisten an einem Rahmenausschnitt.   *Ausschnitt aus Werkszeichnung*

Am einfachsten waren die seit den frühen zwanziger Jahren generell eingeführten Zylinder der Österreichischen Bundesbahnen mit aufgesetztem Lentz-Ventilkasten nach den Vorschlägen des Erfinders Hugo Lentz, der diese Lösung gegenüber seinen Lizenznehmern mit dem Ausspruch propagierte: *Der Kasten ist das Geschäft.* So entstand auch 1927 der ideal einfache, große Zylinder für die 1D2. Seine Verbindungskanäle mit dem Ventilkasten haben einen Querschnitt von je 305 cm², der sich als überreichlich erwiesen hat. Dieses Konstruktionsprinzip nahm im Interesse der Steuerungs-Vereinheitlichung und kostensparender Herstellung bewußt den je nach Zylindergröße um (hier) ca. ein halbes bis etwas über ein Prozent höheren spezifischen Dampfverbrauch in Kauf. Der robusten Befestigung der Kreuzkopfführung wegen wurde der hintere Zylinderdeckel angegossen und damit auf die Möglichkeit verzichtet, für beide Zylinder dasselbe Gußmodell zu verwenden.

Wenn bloß geringe Stückzahlen gebaut werden konnten oder bei gedrängten Raumverhältnissen das Zusammentreffen von Gußwänden mit stark verschiedenen Temperaturen Brüche befürchten ließ, griff man auch zur Schweißkonstruktion von Zylindern, natürlich mit Laufbüchsen aus Grauguß. Dies geschah beispielsweise bei den 1F1-Mammut-Zahnradlokomotiven für die österreichische Erzbergbahn (20). Allerdings verlangt eine schweißgerechte Formgebung etliche Kompromisse, da sie den Forderungen der Strömungstechnik kaum je ganz entspricht, speziell wenn man die Kosten einzuschweißender Preßteile scheut. Spannungsfrei glühen und nachrichten ist vor der Fertigbearbeitung erforderlich. Wegen der Schadensanfälligkeit gewisser Grauguß-Innenzylinder, wie z. B. der ansonsten so erfolgreichen bayerischen S 3/6, führte 1935 die DRB die ersten Versuche mit geschweißten Zylindern aus Stahlblech von Kesselqualität durch, zunächst mit einem Außenzylinder für eine Güterzug-1C, und nach guten Erfahrungen ging im Dezember 1938 die S 3/6 Nr. 18 530 in Betrieb. Ein ausführlicher Bericht darüber (153) stellt am Ende richtig die Frage, ob der geschweißte Zylinder gegenüber einem aus Stahlguß gefertigten wirtschaftlich gerechtfertigt sei. Bei größerer Stückzahl ist dies gewiß zu verneinen.

Nr.	Benennung	Zeichn. Nr. LON 2
1	Zylinder	19.01
2	Vorderer Zylinderdeckel	19.13
3	Hinterer "	19.16
4	Vorderer Schieberkastendeckel	19.20
5	Hinterer "	19.23
6	Vordere Kolbenstangenstopfbuchse	19.28
7	Hintere "	19.29
8	Vordere Tragbuchse für Schieberstange	19.20
9	Hintere "	19.23
10	Zylindersicherheitsventil	19.44
11	Zylindersicherheitsventil	19.49
12	Kolben mit Stange	20.01
13	Kolbenschieber	21.07
14	Schieberstange	21.12
15	Kreuzkopf zur Schieberstange	21.11
16	Schieberbuchse	19.05
17	Vorderer Ausströmkasten	19.40
18	Hinterer "	19.41
19	Kreuzkopf	20.05
20	Schmiergefäß zum Kreuzkopf	20.08
21	Zwischenstück "	20.05
22	Kreuzkopfgleitplatte	"
23	Kreuzkopfteil	"

Nr.	Benennung	Zeichn. Nr. LON 2
24	Kreuzkopfbolzen	20.05
25	Lenkeransatz am Kreuzkopf	21.25 (22.05)
26	Schieberschubstange	21.21
27	Voreilhebel	21.24
28	Lenkerstange	"
29	Gleitbahn	20.17
30	Kuppelstange zwischen 1. und 2. Radsatz	20.20
31	" " 2. " 3. "	20.21
32	" " 3. " 4. "	20.22
33	Treibstange	20.10
34	Fangbügel zur Treibstange	20.15
35	Schwingenstange	21.32
36	Schwinge (mit Schwingenstein)	21.26
37	Schwingenlager	21.28
38	Steuerwelle	21.36
39	Aufwerfhebel	"
40	Steuerwellenlager	21.38
41	Steuerstange	21.50
42	Gleitbahn- u. Laufblechträger m. Schwingen- u. Steuerwellenlager	8.30
43	Steuerstangenhebel	21.36
44	Rückzugfeder zur Steuerung	21.41
45	Steuerbock	21.42
46	Steuerschraube und Teile	21.44

Nr.	Benennung	Zeichn. Nr. LON 2
47	Steuermutter	21.46
48	Zifferstreifen zur Steuerschraube	21.47
49	Steuerrad	21.49
50	Steuerstangenführung	21.54
51	Treibzapfen	12.08
52	Gegenkurbel	12.10
53	Kuppelzapfen	12.09
54	Gelenkbolzen für Kuppelstangen	20.20÷24
55	Schraubenstellkeil für Treibstange	20.10
56	Lagerschalen für Treibstange	"
57	Stellkeilschraube für Treibstange	"
58	Schraubenstellkeil für Kuppelstange	20.20÷24
59	Lagerschalen für Kuppelstange	"
60	Stellkeilschraube für Kuppelstange	"
61	Schmiergefäß für Treibstange	20.14
62	Schmiergefäße zu den Kuppelstangen	20.27

Eine typische Lokomotivdampfmaschine preußischer Bauart, komplett mit Triebwerk, innerer und äußerer Steuerung, ist in der LONORM-Tafel 2 dargestellt; obzwar bloß mit Steuerung betitelt, sind alle wesentlichen Triebwerksteile erfaßt und bezeichnet, von denen die für das Gesamtverständnis wichtigsten nachstehend in diversen Ausführungsformen gezeigt und besprochen werden.

Der neueste deutsche Einheitskolben hat einen konischen Kolbenkörper, der festigkeitsmäßig günstiger als ein ebener ist und beispielsweise an großen Schiffsmaschinen schon Jahrzehnte früher die Regel bildete, aber auch im Lokomotivbau Verbreitung gefunden hatte. Bei den Kolbenringen für schwebende Kolben, die von einer durchgehenden Stange getragen werden, wie es auf dem europäischen Kontinent üblich war, vollzog sich eine analoge Entwicklung wie bei den Schieberringen, indem man zu einer größeren Zahl von schmalen Ringen überging und bessere Dichtheit bei geringerem Verschleiß erzielte. Daß aber in der Geschichte fast 'alles schon dagewesen' ist, ersieht man z. B. aus schmalen Ringen in England um 1852, die zunächst breiteren wichen. Die Kolben selbst waren in der Anfangszeit selbstverständlich aus Gußeisen, was für die meisten Verwendungszwecke viele Jahrzehnte lang genügte. Für höhere Anforderungen wurden sie geschmiedet und mit den Fortschritten der Stahlgußtechnik mehr und mehr aus diesem Material ausgeführt. Prädestiniert dafür ist der Hohlgußkolben mit beiderseits ebenen Endflächen, wie ihn die österreichische Reihe 214 erhielt; besonders bei großen Dimensionen wird er leichter und ergibt geringen Wärmeaustausch bei einfachster Gestaltung der Zylinderdeckel. Er wurde in England vielfach verwendet, in früherer Zeit aus Grauguß hergestellt.

Die beiden Zeichnungen zeigen, daß die vordere, bloß tragende Verlängerung der Kolbenstange den gleichen Durchmesser aufweist wie der kraftübertragende Teil der Stange. Dies hat keineswegs bloß den Zweck, die gleiche Stopfbüchse wie hinten verwenden zu können, wie es

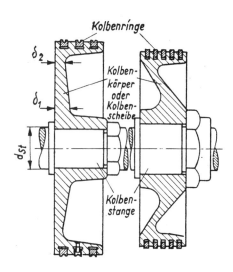

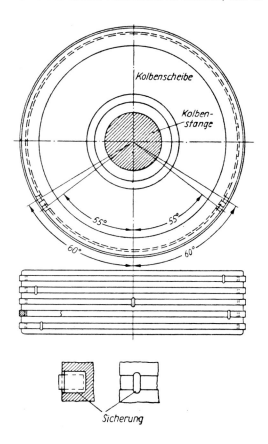

Kolben der deutschen Länderbahn- und der Einheitslokomotiven der Zwischenkriegszeit mit drei 20 mm breiten Kolbenringen sowie mit fünf schmalen von 8 mm Breite bei 12 bis 16 mm Höhe, je nach Zylinderdurchmesser. Die rechte Zeichnung zeigt, wie die Trennfugen der Ringe gegeneinander versetzt und mittels eingepreßter Sicherungsbleche in ihrer Lage gehalten werden.   (49)

fallweise (49, S. 356) heißt, sondern die Erfahrung hatte vielmehr ergeben, daß die schweren Kolben größerer Lokomotiven mit den bis nach dem Ersten Weltkrieg noch bloß etwa 2/3 des hinteren Durchmessers starken Tragstangen erheblich durchhingen und vielfach die Zylinderlauffläche berührten. Dagegen konnten die gerade durchlaufenden Stangen vorn hohlgebohrt werden, ohne an Steifheit einzubüßen, und schnellfahrende Lokomotiven erhielten manchmal Stangen mit durchgehenden Bohrungen abgestuften Durchmessers. Eine solche wählte ich für die Reihe 214, doch war der anfänglich verwendete Nickelstahl etwas zu weich, sodaß sich im Bereich der Stopfbüchsen Riefen bildeten; die BBÖ gingen hierauf wieder zu unlegierten, hinten vollen Stangen zurück, deren größere Massenkräfte zwar nicht unangenehm auffielen, doch wäre eine hohle Stange aus geeignetem Material eine fortschrittlichere Lösung gewesen.

Die Kolben-Tragstange, deren vorderes Ende im Englischen tail rod heißt, war in der Lokomotiventwicklung eine spätere Zutat, da die kleinen Gußeisenkolben der Anfangszeit problemlos selbsttragend betrieben werden konnten; manchmal erhielten sie unten eine breitere Tragfläche. In Österreich wurde die Tragstange oder verlängerte Kolbenstange gegen 1860 eingeführt und fand auf Hauptbahnlokomotiven bald universelle Verwendung, während leichte Lokalbahnmaschinen weiter die nunmehr als Schleppkolben bezeichnete Variante erhielten. Erst nach 1945 versahen die ÖBB etliche Hauptbahn-, und zwar auch Schnellzuglokomotiven probeweise mit Schleppkolben, doch kam es nicht mehr zu einer endgültigen Entscheidung.

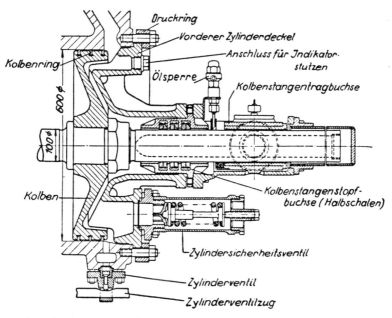

Vorderende eines neueren deutschen Zylinders mit Stahlgußdeckel. Dieser wird mittels eines Druckrings gehalten, der die Schraubenlöcher enthält, um den Deckel bei Reparaturarbeiten einschleifen zu können, ohne die Stiftschrauben herauszudrehen. Der Kolben hat noch drei Ringe, die übrige Ausrüstung war bis zuletzt gültig. *(1)*

Allgemein war die Haltung gegenüber dem Schleppkolben bis zuletzt regional unterschiedlich. In England war um 1890 auf der London & Southwestern Railway von William Adams versuchsweise die Tragstange eingeführt, jedoch 1896 wieder verlassen worden, just als sie die North Eastern Railway aufgriff, wobei kurioserweise — wie Ahrons berichtet (16, S. 311) — sowohl für das Aufgeben der Tragstange als auch die (temporäre) Abkehr vom Schleppkolben derselbe Grund genannt wurde, nämlich Riefenbildung auf der Zylinderlauffläche. Im wesentlichen blieben die Briten dem Schleppkolben treu, mit einer teilweisen Sinnesänderung zwischen etwa 1912 und 1923, worauf bis zuletzt alle Neubauten Schleppkolben erhielten. Ähnlich war es in Sowjetrußland und in Südafrika, wogegen die Bahnen Kontinentaleuropas beim schwebenden Kolben blieben. In den USA erschien die Tragstange für höherwertige Zwecke im letzten Jahrzehnt des vorigen Jahrhunderts, hielt sich aber nur bis etwa 1901, worauf der Schleppkolben Alleinherrscher wurde. Eine kurzzeitige Ausnahme machte die Pennsylvania Railroad 1914 bei ihrer berühmten 2B1-Klasse E6s; auch diese verlor ihre 'tail rods' nach wenigen Jahren.

Thermisch ist das Schleppkolbensystem überlegen. Der kleine Wärmeverlust durch die Tragstange, die auch dann noch kühlt, wenn man sie mit einem Schutzrohr umgibt, fällt weg, ebenso ein eventueller Undichtheitsverlust. Da die Zylinderabnützung notwendigerweise etwas größer ist als bei einem perfekten Tragstangensystem, ist beim Schleppkolben eine auswechselbare Laufbüchse erwünscht. Seine neueste Bauart für einen großen amerikanischen Zylinder von 686 mm Durchmesser zeigt die Abbildung, wobei die Werte für die vorgesehenen Abnützungsstufen der Tabelle zu entnehmen sind. Die tragende Breite der beiden Zwillings-Segmentringe von 73 mm wird bei bestem Material meist für ausreichend erachtet, mit drei Ringgarnituren kommt sie auf 110 mm. Bei der Kolbenringvariante mit Bronze- und Gußeisenringen sorgen die Halteringe D für gleichmäßige Abnützung der Segmente. Die Bronzeringe überziehen die Lauffläche mit einer spiegelglatten Schicht, welche kleinste Reibung und Abnützung bewirkt. Chapelon übernahm diese von Koppers in Baltimore als American Sectional Bronce-Iron Packing vertriebene Konstruktion für seine aufsehenerregenden Umbaumaschinen. Amerikanische Schleppkolben älterer Bauart wurden nicht von ihren Dichtungsringen, sondern von einem auswechselbaren gußeisernen Randkörper, dem bull ring, getragen; die Segmentringe hatten dann bloß schmalen, rechteckigen Querschnitt.

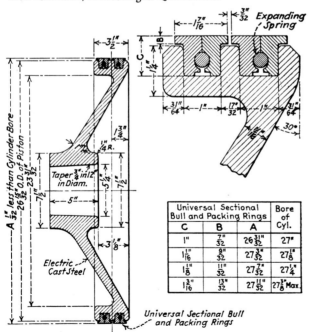

Universal Sectional Bull and Packing Rings			Bore of Cyl.
C	B	A	
1"	$\frac{7}{32}$	$26\frac{31}{32}$	27"
$1\frac{1}{16}$"	$\frac{9}{32}$	$27\frac{3}{32}$	$27\frac{1}{8}$"
$1\frac{1}{8}$"	$\frac{11}{32}$	$27\frac{7}{32}$	$27\frac{1}{4}$"
$1\frac{3}{16}$"	$\frac{13}{32}$	$27\frac{11}{32}$	$27\frac{3}{8}$" Max.

Moderner amerikanischer Stahlgußkolben mit zwei tragenden Zwillings-Kolbenringen, aus mehreren Segmenten zusammengesetzt, die durch einen federnden Rundstab mäßig an die Zylinderwand gedrückt werden. Auch mit drei Ringsätzen ausgeführt. *(43)*

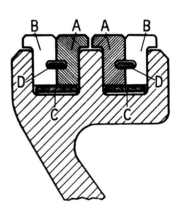

Analoge Kolbenringanordnung, jedoch mit Flachfeder C zum Hinausdrücken und einem Haltering D zum Zusammenhalten der Segmente. Die Ringe A und B sind aus Gußeisen bzw. Bronze gefertigt. *(43)*

Der auch später beibehaltene Ausdruck Stopfbüchse stammt aus alter Zeit, als das Abdichten der Kolben- und Schieberstangen mittels einer geölten Hanfpackung erzielt wurde. Da diese stets Nachziehen einer Stopfbüchsenbrille erforderte, um die Packung dicht zu halten, ging man auf Ringe diverser Konstruktionen aus Weichmetall, z. B. Blei-Antimon-Legierungen, über, bis schließlich der Heißdampf ein hitzebeständiges Material verlangte und Gußeisen sich ebenso wie für Schieber- und Kolbenringe als zweckmäßig erwies. In der deutschen Normalausführung der Bauart Sack & Kiesselbach werden die nur zweiteiligen Dichtungsringe auf die Kolbenstange aufgeschliffen und mittels Spiralfedern, sogenannter Schlauchfedern, angedrückt. Die Abbildung zeigt auch das vor der Stopfbüchse befindliche Traglager für die verlängerte Kolbenstange, das in der Höhe durch Beilagen nachstellbar und überdies um eine horizontale Querachse schwenkbar ist, um stets sattes Anliegen des Lagers an der Stange zu gewährleisten. Ferner ist das zur Vermeidung von Schäden durch Wasserschlag auf beiden Deckeln vorgesehene Zylinder-Sicherheitsventil sowie eines der Zylinderventile dargestellt, von denen zwei an den beiden Zylinderenden und ein drittes in Zylindermitte zur Entwässerung vorgesehen ist, letzteres für den Schieberkasten. Sie werden vom Führer durch Handzug bei jedem Anfahren betätigt. Von den früher verwendeten Entwässerungshähnen stammt die Bezeichnung Zischhähne wegen des charakteristischen Geräusches bei ihrer Benützung.

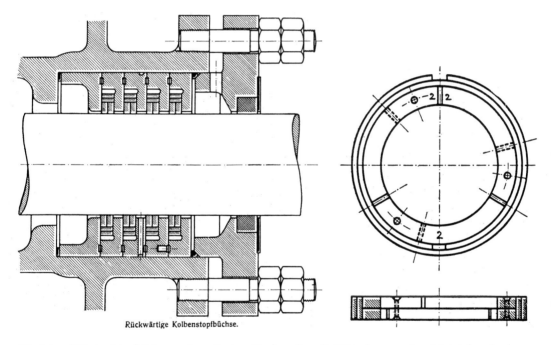

Rückwärtige Kolbenstopfbüchse.

Die österreichische Stopfbüchsenpackung System Hauber, die seit Mitte der zwanziger Jahre sukzessive in alle österreichischen Lokomotiven eingebaut und auch in der Reichsbahnzeit beibehalten wurde. Sie arbeitet lediglich mit feinstbearbeiteten und geschliffenen dreiteiligen Gußeisenringen, die in mittels der Stopfbüchsenbrille aneinandergepreßten Kammerringen radial verschiebbar gelagert sind. Dadurch kann die Stange z. B. bei abgenützten Kreuzkopf-Gleitplatten um ± 2 mm auf- und niedergehen, ohne an Dichtheit einzubüßen. Das Andrücken der Dichtungsringe erfolgt interessanterweise durch zwei gußeiserne, nach innen federnde Überschubringe, die gegenüber Stahlfedern den Vorteil haben, gegen hohe Temperaturen unempfindlich zu sein. Es ist dies die einfachste aller hochwertigen Stopfbüchsenpackungen. *(154)*

Eine sehr erfolgreiche Stopfbüchsenkonstruktion ist die österreichische Hauber-Packung des Wiener Ingenieurs Franz Hauber. Sie entstand bald nach dem Ersten Weltkrieg, als die Schmidt-Heißdampfgesellschaft noch an Weichmetallringen festhielt, die am äußeren Ende einer kühlenden Büchse lagen, um auf tragbarer Temperatur zu bleiben; dies gelang aber nur, solange die Übehritzung mäßig war. Hauber verwendete von Anfang an ausschließlich Gußeisenringe und es gelang ihm, die Packung so zu gestalten und zu dimensionieren, daß sie in den für die Schmidtsche Stopfbüchse vorgesehenen Raum paßte. Tatsächlich ist die Haubersche Konstruktion mit den oben behandelten neueren amerikanischen Segment-Kolbenringen artverwandt, wobei jedoch die Segmente radial nach innen an die Kolbenstange anstatt nach außen an die Zylinderwand gedrückt werden. Auch sie erregte Chapelons Aufmerksamkeit und wurde von ihm verwendet. Als nach Einführung der Siederohrdrosselung bei den ÖBB die Überhitzungstemperaturen in schwerem Bergdienst auf weit über 400° C stiegen, gab es mit dieser Packung keinerlei Anstände.

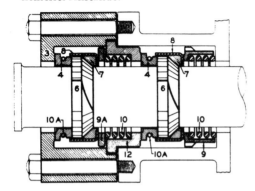

Die amerikanische King-Metallpackung in Tandem-Ausführung. Die Dichtungsringe 6 sind zweiteilig mit Trennfugen in Form räumlicher Flächen. Die Axialkraft der Federn 10 auf die ebenfalls zweiteiligen Druckringe 7, die in einteiligen Gehäusen liegen, bewirkt das Andrücken der Ringelemente aneinander sowie an die Kolbenstange. Die geteilten Zwischenringe 4 werden durch je eine Schlauchfeder zusammengehalten. Die Federn sind zum Teil dem Heißdampf ausgesetzt. *(43)*

In Großbritannien, insbesondere aber in den USA, hielten sich Stopfbüchsen mit Nichteisendichtungen bis nahe an das Ende der Dampfära. Die King-Packung der US Metallic Packing Co. in Philadelphia hatte beispielsweise Dichtungsringe aus einer Kupfer-Blei-Legierung von streng gehüteter Zusammensetzung. Meist kam sie mit einem einzigen Ring aus, doch für höhere Ansprüche wurde die hier gezeigte, axial oft unerwünscht lange und ausnehmend vielteilige Tandemanordnung geschaffen. Gemäß E. S. Cox (155, S. 127) führten die amerikanische

Die letzte Gestaltung von Gölsdorfs eleganten 1E-Gebirgs-Schnellzuglokomotiven, die Serie 380.100 von 1910/11 mit Kolbenschieber für Hoch- und Niederdruckzylinder. Die gegenläufigen Schieber der ersteren wurden durch Umkehrhebel angetrieben. Um 14 t Achslast bei mittlerer Radreifenstärke einhalten zu können, wurde überall an Gewicht gespart; so auch an den Radspeichen, die dafür durch 'Schwimmhäute' um die Triebwerkszapfen und kräftige Gußglieder zwischen Naben und Gegengewichten von den Drehmomenten entlastet werden. *Werkfoto StEG*

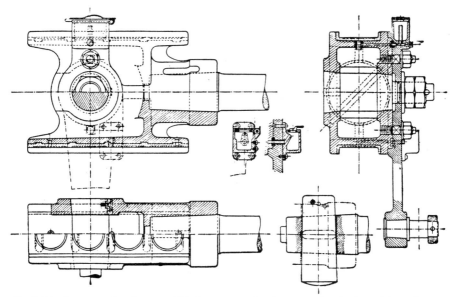

Zweischieniger Kreuzkopf österreichischer Bauart in einem Stück mit den Gleitschuhen gegossen, deren Weißmetallausguß nach Abnützung erneuert wird. *(3)*

Firma, die schon in den zwanziger Jahren auch in England produzierte und große Reklame machte, und die Verfechter einer englischen Gußeisenring-Packung einen erbitterten Krieg, der erst nach 1944 zugunsten verbesserter Gußeisenringe entschieden wurde — obwohl Hauber in Österreich bereits zwei Jahrzehnte früher eine so einfache und dauerhafte Lösung gefunden hatte. Eines der vielen Beispiele für nationalen Eigensinn.

Der Kreuzkopf, Teil 19 auf LONORM-Tafel 2, dient der Geradführung der Kolbenstange Tafel 5 S. 231 bei gleichzeitiger Aufnahme der Vertikaldrücke der Treibstange, die an ihrem vorderen Ende um den Kreuzkopfbolzen 24, auch -zapfen genannt, auf und ab schwingt. In seiner zweischienigen Form kennen wir ihn schon von der ROCKET her; er braucht dann oben und unten je eine Gleitbahn, in Österreich früher Lineal genannt. In dieser Ausführung, die überhaupt die verbreitetste ist und in Amerika *Alligator type* heißt, erinnern seine Umrisse an ein X oder Kreuzel, wovon wohl sein Name kommt, im Englischen *crosshead*. In alter Zeit ließ man ihn gerne auf zwei Rundstangen gleiten, die auf einer Drehbank leicht herstellbar waren, und versah dann den Kreuzkopf mit rohrförmigen oder halbzylindrischen Gleitschuhen. Aus ebenen Gleitbahnen aber kann man ihn nach Abnehmen der Treibstange und Lösen von der Kolbenstange durch Herausschlagen des verbindenden Kreuzkopfkeils bequem nach hinten herausziehen, wenn seine abgenützten Gleitschuhe auszugießen sind, wozu sich Weißmetall mit 80 % Zinngehalt bestens bewährt hat. Seine untere Gleitbahn verhindert ein Herabfallen der Treibstange, falls ihr vorderer Kopf aufreißen sollte oder der Kreuzkopf bricht. Dies passierte z. B. einmal mit dem einschienigen Stahlgußkreuzkopf der österreichischen 2D-Type Reihe 113 in ihrer Anfangszeit um 1923/24, glücklicherweise bei der 'vorteilhaften' Geschwindigkeit von 60 km/h, nicht so klein, daß die sich etwa in harten Grund bohrende Stange die Maschine hätte umwerfen können, und nicht hoch genug, um durch wildes Herumschlagen sonstigen größeren Schaden anzurichten. Man ging hierauf sogleich zum zweischienigen Kreuzkopf zurück, den die Ursprungstype, die Reihe 570 der österreichischen Südbahn, hatte, während die 113.06 den einschienigen während ihrer vierzigjährigen Dienstzeit anstandslos beibehielt (26). Eine erfahrungsgemäß wirksame Sicherung ist ein starker Fangbügel 24 laut Tafel, doch wird häufig auf ihn verzichtet. Der am Kreuzkopf angebrachte Zapfen 25 gehört zum Steuerungsantrieb; mitunter sitzt er besonders tief unten, die Amerikaner bildeten ihn jedoch einfach als verlängerten Kreuzkopfzapfen aus und nahmen einen größeren Ausschlagwinkel des Voreilhebels 27 in Kauf, dessen Funktion später beschrieben wird.

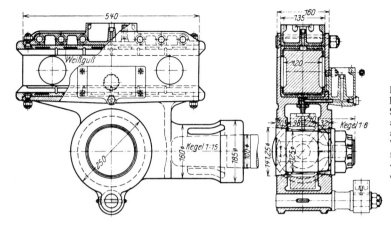

Einschieniger deutscher Einheitskreuzkopf mit oberem Stahlguß-Verschlußstück und auswechselbaren Gleitplatten aus Bronze mit eingegossenen Weißmetallfedern. Dimensionen für große Lokomotiven mit 4 bis 5 Mp größtem Gleitbahndruck. (2)

Tafel 5
S. 231

Die LONORM-Tafel 2 zeigt die seit Schaffung der DRB in Deutschland allgemein verwendete, in Preußen schon viel früher heimisch gewordene einschienige Kreuzkopfbauart mit gleich großen Gleitschuhen oben und unten, die im Prinzip auch die österreichischen 1D2 erhielten. Die besonders langen Treibstangen letzterer ergaben mäßige Gleitbahndrücke, die bei anderen Lokomotivbauarten, z. B. 2D1-Typen mit Antrieb der zweiten gekuppelten Achse, sehr hoch werden können. Daher schuf die Pennsylvania Railroad in den zwanziger Jahren den *multiple ledge crosshead*, den Kreuzkopf mit Mehrfach-Gleitflächen. Die einzigartige Ausbildung seiner Gleitbahn ermöglicht mäßige Flächendrücke auch bei einer hohen Vertikalkomponente des Treibstangendrucks und ergibt auch guten Schutz gegen Staub. Die Abnützungsregulierung dieses Kreuzkopfs erfordert wohl mehr Zeit, braucht aber dafür nur in größeren Intervallen durchgeführt zu werden. Auch gewichtsmäßig ist diese Bauart sehr günstig und wurde daher von der Timken Roller Bearing Co. in Canton, Ohio, für ihre ab der Mitte der dreißiger Jahre gelieferten Leichttriebwerke benützt. Die Konstruktion ist eine Weiterentwicklung des Deanschen Kreuzkopfs, der einen ähnlichen Gleitschuh, jedoch ohne die mittleren Gleitflächen (Mittelrippen) aufwies. Die Voreingenommenheit der meisten Eisenbahningenieure ließ den Kreuzkopf mit Mehrfach-Gleitflächen auch dort nur langsam eindringen, wo kurze Treibstangen und große Kolbendrücke nach ihm riefen. Im amerikanischen Großlokomotivbau setzte er sich erst etwa 1940 durch, die New York Central entdeckte ihn zu Torschluß, 1943/45, für ihre letzten 2D1 und die 2D2. Kanadische 2D2 erhielten ihn 1936. Anderswo waren nur die Russen hellhörig: sie ließen je fünf 1931 aus den USA von ALCO und Baldwin bezogene 1E2- bzw. 1E1-Lokomotiven damit ausrüsten und blieben fortan für ihre Großlokomotiven dabei, den einschienigen Kreuzkopf deutschen Musters verlassend. Die südafrikanischen Staatsbahnen zahlten hohes Lehrgeld, als sie sich genötigt sahen, ihre 140 langhubigen, aber mit bloß 2,35 m langen Treibstangen und konventionellen Zweischienen-Kreuzköpfen versehenen 2D2 von 1953/55 auf Mehrfach-Gleitbahnen umzubauen.

Vor Einführung der Mehrfach-Gleitflächen benützte die Pennsylvania für ihre berühmten 2B1 der Klasse E6s von 1914 mit 31 t Achslast, bis zum Erscheinen der Hiawatha-Maschinen 21 Jahre lang die stärksten Zweikuppler der Welt, einen Leichtbau-Kreuzkopf, dessen im Querschnitt T-förmiger langer Gleitschuh von zwei seitlichen Linealen getragen wurde, während die breite obere Fläche des T die nach oben gerichteten, bei Vorwärtsfahrt weitaus dominierenden Drücke auf eine dritte Gleitbahn übertrug. In den USA unter dem Namen Axel Vogt nach 1890 bekannt geworden, wurde diese Bauart 1918 von Nigel Gresley für die englische Great Northern übernommen und anschließend konsequent auf der London & North Eastern angewendet. Sie fällt durch den meist bloß 25 mm dicken Flansch des T auf, der zwischen den knapp übereinanderliegenden Gleitbahnen sichtbar ist.

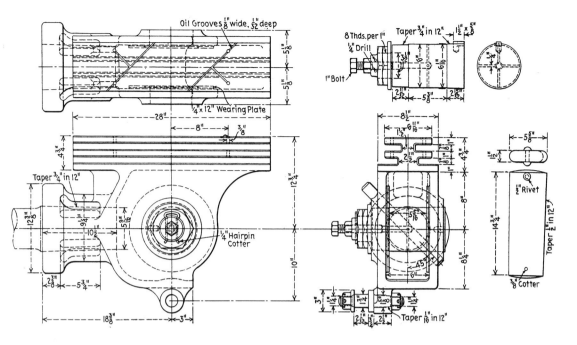

Moderner amerikanischer Kreuzkopf mit Mehrfach-Gleitflächen für eine große 2D1-Type. Die tragenden Flächen des Kreuzkopfs haben Weißmetallausguß. Die Gleitbahn ist in der vertikalen Längsebene geteilt und verschraubt. *(43)*

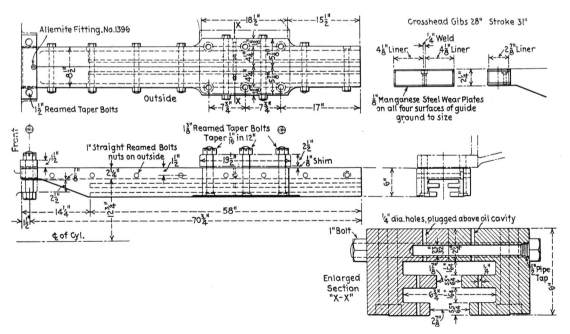

Gleitbahn zu vorstehendem Kreuzkopf mit Hauptstütze im Mittelteil. Die Gleitflächen sind mit 3 mm starken geschliffenen Manganstahlplatten belegt. *(43)*

Dieser 1855 von Baldwin an die Pennsylvania Railroad gelieferte 'Ten Wheeler' von bloß 28 t Dienstgewicht hatte die aus dem Foto ersichtliche leichte und einfache Bauart von Kreuzkopf und Gleitstücken, die im ersten Absatz auf Seite 240 beschrieben ist.

In alter Zeit, etwa zwischen 1845 und 1900, erhielten amerikanische Lokomotiven mit geringen Triebwerkskräften einen ganz einfachen 'Kreuzkopf', einen Gleitschuh in Form einer horizontalen Platte, die zwischen drei Gleitbahnen geführt wurde wie bei Axel Vogt, aber genügend dick war, um den Kreuzkopfzapfen und das Ende der Kolbenstange in sich aufzunehmen, die 50 bis 60 mm Durchmesser hatten. Die geometrischen Achsen aller dieser Teile lagen in einer Ebene, das Ende der Treibstange in einem Ausschnitt des Gleitschuhs — eine mechanisch ideale Konstruktion.

Eine weitere leichte Kreuzkopfbauart wählte Gölsdorf ausschließlich für seine Vierzylinder-Verbundtriebwerke. Hier ist der T-Querschnitt, um 180 Grad gewendet, in die Gleitbahn verlegt. Der mit dem Kreuzkopfkörper aus einem Stück gefertigte Gleitschuh umfaßt den Flansch des umgekehrten T bügelartig. Die hin- und hergehende Masse ist etwas größer, das Gesamtgewicht etwas kleiner als bei der Axel Vogt-Konstruktion und der Kreuzkopf läßt sich einfach nach hinten herausschieben.

Diese Beispiele zeigen die mannigfaltigen Möglichkeiten der Kreuzkopfgestaltung. Am findigsten erwiesen sich die Amerikaner; die sonst so einfallsreichen Franzosen blieben jedoch für alle Zwecke beim konventionellen zweischienigen Kreuzkopf. Hie und da sieht man für eine besonders lange Kolbenstange, wie sie manchmal zwecks Vermeidung übergroßer Treibstangenlänge in alter Zeit gewählt wurde, zum Verhindern des Ausknickens eine Führungsbüchse zwischen Zylinder und Kreuzkopf, wie bei Gölsdorfs E-Lokomotiven.

Geringere Vielfalt weisen die Treib- und Kuppelstangen auf. Bei den auch zuletzt noch hundertfach überwiegend verwendeten Gleitlagern auf Treib-, Kuppel- und Kreuzkopfzapfen gab es vor allem die Frage, ob das Lager nachstellbar gestaltet werden soll, das heißt mit zweiteiliger Schale, um die fast ausschließlich in der Stangenlängsrichtung auftretende Abnützung durch Aneinanderschieben der Schalenhälften kompensieren zu können, oder ob man sich für einfache Büchsenlager entscheiden sollte. Nachstellbare zweiteilige Stangenlager waren schon vor 1840 üblich und herrschten während der folgenden fünf Jahrzehnte auf der ganzen Erde. Man hatte noch Zeit und konnte sich auf sorgfältige Wartung verlassen; diese war das Um und Auf, denn ein Verspannen durch unsachliches Nachstellen wirkte sich viel negativer aus als mäßig ausgeschlagene Lager. So sah man auf der Weltausstellung in Chicago von 1893 schon

Lokomotiven, auch für hohe Geschwindigkeit, mit einfachen Büchsenlagern in den Kuppelstangen. In Österreich brach Karl Gölsdorf mit der Tradition im Jahre 1900 bei seinem ersten Fünfkuppler und verwendete dann Kuppelstangenbüchsen auch für die 1E-Gebirgsschnellzugmaschinen. Hierauf beschränkte er die Nachstellbarkeit sämtlicher Stangenlager auf mit hoher Geschwindigkeit laufende Typen. Im übrigen fand man stets und überall Ausnahmen, kaum jedoch in den USA und in England, wo Büchsenlager bald universell herrschten; dies bezog sich auch auf die bis in die letzte Zeit weltweit verbreitete Praxis, die Treibstangenlager und meist auch das auf dem inneren Teil des Treibzapfens sitzende große Kuppelstangenlager nachstellbar zu belassen.

Was die Gestaltung der Stangenschäfte betrifft, war die Ursprungsform wieder kreisrund; aber schon kurz nach 1850 erhielten sie rechteckigen Querschnitt und ein Jahrzehnt später trat der in Mitteleuropa auf größeren Lokomotiven sodann weitgehend herrschende Doppel-T-Querschnitt auf, wegen der Fräsarbeit kostspieliger, doch wurde das verbleibende Material weitaus besser ausgenützt, also viel Gewicht gespart, was besonders bei den hin- und hergehenden und den rotierenden Massen wichtig war. Dies bedeutet jedoch nicht, daß man gut daran tat, die Doppel-T-Form sklavisch anzuwenden, sondern dort, wo es Stangenlänge und Drehzahl rechtfertigten. Meist sah man sie an Treibstangen; daß die Konstrukteure ihre Zweckmäßigkeit wohl erwogen, zeigen z.B. die 2B-Schnellzug-Serien 17a bis c der österreichischen Südbahn aus den siebziger und achtziger Jahren mit ihren kurzen klobigen Treibstangen, wogegen die viel längeren Kuppelstangen der Fliehkraft wegen elegante Doppel-T-Form erhielten. Dasselbe fand man an vielen amerikanischen 2B-Typen aus der gleichen Zeit und auch noch nach 1890; das Normalbild war aber umgekehrt, und auch ich hatte als junger Konstrukteur die Triebwerke der starken D-Verschubtype Reihe 478 (später 392) und der 1D1-Lokalbahn-Reihe 378 (später 93) der BBÖ mit kurzen Kuppelstangen von rechteckigem Querschnitt, aber elegant ausgefrästen langen Treibstangen ausgearbeitet (26).

An der für die k.k. österreichischen Staatsbahnen, die Südbahn und die BBÖ typische Treibstange war die Gegenkurbel für den Antrieb der Steuerungskulisse, später Schwinge genannt, noblerweise mit dem Treibzapfen aus einem Stück geschmiedet und so erschien des Aufbringens

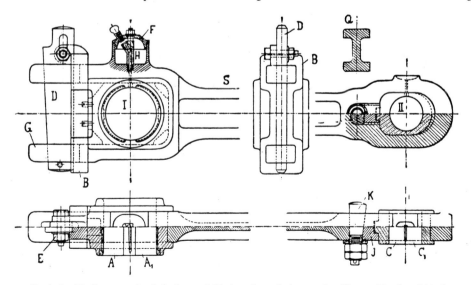

Typische Treibstange der k.k. österreichischen Staatsbahnen mit offenem Kopf und Nachstellkeilen. Bei Abnützung wurden die Teilflächen der Lager abgefeilt oder eingelegte Beilagplättchen herausgenommen. *(3)*

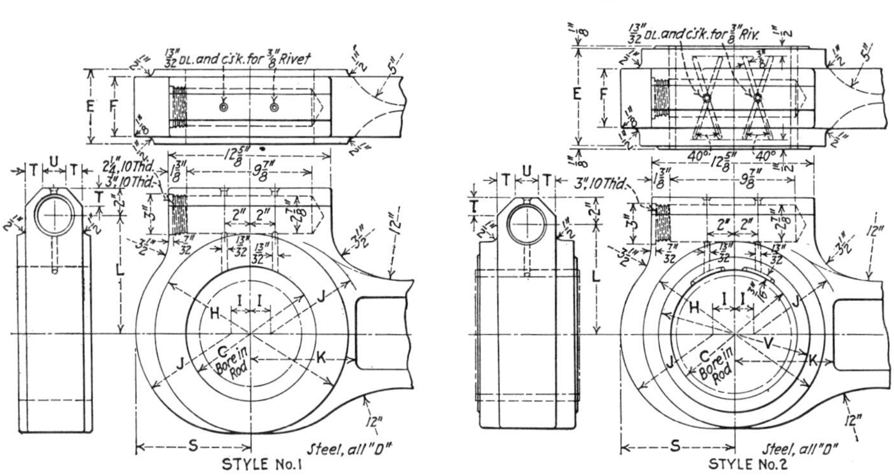
13/32" DL. and c'sk. for 3/8" Rivet
Bore in Rod
Steel, all "D"
STYLE No.1
13/32" DL. and c'sk. for 3/8" Riv.
Bore in Rod
Steel, all "D"
STYLE No.2

Classes	Stub Style No.	C	E	F	H	I	J	K	L	S	T.	U	V
C1 (0-8-0)	1	11 1/4"	7 1/2"	4 1/8"	15 3/4"	2 3/8"	7 1/2"	9"	10 3/4"	9 7/8"	1 1/4"	1 5/8"	
I1s (2-10-0)	1	12 1/2"	7 1/2"	4 3/4"	18"	2 1/8"	9"	9 7/8"	11 1/4"	11 1/8"	1 1/2"	1 3/4"	
K4s (4-6-2)	1	10"	5 3/4"	4 1/2"	15"	1 1/2"	7 1/2"	8 1/8"	9"	9"	1 5/16"	1 7/8"	
K5 (4-6-2)	2	10"	7 5/8"	4 1/2"	14 1/4"	1 5/8"	7 1/8"	8"	8 1/2"	8 3/4"	1 5/16"	1 7/8"	12"
M1 (4-8-2)	1	11 1/4"	7 1/2"	4 1/8"	16 1/2"	1 5/8"	8 1/4"	9 1/4"	10 3/4"	9 7/8"	1 1/4"	1 5/8"	
L1s (2-8-2)	1	10"	6 3/4"	4 1/2"	14 1/2"	1 1/2"	7 1/4"	8 1/4"	8 3/4"	8 3/4"	1 5/16"	1 7/8"	
G5s (4-6-0)	1	8 1/2"	5"	4 1/4"	13"	1 1/4"	6 1/2"	7"	7 3/4"	7 3/4"	1 1/4"	1 3/4"	

Treibstangenköpfe für die neueren Typen der Pennsylvania mit längsliegenden integralen Schmierfettbehältern großer Kapazität. *(43)*

wegen ein offener Stangenkopf zweckmäßig; die Gabel G bot eine günstige Lösung. Der Steg des Stangenschafts s ist, wie damals durchwegs auf dem europäischen Kontinent, stärker als nötig, 20 mm und darüber, wogegen man in England und den USA frühzeitig auf 11 bis 13 mm ging. Der sorgfältig eingepaßte Verschlußbügel B hält die Gabel zusammen, der Keil D muß den vollen Kolbendruck aufnehmen. Die Einrichtungen des ausgefrästen Schmiergefäßes änderten sich von Zeit zu Zeit; die lange übliche Dochtschmierung wich der Schleuderschmierung, die hier noch mittels Schraube einstellbare Regulierung der Zuflußmenge wurde später durch eingelegte Nadeln verschiedener Stärke für Sommer- und Winterbetrieb erzielt, um der temperaturabhängigen Viskosität Rechnung zu tragen. Die gezeigte hölzerne Verschlußschraube war noch in den dreißiger Jahren an den Pacifics der London & North Eastern zu finden, welche

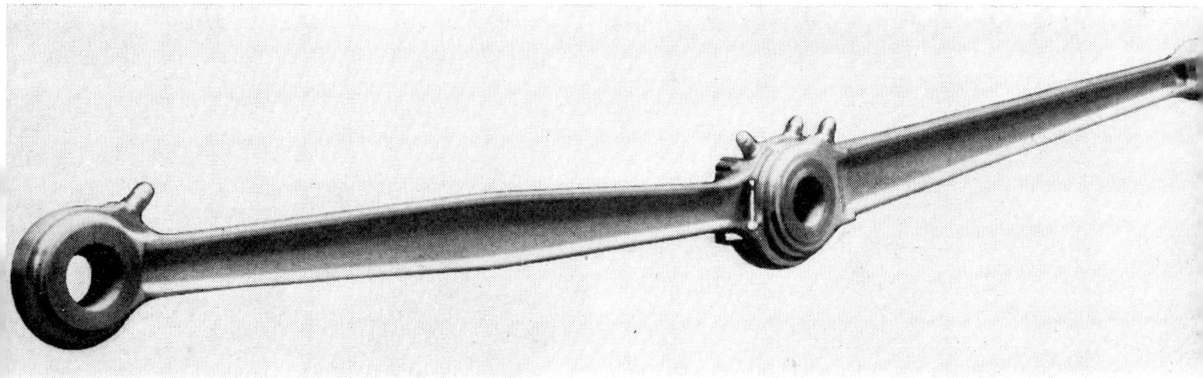

Leichtbau-Treibstange der 2B1-Schnellfahrlokomotive des Hiawatha-Express für 160 km/h in Tandembauart, das heißt der vordere Kuppelstangenkopf liegt innerhalb des gegabelten Treibstangenkopfs und umgreift dessen Lagerbüchsen. *(43)*

die 630 km nach Glasgow ohne Nachschmieren mit planmäßig 101 km/h Durchschnittsgeschwindigkeit bewältigten und deren Büchsen-Treibstangenköpfe daher ein Schmiergefäß von 0,73 Liter Inhalt erhielten (156). Das Einsetzen von zwei Filzstreifen über die Lagerlänge zur Ölverteilung und zum Ablagern von Fremdkörpern wurde von den BBÖ übernommen. Die Amerikaner waren hingegen schon zur Zeit des Ersten Weltkriegs zur Fettschmierung übergegangen. Sie arbeitet sparsamer, allerdings mit höheren Lagertemperaturen. Das Nachfüllen mit der *grease gun*, wörtlich Fettkanone, geht unter Druck sehr rasch vor sich. Die standardisierten Treibstangenköpfe waren mit besonders vorteilhaft angeordneten und reichlich bemessenen Fettbehältern versehen.

Diese für höchste Betriebsgeschwindigkeiten konzipierten amerikanischen Stangen sind das Abb.
einfachste Beispiel für die sogenannte Tandem-Stangenanordnung zur Verbindung der Treib- S. 242
stange mit zumindest einer Kuppelstange, ohne die Kolbenkraft zur Gänze auf den Treibzapfen und erst von diesem weiter zu übertragen. Sie wurde in den USA von den Limawerken erfunden, 1925 erstmalig angewendet und in *Lokomotiv-Athleten* (20, S. 242/243) beschrieben. Die Ab- Abb.
bildung veranschaulicht Details für sehr große Stangenkräfte gemäß einem Reibungsgewicht unten
von 160 t auf fünf gekuppelten Achsen unter Verwendung von schwimmenden Büchsen, einer wörtlichen Übersetzung von *floating bushings*, die ebenfalls aus den USA stammen. Wie der Name andeutet, schwimmen sie gewissermaßen in den sie außen und innen umgebenden Schmierfettschichten, zwischen dem Zapfen und einer in den Stangenkopf eingepreßten Büchse aus Stahl oder, vorzugsweise, aus mit Nickel legiertem Gußeisen. Zwecks besserer Schmierung sind die schwimmenden Bronzebüchsen von zahlreichen Bohrungen durchdrungen, beispielsweise deren 60 von 6 mm Durchmesser, außen stark konisch erweitert. Diese frappante Lösung kam in den USA um 1910 auf, war dort 1920 für Treibstangen schon häufig und wurde dann bald zum Standard für Triebwerksteile auf rotierenden Zapfen. Die Engländer übernahmen sie, und auf Großlokomotiven für Süd- und Ostafrika, in der Sowjetunion und in Australien fanden sie ein logisches Verwendungsgebiet. In dreiteiliger Ausführung innerhalb einer ebenfalls drei-

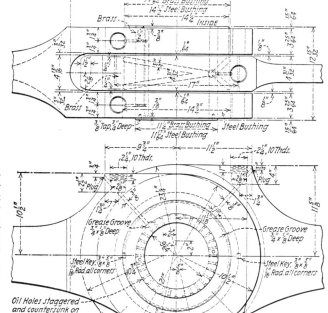

Tandem-Stangenkopfanordnung der schweren 1E2-Type Klasse M-4 der Chicago, Burlington & Quincy mit 81 Mp Kolbendruck. Der Treibstangenkopf greift an einer den Zapfen umgebenden Stahlbüchse an, in der eine schwimmende Bronzebüchse läuft. Die Kuppelstange umgreift die Stahlbüchse mit ihrer Bronzebüchse.
(43)

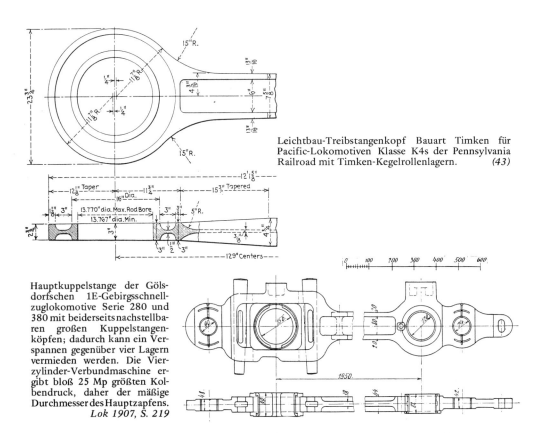

Leichtbau-Treibstangenkopf Bauart Timken für
Pacific-Lokomotiven Klasse K4s der Pennsylvania
Railroad mit Timken-Kegelrollenlagern. *(43)*

Hauptkuppelstange der Gölsdorfschen 1E-Gebirgsschnell-
zuglokomotive Serie 280 und
380 mit beiderseits nachstellba-
ren großen Kuppelstangen-
köpfen; dadurch kann ein Verspannen gegenüber vier Lagern
vermieden werden. Die Vierzylinder-Verbundmaschine ergibt bloß 25 Mp größten Kolbendruck, daher der mäßige
Durchmesser des Hauptzapfens.
Lok 1907, S. 219

teiligen Grundbüchse bewährten sie sich auch für innere Treibstangen, so bei der 2F1-Klasse 9000
der Union Pacific mit ihrem notwendigerweise offenen Kopf (Detailkonstruktion in 20, S. 182).

Die in den dreißiger Jahren von Timken propagierte, aber nur in sehr geringem Umfang
durchgedrungene Konstruktion von Rollenlager-Triebwerken in Leichtbauart bestand aus legiertem Stahl.

Zu Österreich zurückkehrend, bringt die Abbildung eine typische Hauptkuppelstange, das ist
jenes Teilstück des gesamten Kuppelstangensatzes, von dem ein Lager am Treibzapfen sitzt.
Der Ausschnitt für dieses wird zwanglos groß genug, um die Stange an der geschmiedeten Gegenkurbel vorbei ausbauen zu können. Rechts vom kleinen Kuppelstangenlager von 120 mm Durch-
messer befindet sich die 74-mm-Bohrung zur Aufnahme des Gelenkzapfens, an dem die nächste
Kuppelstange angreift. In diesem Falle ist es die vordere Endkuppelstange. Obzwar die Endachse
in diesem Falle keine Seitenverschieblichkeit aufweist, ist die Hauptkuppelstange mit einer
Verlängerung versehen, die in eine Gabel der Endkuppelstange hineinreicht und ihr seitliche
Stabilität verleiht, falls die Endachse seitliche Verschiebbarkeit und daher einen verlängerten
Kuppelzapfen erhalten sollte.

Zum Durchfahren von Gleisbogen verschiebliche Endachsen und Radsätze erhalten manchmal
Kugelzapfen; dann muß die an einem solchen angreifende Stange mit der nachfolgenden nach Art
eines Universalgelenks verbunden sein, um außer der vertikalen Schwenkbewegung zum Anpassen an die Niveauunterschiede der Schienen auch seitlich auslenken zu können. Die österreichischen 2D-Schnellzuglokomotiven Reihe 33, ehemals 113, erhielten nachträglich Kugelzapfen und nachstellbare Lager am letzten Radsatz zur Erhaltung ruhigeren Laufs, als die Anforderungen an Betriebsleistung und Geschwindigkeit erheblich gestiegen waren.

In der gußtechnischen und festigkeitsgerechten Ausbildung der angetriebenen Räder war Österreich zumindest seit den neunziger Jahren vorbildlich. Schon der dreieckige Querschnitt der Radfelge ist ein Zeichen dafür, denn u.a. gestattet er den Übergang in die Speichen ohne schroffe Massenänderungen. An der Nabe, der zweiten neuralgischen Stelle, und bei den Gegengewichten sind aus demselben Grund Übergangsrippen, sogenannte Schwimmhäute, angeordnet, besonders auch zum Entlasten der kurzen Speichen, die wegen ihrer geringen Flexibilität den Hauptteil des Antriebs-Drehmoments übertragen müssen. Ein anschauliches Beispiel liefert das Krauss-Helmholtz-Gestell der österreichischen 1D2.

Abb.
S. 246

Häufige Speichenbrüche an amerikanischen Großlokomotiven, die nicht allein auf steigende Drehmomente und Achslasten, sondern auch auf klobige, nicht beanspruchungsgerechte Radkonstruktionen zurückzuführen waren, führten dort bald nach 1930 zu Hohlguß-Schalenrädern, von denen die erste Bauart als Boxpockrad bekannt wurde. Konkurrenzerzeugnisse waren die Scheibenräder der Scullin Steel Co. in St. Louis und die eleganten Baldwin-Räder.

Die Kurbelachsen von Innentriebwerken, vielfach Kurbelwellen oder weniger schön Kropfachsen genannt, ergaben sehr oft Anstände; zwar zählten sie zu den ältesten Elementen der Lokomotivdampfmaschine, da ja bald nach der ROCKET Innenzylinder bevorzugt wurden, weil sie die Fahreigenschaften der kurzen zweiachsigen Maschinen entscheidend verbesserten, doch mit den steigenden Beanspruchungen auf drei- und vierfach gekuppelten Schnellzuglokomotiven der neueren Zeit hatten Bahnen und Hersteller mit den doppelt gekröpften Achsen von Vierzylinderlokomotiven ihre Sorgen. So mußten beispielsweise die der 2D1-Type der PLM von 1925

Typisches Krauss-Helmholtz Lenkgestell (manchmal fälschlich K-H-Drehgestell genannt), dessen Laufachse sich zumindest annähernd radial zum Gleisbogen einstellen kann, wogegen die durch das Gestell verbundene Kuppelachse paralleles Seitenspiel hat. Am Beispiel der BBÖ-Reihe 214/114 gezeigt, gewährt es der Laufachse eine Schwenkung um den etwas hinter der Mitte liegenden Drehzapfen, hier mit relativer Seitenverschiebung unter Federkraft, und zwingt die Kuppelachse mittels eines Kugelzapfens, die seitlichen Führungskräfte im gewünschten Verhältnis mit der Laufachse zu teilen. Ein vorzüglicher Konstruktionsgedanke, in Mitteleuropa sehr bewährt, gegenüber dem amerikanischen Drehgestell auch Baulänge und daher erheblich Gewicht sparend, der bei Vierkupplern neue Drehscheiben entbehrlich macht, wie gerade im vorliegenden Fall der BBÖ.
Foto WLF

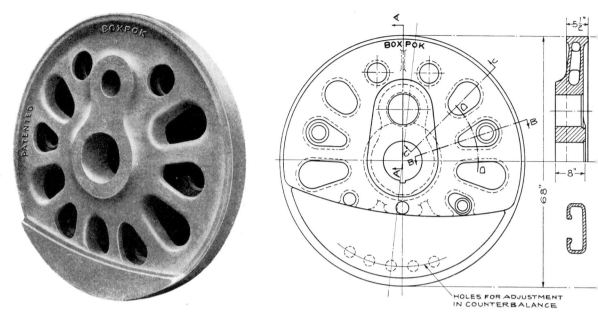

Boxpock-Hohlgußrad der General Steel Castings Corporation zur besseren Beherrschung der Triebwerkskräfte amerikanischer Großlokomotiven.

(43)

bereits nach 50.000 km Laufstrecke, im normalen Schnellzugsbetrieb damals fünf Monaten entsprechend, wegen Anbrüchen ausgewechselt werden. Diese waren, ebenso wie die Bauart der Witkowitzer Eisenwerke für die Gölsdorfsche 1C2-Serie 210 von 1908, dreiteilig mit eingepreßtem Schrägarm, aber in allen wesentlichen Teilen mechanisch schwächer ausgeführt, obwohl das Treibgewicht der französischen Lokomotive um nicht weniger als 60 % größer war; freilich stand man dabei vor dem Dilemma, wo man sparen darf: bei den Lagerlängen, was Heißläufer begünstigt, oder bei den Kurbelarmen, und für eine so große Lokomotive fehlte noch die Er-

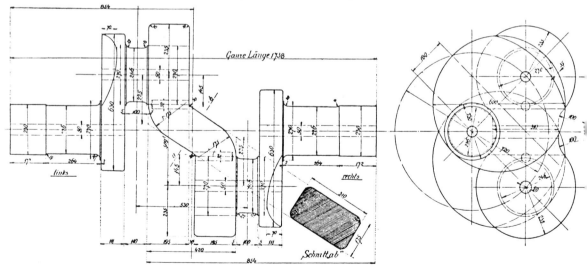

Dreiteilige Kurbelachse der österreichischen Witkowitzer Eisenwerke für Gölsdorfs 1C2-Vierzylinderverbund-Type Serie 210 von 1908.

Lok, 1909

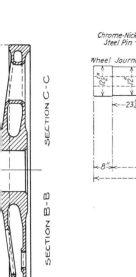

SECTION C-C

SECTION B-B

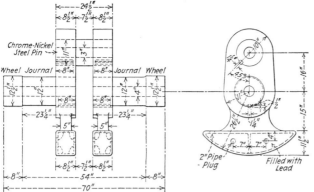

Der Treibradsatz der 2F1 der Union Pacific von 1926 mit fünfteiliger Kurbelwelle und als Gegengewichte ausgebildeten Kurbelwangen.   *(43)*

Fünfteilige amerikanische Kurbelachse für eine großhubige (811 mm) Vierkuppler-Dreizylinderlokomotive der dreißiger Jahre mit Stahlgußwangen und hohlen Gegengewichten zum Ausgießen mit Blei.   *(43)*

fahrung. Eine verstärkte fünfteilige Achse brachte es auf 100.000 km Laufstrecke, lebte also immer noch bloß ein Jahr. Erst eine dritte Bauart mit sieben ineinandergepreßten Teilen, die man 1933 (!) zustandebrachte, befriedigte nach einem drei Jahre später gefällten Urteil. Ähnlich ungünstige Erfahrungen machte man anderwärts in Frankreich. Eine sogar neunteilige Kropfachse aus Chromnickelstahl für eine 2C1 in Elsaß-Lothringen, die natürlich geringeren Kräften ausgesetzt war, brachte es zwar auf etwa eine Million Kilometer, jedoch erst, als man solche aus einer Legierung größerer Zugfestigkeit mit Molybdän-Zusatz verworfen hatte, denn diese ergab wieder zuwenig Dehnung zum Abbau von lokalen Spannungsspitzen. Gemäß dem bedeutenden Lokomotivkonstrukteur L. Schneider (1889–1944) von Krauss-Maffei/Krupp benötigte die Herstellung zweier Doppelkurbelachsen aus einem Stück im Fertiggewicht von 2 x 1200 kg einen Stahlblock von 10 bis 14 Tonnen, wobei die Vermeidung von Ausschuß besondere Maßnahmen erforderte.

All dies geht aus Berichten hervor, die 1936/37 veröffentlicht wurden (158, 159, 160), und zeigten, daß Konstruktion und Herstellung solcher Achsen für große Kräfte bis in die letzten Jahre des Dampflokomotivbaus eine risikoreiche und spezifische Erfahrung erfordernde Angelegenheit war. Daraus ergab sich einer der maßgebenden Gründe für uns bei der Wiener Lokomotivfabrik, von der Vierzylinder-Verbundbauart abzusehen, als wir 1927 unser Konkurrenzprojekt für eine österreichische Vierkuppler-Schnellzuglokomotive[1] ausarbeiteten. Es durfte absolut keine Pannengefahr geben, zumal uns die Elektrifizierung bereits auf den Fersen war (26).

---

1 Aus der sofortigen und dauernden Betriebstüchtigkeit dieser Maschine 214.01 ergibt sich auch die Berechtigung, sie die stärkste europäische Schnellzugslokomotive ihrer Zeit zu nennen, denn andere waren erst fünf Jahre später so weit.

Abb.
S. 247

Die Kurbelachsen der badischen 2C1-Gattung IVh von 1908 der Firma Maffei, die mehr als zwei Millionen Kilometer durchhielten (37, S. 146/47), sind ein Ruhmesblatt, doch waren die Kräfte für knapp 50 t Treibgewicht viel leichter zu bewältigen als für das anderthalbfache. Unvergleichlich leichter hatte man es mit einfachen Kurbelachsen für Dreizylinder-Triebwerke, die zwar größere Biegungsmomente aufnehmen mußten, deren Dimensionierung jedoch kein Platzmangel behinderte und die auch viel leichter herzustellen waren. Bei hohen Drehzahlen ergaben mit den Kurbelarmen nach amerikanischer Manier vereinigte Gegengewichte eine er-wünschte Entlastung; die hier ersichtliche Dimensionierung führte logisch zu rechtwinkelig angeordneten Kurbelarmen, dann auch Kurbelblätter oder, bei so großer Stärke, Kurbelwangen genannt, welche die Ausbildung von integralen Gegengewichten begünstigten. Bei deutschen Drillingslokomotiven, bei denen man aus einem Stück geschmiedete Kurbelachsen mit schrägen Armen anwenden konnte, schieden Gegengewichte auf der Achse aus.

Was die Materialien für Triebwerksteile betrifft, kam man in Mitteleuropa (von Kurbelwellen abgesehen) meist mit unlegierten Kohlenstoffstählen entsprechender Härte und Zugfestigkeit aus. Letztere betrug für Treib- und Kuppelstangen sowie Achsen, auch Achswellen genannt, meist 60 kp/mm^2, für Zapfen und Kolbenstangen 70. Kreuzkopf- und oft auch Kuppelzapfen wurden einsatzgehärtet und geschliffen. Auf Schnellzuglokomotiven gab es gelegentlich, wie bei den Kurbelachsen, Nickel oder Ni-Cr-Stahl, so für Zapfen der preußischen 2C-Gattung S10.2, und über die österreichischen 1D2 wurde in (26) berichtet. Mit der Anwendung von Legierungen weit voraus waren die Amerikaner schon vor dem Ersten Weltkrieg mit ihren Vanadiumstählen, worüber H. Steffan öfters schrieb (z.B. 161), dann aber die Engländer, die für das Triebwerk ihrer hochwertigen Schnellzuglokomotiven bereits nach 1920 weitestgehend Ni-Cr-Mo-Stähle verwendeten. Stangen aus Leichtmetall wurden in der Zwischenkriegszeit in Deutschland, Frankreich und den USA versucht, aber ohne Dauererfolg, zumal der hohe Preis keinen ge-nügenden Anreiz für kostspielige und langwierige Erprobungen bot. Von den Radreifen wird aus Abnützungsgründen große Härte verlangt und daher Stahl mit relativ hohem Kohlenstoff-gehalt, z.B. 0,5 bis 0,6 % und u.a. Manganzusatz in ähnlicher Höhe, gewählt. Für Laufräder gilt dies in höherem Maße als für gekuppelte.

Achslager

Das historische Eisenbahn-Achslager, das bis nach der Jahrhundertwende unumschränkt herrschte, ist die Halbschale, ehedem ein Gußkörper mit halbzylindrischer Tragfläche, die sich auf die obere Hälfte des Achsschenkels stützt. Diese Bauart war für Laufachsen logisch, diente aber ebenso für angetriebene, obwohl gemäß unseren Betrachtungen über die Beanspruchung eines Innenrahmens durch die Kolbenkräfte ein Treibachslager sehr wohl von einer Horizontalkraft beaufschlagt werden kann, die seine Gewichtsbelastung um mehr als das Zehnfache übersteigt. Dies bedeutet, daß der resultierende Lagerdruck bloß um vielleicht 5 Grad gegen die Horizontale geneigt ist und daher die Lagerschale knapp über ihrer unteren Kante trifft. Bei Lokomotiven mit geringen Triebwerkskräften war dies nicht gar so kraß, schrie aber doch schon lange nach Abhilfe in Form von zusätzlichen Lagerschalen zur besseren Aufnahme der Horizontalkräfte. Dieser Forderung entsprach zunächst in Preußen die Konstruktion von J. Obergethmann (1862–1921), als er 1906 die Nachfolge von A. von Borries auf der Berliner Technischen Hochschule antrat. Hauptkennzeichen sind zwei vorn und hinten direkt unter der Achsmitte gelegene Hilfslagerschalen. Dieses dreiteilige Obergethmannlager eroberte sich endlich nach 1920 seinen gebührenden Platz; eine amerikanische Variante für die 2F1 der Union Pacific zeigt Quelle (20), mit Nachstellung der unteren Schalen mittels Keile anstatt Beilagscheiben. In Österreich wurde es bei den 1D2 und in der Folgezeit angewendet. Vor 1938 erschien in Deutschland das Mangoldlager, das insofern überlegen ist, als die Hilfsschalen wesentlich höher hinaufreichen, die Horizontalkräfte daher auf viel größere nachstellbare Flächen wirken, deren Abnützung durch Keilnachstellung ausgeglichen werden kann. Eine grundsätzlich gleiche Konstruktion weist das amerikanische Grisco-Lager auf (43, S. 660). In Frankreich gab es auf der PLM schon vor 1900 das dreiteilige Treibachslager System Raymond et Henrard mit einer in der Umfangsrichtung schmalen oberen und zwei breiten seitlichen Schalen, bei dem man die überlegenen Horizontalkräfte besonders im Auge hatte; es wurde in der 1904 erschienenen 4. Auflage von (18) gezeigt, während in den dreißiger Jahren eine Anzahl einschlägiger Konstruktionen in Erprobung war. Mit offenbar geringem Erfolg wurden schwimmende Büchsen in Treibachslagern versucht, z. B. auf einer 2D2 der Canadian National von 1936; das horizontal zweigeteilte Lagergehäuse enthielt je eine zweiteilige Futter- und eine ebensolche schwimmende Büchse aus Bronze.

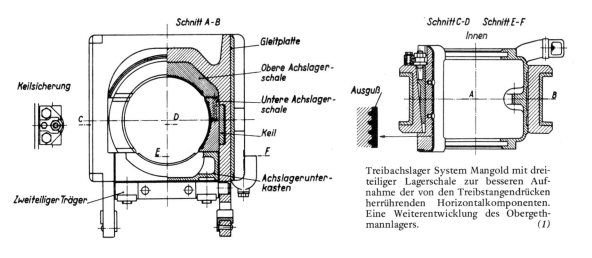

Treibachslager System Mangold mit dreiteiliger Lagerschale zur besseren Aufnahme der von den Treibstangendrücken herrührenden Horizontalkomponenten. Eine Weiterentwicklung des Obergethmannlagers. *(1)*

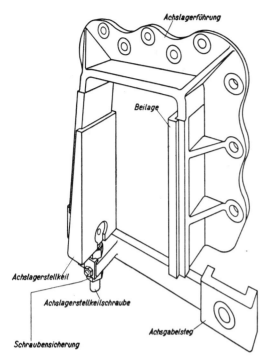

Achslagerführung

Beilage

Achslagerstellkeil

Achslagerstellkeilschraube

Achsgabelsteg

Schraubensicherung

Links:

Typische europäische Achslagerführung zum Vernieten mit den Wangen eines Plattenrahmens. Der Nachstellkeil zur Kompensation der Abnützung an den Lagerführungen liegt stets an der den Zylindern abgewandten Seite. In neuerer Zeit wurden vielfach, aus analogen Gründen, wie sie zum Aufgeben nachstellbarer Stangenlager führten, stellkeillose, mit harten Manganstahlplatten belegte Führungen bevorzugt.
(1)

Unten:

Friedmann-Innenlager mit Druckumlaufschmierung. Eine Ölfördertrommel A (die Indizes sind hier, da überflüssig, weggelassen) rotiert im Betrieb innerhalb eines Ölfördergehäuses G, das etwas exzentrisch angeordnet ist, sodaß das an der Außenfläche von A haftende, aus dem Ölvorrat mitgenommene Öl in einen sich verengenden Spalt gerät, in welchem sich unter Ausnützung von Adhäsion und Reibung ein steigender Druck aufbaut, bis das Öl durch einen Kanal D in die Schmiernut N der Lagerschale abfließt, je nach Drehrichtung in die hintere oder vordere Nut. *Prospekt*

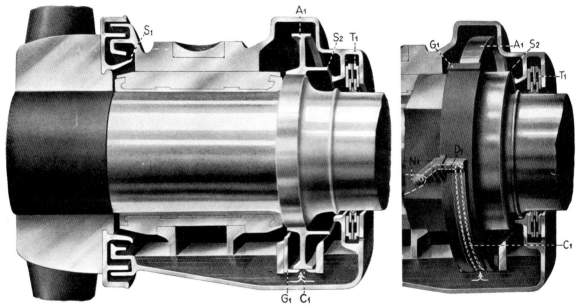

Die Abbildung zeigt eine typische europäische Achslagerführung in Verbindung mit einem Plattenrahmen. Barrenrahmenwangen sind ausreichend dick, um Führungsplatten für die Achslagergehäuse direkt an ihnen anbringen zu können. Die Gehäuse erhalten auswechselbare, in die Führung passende Gleitplatten, deren innere und äußere seitliche Führungsflächen nach oben und unten abgeschrägt sind, damit bei einseitigem Heben und Senken der Radsätze bei der Einfahrt in Kurven und in ungeplanten Gleisunebenheiten kein Zwängen eintritt.

Die Achslagerschmierung erfolgt seit alter Zeit, indem die Unterseite des Lagerhalses durch einen über Dochte vom Ölraum im Lagergehäuse versorgten Schmierpolster dauernd benetzt wird. Da das Öl aber bei längerem Stillstand aus der oberen Kontaktfläche herausgedrückt wird, wurde in neuerer Zeit zusätzlich Preßschmierung mittels einer Schmierpumpe eingerichtet, die Schmiernuten im Scheitelgebiet der Lagerschale versorgt. Sogenannte selbstschmierende Lager sind mit einer Einrichtung zur geschwindigkeitsabhängigen Ölzufuhr versehen. Von der Firma Alexander Friedmann kam die höchstentwickelte Konstruktion, die hier als Innenlager dargestellt ist. Sie erwies sich als sehr wirksam und wurde an allen Kuppel- und Laufachsen der letzten BBÖ-Dampflokomotiven von 1935 an verwendet. Gegenüber älteren, an Wagen und Tendern vielfach zu sehenden Bauarten mit Schöpfeinrichtungen zum Hochheben des Schmieröls hatte die Friedmannsche Druckumlaufschmierung auch den Vorteil ruhigen Ölflusses ohne Schaumbildung.

Wälzlager fanden im Dampflokomotivbau spät und nur in beschränktem Maß Eingang, obwohl es an frühzeitigen Bestrebungen nicht fehlte. Ihr äußerst geringer Losbrechwiderstand, das ist der Fahrwiderstand beim Ingangsetzen eines stillstehenden Fahrzeugs, ist beim Anfahren von schweren Zügen, insbesondere von straff gekuppelten Reisezügen, sehr vorteilhaft, birgt aber ansonsten auch Gefahren in sich und verlangte bei Güterwagen ohne Bremse, von denen es in der Zwischenkriegszeit in Europa noch einen hohen Prozentsatz gab, überall das Einlegen von Radvorlegern, auch Bremsschuhe genannt, um das unbeabsichtigte Abrollen von Wagen zu verhüten. Andererseits steigt der Wälzlagerwiderstand mit zunehmender Geschwindigkeit infolge Durchwirbelung des Schmiermaterials, wogegen der Gleitlagerwiderstand durch bessere Schmierwirkung abnimmt, sodaß die Ende der dreißiger Jahre erschienene amerikanische Standard-Fahrwiderstandsformel von W. J. Davis der General Electric Co. von 35 Meilen (56 km) pro Stunde aufwärts beide Lagerwiderstände gleichsetzt (162). Von der Wälzlagerindustrie durchgeführte Versuche zeigen freilich durchwegs äußerst kleine Widerstandswerte, die bereits ab Drehzahlen entsprechend Fahrgeschwindigkeiten von 10 bis 20 km/h bis über das Zehnfache hinaus konstant bleiben und, auf den Umfang der Lagerlauffläche bezogen, beispielsweise ein Tausendstel der Lagerbelastung betragen, was am Radumfang etwa 1/6000 ausmacht. Dies kommt von einer für den Idealzustand ausreichenden Schmiermittelmenge und Viskosität sowie von idealem Lauf, wogegen im Eisenbahnbetrieb der langzeitigen Wartungs- sowie Störungsfreiheit wegen mit reichlichen Schmierfettmengen gearbeitet werden muß und, was sehr wesentlich ist, fortwährend wechselnde Seitenkräfte auf das Lager einwirken.

Die Entwicklung der Wälzlager im deutschen Eisenbahnwesen wird in Quelle (163) eingehend behandelt, mit einem kurzen Blick auf die Vorgeschichte, die bereits 1903 mit einreihigen großen Kugellagern für Personenwagen begonnen hatte. Sie lebten nicht lange, aber Ungetüme mit 91-mm-Kugeln (!) für Güterwagen liefen immerhin sechs Jahre. Es folgten etliche teils recht komplizierte Konstruktionen mit Zylinder- und Pendelrollenlagern sowie Kugel-Spurlagern zur Aufnahme größerer Seitenkräfte bei Güter- und D-Zugwagen, aber erst Mitte der zwanziger Jahre wurden Wälzlager mit den zugehörigen Achsschenkeln genügend betriebstüchtig. Sie fanden Eingang im Triebwagenbau und wurden schließlich auch für Tenderradsätze verwendet. In einem Artikel von 1956 (125, S. 101, 118) ging F. Witte auf die besonderen Probleme des Dampftriebwerks ein, die das Eindringen der Wälzlager sehr erschwerten, sodaß es in Europa bis nach 1950 bei Versuchsausführungen blieb.

In den USA hingegen, wo man von 1927 an zuerst Rollenlager für Schnellzugwagen verwendete, worauf einige Bahnen mit der Ausrüstung von Tendern begannen, trat 1930 überraschend die 2D2-Timken-Lokomotive auf den Plan, deren sämtliche Treib- und Kuppelachsen

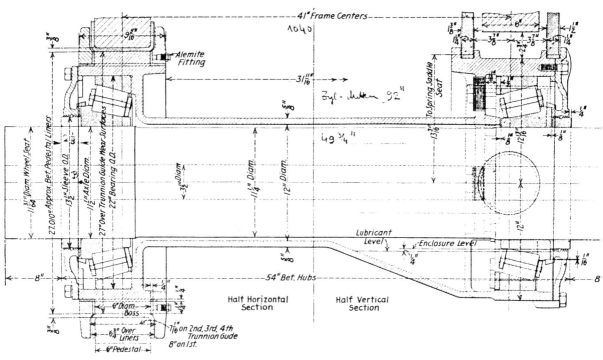

Treib- und Kuppelachs-Rollenlagersatz mit gemeinsamem Gehäuse für die erste mit Rollenlagern auf allen Achsen ausgerüstete Lokomotive der Welt, die 2D2-'Timken Lokomotive' Nr. 1111 von 1930. Sie wurde als Demonstrationsobjekt der Timken Roller Bearing Co. in Canton, Ohio, von der ALCO gebaut. Nach zweijährigen Vorführungsfahrten auf 14 Bahnen wurde sie von der Northern Pacific erworben und als Nr. 2626 im transkontinentalen Schnellzugdienst verwendet. Die Treibachse mußte im Durchmesser verstärkt werden und demgemäß auch größere Kegelrollenlager erhalten. — Die linke Zeichnungshälfte zeigt einen horizontalen, die rechte einen vertikalen Schnitt mit den geräumigen Schmierölbehältern für jedes Lager.   *RME, Juni 1930*

die gleichnamigen Kegelrollenlager hatten. Bei 30 t Achslast und 65 Mp Kolbendruck dieser Zwillingslokomotive wurde das einreihige Treibachslager schon von einem Zylinder allein mit rund 100 Mp belastet, wozu bei gewissen Kurbelstellungen noch weitere 20 Mp vom anderen Zylinder kommen konnten. Die Treib- und Kuppelstangen hingegen hatten die üblichen Büchsenlager. Bei einigem Verschleiß derselben erhielt die Vanadiumstahl-Treibachse nahe den Totlagen keinerlei Entlastung. Bei einer nominellen Biegungsbeanspruchung durch einseitigen Kolbendruck von mehr als 1450 kp/cm^2 erwies sie sich als überbeansprucht; nach Ersatz durch eine stärkere Treibachse war die Maschine erfolgreich und leitete die Anwendung von Rollenlagern auf Treib- und Kuppelachsen in den USA ein. Das geschlossene einteilige Gehäuse für die beiden Innenlager eines Radsatzes war natürlich ungünstig, weil eine ausreichende Inspektion der Achswelle nur nach Demontage derselben, also völligem Abpressen eines Rads, möglich war. SKF-Pendelrollenlager brauchten hingegen kein verbindendes Gehäuse und waren dadurch im Vorteil, speziell in den ersten Jahren, da Erfahrungen über die Lebensdauer der Achsen und Lager gesammelt werden mußten.

Als Ende 1933 die SKF-Treibachse der 2C2 No. 5343 der New York Central beiderseits Anrisse unter den inneren Enden der Radnaben sowie unter den Lager-Innenringen zeigte, erhielt ich von SKF den Auftrag, zu untersuchen, wieso diese Achse viel früher versagen konnte als die mit Gleitlagern versehenen gleicher Dimensionierung. Die Druckrechnung ergab eindeutig, daß die starren Rollenlager in Verbindung mit dem Stangenlagerspiel zu bedeutend höheren Beanspruchungen der Achsen führten als die in der Richtung der Kolbenkräfte etwas nachgiebigen Gleitlager. Dies galt auch besonders für die Stoßwirkungen durch abgenützte Stangenlager. Glücklicherweise war es möglich, durch einfache Bearbeitungsmaßnahmen die

Spannungsspitzen an den gefährdeten Stellen der Treibachse abzubauen und außerdem ihr Arbeitsvermögen zur Aufnahme von Stoßenergie durch eine elastischere, im Durchmesser verjüngte Mittelzone anstelle der unzweckmäßigen Zylinderform zu steigern. Im übrigen wurde klar, daß die nach den geltenden Vorschriften maximal zulässigen Büchsenlagerspiele in den Treib- und Kuppelstangen von 3,2 bzw. 6,4 mm reduziert werden sollten (in Mitteleuropa waren derart große Durchmesserspiele undenkbar). Darüber hinaus sollte man zur vollen Ausschöpfung der betrieblichen Vorteile das gesamte Triebwerk schnellfahrender Lokomotiven und nicht bloß gekuppelte oder gar nur Treibachsen mit Wälzlagern ausstatten. Doch dies geschah in nennenswertem Ausmaß erst in den vierziger Jahren, kurz vor Ende des amerikanischen Dampflokomotivbaus, obwohl die rührige Timken-Gesellschaft schon 1935 Leichtbau-Rollenlagertriebwerke aus legiertem Stahl geheimgehaltener Zusammensetzung (Timken High-Dynamic

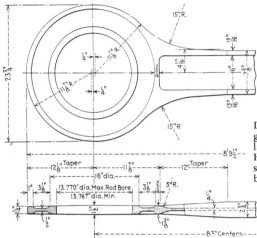

Detail einer charakteristischen Timken-Kuppelstange für eine 2C1 der Pennsylvania mit 32 t Achslast bei 2032 mm Raddurchmesser und 711 mm Hub. Man sieht die knapp bemessenen Materialstärken insbesondere des Stangenschafts mit seinem bloß 6,35 mm starken Steg! *(43)*

Steel) lieferte, die der Forderung nach möglichst großer Elastizität entsprachen, insbesondere auf Verdrehen der Stangen, um den unterschiedlichen einseitigen Hebungen und Senkungen der gekuppelten Achsen ohne starkes Zwängen folgen zu können. Die SKF-Pendelrollenlager eigneten sich für Triebwerksteile besser als die Timkenlager, deren Kegelrollen ein Schrägstellen zu ihren Achswellen ausschließen; obwohl ich 1936 auftragsgemäß ein Stangentriebwerk für SKF ausarbeitete, das relativ geringen Aufwand erforderte, beschloß das Unternehmen, es im Hinblick auf die mäßigen Geschäftsaussichten nicht zu propagieren. Dies erwies sich als richtig, denn von den kaum mehr als 600 amerikanischen Dampflokomotiven mit Wälzlagern im Triebwerk erhielt diese nur ein kleiner Bruchteil auch in den Stangen. Nach Angaben amerikanischer Bahnen laut *Railway Age* vom 9. Juli 1949 ergaben 404 Lokomotiven mit Wälzlagern auf Treib- und meist auch Kuppelachsen durchwegs größere reparaturfreie Laufleistungen, durchschnittlich um etwa die Hälfte. Trotzdem war die Lebensdauer der Treibachse nicht immer zufriedenstellend, denn solchen mit 1,1 Millionen km stand ein Minimum von bloß 320.000 km gegenüber.

Die DRB ging insofern den umgekehrten Weg, als im Triebwerk anfangs nur das Gestänge Wälzlager erhielt, zumal Achslager vergrößerte Rahmenausschnitte verlangten. Zuerst kam 1936 eine 2C1 (BR 01), ihr folgten vier Jahre später sechs Drillingslokomotiven BR 01.10. Noch im Kriegsjahr 1942 wurden zehn 1E der BR 50 komplett mit Wälzlagern ausgerüstet, davon fünf ohne die Kuppel-, aber mit den Treibachsen. Die Erfahrungen und die aufgetretenen Probleme behandelt ebenfalls Illmann/Obst (163), so z.B. auch die Frage der Eliminierung oder Beibehaltung der Stellkeile für die Achslager, die vorzugsweise weggelassen wurden. Das Gesamt-

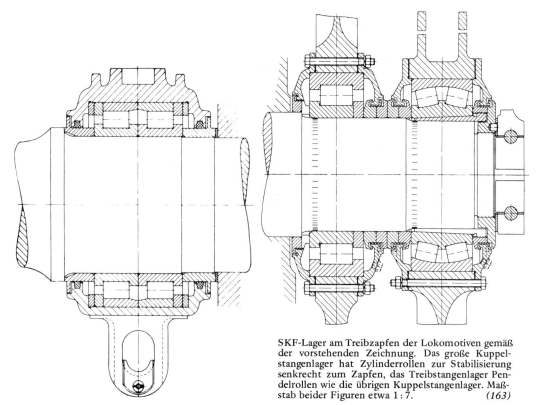

SKF-Lager am Treibzapfen der Lokomotiven gemäß der vorstehenden Zeichnung. Das große Kuppelstangenlager hat Zylinderrollen zur Stabilisierung senkrecht zum Zapfen, das Treibstangenlager Pendelrollen wie die übrigen Kuppelstangenlager. Maßstab beider Figuren etwa 1 : 7. *(163)*

SKF-Zylinderrollenlager für die Treib- und die feste Kuppelachse der DB 1C1-Neubaulokomotiven Nr. 23 024 und 025 von 1953. Die Lager der vorderen, seitlich verschiebbaren Kuppelachse erhielten einfach entsprechend längere Außenringe.

bild war positiv, doch ließ die Kriegszeit mit ihren Folgen keinen raschen Fortschritt zu. Viel Mühe und Umbauten verursachte die Gestaltung einer hinsichtlich Reduktion von Schmierstoffverlusten zufriedenstellenden Abdichtung der Lager, bis man zu nichtschleifenden Labyrinthdichtungen kam, die allerdings in den USA bereits 1930 benützt wurden. Endlich konnten 1953 zwei 1C1-Maschinen der Neubauserie Baureihe 23 komplett mit Wälzlagern versehen werden, und drei Jahre später kam Wittes schöne und besonders wirtschaftliche 1C2t-Baureihe 66 dran. Trotz guter Resultate haben sich Wittes in seiner vorerwähnten Arbeit ausgedrückten Erwartungen infolge des raschen Zurückdrängens der Dampftraktion nicht erfüllt.

In anderen Ländern konnte man von einer systematischen Erprobung von Wälzlagertriebwerken für Dampflokomotiven kaum sprechen. Die British Railways folgten mit großer Verspätung dem amerikanischen Beispiel und versahen etwa 1950 eine geringe Zahl schnellfahrender Maschinen mit Timkenlagern auf Treib- und Kuppelachsen. Nur die großen 2D2 für Südafrika wurden als Neubauserie komplett mit Wälzlagern auch in den Stangen ausgerüstet; die Wahl von Timken-Kegelrollen ist vielleicht insofern verzeihlich, als der britische Zweig dieser Firma sich noch immer für Dampftriebwerke engagierte, doch traten die negativen Seiten der starren Lagerung unter den dortigen Verhältnissen stärker hervor, sodaß man die Timkenlager in den sechziger Jahren mit erheblichem Aufwand nach und nach auf SKF-Pendelrollenlager umstellte.

Nadellager für schwingende Steuerungsteile fanden der geringen Abnützung wegen größere Verbreitung und wurden gelegentlich auch in Kreuzköpfe eingebaut, für diese aber doch Rollenlager bevorzugt.

Äußere Steuerung (Umsteuerung)

Diese umfaßt alle Teile, welche das Bewegen der inneren Steuerorgane bewirken; wie aus deren Funktionsschilderung zu Beginn des Kapitels Dampfmaschine und Triebwerk hervorgeht, müssen dabei nachstehende Gesetzmäßigkeiten erfüllt werden, damit die Lokomotive sich in der gewünschten Fahrtrichtung bewegt und die gerade nötige Zugkraft ausübt:

1) Beginn des Dampfeinlasses in den Zylinder auf der zu beaufschlagenden Kolbenseite, schon bevor die Treibkurbel den Totpunkt erreicht, das heißt im Punkt VE = Voreinströmung.

2) Öffnung des Dampfkanals um den Betrag des linearen Voreilens LV im Totpunkt der Treibkurbel, sodann möglichst große Einlaßöffnung.

3) Schließen des Dampfzutritts zum Zylinder nach einer vom Führer am Steuerbock in Prozenten des Kolbenhubs einzustellenden Hubteilstrecke, Füllung genannt, genauer Zylinderfüllung.

4) Öffnen des Dampfauslasses aus dem Zylinder vor dem Erreichen des entgegengesetzten Totpunkts, damit der Dampfdruck im Zylinder vor Beginn des Kolbenrückgangs auf den Gegendruck sinken kann.

5) Schließen des Auslasses während des Kolbenrückgangs, natürlich vor Beginn der Voreinströmung, jedoch umso früher, je kleiner die Füllung ist, da dann meist mit hoher Drehzahl gefahren wird und auch zum Abfangen der Massenkräfte eine erhebliche Kompression des im Zylinder und dem 'schädlichen Raum' verbliebenen Dampfs sehr erwünscht ist.

Es war ein richtiger Glücksfall, daß alle diese Forderungen in weitgehender Vollkommenheit, jedenfalls in einem bis zum Ende der Entwicklung Stephensonscher Lokomotiven als ausreichend befundenen Maß, von Antrieben erfüllt werden konnten, die einem Schieber oder, im Fall von Ventilen, dem Übertragungsorgan am Ventilkasten eine sogenannte harmonische Bewegung erteilen. Es ist dies die Projektion einer Kreisbewegung, wie sie eine Kurbel oder ein Exzenter unter Zwischenschaltung einer genügend langen Schubstange liefert. Die Funktion des Exzenters wurde bereits im Kapitel Zylinder und Innere Steuerung erklärt. Für einen bestimmten Betriebszustand (Fahrt-, das ist Drehrichtung, Füllung) entspricht ein Exzenter bestimmten Hubs und bestimmter Winkellage zur zugehörigen Treibkurbel. Für andere Betriebszustände sind andere Exzenter nötig. Das Problem besteht also darin, die erforderlichen Exzenter auf optimale, das heißt auch auf einfache Weise zu schaffen. Diese Aufgabe erfüllen verschiedene Arten der Äußeren Steuerung, bequemer Umsteuerung genannt, da sie auch die Änderung der Drehrichtung bewirkt.

Bei der LOCOMOTION der Stockton & Darlington Railway von 1825 wurde das Umsteuern noch durch Verdrehen je eines lose auf der Achse sitzenden Exzenters im Stillstand der Maschine bewirkt, oder der Führer klinkte die Exzenterstangen für die Schieber der beiden Zylinder aus und steuerte die Dampfverteilung während des Anfahrens vorsichtig von Hand, bis Mitnehmerbolzen die Exzenter in der zur eingeschlagenen Fahrtrichtung gehörigen Lage festhielten. Diese umständliche und große Geschicklichkeit erfordernde Prozedur wurde noch bis 1835 geübt, als R. Stephensons PATENTEE die erste Gabelsteuerung erhielt, mit je einem Vorwärts- und Rückwärtsexzenter pro Zylinder. Die Exzenterstangen trugen an ihren freien Enden je eine senkrecht stehende rechtwinkelige Gabel, und mittels eines Steuerhebels konnte entweder die Vorwärts- oder die Rückwärts-Exzenterstange mit einem querliegenden Mitnehmerzapfen

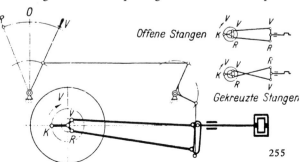

Schema der Stephenson-Steuerung in ihrer Normalausführung mit sogenannten offenen Stangen, in der Nebenfigur rechts auch mit gekreuzten Stangen. Das Vorwärtsexzenter greift am oberen Ende der Kulisse an, das Rückwärtsexzenter am unteren Ende. K ist die Treibkurbel. Der links dargestellte Umsteuerhebel am Führerstand steht in seiner vorderen Endstellung, in die er gebracht wird, um zum Anfahren nach vorwärts größte Zylinderfüllung und Zugkraft zu liefern.

Offene Stangen

Gekreuzte Stangen

(164)

255

der Schieberstange in Eingriff gebracht werden. Wohl die beste, anschaulichste Schilderung der Steuerungsentwicklung brachte G. Rüggeberg, ein rühriger junger Konstrukteur von Henschel (164).

Gabelsteuerungen herrschten in Europa bis 1842, als die Stephenson-Steuerung entstanden war, eine Kulissensteuerung, die z.B. in England dank ihrer Zweckmäßigkeit über acht Jahrzehnte hindurch bei Neubauten Verwendung fand, anderswo — auch in Österreich an der D-Reihe 174 — fast ebensolang. Innerhalb der Firma R. Stephenson & Co. beanspruchte der Modelltischler Wm. Howe die Idee dieser Steuerung für sich, doch erwies sich die Priorität eines dortigen jungen Konstrukteurs namens Williams. Dies folgt auch aus einem Artikel des nach Kanada ausgewanderten ehemaligen Chefkonstrukteurs bei Stephenson, W. L. Campbell, veröffentlicht in der Zeitschrift *American Machinist* vom 11. Februar 1904. Die Konstruktion war anfangs bloß als eine bequeme Art gedacht, wahlweise das Vorwärts- oder das Rückwärts-Exzenter allein zur Wirkung zu bringen (untere bzw. obere Lage der Kulisse); erst die Fahrpraxis, gefolgt von zeichnerischen Untersuchungen, lehrte, daß Zwischenstellungen verschiedene Zylinderfüllungen, Zugkräfte und schließlich wirtschaftlicheres Arbeiten durch Dampfexpansion ergeben.

Wenig bekannt ist ein Bericht des *American Railroad Journal* vom 20. Oktober 1832, wonach eine mit 16 hp bewertete Kleinlokomotive des Dampfwagenbauers Wm. T. James in New York eine derartige Manövrierfähigkeit bewies, daß sie auf einer Strecke von 50 Fuß während 63 Sekunden achtmal reversieren konnte, was eine Kulissensteuerung vermuten läßt. Aber James hatte keinen Dauererfolg und hinterließ keine Zeichnung, sodaß man ihm die Priorität nicht zuschreiben kann.

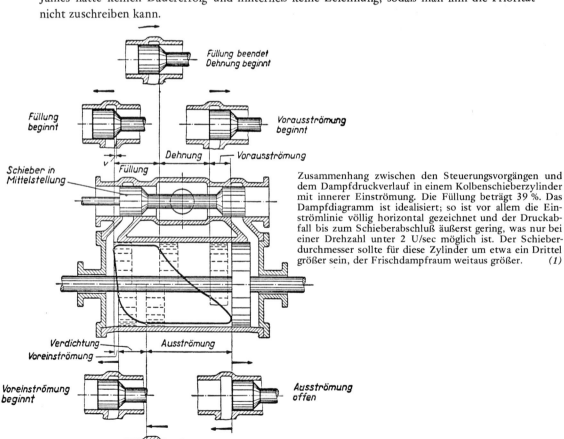

Zusammenhang zwischen den Steuerungsvorgängen und dem Dampfdruckverlauf in einem Kolbenschieberzylinder mit innerer Einströmung. Die Füllung beträgt 39 %. Das Dampfdiagramm ist idealisiert; so ist vor allem die Einströmlinie völlig horizontal gezeichnet und der Druckabfall bis zum Schieberabschluß äußerst gering, was nur bei einer Drehzahl unter 2 U/sec möglich ist. Der Schieberdurchmesser sollte für diese Zylinder um etwa ein Drittel größer sein, der Frischdampfraum weitaus größer. *(1)*

Steuerungsdiagramme einer historischen Volldruckmaschine, mit einem Schieber ohne Überdeckungen (links) und einer Expansionsmaschine (rechts), deren Schieber eine Einströmüberdeckung e und eine Ausströmüberdeckung i aufweist. Es liegt Vorwärtsfahrt nach rechts zugrunde, der Zylinder liegt rechts von der Zeichnung, die Treibachse rotiert im Uhrzeigersinn.

Die charakteristischen Diagrammpunkte, die ihre eigentliche Bedeutung in der rechts dargestellten Ausführung haben, sind:

VE Voreinströmung | Exp Expansion
VA Vorausströmung | Ko Kompression

Die tatsächliche oder resultierende Schieberantriebskurbel hat den Voreilwinkel δ, in der nächsten Figur mit w bezeichnet.

Zur Darstellung der Bewegung des Schiebers in Relation zur Kolbenbewegung ist es üblich, die 'Schiebertreibkurbel', die dem Antriebsexzenter für den Schieber entspricht, mit der Treibkurbel der Maschine in Übereinstimmung zu bringen. Bei der Volldruckmaschine eilt das Exzenter der Treibkurbel um 90° voraus, es steht z.B. bei der linken Totpunktstellung der Kurbel in seiner Mittellage und bewegt sich nach rechts. Deckung mit der Treibkurbel verlangt zeichnerisches Zurückdrehen der Schieberweglinie um 90°, sie steht also auf der Zeichnung senkrecht. Mit der Drehung der Treibkurbel beginnt die Einlaßöffnung durch den Schieber (obere schraffierte Fläche im Müller-Reuleaux-Diagramm, kurz Müller-Diagramm genannt), und da die Exzentrizität größer ist als die Kanalbreite a, läuft der Schieber über den Kanal hinaus. Völliges Schließen der Einströmung erfolgt erst im rechten Totpunkt, wo die Eröffnung des Auslasses (untere schraffierte Fläche) beginnt.

Da der mit Überdeckungen versehene Schieber rechts um 90° plus dem Voreilwinkel δ vorauseilt, muß die Schieber-

weglinie um diesen Gesamtwinkel zurückgedreht werden, liegt also nun schräg. Die Einströmeröffnung beginnt schon vor Erreichen der linken Totlage, der Kanal wird viel früher geschlossen, wo, wie eingezeichnet, die Dampfexpansion beginnt. Auch der Auslaß wird vor Erreichen der Totlage geöffnet und bleibt nur bis zum Punkt Ko offen, wo die Kompression des Restdampfs im Zylinder beginnt. Der Dampfdruckverlauf im Zylinder ist durch die Indikatordiagramme dargestellt, deren Flächen = Kraft x Weg die auf einer Kolbenseite geleistete Arbeit darstellen. Expansions- und Kompressionslinien sind hier viel zu flach gezeichnet, sie sollen etwas steiler als Hyperbeln verlaufen.

Die 'Zeuner-Diagramme' sagen aufgrund geometrischer Gesetzmäßigkeiten dasselbe aus wie die über ihnen liegenden 'Müller-Diagramme'. Die Größe des Schieberwegs aus der Mittellage erscheint auf jeder mit der jeweiligen Kurbelstellung übereinstimmenden Radialen vom Mittelpunkt des Kurbelkreises bis zum Schnittpunkt mit dem Zeunerkreis. Weniger anschaulich als das Müller-Diagramm, sind die Zeunerkreise jedoch für den Konstrukteur praktischer, weil er nur mit Zirkel und Lineal zu arbeiten und keine Parallelverschiebungen vorzunehmen braucht. *(164)*

Ein typisches Indikatordiagramm, wie es mittels einer Kulissensteuerung erhalten wird, gibt uns bei näherem Studium einen Einblick in die geometrischen Verhältnisse der Schieberbewegung ohne und mit Dampfexpansion. Die Exzenter gelten für äußere Einströmung, sie eilen also der Kurbel um 90 plus δ Grad vor, doch kann die Darstellung auch für innere Einströmung verwendet werden, bei der die Überdeckungen einfach vertauscht und die Exzenter um 180° verdreht sind, so daß sie um 90 minus δ Grad nacheilen. Es gilt dann die folgende Zeichnung.

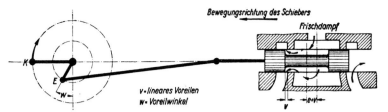

Bewegungsrichtung des Schiebers

Frischdampf

v = lineares Voreilen
w = Voreilwinkel

Relativlage des resultierenden Steuerungsexzenters zur Treibkurbel für einen Kolbenschieber mit innerer Einströmung. Man sieht die zur hinteren Totlage der Kurbel gehörige Voröffnung des Dampfkanals, mit der Weite v, dem linearen Voreilen, besser mit LV bezeichnet, wie auch den Voreilwinkel w. Die Umkehrung der Exzenterbewegung gegenüber äußerer Einströmung führt zu einem um 180° versetzten resultierenden Exzenter.   *(1)*

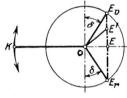

Zusammensetzung eines resultierenden Exzenters aus zwei Exzentern: die Wirkung des Exzenters oE' kann z. B. mit einem Exzenter oE, entgegengesetzt der Treibkurbel oK, plus einem darauf senkrecht stehenden Exzenter EE' erzielt werden, aber auch, indem man Teile der Bewegungen der größeren Exzenter oEv und oEr zusammensetzt.   Erstere Methode wird bei der Heusinger-Steuerung benützt, letztere z. B. bei der von Stephenson, in beiden Fällen unter Zuhilfenahme einer Kulisse zwecks Verkleinerung des Hubs von einem bzw. zwei Exzentern; siehe die näheren Erklärungen bei den hier erwähnten Steuerungssystemen.   *(165)*

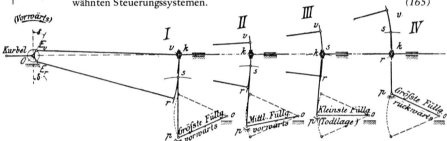

Verschiedene Kulissenlagen bei der Stephenson-Steuerung für entsprechende Betriebszustände.   *(165)*

Die Kulissensteuerungen beruhen auf der Erkenntnis, daß jedes gewünschte Exzenter aus zwei Exzentern zusammengesetzt werden kann, deren zweckentsprechende Wahl eine konstruktiv einfache Veränderbarkeit von Hub und Winkellage des resultierenden Exzenters ermöglicht. Die schematische Darstellung einer Stephenson-Steuerung mit offenen Stangen in diversen Höhenlagen der Kulisse zeigt, wie deren Heben und Senken nicht durch einen darüberliegenden Aufwerfhebel bewirkt wird, manchmal etwas holprig Steuerstangenhebel genannt, sondern durch einen darunter angeordneten. Man erkennt, daß in Stellung I nur das Vorwärtsexzenter wirksam ist, in Stellung IV nur das Rückwärtsexzenter; in der Mittellage III wirkt jedes der beiden Exzenter mit der Hälfte seines Hubs in geometrischer Zusammensetzung, das resultierende steht der Kurbel um 180° gegenüber und gibt die sogenannte Nullfüllung, die weder Vor- noch Rückwärtsfahrt bewirkt. Stellung II ist eine typische Betriebslage für Vorwärtsfahrt mit weitaus überwiegendem Anteil des Vorwärtsexzenters.

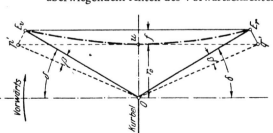
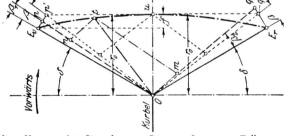

Scheitelkurven von Stephenson-Steuerungen: links für offene, rechts für gekreuzte Stangen. Im ersten Falle ist das lineare Voreilen in der Mittelstellung der Steuerung ein Maximum und nimmt bis zu den Höchstfüllungen für Vor- und Rückwärtsfahrt um den Betrag f ab, bei gekreuzten Stangen ist das Gegenteil der Fall.
                                                    (165)

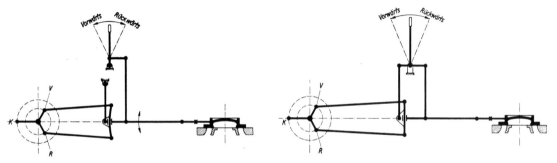

Der Stephenson-Steuerung verwandte Bauarten: links die Gooch-Steuerung, rechts die von Allan. *(1)*

Die dabei zustandekommenden Kombinationen der beiden Exzenterwirkungen veranschaulichen die oben stehenden Zeichnungen für offene und für gekreuzte Stangen. Die geometrisch etwas komplizierten Verhältnisse, die daraus resultieren, daß die Exzenterstangen nicht parallel zur Symmetrielinie (Schieberstangenrichtung) stehen, sind in (165) eingehend behandelt, auch für die anderen wichtigsten Lokomotivsteuerungen. Die starken strichpunktierten Linien in beiden Figuren, die Scheitelkurven, zeigen an, wie weit sich der Schieber in der Kurbeltotlage von seiner Mittellage entfernt hat, und zwar für jedes der resultierenden Exzenter, und durch Abzug der Einlaßüberdeckung erhält man das lineare Voreilen. Mit offenen Stangen wird es in der Mittelstellung ein Maximum und betrug bei der wohlgelungenen 2Bn2-Serie 17c der österreichischen Südbahn 7,5 mm gegen etwa 6 mm bei 60 % Füllung. Gekreuzte Stangen bewirken einen entgegengesetzten Verlauf, der unerwünscht ist, weil kleine Füllungen meist mit hohen Drehzahlen verbunden sind und dann die Einströmung nicht verzögert werden soll. Die ob ihrer schnellen Züge altbekannte englische Great Western schätzte die Stephensonsteuerung mit offenen Stangen, da ihr LV-Verlauf die Anfahrtbeschleunigung steigern half.

Im übrigen ist die Ausmittlung einer Steuerung für beste Dampfverteilung zeitaufwendig und verantwortungsvoll; es ist zweckdienlich und war üblich, den Entwurf an einem Modell (verstellbare Gestänge auf einer großen Holztafel in halber Naturgröße) zu erproben, um speziell den störenden Einfluß der endlichen Stangenlängen zu ersehen und mittels Versetzung von Drehpunkten sowie der Neigung von Gelenkbahnen etc. kompensieren zu können.

Die oft zitierten und besonders in Kontinentaleuropa viel benützten Steuerungen von Sir Daniel Gooch von der Great Western und die des Schotten Alexander Allan (1815–1891) entstanden bereits 1843 bzw. 1855. Ihre Verwandtschaft mit der Stephensonsteuerung ist klar, sie bauen aber länger, da zwischen der pendelnd aufgehängten Kulisse und der Schieberstange eine Schieberschubstange eingefügt werden muß: Gooch bewegt diese allein auf und ab, Allan senkt bzw. hebt gleichzeitig die Kulisse in entgegengesetztem Sinn und kann dadurch eine billigere gerade Kulisse verwenden.

Die überwältigend größte Verbreitung fand in neuerer Zeit die Heusinger-Steuerung nach LONORM-Tafel 2. Wie schon angedeutet, wird das resultierende Exzenter erstens aus einem zur Treibkurbel gegenläufigen (bei äußerer Einströmung) oder gleichläufigen (bei innerer Einströmung) gebildet, dessen Hub konstant bleibt, und zweitens aus einem mit um 90° versetzter Bewegungsphase (vor- und nacheilend), dessen Hub mittels einer Kulisse verändert und auch umgekehrt werden kann. Während aber die bisher gezeigten Steuerungen tatsächlich mit Exzentern (Hubscheiben) arbeiten, die ein im allgemeinen nicht bevorzugtes Maschinenelement sind, kann die Heusingersteuerung für Außenzylinder auf solche völlig verzichten und wenn wir weiter von solchen sprechen, meinen wir Äquivalente von Exzentern. LONORM-Tafel 2 bringt unter anderen die Bezeichnungen für die einzelnen Steuerungsteile. So wird die Äquivalentbewegung des Exzenters mit konstantem Hub vom Kreuzkopf abgeleitet und mittels des Voreilhebels 27 auf den gewünschten Hub reduziert, bei innerer Einströmung gleichlaufend belassen,

Tafel 5
S. 231

Tafel 5
S. 231

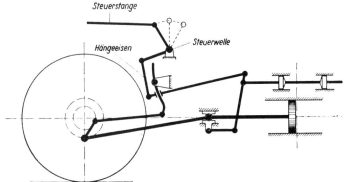

Schema einer Heusinger-Steuerung für innere Einströmung mit Pendelaufhängung der Schieberschubstange an einem Hängeeisen, das sich bei Vorwärtsfahrt und größter Zylinderfüllung in seiner tiefsten Lage befindet. Die Gegenkurbel am Treibzapfen eilt der Treibkurbel um 90° nach. Der Schieberantriebsbolzen sitzt am Voreilhebel etwas unter seinem oberen Ende, an dem bei innerer Einströmung die Schubstange angreift. *(1)*

bei äußerer umgekehrt. Das um 90° versetzte Exzenter wird von einer Gegenkurbel 52 vertreten, die auf der Treibkurbel sitzt und die Kulisse oder Schwinge 36 mittels der Schwingenstange 35 (vielfach noch immer als Exzenterstange bezeichnet) antreibt. Die Hubveränderung geschieht natürlich durch Senken (für Vorwärtsfahrt vorteilhaft) oder Heben der Schieberschubstange 26 mit ihrem in der Kulisse geführten Kulissenstein. In der Mittellage nach Tafel 5 ist ihr Hub Null, die Schieberbewegung stammt dann nur vom Kreuzkopf und ist in den Kolbentotlagen gleich der Einströmdeckung e plus dem hier konstanten linearen Voreilen LV beiderseits der Mittellage.

Die Zeichnung zeigt die Aufhängung der Schieberschubstange an einem Hängeeisen, die LONORM-Tafel aber die Führung durch die Kuhnsche Schleife mit ihrem Stein in einem Längsschlitz der Stange. Jenes ist einfacher und gibt ein kleineres Steinspringen in der Kulisse bei gesenkter Schieberschubstange (Vorwärtsfahrt), die Kuhnsche Schleife ist diesbezüglich neutral.

Kreuzkopf deutscher Einheitsbauart sowie Schieberkreuzkopf am Außentriebwerk der 2C1h3 Nr. 01 1052 der DRB (DB) mit Nadelschmiergefäßen reichlicher Kapazität für die oberen und unteren Gleitflächen sowie das vordere Stangenlager. *Betriebsfoto von 1968*

Außerhalb Mitteleuropas wird die Heusingersteuerung nach Egide Walschaert (1820–1901) benannt (meist Walschaerts geschrieben), von 1844 an für viele Jahre Werkstättenchef der Belgischen Staatsbahnen in Mecheln. Die komplizierte Aktenlage wurde in (167) zusammengefaßt; des Belgiers Patent von 1844 zeigt bloß Festhalten der Schieberschubstange in ihren Endlagen innerhalb der Kulisse, also für Vor- und Rückwärtsfahrt ohne Zwischenstellungen für variable Expansion, aber seine Zeichnung vom 2. September 1848 trägt die Aufschrift *Expansionssteuerung Bauart Walschaert* und entspricht derjenigen, die heute auch Heusingersteuerung genannt wird. Edmund Heusinger von Waldegg (1817–1886), Gründer des *Organs für die Fortschritte des Eisenbahnwesens*, erhielt sein Steuerungspatent wohl auf Grund eigener Ideen 1849, als er Maschinenmeister der Taunusbahn war, aber er hatte den Voreilhebel noch nicht mittels der Walschaertschen Lenkerstange an den Kreuzkopf angeschlossen, sondern ließ ihn von einer schwenkbaren Hülse mitnehmen, ein wegen des langen Schleifwegs sehr nachteiliges Detail. So muß die erfolgreiche Gestaltung dieser Steuerung Walschaert zugeschrieben werden, doch bleibe ich für unsere Zwecke bei der aus unserer Literatur geläufigen Benennung.

Die elegante, in ihren maschinenbaulichen Details vorteilhafte und einen reichlichen Schieberhub mit guten Eröffnungsquerschnitten ermöglichende Heusinger-Walschaert-Steuerung brauchte trotzdem sehr lange, um die Stephensonsche aus dem Feld zu schlagen. In Großbritannien waren es die Innenzylinder, die ihr zu schaffen machten, sodaß sie 1909 erst an etwa zwei Dutzend Lokomotiven zu sehen war, bis sich nach dem Ersten Weltkrieg der große Durchbruch vollzog. In den USA wieder herrschte bis um 1910 die innenliegende Stephensonbauart mit Übertragungswelle für die äußeren Schieber, auf dem europäischen Kontinent baute man lange Zeit auch unschöne schiefliegende, wenngleich bestens zugängliche Stephensonsteuerungen oder verwandte Steuerungen mit auf einer Gegenkurbel sitzenden Hubscheiben, die z.B. in Österreich schon 1893 von der Heusingersteuerung abgelöst wurden, von K. Gölsdorf für größere Lokomotiven fast ausschließlich angewendet. Auf den C-Tenderlokomotiven der späteren kkStB-Reihe 62 kam sie aber bereits 1872/74 von Krauss und Winterthur nach Österreich.

In dem Bestreben, die Kulisse durch eine Kombination von Stangen mit Gelenken zu ersetzen, schuf Gölsdorf frühzeitig seine Winkelhebelsteuerung, für Nebenbahnen absolut erfolgreich. Dasselbe Ziel, in für große schnellfahrende Maschinen geeigneter Ausführung, verfolgte

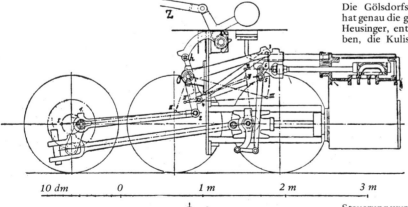

10 dm   0   1 m   2 m   3 m

Die Gölsdorfsche Winkelhebelsteuerung hat genau die gleiche Wirkung wie die von Heusinger, entsprang jedoch dem Bestreben, die Kulisse zu ersparen, die durch einen Winkelhebel 2-0-3 und einen im Punkt 3 gelagerten Gegenlenker 3-4 ersetzt ist, dessen Ende 4 beim Heben und Senken durch das Hängeeisen h-4 genau dieselbe Bahn beschreibt wie der Kulissenstein der Heusingersteuerung. Die Schieberschubstange 4-5 greift daher an 4 an. Diese Steuerung wurde nur für Nebenbahn- und Schmalspurlokomotiven verwendet; erstmals an der C2n2v Serie Yv von 1896 für die Ybbstalbahn (dort als Museumslokomotive für Sonderfahrten erhalten), und anschließend an normalspurigen Nebenbahntypen, zuletzt an der Dh2vt Serie 278 von 1909. Sie erlebte insgesamt gegen 300 Ausführungen. *(3)*

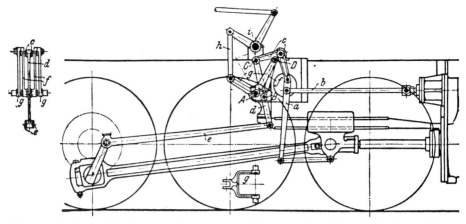

Die amerikanische Baker-Steuerung hat im wesentlichen die gleiche Charakteristik wie die von Heusinger und ersetzt die Kulisse durch ein Hebelsystem. Dieses vermeidet durch eine sinnreiche Anordnung den langen Gölsdorfschen Winkelhebel mit seinen hohen Massenkräften. Der von der Exzenterstange e bewegte Antriebshebel d der Steuerung ist in seinem Punkt B mittels Schwinglaschen f (radius bars) am Endzapfen D des Umsteuer-Winkelhebels g aufgehängt, während sein oberes Ende bei C am Winkelhebel c angreift. Die Steuerung ist 'voll ausgelegt' dargestellt, und zwar für Maximalfüllung bei Vorwärtsfahrt, und Kolbenschieber mit innerer Einströmung, der Umsteuerhebel g nimmt seine vorderste Schwenklage ein. Bei der Hin- und Herbewegung der Exzenterstange schwingt B auf einem nach links oben geneigten Kreissektor durch den Drehpunkt A des Umsteuerhebels g hindurch, der Punkt C bewegt sich auf und ab und erteilt dem Winkelhebel c eine schwingende Bewegung, wobei der Endpunkt seines nach unten gerichteten Arms längs eines Kreissektors schwingt, dessen Horizontalkomponente der Bewegung einer Heusinger-Schieberschubstange entsprechen. Die Schubstange entfällt bei dieser Ausführung, weil der Voreilhebel gleich am Winkelhebel c aufgehängt ist. In der Mittelstellung des Umsteuerhebels fällt Punkt D praktisch mit C zusammen, die Schwinglaschen f decken sich mit dem Antriebshebel d, der Punkt C und daher auch der Winkelhebel c stehen still; der Schieber wird dann bloß durch den Voreilhebel bewegt, wie in der Mittellage einer Heusingersteuerung. Auf der Zeichnung sind die Schwinglaschen f und der Arm A-D des Umsteuerhebels g etwas länger als die Distanz C-B, um durch die endlichen Stangenlängen bedingte Fehlerglieder auszugleichen, siehe auch die beiden nachfolgenden Figuren. Beim Steuerungsentwurf wird dies am besten an einem Modell untersucht und festgelegt. *(165)*

Baker-Steuerung der Pilliod Co. in New York (daher auch Baker-Pilliod-Steuerung), in der neueren Normalausführung auf der neuesten 2C2-Type der New York Central Klasse J-3a von 1937. Der Aufbau entspricht der vorhergehenden Zeichnung, doch liegt der Voreilhebel wieder vorn, wird von einem Schieberkreuzkopf geführt und empfängt seine vom Baker-Winkelhebel herrührende Bewegungskomponente über eine Schieberschubstange wie bei einer Heusingersteuerung. Der Umsteuerhebel ist gegen die vorstehende Ausführung vereinfacht; er hat bloß einen aufrechtstehenden Doppelarm, der mittels einer Zugstange mit dem Aufwerfhebel der zwischen den Rädern gelagerten Steuerwelle gekoppelt ist. — Das Bild rechts zeigt einen vertikalen Querschnitt durch den Steuerungsrahmen und teils Schnitte, teils Ansichten der maßgebenden Hebel in ihrer Mittellage, nämlich den zentralen Antriebshebel, aufgehängt an den beiden Schwinglaschen, die im Umsteuerhebel gelagert sind. Sämtliche Bolzen haben Nadellager. *(43)*

A. D. Baker in den USA mit seiner Steuerung, dort ursprünglich 1903 patentiert, aber erst gegen 1930 auf östlichen Bahnen zu größerer Anwendung gelangt. Ihr Vorteil liegt allein im Eliminieren der Kulisse, was die Möglichkeit bietet, Abnützung durch Auswechseln von Gelenkbolzen und Büchsen oder Nadellagern rasch zu beseitigen. Bezüglich Gleichmäßigkeit von Dampfverteilung und Kanaleröffnungen ist sie zumindest in der letzten Standardausführung für die New York Central (168) einer guten Heusingersteuerung stark unterlegen, was den baulich bedingten unsymmetrischen Winkelausschlägen der Lenker zuzuschreiben ist.

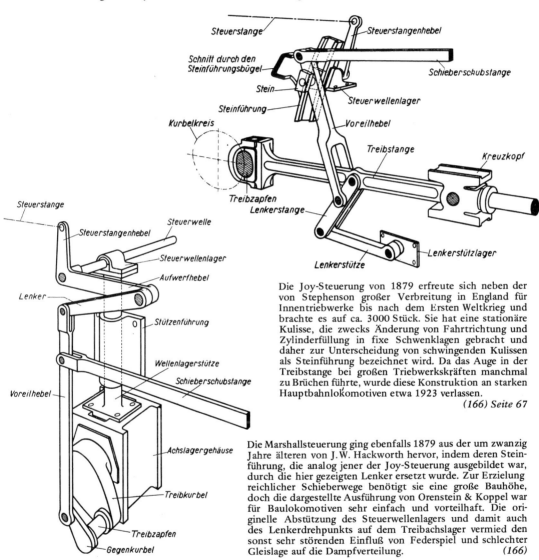

Die Joy-Steuerung von 1879 erfreute sich neben der von Stephenson großer Verbreitung in England für Innentriebwerke bis nach dem Ersten Weltkrieg und brachte es auf ca. 3000 Stück. Sie hat eine stationäre Kulisse, die zwecks Änderung von Fahrtrichtung und Zylinderfüllung in fixe Schwenklagen gebracht und daher zur Unterscheidung von schwingenden Kulissen als Steinführung bezeichnet wird. Da das Auge in der Treibstange bei großen Triebwerkskräften manchmal zu Brüchen führte, wurde diese Konstruktion an starken Hauptbahnlokomotiven etwa 1923 verlassen.

(166) Seite 67

Die Marshallsteuerung ging ebenfalls 1879 aus der um zwanzig Jahre älteren von J. W. Hackworth hervor, indem deren Steinführung, die analog jener der Joy-Steuerung ausgebildet war, durch die hier gezeigten Lenker ersetzt wurde. Zur Erzielung reichlicher Schieberwege benötigt sie eine große Bauhöhe, doch die dargestellte Ausführung von Orenstein & Koppel war für Baulokomotiven sehr einfach und vorteilhaft. Die originelle Abstützung des Steuerwellenlagers und damit auch des Lenkerdrehpunkts auf dem Treibachslager vermied den sonst sehr störenden Einfluß von Federspiel und schlechter Gleislage auf die Dampfverteilung. (166)

Die heute etwas über ein Jahrhundert alten Steuerungen von Joy und Marshall werden ebenso wie die Gölsdorfsche Winkelhebelsteuerung und die von Baker als Lenkersteuerungen bezeichnet (englisch *radial valve gears*), zum Unterschied von solchen, die mit schwingenden Kulissen arbeiten. Bei gedrängten Platzverhältnissen kamen die ersten beiden auch noch in den letzten Jahrzehnten des Dampflokomotivbaus für kleine Maschinen in Betracht.

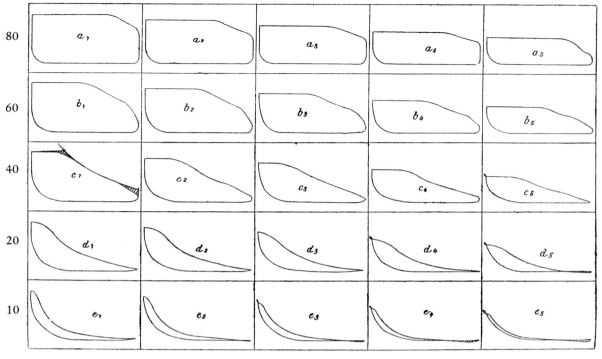

Leistungsregelung einer Dampflokomotive

Die erste horizontale Reihe der Indikatordiagramme gilt für konstante Füllung von 80 % sowie von voller Regleröffnung bis zur Drosselung auf ungefähr den halben Einströmdruck abnehmende Diagrammhöhe und entsprechend kleinere Zylinderzugkraft. Die Diagramme in den vertikalen Kolonnen gehören zu Füllungen von 80, 60, 40, 20 und 10 % und zeigen, nach rechts fortschreitend, dieselben Eintrittsdruckminderungen durch Reglerdrosselung wie in der ersten Reihe. Da bei allen Kulissensteuerungen Füllungsverkleinerung mit steigender Kompression verbunden ist, zeigen die schmalen Diagramme bereits kleine Schleifenbildung beim Einlaß, aber auch am Hubende infolge zu weitgehender Expansion. Weniger als 20 % Füllung werden bei Lokomotiven jedoch nur selten verwendet. Der sehr präzise Dampfdruckverlauf deutet auf mäßige Drehzahlen hin, etwa 1,5 U/sec (oben links) bis 3,5 (unten rechts). *(18)*

Die Zeichnung gibt ein aufschlußreiches Bild über die breite Möglichkeit der Zugkraftregelung bei einer Dampflokomotive, die durch Zurücknehmen von Füllung und Regleröffnung schon bei konstanter Drehzahl ein Verhältnis von etwa 10:1 umfaßt, während zusätzliche Änderung der Drehzahl von 7:1 sogar ein Verhältnis der Zylinderleistungen von 50:1 mit relativ guter Dampfausnützung gestattet, das ist weit mehr als im Normalbetrieb erforderlich. Bezüglich Regelbarkeit übertrifft damit die Stephensonsche Dampflokomotive alle neueren Wärmekraftmaschinen.

Völligkeitsgrade p_i/p_k in Abhängigkeit von der nominellen Zylinderfüllung und der sekundlichen Drehzahl für die 1D2-Zwillingstype Reihe 214 der BBÖ. Der Ventilsteuerung wegen ist die effektive Zylinderfüllung im Betriebsbereich von nominell 20 bis 45 % um rund 5 % kleiner. Begründung: Anheben der Steuerungsventile aus ihrer Ruhelage, siehe *Die Ära nach Gölsdorf (26)*, Indikatordiagramm auf Seite 213.

Aus Versuchsfahrten von 1929

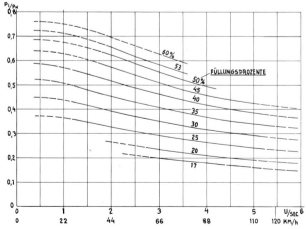

Als typische Völligkeitsgrade (Verhältnis des mittleren Zylinderdrucks zum Kesseldruck bei voll geöffnetem Regler) für eine Lokomotive günstiger moderner Bauart können bei mäßigem Blasrohrgegendruck die hier zusammengestellten Kurvenwerte genommen werden. Sie stammen zwar von einer Ventilsteuerung mit besonders großen Dampfquerschnitten in den Steuerungs- organen, gelten jedoch auch für ungefähr gleiche nominelle Füllungen von Kolbenschieber- maschinen.

Abb. S. 264 unten

Die voll ausgelegte Steuerung liefert die Höchstfüllung, aus welcher der Dampf im Zylinder nur wenig expandieren kann und die aus wirtschaftlichen Gründen nur zum Anfahren dienen soll. Dieser Gesichtspunkt ist daher für ihre Größenbestimmung von primärer Bedeutung. Man muß zunächst die für die Anfahrzugkraft ungünstigsten Kurbelstellungen untersuchen, in denen mindestens ein Zylinder beim Öffnen des Reglers keinen Treibdampf erhält. Be- trachten wir der Einfachheit halber eine Zwillingsmaschine, so wird aus der Kurbelversetzung sofort klar, daß mit bloß 50 % Maximalfüllung, die auch für Steigungsfahrt reichlich sein sollte, ein Anfahren nicht möglich wäre, wenn die eine Kurbel in einer Totlage steht, die andere daher vertikal oben oder unten, und demgemäß der Dampfeinlaß bereits geschlossen ist. Bei 60 oder 70 % Höchstfüllung kommt in der Abschlußstellung die Anfahrzugkraft von einem Kolben, dessen Kurbel mit einem Hebelarm von zunächst bloß 10 bzw. 20 % des Hubs angreift, im ersten Fall jedenfalls zu klein, im zweiten sehr mäßig. So berichtet Sanzin über die schon erwähnte österreichische 2B-Serie 17c, daß sie mit ihren 70 % Höchstfüllung beim Anfahren schwerer Personenzüge aus ungünstigen Kurbelstellungen Schwierigkeiten hatte; man mußte dann umsteuern und etwas zurückdrücken, worauf erst eine sichere Anfahrt möglich war.

Man sollte also grundsätzlich kaum weniger als 80 % Höchstfüllung vorsehen. Dieses Maß hatte beispielsweise die Einheitssteuerung der DRB (BR 01 unter anderen), wogegen die stets besonders zugkraftbewußten Amerikaner sogar 85 % bevorzugten, was im kritischen Fall gegen- über 70 % bereits eine Zugkraftsteigerung auf das 1,75fache bedeutet, denn der kleinste Hebel- arm beträgt dann 85 minus 50 gleich 35 % des Hubs, anstatt 70 minus 50 gleich 20 %. Es sei gleich betont, daß Dreizylindertriebwerke diesbezüglich nur wenig besser liegen, da ihre indi- viduellen Kolbenkräfte bloß zwei Drittel einer Zwillingsmaschine betragen. Die 1C1-Mehr- zweck-Drilling-Klasse V2 der London & North Eastern hatte, obzwar 1936 in der Blütezeit von Gresleys Regime gebaut, bloß 65 % Höchstfüllung und daher gemäß offiziellem Versuchs- bulletin Nr. 8 von 1953 manchmal große Anfahrschwierigkeiten. Die 1954 geschaffene letzte britische Drillingslokomotive erhielt hingegen sogar 83 % Anfahrfüllung.

Nun ergibt jedoch die Geometrie der Kulissensteuerungen ein anfänglich progressives An- wachsen der Schieberwege für steigende Füllungen. Mit reichlich bemessenen Zylindern, wie in Kontinentaleuropa üblich, benötigen die betrieblichen Höchstleistungen im höheren Ge- schwindigkeitsbereich nur rund 30 % Füllung und man strebt für diese natürlich einen guten Strömungsquerschnitt an, also auch entsprechend großen Schieberhub, der sich viel günstiger auswirkt als ein größerer Schieber. Bei der BR 01 der DRB betrug dieser Hub 97 mm, ebensoviel wie bei der 2C2 der New York Central von 1927, und war überhaupt typisch für Heusinger- Steuerungen großer Lokomotiven. Bei den Höchstfüllungen von 80 bzw. 85 % stieg der Hub auf 182 bzw. 210 mm an, das ist das 1,97 bzw. 2,16fache. Betrachtet man letzteren Schieber- hub als das konstruktiv und betrieblich vernünftige Maximum, dann könnte der Hub für 30 % Füllung um 15 oder 30 % vergrößert werden, wenn man die Anfahrfüllung anstatt mit 85 % mit 80 bzw. 75 % festlegt. Daher verfielen so manche Konstrukteure der Versuchung, ein gewisses Anfahrrisiko in Kauf zu nehmen.

Man fand aber schon recht frühzeitig ein ideal einfaches Mittel zum Vergrößern der wirk- samen Füllung beim Anfahren, wenn die nominelle Füllung zu klein war. Nach Sanzin (144) erhielt die Serie 17c um die Jahrhundertwende in jedem ihrer Flachschieberlappen zwei Einströmkerben von 25 mm Breite und 4,5 mm Tiefe, womit die Einströmüberdeckung örtlich verkleinert und die Maximalfüllung von 71 % auf 75,5 % vergrößert wurde, mit dem Erfolg verbesserten Anfahrens. Bei Kolbenschiebersteuerung müssen die Kerben, oder auch äquivalente Kanäle, in den Schieberbüchsen angeordnet werden, da die Dichtungsringe der Schieber nicht unterbrochen werden dürfen. In Europa verbreitete sich diese Maßnahme nicht, doch in den USA wurde sie 1916 von der Pennsylvania aufgegriffen, ab Mitte der zwanziger Jahre von den Lima-Werken propagiert, unter der Bezeichnung *Limited Cutoff* zum Prinzip erhoben und hauptsächlich an großen Güterzuglokomotiven angewendet. Die nominelle Höchstfüllung machte man 60 oder 65 %, Hilfskanäle in den Schieberbüchsen und der Schieberkastenwand brachten die effektive Anfahrfüllung auf 80 % und mehr; da sie aber auch bei den Betriebsfüllungen offen blieben, mußten sie, um den Nutzen der nun erheblich größeren Kanalöffnungen nicht zu zerstören, sehr klein bemessen werden, z.B. weniger als 1 cm^2 pro 100 Liter Zylinderinhalt gegen 2,5 cm^2 bei Serie 17c, sodaß das erste Anfahren etwas langsamer vor sich ging, aber bloß in den ungünstigsten Kurbelstellungen, und nach dem ersten Viertel einer Radumdrehung war alles normal.

Unvollkommener Druckabfall im Zylinder am Hubende konnte durch negative Ausströmdeckung behoben oder gemildert werden, war jedoch ein Hinweis auf Mängel in den Ausströmwegen, meist auf ein zu enges Blasrohr.

Kraftumsteuerungen reduzieren die vom Lokomotivführer zum Füllungseinstellen und Reversieren auszuübende Handkraft durch Zwischenschalten einer Servoeinrichtung auf einen Bruchteil und beschleunigen den Vorgang. In den USA während der letzten Jahrzehnte allgemein üblich, wurden die dortigen Kraftumsteuerungen meist mittels eines Handhebels mit einem Quadranten zur Füllungsanzeige und Arretierung oder auch (z.B. bei der New York Central) mittels Handrad und Schraube betätigt, wenn feinere Einstellung gewünscht wurde. Die Handeinstellung betätigt einen Schieber, der Druckluft auf die eine oder andere Seite eines doppeltwirkenden Zylinders wirken läßt, dessen Kolben sich solange bewegt, bis seine Lage und damit die der Steuerung der vom Lokomotivführer vorgegebenen Einstellung entspricht. Die erste einschlägige Apparatur, mit Dampf betätigt, erschien schon 1874 in England (16, S. 196). Joy ersann dort zwei Jahrzehnte später eine hydraulische Vorrichtung, um ein positiveres Festhalten in der gewünschten Lage zu erreichen (216). Mit dem Ersatz der Flach- durch Kolbenschieber gab es für Kraftumsteuerung in Europa kaum einen Anlaß, und so blieb die Anwendung außerhalb der USA meist auf große Gelenklokomotiven beschränkt. Eine Hilfsumsteuerung von Maffei von 1921/22 wurde in (217) beschrieben.

Die neueste und sehr erfolgreiche Kraftumsteuerung erfand 1944 J. Hadfield von Beyer Peacock & Co.; sie wurde 1946 durch das britische Patent Nr. 582396 geschützt. Wesentlich ist ein federbelasteter Zusatzkolben, der bewirkt, daß der mit Flüssigkeit, vorzugsweise Öl, arbeitende Umsteuerzylinder stets auf beiden Seiten seines Kolbens zur Gänze mit der Arbeitsflüssigkeit gefüllt bleibt; dadurch können die auf die Dauer unvermeidlichen Lässigkeitsverluste keinen Eintritt von Luft in die Arbeitszylinder bewirken, deren Kompressibilität normalerweise mit einem Verlagern des Arbeitskolbens — dem sogenannten Kriechen — und einem Abweichen von der seitens des Lokomotivführers eingestellten Dampfmaschinenfüllung verbunden ist. Schon 1944 erhielten acht Garrattlokomotiven für Ceylon die Hadfield-Kraftumsteuerung, und daraufhin fast alle großen Gelenk- und auch viele Steifrahmentypen der Stammfirma und des Auslands.

Die Zeichnungen und Fotografien auf den Seiten 267 bis 277 bieten, zusammen mit den erklärenden Texten, anschauliche Beispiele für wichtige bisher besprochene Bauteile, deren zeitsparende Herstellung in einer renommierten Lokomotivfabrik sowie deren Anwendung in Ländern mit einer hochentwickelten Technik des Dampflokomotivbaus.

Schnellzuglokomotive Serie 4 der k. k. österreichischen Staatsbahnen, gebaut von 1885 an bis in die neun-ziger Jahre als direkter Vorläufer von Gölsdorfs 2B-Serie 6 von 1896: Dienstgewicht 46 t, Treibgewicht 28 t, Kesseldruck 11 atü, Rost 2,1 m^2, feuerberührte Heizfläche ca. das 55fache. Außenrahmen, Kuppelstangen außerhalb der Zylindermitte, Stephensonsteuerung innerhalb derselben, verstellbare Stangenlager, Drehgestell mit festem Zapfen ermöglicht durch kleinen Abstand von der Treibachse, lange Ausgleichhebel zwischen den Tragfedern der gekuppelten Achsen. Günstige Lage des hohen Dampfdoms, davor Füllschale für den Kessel, die später nicht mehr üblich war; hochliegendes, vom Führer verstellbares Klappenblasrohr mit Querwelle unter dem Rauchfang. Ausgerüstet mit einfacher Vakuumbremse, die um die Jahrhundertwende durch die automatische ersetzt wurde. *Foto WLF*

Güterzuglokomotive Serie 48 der kkStB, gebaut 1885 bis 1889, mit innenliegenden, vertikal gestellten Schie-bern und innenliegender Stephenson-Steuerung. Im übrigen ist sie grundsätzlich ähnlich der gleichaltrigen Schnellzuglokomotive der Serie 4, mit analoger Detailausführung bei um etwa ein Zehntel kleinerer Dampf-leistung. Beide Bauarten waren typisch für die Lokomotiven des europäischen Kontinents vor den neunziger Jahren, als rasch steigende Ansprüche an Geschwindigkeit und Leistung einen imposanten und weltweiten Aufschwung im Dampflokomotivbau einleiteten. In Österreich war es Karl Gölsdorf vergönnt, 1891, also zu Beginn dieser Epoche, als Dreißigjähriger in das Konstruktionsbüro der kkStB unter einem weitblickenden Chef eintreten und dank seiner genialen Begabung sowie Zielbewußtheit in kurzer Zeit das Ruder übernehmen zu können (26). *Foto WLF*

Zwei Direktoren von Baldwin, Mr. C. B. Rose (rechts) und W. W. Smock, neben einer der im Sommer 1938 fertiggestellten 2D2h2 der Atlantic Coast Line in bester Laune, zumal in demselben Jahr auch die bis 1944 gebauten größten 2D2 der Welt, Serie 3800 für die Santa Fe, das Werk verließen. Die Masse des Kreuzkopfs mit Mehrfachgleitflächen kommt auf diesem Bild zur Geltung, und rechts sieht man eines der eleganten neuen Baldwin-Treibräder.

Werkzeitschrift *Baldwin-Locomotives,* Juli 1938

Elegant ist das Chromnickelstahl-Triebwerk von Gresleys Drillingsklasse V2 GREEN ARROW, die von 1936 an nicht weniger als 184 Ausführungen erlebte und dank des leichten Triebwerks (z. B. waren Kolben und Stange aus einem Stück geschmiedet) mit 1880 mm Raddurchmesser Dauergeschwindigkeiten von 135 km/h mit Maxima von 150 fahren konnte, sodaß sie als wahre Mehrzwecktype galt. Der Axel-Vogt-Kreuzkopf mit seiner oberen und den beiden (rechts und links) unteren Gleitbahnen ist hier deutlich zu sehen, aber auch der an der nach vorn verlängerten Schieberstange angelenkte Zapfen des rechten Querhebels von Gresleys Übertragungsgestänge für den Schieber des Innenzylinders, was wohl seinen Anteil daran hatte, daß diese sonst so gut durchgebildete Type nicht oft über 13.000 km Monatsleistung kam.

Aus *Gresley und Stanier,* Railway Museum, York

Am Treibzapfen aufgesetzte Gegenkurbeln: unten die deutsche Bauart, die drei Jahrzehnte bis zur BR 10 gleichblieb, rechts eine wesentlich einfachere der ALCO für die Chesapeake & Ohio Railroad, die der österreichischen 214er zum Vorbild diente. *(1)*

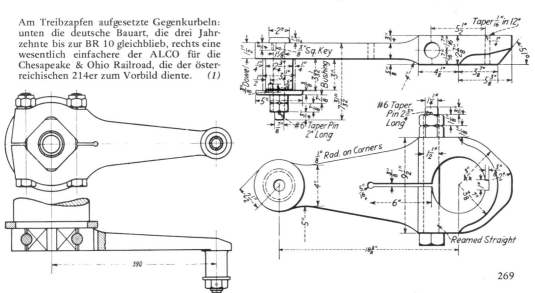

Die 2C1-Reihe 387.0 der ČSD, von Skoda 1925 als Drilling herausgebracht, wurde als die schönste tschechische Vorkriegslokomotive bezeichnet und verdiente dieses Urteil wohl auch im Vergleich mit den bis 1958, dem Ende des dortigen Dampflokomotivbaus, geschaffenen imposanten Schlepptender-Schnellzuglokomotiven, die als Vierkuppler großer Länge nicht so ausgewogene Proportionen zeigen. Die zweite Pacifictype, 1939 für Litauen gebaut, kam bloß durch den Kriegsausbruch als Reihe 399.0 zu den ČSD. Der Tender ist ein Abkömmling der schönen Serie 86 Gölsdorfs, wie auch einige Lokomotivdetails an Österreich erinnern. Von einer Gegenkurbel am hinteren linken Kuppelzapfen geht eine Exzenterstange für die Steuerung des Innenzylinders aus, die zweckmäßigerweise nicht nach englischem Vorbild von den beiden äußeren Schiebern abgeleitet wurde und daher bessere Dampfverteilung garantierte. *Foto ČSD*

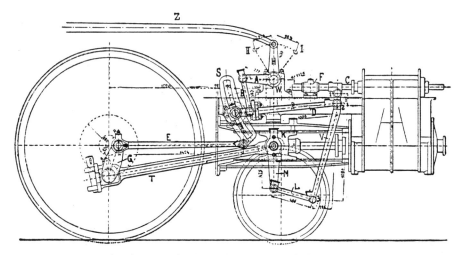

Heusingersteuerung für den Hochdruckzylinder einer Gölsdorfschen 2Bn2v-Lokomotive mit Flachschieber, daher die kräftige Ausführung. Die Schieberstange ist entsprechend der äußeren Einströmung mit dem oberen Ende des Voreilhebels verbunden. Die Steuerung steht in Mittelstellung, die Gegenkurbel eilt nach, was bedeutet, daß der Stein der Schieberschubstange bei Vorwärtsfahrt in der oberen, die Exzenterstangenbewegung umkehrenden Kulissenhälfte stehen muß. *(3)*

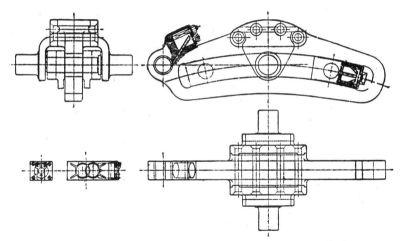

Die elegante österreichische Kulisse für Heusingersteuerungen (links), die Gölsdorf stets verwendete und die auch in Süddeutschland heimisch war, bietet in der hier gezeigten Ausführung auch Platz für das Hängeeisen, dessen Angriffspunkt mit der Achse des Kulissensteins übereinstimmt. Bei der deutschen Einheitsbauart nach Lonorm Tafel 2 verdecken die beiderseitigen, die Schwingzapfen tragenden Schilder die blanke Schwinge. Bei dieser Variante sind die Schilder als Taschen geformt, die den zweiteiligen Stein an ihren Innenflächen führen. *(3) bzw. (1)*

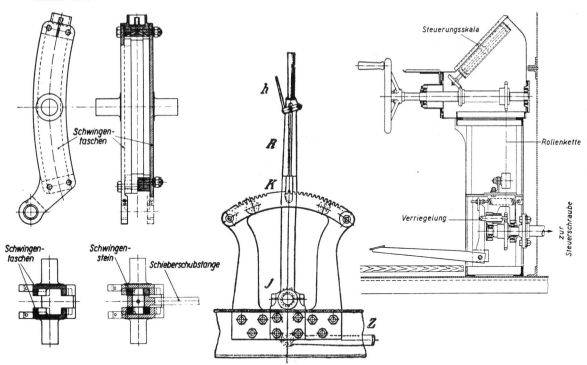

Der althergebrachte Steuerbock (links), der zur Verringerung des Krafterfordernisses am Handgriff mit einem fast mannshohen Steuerhebel versehen war, wich später der Steuerschraube nach Lonorm Tafel 2. Für Ventilsteuerung, die weit geringere Kräfte erfordert, konnten die BBÖ bei Nebenbahn- und Verschublokomotiven 1927 wieder auf den Umsteuerhebel zurückgreifen, der rasches Manövrieren gestattet (26, S. 132). Während der Bock vorzugsweise am Lokomotivrahmen neben dem Stehkessel befestigt wurde, mußte er bei Breitboxlokomotiven aus Platzmangel von diesem getragen werden, mit dem Nachteil des Einflusses der Kesseldehnung auf die Steuerungseinstellung. Der Steuerbock der DB-Einheitslokomotiven von 1950 (rechts) überträgt daher die Handraddrehungen auf eine vorn am Steuerstangenhebel angreifende Steuerschraube. Eine analoge Lösung wurde 1928 in Österreich für die 214er gewählt, jedoch in einfacher Form, indem das Handrad ohne Kettenübertragung direkt auf der Steuerschraubenwelle sitzt. *(3) bzw. (1)*

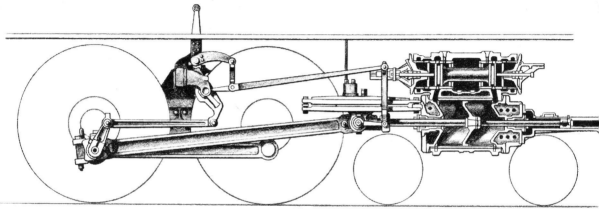

Dieses Meisterstück in Leichtbau und fortschrittlicher Gestaltung von Steuerung, Zylindern und Treibwerk kam unter ihrem Schöpfer, Maschinendirektor Alfred W. Gibbs (1856–1922) der Pennsylvania Railroad, schon 1913 mit der bereits erwähnten 2B1-Klasse E6s aus der Hauptwerkstätte in Altoona und bewährte sich an den achtzig binnen Jahresfrist gebauten Duplikaten bis zum Ende der Dampftraktion in den USA. Nur auf die Kolbentragstange wurde später verzichtet. Die PRR stellte damit ihre Konkurrentin, die New York Central, aber auch die Lokomotivfabriken, auf zwei Jahrzehnte in den Schatten.   *(157)*

Eine der 255 Lokomotiven der Baureihe 52 (die 52 798), welche die DR von 1967 bis Ende 1969 mit Giesl-Ejektoren ausrüstete (dazu 126 der Baureihe 50), beim Anfahren eines Güterzugs, etwa März 1971. Das starke wärmeisolierte Rohr kommt aus dem Abdampfinjektor unter dem Führerstand, der Dampfstrahl aus dem Entöler. Es fällt auf, daß eine Kriegslokomotive Kuppelstangen mit Doppel-T-Querschnitt hat: dies ist in der hier erstmalig angewendeten Herstellung durch Gesenkschmieden begründet, die nur bei großer Stückzahl rentabel ist.   *Foto DR*

Ausdrehen einer Schieberbüchse. Dieses Foto und die nachfolgende Reihe von Bearbeitungsvorgängen wurden in der Wiener Lokomotivfabrik 1942/1943 mit den angegebenen Ausnahmen bei der Serienfertigung der Reihe 52 aufgenommen.

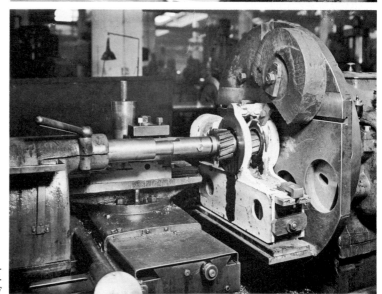

Vorrichtung zum Ausreiben der konischen Bohrungen für Kreuzkopfbolzen. *Fotos WLF*

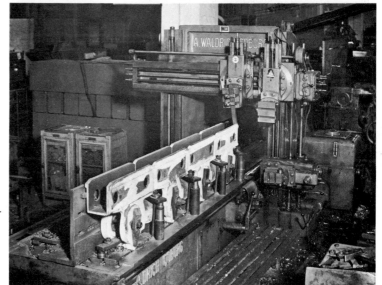

Abhobeln der oberen Partie einschieniger Kreuzköpfe.

Abfräsen der seitlichen Paßflächen an Treib- und Kuppelstangen mittels Walzenfräsern.

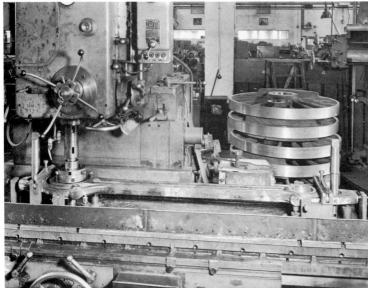

Senkrechtes Ausdrehen der Bohrungen für die Lagerschalen in den im Gesenk geschmiedeten Kuppel- und Treibstangen der Reihen 52 und 42.

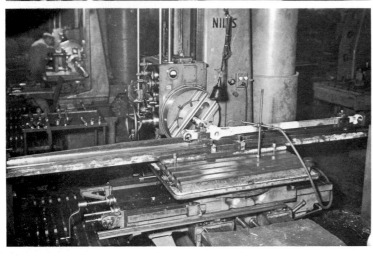

Schieberschubstange am Bohrwerk zum Ausbohren eingespannt.
Fotos WLF

274

Seitliches Abfräsen der Achslagergehäuse für die Reihen 52, 42 und 50. Die Gehäuse sind im Gesenk gepreßt.

Formfräsersatz mit eingeschweißten Messern für das vorstehend gezeigte Abfräsen der Achslagergehäuse.

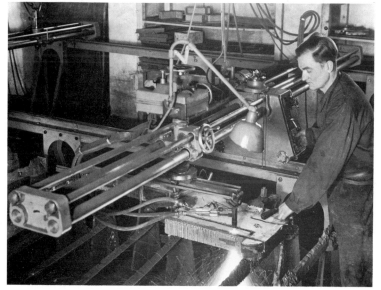

Herausschneiden eines ca. 100 mm starken Stahlplattenstücks mit der Autogenschneidemaschine.

Fotos WLF

Aufspannvorrichtung an einer Drehbank zum Ausschneiden des Wurzelgewindes für den Weißmetallausguß an Lagerschalen.

Barrenrahmenwange der Baureihe 50 beim Abfräsen im Bereich der Laufräder, um durch Verringern der Wangendicke das Seitenspiel der Laufachse in Gleisbögen zu ermöglichen.
Fotos WLF

Barrenrahmenwange der DRB-Reihe 50 beim Abfräsen im Bereich der Laufräder, um dort durch Verringern der Wangendicke das Seitenspiel der Laufachse in Gleisbögen zu ermöglichen.

Nebenseite:
Die 1950 in der Hauptwerkstätte Roanoke, Virginia, als vorletzte der bemerkenswerten 2D2-Klasse J gebaute Nr. 612 mit einem Langstrecken-Expreß von Norfolk nach Cincinnati, Ohio, (über 800 km) bei White Sulphur Springs im Jahre 1956. *Sammlung Arnold Haas*

Ventil- und sonstige Steuerungen

Mit Steuerungen befaßten sich während der Lokomotiventwicklung zahlreiche erfinderische Köpfe, aber — wie dies bei Fehlen fundierten wissenschaftlichen und praktischen Wissens der Fall ist — meist mit übertriebenen Vorstellungen über den erzielbaren Erfolg. Dazu kamen Konservativismus und Vorurteile bei manchen Bahnen; so war das Feld auch während der letzten drei Jahrzehnte der Dampftraktion noch immer vom Kolbenschieber beherrscht. Von den mehr als 200.000 Dampflokomotiven, die auf der Erde um 1950 vorhanden waren, hatten knapp ein Prozent Ventilsteuerung meist einfacher Bauart mit schwingenden (oszillierenden) Nocken des Systems Lentz oder von diesem abgeleitet. Ihr Antrieb erfolgte meist und am besten durch die gewohnte Kulissensteuerung; als Dampfverteilungsorgane dienten Doppelsitzventile.

Noch im Frühjahr 1925, zwei Monate nach meinem Eintritt in die Floridsdorfer Lokomotivfabrik, erhielt ich dort den Auftrag, eine Ventilsteuerung zu entwickeln, bei der die vier charakteristischen Steuerungspunkte — Voreinströmung, Expansionsbeginn, Vorausströmung und Kompressionsbeginn — unabhängig von einander gewählt werden konnten. Bei einer Kulissensteuerung kann man nur drei Punkte wählen, der vierte ergibt sich zwangsläufig. Die Lösung erforderte rotierende Nocken. Solche hatte auch die Caprottisteuerung, für welche Krauss in Linz damals eine Lizenz erworben hatte[1]; ich sollte aber eine einfachere und robustere Konstruktion schaffen. Dies war nur mit zwecks Füllungsänderung und Umsteuern seitenverschieblichen Nocken erreichbar und man mußte die Hubrollen für die Ventile über gewundenen Flächen mit Punktberührung und schrägen Druckrichtungen laufen lassen, oder Füllungsstufen in Kauf nehmen, die für halbwegs günstige Linienberührung sehr grob wurden. Ich sah keine Möglichkeit für eine insgesamt attraktive Lösung. Zwei Jahre später riskierte die Dabeg in Paris diesen Weg, brachte es zwar bis zum Ende des Dampflokomotivbaus auf fast 400 Ausrüstungen; das war aber nur kaum ein Drittel ihrer zusammen mit den von der Franklin Railway Supply Co. in New York gebauten Ventilsteuerungen. Auch die letzte Probeausführung auf der Niagara-Type der New York Central von 1946 hatte wieder schwingende Nocken.

In Floridsdorf aber konzentrierten wir uns schon von 1926 an auf die uns damals unterbreitete Wälzhebel-Idee von Hugo Lentz und brachten damit die in Österreich konsequent und ohne Rückschläge verfolgte Entwicklung einer robusten Ventilsteuerung 1928 zum Abschluß. Dies ist in meinen *Lokomotiv-Athleten* (26, S. 267 bis 275) ausführlich geschildert und dokumentiert, und darin ist auch erklärt, warum durch die Schuld des Erfinders eine Verbreitung außerhalb Österreichs unterbunden wurde. Ergänzend ist noch zu erklären, wodurch die dort angeführten Ventilsteuerungen Vorteile bringen können:
1. Trennung von Einlaß und Auslaß, kein Wärmeaustausch zwischen Frisch- und Abdampf;
2. Reichlichere Strömungsquerschnitte für den Dampf, besonders bei kleineren Füllungen;
3. Kein Nachlassen der Dichtheit im Betrieb; keine Schmierung des Ventils;
4. Geringere Kräfte für Antrieb und Umsteuerung.

Vorteil 1 ist klar, doch gegenüber Schiebern thermisch recht gering. Ebenso leicht einzusehen sind die Vorteile 3 und 4. Gute Dichtheit wird auch bei Einschleifen des angewärmten Ventils nicht auf Anhieb erreicht, sondern erst, nachdem es sich im Betrieb 'eingeklopft' hat. Wertvoll ist ein konischer oberer Ventilsitz mit seiner ideellen Kegelspitze in der Ebene des unteren flachen Sitzes.

Der Vorteil 2 wird durch schnelles Öffnen besser verwirklicht als durch übergroße Ventile. Bei der für günstige Ausnützung der Leistung typischen effektiven Zylinderfüllung von 30 % war der an großen Kolbenschieberlokomotiven erreichte Einströmquerschnitt in cm² pro Liter Zylinderinhalt (f/J) meist nahe 0,35 (BR 01 der DRB anfangs 0,34, bei Serienbau mit höherem

---

[1] Siehe Quellen (169, 171, 26: Seite 273/4).

Das Triebwerk der 2Dh2-Schnellzugtype Reihe 113 der BBÖ von 1923 (später Reihe 33 der DRB und ÖBB) mit konventioneller Lentz-Ventilsteuerung, schwingenden Nocken auf querliegender Nockenwelle, die von einer Heusingersteuerung angetrieben wird. Der Ventilkasten ist am Zylinder aufgesetzt. Der Querschnitt der Kreuzkopfführung hat die Form eines umgekehrten T, das vom Gleitschuh umfaßt wird; die bei Vorwärtsfahrt nach oben gerichteten, größeren Kräfte werden von der Gesamtbreite des Flansches aufgenommen. Die Maschinen erhielten später zweischienige Kreuzköpfe, mit Ausnahme der 113.06, die den ursprünglichen behielt. Die Radfelgen haben den traditionellen österreichischen Dreieck-Querschnitt mit innenliegender Kante und dadurch guß- sowie beanspruchungstechnisch günstigen Übergang zu den Speichen und zu den diese entlastenden 'Schwimmhäuten' zur besseren Drehmomentübertragung.   *Foto Glass*

Steuerung und Triebwerk der BBÖ-Reihe 214 von 1928. Die schon durch die großen Zylinder und den Ventilkasten bedingte Bauhöhe gestattete es zwanglos, die Lenkerstange (den Mitnehmer) für den Voreilhebel nach amerikanischer Art von einer Verlängerung des Kreuzkopfzapfens anzutreiben, ohne Nachteile für die Gleichmäßigkeit der Steuerungsbewegung in Kauf zu nehmen. Die Kulisse sitzt am freitragenden Ende einer Welle, alle Stangen liegen daher bequem zugänglich außen.   *Foto Glass*

Kesseldruck und kleineren Zylindern 0,40, 2C2 der New York Central 0,36, Niagara mit Baker-steuerung 0,36); die 2D-Reihe 113 mit der BBÖ-Lentzsteuerung von 1922 (26, S. 271) hatte 0,43 und die 2D1-Reihe 214 mit Wälzhebeln aber 0,65, trotz ihrer großen Zylinder, entsprechend einer bedeutenden Verbesserung.

Beim Auslaß hingegen lag der Engpaß auf großen Lokomotiven stets in der Blasrohrmündung. Das Verhältnis Fa/J hatte daher wenig Bedeutung und sei bloß zum Vergleich angeführt: für die 01-Serienbauart fa/J = 1,50, die 113 1,28 und die 214 1,60. Bei der 01 stand einer späteren Blasrohrmündung von 177 cm² bei 30 % Füllung ein Auslaßquerschnitt von 275 cm² gegenüber (schon 88 % des maximalen), für beide Zylinder also 550 cm², wovon drei Viertel, gleich dem 2,3fachen Blasrohrquerschnitt, über eine ganze Kurbeldrehung wirksam waren. Gegenüber üblichen langhubigen Kolbenschiebern gab es da praktisch nichts zu verbessern. Ja, beim schnell-hubigen Wälzhebelantrieb mußte man aufpassen, damit der Dampfdruck gegen Hubende nicht zu rasch abfällt, wie dies bei der 214 der Fall war (26, S. 212/213); man hätte die Auslaßventile verkleinern können. Auch die Indikatordiagramme sind sehr zufriedenstellend; die schraffierten Druckverlustflächen für 40 % Füllung gemäß der vorher gezeigten Gesamtübersicht machen oben ca. 1,5 %, unten 2,1 % der Arbeitsfläche aus und sind bei den höheren Drehzahlen insgesamt auch sehr gering.

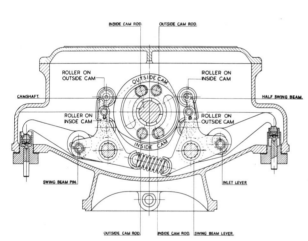

Die neueste Ausführung der British-Caprotti-Steuerung, angewendet an der letzten Schnellzugtype der BR, dann wegen Traktionswechsels vereinzelt gebliebenen 2C1-Drilling Nr. 71000 von 1954. Typisch für Caprotti waren seit der Erstausführung an der 1D-Güterzuglokomotive 740.324 der FS im Jahre 1920 (171) die vier stehenden Ventile, über dem Zylinder im Rechteck angeordnet. Die hier in Zeichnungsmitte im Querschnitt ersichtliche Nockenwelle wird über Schneckengetriebe entweder — wie in diesem Fall — von außen (früher auch von Achsmitte aus) angetrieben, das Öffnen der Ventile erfolgt über Winkelhebel, die je ein auf einem zweiarmigen Hebel sitzendes Rollenpaar tragen, das auf nebeneinanderliegenden, zwecks Füllungsänderung auch gegeneinander verdrehbaren Nocken läuft. Das Schließen erfolgt von unten her durch Dampfdruck, sobald eine Rolle auf den kleineren Durchmesser einer Rast hinuntergelangt.

(172)

Unter dem Namen British Caprotti entstand nach dem Krieg die Endform dieser Steuerung, in der die ungünstige konstante Kompression und VA durch eine variable ersetzt wurde, in Anlehnung an die von Kulissensteuerungen. Sie erzielte (172) den geringsten je in Großbritannien gemessenen spezifischen Dampfverbrauch, nämlich 5,42 kg/PSih von 370⁰ bei 6,75 U/sek; wobei, was noch bedeutsamer ist, 82,5 % der zwischen Frisch- und Ausströmdampf theoretisch ausnützbaren Wärme in Zylinderarbeit umgesetzt wurde. Die beste mir bekannte Kolbenschiebermaschine, die 1C2t-BR 66 der DB von 1956 mit gleich großen Zylindern, erzielte eine Ausnützung des Wärmegefälles von 80 % bei um 52⁰ höherer Dampftemperatur, um 1,6 at kleinerem Kesseldruck und 4,8 U/sek. Eine Untersuchung zeigt, daß unter gleichen Verhältnissen die Caprottisteuerung einen um 4 % geringeren Dampfverbrauch ermöglichte, was auch mit dem generellen Effekt der Lentzsteuerung von 4 bis 5 % übereinstimmt.

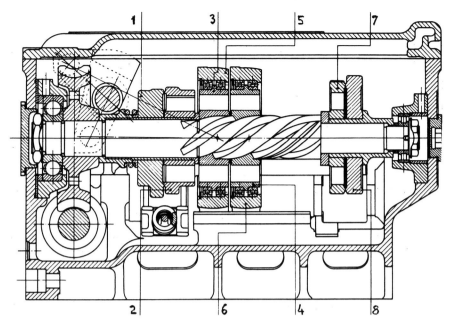

Längsansicht der Nockenwelle und Schnitt durch Verstellorgane und Steuerungskasten der Caprotti-Steuerung in der vorher gezeigten Ausführung mit den Einlaßnocken 1 und 2 sowie den Auslaßnocken 7 und 8. Die Verdrehung der Nocken wird von den auf dem steilgängigen Gewinde längsverschieblichen Bordscheiben 3 und 4 bewirkt, und zwar mittels achsenparalleler Rundstangen, im Schnitt schraffiert, während hier nur die für sie erforderlichen Bohrungen zu sehen sind. Von den das Längsverschieben bewirkenden schrägen Schubstangen sind bloß die Mittellinien dargestellt; sie werden durch die oben links neben dem Schneckenrad im Schnitt zu sehende Steuerwelle betätigt und greifen mittels horizontaler, nicht sichtbarer Zapfen an den Außenringen 5 und 6 an, die auf Längsschub übertragenden Kugellagern über den Bundscheiben 3 und 4 sitzen. Anstelle der einzigen, bloß zur Fahrtrichtungsumkehr verdrehbaren Auslaßnocke der italienischen Originalkonstruktion sind hier deren zwei vorhanden, die durch ebenfalls gegenseitiges Verdrehen eine gewisse Anpassung von Vorausströmung und Kompression an die Füllung bewirken. *(172)*

Anhand der umseitigen Zeichnung erkläre ich noch die wesentlichen Merkmale der einzigen Steuerung mit sogenannten Kolbenventilen des Chefingenieurs Léon Cossart der französischen Nordbahn, die an Kompliziertheit nichts zu wünschen übrig ließ, schon allein bezüglich Ausbildung der inneren Steuerorgane, verglichen mit einer Wälzhebel-Ventilsteuerung. Die behaupteten Vorteile bezüglich Instandhaltung (!) wurden niemals öffentlich nachgewiesen und außerhalb ihrer Heimatbahn lediglich 13 Garrattlokomotiven des algerischen PLM-Netzes damit 1932/34 ausgerüstet.

Ohne Vorurteile oder Überschwang betrachtet, ist eine gut durchgebildete, strapazfähige Ventilsteuerung mit Außenantrieb nach Heusinger-Walschaert der besten Schiebersteuerung thermisch, baulich und in der Instandhaltung überlegen, wobei letzterer Punkt den Hauptgrund ihrer Verwendung durch die BBÖ/ÖBB bildete. Klar hat sich gezeigt, daß die genannten Dampfersparnisse keinerlei mechanische Komplikationen rechtfertigen und ohne solche erzielbar sind.

Aus diesen Darlegungen und besonders jenen in (26) geht hervor, daß das als Lehrbuch bezeichnete Werk von Meineke-Röhrs von 1949 (89) den Ventilsteuerungen keineswegs gerecht wird und sie äußerst oberflächlich behandelt. So wurde z.B. anstelle der bereits 1929/30 publizierten robusten Wälzhebelsteuerung österreichischer Bauweise bloß ihre Vorgängerin von 1922 gezeigt, sowie die von uns abgelehnte Fehlkonstruktion von Lentz mit ineinandergesteckten Ventilspindeln, welche 1931 bei den ČSD gleich an 10 Lokomotiven Schiffbruch erlitt, von der DRB aber 1942 trotzdem erprobt wurde, was dann unberechtigterweise zu generalisierenden negativen Urteilen über Ventilsteuerungen führte.

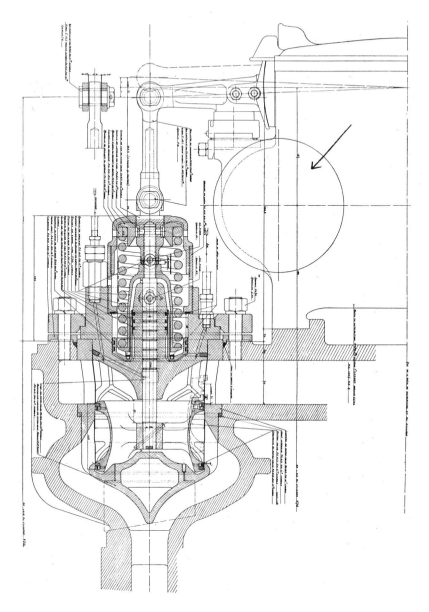

Einlaß-Kolbenventil der Cossart-Steuerung der französischen Nordbahn von 1932. Wie bei Caprotti sind diese Steuerungsorgane senkrecht und über dem Zylinder im Rechteck angeordnet und werden von einer querliegenden Nockenwelle aus, die interessanterweise nur mit der halben Drehzahl der Treibachsen umläuft, über Rollen- und Winkelhebel betätigt; jedoch erfolgt das Öffnen in umgekehrter Richtung, also durch Ziehen von oben, und muß daher kraftschlüssig geschehen. Kolbenventile haben zwar die generelle Form eines Doppelsitzventils, ruhen aber in ihrer Abschlußstellung nicht auf Sitzflächen, sondern gleiten entlang zylindrischer Flächen, an denen Kolbenringe das Abdichten besorgen. Wie ersichtlich, umgibt die Schließfeder des Kolbenventils eine auf einer Stufe der Ventilspindel sitzende Glocke und drückt gegen ihren unteren Rand, während sie sich oben über einen Teller gegen eine umgebende, in den Ventilkäfig eingeschraubte Kappe stützt. Innerhalb der Glocke ist die Spindelführung von einem Hohlkolben mit schüsselartig auskragendem Rand umgeben, innen und außen mittels Ringe abgedichtet. Nach Reglerschluß wird Druckluft unter die Schüssel eingelassen, sodaß alle vier Ventile gegen den Federdruck geöffnet werden und Druckausgleich zwischen beiden Kolbenseiten hergestellt wird. Die Rollen an den Ventilantriebshebeln sind dann von den Nocken abgehoben.

Leerlaufeinrichtungen

Nach Schließen des Reglers, sei es bei Gefällsfahrt oder zwecks Auslaufens vor einem Aufenthalt, verbraucht die Maschine zunächst den in den Zuleitungen, beim Naßdampfregler gegebenenfalls auch den im Überhitzer verbliebenen Dampf; dies ist nach wenigen Radumdrehungen der Fall. Dann entsteht bis zum Abschluß der Einströmung durch die innere Steuerung eine Saugwirkung und anschließend ein wachsender Unterdruck im Zylinder, der beim Öffnen des Auslasses ein Rückströmen aus den Auspuffleitungen mit sehr nachteiligem Eintritt von verunreinigten heißen Rauchkammergasen bewirkt, welche die Schmierung und den Gleitflächenzustand von Steuerorganen und Zylindern stark beeinträchtigen können.

Besonders an Zweizylinder-Verbundlokomotiven konnte man ehedem, z. B. beim Dampfbetrieb der Wiener Stadtbahn, das schnaufende Geräusch vernehmen, mit dem sich diese Vorgänge durch die Wirkung des großen Niederdruckkolbens bemerkbar machten, und sah dann sogar, daß dem Rauchfang träge entweichende Abgase bei jedem Hub kurzzeitig innehielten.

Luftsaugeventile im Frischdampfweg, oben oder bei den Schieberkasten, in typischer englischer Praxis wegen ihrer Größe prominent aus der Rauchkammer hinter dem Rauchfang herausragend, leisteten bei Naßdampf oder geringer Überhitzung ganz gute Dienste, aber auch zugeführte reine Luft ist der Schmierung heißer Teile abträglich, und so ließen viele Bahnen nach Reglerschluß zusätzlich oder ausschließlich eine mäßige Menge Kesseldampf durch die Maschine strömen, in den USA bis in die letzte Zeit häufig angewendet.

Auf der Mailänder Ausstellung von 1906 fiel die preußische 2B-Gattung S6 auf, bei der beide Zylinderenden durch einen Kanal verbunden waren, in dessen Mitte ein Absperrhahn saß, auch Schmidtscher Hahn genannt, der im Leerlauf geöffnet wurde, um dem vom Kolben hin- und herbewegten Dampf-Luft-Gemisch das Durchströmen zu gestatten. Dieser Umlaufkanal, im Englischen *by-pass* genannt, wurde von Gölsdorf sogleich übernommen und bis in die zwanziger Jahre beibehalten; seine Wirksamkeit war allerdings beschränkt, da eine wünschenswerte Querschnittsbemessung, etwa gleich dem Steuerungsauslaß, den schädlichen Raum zu sehr vergrößert hätte. Aber auch wegen der Gefahr des Steckenbleibens durch Verformung betrug die Durchgangsweite des Hahns bloß 60 mm; so kam man bei großen Zwillingslokomotiven auf kaum mehr als 1/100 der Kolbenfläche und war in Österreich froh, als 1928 der für Lentz-Ventilsteuerung von 1928 an generell angewendete Druckausgleicher nach Rihosek-Weywoda (26, S. 273) reichliche Strömungsquerschnitte durch Anheben aller Ventile ermöglichte und damit erstklassigen Leerlauf ohne jede zusätzliche Maßnahme, außer automatische Betätigung bei Reglerschluß, ergab, was sich als erheblicher Vorteil der Ventilsteuerung erwies.

Für Kolbenschiebermaschinen entwickelte die DRB eine verfeinerte Version des Umlaufkanals, auf den Schieberkasten aufgesetzt, mit zwei Eckventilen und nur mäßiger Zunahme

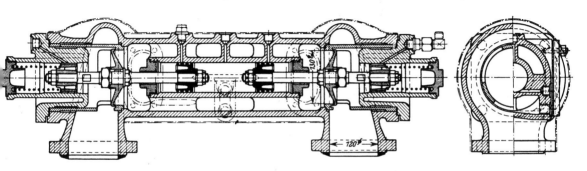

Eckventil-Druckausgleicher Bauart RZA Berlin für die Einheitslokomotiven der Deutschen Reichsbahn von 1925. *ZVDI, Dez. 1926*

des schädlichen Raums; die Einheitslokomotiven von 1925 erhielten diese Eckventil-Druckausgleicher. Ihre Teilerventile wurden von mäßig luftgekühlten Federn in ihre Abschlußlage gebracht und dann vom Frischdampf fest auf ihre Sitze gedrückt. Nach Reglerschluß erfolgte deren Öffnen durch Drucklufteinlaß in den innenliegenden Luftzylinder. Um Störungen durch Hängenbleiben der Ventile beim Anfahren zu verhindern, erwies es sich jedoch als nötig, die Federwirkung zu unterstützen, indem auch die Federkolben von Druckluft beaufschlagt wurden, bis ausreichender Schieberkastendruck die Ventile zuverlässig dichtete. Dies machte die Bedienung ziemlich kompliziert.

Bezeichnend für die langen Zeiträume, die oft verstrichen, bis wirklich zufriedenstellende Lösungen für wichtige und im Prinzip einfach erscheinende Aufgaben wie den Druckausgleich im Leerlauf gefunden wurden, ist die Geschichte des Druckausgleich-Kolbenschiebers. Schon 1908 erhielt F. Meineke (1877–1955), damals junger Oberingenieur in der russischen Lokomotivfabrik Kolomna, ein Patent auf eine Konstruktion ähnlich dem Nicolai-Schieber, der in Deutschland von 1930 (!) an erprobt und von 1937 an als Karl-Schulz-Schieber in größerem Umfang eingeführt wurde. Der Schieber funktioniert im Leerlauf als Druckausgleicher. Da aber die dem Heißdampf ausgesetzten Federn Störungen durch Erschlaffen verursachten, kam man bei der DB zur federlosen Bauart Müller, bei der der Ausgleichkanal in einem ungeteilten Schieberkolben ausgebildet ist, doch nun wieder mit dem Nachteil kleineren Strömungsquerschnitts, sodaß schnellfahrende Lokomotiven für leichten Leerlauf zusätzlich wieder Luftsaugeventile erhielten.

Abb.
S. 285

Der Druckausgleich-Kolbenschieber Bauart Karl-Schulz (Nicolai-Schieber). Bei geöffnetem Regler drückt der Frischdampf die inneren, beweglichen Schieberkolbenteile unter Überwindung der Federkräfte nach außen, der Schieber wirkt wie einer ohne Druckausgleich (obere Zeichnungshälfte).   *(2)*

Einer der beiden zweiteiligen Schieberkolben des Karl-Schulz-Schiebers in seinem durch die Schraubenfeder auseinandergedrückten Zustand, wie im unteren Teil vorstehender Zeichnung, das heißt bei geschlossenem Regler. Die vom Maschinenkolben umgepumpte Luft zirkuliert durch die Zylinderdampfkanäle, die breiten Spalte zwischen den klaffenden Teilen der Schieberkolben, die axialen Öffnungen in den auf der Schieberstange festsitzenden äußeren Kolbenteilen und die Auspuffkanäle.   *(49)*

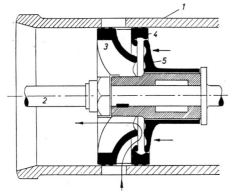

Druckausgleichschieber der DB Bauart Müller. Die zusammengegossenen Teile 3 und 4 des Schieberkolbens bilden eine Einheit und sitzen auf der Schieberstange 2 fest, während der Teller 5 auf der Nabe gleitet. In der gezeichneten Leerlaufstellung strömt z. B. der vom Maschinenkolben hinausgedrückte Zylinderinhalt entlang des Pfeils durch die Kanäle im Schieberkolben. Bei geöffnetem Regler werden die Teller axial nach außen gedrückt und verschließen den Durchgang. Der Ringspalt zwischen 4 und 5 ist so eng, daß beim Schließvorgang sofort starke Druckwirkung, aber kein nennenswerter Dampfverlust entsteht. Diese sonst anschauliche Skizze enthält einen Fehler: die Schieberstange muß innerhalb der schraffierten Nabe dicker sein als bei 2, um den Schieber aufbringen zu können. *Loktechnik 1965*

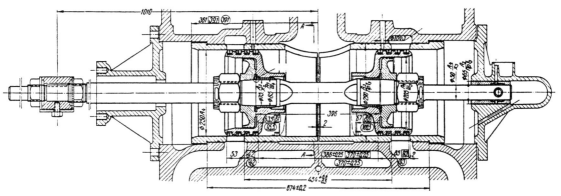

Trofimoff-Druckausgleichschieber in der letzten Regelausführung der Sowjetischen Eisenbahnen. Schieberdurchmesser 250 mm, für die größten Lokomotiven 330 mm. Hier sind die Schieberkolben in ihrer Gesamtheit gegenüber der Stange axial frei beweglich; im Leerlauf werden sie von den durch kräftige Schraubenmuttern festgehaltenen Tellern soweit gegen die Mitte geschoben, wie es dem Schieberstangenhub entspricht, wobei auch bei kleinster Füllung die Zylinderdampfkanäle schon weit geöffnet und über die Ausströmwege reichliche Druckausgleichquerschnitte hergestellt werden. Beim Öffnen des Reglers treibt der Frischdampf die Schieberkolben auseinander, sodaß sie an den Tellern anliegen, wobei für Schlagdämpfung durch Luftkompression gesorgt wird. *LM 100, 1980*

Den gordischen Knoten hatte, allerdings erst nach vielen Jahren beharrlicher Detailkonstruktions- und Versuchsarbeit, die ebenfalls seit 1908/09 in Kolomna geleistet wurde, der russische Lokomotivführer I. O. Trofimoff mit der nach ihm benannten unerreicht einfachen und zweckmäßigen Bauweise zerschnitten. Er gibt den völlig uneingeschränkten Strömungsquerschnitt der Schieberbüchse frei, und damit das erreichbare Maximum. In Rußland waren 1934 rund 5000 Lokomotiven damit ausgerüstet, die DR verwendete ihn bei Neubau- und Reko-Lokomotiven, bei der DRB und der DB fand er jedoch keinen Eingang. Weitere Betrachtungen zu diesem Thema, einschließlich von Kurven der Leerlaufleistung für mehr oder weniger vollkommenen Druckausgleich, enthält Quelle (174).

Für schwere amerikanische Triebwerke war ein voller Druckausgleich des Guten zuviel, da die hohen Massenkräfte kombiniert mit den dort zulässig gewesenen großen Abnützungsspielen in den Büchsenlagern erhebliche Kompressionsdrücke in Totpunktnähe verlangten. Im hochwertigen Schnellzugbetrieb fuhr man übrigens nur wenig im Leerlauf, sondern vielfach auch während des Bremsens bis zum Stillstand mit Dampf, um den Zug gestreckt zu halten — ein 'Greenhorn' konnte glauben, der Regler sei steckengeblieben. Erst der mit kleinem Spiel arbeitende *tight-lock coupler* von 1938 erlaubte es, diese Praxis ohne Belästigung der Fahrgäste aufzugeben. Dieses Beispiel zeigt wieder einmal, wie vorsichtig man mit der Verpflanzung bewährter Einrichtungen in andere Länder sein muß, in denen die Begleitumstände verschieden sind.

Mehrzylinder- und Verbundlokomotiven

Das Haupttriebwerk von Mehrzylinderlokomotiven hat mehr als zwei Zylinder. Wird einfache Dampfdehnung (Einfachexpansion) angewendet, sodaß jeder Zylinder direkt in die Abdampfleitung auspufft, bezeichnet man eine Lokomotive mit drei Zylindern als Drilling, eine mit deren vier als Vierling, da es sich dann um Zylinder praktisch gleicher Größe handelt, und es bloß nötig sein kann, den auf Innenkurbeln wirkenden Zylindern aus Profilgründen einen etwas kleineren Hub und entsprechend größeren Durchmesser zu geben.

Der Begriff Verbundlokomotive besagt, daß sie von einer Zweifachexpansionsmaschine angetrieben wird, in welcher der Arbeitsdampf zweimal expandiert: zuerst im Hochdruck-(HD-) und anschließend im Niederdruck-(ND-)Zylinder, von dem er auspufft. Die kleinste brauchbare Zylinderzahl beträgt hier ebenfalls zwei wie bei der Einfachexpansion; da beim Anfahren aber zunächst nur der HD-Zylinder Dampf erhalten würde und die Lokomotive nicht in Bewegung setzen könnte, wenn seine Kurbel gerade in einem ungünstigen Winkel stünde, ist es notwendig, dafür zu sorgen, daß auch dem ND-Zylinder eine für den Anfahrvorgang ausreichende Frischdampfmenge zugeführt wird. Dies besorgt eine Anfahrvorrichtung; eine zweite, radikalere Maßnahme besteht darin, den HD-Auslaß temporär direkt ins Blasrohr zu führen und den Niederdruckteil mit gedrosseltem Frischdampf zu versorgen. Dazu dient eine Wechselvorrichtung, die einen Wechsel von Verbund- auf Einfachexpansion vornimmt. Damit wird zwecks rascheren Anfahrens und eventueller Ausübung höherer Zugkraft auf Steigungsfahrt mit schweren Zügen auf die Verbundwirkung zeitweise verzichtet, aber auch größerer spezifischer Dampfverbrauch (pro Arbeitseinheit z.B. kg Dampf/PSh) in Kauf genommen. Besonders in Frankreich wurden meist Wechselvorrichtungen verwendet, in Österreich ausschließlich die Anfahrvorrichtung von Gölsdorf, die weitaus einfachste und zuverlässigste: zwei kleine Rohrleitungen verbinden die Frischdampfversorgung des HD-Zylinders mit je einer Öffnung auf den Einströmseiten des Schieberspiegels (bei Kolbenschiebern der Schieberbüchse) im zugehörigen ND-Zylinder derart, daß sie nur bei fast voll ausgelegter Steuerung freigegeben werden und dann dem ND-Zylinder gedrosselten Frischdampf zuführen. Bei großen Lokomotiven beträgt der volle Einlaßquerschnitt des Anfahrkanals ca. 4 cm^2, sodaß der ND-Teil in wenigen Sekunden den zulässigen Druck in der Höhe des etwa halben Kesseldrucks erhält und der Anfahrvorgang glatt vonstatten gehen kann. Auf jeden Fall aber geht das Anfahren einer Verbund- gegenüber dem einer Einfachexpansionslokomotive stets langsamer vor sich, weil der Führer Regler und Steuerung sehr vorsichtig und mit Bedachtnahme auf den zu erwartenden Zugkraftbedarf handhaben muß, um Schleudern (Rädergleiten) durch zu hohen Druckanstieg auf der Niederdruckseite möglichst zu verhüten.

Historisch geht die Zweifachexpansion in englischen Stabilmaschinen auf das Jahr 1786 zurück. Sie bezog sich damals bloß auf das Wattsche System der Dampfkondensation im Zylinder, bei der die Kolbenkraft durch den Druck der umgebenden Atmosphäre zustandekam. Auch der Ausdruck Hochdruckzylinder gilt relativ zum Niederdruckzylinder, in dem der Arbeitsprozeß endet, und sagt über die Höhe des Dampfdrucks nichts aus. Aus der englischen Herkunft erklärt sich auch die teilweise Übernahme der dortigen Bezeichnung *compound action* (Verbundwirkung) im deutschen Sprachraum; auch bei uns sprach man bis zum Ersten Weltkrieg von Compoundmaschinen und -lokomotiven.

Im Eisenbahnwesen konnte die Verbundwirkung erst bei Anwendung höherer Kesseldrücke ab etwa 10 atü Bedeutung erlangen. Nach einem durch unzweckmäßige Ideen mißlungenen Experiment von 1850/52 mit zwei englischen Umbaulokomotiven (16, S. 88) erschien erst 1876 die sofort erfolgreiche B1t des im Kanton Genf gebürtigen Schweizers Anatole Mallet (1837 bis 1919) auf der normalspurigen Bayonne–Biarritzer Lokalbahn, die gegenüber einer gleich-

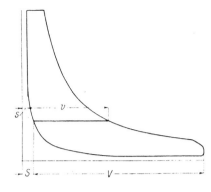

Grundsätzliche Darstellung einer Dampfdruckschaulinie (eines Indikatordiagramms) für eine Verbundmaschine (Zweifachexpansion). Anstatt in einem Zylinder mit dem Volumen V das gesamte Druckgefälle zu verarbeiten, wird dieses unterteilt. Nach der Expansion des Dampfs im HD-Zylinder mit dem Volumen v wird er in den ND-Zylinder V geleitet, wo er weiter expandiert. Die schädlichen Räume s und S beider Zylinder sollten grundsätzlich prozentuell gleich sein, praktisch aber braucht der HD-Zylinder einen größeren, da die Steuerung sonst zu hohe Kompression liefert. (165)

starken Zwillingslokomotive 25 % Brennstoff erspart haben soll — unter günstigen Bedingungen damals durchaus möglich.

Über die Entwicklung der Verbundlokomotive in Europa liegen vor allem E. Borns hochwertige Studien vor (175 und LM39), während J. T. van Riemsdijk vom Londoner Science Museum auch die von 1889 an eineinhalb Jahrzehnte hindurch blühenden amerikanischen Verbundmaschinen, speziell jene des eigenwilligen Samuel M. Vauclain (1856—1940) von Baldwin, in seine Betrachtungen einschloß (176).

Die Dampfersparnis einer Verbundmaschine ist in nachstehenden wichtigsten Faktoren begründet:

a) Durch Unterteilung des Druckgefälles wird auch das Temperaturgefälle in jedem Zylinder unterteilt; dies ergibt neben kleineren Undichtheitsverlusten vor allem eine Verringerung des Wärmeaustausches mit den Zylinderwänden etc., das heißt der Dampfabkühlung beim Eintritt und der nutzlosen Erwärmung beim Austritt.

b) Weil sowohl die HD- als auch die ND-Füllungen gegenüber Einfachexpansion mehr als verdoppelt werden, kann man weitaus größere Einströmquerschnitte verwirklichen und die Eintrittsdrosselung verringern.

c) Da ein ND-Kolben, verglichen mit Einfachexpansion, mit weniger als dem halben Druck beaufschlagt wird, kann man das ND-Zylindervolumen zugunsten von Dampfexpansion und Energieausbeute erheblich größer wählen, was bei hohen Zugkräften ins Gewicht fällt.

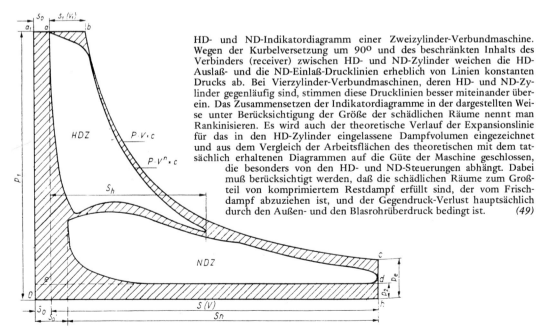

HD- und ND-Indikatordiagramm einer Zweizylinder-Verbundmaschine. Wegen der Kurbelversetzung um 90° und des beschränkten Inhalts des Verbinders (receiver) zwischen HD- und ND-Zylinder weichen die HD-Auslaß- und die ND-Einlaß-Drucklinien erheblich von Linien konstanten Drucks ab. Bei Vierzylinder-Verbundmaschinen, deren HD- und ND-Zylinder gegenläufig sind, stimmen diese Drucklinien besser miteinander überein. Das Zusammensetzen der Indikatordiagramme in der dargestellten Weise unter Berücksichtigung der Größe der schädlichen Räume nennt man Rankinisieren. Es wird auch der theoretische Verlauf der Expansionslinie für das in den HD-Zylinder eingelassene Dampfvolumen eingezeichnet und aus dem Vergleich der Arbeitsflächen des theoretischen mit dem tatsächlich erhaltenen Diagrammen auf die Güte der Maschine geschlossen, die besonders von den HD- und ND-Steuerungen abhängt. Dabei muß berücksichtigt werden, daß die schädlichen Räume zum Großteil von komprimiertem Restdampf erfüllt sind, der vom Frischdampf abzuziehen ist, und der Gegendruck-Verlust hauptsächlich durch den Außen- und den Blasrohrüberdruck bedingt ist. (49)

Die Auswirkungen dieser Vorteile waren bei Naßdampf sehr groß, und daher begann sich der Bau von Verbundlokomotiven rasch zu entwickeln. Auch Ahrons spricht 1925 vom interessantesten Kapitel der britischen Lokomotivgeschichte. Angesichts der im wesentlichen erschöpfenden Darstellungen in der Literatur seien hier nur markante Fakten wiedergegeben, wobei ich gleichzeitig Mehrzylinderlokomotiven als solche behandeln will, da sich die Verbundbauarten bald vornehmlich in dieser Richtung entwickelten.

Das erste Dreizylindertriebwerk erhielt schon 1847 eine 2A von R. Stephenson; sie war trotz Einfachexpansion kein Drilling, denn von ihren nebeneinanderliegenden Zylindern hatte der mittlere einen um 56 % größeren Durchmesser als die beiden äußeren; deren Kurbeln standen rechtwinkelig zur Innenkurbel, aber zueinander waren sie gleichgerichtet. Diese einmalige Anordnung hatte den Zweck, vertikales Drehen der kurzradständigen Lokomotiven unter dem Einfluß außenliegender hin- und hergehender Massen zu vermeiden. Tatsächlich konnte die Lokomotive im April 1847 einen Schnelligkeitsrekord aufstellen, als sie mit 5 Wagen die 66 km von Wolverton nach Coventry in 42 Minuten zurücklegte, also mit durchschnittlich 94 km/h! Sie blieb trotzdem ein Einzelstück, diente aber, in eine 1A1 umgebaut, viele Jahre auf der North Eastern Railway.

Am schnellsten außerhalb Frankreichs übernahm das Verbundprinzip der als Urtyp der victorianischen Autokraten gefürchtete Wm. F. Webb (1835–1904) der London & North Eastern (177) schon 1879, da er ein Jahr nach Vorführung von Mallets Erstschöpfung auf der Pariser Weltausstellung eine Nebenbahn-1A1 zur n2v umbaute und anschließend, in einem Vortrag auf Stephensons Experiment von 1847 hinweisend, das Dreizylinder-Verbundsystem inaugurierte. Leider wählte er zwei HD-Zylinder anstelle der logischen Teilung des ND-Zylinders (vielleicht, damit der Auspuff auf dem kürzesten Weg in den Rauchfang geführt werden konnte) und, was schlimmer war, er ließ bei seinem Zweiachsantrieb die Kuppelstangen weg und 'sorgte' dadurch bei seinen von 1883 bis 1897 gebauten 183 1AA-Schnellzuglokomotiven für allerlei Anfahrschwierigkeiten, die vielen Anekdoten Stoff gaben. Von seinem Amtsnachfolger wurden diese Maschinen von 1902 an rasch verschrottet, soweit nicht ein Umbau erfolgte. Einen bemerkenswerten Dauererfolg erzielten hingegen die unter dem Namen Midland Compounds in England bekanntgewordenen 2Bn2v-Maschinen, von denen 1901 über ein Vierteljahrhundert lang 185 Stück gebaut wurden und die letzten bis 1961 Dienst machten. Für leistungsstärkere Lokomotiven aber, u.U. schon solche mit nur zwei gekuppelten Achsen, war das Dreizylinder-Verbundsystem in der Zwangsjacke der schmalen englischen Fahrzeug-Umgrenzung nicht vorteilhaft unterzubringen; so fand das dort 1909 auf einer 2B1 der Great Central Railway erprobte Drillingstriebwerk bald viele Nachfolger. Von 1918 an verwendete es Sir Nigel Gresley (1876 bis 1941) auf allen hochwertigen Lokomotiven der späteren LNER und zuletzt erhielt es die Klasse 8 von 1954, die stärkste Pacific der British Railways; sie blieb wegen schlechter Kesselleistung und der nahenden Traktionsumstellung allerdings ein Einzelstück – die Nr. 71000 DUKE OF GLOUCESTER, nun Eigentum einer Enthusiastengruppe.

In den USA erschien der Drilling in logischer Form mit drei um 120° gegeneinander versetzten Kurbeln bereits 1847/48 auf der Wyoming Valley Railroad an verschiedenen Typen, einschließlich der Achsanordnung 2B, und dann wieder 1892, erlebte jedoch erst von 1922 an seine teils sehr prominente (2F1-Klasse 9000 der UP von 1926) Wiedergeburt unter der Patronanz der ALCO, während die Dreizylinder-Verbundmaschine bloß von Baldwin ebenfalls 1926 als schwere 2E1, Fabriknummer 60.000, mit 24,6 atü Kesseldruck in Eigenregie ohne Nachfolge herausgebracht wurde.

Auf dem europäischen Kontinent nahm die schweizerische Jura-Simplon-Bahn mit ihrer 1896 bis 1907 in nicht weniger als 147 Stück beschafften und sehr bewährten 1Cn3v-Maschinen eine

Sonderstellung ein. Sie dienten in ihrer Heimat bis 1938, nach Verkauf ins Ausland zum Teil noch elf Jahre länger.

In Deutschland beschränkte sich die Dreizylinder-Verbundbauart auf kurz nach der Jahrhundertwende gebaute Einzelstücke. Der Drilling aber machte Karriere, beginnend 1918 mit der G12 und endend 1957 mit den beiden zu spät gekommenen Pacifics Baureihe 10. In Österreich versuchten nördliche Privatbahnen das n3v-System schon in den achtziger Jahren. Als erster bezog Maschinendirektor W. Rayl der Nordbahn eine Webbsche n3v aus England, 1889 begannen Vergleichsfahrten mit Cn2- und n2v-Maschinen, und 1893 eröffnete Karl Gölsdorfs Cn2v-Reihe 59 der kkStB die Reihe seiner Verbundlokomotiven, die mit der in der Einleitung gezeigten 2B1n4v von 1901 für Schnellzugdienst auf das hochwertige Vierzylindersystem für den Antrieb einer einzigen Achse und Kuppelachsgruppe mit seinem weitgehenden Massenausgleich überging. Dieses prägte jahrzehntelang — wie Born sehr treffend sagt — die Aristokratie der Schnellzuglokomotiven, war aber auch in großer Zahl im Gebirgs- und im reinen Güterzugdienst zu finden, besonders in Frankreich, in Süddeutschland und bei Gölsdorfs Gebirgsschnellzuglokomotiven von 1906 bis 1918.

Zufällig erschien die erste n4v in Indien, schon 1884 von Maschinendirektor Ch. Sandiford der North Western Railway durch Umbau einer bescheidenen 1Bn2 geschaffen, der damit (allerdings ohne Erfolg) Frankreich um zwei Jahre zuvorkam, wo es der gebürtige Engländer baltischer Abstammung Alfred de Glehn (1848—1936) als Direktor der Elsässischen Fabrik in Grafenstaden und Belfort zuerst für die traditionell unternehmungslustige Nordbahn mit einer ungekuppelten 1AA versuchte, deren innere HD-Zylinder die erste, die äußeren ND-Zylinder die zweite Achse antrieben. Auch hier gab es natürlich oft abwechselndes Rädergleiten, das aber im Gegensatz zu den Webbschen 1AA nach drei Jahren Kuppelstangen verhüteten. Durch Zu-

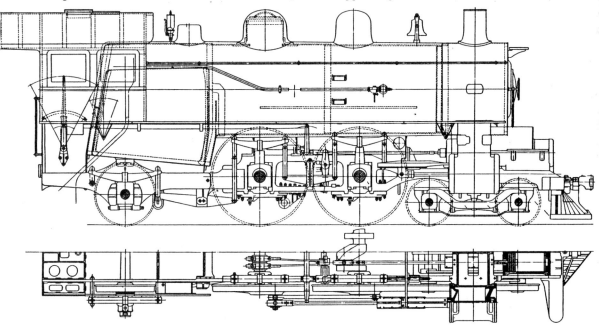

Ansichten der Triebwerksanordnung einer typischen Vierzylinder-Verbundmaschine, hier mit Zweiachsantrieb und vorgeschobenen inneren HD-Zylindern zwecks Erzielung günstiger Treibstangenlängen gehörig zu der 2B1 Nr. 3000 der New York Central Railroad, von ALCO 1904 auf der Weltausstellung in St. Louis gezeigt, als die Verbundlokomotive in den USA den Höhepunkt des Interesses erreicht und praktisch schon überschritten hatte; von dieser Maschine hieß es später allerdings, daß die fast 20 %ige Brennstoffersparnis gegenüber der Zwillingsbauart derselben Type bei den herrschenden niedrigen Kohlenpreisen durch höheren Erhaltungsaufwand kompensiert wurde. *ALCO-Katalog*

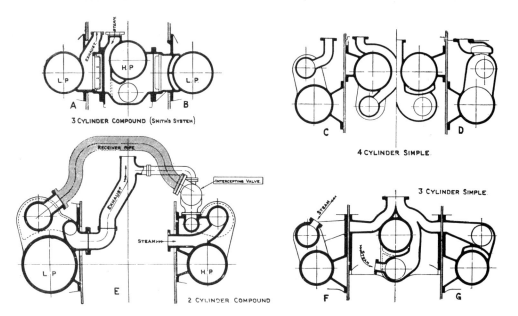

Beispiele von englischen Zylinderanordnungen an Hand von Querschnitten. A-B zeigen eine englische Drei-zylinder-Verbundmaschine von 1898 mit mittlerem HD-Zylinder und Kolbenschieber, wobei die äußeren Kolben gleichlaufend arbeiten und daher von einem einzigen Flachschieber bedient werden können, mit allerdings sehr unerwünscht langen Dampfkanälen auf die entgegengesetzte Seite. Bei der Vierlingsan-ordnung C-D gehen die Schnitte links durch die Frischdampf-, rechts durch die Abdampfkanäle, die Kolben-schieber liegen außen über den Zylindern, innen der hohen, schrägen Zylinderlage wegen darunter. Die Zweizylinder-Verbundmaschine E nach Worsdell-v. Borries für Südamerika (um 1890) mit Kolbenschiebern hat am HD-Auslaß ein Wechselventil, das dem ND-Zylinder über den Aufnehmer (receiver) wahlweise Frisch-dampf zuführt und den HD-Abdampf ins Blasrohr leitet. Die Drillingsanordnung F-G ist im wesentlichen analog C-D geschnitten, doch müßte die Ausströmung des Mittelzylinders vom Frischdampfzutritt abge-schlossen dargestellt sein. *(50)*

sammenarbeit mit Maschinendirektor du Bousquet (1840–1910) von der Nordbahn wurde der Grundstein zur Entwicklung der berühmt gewordenen Nord-4v-Schnelläufer gelegt, von der 2B aus 1891 über die Atlantics zu den Super-Pacifics der dreißiger Jahre mit dem de Glehn-schen Zweiachsantrieb durch innen unter der Rauchkammer liegende ND- und außen zurück-gesetzte HD-Zylinder, wie wir sie als typisch kennen.

In den USA verbreiteten sich die n4v-Bauarten erstens mit den von Baldwin propagierten Sonderkonstruktionen Vauclains gemäß seinen Patenten von 1889/92, nicht gerade rühmlich charakterisiert durch plumpe Tandemanordnung, bei welcher jeder der beiden HD-Zylinder außen freitragend am zugehörigen ND-Zylinder saß, oder (etwas besser) die zusammgehörigen HD- und ND-Zylinder einer Seite übereinander lagen, wobei ihre Kolbenstangen oben bzw. unten am gemeinsamen Kreuzkopf angriffen. Diese für das Wirken auf je eine äußere Treib-stange recht schweren Konstruktionen eigneten sich schlecht für höhere Drehzahlen und kamen bloß der besonderen amerikanischen Vorliebe für außenliegende Triebwerke entgegen.

Im Gegensatz dazu baute die ALCO elegante Innen- und Außentriebwerke nach de Glehns Vorbild, mit ihrer Größe wegen außenliegenden ND-Zylindern. Als jedoch die im schnellen Verkehr in den USA lange vorherrschenden Zweikuppler noch in der ersten Dekade unseres Jahrhunderts durch 1C1 und Pacifics abgelöst wurden, fand das Verbundsystem kaum noch weitere Anwendung und die bestehenden Einheiten erreichten meist nur einen Bruchteil der Lebensdauer kontemporärer Zwillingstypen.

Die Entwicklung in Deutschland schilderte Born, wie erwähnt, in LM39 vom bescheidenen Anfang in Hannover 1880 bis zum Ausklang, als vier badische Pacifics Klasse IV h von 1918 wegen ihrer besonderen Eignung zum Schnellfahren (über 160 km/h) noch am Ende der sech-ziger Jahre den Versuchsämtern der DB und (die 18 314) der DR dienten. Der Pionierarbeit August v. Borries' (1852–1906) ist es zuzuschreiben, daß es 1890 in Deutschland bereits

430 Verbundlokomotiven gab, durchwegs mit zwei Zylindern, und daraufhin die 4v 1894 in Preußen sowie gleichzeitig in Süddeutschland erschien. Im Gegensatz zu den Franzosen bevorzugte Borries die nach ihm benannte Anordnung aller vier Zylinder in einem Block (in einer Querebene), wobei die Kolben auf eine einzige Achse wirkten, doch konnte bei Schräglage der Innenzylinder und unterschiedlichen Treibstangenlängen auch Zweiachsantrieb verwirklicht werden, zu dem bei starken Maschinen Veranlassung vorlag. Die grundsätzlich negative Einstellung der für die Einheitslokomotiven von 1925 maßgebenden Männer der DRB gegenüber dem Verbundsystem wurde in der neueren deutschen Literatur ausführlich behandelt (31).

Für die Anordnung der Zylinder und Schieber gibt es bei Mehrzylindermaschinen zahlreiche Variationsmöglichkeiten, die auch der individuellen Vorliebe des Konstrukteurs Spielraum ließen. Zu den älteren Anordnungen wäre noch zu sagen, daß vertikal unter dem zugehörigen Zylinder liegende Schieber am bequemsten von einer Joy-Steuerung bedient werden, da ja Übertragungswellen in eine andere Ebene vermehrtes Spiel ergeben.

Das bei 2v-Lokomotiven großvolumige Verbinderrohr (Receiver) zwischen den beiden Zylindern liegt schon des Warmhaltens wegen in der Rauchkammer.

Argumente für die Wahl eines Mehrzylindertriebwerks sind:

1. Besserer Ausgleich der hin- und hergehenden Massen, siehe das einschlägige Kapitel.
2. Geringere Beanspruchung der Treibstangenlager und der Kreuzkopfgleitflächen, was für letztere aber meist nur für das Außentriebwerk gilt, weil die inneren Treibstangen in der Regel kürzer sein müssen. Dabei ist zu berücksichtigen, daß für die Wärmeabfuhr aus einem Lager seine axiale Länge maßgebend ist und eine doppelt gekröpfte Achse bei Normalspur nur wenig mehr als 120 mm tragende Lagerlänge aufweisen kann, widrigenfalls die so kritische Widerstandsfähigkeit der Kurbelachse leidet und/oder die Treibachslager gekürzt werden müssen. Auch Wälzlager benötigen wegen der Abdichtung gegen Schmierstoffverlust keine kleinere Baulänge. Weitaus mehr Platz hat man für das Innenlager einer Dreizylinderlokomotive, wie die Zeichnung der Treibstange für die 2F1 der Union Pacific (20, S. 182) zeigt, die für die Übertragung von bis zu 1600 PSi 200 mm Lagerlänge erhielt, bei robuster Gestaltung der Kurbelachse.
3. Gleichmäßigeres Drehmoment während einer Radumdrehung. Den Vergleich von Zwilling und Drilling zeigt ein prominentes Beispiel (26, S. 212). Der wegen des besonders großen Verhältnisses der Treibstangenlänge zum Kurbelradius von 11,8:1 ungewöhnlich günstige Zwilling hat immerhin eine Zugkraftspitze von 1,195 des Durchschnittswerts gegen 1,092 für den gleichartig proportionierten Drilling mit allerdings notwendigerweise l/r = 6,4 für die innere Treibstange. Der theoretische Vorteil des Drillings auf Grund seiner niedrigeren Zugkraftspitzen wäre 1,195/1,092 = 1,095, also 9,5 %, aber, wie dort schon erklärt, dürfte wegen der viel kürzeren Spitze beim Zwilling der wahre Zugkraftvorteil des Drilling unter 6 % gelegen sein. Ein gleichartiger Vierling läge dazwischen und hätte mit zwei um eine Viertelumdrehung hintereinanderliegenden Spitzen von 1,15 kaum 4 % Vorteil gegen den Zwilling mit langen Treibstangen.

Im Beispiel von Meineke-Röhrs (89, S. 61) hat ein nicht identifizierter durchschnittlicher Zwilling eine Zugkraftspitze von 22 %, ein Drilling eine solche von 9 %, also einen größeren Vorteil als oben, während vom Vierling dort ohne zahlenmäßige Begründung bloß Gleichwertigkeit behauptet wird. Brosius/Koch (2, S. 218) zeigen eine realistische Spitze von 1,25 für einen etwas schlechteren Zwilling und der von Nordmann redigierte Text spricht von einem 7 %igen Vorteil des Drillings, wogegen Niederstraßer (1, S. 212/214) völlig unrealistische Kurven ohne die wesentliche Berücksichtigung der endlichen Stangenlängen und der Massenkräfte bringt.

Allgemein ist zu vermerken, daß Vergleiche nur bei gleicher Füllung und Drehzahl maßgebend sein können, die den Verhältnissen beim Anfahren und bei der Reibungsgeschwindigkeit entsprechen, denn diese sind betrieblich am interessantesten. Bei Vierzylinder-Verbund sind, der größeren Füllungen wegen, die gleichmäßigsten Zugkräfte möglich, was man gelegentlich am ruhigen Rädergleiten solcher Maschinen beobachten konnte. Für Hochleistung aber ist mit Rücksicht auf die Triebwerksdimensionierung doch die Dreizylinder-Verbundbauart mit zwei äußeren ND-Zylindern die vorteilhafteste bezüglich Dampfwirtschaft und Abnützungsverhältnisse. Die Wahl der relativen Kurbellagen, der Zylindergrößen und Zugkräfte sowie der zugehörigen Füllungen erfordert aber vom Konstrukteur ein zeitraubendes wissenschaftliches Studium, für das kein 'Schimmel' existiert, wenn die Maschine auf Steigungen und im Flachland Bestes leisten soll.

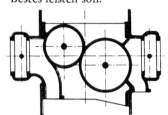 Ein Beispiel für eine gelegentlich getroffene Maßnahme zur Unterbringung größerer Zylinder innerhalb der beschränkten Weite des Lokomotivrahmens. Diese in ihrer Höhenlage versetzten Zylinder gehören zu 2A1-Verbundlokomotiven der englischen North Eastern Railway von 1888. Gölsdorf wählte für seine 2Cn2v (Reihe 9) von 1898 mit Innentriebwerk und 800 mm Durchmesser des ND-Zylinders einen Außenrahmen, was schon deswegen nötig war, um Platz für die Treibstangenlager zu gewinnen. (77)

Vom Standpunkt der Dampfwirtschaft sind allerdings Drilling und Vierling allen anderen Dampfmaschinen-Spielarten unterlegen. Gegenüber dem Zwilling gleicher Zugkraft folgt der durch die kleineren Zylinder bedingte Mehrverbrauch am Dampf aus (20, S. 30), doch dazu kommt der meist unvermeidliche Einfluß höheren Blasrohrdrucks. Die früher oft behauptete bessere Feueranfachung durch die größere Auspuffzahl des Drillings ist bei brauchbaren Dauerdrehzahlen Utopie oder mißverstandener Zufall. Für Mehrzylindermaschinen ist die Verbundwirkung das wirtschaftlich Gegebene. Dies sagen auch Born und Düring, wobei letzterer den preußischen 2C-Vierling S10 als Kohlenfresser und auch den Drilling S10² als der 4v-Variante S10¹ wirtschaftlich und leistungsfähig unterlegen hervorhebt (31, S. 90). Betriebsergebnisse haben dann überzeugenden Vergleichswert, wenn die Konstruktionen unter einheitlicher Überwachung entstanden, was in Preußen der Fall war. Hier sei nochmals auf Seite 46 verwiesen, hinsichtlich der S10² von 1914, mit dem de Glehnschen Zweiachsantrieb und dem v. Borriesschen Zylinderblock.

Die Schnitte (S. 293) weisen auf die Wichtigkeit einer bezüglich Strömungswiderstände und Rücksicht auf den Höhenbedarf der Blasrohranlage vorteilhafte Gestaltung der Abdampfwege hin, die bei Drei- und Vierzylindermaschinen schwieriger ist als bei zwei Außenzylindern. Mängel in dieser Hinsicht haben schon so manche Verbundbauart um einen wesentlichen Teil ihrer potentiellen dampfwirtschaftlichen Überlegenheit gebracht, besonders im höheren Drehzahlbereich. Wie heikel auch die Steuerungsbemessung für Verbundmaschinen ist, zeigt das Beispiel der Gölsdorfschen 1C2-Serie 310, die nach Sanzins erst 1919 veröffentlichtem detailliertem Bericht (178) einen anfangs unerklärlichen Mangel an Leistung und Wirtschaftlichkeit auf den je 8 bis 12 km langen kurvenreichen 10-Promille-Steigungen der Westbahn nahe Wien und Salzburg aufwies, wo sie mit 360 t Wagengewicht anstatt der erwarteten 60 km/h bloß 40 bis 43 bei höchster Kesselanstrengung zustandebrachte. Die Indizierung ergab zu niedrigen Verbinderdruck infolge unzureichender Kompression und zu großer Füllungen in den ND-Zylindern und außerdem zu früher Vorausströmung, speziell aus den HD-Zylindern, was klare Arbeitsverluste bedeutete. Ferner wurde festgestellt, daß die an sich gegenüber Naßdampf steiler abfallende Expansionskurve des Heißdampfs größere HD-Zylinder verlangt hätte, im Verhältnis zum ND-Zylindervolumen näher an 1/2,5 als den vorhandenen 2,9. Die von Sanzin vorgenommenen Änderungen der Steuerkanten der auf je einer Stange sitzenden HD- und ND-Schieber waren jedoch ausreichend, um die Leistung auf den Höchststeigungen um 40 % zu erhöhen, ohne vom Kessel mehr zu verlangen, sodaß der Belastungstafel mit 10 % Reserve nunmehr 360 t bei 60 km/h zugrundegelegt werden konnten. Die 310er war damit auch bezüglich Wirtschaftlichkeit so zufriedenstellend geworden, daß ein kostspieliger Zylinderumbau

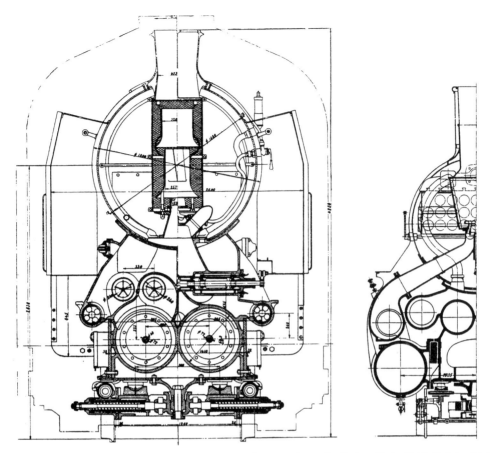

Die von Chapelon 1932/34 modernisierte 2C1h4v-Serie 3800 der P.O. (früher Serie 3500, links) erhielt unter anderem neue Zylinder. Lentz-Dabeg-Ventilsteuerung mit schwingenden Nocken sowie die hier sichtbaren direkten Ausströmwege von den innenliegenden ND-Auslaßventilen zum Blasrohr. Bei der in Mitteleuropa vorherrschenden Anordnung mit allen vier Zylindern in einer Querebene und außenliegenden ND-Zylindern ergibt sich gemäß dem rechts dargestellten Halbschnitt für die badische 2C1 Gattung IVf von 1907 ein hoch hinaufführendes Hosenrohr für den beiderseitigen Abdampf und damit für die Blasrohranlage eine beschränkte Bauhöhe, die ihren Wirkungsgrad schmälert. Dies erkannte man da und dort erst in den zwanziger Jahren.　　　　　　　　　　　　　　　　　　　　　　　　　　　　　*(18 bzw. 77)*

vermieden werden konnte und einschließlich der letzten 10 mit Brotankessel von 1918 insgesamt 100 Einheiten gebaut wurden.

Im Rahmen seiner Untersuchungen behandelte Sanzin auch vorrangig und kritisch die Dimensionierung der Dampfströmungswege vom Regler bis zum Blasrohr, wie bereits gelegentlich seiner Versuche mit der 2C-Serie 109 der österreichischen Südbahn von 1910 (179), in welchem Zusammenhang neuere, den Tatsachen fernerstehende Autoren immer nur Chapelon erwähnen, als ob nur er sich dieses Themas angenommen hätte.

Daß der Erfolg mit Gölsdorfs 310er lediglich durch Verlegung der Steuerkanten um 1,5 und 8 mm an den HD-Schiebern sowie um 5 und 12 mm an den ND-Schiebern bewirkt werden konnte, ist ohne Studium der Indikatordiagramme nicht verständlich, und Sanzin spricht in seinem Bericht mit seltener Offenheit über die schwierigen und vielfach ungeklärten Verhältnisse an Heißdampf-Verbundlokomotiven. Unter diesen Umständen ist es klar, daß es zwischen den Ergebnissen mit solchen Maschinen weltweit große und zu widersprüchlichen Interpretationen führende Unterschiede gibt.

Der von Gölsdorf, aber teils auch von Maffei und seinerzeit von Vauclain vorgenommenen Vereinfachung der Steuerung mittels zweier Kolbenschieber auf einer Stange stand als Antipode die anfangs in Frankreich geübte Lösung gegenüber, die jeweilige 'Besteinstellung' des Verhältnisses der ND- zur HD-Füllung dem Führer zu überlassen, indem man ihm schon vor 1900 getrennte äußere Steuerungen mit zwei nach Belieben zu betätigenden Steuerschrauben 'bescherte'. Dieses System wurde auch auf Grafenstadener Lokomotiven für Preußen vorgesehen, aber von Borries aus einleuchtenden Gründen dezidiert abgelehnt. Bei gegenläufigen HD- und ND-Kolben sowie genügend langen Treibstangen zur Verringerung der Fehlerglieder gibt <u>eine</u> wissenschaftlich ausgemittelte Außensteuerung pro Maschinenseite sehr zufriedenstellende Dampfverteilung. Die PLM erkannte endlich 1914 die Vorteile einer einfachen Steuerungseinstellung, zur Entlastung des Führers und Verhütung von Fehlgriffen (18, S. 230).

Bei einer Drillingsmaschine kann die Steuerung des Innenzylinders von den beiden Außensteuerungen durch Zusammensetzen ihrer Schieberhübe abgeleitet werden, entweder mittels schwingender Querwellen (1) oder am einfachsten nach Gresley mittels in einer Ebene schwingender Hebel (20, S. 153, 183). Beide haben aber den Nachteil, daß Zapfenspiele und elastische Verformungen die Bewegung des mittleren Schiebers verändern, sodaß die Leistung des Innenzylinders bei geringer Fahrgeschwindigkeit kleiner, bei hoher aber viel größer werden kann. Daher ging man mehrfach, wie in Deutschland, wieder zu getrennten Steuerungen für jeden Zylinder zurück, die für 3v-Maschinen auf jeden Fall geboten sind.

Verbundwirkung gegen Einfachexpansion: Dampfersparnis

Während die Dampfersparnis einer vergleichbaren Verbundmaschine bei Naßdampfbetrieb eklatant in Erscheinung trat und unter Ausschluß von Durchbildungsfehlern mit Sicherheit um 15 % lag, sodaß die Kohlenersparnis bei gleicher Leistung in intensivem Durchschnittsbetrieb oft 20 % und mehr betragen konnte, wurde sie bei Heißdampf mit wachsender Überhitzungstemperatur immer mehr beschnitten. Durch das Fehlen von Dampffeuchtigkeit wird der schädliche Wärmeaustausch mit den Zylinderwänden der Maschine etc. stark reduziert, worauf ja der Erfolg der Heißdampfwirkung zu einem erheblichen Teil beruht. So liegt der spezifische Dampfverbrauch einer guten Naßdampf-Zwillingslokomotive in einem günstigen Arbeitsbereich um rund 50 % über dem theoretischen für den betreffenden Betriebszustand, bei einer Heißdampflokomotive mit 350° Eintrittstemperatur um 35 %, und bei 420° mit einer optimalen Kolbenschiebermaschine wie die 1C2t-Baureihe 66 der DB um nur 27 %.

Wenn nun eine Verbundmaschine die thermischen Verluste bei Naßdampf halbiert, also von 50 % auf 25 % bringt, dann beträgt die Dampfersparnis fast 17 %. Kann sie bei Heißdampf von 350° die Verluste gegenüber der Einfachexpansion noch um 40 % reduzieren, so erspart sie noch 10,5 %; verringert sie aber bei 420° diese Verluste um immerhin noch ein Drittel, dann erspart sie nur mehr 7 %. In diesem Fall muß sie im Einklang mit Chapelonschen Ergebnissen bereits 85 % der theoretischen Leistungsausbeute in Zylinderarbeit umsetzen und setzt eine praktisch fehlerlose Durchbildung aller thermisch bedeutsamen Einzelheiten voraus.

Auf sehr großen Lokomotiven, z.B. amerikanischen 2D2 mit 120 bis über 130 t Treibgewicht, könnte man zwei ND-Zylinder vorteilhafter Größe nicht mehr unterbringen und auch die Dimensionierung der Dampfwege würde durch Platzmangel behindert. So war auch die noch einfachste Bauform für Spitzenkapazitäten, die Dreizylinder-Verbundmaschine, dort nicht verlockend und ihr Bau hätte mangels Erfahrungen sicherlich viel Lehrgeld gekostet. Offiziell hatte sich seit Baldwins erwähnter 2E1 niemand mehr damit beschäftigt; bei dieser lobte man zwar ihren gleichmäßigen Dampfverbrauch über einen weiten Betriebsbereich, aber der thermische Gesamtwirkungsgrad von 5,6 bis 7,8 % war nicht ermutigend.

Nach all dem ist es verständlich, daß außerhalb Frankreichs die neuesten Lokomotiven meist Zwillingsdampfmaschinen erhielten und für höchste Geschwindigkeiten und Leistungen in Deutschland sowie England zuletzt der Drilling bevorzugt wurde, den man allerdings in Amerika schon in den späten dreißiger Jahren abgeschrieben hatte.

In Sowjetrußland herrschte der Zwilling unumschränkt, nachdem in der Zarenzeit unter deutschem und amerikanischem Einfluß mehr als drei Jahrzehnte das Naßdampf-Verbundsystem gepflegt wurde, meist die Zweizylinderbauart, aber nicht ohne Vauclain- und Eigenbau-Tandemmaschinen eine Chance zu geben. In der Ablehnung von Innentriebwerken waren die Russen sogar konsequenter als die Amerikaner.

Lokomotiven mit dreifacher Expansion wurden ganz vereinzelt in alter Zeit in England und einmal in den USA von Muhlfeld 1935 versucht, waren aber völlig erfolglos. Allein eine wirtschaftliche Dampfverteilung über den Zugkraftbereich wäre nur auf komplizierte Weise erzielbar.

Zylinder- und Treibradbemessung

Die Zugkraft folgt aus dem Zylinderdurchmesser d, dem Verhältnis des Kolbenhubs s zum Treibraddurchmesser D und dem mittleren indizierten Dampfdruck pi, der auf den Kolben wirkt. In *Lokomotiv-Athleten* (20, S. 19) wurde die Zugkraftberechnung erläutert, und begründet, warum es sinnvoll ist, für die bei geringer Fahrgeschwindigkeit mit einer Einfachexpansionsmaschine sicher erzielbare Zylinderzugkraft Zi den Druck pi zu 75 % des Kesseldrucks pk einzusetzen. Ferner wurde empfohlen, bei Verbundmaschinen mit einem auf den ND-Zylinder bezogenen Gesamtdruck von pi = 1,4/(R −0,65) pk zu rechnen, worin R das Volumsverhältnis des ND- zum HD-Zylinder ist.

Für eine Zwillingsmaschine oder eine Verbundmaschine mit zwei ND-Zylindern ist dann die Zylinderzugkraft ganz einfach Zi = pi d^2 s/D und bei einer größeren oder kleineren Zahl auspuffender Zylinder muß proportional gerechnet werden, so z. B. mit 1/2 für eine Zweizylinder-Verbundmaschine. Mit pi in kp/cm^2, d, s und D in cm erhält man Zi in kp. Mit diesen Werten wurden auch die Zugkräfte in der *Ära nach Gölsdorf* (26, S. 24/25) berechnet. Sie gelten am Radumfang eines widerstandslosen Triebwerks; über die nach Abzug des Lokomotivwiderstands verbleibende Hakenzugkraft siehe (20, S. 32/33).

Die Zylinder- oder Nennzugkraft muß in einem brauchbaren Verhältnis zu dem auf den gekuppelten Rädern ruhenden Reibungsgewicht Gr stehen, das auch Treibgewicht genannt wird. Bei den in (20) behandelten großen Lokomotiven und Projekten liegt das Verhältnis Zi : Gr meist zwischen 0,21 und 0,26 mit einer Spitze von 0,30. Bei jenen in der *Ära nach Gölsdorf* hatte man für Hügellanddienst 0,25 als wirtschaftlich erkannt; mit überschlägig 4 % Triebwerkswiderstand muß zwecks Ausnutzung der Nennzugkraft ein nomineller Haftwert von 0,24 am Radumfang zur Verfügung stehen, was für beste Zwillingstriebwerke schon einen tatsächlichen Haftwert von 0,27, das ist um 12 % mehr erfordert, damit ein Schleuderbeginn noch während des Weiterdrehens abgefangen wird. Bei ungünstigem Schienenzustand ist Sandstreuen nötig. Für Allwetter-Dauerfahrt auf der jeweils maßgebenden Steigung wurden den Belastungstafeln nominelle Haftwerte von 0,19 bis herab zu 0,17 für schwierigste Bergstrecken (Semmering!) zugrundegelegt, um nicht zuviel sanden zu müssen.

Während man mit der Nennzugkraft nur wenig über eine U/sec machen kann, um nicht die Kesselleistung zu überfordern und sehr unökonomisch zu fahren, kommt man mit obigen Dauerhaftwerten auf wirtschaftliche Zugkräfte und Zylinderfüllungen von ca. 40 % anstatt 60 % und mehr, wodurch der spezifische Dampfverbrauch so erheblich sinkt, daß 2,5 bis 3 U/sec, also günstige Berggeschwindigkeiten eingehalten werden können.

Damit eine Verbundlokomotive die gleiche Nennzugkraft ausübt wie ein sonst identischer Zwilling, müssen ihre ND-Kolbenflächen gleich denen der Zwillingskolben multipliziert mit dem reziproken Verhältnis der pi sein. Für ein Volumsverhältnis R = 2,5, wie es zuletzt für 20 atü Kesseldruck als günstig befunden wurde, folgt daraus, daß der Durchmesser eines ND-Zylinders um 30 % größer sein muß als der des Zwillingzylinders. Dies bedeutet eine viel weitergehende Dampfexpansion; die *Erste Zugkraftkennziffer* (20, S. 20) $d^2 s/D$ wird um knapp 70 % größer als für den Zwilling. Es ist interessant, daß schon Gölsdorfs wohlgelungene 1C1h4v-Serie 10 von 1909 sehr ähnliche Proportionen aufwies. Später sah man sich aber wegen der großen Dimensionen schwerer Lokomotiven zu knapperer Bemessung gezwungen. So hatte Chapelons 2D2 nur Zi/Gr = 0,19 und mußte bei Vollauslastung auf Steigungen zum Nachteil der Wirtschaftlichkeit auf Einfachexpansion umschalten — natürlich auch beim Anfahren und Beschleunigen. Auch die Niagara-Type der New York Central kam auf bloß Zi/Gr = 0,2 und fuhr mit ganz unwirtschaftlichen Füllungen.

Bei der Zylinderbemessung von Hochleistungslokomotiven ist aber, wenn bester Gesamtwirkungsgrad angestrebt wird, auch der Dampfdurchsatz pro Hubvolumen zu berücksichtigen, was bisher vernachlässigt wurde. Dies steht außerhalb des Rahmens dieses Buchs und wird in meinem nächsten über die Leistungsentwicklung aller Eisenbahntraktionssysteme behandelt.

Treibraddurchmesser wählte man in neuerer Zeit kleiner als ehedem. Vor dem Ersten Weltkrieg entsprachen sie an mitteleuropäischen Lokomotiven sehr genau den TV des VDEV von 1909, die für viele charakteristische Bauarten Treibrad-Höchstdrehzahlen zwischen 180 und 360 U/min, also 3 bis 6 U/sec, empfahlen, wobei die zugehörigen Fahrgeschwindigkeiten offen blieben (77, S. 22). Das Maximum galt für Drehgestellokomotiven mit Innen- oder Vierzylindertriebwerk bis zur C-Kupplung, wobei für eine 2C oder 2C1 mit 1850 mm Raddurchmesser 126 km/h zulässig waren. Laufachslose Vierkuppler mit überhängender Box wurden richtig auf 3 U/sec beschränkt und durften mit 1130 mm großen Rädern 38 km/h fahren, ungefähr zutreffend für die Semmering-Güter-Lokomotiven von 1860 mit 35 km/h. Gegenüber Vierkuppler-Schnellzuglokomotiven mit Außenzylindern, die es 1909 noch nicht gab, war man mißtrauisch und hätte der BBÖ-214er bloß 95 km/h anstatt 120 empfohlen; der DT1 von 1935 (26) hätte nur 77 anstatt 100 km/h (6,1 U/sec) fahren sollen.

In England und Nordamerika gab es keine offiziellen Höchstgeschwindigkeiten für Lokomotiven, sondern nur solche für Streckenabschnitte, in den USA aber als Leitbegriff die *Diameter Speed*, das heißt soviele Meilen/h wie der Treibraddurchmesser in Zoll mißt; dies führt auf 5,6 U/sec. Die 2C2h3-Schnellfahrlokomotive der DRB von 1935 für 175 km/h und D = 2300 mm benötigte 6,75 U/sec, die englische 2C1-Klasse A4 für die nur kurzzeitig erreichten 200 km/h gar 8,9, aber die 2D2 der Norfolk & Western mit Rollenlagertriebwerk und der wechselvollen Strecke wegen bloß 1778-mm-Rädern fuhr im Flachland mit bis zu 160 km/h und 8 U/sec. Mit einem km/h pro cm Treibraddurchmesser erhält man 8,84 U/sec, wohl nahe der betrieblichen Grenze für ein Rollenlager-Leichttriebwerk aus Sonderstählen.

Für den Kolbenhub gab es Usancen, aber keine Regeln. Die DRB verwendete jahrzehntelang 660 mm und ging erst bei einigen neueren Großlokomotiven und der BR 10 auf Gölsdorfs traditionelle 720 mm über, die dem Streben nach Begrenzung der Kolben- und Lagerdrücke sowie der Entlastung der Radnaben entsprachen. Dieses war auch in den USA vorherrschend, und 813 mm Hub wurde zu einem Standard seit den dreißiger Jahren, mit einem Maximum von 864 für die größten Fünfkuppler. Der Hub von Gebirgslokomotiven sollte etwa den halben Raddurchmesser erreichen und eine Hublänge von 1,10 bis 1,25 des Zylinderdurchmessers ist auch bezüglich der Abkühlungsflächen vorteilhaft.

Massenausgleich und störende Bewegungen

Vor 1835 waren Gegengewichte zum Ausgleich der mit den Treib- und Kuppelzapfen verbundenen Massen unbekannt. Die mit steigender Drehzahl und zunehmenden Triebwerksgewichten aus Gründen der Gangruhe und Betriebssicherheit nötig gewordene geschichtliche Entwicklung des Massenausgleichs hat J. Jahn in konzentrierter Form behandelt (14, S. 74/76).

Die rein rotierenden Massen können mittels in den betreffenden Radkörpern untergebrachter Gegengewichte grundsätzlich vollkommen ausgeglichen werden. Nur bei kleinrädrigen Güterzuglokomotiven findet man gelegentlich, daß der Treibradsatz nicht genug Platz dafür bietet, und muß untersuchen, welches Manko man zulassen und/oder welche Maßnahmen zur Gewichtsverringerung an Stangen und deren Lagern man wirtschaftlich vertreten kann. Die auszugleichenden Massen befinden sich in verschiedenen Abständen von den Radkörpern, in denen die Gegengewichte zu liegen kommen. Nach den Gesetzen der Mechanik sind daher für jede dieser Massen zwei Gegengewichte anzuordnen, für außenliegende Triebwerksteile ein größeres radial entgegengesetzt im benachbarten Rad und ein kleineres radial gleichgerichtet im gegenüberliegenden Rad. Zusammengesetzt erhält man die Gegengewichte für eine Lokomotivseite. Wenn, wie üblich, die rechte Kurbel voreilt, dann liefert die linke in jedem rechten Rad einen ihr gleichgerichteten Gegengewichtsanteil und das resultierende Gegengewicht ist, besonders im Treibrad, um einen deutlichen Winkel nach vorn verschwenkt (26, S. 180, 200). Diese vollkommene Art des Massenausgleichs wird dynamischer Ausgleich genannt (auf englisch treffender *cross-balancing)*, zum Unterschied vom besonders in den USA noch bis zuletzt für Kuppelradsätze geübten statischen Ausgleich (simple balancing), bei dem die Triebwerksmassen als in den Radebenen wirkend betrachtet werden, die Gegengewichte daher nicht verschwenkt sind.

Extrem großes Gegengewicht, das für die kleinrädrigen amerikanischen Güterzugslokomotiven aus der Zeit um die Jahrhundertwende typisch ist.

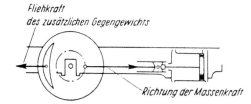

Fliehkraft
des zusätzlichen Gegengewichts

Richtung der Massenkraft

Prinzipskizze für den Ausgleich der hin- und hergehenden Massen. In den Totpunkten addieren sich
die hin- und hergehenden Massen linear zu den rotierenden, in den dazu senkrechten Kurbelstellungen
sind, abgesehen vom Einfluß der endlichen Treibstangenlängen, nur die Fliehkräfte der rotierenden
Massen wirksam. *(49)*

Die hin- und hergehenden Massen, zu denen pro Zylinder, außer Kolben, Kolbenstange und
Kreuzkopf samt Anhang, 25 bis 30 % der Treibstangenmasse (je nach Querschnittsverlauf)
ohne die Treibzapfenlager gehören, bewirken das Zucken der Lokomotive, das ist eine der Fortbewegung überlagerte, im Rhythmus der Treibradumdrehungen hin- und hergehende Längsbe-
wegung. Ihr Ausmaß erreicht bei Zwillingslokomotiven ein Maximum und beträgt dann das
Produkt aus dem 1,4fachen Hub mal den unausgeglichenen hin- und hergehenden Massen einer
Seite, dividiert durch die Gesamtmasse der Lokomotive samt ihrem fest gekuppelten Tender,
was meist 3 bis höchstens 6 mm ergibt. Wenn keine Resonanzerscheinungen durch das federnde
Tragwerk und die vertikalen Gleitbahndrücke bei kurzen Treibstangen und gedrungener Lokomotivbauart dazukommen, ist diese Störung unwesentlich. Um sie dennoch zu verringern,
wird ein Teil der hin- und hergehenden Massen von Zwillingstriebwerken ausgeglichen, indem
im Radkörper gegenüber der Treibkurbel die horizontale Fliehkraftkomponente eines zusätzlichen Gegengewichts ausgleichend wirkt; die Vertikalkomponente aber wird nach einer Vierteldrehung ein Maximum und wirkt be- oder entlastend auf die Schienen, je nachdem das betreffende Gegengewicht sich gerade unten oder oben befindet. In Mitteleuropa ist ihre Größe
für die offizielle Höchstgeschwindigkeit durch die TV auf 15 % des ruhenden Raddrucks beschränkt, wodurch man aber meist bloß etwa ein Fünftel der hin- und hergehenden Massen
ausgleichen kann, obwohl diese Ausgleichgewichte auf sämtliche gekuppelten Räder verteilt
werden. Diese Beschränkung ist viel zu einschneidend und auch insofern unlogisch, als sich
keine Vorschrift um die bei Bergfahrt oft weitaus größeren Mehrbelastungen der Schiene durch
die Treibstangendrücke schrägliegender Zylinder kümmerte, deren Ausmaß man rein dem
Konstrukteur überließ (26, S. 209, Punkte 10 und 11). In England und den USA konnte man
von den hin- und hergehenden Massen meist die Hälfte ausgleichen, bei Leichttriebwerken
entsprechend mehr. Vierzylinderlokomotiven und Drillinge mit um 120° versetzten Kurbeln
haben praktisch keine Zuckbewegungen, letztere hingegen eine verstärkte Tendenz zum Drehen
um eine vertikale Achse, was aber bei langem Radstand kein Kopfzerbrechen bereitete.

Eine einzigartige Konstruktion zum Ausgleich der hin- und hergehenden Massen eines Außen-
triebwerks entstand um 1930 auf der französischen Nordbahn. Sie bestand darin, auf der Treibkurbel eine um 180° versetzte Gegenkurbel anzuordnen, an der eine im wesentlichen horizontal liegende, lange Stange angreift, die an ihrem anderen Ende aufgehängt und dort als
Gegengewicht ausgebildet ist, das die hin- und hergehenden Triebwerksmassen weitgehend aus-
gleicht — jedenfalls weit besser, als es die einschränkenden Bestimmungen der mitteleuropäischen TV zuließen. Die schnelle 1D1t-Type NORD von 1932 erhielt pro Seite ein Gegengewicht
von 500 kg (180); allerdings wirken auf die Gegenkurbel bei hoher Drehzahl sehr große Massenkräfte, die den sie tragenden Treibzapfen auch unerwünscht auf Verdrehen beanspruchen.
Chapelon wandte dieses System bei seiner 1F von 1940 an, siehe Fotos und Zeichnung auf
Seiten 160, 162 bzw. 200 in *Lokomotiv-Athleten* (20); sonst fand es meines Wissens kaum
Nachahmung.

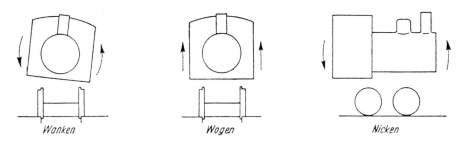

Wanken   Wogen   Nicken

Beispiele störender Bewegungen der Dampflokomotive. Wanken wird bei Gleisbogen durch schnelles Einfahren oder Auslaufen verursacht, in der Geraden aber durch schlechte Gleislage. Wogen tritt kaum je allein auf, da es als vertikale Parallelschwingung des gefederten Teils der Lokomotive definiert ist und genau genommen vertikale Impulse voraussetzt, die gleichzeitig auf alle Räder wirken. Bei kurzen Maschinen häufig ist hingegen das Nicken, das auf kurzen Schienen mit schlechten Stoßverbindungen geradezu in einen Galopp ausarten kann, wenn man zu schneidig fährt, was man sich in Kurven nicht leisten darf. Die Elastizität der Tragfedern ermöglicht und unterstützt die störenden Bewegungen, während ihre Reibung dämpfend wirkt.

(49) DDR, S. 507

Die obenstehende Darstellung illustriert drei Beispiele von störenden Bewegungen, die hauptsächlich von Wechselwirkungen zwischen Fahrzeug und Gleis ausgelöst werden, wobei das hier dargestellte Wogen in dem von Karl Pflanz (1897—1980) verfaßten Lehrbehelf Nr. 82 der ÖBB von 1965 wohl anschaulicher Tauchen genannt wurde. Dazu gesellt sich als die bei Lokomotiven mit im Verhältnis zu ihrer Längenerstreckung geringer geführter Länge unangenehmste, neben dem Nicken kurzer Lokomotiven auch gefährlichste, das Schlingern, d.s. Rechts- und Linksschwenkungen, kombiniert mit querparallelem Schütteln. Es wird von Seitenkräften zwischen Schienen und Rädern (Spurkränzen), speziell den in der Fahrtrichtung führenden, ausgelöst, also insbesondere beim Einlaufen in flache Krümmungen, und von Lagefehlern im Gleis. Ein wiederholtes kleines Aufsteigen der Räder in den Hohlkehlen an den Spurkränzen, bei langem Radstand verbunden mit seitlichen Federkräften, z.B. an führenden Laufachsen, kann eine einmal eingeleitete Schlingerbewegung verlängern. Ein gefährliches Ausmaß zu verhindern, ist u.a. Sache der Laufwerksausbildung. Verglichen mit dem Drehen durch die seitlichen hin- und hergehenden Triebwerksmassen, ist die Frequenz des Schlingerns mehrfach kleiner, ihre Amplituden aber sind größer. Dank den heutigen Methoden des Gleisbaus, der Lagebeständigkeit und Instandhaltung der Gleise hätten Dampflokomotiven nun weitaus mehr Laufruhe als zu ihrer Zeit, da sie ihren Dienst oft unter sehr mittelmäßigen Verhältnissen und als Folge davon mit vorschriftswidrigen Geschwindigkeitsüberschreitungen versehen mußten. Da erinnerte man sich an einen Lieblingsausspruch von Direktor Gussenbauer der Wiener Lokomotivfabrik aus der Zeit des Ersten Weltkriegs: *Sie glauben gar net, was Eisen alles aushält!*.

Laufwerk und Kurvenlauf

Hätte zu einer Zeit, als bloß Straßenverkehr mit Zugtieren bekannt war, jemand behauptet, man könne auf einem Schienenstrang mit heutiger Normalspurweite Fahrzeuge von über 3 x 4 m Breite bzw. Höhe mit Rädern des abgebildeten Reifenprofils, also geführt durch knapp 3 cm

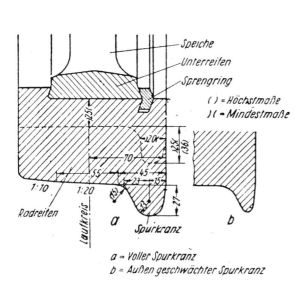

Speiche
Unterreifen
Sprengring
( ) = Höchstmaße
)(= Mindestmaße
Radreifen
Laufkreis
a
Spurkranz
b
1:10   1:20

a = Voller Spurkranz
b = Außen geschwächter Spurkranz

Allgemein wird der aus hartem Stahl gewalzte Radreifen auf die Felge des Radkröpfers aufgeschrumpft, das heißt nach Erwärmen aufgezogen, sodaß er nach dem Abkühlen festsitzt. Zur Sicherung wird in Mitteleuropa ein geschlitzter sogenannter Sprengring aus weichem Stahl verwendet, der in eine Radreifennut eingehämmert wird. Dies ist auch in Frankreich der Fall, wogegen in den USA, teils auch in England, die Radreifensicherung mittels eines flachen Rings erfolgte, gehalten durch Bolzen in die Felge durchdringenden, achsenparallelen Bohrungen, keine elegante Lösung, doch spart sie Arbeitszeit bei Radreifenwechsel. Die Führung im Gleis erfolgt durch Spurkränze normaler Dicke wie bei a; wo es die Kurvenfahrt erfordert, werden gewisse Spurkränze gemäß Form B um maximal 15 mm schmäler ausgeführt (Spurkranzschwächung). Das Profil der Lauffläche war in den letzten Jahrzehnten wieder Gegenstand vieler Versuche und Modifikationen; so ist das Heumann-Lotter-Profil von 1941 nach DB-Norm von 1952 im Laufkreis zylindrisch mit anschließender Neigung von ca. 1:14 gegen den Spurkranz hin, dessen steiler ausgeführte Flanke die Entgleisungssicherheit beim Auftreten großer Seitenkräfte erhöht.   *(49)*

hohe Spurkränze, mit 30, ja 60 m/sec verkehren lassen, wäre er zweifellos als Phantast abgeschrieben worden. Gefällsfahrten mit Grubenhunten bewiesen wohl schon bald, daß die Spurführung erstaunlich sicher ist; Dampfzüge erreichten, wie schon erwähnt, mehr als 25 m/sec kaum zwei Jahrzehnte nach der ROCKET. *Am Anfang war die Tat,* läßt Goethe seinen Faust sagen; mit dem Rechnen hingegen begann man auf diesem Gebiet erst lange nach 1903, als bei den weltbekannten Versuchen mit Drehstrom-Triebwagen auf der Militärbahn Berlin–Zossen fast 60 m/sec schon Wirklichkeit geworden waren. Der Spurkranz als Führungselement in einem gut liegenden Gleis verursachte keine Sorgen, solange die auf ihn wirkenden Seitenkräfte im Vergleich zum Schienendruck des zugehörigen Rades nicht zu groß wurden; erst bei mehr als der Hälfte wird es kritisch und dann darf ein führendes Rad auch nicht einen solchen Anlaufwinkel zur Außenschiene einnehmen, daß es eine starke Tendenz hat aufzusteigen. Es geht also um die Wechselwirkungen zwischen Laufwerk und Schienen, vor allem auch um die Ausrichtung der letzteren in der Geraden und in Gleisbögen, und um die eben betrachteten störenden Bewegungen der Lokomotive. Daß das Laufwerk hier die angetriebenen und die gekuppelten Radsätze (Achsen) einschließt, ist klar. Es leuchtet auch ein, daß das Spurspiel, das ist die mögliche Seitenbewegung des Radsatzes zwischen den Schienen, wenn seine Spurkränze beispielsweise auf gerader Strecke abwechselnd rechts und links anlaufen, nicht zu groß sein darf. Zehn Millimeter im neuen Zustand von Radsätzen und Gleis sind in der Geraden genug und neue Schienen verlegt man für moderne Traktion meist im lichten Abstand von 1433 anstatt mit der nominellen Spurweite von 1435 mm. Noch kleineres Spurspiel aber erwies sich bei sehr hohen Geschwindigkeiten auch als schädlich.

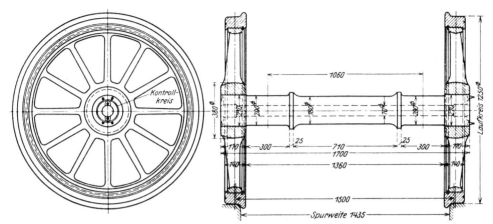

Typischer deutscher Schleppradsatz für 20 t Achslast. Die fast durchwegs geringer belasteten führenden Laufradsätze werden selten mit mehr als 1000 mm Laufkreisdurchmesser ausgeführt (die österreichische Norm betrug von Gölsdorf bis zuletzt 1034 mm), bei den deutschen Einheitslokomotiven von 1925 wählte man 850 mm, in den USA oft sogar nur 762 bis maximal 914 mm. Veranlassung zu kleinen Durchmessern bei Drehgestellen gab die geringe Höhe des Rahmenausschnitts für den Seitenausschlag der hinter den Zylindern laufenden Räder. Speziell in den USA wurden deren Körper gerne als gegossene oder gewalzte Vollscheiben ausgeführt.   (2)

Auch bei guter Gleislage kann eine rasch fahrende Lokomotive in unangenehme und gefährliche Schwingungen geraten, wenn sie einen im Verhältnis zu ihrer Länge, richtiger ausgedrückt, zur Länge ihrer Hauptmasse, zu kurzen Achsstand hat. Dies war jahrzehntelang Erfahrungssache, und in anschaulicher Weise diskutiert diesen Punkt J. Jahn (14, Einleitung). Das Befördern personenführender Hauptbahnzüge durch bloß zweiachsige Lokomotiven wurde vielfach verboten, auch wegen der fatalen Folgen des Bruchs einer Achse, doch was störende Bewegungen betrifft, konnte eine zweiachsige Maschine mit auseinandergezogenen Radsätzen weit sicherer sein als eine dreiachsige mit eng aneinandergerückten. Die Laufwerksgestaltung bestimmt primär das Fahrverhalten, natürlich umsomehr, je höher die Geschwindigkeit.

Die Wichtigkeit von Lauf- oder Tragachsen sowohl für die unterbringbare Kesselgröße und -leistung als auch für die Gangruhe und die Güte des Kurvenlaufs, also die zulässige Fahrgeschwindigkeit, habe ich schon im Kapitel über den allgemeinen Aufbau Stephensonscher Lokomotiven und bei der Diskussion charakteristischer Achsanordnungen kurz behandelt.

Wegbereiter der Spurführungswissenschaft war der in Königsberg geborene Richard v. Helmholtz (1852–1934), Sohn des Physikers Hermann; schon 29jährig Leiter des Konstruktionsbüros im Stammwerk der Krausschen Lokomotivfabrik am Marsfeld, war er dort bis zum Eintritt in den Ruhestand Anfang 1918 hervorragend tätig. Weithin bekannt machte ihn seine 1888 in der *Zeitschrift des VDI* erschienene Abhandlung über *Die Ursachen der Abnützung von Spurkränzen und Schienen in Bahnkrümmungen und die konstruktiven Mittel zu deren Verminderung.* Erste Grundlage zu dieser — wie sich nach einigen Jahren erwies — bahnbrechenden Studie waren die Betriebserfahrungen mit einer 1885 für die berühmten Carrara-Marmorbrüche gebauten Ct, deren mittlere Kuppelachse er in der ausgesprochenen Absicht seitenverschieblich machte, sie auch in den schärfsten Kurven an der Außenschiene anlaufen zu lassen, an der sie sich dadurch selbst führt und so den Spurkranzdruck der ersten Achse entlastet. Dieses Prinzip wurde in seiner folgerichtigen Anwendung auf mehrfachgekuppelte Lokomotiven der Schlüssel zu den erfolgreichen bogenläufigen Vier- bis Sechskupplern, deren Siegeszug Karl Gölsdorf einleitete. Es soll aber nicht verschwiegen werden, daß dieser der obigen Helmholtzschen Erkenntnis skeptisch gegenüberstand, bis ihm Matthias Fasbender, Leiter der Linzer Filialfabrik von Krauss & Co., an Hand eines Modells ihre Richtigkeit bewies. So wurde das Laufwerk von

Gölsdorfs berühmt gewordener ersten Gebirgsschnellzuglokomotive, der 1D-Serie 170 von 1897, optimal gestaltet; aber trotzdem gab es 1900 beim meist als beispielgebend angeführten Fünfkuppler Serie 180 der k. k. österreichischen Staatsbahnen einen Fehler, indem Gölsdorf, wohl in extremem Streben nach Kurvenbeweglichkeit, den Helmholtzschen Grundsatz verließ und im Gegensatz zur Serie 170 der vordersten Kuppelachse (ebenso wie der dritten und der letzten) ein Seitenspiel (stets getrennt auf jeder Seite ihrer Mittellage gemessen) von 26 mm gab, das erst in der Zwischenkriegszeit wegen unruhigen Laufs beseitigt und auf die zweite Achse übertragen wurde.

In (20) habe ich die Kurveneinstellung an den kritischen Beispielen sechsfach gekuppelter Lokomotiven und eines überlangen Siebenkupplers bildlich dargestellt und diskutiert, und an anderer Stelle einige analoge Unzweckmäßigkeiten und Modifikationen am Laufwerk späterer Bauarten erläutert (26, S. 56/57 und 73/74). Auf diese war man gekommen, als die Notwendigkeit, schneller zu fahren, versteckte Unzulänglichkeiten zutagetreten ließ.

Zusammenfassungen der Probleme des Bogenlaufs von Eisenbahnfahrzeugen im allgemeinen und von Dampflokomotiven im speziellen mit Theorie und praktischen Beispielen bringen der Artikel (182) von Helmholtz' Schüler Hermann Heumann (1878–1967) sowie der hier besonders interessierende große Beitrag von Ulrich Schwanck zu Th. Dürings Buch von 1972 über die Schnellzuglokomotiven der deutschen Länderbahnen (183).

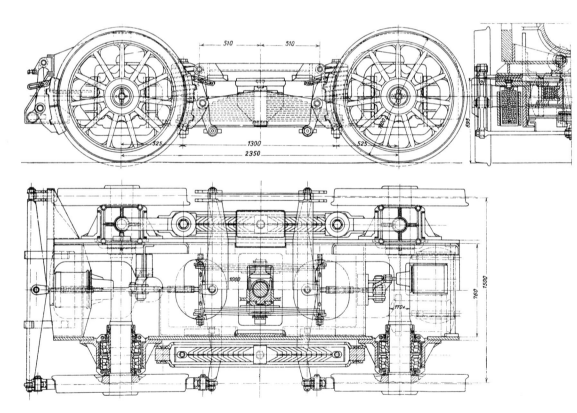

Vorderes Drehgestell der 2C2-Schnellfahrlokomotive Nr. 05 001 der DRB von 1935 mit Fischer-Pendelrollenlagern. Bis auf die Wälzlager, den um 100 mm größeren Raddurchmesser und größeren Achsstand entspricht die Konstruktion jener der damals verbesserten Drehgestelle der Baureihen 01 und 03, die zwecks weicherer Federung zusätzliche Winkelfedern erhalten hatten.   *Organ, Feb. 1936*

Unter den bewährten Laufwerkseinrichtungen, die bei der Führung im Gleis einschließlich des Kurvenlaufs maßgebend mitwirken, befinden sich vor allem:

a) Das zweiachsige Drehgestell, entstanden in den USA, wie bereits geschildert. Siehe eine typisch amerikanische Ausführung (20, S. 181, mit Fotos auf S. 154), eine deutsche mit Federrückstellung und Wälzlagern. Bei kurz gebauten, z.B. 2B-Lokomotiven konnte das Drehgestell auch ohne Seitenspiel am Drehzapfen ausgeführt werden, sofern in den Kurven eine ausreichende Spurerweiterung vorhanden war; jedenfalls war es dann zweckmäßig, die Spurkränze des ersten festen Radsatzes schmäler zu drehen.

b) Die Adamsachse englischer Provenienz, nach einem Patent von W. Bridges Adams, 1863 dort auf einer kleinen Bahn erprobt. Eine Ausführung mit dem respektablen Seitenspiel von 100 mm für die kapspurige 1F1t der Hanomag von 1912 mit Rückstellung durch Schraubenfedern zeigt (20, S. 83). Ihre charakteristischen gekrümmten Achslagerführungen bewirken bei Seitenausschlag der Achse ihre annähernde Radialstellung im Gleisbogen. Sie war als vordere oder hintere Laufachse besonders in Europa bis in die neueste Zeit weit verbreitet, als letztere (Schleppachse) z.B. war sie mitteleuropäischer Standard mit dem Vorteil, die Ausbildung des Aschkastens nicht einzuschränken, und bewährte sich selbst auf den schnellsten 2C1 der DRB. In Österreich wurden Adamsachsen, seit sie Gölsdorf 1895 auf seinen 1C-Güterzug- und 1C1t-Stadtbahnlokomotiven eingeführt hatte, bis zum Ende des Dampfbetriebs in überwiegender Zahl verwendet, anfangs mit Rückstellvorrichtungen, die aber bald als überflüssig erkannt und entfernt wurden, selbst von den 1C1-Schnellzugtypen. Dies dürfte auch den kurvenreichen Strecken im österreichischen Hügel- und Gebirgsland zuzuschreiben sein, die einer Achse ohne zwangsläufige Zentrierung keine Gelegenheit gaben, längere Zeit in einseitiger Schrägstellung zu verharren.

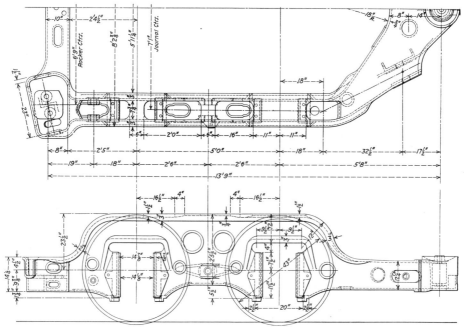

Stahlgußrahmen eines typischen amerikanischen zweiachsigen Schleppgestells für die 2C2-Lokomotive Klasse F-6 der Milwaukee Road, 1930 von Baldwin gebaut. Der Drehzapfen liegt stets zwischen der letzten Kuppel- und der ersten Schleppachse, und der querversteifungslose Außenrahmen ermöglicht eine gute Gestaltung des Aschkastens. Für die Rückstellung eignen sich auch angesichts der meist sehr großen Ausschläge die 'constant resistance rockers' laut Zeichnung in (20, S. 181 unten).
RME, März 1930

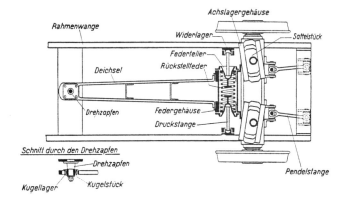

Bissel-Lenkgestell der DRB aus der Länderbahnzeit für vordere Laufachsen. Die Deichsel ist mittels des hinteren Kugelgelenks allseitig schwenkbar, ihre Seitenausschläge werden von der Rückstellvorrichtung begrenzt. Die sogenannten Pendelstangen haben Langlöcher, auch das Kugelgelenk ist hier längsverschiebbar, um die Deichsel von Schubkräften zu entlasten; das Lenkgestell wird bei Vorwärtsfahrt von den Pendelstangen gezogen. *(1)*

c) Das einachsige Lenkgestell (Bisselgestell) ist durch eine in einem schwenkbaren Gestell gelagerte Laufachse gekennzeichnet, manchmal auch treffend Deichselachse genannt. Es entspricht einem britischen Patent vom Mai 1857, wurde aber schon 1854/56 von Günther in Wiener Neustadt für 1B1- und 1C1-Schmalspurlokomotiven nach den Konstruktionen von Johann Zeh ausgeführt; letztere, für Lambach—Gmunden[1], hatten allerdings einen festen Achsstand von bloß ca. 28 % ihrer Hauptmassenlänge und keine Rückstellvorrichtungen für die Laufachsen, fuhren daher äußerst unruhig. In der einfachen und zweckmäßigen deutschen Ausführung analog der 1C1t-Baureihe 64 der DRB ist geometrisch die Bisselachse der von Adams gleich, doch hat sie anstatt eines ideellen einen materiellen Drehpunkt, gebildet durch einen im Rahmen fixierten vertikalen Zapfen, der von einem Lager am inneren Ende des dreieckigen Bisselgestells umgeben ist. In verschiedenen Varianten wurde das Bissel-Lenkgestell, wie seine vollständige Charakterisierung richtig heißt, etwa für bis zu 90 km/h international angewendet, manchmal auch in überflüssig schwerer und teurer Ausführung, wie für die 1D- und 1E-Typen der französischen Nordbahn (13, S. 479).

Die Standardkonstruktionen der ALCO für führende Bisselgestelle verwirklichen mit der in Amerika durchwegs angewendeten zentralen Belastung führender Laufachsen eine Dreipunktabstützung der Lokomotive. Eine analoge deutsche Ausführung für die preußische 1E-Gattung G12 findet sich in (1), S. 189 ff.

In Amerika wurden Bissel-Gestelle nie als solche, sondern als *führende Zwei-Rad-Gestelle* (two-wheel leading engine trucks) bezeichnet, und in der *Locomotive Cyclopedia* heißt es dazu *British Bissel*. Bei den beiden obigen Varianten erfolgt die Rückstellung zweckmäßigerweise durch auf entsprechend geneigten Bahnen rollenden Walzen, siehe Zeichnung in (20, S. 181) für ein normales zweiachsiges Drehgestell. Diese Art der Schwerkraftrückstellung ist wegen der Möglichkeit, den Verlauf der Seitenkräfte frei zu wählen, eine international überlegene, wie in (20) erläutert. *(43)*

---

1 Siehe Pfeffer/Kleinhanns: *Budweis—Linz—Gmunden;* Wien, 1982, Seite 172 ff.

In England wurden einzelne Laufachsen sowohl nach Adams als auch nach Bissel geführt. Die auf den ersten Blick überraschende Wahl eines hinteren Bisselgestells für die als Personenzuglokomotive klassifizierte 1C1-Baureihe 23 der DB von 1950, wo doch dort die Schnellzugtypen seit einem Vierteljahrhundert einfache Adamsachsen hatten, erklärt sich daraus, daß man zunächst mit bis zu 85 km/h auch rückwärts fahren wollte, doch hatte die Betriebsabteilung wegen der Sichtverhältnisse auf einer Schlepptenderlokomotive post festum Bedenken dagegen (Witte, LM 39 vom Dezember 1969), obwohl die Tenderaufbauten in Sichthöhe des Führers mit rund 2 m die gleiche Breite haben wie bei der seinerzeit nach beiden Richtungen für 80 km/h zugelassenen Baureihe 52.

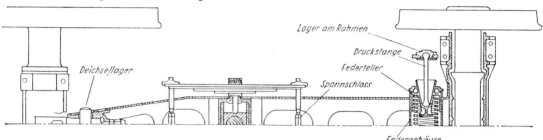

Krauss-Helmholtz-Lenkgestell in neuerer geschweißter Leichtbauart der DR mit Seitenverschiebbarkeit am Drehzapfen und Federrückstellung an diesem sowie an der Laufachse. Zapfenlage, Federkräfte und -konstanten werden so gewählt, daß die beim Kurvenlauf von der Lauf- und der Kuppelachse ausgeübten Führungskräfte in einem angemessenen, die Radlasten und Anlaufwinkel berücksichtigenden Verhältnis zueinander stehen. Es ist übrigens ganz interessant zu vermerken, daß in der französischen Nomenklatur das K-H-Gestell 'bogie-bissel' heißt, ein hinkender Hinweis auf ein Drehgestell, kombiniert mit einer Bisselachse – jedenfalls unter Vermeidung der Namen seiner Schöpfer (13, S. 480). F. W. Eckhardt erfand in den dreißiger Jahren eine erfolgreiche Weiterentwicklung des K-H-Gestells für vielachsige Lokomotiven, um in der Fahrtrichtung die Führung durch gleichzeitig drei Spurkränze zu bewirken. Als Schwartzkopff-Eckhardt-Gestell bezeichnet, greift dessen Deichsel an der zweiten Kuppelachse an, die mit der ersten durch einen Beugniot-Hebel verbunden ist und so auch diese zur Führung heranzieht. *(49)*

d) Das Krauss-Helmholtz-(K-H-)Gestell ist ebenfalls ein Lenkgestell, aber von höherer Stufe als das von Bissel, und durchaus geeignet, dem amerikanischen Drehgestell Konkurrenz zu machen. Schon 1888 dank Helmholtz' Position als Chefingenieur von Krauss & Co. zunächst an einer C1t angewendet, spielte es in Mitteleuropa verdienterweise bald eine erhebliche Rolle, wenngleich sich R. P. Wagner von der DRB nicht dazu entschließen konnte, es anstelle eines amerikanischen Drehgestells im Schnellzugdienst zu verwenden. Dies wagte, wie wir wissen, mit vollem Erfolg Karl Gölsdorf als Voraussetzung für die Konstruktion seiner 1C2-Serie 210, die ja vor allem für die zum Unterschied von den meisten österreichischen Strecken für Schnellfahrten geeignete Nordbahn bestimmt war und ihre zulässigen 100 km/h nicht bloß auf der Tafel im Führerstand trug. Durch enges Aneinanderreihen der Achsen war es hier sogar möglich, das K-H-Gestell mit fester Lagerung am Drehzapfen und ohne jegliche Rückstellung auszuführen und mehr als vier Jahrzehnte lang dabei zu bleiben.

Bei der großen 1D2, Reihe 214, kam dies nicht mehr in Betracht und so ergab sich erstmalig in Österreich die Notwendigkeit, die erforderlichen Federkräfte am Drehzapfen des K-H-Gestells zu ermitteln, die auf der Westbahn mit ihren vielen, bis nahe 300 m und sogar etwas darunter reichenden Kurvenradien einen sicheren und ruhigen Lauf zu verbürgen hatten, auch wenn die Gleislage nicht ganz der Vorschrift entsprach. Mangels lokaler Erfahrungswerte fiel mir diese heikle Aufgabe zu. In solchen Situationen will man natürlich sehen, was andere gemacht haben; aber Zeit und Geld waren knapp, und als ich in der Literatur blätterte, war ich entsetzt über die Unlogik, die ich fand. Nach einem halben Dutzend Werten gab ich diese Zeitverschwendung auf, denn just eine schwere 1E1t begann mit der Rückstellkraft Null und steilem Anstieg, bei anderen wieder war es fast umgekehrt, und überdies sagte niemand, ob es dabei geblieben war. Mut gab mir, als Zwanzigjährigem, hingegen die noch heute lebendige Erinnerung an eine Talfahrt auf einer 310er mit 85 km/h durch die 300 m-Kurven des Wienerwaldes, in denen 70 km/h zulässig waren. An den ziemlich bewegungsfreudigen Führerstand hatte ich mich bereits gewöhnt, aber dann schwang er in einer S-Kurve nach rechts, anschließend nach links und warf mich an die Wand, sodaß mir nur die Gelassenheit des Führers Entgleisungsgedanken vertrieb. Sicher lag das Gleis dort nicht mehr ganz laut Zeichnung. Plasser & Theurer sowie anspruchsvolle Elektrolokomotiven mit 21 t Achslast gab es noch lange nicht und die Spurkränze hatten gewiß mehr Spiel als nominell. Aber es passierte dort nie etwas, und wieder bewahrheitete sich das klassische Direktorwort: *Sie glauben gar net, was Eisen alles aushält!* So machte ich für unsere 1D2 eine einfache Rechnung: ich nahm an, sie führe mit 85 km/h in eine 300-m-Kurve ohne Übergangsbogen ein und die Rückstellfeder müsse ihr während der verfügbaren Zeit die in der Kurve nötige Winkelgeschwindigkeit erteilen. Dies ergab etwas über 3 Mp Anfangsspannung und über 4 Mp beim erforderlichen Ausschlag, also ganz vernünftige Werte, und samt den Quergleit-Widerständen befriedigende Spurkranzdrücke. Dabei blieb es, solange die 1D2 fuhren; das hintere Drehgestell erhielt um etwa 1/3 kleinere Federkräfte, und das Personal gab der 214.01 den Ehrentitel 'Schlafwagen'.

Mit den besprochenen Beispielen ist die Reihe der kurvenbeweglichen Laufwerke Stephensonscher Lokomotiven freilich bei weitem nicht erschöpft, aber wir befaßten uns mit den bewährtesten und verbreitetsten. In meinem Buch über die 6- und 7-Kuppler (20) finden sich außer den Zeichnungen der Kurveneinstellung für jede Type auch die dafür maßgebenden Laufwerkskonstruktionen einschließlich der Klien-Lindner-Hohlachse, die — obwohl über eine starre Kernachse gekuppelt — von einer Deichsel radial eingestellt wird; und die ebenfalls schwenkbaren Endkuppelachsen von Luttermöller, die sich auf Schmalspur bewährten, denen jedoch der Sprung in die Hauptbahnen nicht gelungen ist, geschweige denn — ebensowenig wie Klien-Lindner — der in große Stückzahlen. Die Luttermöller-Achse benötigt überdies eine Zahnradübertragung von der benachbarten gekuppelten Achse her und entspricht nicht dem dritten Merkmal Stephensonscher Lokomotiven.

Hier behandle ich nur noch die Mallet- und die Garratt-Lokomotiven als die einzigen, welche Weltmarktbedeutung erlangt haben, wohl weil ihre Trieb- und Laufwerke die Stephensonsche Einfachheit bewahrten. Groß aber war die Zahl der hoffnungsvoll verwirklichten Gedanken zur Erzielung außerordentlicher Kurvenbeweglichkeit, oft sehr ingeniös, für die der Markt einfach zu klein war, zumal derart sich dahinschlängelnde Bahnen keine gute Zukunft hatten. Um solche Konstruktionen kennenzulernen, möge man L. Wieners einzigartiges Buch (27) von 1930 zur Hand nehmen — man wird von der Fülle des auf 628 Seiten und trotzdem in knapper Form Gebotenen erstaunt sein.

Das Kapitel Führungskräfte im Gleis bei schneller Fahrt in der Geraden, wo der Feind das Schlingern ist, fand im europäischen Dampflokomotivbau eher weniger Beachtung als im amerikanischen, von dem einige unserer Abbildungen lobenswerte Beispiele zeigen — erdacht von Konstrukteuren, die viel extremere Bedingungen zu berücksichtigen hatten als in Europa, wo auch im Hauptbahn-Heizhausbereich der kleinste Radius meist 180 m betrug, wogegen in den USA z. B. die 2F1 der Union Pacific von 1926 mit ihren 16-m-Achsstand Bogen von R = 109 m passieren mußten. Das erforderte Seitenausschläge für Drehgestelle und Schleppgestellrahmen von 160 bzw. 260 mm, die mit Federn nicht zu beherrschen waren — da mußte man andere Lösungen finden (20, S. 179). Auf unserer 1D2 aber ergaben sich glücklicherweise auch durch die gedrängte Bauweise keine scharfen Bedingungen und die genannten Blattfederkräfte lieferten auch dank ihrer inneren Reibung ganz von selbst die richtige Führung im geraden Gleis.

Umso interessanter sind die Enthüllungen von E. S. Cox von den British Railways im Band II seines Werkes (166). Just 1928, als die 1D2 geboren wurde, erhielt die East Indian Railway die ersten Einheiten neuer 2C1-Standardlokomotiven dreier Größen, deren Zahl innerhalb eines Jahrzehnts auf 284 stieg. Einige britische Fabriken hatten in Zusammenarbeit mit Ingenieur-konsulenten und der indischen Eisenbahnbehörde die Konstruktionszeichnungen ausgearbeitet und die Lokomotiven gebaut. Schon nach fünf Betriebsmonaten zeigten sich die ersten Unzu-kömmlichkeiten in Form von Schlingerbewegungen (auf englisch *hunting* genannt), bald auch von Gleisverdrückungen; aber widersprechende Angaben über die näheren Umstände ließen keine Klarheit über die Gründe aufkommen — die Zugförderer machten die Oberbauabteilung verantwortlich, und umgekehrt. So vergingen etliche Jahre, in denen es zu zehn Entgleisungen kam und auch, außer örtlichen Geschwindigkeitsbeschränkungen, immerhin 28 Modifikationen an den Lokomotiven vorgenommen wurden einschließlich einer allerdings bescheidenen Erhö-hung der Rückstellkräfte an den Drehgestellen, die auf der 95 t schweren Type den (mit Verlaub) lächerlichen Anfangswert von 0,75 Mp hatten, welchen im Lauf der Zeit indische Ingenieure um ebenso lächerliche 0,5 Mp steigerten.

Als es dann am 17. Juli 1937 (!) zu einer Entgleisung mit über 100 Toten kam, vor welcher die schlingernde Lokomotive das Gleis zu Sinuslinien wachsender Amplitude verdrückt hatte, und sich abermals keine Klarheit über die Ursache ergab, forderte der Oberste Gerichtshof das Einsetzen einer internationalen Kommission, die, zusammengesetzt aus britischen (darunter Cox), indischen und einem französischen Experten, vom 1. September 1937 bis Mitte Oktober auf Grund von Untersuchungen in Indien zu dem Ergebnis kam, daß die Schuld vor allem bei zu kleinen Rückstellkräften und zu geringer Schwingungsdämpfung, sowie obendrein bei ab-nutzungsbedingten initialen Seitenausschlägen lag, in deren Bereich die Rückstellfedern noch nicht zur Wirkung kamen. Die Anfangsspannungen mußten vervierfacht werden.

Dieses Ergebnis führte überdies zu entsprechenden Modifikationen an einigen in England laufenden Typen, deren Schlingern auch schon zu Besorgnis und selbst zu einigen Entgleisungen geführt hatte; darunter solche der LMS, deren international bekannter Maschinendirektor W. A. Stanier Mitglied der Kommission gewesen war. Cox schreibt abschließend (166, II. S. 54), man habe, ohne es zu wissen, auf einer Landmine gelebt.

Booster (Zusatz-Dampfmaschinen)

Beim Anfahren aus dem Stillstand und während der unteren Beschleunigungsperiode wäre oft eine größere Zugkraft erwünscht, als die Haftreibung der angetriebenen Räder gestattet. Man hat daher schon frühzeitig Mittel gesucht, um in diesem Stadium eine zusätzliche Kraft am Tenderzughaken ausüben zu können, zumal die Kesselleistung erst ab Erreichen der Reibungsgeschwindigkeit voll ausgenützt werden kann und vorher freie Dampferzeugungs-Kapazität zur Verfügung steht, natürlich auch bei kleinerer Fahrgeschwindigkeit auf Steigungen.

Eine logische Lösung dazu schien der Triebtender zu sein, mit nach Bedarf gekuppelten Rädern, angetrieben von einer Dampfmaschine, welcher der Führer über einen zweiten Regler Dampf zuführen kann, um das sonst tote Tendergewicht für die Traktion zu nützen. Schon 1843 erhielt die Lyon—St. Etienne Eisenbahn eine B-Lokomotive mit einem B-Triebtender nach dem Entwurf von Verpilleux, die nur sehr kurzlebig war (W. Lübsen in LM 56 vom Okt. 1972). Zwanzig Jahre später versuchte es Maschinendirektor A. Sturrock der englischen Great Northern Railway mit einer C-Lokomotive und ebensolchem Tender, dort *Steam Tender* genannt, dessen Innenzylinder auf ein typisches Lokomotivtriebwerk mit mittlerer Kurbelachse wirkten (16, S. 160, und LM 56). Die hoch bemessene Tenderzugkraft betrug theoretisch 48 % der Lokomotivzugkraft; mit steigender Geschwindigkeit mußte ihr Anteil langsam abfallen. Die Maschinen beförderten schwere Kohlenzüge zwischen Doncaster und London. Sturrock ließ 1864/66 eine größere Anzahl bauen, aber sein Nachfolger in letzterem Jahr, Patrick Stirling, dessen berühmt gewordene 2A1-Schnelläufer bis um die Jahrhundertwende gebaut wurden, ließ alle diese Dampftender in normale Tender umbauen. Das Personal hatte keine Freude mit ihnen. Die Lokomotiven litten unter Dampfmangel, schon weil der Abdampf aus dem Tender ins Freie ging, anstatt in das Blasrohr geleitet zu werden; der Kohlenverbrauch war daher hoch; die Wartung der versteckten Tendermaschine war unangenehm. Nach etlichen knapp aufeinanderfolgenden Versuchen seitens anderer Bahnen (einer weiteren in England, einiger in Belgien und Frankreich) ging das Interesse am Dampftender zu Ende. Ein ins Gewicht fallender Nachteil war das ständige Mitlaufen der Tendermaschine, im Falle der Great Northern mit um 20 % höherer Drehzahl als die der Lokomotivmaschine.

Sehr gut funktionierten die wegen ihrer Einmaligkeit weithin bekannt gewordenen Vorspannachsen, die Krauss & Co. nach Helmholtz' Plänen 1896 und 1900 in eine dafür ausgebildete 2A1 für die Bayerische Staatsbahn, bzw. eine 2B1 für die Pariser Weltausstellung bauten, die von der Pfalzbahn angekauft wurde (LM 56). Es handelte sich um eine von einer kleinen Zweizylindermaschine angetriebene Einzelachse, die im ersten Fall etwa in Lokomotivmitte hinter dem Drehgestell, im zweiten Fall in Drehgestellmitte lag und normalerweise durch starke Federn von den Schienen abgehoben wurde. Im Betrieb aber drückte Dampfkraft dieselbe so auf die Schienen, daß ihre Achslast gegen 14 t betrug und die Anfahrzugkraft der 2A1 fast verdoppelt, die der 2B1 um knapp die Hälfte gesteigert werden konnte. Doch die nach der Jahrhundertwende stark steigenden Zuggewichte ließen die Leistungsfähigkeit beider bald nicht mehr ausreichend erscheinen, und das Prinzip derartiger Vorspannachsen wurde nicht weiter verfolgt.

Ein Dauererfolg über drei Jahrzehnte mit mehreren tausend Einbauten war hingegen dem amerikanischen *Locomotive Booster* beschieden, kurz *Booster* genannt, der vorzugsweise von einer Schleppachse getragen wurde, deren Antrieb eine raschlaufende Dampfmaschine mittels einer einstufigen, ausrückbaren Zahnradübersetzung besorgte. Die begleitenden Figuren bringen die nötigsten Erläuterungen. Der Stangenantrieb bezieht sich hier bloß auf die Welle der Dampfmaschine, die Kraftübertragung auf den Radsatz weicht vom Stephensonschen Prinzip ab, tut der Aufnahme in unsere Betrachtungen jedoch keinen Abbruch, denn es handelt sich um ein

Amerikanische Güterzuglokomotive mit Franklin-Booster. Die stets ausreichend belasteten amerikanischen Schleppachsen sind für den Einbau eines Hilfsantriebs auch durch ihre Lagerung in einem Dreikant (=Delta-) Bisselgestell mit Außenrahmen prädestiniert. Einbau und Ausbau, Wartung und Instandhaltung sind sehr erleichtert. Das große Zahnrad in Achsmitte kämmt mit dem Zwischenrad nur, wenn dieses eingeschwenkt wird, um den Booster in Aktion zu setzen. Erfinder war der Technische Vorstandsdirektor der New York Central Railroad, Howard L. Ingersoll, der Versuchseinbau erfolgte 1919 in eine 2C1 von 1911; die nominelle Anfahrzugkraft des Boosters von 5060 kg gleich ca. 20 % der Achslast war wegen Schleudergefahr zu hoch, 18 % erwiesen sich als praktisches Optimum. Der Booster erhält Heißdampf, sein Abdampf wird dem Blasrohr zugeführt. *(43)*

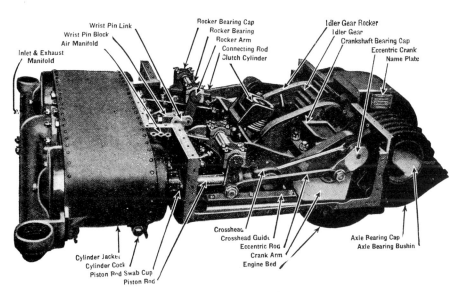

Franklin-Booster für eine Schleppachse (Verschalung abgenommen). Die Bezeichnung entsprang dem Vertrag des Erfinders mit der Franklin Railway Supply Co. in New York, welche Herstellung, Vertrieb und Weiterentwicklung übernommen hatte. Das Gewicht einer mittleren Type mit 5000 kg Nennzugkraft betrug ca. 3,5 t für einen Schienendruck der betriebsfähigen Schleppachse von ca. 28 t. *(27)*

bewährtes Zusatzaggregat zu Stephensonschen Lokomotiven, um sie im Anfahrbereich und beim Überwinden größerer Fahrwiderstände auf relativ kurzen Abschnitten zu unterstützen. Die deutsche Fachliteratur verwendet eher die Bezeichnung Zugkraftvermehrer und sogar Nachschuber, beide nicht sehr attraktiv; ich bleibe beim Originalausdruck Booster, der ja im Englischen Verstärkung und Unterstützung jeglicher Art bedeutet und auch im Henschel-Taschenbuch steht. Im Kapitel 1 ist unter den Symbolen für Achsanordnungen schon ein a für eine boosterbetriebene Achse erwähnt, das logisch als Zusatz zu einer Laufachszahl aufscheint.

Die meist geringer, in den USA sogar kaum mehr als halb so hoch belasteten vorderen Laufachsen eignen sich nicht für Boosterantrieb, und so wählte man für Lokomotiven ohne Schleppachse gelegentlich einen Tenderbooster; es wurde dann eine Achse eines Tenderdrehgestells angetrieben und eine zweite (aber keine weitere) mit Stangen gekuppelt, was nur vor Güterzügen mit mäßiger Geschwindigkeit in Betracht kam, z.B. für 1D, 1E oder laufachslose Maschinen; aber auch eine E1-Type war dabei, weil man so eine besonders hohe Booster-Zugkraft von 8100 kp erzielen konnte. So erlebte Sturrocks Dampftender sechs Jahrzehnte später eine grundsätzlich bescheidenere, aber eben in dieser Beschränkung vernünftige Auferstehung.

Außerhalb Nordamerikas fand der Booster kaum erwähnenswerte Anwendung, obwohl die Skodawerke in Pilsen und zwei ebenfalls prominente französische Fabriken, die SACM (Société Alsacienne) in Grafenstaden sowie die Société Haine-St. Pierre, eigene Booster à la Franklin erzeugten (13, S. 416). Es gab etwas Export in den Fernen Osten, aber im europäischen Güterzugdienst hatte man wenig Schleppachsen, die vorhandenen (speziell an Schnellzuglokomotiven) waren meist voll belastet, konnten daher die mindestens 3 t Mehrgewicht nicht aufnehmen, und zum Bau neuer, eigens für Booster adaptierter Typen gab es zuwenig Anreiz.

In Europa wurde manchmal behauptet, der Booster arbeite wegen hohen Dampfverbrauchs unwirtschaftlich. Doch bei vernünftiger Anwendung, das heißt überwiegend zum Anfahren bis ca. 25 km/h, arbeitet der Booster erfahrungsgemäß bloß während eines Zehntels der gesamten Dampfzeit mit einer mittleren Leistung von 300 bis 400 PSe gegen vielleicht 1200 der Lokomotive, sodaß er 3 % der Gesamtarbeit vollbringt; da ist nicht der Energieverbrauch, sondern der zugförderungstechnische Nutzen zu bewerten − wenn man mit Booster nur um 15 % schwerere Züge nehmen kann und dafür Bedarf besteht, kann er sich auch bei um 30 % höherem spezifischen Verbrauch als die Lokomotivmaschine ausgezeichnet rentieren.

Sir Nigel Gresley der LNER versah 1923 eine ältere 2B1 und 1925 zwei schwere Neubau-1D1 mit Franklin-Boostern; letztere sollten 1600-t-Schnellgüterzüge über die ca. 130 km von Peterborough nach London befördern, scheinen aber ihrer Zeit allzuweit voraus gewesen zu sein − in England waren das ja damals 100 Güterwagen und ein Problem für die Zugförderungs-Abteilung. Es blieb bei zwei dieser architektonisch hervorragend schönen Maschinen, Nr. 2393 und 2394; ihre Leistungsfähigkeit konnte nicht ausgenützt werden, ihre Zylinderdurchmesser wurden verkleinert, die Booster entfernt und 1945, vier Jahre nach Gresleys Tod, wurden ihre großen Kessel für Schnellzuglokomotiven verwendet (187, S. 37). Britische Maschinendirektoren zeigten sich in älterer Zeit oft sehr experimentierfreudig und ziemlich unbekümmert um die praktischen Aussichten. So mancher schien dem Spruch zu huldigen: Probieren geht über studieren. Heute huldigen viele auf der Welt dem entgegengesetzten Extrem.

Schmierung

In dem Moment, da in den dreißiger Jahren einer der Expreßzüge der New York Central mit seiner 2C2 westwärts nach Chicago in Albany, dem hügeligen Gouverneursitz des Staates New York, anhielt, eilten ein halbes Dutzend Männer zur Lokomotive, um die Schmierstellen im Triebwerk zu betreuen, beim Wassernehmen behilflich zu sein, und gegebenenfalls auch durch Verteilen der Kohle im Tender für die nächsten knapp 500 km nach Buffalo vorzusorgen, mit einem Betriebsaufenthalt auf dem halben Weg. Seit Übernahme des meist 900 bis 1200 t schweren Zugs aus 12 bis 15 sechsachsigen Wagen am Ende des elektrifizierten Abschnitts in Harmon, 53 km von der Grand Central Station, hatte die Lokomotive rund 200 km nonstop zurückgelegt und nach der Stationsausfahrt die einzige nennenswerte Steigung von 10 bis 16 Promille auf 3,8 km vor sich, die eine kräftige Schiebe erforderte.

Die Aufgabe der Helfer war vor allem, die Fettschmierbehälter im Triebwerk mit Hilfe von 'grease guns' zu füllen und eine gewisse Menge in die Lager zu drücken. Schon um die Jahrhundertwende war man von der Öl- zu Stauffer-Fettschmierung der Stangenlager übergegangen, die mit einfachsten Mitteln lange aufenthaltslose Strecken zu durchfahren gestattete. Die Staufferbüchsen sind im Gegensatz zu den quaderförmigen europäischen Ölschmiergefäßen als längliche, aus den Stangenköpfen ehemals vertikal, nunmehr schräg herausstehende Zylinder zu erkennen oder sie waren in den Stangenkopf eingearbeitet.

Daß man auch mit Ölschmierung im Triebwerk lange Strecken ohne Halt fahren kann, bewies von 1928 an Maschinendirektor Gresley der London & North Eastern, der den Flying Scotsman mit seinen neuen Pacific-Typen die 632 km lange Strecke London—Edinburgh (mit Personalwechsel im Zug mit Hilfe eines Korridortenders) durchfahren ließ. Die Schmiergefäße der großen Treibstangenköpfe enthielten je 0,73 Liter Öl, was bei einem Verbrauch von knapp 1 cm³/km noch ungefähr ein Viertel Reserve bedeutete. Die Zeichnungen zeigen beispielsweise Ausführungen von Schmiergefäßen für rotierende und großhubige hin- und hergehende Teile, also Kreuzköpfe, passende Bauart;   für andere Triebwerkslager können z.B. anstelle der Schmiernadeln Dochte verwendet werden, die allerdings auch schmieren, während die Lokomotive stillsteht.

Für die Schieber- und Zylinderschmierung hatte man zunächst gegen das Druckgefälle nach außen zu abgedichtete Schmiervasen, doch schon 1862 kam der Distrikt-Betriebsleiter Roscoe der englischen Midland Railway mit seinem *displacement lubricator* heraus, übersetzt Verdrängungs-Schmierapparat, für den sich in der deutschen Fachsprache die Bezeichnung Lubrikator eingebürgert hat, später auch Kondensations- oder Auftriebsöler genannt. Sein Prinzip besteht

Das links dargestellte Schmiergefäß, zusammen mit dem Kopf einer Treib- oder Kuppelstange aus einem Stück geschmiedet und sodann ausgefräst, wurde noch in den dreißiger Jahren bei der französischen Südbahn verwendet und bis in die zwanziger Jahre in Österreich. Die Ölzufuhr wird mittels der zentralen Schraube eingestellt, die Füllöffnung mit einer konischen Hartholz-Flügelschraube verschlossen, deren Elastizität ein Lockern verhindert. Eine in Europa seit den zwanziger Jahren weit verbreitete deutsche Ausführung (rechts) benützt für die Dosierung der Ölzufuhr eine Schmiernadel, deren Dicke und damit Spiel in der Bohrung der Außentemperatur (Ölviskosität) und dem Ölbedarf angepaßt wird. Der Verschlußkegel (fälschlich als Schmierkegel bezeichnet) ist falsch gezeichnet, er muß ja unter dem Federdruck abdichten; er wird durch Daumendruck geöffnet, zwecks Nachfüllung und Kontrolle. Die Nadelschmierung wird übrigens bereits in (18), Auflage von 1904, erwähnt.   *(18) bzw. (49) S. 164*

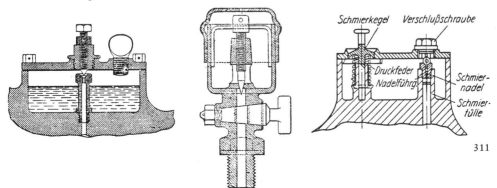

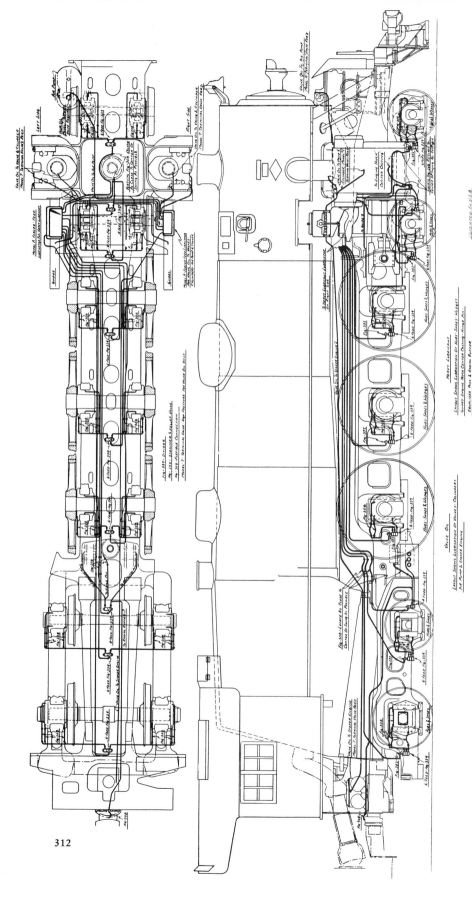

Plan einer Zentralschmieranlage für eine amerikanische Langstrecken-Schnellzuglokomotive von 1937 (Edna Brass Manufacturing Co., Cincinnati, Ohio). Außer den umlaufenden Stangen werden die Heißteile und fast alle sonstigen Reibflächen, auch die mit nur kleinen Relativbewegungen, automatisch geschmiert, an dieser 2C2 etwa 170 Stellen. Die Spitze hält wahrscheinlich die 2D2-Type Klasse J der Norfolk & Western mit mehr als 200 Schmierstellen. Die letzte 2C1 der DB, Baureihe 10, hatte ebenfalls Zentralschmierung, kam aber wegen der kürzeren Durchläufe mit weniger als 100 Schmierstellen aus.

(43)

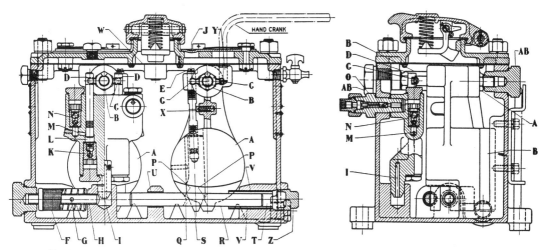

Amerikanische Spurkranzschmierpumpe der Detroit Lubricator Co. Die Pumpenkolben werden von zwei relativ schweren Pendeln betätigt, die im Vorderteil der Lokomotive quer zur Fahrtrichtung einseitig schwingen, sobald eine Querbewegung auftritt. Die Funktion ist also völlig selbsttätig, die Fördermenge kann entsprechend dem Bedarf eingestellt werden. *(43)*

darin, daß Kesseldampf in ein das Schmieröl enthaltendes Druckgefäß eingelassen wird, in dem eine gewisse Dampfmenge laufend kondensiert; das spezifisch leichtere Öl schwimmt auf dem Kondensat und wird im gewünschten Ausmaß, mittels eines Dampfstrahls zerstäubt, den Verbrauchsstellen zugeführt. Dieses System herrschte bis in die Heißdampfzeit hinein, besonders in England, war aber für hochüberhitzten Dampf wenig geeignet. So ging man in Kontinentaleuropa schon vor 1920 zu mechanisch angetriebenen Schmierpumpen über: vorzugsweise im Führerstand untergebracht, auch wegen Überwachung der Öldosierung in Sichtgläsern, erfolgte der Antrieb z. B. von der letzten Kuppelachse aus mittels Gegenkurbel über einen einstellbaren Hebelarm. Zwecks guter Ölverteilung auf Schieber und Zylinder wurde das Öl an den Eintrittsstellen durch einen Naßdampfstrahl, der mit sehr geringem Strömungswiderstand und daher Überdruck zugeführt werden konnte, zerstäubt.

Sehr spät, erst gegen Ende des Dampflokomotivbaus, als man auf höhere Ausnützung besonders bedacht war, wurde die Pumpenschmierung auf andere Teile des Trieb- und Laufwerks ausgedehnt, gemäß dem begleitenden amerikanischen Schema. Vereinzelt gab es vorher eine wesentlich einfachere und ebenfalls effektive Zwischenstufe, bei der Achslagerführungen und Federgehänge aus entlang des Kessels vom Laufblech aus bequem zugänglichen, geräumigen Gefäßen mit Dochtschmierung versorgt wurden; die BBÖ 214.01 und 114.01 hatten solche für ca. 40 Schmierstellen (26, S. 135 und 144), doch wurden sie später aus mir unbekannten Gründen nicht mehr angebracht.

Eine in neuerer Zeit obligat gewordene Einrichtung ist die Spurkranzschmierung zum Steigern der Kilometerleistung dank geringerer Spurkranzabnützung, was sich auch auf die Schienen günstig auswirkt. Um die Jahrhundertwende waren nur auf sehr kurvenreichen Strecken zweckdienliche Maßnahmen getroffen worden, z. B. periodisches Bestreichen der Schienenköpfe auf ihrer Innenseite mit einer graphithaltigen Paste oder stangenförmige Hülsen aus abreibbarem Material, z. B. Holz, gefüllt mit Starrfett, die mittels einer gelenkigen Halterung an den Spurkranz-Innenflanken der führenden Räder anlagen. Diese einfachen Mittel wurden von hochentwickelten abgelöst, z. B. von der Bauart Heyder bei der DR (49, S. 614), in der bei Kurvenfahrt ein konsistentes Fett mittels Druckluft auf den Spurkranz gespritzt wird; sie ist zwar heute natürlich vor allem für die schweren Diesel- und Elektrolokomotiven von Wichtigkeit, bei denen sie den häufig sehr großen Spurkranzverschleiß sogar auf 1/3 senken konnte, aber die Zeichnung zeigt eine Anordnung für eine amerikanische 2C2 von 1937 mit einer durch Seitenbeschleunigungen jeder Art betätigten Pumpe für Öl geeigneter Viskosität. Die Schmiertechnik im weitesten Sinne hat auch bei der Dampftraktion einen hohen Stand erreicht.

Bremsen

Der Dampflokomotivfreund denkt wohl primär an Fahren, Geschwindigkeit und Leistung und weniger gern an das Bremsen, das ja zugegebenermaßen ein notwendiges Übel ist und immer war, so notwendig, daß die bekannten Bücher über Dampfbetrieb den Bremsen mehr Raum gewähren als irgendeiner der lebenswichtigen leistungserzeugenden Einrichtungen, wie Kessel, Maschine oder Fahrwerk, wovon man sich an Hand einschlägiger Inhaltsverzeichnisse überzeugen kann. Es wäre daher vermessen, den bemerkenswerten Bremskapiteln der Quellen 1 (rund 100 Seiten), 2 (160 Seiten) oder 49 (125 Seiten) Konkurrenz machen zu wollen, und ich muß meine verehrten Leser bitten, für dieses Spezialgebiet die angeführten Werke zu benützen. Eine kurz gehaltene Ausnahme gebührt der Vakuum- oder Saugluftbremse, die dort mit bloß 1 bis 2 Seiten bedacht wurde, weil sie heute auf Hauptbahnen nur außerhalb Europas verbreitet ist. Das Bremswesen, ein Gebiet für sich, war in seiner Entwicklung auf oft gefahrenreiche Versuche angewiesen. Es ist mit der Signaltechnik verknüpft und daher kein Zufall, wenn das führende einschlägige Unternehmen in England den Firmentitel Westinghouse Brake & Signal Co. führt. Die Bremsen haben auch ganz überwiegend mit dem Wagenzug zu tun; dort liegen ihre Probleme, verglichen mit welchen es eine Spielerei wäre, Lokomotiven abzubremsen, die z. B. bloß einen Inspektionswagen zu befördern hätten.

Befassen wir uns also mit dem Beitrag der Lokomotive zu diesem Thema, so fällt uns vielleicht gleich irgendeine alte Erzählung ein, in welcher der Führer in höchster Gefahr den Reversierhebel zurückreißt, um seinen Zug durch Gegendampf vor Unheil zu bewahren. Das war zur Zeit der Handbremsen am Platz und konnte mit einem im Verhältnis zum Treibgewicht leichten Zug helfen; die 1859 von Ramsbottom in England eingeführte Schraubenreversierung (Umsteuerung) hätte da kostbare Zeit vergeudet. Dies bringt uns zur ältesten Methode, die Lokomotivmaschine auf einfache Weise für die gesamte Zugbremsung heranzuziehen, zur Gegendruckbremse, deren interessante Geschichte E. Metzeltin (188) geschildert hat. Früher wurde sie Repressionsbremse genannt.

Man mußte nicht gleich den Semmering hinabfahren, um die Handbremsung eines Güterzugs betrieblich unangenehm zu finden. Daß eine Lokomotive, die einen Zug auf einer bestimmten Steigung, etwa 10 Promille, hinaufgebracht hat, imstande sein muß, mit Hilfe ihrer Dampfmaschine als Bremse auf einem gleich großen Gefälle ordnungsgemäß hinabzufahren, ist einleuchtend, doch war eine zufriedenstellende Art der Durchführung nicht so leicht zu finden. Johann Zeh (1816–1882), Konstrukteur bei Günther in Wiener Neustadt und später bei der Kaiserin-Elisabeth-Westbahn, baute 1859 in deren damals neuen 1B und 1C seine Zehsche Klappe in die Ausströmrohre gleich nach den Zylindern ein, die bei Gefällsfahrt durch starkes Drosseln der Ausströmung aus der Maschine ihre Zug- in eine Bremsleistung verwandelte. Er konnte damit Güterzüge von 300 t die ca. 10 km langen Gefälle von 1:100 im Wienerwald sowie über 100 t vom Semmering nach Gloggnitz unter bequemer Kontrolle durch den Führer hinabfahren (189): die einfachste Methode, aber es war damit doch ein erheblicher Dampfverbrauch verbunden. Inzwischen arbeiteten die Franzosen Lechatelier und Ricour an der Gegendruckbremse (genauer gesagt der Luft-Gegendruckbremse), allerdings später als Feinde, denn die Hauptsache zum zufriedenstellenden Betrieb, das Einspritzen von Kesselwasser in die Ausströmkanäle, die beim Bremsbetrieb die Zuströmkanäle sind, zwecks der notwendigen Kühlung von Schiebern und Kolben, wollte Ricour trotz wiederholten Drängens von Lechatelier nicht anwenden (190), nahm es aber schließlich als seine Erfindung in Anspruch; dabei kam ihm ein etwas unbedachtes Kompliment zuhilfe, das Lechatelier Ricour in seinem Brief vom 19. September 1865 machte (188, S. 11). Es erinnert mich dies an einen Rat, den mir Mr. A. J. Grey, ein aus Rußland stammender New Yorker Rechtsanwalt, vor einem halben Jahrhundert gab:

Schreiben Sie nie einen Brief, aber werfen Sie empfangene nie weg! Ganz strikt kann man dies allerdings nicht durchführen, doch ist es im Auge zu behalten.

Übrigens arbeitete Ricour auch 1869 noch mit Dampfzusatz zum Einspritzwasser, was sich später als überflüssig erwies, aber schon 1866 begann die k. k. priv. österreichische Staatseisenbahn-Gesellschaft Vergleichsversuche mit der Zehschen Klappe und der noch als Gegendampfbremse bezeichneten Einrichtung nach Lechatelier/Ricour (191), die zu einer breiteren Anwendung derselben führten. Karl Gölsdorf informiert uns (192), daß die Lechateliersche Gegendampfbremse am Semmering und Brenner von 1867 an so lange in Verwendung stand, bis sie 1880 durch die Vakuumbremse überholt wurde, daß aber auch die meisten Lokomotiven der wenig steigungsreichen Staatseisenbahn-Gesellschaft diese Bremse erhielten und um die Jahrhundertwende noch damit ausgerüstet waren. Er spricht weiters in diesem Zusammenhang von einer in Vergessenheit geratenen Erfindung John Haswells.

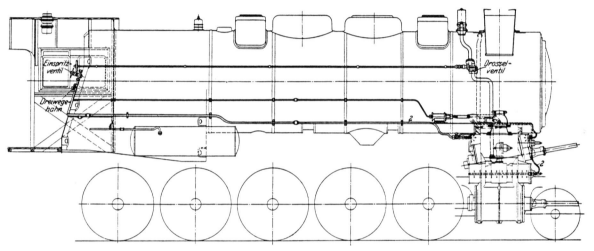

Gegendruck-Bremseinrichtung System Riggenbach, Ausführung 1924, am Beispiel der preußischen Gattung G 12. Zum Betätigen der G-Bremse ist laut Bedienungsvorschrift das an der Rauchkammer vor dem Schalldämpfer sitzende Drosselventil für die Regelung des Enddrucks der von der Maschine zu komprimierenden Luft (und damit auch der Bremswirkung) teilweise zu öffnen. Sodann wird der Strömungsweg vom Blasrohr mittels des darunterliegenden Wechselschiebers verschlossen und dort gleichzeitig eine Verbindung mit der Außenluft hergestellt. Nach Schließen des Druckausgleichers auf den Zylindern und weitem Auslegen der Steuerung entgegen der Fahrtrichtung arbeitet die Maschine als Bremse, wobei das zu öffnende Einspritzventil zur Zylinderkühlung, das durch Rohr 2 heißes Kesselwasser in die Ausströmwege (nunmehr Luft-Ansaugewege) leitet, so zu regeln ist, daß die komprimierte Luft nicht heißer als gegen 350⁰ wird. Bei Vollauslegung der Steuerung braucht der am Schieberkastenmanometer abzulesende Kompressionsdruck für volle Bremskraft bloß ungefähr den halben Kessel-Nenndruck zu betragen, da sonst bei Lokomotiven mit reichlich bemessenen Zylindern wie bei G 12 Rädergleiten zu befürchten ist.   *(2)*

Der Schweizer Niklaus Riggenbach (1817–1899), der berühmte Erfinder, Industrielle und Erbauer von Zahnradbahnen und -lokomotiven, brachte bereits 1869/70 die Luft-Gegendruckbremse mit reiner Einspritzung von Kesselwasser in ihre praktisch endgültige Form, die Riggenbach-Bremse, unentbehrlich für den Zahnrad-Dampfbetrieb. Bis ins neunte Jahrzehnt des vorigen Jahrhunderts hatte sie große Bedeutung auf Bahnen mit Steilrampen in Mitteleuropa, und in Rußland dürften nach einer 1983 in London vorgetragenen Studie von Mr. D. R. Carling, dem langjährigen Leiter der Dampflokomotiv-Versuchsstation der BR in Rugby, um 1922 fast alle der 9000 dortigen D eine Gegendruckbremse besessen haben. In Deutschland wurde sie in den zwanziger Jahren in mehrere Typen der Länderbahnen und der DRB für gewisse Strecken eingebaut, zumal die Druckluftbremse noch nicht die Regelbarkeit aufwies, die für eine gleichmäßige Gefällsfahrt nötig ist. In Österreich aber wirkte die auf dem Gebiet der Vakuumbremsen

Abb. S. 316

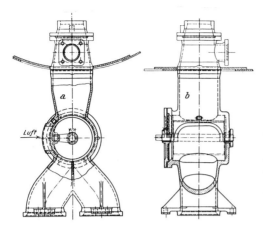

Wechselschieber zur Umschaltung auf Gegendruck-Bremsbetrieb. In der gezeichneten Lage ist der Ab-dampfweg zum Blasrohr frei, eine Vierteldrehung nach oben verschließt ihn und öffnet den Lufteinlaß für das Ansaugen der beim Bremsen zu kompri-mierenden Außenluft. Bei bestehenden Mehrzylinder-Maschinen, wie der G 12, muß der Wechselschieber — weniger erwünscht — in der Rauchkammer liegen. *(2)*

zwischen 1877 und 1912 führend gewordene englisch-österreichische Industriellenfamilie Hardy mit deren Oberhaupt John Hardy sen. (1820−1896). Seine Wiege stand im geschichtsträchtigen Gateshead bei Newcastle, wo 1805 Richard Trevithicks zweite Lokomotive gebaut worden war. Zuerst Praktikant in Robert Stephensons Fabrik, dann bei der französischen Westbahn und 1860/84 Werkstättenchef der Südbahn in Wien, arbeiteten er und seine drei Söhne bahn-brechend an der Entwicklung der Vakuumbremse. Auf die Gründung der Vacuum Brake Co. in London 1877 folgte 1889 die der Firma Gebrüder Hardy in Wien durch die beiden jüngeren Söhne William E. und Joseph R. (1862−1919), als die erste Anwendung der Hardy-Bremse bei der Bosnabahn erfolgte. An einigen Schnellzügen wurde sie in Österreich 1893 eingeführt, 1902 für alle Personenzüge und 1912 für Güterzüge international anerkannt. Daher war hier die Gegendruckbremse außerhalb der Zahnradstrecken längst nicht mehr interessant.

Eine Artikelauswahl über die Entwicklung der Vakuumbremse zu dem für Gebirgsbetrieb überlegenen Stand, den sie bis zum Ersten Weltkrieg und darüber hinaus einnahm, bringen die Quellen (193 bis 198). Franz Scholz beschreibt (199) die 1902 ausgereifte Vakuum-Schnell-bremse. Die Siegermächte von 1918, die sich die Wahl des Bremssystems im internationalen europäischen Verkehr vorbehielten und schließlich die Druckluftbremse vorschrieben, veran-laßten die Gebrüder Hardy AG zur Mitarbeit an ihrer Vervollkommnung. Vor allem war es nötig, das Bremsverhalten auf langen Gebirgsstrecken entscheidend zu verbessern. Als in den zwanziger Jahren die ersten druckluftgebremsten Züge z.B. den Semmering oder die Westbahn-gefälle hinabfuhren, störte jedermann anstelle der gewohnten gleichmäßigen Geschwindigkeit die stete Folge von Bremsverzögerung und Freilaufbeschleunigung; es war eben nicht möglich, die Bremskraft den wechselnden Erfordernissen kontinuierlich anzupassen; häufiger Wechsel brachte aber die Gefahr zu hohen Luftverbrauchs und 'Erschöpfung' der Bremse. Besonders J. Rihosek setzte sich für die Beseitigung dieses Zustands ein und schuf 1924 mit Leuchter von der Firma Hardy das RL-Zusatzlöseventil für Personen- und später auch für Güterzüge (200). Eine Schilderung der Probleme, die bei den Druckluftbremsen auftraten, speziell mit schweren Zügen, und die Mittel zu ihrer Lösung finden wir in Quelle (201).

Die Saugluftbremse ist infolge ihrer Einfachheit und des geringeren Kostenaufwands auch heute noch geschätzt und wird z.B. auch dort, wo die Hauptbahnen zur Druckluft übergingen oder wegen des internationalen grenzüberschreitenden Verkehrs übergehen mußten, für Neben-, speziell Schmalspurbahnen beibehalten (Österreich, Deutschland u.a.). Viele überseeische Bah-nen, die unter britischer Herrschaft oder Leitung gebaut worden waren, sind von ihr nicht abgegangen. So herrscht sie in Indien und seinen Nachbarländern, auf den meisten afrikanischen Bahnen und in Südamerika. Aber dort, wo man zur Ausbeutung von Bodenschätzen neue Strecken für Massentransporte mit 30 t Achslast und mehr baute, mußte man bis 1960 zur

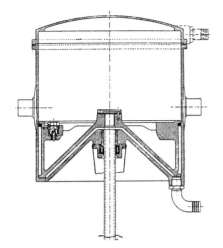

Der Bremszylinder der automatischen Hardy-Vakuumbremse (Saugluftbremse) ist der wesentlichste Bestandteil der selbsttätigen Vakuumbremse, wie sie Hardy um die Jahrhundertwende zur Reife gebracht hat. Der Zylinder ist um die in seiner Mitte sichtbaren Zapfen schwenkbar gelagert, um zu verhindern, daß vom Bremsgestänge Seitendrücke auf die kraftübertragende Kolbenstange ausgeübt werden. In der gezeigten bremsbereiten Ruhestellung steht der Kolben beiderseits unter Vakuum. Dieses wird durch Absaugen von Luft aus der Bremsluftleitung erzeugt, wobei die über dem Kolben befindliche Luft durch das linke sichtbare Kugel-Rückschlagventil abströmt. Läßt man hingegen Außenluft in die Bremsleitung ein, kann diese nicht in den Raum über den Kolben strömen, die Druckdifferenz hebt den Kolben an und bewirkt die Bremsung. Vehement geschieht dies bei einer Zugtrennung, daher die Bezeichnung automatische Bremse. *(18)*

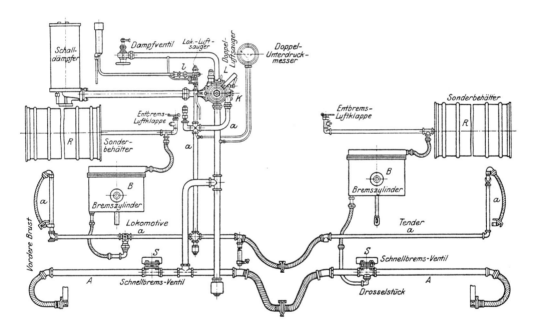

Automatische Hardy-Vakuumbremse für Lokomotive und Tender

Das partielle Vakuum für die Bremswirkung wird durch Dampfstrahlpumpen (Ejektoren oder Luftsauger) erzeugt. Das Dampfventil (oben links) versorgt sowohl den großen Doppelluftsauger, der auf die untere Bremsleitung A zum Anschluß auf den Wagenzug wirkt, als auch den kleinen Lok-Luftsauger, wirkend auf die oberhalb A dargestellte Leitung a für die eigene und eine eventuell angeschlossene zweite Lokomotive. In jedem der Bremszylinder B ist der Raum über dem Kolben mit einem im Betrieb unter partiellem Vakuum stehenden Sonderbehälter verbunden. Ausreichend groß, bewirkt er, daß das Vakuum im Bremszylinder beim Bremsvorgang, also Hochsteigen des Kolbens, nur wenig kleiner wird.

Bei der gezeichneten Anordnung hängt an der Leitung für den Wagenzug auch die Tenderbremse, doch wird ihre Wirkung mittels eines Drosselstücks verzögert, damit der Zug gestreckt bleibt und die Wagen nicht auf Tender und Lokomotive auflaufen. — Der vom Führer zu betätigende Bremsapparat L ist mit dem Hauptluftsauger zusammengebaut und stellt je nach Stellung des Handgriffs die gewünschten Dampf- und Luftverbindungen her. Zur Außerbetriebsetzung der Bremsen wird das Vakuum in jedem Sonderbehälter durch dessen Entbrems-Luftklappe vernichtet und kann erst durch Aussaugen der betreffenden Bremsluftleitung wiederhergestellt werden. *(77)*

Druckluftbremse greifen, denn mit z. B. 60 % Vakuum benötigt man mit der gleichen Gestänge-übersetzung mindestens fünffach größere Bremskolbenflächen. Doch in den fünfziger Jahren ersann die WABCO Westinghouse AG in der Schweiz eine entscheidende Abhilfe mittels platzsparender Mehrfachkolben gemäß nachstehender Zeichnung:

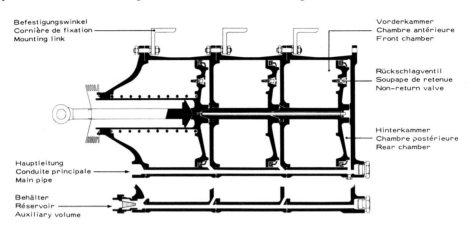

Moderner WABCO Westinghouse Vakuum-Bremszylinder in Triplex-Ausführung. Er besteht aus drei hintereinandergeschalteten Teilzylindern mit je einem Kolben und einer Teilkolbenstange, die beim Bremsen (Bewegung nach links) auf die benachbarte drückt, sodaß die einzelnen Kolbendrücke sich addieren. Ordnet man den mittleren Teilzylinder (Modul) doppelt an, erhält man den Quadriplex-Zylinder, dessen Durchmesser nur halb so groß ist wie der eines äquivalenten herkömmlichen Bremszylinders mit Einfachkolben. Derzeit werden bis zu fünfteilige Zylinder angewendet. Die Teilzylinder werden aus Leichtmetall gefertigt und finden auch an Fahrgestellen niedriger Bauhöhe Platz.

Für eine verbesserte Bremsung von Zügen, die außer einem vakuumgebremsten Teil auch Wagen mit direktwirkender Druckluftbremse enthalten, wurde als weitere Neuerung das sogenannte Vakuum-Druckluft Proportionalventil geschaffen. Der Führer der mit beiden Bremssystemen für den Wagenzug ausgerüsteten Lokomotive hat nur die Vakuumbremse zu bedienen, während die mit dem Proportionalventil ausgerüsteten druckluftgebremsten Wagen automatisch und gleichzeitig einen Wirkdruck erhalten, welcher dem der Vakuumbremse proportional ist. Der Vorteil der uniformeren Bremswirkung liegt auf der Hand.

Mechanische Elemente zur Übertragung der Bremskräfte auf die Räder von Dampflokomotiven können natürlich die gleichen sein, ob mittels Druck- oder Saugluft ausgeübt. Die klassischen einteiligen Bremsklötze wurden durch zumindest zweiteilige ersetzt, um Ersatzkosten zu sparen. Sie bestanden aus Gußeisen, so wie auch heute die Sohle, eventuell mit Legierungszusatz. Die Aufhängung der Bremsklötze an dem Bremshängeeisen kann ganz einfach sein, wenn man sich,

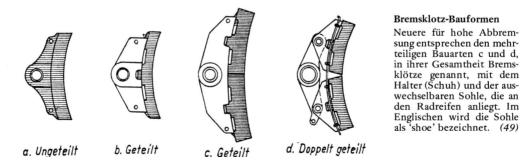

Bremsklotz-Bauformen
Neuere für hohe Abbremsung entsprechen den mehrteiligen Bauarten c und d, in ihrer Gesamtheit Bremsklötze genannt, mit dem Halter (Schuh) und der auswechselbaren Sohle, die an den Radreifen anliegt. Im Englischen wird die Sohle als 'shoe' bezeichnet. *(49)*

a. Ungeteilt   *b. Geteilt*   *c. Geteilt mit unterteilter Sohle*   *d. Doppelt geteilt*

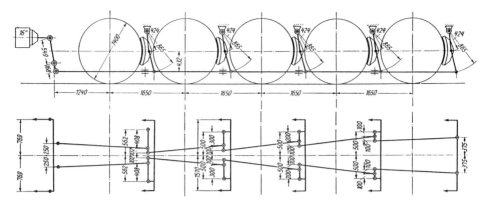

Bremsgestänge-Schema für die 1E-Reihen 50 und 52 der DRB
Im Grundriß sieht man die klassische Gestängeanordnung für Lokomotiven, die gleiche Anpreß-
drücke für alle Bremsklötze unabhängig von ihrem Abnützungszustand gewährleistet. Die Laufachse
ist ungebremst. Die beiden Bremszylinder sind in einer bevorzugten Lage rechts und links unter
dem Führerhaus gut zugänglich angeordnet. *(98)*

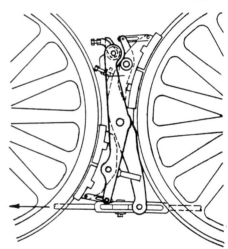

Scherenaufhängung für zweiseitige Abbremsung
Eine etwas aufwendige Anordnung, wenn bei beschränktem Kuppelachsstand zweiseitige Abbremsung gewünscht
wird. Sie wurde an der 2C2-Schnellfahrreihe 05 der DRB
verwirklicht, mit einem Vollbremsdruck von 180 % des
Treibgewichts bei 175 km/h. *(49)*

wie zumeist (z. B. DRB-Reihe 50), mit einseitiger Abbremsung der Räder begnügt; für schnellfahrende Lokomotiven werden manchmal beiderseitig Klötze verlangt (auf englisch *clasp brakes*),
um die Achslager zu schonen; im hohen Geschwindigkeitsbereich ist ja der Reibungskoeffizient
zwischen Rad und Bremsklotz kaum die Hälfte von jenem zwischen Rad und Schiene, man
kann also für hohe Bremsverzögerung mit dem doppelten Achsdruck auf das Rad drücken,
wenn man dafür sorgt, daß dieser Druck bei verringerter Fahrgeschwindigkeit sinkt, um die Räder nicht zu blockieren. Die sinnreiche Ausbildung der Bremsgestänge zur Erzielung gleicher
Klotzdrücke ist im Prinzip überall die gleiche. Führende Laufachsen wurden meist gar nicht,
höchstens aber mit dem halben Prozentsatz abgebremst, da ein blockiertes führendes Rad
leicht eine Entgleisung verursachen kann. Daher machte man oft einen Unterschied zwischen
den Bremskräften am ersten und am zweiten Radsatz eines Drehgestells. Wo Drehgestelle nicht
hoch belastet waren, tat man gut, sie nicht zu bremsen.

Die theoretische Bremskraft, die sich aus Kolbenkraft und Gestängeübersetzung ergibt, muß
wegen Zapfenreibung etc. mit einem Wirkungsgrad multipliziert werden, der bei solchen Trieb-
werksbremsen etwa 0,9 beträgt. Bremskolbendurchmesser sind nach englischen Zoll standardisiert, zwei mittlere von 12 Zoll üben bei 4 atü Luftdruck je 2900 kp Druckkraft aus, bei

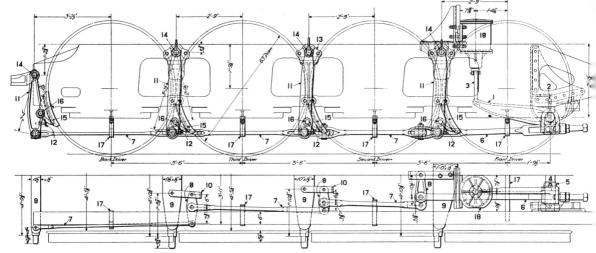

Bremsgestänge-Schema für die Kuppelachsgruppe einer amerikanischen 1D1-Lokomotive mit 28 t Achslast

In den USA sind die Hängeeisen zum Tragen der querliegenden Bremsbalken, auch Bremstraversen genannt, meist − wie ersichtlich − als Doppellaschen ausgebildet, zwischen denen die Bremsklötze gelagert sind. Es ist dort üblich, die gekuppelten Räder mehrachsiger Triebwerke sehr eng zu stellen, meist mit einer Mittendistanz, die um bloß 3 bis 4 Zoll größer ist als der Laufkreisdurchmesser; daher müssen die Bremsklötze erheblich unter den Kuppelachsmitteln liegen, mit einer Neigung zur Horizontalen von 18º in obigem Beispiel, aber 29º bei der aus den USA gelieferten Reihe 141-R der SNCF, ca. 28º bei der Hudson Type der NYC (zum Vergleich 27º bei den 1D2 der BBÖ, 23º bei der 2C2-Schnellfahrreihe 232-U der SNCF von 1946). Während in Mitteleuropa die Bremsklötze normalerweise vorn liegen (in England und Frankreich uneinheitlich), werden sie in den USA stets hinter den Rädern angeordnet. Die Praxis erwähnt keinen merkbaren Vorteil, doch kann man für die amerikanische ins Treffen führen, daß bei schwächer oder nicht gebremsten End-Laufachsen die Bremskräfte auf den gekuppelten Rädern deren Radlasten steigern und damit dem Entstehen von Flachstellen entgegenwirken. *(43)*

achtfacher Übersetzung effektiv 2 x 2900 x 8 x 0,9 = 42000 kp Bremsdruck auf die Radreifen. Für ein vierachsiges Triebwerk mit 80 t Reibungsgewicht wäre dies mit einer Abbremsung von etwas über 50 % zu bescheiden; 14 Zoll Bremszylinder ergeben schon 73 % und wären für eine Güterzuglokomotive angemessen.

Bei einer Betriebsbremsung ist es übrigens erwünscht, daß Lokomotive und Tender nicht mitwirken, damit der Zug hinter der noch vorwärts drängenden Lokomotive gespannt bleibt, was Ruckbewegungen hintanhält. Daher waren ihre Bremsen stets getrennt zu bedienen. Bei einer eventuellen Notbremsung vom Zug aus war und ist es auch heute Sache des Führers, seine Zusatzbremse zu aktivieren oder eventuell ein wenig zu warten.

Noch einen Blick zurück auf das Bremsen in alter Zeit. Als es noch handgebremste Züge gab, oder Züge zwar mit automatischer Luftbremse, die aber auch Wagen ohne Bremsausrüstung mit sich führten − eventuell bloß mit einer durchgehenden Bremsluftleitung −, mußte für ausreichende Bremskraft gesorgt werden. Es war daher für jedes Gefälle ein bestimmter Mindestprozentsatz an bremsfähigem Wagengewicht, bezogen auf das Gesamtgewicht des Wagenzugs, vorgeschrieben, die sogenannten Bremsprozente oder Bremshundertstel. Sie waren in den Dienstfahrplänen für Lokomotiv- und Zugführer abschnittsweise angegeben.

Für alleinfahrende Lokomotiven verließ man sich vielfach auf eine Tender-Handbremse; die sparsamen englischen Privatbahnen taten dies bis 1876 sogar ausschließlich, sofern sie nicht überhaupt keine Bremsen einbauten (16) und sich auf den für kleine Lokomotiven relativ hohen Eigenwiderstand verließen. In Mitteleuropa hatten die Tender, aber auch kleine Tenderlokomotiven, oft die sehr rasch bedienbare Wurfhebelbremse, die mittels eines schwenkbaren Hebels mit Gewicht und Handgriff an seinem Ende und eines Kniehebels eine recht beachtliche Bremskraft ausüben kann.

Sehr einfach und vorteilhaft war die Lokomotiv-Dampfbremse. Die Engländer verwendeten sie ganz allgemein in der Privatbahnzeit dieses Jahrhunderts; auch die 50 schweren D-Verschublokomotiven Reihe 478 der BBÖ von 1927 besaßen Dampfbremse.

Führerhaus

Am Anfang war der Führerstand, könnte man sagen, und in Europa dauerte es drei Jahrzehnte, bis die Eisenbahnen sichtbar zur Kenntnis nahmen, daß das Personal doch einen Schutz gegen Witterungsunbilden benötigt. Man begann damit sehr zaghaft. Gegen Mitte der sechziger Jahre gab es meist erst eine quergestellte Blechwand, oben nach hinten gebogen, um einen Dachansatz zu bilden, und dann wuchs langsam das Führerhaus heran (202, 203), sogar bis zur warmen Stube in sibirischen Wintern, ähnlich wie bei der DRB-Kriegslokomotive Reihe 52. In Amerika aber hatte man schon in den dreißiger Jahren meist ein Dach über dem Kopf; es ging dann in wetterbegünstigten Orten nicht allzuschnell weiter, doch um 1850 gab es ganz geräumige und äußerlich architektonisch ausgeführte *cabs,* wie die Führerhäuser dort seither heißen, wogegen das konservative England noch heute bloß von *footplate* (wörtlich Fußplatte) spricht, wenn jemand sich im Führerhaus befindet. In Österreich sagte man bis etwa 1860/70 mit Noblesse 'Führerplateau'.

Der Führerstand der 1D2-Lokomotive 114.01 der BBÖ (Erläuterungen im laufenden Text) nach einer Radierung von Erich Veit (etwa 1947).

Die wesentlichsten Führerstand-Einrichtungen sind bekannt, ihr absolutes Minimum (Umsteuerhebel, Reglerhebel, Speiseventil, Wasserstandsglas, Manometer, Pfeifen- und Bremsbetätigung) kann man im Führerhaus einer Wildwestlokomotive von 1869 in seiner technischen Einfachheit bewundern (20, S. 150) und mit dem der großen Erzberg-Zahnradlokomotiven (Seite 168) vergleichen, die auch ohne Zahnradarmaturen einen gewaltigen Kontrast bietet; sie sind in der Bildunterschrift angeführt. Ferner enthält mein Buch (20) auf den Seiten 119, 136 und 168 Führerstandfotos prominenter Typen, auf Seite 191 eine gute Zeichnung für die bulgarischen 1E2t von 1931/43. Aus der Serie der Querschnitte durch die 2F1 der Union Pacific (20, S. 111) läßt jener durch das Führerhaus erkennen, daß auch ein 3400 mm breites Umgrenzungsprofil (um 250 mm mehr als in Mitteleuropa) bei einem so großen Stehkessel so unbefriedigenden Ausblick bot, daß der Führer, ohne sich hinauszubeugen, Signale kaum zuverlässig beobachten konnte. Um das Lokpersonal vor zu weitem Hinausbeugen zu warnen, wurden vielfach Griffstangen zum Begehen der Plattform dem Fensterrand entlang hochgezogen, was auch dem Besteigen seitlicher Wasserkasten dienlich war, und in neuerer Zeit wurden, auch zum Windschutz, im rechten Winkel zu den Fenstern vorstehende Schutzgläser angebracht. Die DR sah in Fahrt-Blickrichtung, wo möglich, rotierende Klarsichtfenster vor, von denen

Abb.
S. 321

Wassertropfen etc. abgeschleudert werden. Österreichische Dampflokomotiven waren noch für stehende Bedienung ausgestattet, gemäß dem begleitenden Bild der 114er erfahrungsgemäß eine Sache der Gewohnheit. Der Führer hat seine Hand am Druckluftbremsventil für den Wagenzug; für vakuumgebremste Züge sitzt gleich oberhalb der Schieberkopf der Luftsaugebremse mit dem Dampfejektor zur Erzeugung des Vakuums. Der Reglerhebel, rechts an der Stehkesselwand in Griffhöhe, ist verdeckt, ebenso das stets an der Führerhauswand befestigte Zusatzbremsventil für die Druckluftbremsung von Lokomotive und Tender. In der Nähe der etwas tiefer, direkt vor dem Führer befindlichen Steuerschraube liegt (verdeckt) das Ventil zur Betätigung der Sandstreuer mit Druckluft, anderwärts auch mit Dampf. Die deutsche LONORM-Tafel 4 bringt eine detaillierte Zeichnung aller Führerstandseinrichtungen der 2C-Gattung P8 mit über 100 Bezeichnungen, des Guten etwas zu viel.

Abb.
S. 323

Der Valve Pilot ist ein Anzeige- und Registrierinstrument, das eine unwirtschaftliche Überlastung des Kessels vermeiden, oder — falls geschehen — den Überwachungsorganen nachweisen soll. Er ist von großem Wert bei Stokerfeuerung und fand in den USA von den späten zwanziger Jahren an breite Anwendung. Um die Füllungen anzuzeigen, die bei gewissen Fahrgeschwindigkeiten nicht überschritten werden dürfen, wurde eine sinnreiche Einrichtung geschaffen: auf der Achse des Geschwindigkeitszeigers sitzt am Valve Pilot ein zweiter, füllungsabhängiger Zeiger, der von der Umsteuerung über eine Nocke so bewegt wird, daß er mit dem ersten (dem V-Zeiger) übereinstimmt, wenn die jeweils höchstzulässige Zylinderfüllung eingestellt ist. Nun gehört zu höherem V eine kleinere Füllung und umgekehrt, daher bedeutet ein niedrigerer Stand des nockengesteuerten Zeigers eine größere Füllung; steht dieser unterhalb des V-Zeigers, dann ist der Kessel überlastet, steht er oberhalb, wird die Höchstleistung nicht beansprucht. Der Führer braucht nur diese Tatsache zu beachten und bei gewünschter Vollast die Steuerung so einzustellen, daß beide Zeiger sich stets decken.

Abb.
S. 323

Auf dem Registrierstreifen des Valve Pilot wird nun der tatsächliche Füllungs- und Geschwindigkeitsverlauf aufgezeichnet und die Einhaltung der Vorschrift an Hand einer Kurve der zulässigen Füllung über V geprüft. Das Diagramm läßt erkennen, daß die Füllung von über 62 % für 113 bis 120 km/h ungemein hoch ist, eine Folge der für die große Kesselleistung und das ausnützbare Treibgewicht recht kleinen Zylinder dieser (vermutlich) 2C2 und hohen Blasrohr-Gegendrucks — also trotz allem ein wärmetechnisch unwirtschaftlicher Betrieb.

Als Lichtquelle für Signal- und Führerstandslampen wurde in ältester Zeit natürlich Öl, dann Petroleum verwendet, gefolgt von der schon sehr annehmbaren Ölgasbeleuchtung, die auch

Links: Der amerikanische Loco Valve Pilot, ein Anzeige- und Registrier-instrument für Geschwindigkeit und die jeweils eingestellte Zylinderfüllung zwecks Überwachung der Kesselbeanspruchung, siehe Text. — *Unten:* Ausschnitt aus einem Registrierstreifen des Valve Pilot (Speed = Geschwindigkeit in miles/h, Cutoff = Füllung in %). *Prospekt*

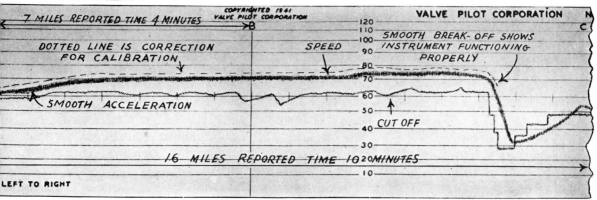

in Personenwagen jahrzehntelang herrschte. Die Umstellung auf elektrisches Licht begann bei der DRB und in Österreich in der Mitte der zwanziger Jahre. Als Stromquelle diente ein meist links oben auf der Rauchkammer montierter Dampf-Turbogenerator mit 500 Watt Leistung und 25 Volt Nennspannung, den z.B. die von 1925 an beschafften österreichischen Dh2t und 1D1h2t Verschub- bzw. Nebenbahnlokomotiven (Reihen 478 und 378) sukzessive erhielten, die 1927 schon 50 bzw. 1929 nicht weniger als 167 Stück umfaßten.

In den USA und in Rußland mußten sich die Züge auf den langen einsamen Strecken nachts schon auf einige Kilometer bemerkbar machen und das Gleis auf erhebliche Distanz beleuchten; dazu diente in Amerika bis in die neunziger Jahre und in Rußland teils über den Ersten Weltkrieg hinaus ein monströser Öl- oder Petroleum-Scheinwerfer in einem quaderförmigen Kasten von 0,75 m Höhe und mehr oben vor dem Rauchfang, der später von einem elektrischen 'headlight' abgelöst wurde. Der 750- bis 1000-Watt-Generator von (in den USA) 32 Volt lag meist an derselben Stelle wie in Europa. Manche amerikanische Bahnen ließen auf den Seitenflächen des Scheinwerfers die Lokomotivnummer zur Identifizierung in großen Ziffern beleuchten.

Ein Unikum ist die mächtige Scheinwerferanlage System Sedlaczek, die versuchsweise auf der bescheidenen Ct-Lokomotive Nr. 76 der österreichischen Kronprinz Rudolf-Bahn, geliefert 1872 als Fabrik-Nr. 193 von Krauss, montiert war und deren Lichtquelle mit der enormen Leuchtkraft einer Bogenlampe ein Dynamoaggregat mit schnellaufender Dampfmaschine hinter dem Rauchfang speiste. Ein hervorragendes Foto davon ist in dem Buch *Lokomotivbau in Alt-Österreich* auf Seite 189 wiedergegeben. Eine so extravagante Idee wurde nichteinmal in Amerika praktiziert!

Die englischen Privatbahnen mußten sparsam sein. Noch 1953 sah man z.B. die schönen 2C-Schnellzuglokomotiven der berühmten Great Western, seit 1948 bereits von BR übernommen, bei der Abfahrt aus Londons Paddington Station mit ihren Petroleumlampen in die Dunkelheit blicken.

Die Elektrizität aber brachte uns am Kontinent schon in der Zwischenkriegszeit viel früher als anderswo die Triebwerksleuchten als wertvolle Hilfe bei Inspektion und Nachschmieren.

Sonderbauarten Stephensonscher Lokomotiven

Bei allen vorstehend behandelten Bauarten werden Zugkraft und Leistung von einem einzigen Haupt-Antriebsaggregat geliefert, das aus Dampfmaschine und Triebwerk besteht. Manchmal ergibt sich jedoch Veranlassung zur Verwendung von mehr als einem Antriebsaggregat grundsätzlich gleicher Art, was den Stephensonschen Konstruktionsprinzipien nicht widerspricht.

Da die Anwendung von mehr als zwei Antriebseinheiten je Lokomotive sich nirgends bewährt hat, lassen wir sie außer Betracht und unterscheiden zwei Gruppen von Konstruktionen:

1. Beide Triebwerke sind in einem einzigen starren Rahmen gelagert (in den USA Duplexbauart genannt).
2. Jedes der beiden Triebwerke hat einen eigenen Rahmen, der relativ zum anderen schwenkbar ist. Dies ist das Charakteristikum einer Gelenklokomotive.

1) Die Duplexbauart

Eine bereits 120 Jahre alte, bewährte und markante Konstruktion führte ich in *Lokomotiv-Athleten* (20) vor — Petiets CCt für die französische Nordbahn, zusammen mit einer erst 1916 erschienenen zweiten Bauart gleicher Achsfolge, der sächsischen Reihe XV. Erstere hatte die Dampfzylinder an beiden Enden, letztere der Mitte zugekehrt, wobei je ein HD- und ein ND-Zylinder der vierzylindrigen Verbundmaschine für eine Maschinenseite zusammengegossen waren, was sich aber auf die Instandhaltung natürlich negativ auswirkte.

Eine Lagerung beider Triebwerke in einem starren Rahmen weist darauf hin, daß die zu befahrenden Kurven keine Gelenklokomotive erfordern. Der umgekehrte Schluß ist jedoch nicht zwingend, denn manchmal wurde die Gelenkbauart gewählt, um kleinere Führungskräfte zu erzielen, und/oder größere Räder anwenden und schneller fahren zu können; aus diesem Grund wurden z. B. die an sich wohlgelungenen 2F1 Klasse 9000 der Union Pacific, von der 1926/30 immerhin 88 gebaut worden waren, ab 1936 durch (2C)C2-Gelenklokomotiven, die Challengers, das heißt Herausforderer, ersetzt.

Die Bauart 1) dient zweckmäßigerweise dem Bestreben, die einzelnen Kolben- und Massenkräfte zu verringern, und wurde erst mit hohen Achslasten und Fahrgeschwindigkeiten wirklich interessant. Deswegen haben die kleinen 1BB-Steifrahmenlokomotiven, welche 1903 die Kolomnaer Maschinenfabrik herausbrachte, keine Bedeutung. Einen neuzeitlichen Anfang machte 1932 die PLM mit ihren 1BC1h4v Reihe 150-A von fast 19 t Achslast bei reichlicher Zylinderbemessung und 20 atü Kesseldruck, die mit ihren 1500 mm hohen Rädern bereits für 85 km/h zugelassen waren (204). Ihre Nennzugkraft betrug nach der Formel (20, S. 19) 22.500 kp; sie ist zwar nur um 11 % größer als für die auch dort behandelte württembergische 1F Klasse K, die sich über ein Vierteljahrhundert im schwersten Bergdienst bewährte, aber die PLM hatte mehrjährige kostspielige Schwierigkeiten mit den Kurbelwellen ihrer großen 2D1 von 1925 hinter sich und verließ daher hier das für Vierzylinder-Verbundlokomotiven in Europa traditionelle Innentriebwerk. Damit ergab sich das einmalige Bild der zwischen zwei Triebwerken außen angeordneten Hochdruckzylinder, die zwecks Verminderung des Achsstands eine erhebliche Schräglage erhielten; der Antrieb der letzten gekuppelten Achse ergab jedoch lange Treibstangen und dadurch unbedenkliche vertikale Kraftkomponenten.

Daß zwei nicht miteinander gekuppelte Triebwerke die Ausnützungsmöglichkeit der Haftreibung zwischen Rädern und Schienen gegenüber der Kupplung aller Achsen verringern, war damals schon von Gelenklokomotiven her bekannt. Dies gilt besonders für Verbundmaschinen, bei denen ein Triebwerk von den HD-, das andere von den ND-Zylindern angetrieben wird, deren Zugkraftverteilung schwerlich einer gewünschten Proportion entsprechen kann. Daher wurden hier die einander benachbarten Endachsen beider Triebwerke mittels innenliegender

Kuppelstangen miteinander verbunden; diese und ihre Kropfachsen wurden bloß durch Differenz-kräfte und daher sehr mäßig beansprucht. Die Gesamtkonstruktion war nicht billig, hatte aber den zusätzlichen Vorteil, daß die beiden Triebwerke streng gegenläufig gemacht werden konnten, um die hin- und hergehenden Massen praktisch auszugleichen.

Die 151.A der PLM war vorzüglich durchdacht und erreichte nach der noch 1933 erfolgten Ausrüstung mit Doppelrauchfang, Zwischendüsen und kreuzförmigen Blasrohrmündungen Bau-art 'PLM à croisillon' eine konstante Zughakenleistung von 2980 PSe bei 75 km/h auf 92 km Strecke und eine 5-Minuten-Leistung bei abgestellter Kesselspeisung und 60 km/h von 3250 PSe. Sie war damit die stärkste und schnellste europäische Güterzugtype; Chapelons experi-mentelle 1F-Sechszylinder-Umbaulokomotive von 1940 (20) hatte bloß höhere Zugkraft, war aber in der Leistung um etwa ein Zehntel unterlegen.

Die nächsten und letzten Anwendungen erfuhr die Bauart 1) in den USA. Zuerst ließ Ma-schinendirektor R. Emerson der Baltimore & Ohio 1937 in der Bahnwerkstätte eine 2BB2 mit je einem Zwillings-Zylinderpaar vorn und hinten bauen (43, S. 205/206 und LM 97, Sei-ten 276 und 281). Diese aber war ein eklatanter Mißerfolg wegen schwerer Konstruktionsfehler: die zur Befestigung der hinteren Zylinder nötige Querverbindung des Stahlgußrahmens drosselte die Luftzufuhr zum vorderen Drittel des Rosts, die 4,5 m lange Wasserrohr-Feuerbüchse, Emersons vom Brotankessel abgeleitetes Steckenpferd, bot dem langen, niedrigen Rähmen keine Stütze, sodaß beide Teile Brüche erlitten, und die mehr als 7,5 m langen Kesselrohre waren zu eng für die schlecht ausgebildete Doppel-Blasrohranlage. Daraufhin wagte sich nur mehr die Pennsylvania an die Duplexbauart heran; zuerst baute sie in Altoona nach Zeichnungen von Baldwin ihr überdimensioniertes 3BB3-Einzelstück Klasse S-1 für die New Yorker Welt-ausstellung von 1939 (205), mit ihrem Dienstgewicht von 277 t, 32 t Achslast und 12,2 m² Rostfläche die wohl für alle Zeiten größte, stärkste und mit ihren relativ leichten Rollenlager-triebwerken sowie 2134 mm Raddurchmesser auch schnellste Stephensonsche Schnellzugloko-motive der Welt. Ihr folgten 1942 die beiden Prototypen der für den tatsächlichen Bedarf weniger monströs ausgelegten 2BB2-Klasse T-1, und 1946/47 die Serienlokomotiven, je zur Hälfte in Altoona und von Baldwin gefertigt (206, 207). Da man aber trotz negativer Erfahrungen mit der 3BB3 bezüglich schwer beherrschbaren Schleuderns dem französischen Beispiel der inneren Kupplung beider Triebwerke nicht folgte — zusehr war in den USA die Abneigung gegen innenliegende Triebwerksteile gewachsen, sodaß seit 1930 z.B. keine Dreizylinderloko-motiven mehr bestellt und bald darauf sogar Drillinge in Zwillinge umgebaut wurden —, trat dieser Übelstand auch hier auf, verschärft durch das große Dampfreservoir in den nach an sich modernen Grundsätzen reichlich dimensionierten Dampfleitungen zwischen Regler und Zylin-dern, als dessen Folge die Zylinderzugkraft nach Drosselung der Dampfzufuhr nur langsam abnahm.

Während die Pennsylvania die Zylinder obiger Lokomotiven gemäß den Fotos alle vor den zugehörigen Triebwerken anordnete, baute sie 1942 eine als Q-1 bezeichnete, vereinzelt ge-bliebene 2CB2-Güterzuglokomotive, die bezüglich der Zylinderanordnung dem schlechten Bei-spiel Emersons folgte. Zwei Jahre später aber wetzte man diese Scharte durch die Schaffung des bemerkenswerten Prototyps der 2BC2-Klasse Q-2 aus (208), bei der es gelang, die Schleuder-Foto
S. 326
freudigkeit der Duplexbauart unschädlich zu machen. Vor allem wurde die Zylinderzugkraft des vorderen Triebwerks, dessen Haftreibung durch Nässe und Verunreinigungen primär beein-trächtigt wird und welches überdies durch das Moment der Hakenzugkraft, die auch in den USA ca. 1050 mm über den Schienen angreift, eine gewisse Gewichtsentlastung erfährt, pro Tonne Treibgewicht um 7 % kleiner bemessen als für das hintere. Die Hauptsache aber war eine an Dampflokomotiven bis heute einzigartige Schleuderschutzeinrichtung zur automatischen Zug-kraftminderung der betroffenen Dampfmaschine bei beginnendem Rädergleiten und Wieder-

Die einzige voll bewährte Duplex-Güterzugtype Amerikas, die 2BC2h4-Klasse Q-2 der Pennsylvania Railroad, gebaut 1944/46 in der Hauptwerkstätte Altoona in 26 Exemplaren. Mit 36 t Achslast übertraf sie das Treibgewicht der 2F1h3 der Union Pacific (20) von 1926 um 11 %. Ihr Dienstgewicht von 281 t war um ein volles Viertel größer und machte sie zur schwersten und im Bereich hoher Geschwindigkeiten leistungsfähigsten Steifrahmenlokomotive der Welt, auch mit dem höchsten Kesseldruck von 21,1 atü, der lediglich in den USA etwa seit 1940 in großem Umfang eingeführt worden war. Da die Duplexbauart ohne innere Kupplung der beiden Triebwerke zum Schleudern neigt, wurde hier die im Buchtext hervorgehobene automatische Schleuderschutzvorrichtung durch elektromotorischen Schnellabschluß aller Einströmstutzen zu den Zylindern eines ins Schleudern geratenden Triebwerks mit Erfolg angewendet. Die Rostfläche lag mit 11,3 m^2 im Spitzenfeld auch der Gelenkbauarten, soweit diese nicht für geringerwertige Kohlen bemessen waren; die feuerberührte Verdampfungsheizfläche betrug rund das 50fache. Bei den in den USA allgemein üblich gewesenen Parforce-Leistungsversuchen mit extremer Rostbelastung sollen 8000 hpi bei 91 km/h erreicht worden sein. Der thermische Gesamtwirkungsgrad am Zughaken konnte dabei allerdings 4 % kaum überschreiten.   *Foto PRR*

herstellung der vollen Zugkraft nach Beendigung des Gleitens. Da ein Triebwerk im Verhältnis zu seinen Kolbenkräften eine geringe Masse hat, kann bei Überschreiten der Haftwerte zwischen Rädern und Schienen die Drehzahl sehr rasch steigen. Damit aber ist ein rapides Sinken der Haftreibung verbunden; um dies zu verhindern, muß die Dampfzufuhr augenblicklich gestoppt werden, und zwar möglichst nahe an den Zylindern. Daher wurde in jedes der vier Einströmrohre ein Klappenventil eingebaut (208), das mittels Druckluft schließbar war. Sobald eine elektrische Einrichtung beginnendes Schleudern einer Maschine feststellte, wurden die Klappenventile der betroffenen Maschine geschlossen, nach Beendigung des Schleudervorgangs aber sofort wieder geöffnet. Der elektrische Schleuderdetektor wurde hier von einander benachbarten Radreifen der beiden Triebwerke betätigt; um aber zu vermeiden, daß in dem allerdings seltenen Fall zufällig gleicher Schleudervorgänge in beiden Triebwerken der Schleuderdetektor nicht anspricht, hätten natürlich deren zwei von je einem gekuppelten und einem Laufrad aktiviert werden können. Jedenfalls bewährte sich die Einrichtung und trug zum Erfolg dieser Lokomotiven wesentlich bei, zu denen sich 1945/46 weitere fünfundzwanzig gesellten (LM 49).

Die Q-2 hätten wohl zu einer gewissen Weiterverbreitung der Duplexbauart in Amerika führen können, wenn nicht schon 1948 die ALCO ihre letzte Dampflokomotive geliefert und damit das Ende dieser Traktionsart in der Neuen Welt signalisiert hätte. In Europa lief ein beschränkter Dampflokomotivbau noch rund ein Jahrzehnt weiter, aber hier bestand bei nur rund 20 t Achslast kein genügender Anlaß zur Triebwerksteilung. Europäische Duplex-Schnellzuglokomotiven hätten überdies die nicht überall vorhandenen 23 m langen Drehscheiben erfordert, während es in großen amerikanischen Betriebwerken solche von 30,5 und sogar 40 m Länge gab.

Die erste Ausführung der bayerischen (D)Dh4v Malletlokomotive von 1913/14, damals Europas stärkste Güterzugtype, gebaut von Maffei für die drei 20 bis 25 Promille-Steilstrecken Laufach—Heigenbrücken, Probstzella—Rothenkirchen und Neuenmarkt—Wiesberg—Marktschorgast, deren letztgenannte noch heute auch für Nostalgiefahrten mit diversen historischen Lokomotiven Bedeutung hat. Der ersten Lieferung von 15 Lokomotiven folgte 1923 eine Serie von zehn stärkeren Maschinen (Dienstgewicht 131 t statt 123 t), später DRB 96 001 bis 025. Weitere Hauptbahn-Mallets wurden für deutsche Bahnen nicht gebaut.

Foto Maffei

2) Die Gelenkbauarten

Wir betrachten hier nur jene beiden Bauarten, die auf der Welt in größtem Ausmaß durchgedrungen sind und strikt der Definition einer Stephensonschen Lokomotive entsprechen. Daher fällt eine Fülle von Konstruktionen weg, auf welche der Begriff Gelenklokomotive anzuwenden ist, weil ihre Dampfzylinder nicht lediglich auf in einem einzigen starren Rahmen gelagerte, zueinander in der Draufsicht parallele und höchstens seitenverschiebliche Achsen wirken, sondern auch auf solche Achsen, die bei Kurvenfahrt mit jenen einen Winkel bilden. Professor Lionel Wiener der Universität Brüssel unterzog sich in den zwanziger Jahren der ungemein mühevollen Aufgabe, das gesamte Gebiet der dampfbetriebenen Gelenklokomotiven im weitesten Sinn zu erforschen und systematisch zu ordnen; in seinem 1930 in London erschienenen klassischen Buch (27) unter dem Titel Articulated Locomotives (Gelenkige Lokomotiven) kam er einschließlich solcher mit dampfgetriebenem Tender auf nicht weniger als 126 Bauarten. Bei der Kompliziertheit der Materie könnte man in einigen Fällen im Zweifel sein, ob tatsächlich eine speziell zu klassifizierende Konstruktion oder eine bloße Variante vorliegt, was jedoch nur einen Pedanten beunruhigen kann. Bleiben wir bei 126, dann beziehen sich gegen 90 auf Lokomotiven des Stephensonschen Grundprinzips, von denen etwa die Hälfte, zumindest für spezielle Zwecke, einen gewissen Erfolg erzielte und von den ungemein vielfältigen Gestaltungsmöglichkeiten desselben zeugt. Doch nur die bekannten Systeme von Anatole Mallet (1837 bis 1919) und Herbert W. Garratt (1864—1913) errangen Welterfolg. Jener, in Lancy, Kanton Genf, geboren und in Frankreich tätig, erlebte noch das erste Drittel des gewaltigen Aufschwungs seiner Erfindung, wogegen der früh verstorbene Engländer Garratt bloß ein paar kleine 600-mm-spurige (B)(B)-Ausführungen zu Gesicht bekam, deren erste Beyer-Peacock in Manchester 1909 nach Tasmanien lieferten; nach dem Zweiten Weltkrieg aber waren daraus, wie in meiner Einleitung erwähnt, die größten Geschäfte der Firmengeschichte dieser berühmten Lokomotivfabrik geworden.

Die Entwicklung beider Systeme hat Anthony E. Durrant[1] in seinen vorzüglichen Werken *The Mallet Locomotive* (209) von 1974 und *The Garratt Locomotive* (210) von 1969 äußerst interessant geschildert und diskutiert, mit vielen weitgehend unbekannten Einzelheiten geschichtlicher und technischer Natur, die von seinem tiefen Eindringen in die Materie zeugen.

1 Durrant begann seine Laufbahn Anfang der fünfziger Jahre im Konstruktionsbüro der BR Western Region in Swindon, 1955 aber wechselte der unternehmungslustige junge Mann zu den East African Railways nach Nairobi über, wo er dank seines überzeugenden Vortrags meinem ihm damals bloß aus Literatur und schriftlichen Mitteilungen bekannten Flachejektor zur Erprobung verhalf, woraus dort dessen Einbau in alle neueren Streckenlokomotiven erwuchs, größtenteils Garratts, 226 an der Zahl. Noch vor der Installierung des ersten Ejektors zog es Durrant nach Südafrika. Dort widmete er sich u. a. der lokomotivhistorischen Schriftstellerei mit Reisen nach Ostasien und Australien, um seine Studien durch sonst nicht zu eruierende Fakten zu erweitern, und ist seit mehreren Jahren bei SKF im Transvaal tätig, womit seine Verbindung zur Eisenbahn und ihren dort besonders vielfältigen Triebfahrzeugen lebendig bleibt.

Gemäß Durrants hier wiedergegebener klaren Aufbauskizze, welche die gegenüber dem Kessel gelenkigen Triebwerksrahmen und deren Anbauteile silhouettenhaft schwarz darstellt, ist bei Mallet-Lokomotiven das hintere Triebgestell mit dem Kessel starr verbunden, das vordere schließt gelenkig an und stützt seitenbeweglich den Vorderteil des Kessels (Bearing = Kesselstütze). Das Gelenk überträgt natürlich auch die Zugkraft der vorderen Maschine. Dargestellt ist eine Ausführung als Tenderlokomotive, also eine (C)Ct, doch waren die meisten großen Mallets, vor allem die amerikanischen, Schlepptenderlokomotiven, selbst für Schiebe-, Zubringer- und Abrollbergdienst.

Garrattlokomotiven hingegen haben zwei gleiche, vorn und hinten symmetrisch angeordnete Triebgestelle, die voneinander so weit entfernt sind, daß der Kessel dazwischen liegen kann und sich mittels seines Tragrahmens an beiden Enden gelenkig auf die Gestelle stützt. Man erkennt sofort, daß die Kurvenfahrt hier problemloser ist als bei der Malletbauart; dies geht besonders anschaulich aus den begleitenden Grundrissen hervor, welche die erste Mallet und die erste normalspurige Garratt zeigen, und tritt umsomehr in Erscheinung, je länger Triebgestelle und Kessel werden: der vordere Kesselteil einer Mallet weicht dann in Kurven immer mehr von der Längsmittelachse des ihn stützenden Triebgestells ab und belastet dieses einseitig − glücklicherweise so, daß die Räder auf der Bogen-Außenseite höher belastet werden, sodaß einer Entgleisungstendenz der führenden Radsätze entgegengewirkt wird.

Die Darstellung der 600-mm-spurigen Malletlokomotive entspricht einem Kurvenradius von bloß 13 m, wobei der Kesselstützpunkt im äußersten Falle − d.h. ohne Rückstellvorrichtung zwischen Kesselstütze und Rahmen und daher Anlaufen des hinteren Triebwerks mit seinem führenden Rad an der Außenschiene, des nachlaufenden Radsatzes an der Innenschiene − um 16 cm außer Mitte liegt; das ist hier schon ein Viertel der Stützweite am Gleis, aber bei Kleinbahnen unbedenklich.

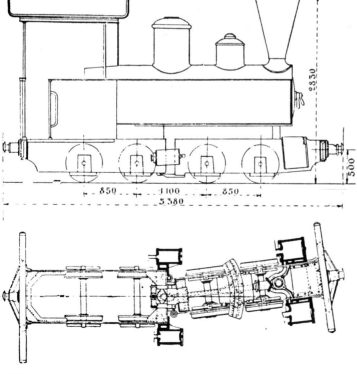
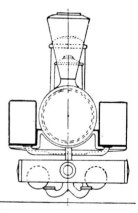

Die erste Malletlokomotive, gebaut 1888 in Tubize, Belgien, Spurweite 600 mm (System Decauville), war im darauffolgenden Jahr auf der Pariser Weltausstellung zu sehen und fand dank ihrer offenkundigen Kurvenbeweglichkeit und der einfachen Triebwerksgestaltung rasch große Verbreitung, zunächst vor allem auf Schmalspur und in schwierigem Gelände. Ein Foto dieser Maschine befindet sich auf der Titelseite des Buches *Die Frühzeit der Schmalspurbahn*, Verlag Slezak, Wien, 1983, und eine detailreiche Typenzeichnung darin auf Seite 107.

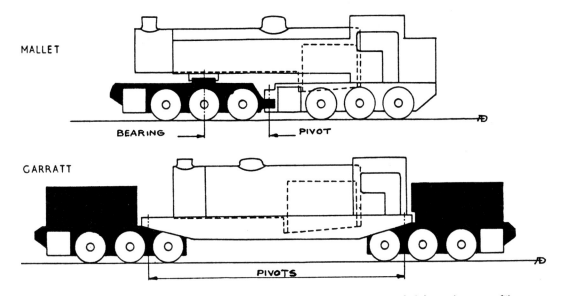

MALLET

BEARING PIVOT

GARRATT

PIVOTS

Prinzip-Schemen der Bauarten Mallet und Garratt. Erstere wurde seltener als Tenderlokomotiven ausgeführt, außer für Nebenbahnen oder Nachschiebedienst, wogegen die Garratts ihre Vorräte stets mit sich führen und nur über lange Strecken einen Wasserwagen mitnehmen. *(210)*

Die erste normalspurige Garratt, gebaut 1923 von Beyer-Peacock für die Zubringerstrecken der British Copper Manufacturers Ltd. in Swansea, Südwales, mit Steigungen bis zu 50 Promille und Kurvenradien bis herab zu 30 m. Als (B)(B) mit 62 t Dienstgewicht hatte sie bereits erhebliche Achslasten. Eine geeignete Steifrahmenlokomotive gleicher Leistung wäre wesentlich komplizierter ausgefallen. *Garratt-Katalog, 1931*

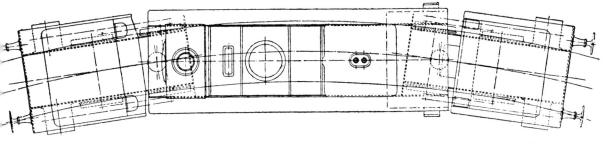

Einstellung der auf dem Foto abgebildeten Garratt mit 9,8 m Achsstand im engsten Gleisbogen von 30 m Radius. Ihre Seitenausschläge jeglicher Art bleiben auch in scharfen Kurven innerhalb normalerweise gewohnter Grenzen. *(27)*

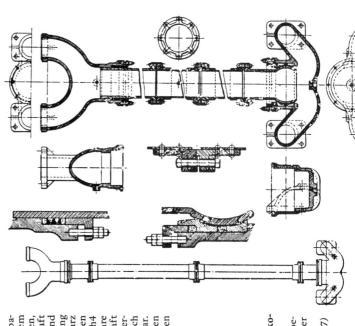

Als die Union Pacific gegen die Mitte der dreißiger Jahre wieder Veranlassung hatte, ihre Beförderungskapazität zu steigern, konnte dies am besten durch schnelleres Fahren erreicht werden, wozu die 2F1 mit ihrem schweren Triebwerk nicht geeignet waren. Es lag nahe, dieses nach dem Beispiel der Bauart Mallet zu teilen, und da nun schon über 30 t Achslast zulässig waren, konnte eine (2C)C2h4 auch eine etwas höhere Zugkraft als die 2F1h3 entwickeln. Die ersten Lokomotiven der neuen Bauweise, von ihren Initiatoren treffend *Challenger*, das heißt Herausforderer, genannt, wurden 1936 von der ALCO geliefert und zur Unterscheidung von den mittels einer Verbunddampfmaschine angetriebenen Mallets als *articulated locomotives* (kurz *articulateds*) bezeichnet. Für schwersten langsamen Güterzugdienst gab es solche schon seit 1928/29 auf den Erz- und Kohlenbahnen im Norden und Nordwesten als zweifache Vierkuppler. Die dargestellte (1C)C2h4 mit komplettem Timken-Wälzlagertriebwerk aus legierten Stählen brachte die N&W, ebenfalls 1936, als ihre Klasse A (Eigenbau in Roanoke) heraus und baute bis 1950 davon 44 Maschinen. Mit 52 Mp Nennzugkraft (nach amerikanischen Berechnungsweise mit einem mittleren Zylinderdruck von 85 % des Kesseldrucks) übertraf sie die ALCO-Maschine der UP um 15 %. war im Gebirge überlegen, aber im Gesamtverhalten wohl ziemlich ebenbürtig. Ihre mit nur 14 t belastete Bisselachse zeigt, daß ein vorderes Drehgestell nicht am Platz war. Das Dienstgewicht der N&W-Maschine betrug 260 t gegen 287 bei der UP, die Reibungsgewichte verhielten sich wie 196 zu 184 t. Die gezeigte Lokomotive hat übrigens einen klassischen Kreuzkopf, andere hatten einschienige mit Mehrfachgleitflächen. Die vertikalen Kreuzkopfdrücke waren relativ mäßig.

Rohrverbindungen für eine Malletloko-
motive
Beispiel einer Gelenk- und einer Schiebe-
verbindung für die Dampfleitung von der
Hochdruck- zur Niederdruckmaschine.
(27)

Von diesem Extremfall weit entfernt liegen die Verhältnisse bei Hauptbahnen mit ihren auch im Vergleich zur Spurweite und zum Achsstand der Lokomotiven viel größeren Kurvenradien. Betrachten wir z. B. die erwähnte Challenger-Type, die Schnellfahr-Mallet für bis zu 130 km/h, so finden wir in Bogen von 350 m Radius, den man bei 120 bis 150 mm Überhöhung der Außenschiene mit 80 km/h und etwas darüber durchfahren kann, eine Auslenkung am Kesselstützpunkt von nur 10 bis 14 cm, je nachdem ob das hintere Triebwerk vom vorderen nach bogeninnen geführt wird oder frei nach außen schwenken kann. Bei abgenützten Spurkränzen und/oder Spurerweiterung vergrößerten sich diese Werte etwas, bleiben aber im Verhältnis zur Stützweite am Gleis noch sehr mäßig. Dabei haben diese Lokomotiven mit ihren 1753 mm hohen Rädern einen großen Achsstand, nämlich insgesamt 18,2 m, und eine Gesamtlänge von 22 m. Der Kesselstützpunkt liegt aber bloß bei 5,8 m vor der führenden Kuppelachse des hinteren Triebwerks. Erst im Heizhausbereich, wo in den USA besonders kleine Kurvenradien vorkommen (20, S. 178/180, 2F1 der Union Pacific), nähern sich die Ausschläge den Relativwerten für die oben betrachtete Kleinlokomotive.

Die zahlreichen (1D)D1 für schwerste Güterzüge hatten kaum größere Ausschläge als die (2C)C2, doch bei den kühnsten aller Mallets, den (2D)D2 Big Boys der Union Pacific mit 22 m Gesamtachsstand, waren sie um ca. 2/3 größer; damit war auch der Zenit für Schnellfahr-Mallets erreicht, denn auch diesen konnte man über 120 km/h zumuten.

Alles in allem sieht man, daß das zunächst etwas beängstigend aussehende weite Auskragen des Kessels über dem vorderen Triebgestell großer Malletlokomotiven bei näherer Untersuchung keinen Anlaß zur Besorgnis gibt, was die Betriebserfahrungen bestätigt haben, speziell da die Richtkräfte absolut im Rahmen des Zulässigen gehalten werden konnten. Im übrigen ergab sich dies, wie fast alles in der konventionellen Technik des Dampflokomotivbaus, durch die Erfahrung im Lauf eines schrittweisen Wachstums der Malletbauart, die Jahrzehnte hindurch bloß dem langsamen Güterverkehr oder allgemein dem Nachschub auf Steigungen diente.

Als die Atchison, Topeka & Santa Fe Railroad, kurz Santa Fe genannt, aus der Entwicklungsreihe auszubrechen wagte und bereits 1909, bloß fünf Jahre nach dem Erscheinen der ersten Mallet in Amerika, eine (2B)C1-Schnellzuglokomotive mit 1854 mm hohen Rädern entwarf, die sie von den Baldwin-Werken aus Komponenten vorhandener Lokomotiven zusammensetzen ließ, um schwere Reisezüge sowohl im Flach- als auch im Bergland ohne Lokomotivwechsel und ohne Vorspann befördern zu können, fürchtete man sich dort begreiflicherweise vor der Auslenkung des extrem langen Kessels. Man führte ihn daher zweiteilig aus, mit einem konventionellen Verdampferteil, der von der hinteren Achsgruppe mit ihrem Hochdrucktriebwerk getragen wurde, und einem mit dem gelenkig angeschlossenen vorderen Rahmen starr verbundenen Vorwärmerteil in der Form eines Röhrenkessels gleichen Durchmessers (einem Vorläufer der Bauart Franco), übrigens recht fortschrittlich mit einem Zwischenüberhitzer für den Niederdruckdampf zur vorderen Maschine ausgestattet. Man sprach zwar auch hier von einer Malletlokomotive, jedoch zu Unrecht, denn diese Bauform entsprach nicht mehr deren Prinzip. Die gelenkige Verbindung der beiden Kesselteile war eine Quelle von Schwierigkeiten, Stehzeiten und Reparaturkosten, sowohl in der Ausführung des Kesselgelenks als stählerner Faltenbalg, Bauart Santa Fe, als auch als Kugelschalengelenk, das Baldwin 1910 beisteuerte. Daß diese auf eineinhalb Jahrzehnte schwerste Schnellzuglokomotive der Welt mit ihren 122 t Treib- und 171 t Dienstgewicht eine viel zu kleine Dampfproduktion zustandebrachte und ihre Leistung auch noch durch extremen Blasrohr-Gegendruck auf die großen Niederdruckkolben litt, ist angesichts des niedrigen Erkenntnisstands in der Dampflokomotivtechnik entschuldbar. Es war einfach noch nicht möglich, einen ungewöhnlich langen Kessel mit Zusatzheizflächen zu beurteilen, geschweige denn thermisch durchzurechnen. Die Gewinne aus dem Vorwärmer und dem Zwischenüberhitzer hatte man gewaltig überschätzt und glaubte daher, mit dem nur 4,9 m^2 messenden Rost eines

Für ihre schweren Kohlenzüge im Gebirge von Virginia blieb die N&W bis zur Verdieselung in der zweiten Hälfte der fünfziger Jahre der klassischen Malletbauart mit hinterer Hochdruck- und vorderer Niederdruck-dampfmaschine treu. Im Lokomotivbau besaß diese Bahn alte Tradition; die Hauptwerkstätte Roanoke lieferte schon 1918 die ersten (1D)D1n4v-Maschinen; diese Achsanordnung wurde beibehalten, die jeweiligen Neuentwicklungen berücksichtigt, Abmessungen und Gewichte wuchsen nach Maßgabe der Erfordernisse und Möglichkeiten. Das Foto zeigt die endgültige Ausführung und zwar an der 1952 als letzte gebauten Nr. 2200 der Klasse Y-6b, die 1942 herauskam. Sie arbeitete sowohl als Zugmaschine als auch im Schiebe-dienst und konnte auf ebener Strecke bei 5000 PSi Kohlenzüge von 14000 t mit 40 bis 45 km/h befördern. Mit 1448 mm Durchmesser sind ihre Räder praktisch gleich groß wie bei Gölsdorfs Gebirgs-Schnellzugtype, doch mit mehr als doppelter Achslast, hier mit 237 t Treibgewicht, nur um zehn Tonnen weniger als der berühmte Big Boy der Union Pacific von 1941/44. Der Kesseldruck betrug wieder 21,1 atü, die Rostfläche 10 m² bei 48facher feuerberührter Verdampfungsheizfläche mit der üblichen Verbrennungskammer. Zweck-mäßigerweise wurde ein Großrohrüberhitzer (Type A) verwendet. Die ND-Zylinder von 990 mm Durch-messer bei 813 mm Hub waren nicht übermäßig groß wie bei etlichen älteren amerikanischen Mallets, sondern dem Kesseldruck entsprechend bemessen. Mit der Betriebsnummer 2200 hatte die N&W die bis heute und wohl für immer letzte Großlokomotive Stephensonscher Bauart herausgebracht, nachdem in den USA vier Jahre vorher die drei großen Fabriken den Dampflokomotivbau eingestellt hatten. Doch in Zu-sammenarbeit mit Baldwin verfolgte die Bahn damals noch den Gedanken einer von der Stephensonschen Tradition losgelösten Dampflokomotive, um der Dieseltraktion die Stirn zu bieten – lebte sie doch weitgehend vom Kohlentransport. So kam in Zusammenarbeit mit Baldwin 1954 eine relativ einfache turboelektrische CoCoCoCo ohne Kondensation heraus, mit einem Durchlaufkessel für 42 atü und nominell 4500 hp Turbinen-leistung. Bei 364 t Dienst- und Treibgewicht (ohne ihren Wassertender) konnte sie die Mallets in ihrer Dauerzugkraft um etwa die Hälfte übertreffen, aber damit war sie zu langsam, und auch mit den planmäßigen Zuggewichten blieb ihre Fahrgeschwindigkeit auf den maßgebenden Steigungen um 12 % zurück. Daher und mangels Rentabilität wurde sie bereits 1956 abgestellt. Wie bei allen im Lauf von sechs Jahrzehnten immer wieder unternommenen Versuchen, Stephensonsche Lokomotiven durch rationellere Dampflokomotiven zu ersetzen, ergab sich ein Mißerfolg und mußte erst einer völlig anderen Technik weichen, siegreich geblieben und mußte erst einer völlig anderen Technik weichen.

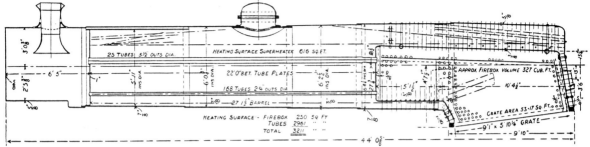

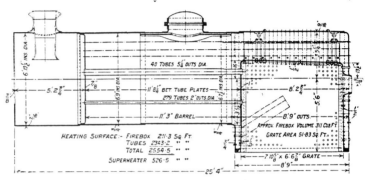

Vergleich des Kessels einer Malletlokomotive (oben) mit dem einer Garratt für gleiche Dampfleistung

Beyer-Peacock hoben stets hervor, daß die Garratt-Bauart eine günstigere Dimensionierung des Kessels ermöglicht als die Mallet. Dies ist umsomehr der Fall, je mehr Achsen die Lokomotive benötigt, denn dann muß der Malletkessel, aber auch schon der einer Steifrahmenlokomotive, größere Länge und mehr Gewicht erhalten, als man ihm aus rein kesselbaulichen Gründen geben würde. Der Stand der Kesseltechnik in thermischer und konstruktiver Hinsicht würde bei Bedarf eine interessante Studie ermöglichen. Die hier dargestellten Kessel zeigen den Stand von etwa 1925; sie haben ähnliche Kapazität, doch wiegt der Garrattkessel nur knapp 25 t, der obere um 40 % mehr. Sie würden heute beide erhebliche Modifikationen erfahren. *Katalog von 1931*

vorhandenen Dreikupplerkessels auszukommen; dazu kam das Dunkel über die Dimensionierung der Blasrohranlage. Man sollte dieses Bemühen nicht so ironisierend betrachten, wie dies A. Haas (LM 78) getan hat, encouragiert durch rückschauende amerikanische Kritiker. Selbst fast ein halbes Jahrhundert später passierte es einem so bekannten Mann wie Dottore Piero Crosti, daß er den British Railways unter vertraglich festgelegten Betriebsbedingungen die ganz unmögliche Kohlenersparnis von 28 % durch den auf Kosten seiner Gesellschaft vorgenommenen Umbau von modernen 1E auf Franco-Crosti Kessel in Aussicht stellte und, seiner Sache allzu sicher, eine stufenweise verringerte Zahlung bis auf Null bei weniger als 12 % Ersparnis vereinbarte, wodurch er bloß dank besonderem Entgegenkommen nicht ganz leer ausging! Beim Stand der Technik der fünfziger Jahre hätte so etwas nicht mehr passieren dürfen, aber über Fehleinschätzungen unternehmungslustiger Leute vor dem Ersten Weltkrieg muß man nachsichtig urteilen.

Die damaligen Bemühungen der Santa Fe erregten auch in Europa erhebliches Aufsehen (211 bis 213), obzwar es hier für derartige Riesenlokomotiven keine Verwendung gab. In Zusammenarbeit mit Baldwin wurden in rascher Folge noch mehrere Bauarten mit Gelenkkesseln erprobt, von denen ein erheblicher Teil, so die 26 der (1C)C1-Klasse 3300 von 1911, immerhin bis nach 1927 Dienst machte, wovon Haas berichtet, was jedoch Durrant entgangen war. Für die Hintereinanderschaltung separater Verdampfer- und Vorwärmer-Röhrenbündel eigneten sich natürlich nur samt ihren Fahrgestellen voneinander trennbare Gelenkkessel, um den in drei- bis fünfjährigen Abständen nötigen Rohrwechsel durchführen zu können. Von einigen anderen amerikanischen Bahnen wurde dieses Prinzip zwar auch erprobt, jedoch nicht übernommen; die Santa Fe sah um 1915 von weiteren Umbauten auf derartige Gelenklokomotiven ab, und etliche der größten, wie die (1E)E1 mit neugebauten Triebgestellen, wurden in je zwei Steifrahmenmaschinen rückverwandelt. Im Licht der späteren Entwicklung und neuzeitlicher Thermodynamik erweist sich dieser gesamte Aufwand als lehrreich, aber nicht nachahmenswert.

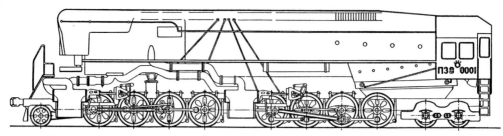

Die russischen Mallets P38.0001 und 0002 von 1954. Dienstgewicht 218 t, Treibgewicht 167 t, Länge über Kupplungen 38,2 m. Das P in der Betriebsnummer kennzeichnet sie als Probetypen.

Zeichnung von A. E. Durrant (170)

Anatole Mallet schwebte primär die Anwendung der zweistufigen Dampfdehnung vor, die er seit 1874 jahrelang mit nur vereinzelten Erfolgen propagiert hatte. Mit der Schaffung seiner Gelenkbauart aber ergab sich das einleuchtende Argument, daß der Antrieb durch eine Verbundmaschine mit ihren HD-Zylindern am hinteren, festen Triebgestell und den ND-Zylindern am Gelenkgestell das damals unangenehme Erfordernis beweglicher Leitungen für Hochdruckdampf eliminiert, da die Gelenke und Schiebeverbindungen nur mehr gegen Dampf von etwa einem Drittel des Kesseldrucks abzudichten waren. So gelang es, der Verbundwirkung verbreiteten Eingang zu verschaffen.

An höhere Fahrgeschwindigkeiten brauchte bei dem primären Verwendungszweck der Mallet nicht gedacht zu werden. So trat kaum störend in Erscheinung, daß das Gelenkgestell eine Tendenz zu etwas unruhigem Lauf zeigte, da es im Verhältnis zu den in ihm wirkenden Triebwerkskräften eine geringe Masse und einen kleinen Achsstand hatte, besonders bei nur zweifacher Kupplung. Mit größerer Achszahl und Hinzufügung einer führenden Laufachse zum Tragen der schwerer werdenden Niederdruckzylinder besserte sich der Lauf, man konnte auf Normalspur mit 50 km/h fahren, aber höhere Achslasten, wie in den USA, drückten die Geschwindigkeit wieder etwas herab, sodaß die dortigen (1D)D-Mallets offiziell wieder auf 40 km/h beschränkt waren (20, S. 178), denn die ND-Zylinder waren nun dort über einen Meter Durchmesser hinausgewachsen, bis zum absoluten Maximum von 1219 mm bei den ALCO-(1E)E1 von 1918 für den 1925 elektrifizierten Berg-Kohlenverkehr auf der Virginian Railroad mit ihrem exzeptionellen Lichtraumprofil auf dieser Strecke. Vereinzelt wurden schon frühzeitig auch Mallets mit Einfachexpansion gebaut, zuerst in Rußland 1902, wo man jedoch die Mallet seit 1910 nicht weiterentwickelte und bloß 1954, also kurz vor Torschluß für den Dampflokomotivbau, eine elegante (1D)D2-Type amerikanischer Dimensionen herausbrachte (170), von der Bauart Garratt lediglich 1932 eine schwere (2D1)(1D2) von Beyer Peacock bezogen und erprobt wurde, die auch ohne Nachfolgerinnen geblieben war.

Mit der Bezeichnung der Gelenklokomotiven nahmen es die Amerikaner insofern sehr genau, als sie im Sinn von Anatole Mallets ursprünglicher Schöpfung als Malletlokomotiven nur solche mit Verbunddampfmaschine bezeichneten, die Einfachexpansionsvariante als *articulated locomotive* schlechthin, welcher Ausdruck nur durch diese strenge Scheidung in der dortigen neueren Fachsprache Eindeutigkeit erhielt.

Bei der Garrattbauart gab es keinerlei Lauf- und Kurvenlaufprobleme zu lösen, die nicht schon aus Bau und Betrieb von Lokomotiven bekannt waren, welche dieselbe Achsfolge wie die Einzelaggregate der Garratts aufwiesen. Die ehemaligen englischen Kolonialbahnen, vor allem in Afrika, bildeten das größte Absatzgebiet.

Die SAR (South African Railways) stellten 1921 ihre erste Garrattlokomotive, eine (1C)(C1)h4 in Dienst, durch den Weltkrieg um mehrere Jahre verzögert. Man fand sie den seit 1909 laufend importierten amerikanischen Mallets in mehrfacher Hinsicht überlegen. Nur das Fehlen von Laufachsen an den einander zugekehrten Enden der Triebgestelle führte, wie zu erwarten, zu großer Spurkranzabnützung an den entsprechenden Treibrädern; alle weiteren Garratts

Oben: Unter den Garrattlokomotiven, die nach dem Ende des Dampfbetriebs in den USA die größten aktiven Dampflokomotiven der Welt geworden waren, führt in der Leistung die ölgefeuerte Klasse 59 der East African Railways; deren Maschinendirektor William Bulman, ein Kanadier, beschaffte 1955 für die 531 km lange Bergstrecke vom Hafen Mombasa zur Hauptstadt Nairobi (1662 m Seehöhe) 34 solche (2D1)(1D2)-Maschinen von Beyer-Peacock. Bei 256 t Dienstund 162 t Treibgewicht (21 t Achslast auf Meterspur!) mit den vollen Vorräten von 39 m³ Wasser und 12 m³ Heizöl konnten sie auf dieser Strecke mit 15,2 Promille Steigung seit Ausrüstung mit Giesl-Ejektoren in den Jahren 1962 bis 1968 eine Zuglast von 1400 t (früher 1200 t) mit 36 km/h befördern und dabei 4100 PSi (3000 kW) entwickeln. Der Kesseldurchmesser betrug das 2,3fache der Spurweite (!), die Boxgrundfläche (sonst Rostfläche) 6,7 m² bei 300 m² Verdampfungs- und 70 m² Überhitzerheizfläche, der Kesseldruck 15,8 atü. Außer den großen Treibstangenköpfen hatten auch alle Achsen Wälzlager, um bei dem geringen Abstand der 115 mm dicken Rahmenwangen die Triebwerkskräfte ohne Schwierigkeiten dauernd aufnehmen zu können.

Unten: Die Klasse AD60 der Staatsbahnen von New South Wales (Australien) mit 1435 mm Spur, aber nur 16 t Achslast, als (2D2)(2D2) ausgeführt, war mit 260 t etwas schwerer, aber weniger leistungsfähig. Wegen dringenden Bedarfs um 1950 bestellt, hatte sie das Pech, in die Zeit massiver amerikanischer Dieselpropaganda zu geraten, die bei den maßgebenden Stellen Gehör fand und bereits eineReduktion der Bestellung von 60 auf 50 bewirkt hatte; bei der Lieferung 1952 verlangte man sogar die letzten acht in zerlegtem Zustand gleich als Ersatzteilspender! Auf stark belasteten, aber mit leichtem Oberbau versehenen Strecken eingesetzt, hörte man wenig über sie. Beide Gattungen haben Kreuzköpfe der selteneren gewordenen Bauart Laird, deren Gleitschuh sich zwischen zwei spiegelgleichen Gleitbahnen bewegt, analog einem konventionellen zweischienigen Kreuzkopf, sodaß die spezifischen Drücke von der Drehrichtung der Dampfmaschine unabhängig sind. Große Garratts erhielten meist Beyer-Peacocks Präzisionskraftumsteuerung Bauart Hadfield, die auf der Führerseite (auf den EAR links, in NSW rechts) etwa in der Mitte des Kesseltragrahmens lag.

Fotos Beyer-Peacock

erhielten daher solche Laufachsen, welche auch die Gewichtsverteilung erleichterten, da sich der Kessel in ihrer Nähe abstützt. Was die Spurkranzbeanspruchung betrifft, wäre zu erklären, daß bei der Garrattbauart ein jedes der beiden Triebgestelle sich nahezu so verhält, als ob es alleine liefe, sodaß ein fester, am jeweils hinteren Gestell voranlaufender Radsatz den gesamten Führungsdruck an diesem Gestell aufnehmen muß. Bei der Mallet aber wird das hintere, fixe Gestell durch das voranlaufende unter Vermittlung der Kesselstütze mit ihrem langen Hebelarm in Kurven hineingebracht.

Nach dem Hinzufügen dieser 'inneren' Laufachsen ließen die Garratts nichts mehr zu wünschen übrig und die SAR gingen, wie die meisten Bahnen, bei Gelenklokomotiven auf die Garrattbauart über, die von der Zwischenkriegszeit an eine rasche Entwicklung und Verbreitung erfuhr. Einen der Höhepunkte stellten dabei die seitens der Paris—Lyon—Mittelmeerbahn (PLM) 1932 für ihr algerisches Netz beschafften (2C1)(1C2) für Schnellzüge dar, mit ihren 1800 mm Treibrädern sowohl für das Flachland als auch dank 116 t Treibgewicht für die 20-Promille-Steigungen im Atlas-Gebirge zwischen Algier und Oran geeignet. Bei Probefahrten auf dem französischen Stammnetz wurde bei einer offiziellen Betriebsgeschwindigkeit von 110 km/h mit bis zu 125 gefahren, später auch mit 130 km/h, damals Rekorde für Gelenklokomotiven, aber mit 2C1-Aggregaten keineswegs erstaunlich. Weitere 12 Stück wurden hierauf bestellt mit dampftechnischen Änderungen, größerem Kohlenvorrat und einer imposanten Stromlinienverkleidung (214).

Dies erregte das Interesse der ALCO. Während Baldwin in den Depressionsjahren nach 1930, als nach Auslieferung früherer Aufträge die gigantischen neuen Werkshallen von Eddystone bei Philadelphia brach lagen, sich damit abmühte, den Eisenbahnen die wirtschaftlichen Vorteile der Verjüngung ihres Lokomotivparks in etwas übertriebener Weise schmackhaft zu machen, suchte die ALCO einen spezifischen Vorteil gegenüber der Konkurrenz: sie erwarb 1933 von Beyer Peacock die Alleinlizenz für Bau und Vertrieb von Garrattlokomotiven in den USA und Kanada und stellte auf einer Annonce und in einem Artikel in der Zeitschrift *Railway Age* vom 20. Jänner 1934 die algerische Garratt vor, die mit ihren mehr als 200 t Dienstgewicht und aus einem vorteilhaften Blickwinkel auch für amerikanische Fachleute imposant war. Vor allem aber stach sie als Gelenkbauart für hohe Geschwindigkeiten hervor.

Um den Kontrast mit dem in den USA Herkömmlichen hervorzuheben, leitete die ALCO den begleitenden Artikel mit der damals eben noch zulässigen Behauptung ein, die Mallet sei grundsätzlich ein Triebfahrzeug für niedrige Geschwindigkeiten. Vier Jahre vorher hatte L. Wiener auf S. 313 seines Buches (27) geschrieben, sie sei für langsamen und schweren Dienst in Verwendung, besonders in Amerika, und andere europäische Fachleute sagten dasselbe. Man stellte damit zwar einen vielfach bestehenden Zustand dar, nach alteingewurzelter amerikanischer Praxis Güterzuglokomotiven im Bergdienst bis zur Grenze ihrer Zugkraft zu belasten und auf den maßgebenden Steigungen mit schandbar geringer Geschwindigkeit, oft mit weniger als zwei Dritteln einer Radumdrehung pro Sekunde, zu fahren. Ein solcher Anblick tat einem wissenschaftlich geschulten Eisenbahningenieur richtig weh — hatte doch schon Sanzin nach 1900 nachgewiesen, daß eine Dampflokomotive ihre höchste Betriebsleistung, zu messen in Tonnenkilometern pro Stunde, auf einer gegebenen Strecke dann erbringt, wenn sie auf der größten Steigung das der Haftreibung entsprechende Zuggewicht mit ihrer Reibungsgeschwindigkeit befördert, d.h. so, daß dem Kessel seine wirtschaftliche Höchstleistung abverlangt wird, wie ich dies in meinem Buch (20, S. 20/21) erläutert habe. Seither sollte dies in der Zugförderung längst als Binsenwahrheit gegolten haben, und schon Jahre hatte man demgemäß im Güterzug-Bergdienst mit rund 20, mit neueren Bauarten über 25 km/h zu fahren, was mit 1450 mm Raddurchmesser 1,2 bis 1,5 sekundliche Umdrehungen verlangte.

Doch die bis zum Erscheinen der Nachbestellung von zwölf dank Stromlinienverschalung noch eleganteren Garratts für Algerien geführte Kampagne der ALCO veranlaßte keine einzige amerikanische Bahn zu einer Probebestellung. Dabei spielte – ohne eine öffentliche Diskussion darüber zu führen – gewiß wesentlich mit, daß Garratts als Tenderlokomotiven nur beschränkte Kapazität für Kohle aufweisen. Die algerischen Prototypmaschinen faßten bloß 7 t, die der zweiten Lieferung zwar 12 t, aber für amerikanische Langstrecken war man schon damals 20 bis 25 t gewohnt und begann im Interesse besserer Lokomotivausnützung, nach mehr zu trachten. Eine Garratt mit solchem Kohlenvorrat hätte vor dessen Erschöpfung schon erheblich an Treibgewicht verloren, noch dazu konzentriert auf ein Triebgestell, was mit dem amerikanischen Prinzip höchster Zugkraftausnützung in Widerspruch gestanden wäre, und im gleichen Sinn wirkte natürlich der Verbrauch an mitgeführtem Wasser.

Anstatt sich durch das Argument der Eignung von Garratts für hohe Geschwindigkeiten blenden zu lassen, besprach Maschinendirektor Otto Jabelmann der Union Pacific schon 1934 Maßnahmen, um die Malletbauart ebenfalls dafür brauchbar zu machen, und dieses Bestreben führte schon zwei Jahre darauf zum Erscheinen der hervorragend gelungenen Challenger-Type, welche rasch Schule machte, natürlich als Doppel-Zwilling. Mit ihrem Anteil an diesem Erfolg konnte die ALCO ihre Garrattgedanken ohne allzugroßes Bedauern wortlos fallen lassen, wenn auch die Schnellfahr-Mallets dann ebenso von Baldwin und Lima gebaut wurden.

Voraussetzung für das Schnellfahren war, den Lauf des Mallet-Gelenkgestells zu verbessern, d.h. zu beruhigen. Dazu bedurfte es vor allem einer zweckmäßigen Koppelung mit den Hauptmassen der Lokomotiven, also dem hinteren Treibgestell und dem damit starr verbundenen Kessel. Bei den ersten Mallets genügte es, für langsame Fahrt auf Gleisen minderer Qualität, dem kurzen zweiachsigen Schwenkgestell die nötige Bewegungsfreiheit bei der Kurvenfahrt zu geben, d.h. auch was die gegenseitige Verwindung der Gestelle bei Einlaufen in außen überhöhte Gleise betrifft; man löste dieses Problem z.B. mittels eines am Vorderende des festen Triebgestells gelagerten vertikalen Zapfens, auf dem eine Kugel um einen gewissen Betrag auf und ab gleiten konnte, umgeben von einer am Schwenkgestell befestigten Kugelschale. Die damit ermöglichte vertikale Relativbewegung führte bei schnellerer Fahrt zum Nicken oder Galoppieren des vorderen Gestells und wurde durch Konstruktionen verhindert, welche die beiden Gestelle an ihrer Schwenkverbindung in gleicher Höhe hielten. Da Schnellfahr-Mallets stets mit mindestens dreifach gekuppelten Triebgestellen samt einer oder zwei führenden Laufachsen ausgeführt wurden, waren die Voraussetzungen für ruhigen Lauf gegeben.

Die Haupt-Dampfleitungen erhalten außer den nötigen Gelenk- auch Schiebeverbindungen, die sich sowohl bei Mallet- als auch Garrattlokomotiven als nötig erweisen, um zu verhindern, daß die Rohre zu großen Axialkräften ausgesetzt werden. Nach Möglichkeit wird man die Leitungen in die Lokomotivmitte verlegen, wo die kleinsten Relativbewegungen auftreten. Bei den sonstigen Rohrleitungen kleineren Durchmessers ist zu untersuchen, wie weit man elastische Verformungen zulassen darf. Die Verbindung beider Fahrgestelle von Garrattlokomotiven mit dem kesseltragenden Rahmen wird natürlich so ausgebildet, daß sie die Zug- und Stoßkräfte übertragen kann und außer den Schwenkbewegungen auch den vom Gleis verlangten gegenseitigen Verwindungen keinen schädlichen Widerstand entgegensetzen. Die Erfahrung unterstützt hier, wie schon oft, die Einfachheit, denn es zeigte sich, daß fixe zentrale, kreisförmige Auflageplatten mittleren Durchmessers vorteilhaft sind, weil ein geringes einseitiges Abheben in Kurven die Schmierölverteilung fördert; dies gilt auch für ihr Verhalten in Gefällsbrüchen.

Abb. S.330

Da die Mallets infolge ihrer weiten Verwendung in den USA mit fast 3200 Einheiten weltweit auf ca. 5400 Stück kamen, überflügelten sie die Gesamtzahl der Garratts von etwas unter 2000 erheblich, doch waren letztere in der Vielfalt ihres Verwendungsgebiets in neuerer Zeit überlegen.

337

22 Anatomie

Tender und Kupplung *(Zug- und Stoßvorrichtungen)*

Wer den (Schlepp-)Tender als ein unerwünschtes, jedoch für längere Strecken und hohe Leistungen notwendiges Beiwerk zur Dampflokomotive betrachtet, weil man dann eben größere Wasser- und Energievorräte mitführen kann, als dies Tenderlokomotiven vermögen, wird sich freuen zu hören, daß prominente Bahnen im Nordwesten der USA, wo traditionell besonders vife Köpfe am Werk sind, seit einigen Jahren ihren Diesellokomotiven einen Brennstofftender nicht bloß mitgeben, um extrem lange Strecken durchzuhalten, sondern noch mehr, um nur dort zu tanken, wo der Preis günstig ist — ein Gedanke, der anderswo noch nicht aufkam oder mangels wirklicher Freiheit nicht durchführbar ist.

Für die Dampflokomotive war der Tender in alten Zeiten keineswegs unerwünscht — er gab dem Personal mehr Platz, mehr Luft, mehr Bewegungsfreiheit, speziell mit den zur Feuerbedienung und -reinigung nötigen Utensilien; er verbesserte sogar die Laufruhe, wenn er mit einer fahrtechnisch weniger günstigen Lokomotive streng, aber kurvenbeweglich gekuppelt war.

Schon 1860 führte der ideenreiche John Ramsbottom in England eine Vorrichtung zum Wasserschöpfen während der Fahrt ein, aus im Gleis angeordneten langen Trögen mittels einer vom Tender herablaßbaren Schaufel, die das Wasser bei entsprechender Fahrgeschwindigkeit durch ein Rohr hoch in den Tank emporführte; eine neuere amerikanische Ausführung ist hier dargestellt. Man begann damit dort um 1870, die NYC und die Pennsylvania benützten sie bis zuletzt, doch zu großer Verbreitung kam es nirgends, da günstige Voraussetzungen nur selten gegeben waren. Auf dem europäischen Kontinent fand man diese Einrichtung erst in unserem Jahrhundert; mehrere Jahrzehnte hielt sie sich nur bei der ehemaligen französischen Staatsbahn (Etat) auf den von Paris ausgehenden Strecken nach Cherbourg, Le Havre, Bordeaux und Brest (LM 4, 1963).

In Europa hatten die Tender ein Dienstgewicht zwischen 50 und höchstens 70 % von jenem der Lokomotive; dies war ohneweiteres tragbar, zumal das mittlere Gewicht, üblicherweise mit 2/3 der vollen Vorräte gerechnet, um ca. 20 %, bei rahmenlosen Leichtbau-Wannentendern, wie bei den deutschen Kriegslokomotiven, um ein Viertel niedriger lag. Übliche Vorräte waren 17 m³ Wasser und 6 t Kohle bei Dreiachsern mit 15 t Achslast. Die größten Vierachser

Wasserschöpfvorrichtung für Tender, Bauart der New York Central Railroad mit Druckluftbetätigung zum Herablassen in die Arbeitsstellung und zum Zurückziehen in die Ruhelage, in der die Wasserschaufel auch mittels Federdruck gehalten wird. Mit einer 200 mm breiten Schaufel von 50 mm Eintauchtiefe schöpfen die kleinen englischen Apparate pro 100 m wirksamer Eintauchstrecke 1 m³ Wasser. Die um 1930 von der französischen Etat benützten 300 mm breiten Schaufeln (18) förderten im Mittel 2,5 m³ pro 100 m, die der New York Central kamen auf über 4 m³. In Frankreich waren beim Wassernehmen 40 bis höchstens 80 km/h vorgeschrieben, in Amerika fuhr man schließlich bis über 100, spritzte dann aber reichlich Wasser umher. *(43)*

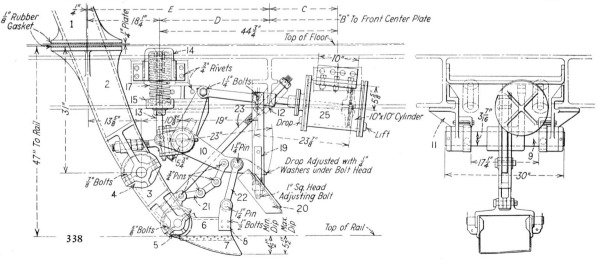

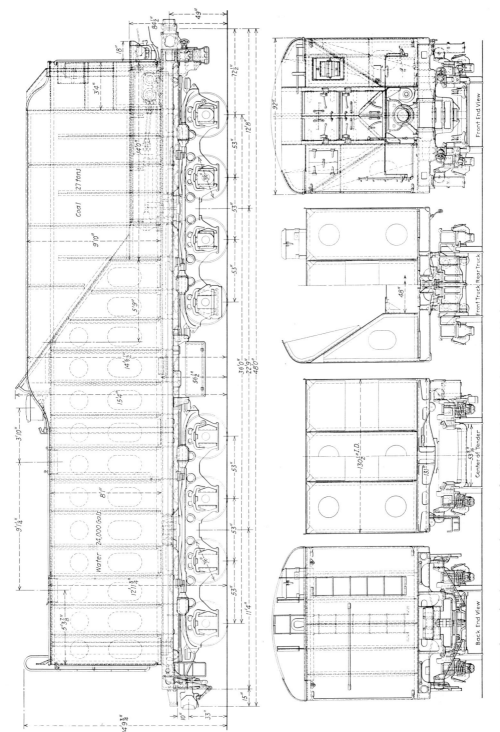

Langstreckentender der 2D2-Lokomotiven für die Atlantic Coast Line von Baldwin, 1937

Kapazität 91 m3 Wasser (4 % unter dem absoluten Maximum) und 24,5 t Kohle, Leergewicht 82 t. Die Summe der Vorräte lag mit 115,5 t um knapp 5 % unter dem Maximum für alle Tender, deren Kohlenvorrat aber, wie schon erwähnt, da und dort aus Betriebsgründen auf Kosten des Wassers erhöht wurde. (43)

trugen 38 m³ bzw. 10 t bei 20 t Achslast, der leichter gebaute letzte Großtender der DB für die Baureihe 10 faßte 40 m³ Wasser und 10 t Kohle bei etwas über 30 t Leergewicht, mit einem oben verschließbaren Kohlenkasten; nach Umbau 12,5 m³ Heizöl. Er hatte die für Europa wahrscheinlich größte Länge von 10,3 m, also 75 % der Lokomotivlänge. Die Tender der deutschen Einheits-Schnellzuglokomotiven sind in Quelle (31) eingehend beschrieben. Eine Liste der Abmessungen, auch älterer deutscher Tender, bringt Quelle (49), die österreichischen, einschließlich einiger Typenzeichnungen, Quelle (149). Diese erhielten ab der Tenderserie 156 von 1910 eine viel später auch von der DRB übernommene Einrichtung für das Unterbringen der langen Schürgeräte, nämlich ein ca. 3,5 m langes Rohr, das vom Führerstand aus leicht nach unten geneigt im Wasserkasten steckte, sodaß der Heizer darin die heißen Geräte nach Gebrauch verstauen konnte.

Eine weitere, von Gölsdorf stammende betriebwichtige Verbesserung bestand darin, daß schon von 1894 an die Tender anstelle der kleinen kreisförmigen Einfüllöffnungen für das Wasser langgestreckte Füllbutten erhielten. Dies erleichterte dem Führer das richtige Halten zum Wassernehmen wesentlich und fand weite Aufnahme.

In Großbritannien kam man fast durchwegs mit dreiachsigen Tendern aus, vierachsige waren selten. Dagegen boten die USA eine Fülle von Riesentendern, die dem energiebewußten Beschauer einen Alpdruck verursachten. Als die NYC um 1945 die für ihre neuen, 214 t schweren 2D2 bestimmten siebenachsigen Tender (5 Achsen in einem Rahmen und ein zweiachsiges Drehgestell) von 191 t Dienstgewicht (68 m³ Wasser und 42 t Kohle) auch für ihre 163 t 'leichten' 2C2 bauen ließen, war der Tender nur mehr um rund einen Meter kürzer als die Lokomotive und wirkte durch seine Masse größer. Und doch konnte man den Verantwortlichen nicht Unrecht geben, denn mit 42 t Kohlenvorrat hatte sicher auch der schwerste 1500-t-Expreßzug nach Chicago zur Halbzeit in Buffalo (nach 8 Stunden) immer noch eine kleine Reserve; und man wollte nicht mehr vorher Kohle zuladen.

Die als Vanderbilt-Tender bekannt gewordene amerikanische Bauart in Form eines durchgehend zylindrischen Wassertanks mit verstärktem Bodenteil zwecks Ersparnis eines Tragrahmens und einem teilweise eingelassenen Kohlenbehälter fand mehr Verbreitung im Westen. Seine ursprüngliche Gewichtsersparnis ist im Vergleich mit neueren Großtendern rechteckigen Tankquerschnitts nicht mehr offenbar: der sechsachsige 130-t-Vanderbilt-Tender für die 2F1 der Union Pacific von 1926 (20) hatte ein Leergewicht von 54 t, gleich 71 % seiner Vorratskapazität. Beim 187-tonnigen für die 2D2 derselben Bahn von 1939 war dieses Verhältnis entsprechend den größeren Abmessungen 0,68, bei einem 124-tonnigen der Canadian National von 1936 0,75; von den 'Rechtecktendern' sticht der gleichaltrige, ebenfalls sechsachsige der Norfolk & Western — die sich ihre Lokomotiven selbst baute — mit 0,66 heraus, bei 172 t

Abb.
S. 339

Dienstgewicht. Der große achtachsige 197-Tonner für die 2D2 der Atlantic Coast Line von 1937 fiel mit 0,71 nicht aus dem Rahmen. Für großen Wasservorrat, etwa ab 80 m³, war die rechteckige Bauweise wegen besserer Ausnützung des Umgrenzungsprofils vorteilhaft. Der deutsche Kriegs-Wannentender, eine Abart der Vanderbilt-Bauart, mit seinen 19 t Leergewicht gleich 0,47 der Kapazität, war natürlich von amerikanischen Bedingungen hinsichtlich Robustheit und Aufnahme von Zug- und Stoßkräften weit entfernt, hält aber jedenfalls einen eindrucksvollen Leichtbaurekord. Die ÖBB ergänzten ihn durch Einbau einer Zugführerkabine zwecks Einsparung des Dienstwagens.

In Kontinentaleuropa konnte man die Tenderquerschnitte noch so gestalten, daß seitlich neben dem 1800 bis 1900 mm breiten Kohlen- und über dem Wasserkasten mit seinen 2750, zuletzt 3000 mm hochgelegenen Füllöffnungen freie Aussicht bei Rückwärtsfahrt bestand. Diese betriebliche Annehmlichkeit war in den USA, in Rußland, aber auch in Großbritannien

Hier ist Gölsdorfs 1Cn2v-Lokomotive 60.234 (auf dem Foto vom Jänner 1940 als DRB 54 027), Baujahr 1907, mit einem Tender Serie 76 gekuppelt, der mit 14,2 m³ Wasser um 2,5 m³ weniger faßte als die ungefähr gleichaltrige Serie 56. Die gleichzeitig gebauten Tender Serie 66 faßten bloß 12 m³.

(kleines Lichtraumprofil!) schon in den zwanziger Jahren verloren gegangen. Die Füllöffnungen waren in den USA ja schon bis auf 3900 mm über Schienenoberkante (SOK) angehoben worden, in Rußland auf nicht viel weniger.

Amerikanische Tender nützten im letzten Jahrzehnt des dortigen Dampflokomotivbaus die für Lokomotiven zulässigen Achslasten bis etwas über 30 t aus. Offiziell nicht erwähnte hölzerne Aufbauten auf Kohlenbehältern, die in Europa von Heizhaus- bzw. Betriebswerkpersonal oft in Eigenregie hergestellt und aus Betriebsgründen stillschweigend geduldet wurden, obzwar sie die Achslast manchmal nicht unerheblich erhöhten, waren in Amerika nicht üblich und aus Profilgründen kaum möglich.

Da Tender für Lokomotiven ähnlicher Größenklassen meist austauschbar gestaltet wurden, mußte ihr Fahrwerk den höchsten Anforderungen bezüglich Geschwindigkeit entsprechen. Der Tenderbau war somit keineswegs eine sekundäre Sache.

Der Wasserstand im Tender mußte laufend angezeigt werden. Dazu diente in der Regel ein Schwimmer, der an einem entsprechend langen Hebel etwa in Mitte des Wasserkastens saß und

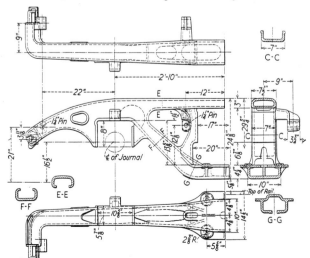

Interessantes Tender-Drehgestell der Buckeye Steel Castings Co. in Columbus, Ohio

Es weist große Flexibilität auf und sichert den Achslastausgleich auch bei stark unterschiedlicher Gleiselastizität. Die Hohlguß-Stahlrahmenwangen sind für 30 t Achslast relativ leicht. *(43)*

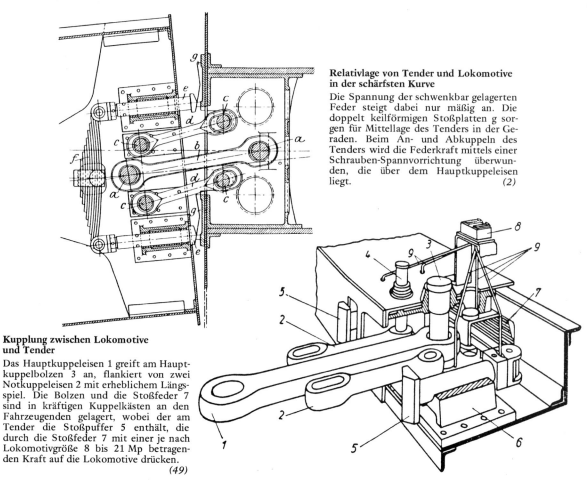

Relativlage von Tender und Lokomotive in der schärfsten Kurve

Die Spannung der schwenkbar gelagerten Feder steigt dabei nur mäßig an. Die doppelt keilförmigen Stoßplatten g sorgen für Mittellage des Tenders in der Geraden. Beim An- und Abkuppeln des Tenders wird die Federkraft mittels einer Schrauben-Spannvorrichtung überwunden, die über dem Hauptkuppeleisen liegt. (2)

Kupplung zwischen Lokomotive und Tender

Das Hauptkuppeleisen 1 greift am Hauptkuppelbolzen 3 an, flankiert von zwei Notkuppeleisen 2 mit erheblichem Längsspiel. Die Bolzen und die Stoßfeder 7 sind in kräftigen Kuppelkästen an den Fahrzeugenden gelagert, wobei der am Tender die Stoßpuffer 5 enthält, die durch die Stoßfeder 7 mit einer je nach Lokomotivgröße 8 bis 21 Mp betragenden Kraft auf die Lokomotive drücken. (49)

dessen Welle den Wasserinhalt im Führerstand sichtbar machte. Wichtig war auch die Anordnung von quergestellten Schwallblechen zwecks Beruhigung des Wasserspiegels beim Bremsen etc.

Von den Zug- und Stoßvorrichtungen nimmt jene zwischen Lokomotive und Tender eine Sonderstellung ein. Wie eingangs in diesem Kapitel erwähnt, kann er auch den ruhigen Lauf der Lokomotive günstig beeinflussen. Gemäß den beiden oberen Abbildungen sorgt eine starke Blattfeder dafür, daß zwischen dem Tender und der Lokomotive im Normalbetrieb eine Zugspannung besteht.

In Amerika verlangen die großen, von den Lokomotiven ausübbaren Zug- oder Druckkräfte, die häufig 50 und pro Gelenklokomotive bis zu 70 Mp betragen, eine querliegende Druckfeder, deren Wirkung mittels Keilflächen auf gewölbte, gut geschmierte Reibplatten an Lokomotiven und Tender wesentlich verstärkt übertragen wird.

Die amerikanische Tenderkupplung bestand vorzugsweise aus dem hier gezeigten 'Radialpuffer' am Tender und je einem darunter getrennt angeordneten Haupt- und Notkuppeleisen. Ein frei beweglicher Druckblock (floating block) wird durch den Tenderpuffer mit großer Kraft gegen das gewölbte Druckstück auf der Lokomotive gedrückt, mittels einstellbarer Querfedern unter Vermittlung keilförmiger Zwischenstücke. Das An- und Abkuppeln erfolgt bei herausgenommenen Federn. (43)

342

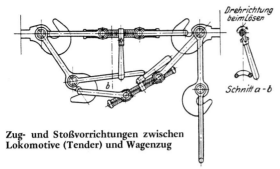

Zug- und Stoßvorrichtungen zwischen Lokomotive (Tender) und Wagenzug

Die europäische Standard-Schraubenkupplung, an den Zughakenschäften von Lokomotiven, Tendern und Wagen mittels eines Bügels permanent angehängt, ist in gekuppeltem Zustand dargestellt. Die oben eingehängte wird zur Hauptkupplung, da sie die Zugkraft überträgt und im Verein mit den Seitenpuffern das Zusammenspannen der Fahrzeuge ermöglicht. Die nach unten durchhängende Kupplung wirkt als Sicherheitskupplung, falls die obere reißen sollte. Es ist klar, daß man die Rollen beider Kupplungen vertauschen kann. *(2)*

Auf Europas Normalspurbahnen überträgt die Zugkraft noch heute fast universell eine Schraubenkupplung auf den Wagenzug, wogegen Druckkräfte die beiden seitlichen Puffer aufnehmen, die seit Stephensons Zeiten ein Merkmal der Eisenbahnfahrzeuge sind und dank elastischer Wirkung ihre wertvollen Dienste leisten.

Am Ende des Ersten Weltkriegs betrug die nutzbare Zughakenkraft in Mitteleuropa 21 Mp. Bei der üblichen zweieinhalbfachen nominellen Sicherheit verlangte diese Zugkraft eine Bruchlast der Schraubenkupplung von 50 bis 55 Mp. Gemäß den Technischen Vereinbarungen (TV) von 1930 wurde die zulässige Zugkraft auf 25 Mp (damals schrieb man noch 25 t) unter der Voraussetzung einer Bruchlast für die Schraubenkupplung von 65 Mp bei 85 Mp für den Zughaken. Heute gilt laut UIC-Kodex mit Wirkung vom Jänner 1985 eine Zugkraft von 350 kN, das wären ca. 36 Mp, wobei die Mindestbruchfestigkeiten der einzelnen Kupplungsteile 850 bis 1000 kN betragen müssen, also das rund 2,4 bis 2,9fache.

Dem langen Zughaken an Drehgestelltendern entspricht ein kürzerer am Vorderende der Lokomotive, wie in der Bildunterschrift erklärt.

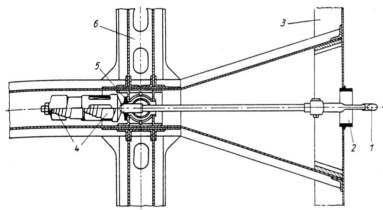

Lagerung des Zughakens eines vierachsigen Tenders

Tender größerer Länge erfordern einen längeren und entsprechend ausschwenkbaren Zughaken. Diese Ausführung gehört zum vierachsigen Einheitstender der DR; die Anordnung zweier hintereinander anstelle ehemals nebeneinanderliegenden Zughakenfedern, zweckmäßig Schneckenfedern mit ansteigender Federkonstante, ist in mehrfacher Hinsicht günstiger. *(49)*

Die Puffer sitzen auf einem Querhaupt am jeweiligen Fahrzeugende, dem Pufferträger (Pufferbrust) in 1750 mm Mittenabstand voneinander und bei voll belasteten Fahrzeugen in 940 mm, beim unbelasteten Fahrzeug in höchstens 1065 mm Höhe über den Schienen. Diese und andere Standardmaße wurden von Ausschüssen des Vereins Mitteleuropäischer Eisenbahnverwaltungen (VMEV) ausgearbeitet, dessen Bezeichnung nach dem von den Mittelmächten Deutsches Reich und Österreich-Ungarn verlorenen Ersten Weltkrieg anstelle des schon 1846 gegründeten Vereins Deutscher Eisenbahnverwaltungen trat, dem sich immer mehr Bahnen angeschlossen hatten.

Die je nach Betriebsbeanspruchungen noch bis in die dreißiger Jahre hinein eingebauten leichten Stangenpuffer mit ihrer geringen Widerstandskraft gegen Biegung wichen erforderlichenfalls noch in den zwanziger Jahren Hülsenpuffern, die äußerlich dem hier gezeigten Ringfederpuffer glichen, aber noch die alte Schneckenfeder enthielten, die keine innere Reibung hat und aufgenommene Stoßarbeit bei der Entspannung wieder freigibt, was betrieblich ungünstig

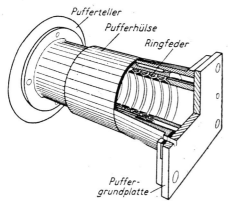

Hülsenpuffer mit Ringfeder
Der Pufferteller ist an dem Flansch einer
inneren Hülse angenietet, die durch die
eigentliche Pufferhülse geführt wird und
mittels eines (verdeckten) Ansatzes die
Ringfeder zusammendrückt. *(49)*

war (ungewolltes Abstoßen von Waggons, federnde Zerrbewegungen im Zugverband). Die Ende
der zwanziger Jahre erschienene Ringfeder von Kreißig verzehrt etwa 2/3 der aufgenommenen
Stoßarbeit durch innere Reibung, und beim Wiederausdehnen verhält sie sich analog. Der
Reibungspuffer wurde daher die neue Bauart für gehobene Ansprüche. Die seit Mitte des 19. Jahrhunderts vorgeschriebene Wölbung des in der Fahrtrichtung rechten Puffers wurde nach einem
österreichischen Patent von 1845 bei der KFNB erstmalig verwendet.

Wenn zwischen benachbarten Wagen eines Zugs Druckkräfte wirksam werden, verlaufen
die Pufferkräfte solange nach einem durch die Pufferkonstruktion definierten Gesetz, als ihr
Hub nicht erschöpft ist. Darüber hinaus können unerwünscht stark ansteigende Druckkräfte
entstehen, speziell bei Bremsdefekten und natürlich bei Zusammenstößen. Die konstruktiv
festgelegten Pufferkräfte erreichen gemäß den heutigen Vorschriften der DB bei Güterwagen
mit Ringfedern per Puffer mit 110 mm Druckhub 590 kN (ca. 60 Mp), die Arbeitsaufnahme
nach 100 mm Hub ist 33 kJ (Kilojoule), das sind ca. 3400 mkp. Die neuesten Elektrolokomotiven der ÖBB (Reihe 1044 ab 1044.99 sowie die Reihen 1063 und 1064) haben Puffer
mit einer Arbeitskapazität von je 55 kJ bei ca. 100 Mp Endkraft, gewisse Spezialgüterwagen
kommen auf ein Maximum von 70 kJ pro Puffer. In der letzten Zeit des Dampflokomotivbaus
konnten die stärksten Ringpuffer bereits Endkräfte von ca. 60 Mp aufnehmen.

Europäische Schmalspurbahnen erhielten von Anfang an einfache sogenannte Mittelpuffer,
die gleichzeitig als Zug- und Stoßvorrichtungen wirkten und auch heute noch in praktisch
unveränderter Form verwendet werden. Die Zugkraft wird durch einen geschlossenen Bügel
nach Art eines Kettenglieds übertragen, der horizontal in einer Ausnehmung eines jeden Puffers
liegt, wo er von je einem vertikalen Bolzen gehalten wird, der zum Herausziehen eingerichtet ist.
Dies ist das Prinzip der alten Link and Pin-Kupplung, eines Beispiels aus der Anfangszeit der
Eisenbahn in den USA.

Die Link and Pin-Kupplung, aus den USA, 1831
Ihr Prinzip hat noch heute weltweite Verbreitung,
hauptsächlich auf Schmalspur.
Skizze der Knorr-Bremse GmbH

Der Mittelpuffer eignet sich für die Ausbildung automatischer Kupplungen, die besonders
in den USA frühzeitig Interesse fanden. Der Miller Hook von 1863 hatte an seinem Ende eine
Nase, in die jene am Haken des nächsten Fahrzeugs eingreifen konnte; entsprechende Federung
gewährleistete dieses Eingreifen und das Kuppeln. Nach verschiedenen Ausführungen gelenkiger

344

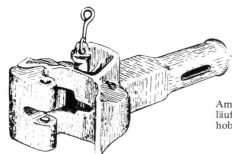

Amerikanische Klauenkupplung von 1890, Vorläuferin der 1919 in den USA zum Standard erhobenen D-Kupplung.
Skizze der Knorr-Bremse GmbH

Der amerikanische 'Standard E-Coupler' von 1930,
verstärkt und in Details verbessert, aber mit dem
Standard von 1919 kuppelbar. Mit den Diesel-Schnell-
fahrzügen erschien eine Form mit kleinerem Spiel zur
Laufverbesserung beim Anfahren und Bremsen, der
'Tight-Lock Coupler', der 1930 zugelassen wurde. *(43)*

A.A.R. Standard "E"
Engine Pilot Coupler

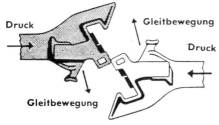

Druck — Gleitbewegung — Druck — Gleitbewegung

1.) Bei Kupplungsbeginn gleiten die beiden
   Kupplungen aufeinander

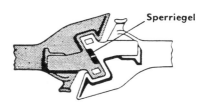

Sperriegel

2.) Die beiden Kupplungen sind eingerastet.
   Sperriegel verhindern ein ungewolltes
   Entkuppeln

**Funktionsschema der sowjetischen
automatischen Mittelpufferkupplung SA-3**
Diese bewährte Konstruktion wird mit der bereits erprobten UIC-Bauart kuppelbar sein, deren
Realisierung allerdings die in der UIC vereinigten
Bahnverwaltungen seit 35 Jahren immer wieder
hinausschieben. *(215)*

Nasen benützte Janney 1877 eine um eine vertikale Achse schwenkbare Klaue, die in einer Ausführung von 1890 bereits dem Prinzip der heutigen, 1919 zum Standard erhobenen D-Kupplung
entsprach. Der in einigen Details verbesserte Standard E Coupler von 1930 ist damit kuppelbar.

   Das amerikanische Kupplungssystem wurde 1925 in Japan und darauf in China eingeführt;
weitere Bahnen folgten in Südamerika, Ostasien und Afrika. Die Sowjetunion beschloß 1931
die Einführung eines eigenen Systems mit fixen Klauen und beim Kuppeln aneinander gleitenden
schrägen Flächen, das größere seitliche Abweichungen vor dem Kuppeln gestattet und auf eine
amerikanische Entwicklung von Willison zurückgeht. Die 1935 begonnene Umstellung war 1958
abgeschlossen (215).

   Die Kupplungsentwicklung ist zwar von unserem Thema der Stephensonschen Lokomotive
unabhängig, doch die Tatsache, daß es vor einem halben Jahrhundert just einige Dampflokomo-
motiven waren, welche die hinsichtlich der Möglichkeit, alle pneumatischen und elektrischen
Leitungen gleichzeitig zu kuppeln, noch heute fortschrittlichste automatische Kupplung erhielten, gibt Veranlassung zu ihrer Vorstellung in unseren letzten Textabbildungen und mit den
nötigen Erläuterungen, auch zu den relevanten Fotos.

Die Scharfenberg-Kupplung von 1936 in der Ausführung für die Lübeck—Büchener Bahn und den von Henschel-Wegmann gebaute Dampf-Schnellfahrzug Berlin—Dresden mit Wendezugbetrieb für 120 bzw. 175 km/h Höchstgeschwindigkeit, eingerichtet für gleichzeitiges Kuppeln der Brems- und Heizdampfleitungen sowie aller elektrischen Kontakte. *Foto Scharfenbergkupplung GmbH, Salzgitter*

In den dreißiger Jahren versprachen sich Eisenbahngesellschaften in aller Welt betrieblichen und wirtschaftlichen Erfolg von Stromlinienlokomotiven. In Mitteleuropa verkleidete nur die DRB eine größere Zahl von Dampflokomotiven. Nach 1945 wurden allerdings die Verkleidungen meist wieder entfernt.
Sammlung H. Matzka

Der 1936 auf der 84 km langen Strecke Hamburg—Lübeck—Travemünde in Betrieb gesetzte Stromlinienzug der Lübeck—Büchener Eisenbahn mit einer 1B1h2t-Dampflokomotive und zwei Doppelstockwagen für Wendezugbetrieb mit 120 km/h, d.h. von der Lokomotive abwechselnd gezogen und geschoben, in letzterem Fall mit Fernsteuerung des Reglers vom Steuerabteil (Führerstand) im voranlaufenden Wagen (218, 219). Die einander zugekehrten Enden der Wagen ruhten auf einem gemeinsamen Drehgestell (Jakobsgestell), das um 1910 bekannt geworden war. Die Fahrzeugenden waren mit selbsttätigen Scharfenberg-Mittelpufferkupplungen versehen, die neben dem mechanischen Kuppeln auch das der beiden Bremsleitungen und der Heizdampfleitung besorgten. Die elektrischen Fernsteuerleitungen wurden beim ersten Zug noch von Hand gesteckt, bei den beiden weiteren dieser erfolgreichen Züge, die der Initiative von Paul Mauck der LBE zu verdanken waren, wurden die Scharfenberg-Kupplungen auch mit selbsttätigen Elektro-Kontaktverbindungen versehen. Am Vorderende der Lokomotive ist die nicht benützte Kupplung abgedeckt. Die Vorderansicht des Steuerwagens (oben): die Elektrokontaktkupplung (für das Foto aufgeklappt), darunter die Fahrzeugkupplung mit den Rohrstutzen für die Luft- und Dampfheizleitungen. Die Seitenpuffer passen zu den Prellböcken in den Kopfstationen.

Werkfotos Linke-Hofmann

Rückansicht der 2C2-Stromlinien-Tenderlokomotive 61 001 des Henschel-Wegmann-Zugs der DRB (220), für 175 km/h, der 1936 einen Schnellverkehr zwischen Berlin und Dresden einleitete, doch der Zweite Weltkrieg erzwang seine Einstellung. Auch hier stellte die Scharfenbergkupplung alle Verbindungen für Druckluft, Dampf und Elektrizität beim mechanischen Kuppeln selbsttätig her.
Foto Linke-Hofmann

Deutschlands stärkste Einrahmen-Güterzug-Tenderlokomotive, die 1E1h2t, mit 23 t Achslast, gebaut von Borsig 1936 für die preußische Bergwerks- und Hütten-AG zum Dienst auf den oberschlesischen Sandbahnen. Dort, und auch in einigen Hüttenbetrieben, waren, wie hier ersichtlich, normale herkömmliche Schraubenkupplungen und Zughaken zusammen mit Scharfenbergkupplungen eingebaut, die gegebenenfalls durch Herabklappen außer Dienst gestellt werden konnten, wenn das zu kuppelnde Fahrzeug keine Scharfenbergkupplung besaß.
Foto Linke-Hofmann

Wäre die weitere Ausgestaltung des 1936 begonnenen Schnellverkehrs Berlin—Dresden nicht schon vor dem Krieg durch fühlbare Hindernisse vereitelt worden, worüber Alfred Gottwaldt in seinem bemerkenswerten Buch *Die Stromlinien-Dampfloks der Reichsbahn* viele innerbetriebliche Details berichtet, so hätte dieser Dampfzug, allerdings erst mit der nicht mehr zum Einsatz gekommenen *Drillings*lokomotive 61 002, wohl einen fahrplanmäßigen Dampf-Weltrekord etablieren können.   *Sammlung H. Matzka*

Schlußwort

Jeder Dampflokomotive ist eine in Deutschland und Österreich Betriebsbuch benannte Chronik ihres Lebenslaufs beigegeben, ohne die sie nicht in Betrieb genommen werden darf. Das Buch enthält ihren 'Geburtsschein' und damit zusammenhängende Zertifikate aller Art, die speziell die Betriebssicherheit betreffen, wie die Kesseldruckprobe, Lauf- und Geschwindigkeitsproben, Materialproben, sowie deren Wiederholungen nach Reparaturen; Umbauten sowie zusätzliche Einrichtungen, ferner die Stationierungs- und Betriebsdaten wie geleistete Fahrkilometer etc.

Einige Verlage, auch Besitzer von Museumslokomotiven, haben Betriebsbücher nachgedruckt, die wertvolle Beiträge zur Dokumentation des Dampfbetriebs darstellen.

Ursprünglich plante ich, diesem Buch auch eine Berechnungsmethode für Lokomotivleistung, Zuggewichte und Brennstoffverbrauch einzuverleiben, zur Komplettierung der in meinen Büchern (20) und (26) enthaltenen Texte und Schaubilder. Doch wegen des im Lauf der Arbeit am beschreibenden Teil größer gewordenen Umfangs mußte ich mich entschließen, die Berechnungen in einem separaten Buch zu bringen, das die historische Entwicklung der Lokomotivleistungen im Dampf-, Elektro- und Brennkraftbetrieb schildern wird.

Unter den Pionieren des Industriezeitalters verdienen George und Robert Stephenson die Palme des Erfolgs wie niemand sonst. Der Vater arbeitete und kämpfte für Bahnbau und Lokomotivbetrieb durch die kritischen zwanziger Jahre, bis 1829 die ROCKET seines 26jährigen Sohnes ihren Sieg errang. Nach den Erfahrungen und Erkenntnissen von eineinhalb Jahrhunderten würde kein ziel- und verantwortungsbewußter Fachmann eine Dampflokomotive ohne die Stephensonschen Grundmerkmale konstruieren.

George Stephenson (8.6.1781 − 12.8.1848)   Robert Stephenson (16.10.1803 − 12.10.1859)

Am 8. Juni 1986, kurz vor Abschluß des Textumbruchs, machte die Schnellzuglokomotive CITY OF WELLS (siehe Seite 138) eine ihrer ersten Fahrten mit dem Giesl-Ejektor. Das Foto zeigt sie in voller Fahrt in Yorkshire, 3 km südlich von Skipton Richtung Bradford, um dort dem dampflokbegeisterten Lord Mayor (Oberbürgermeister) vorgestellt zu werden: Zylinderfüllung 34 %, bei 100 km/h auf der Steigung weiter beschleunigend, mit völlig farblosem Auspuff.   *Foto Dipl.-Ing. John G. Click*

Eine der auf Seite 35 besprochenen 2D2 Klasse 800 der Union Pacific von 1939 in Cheyenne, Wyoming, 1850 m hoch gelegen und 815 Streckenkilometer westlich von Omaha, dem Ausgangspunkt der Bahn in 315 m Seehöhe am Missouri River. Nach Cheyenne, gegen die Ausläufer der Rocky Mountains, beginnt bald die Schwerarbeit bis zum 50 km entfernten Sherman Summit, dem höchsten Punkt der UP. Auch die 2F1, Klasse 9000, waren hier zu Hause (20). Im Dunkeln sandte in dieser spärlich besiedelten Gegend der starke Scheinwerfer der Lokomotive seinen Lichtkegel kilometerweit durch die Nacht.

Literaturhinweise

Abkürzungen

Annalen	*Glasers Annalen für Gewerbe und Bauwesen,* jetzt *Glasers Annalen − ZEV,* Berlin
ETR	*Eisenbahntechnische Rundschau,* Dortmund
LM	*Lok-Magazin,* Franckh-Verlag, Stuttgart
Loc	*The Locomotive,* London
Loco Cyclop.	*Locomotive Cyclopedian of American Practice,* Simmons-Boardman Publishing Co., New York, 10. Auflage, 1938
Lok	*Die Lokomotive,* Wien, von 1939 an im E. Gundlach Verlag, Bielefeld
Loktechnik	*Die Lokomotivtechnik,* Rheine i.W.: Technische Beilage des *Voraus,* Zeitschrift der Gewerkschaft Deutscher Lokomotivbeamten
M + W	*Maschinenbau und Wärmewirtschaft,* Wien
Organ	*Organ für die Fortschritte des Eisenbahnwesens;* von 1930 an Verlag J. Springer, Berlin, während des Zweiten Weltkriegs mit *Glasers Annalen* vereinigt
RA	*Railway Age,* New York, ebenfalls Simmons-Boardman
Revue Gén.	*Revue Générale des Chemins de Fer,* Dunod Editeur, Paris
RG	*Railway Gazette International,* London
RME	*Railway Mechanical Engineer,* Monatszeitschrift für Eisenbahnwesen, ebenfalls Simmons-Boardman
ZÖIAV	*Zeitschrift des Österreichischen Ingenieur- und Architekten-Vereines*
ZVDI	*Zeitschrift des Vereines Deutscher Ingenieure*

Quellen (Die laufenden Nummern sind im Text jeweils eingeklammert)

1. L. Niederstraßer: *Leitfaden für den Dampflokomotivdienst,* 8. Auflage, 1954, Verkehrswissenschaftliche Lehrmittelgesellschaft m.b.H., Frankfurt am Main (Nachdruck, 1979, der Deutschen Gesellschaft für Eisenbahngeschichte)

2. J. Brosius / R. Koch: *Die Schule des Lokomotivführers,* 14. Auflage (Bearbeiter: H. Nordmann), 1. Band (Kessel) 1923, 2. Band (mit Nachtrag über Neuerungen an Kesseln) 1935; J. Springer, Berlin

3. A. Ulbrich: *Einrichtung und Betrieb der Lokomotiven,* 2. Auflage, 1923, Verlag Waldheim-Eberle, Wien/Leipzig

4. *The Railway Magazine,* London, 1966, S. 493: *Builders for 111 years* (Brian Reed)

5. *The Springburn Story* (North British Locomotive Co.), London, ca. 1978

6. *Eisenbahn,* Wien, 1967, S. 141: *120 Jahre Lokomotivbau in Esslingen am Neckar beendet* (A. Giesl-Gieslingen)

7. *Trains Magazine,* Milwaukee, Jan. 1970, S. 3: *ALCO's Exit . . .* (Leitartikel von D. P. Morgan)

8. *Railway Age,* New York, 22. April 1939, S. 699: *What Horsepower for 1000-ton Passenger Trains?*

9. *Lok,* 1939, S. 193: *Amerikanische Versuche mit schweren Zügen bei hohen Fahrgeschwindigkeiten im Vergleich mit einigen deutschen Versuchsergebnissen* (Lubimoff); dazu kritische Bemerkungen im Aprilheft 1940 (A. Giesl-Gieslingen)

10. *Indian Railways,* Annual Number, April 1973, S. 97: *Chittaranjan's March towards self-sufficiency* (Tätigkeitsbericht 1972/73)

11. *RG,* Januar 1981, S. 31−48: *Bericht über die Eisenbahnen Chinas*

12. *Die Bundesbahn,* Februar 1981, S. 169: Jahresbericht von P. Kalinowski

13. R. Vigerie / E. Devernay: *La locomotive actuelle,* Dunod, Paris 1936

14. J. Jahn: *Die Dampflokomotive in entwicklungsgeschichtlicher Darstellung ihres Gesamtaufbaues,* 1924 (Nachdruck vom Verlag Hamacher, Kassel, 1976)

15. S. Smiles: *George and Robert Stephenson,* London 1857

16. E. L. Ahrons: *The British Steam Railway Locomotive 1825−1925,* The Locomotive Publishing Co., London, 1927

17. C. F. Dendy Marshall: *A History of Railway Locomotives down to the end of the year 1831,* The Locomotive Publishing Co., London, 1953

18. E. Sauvage, *La machine locomotive,* 9e Edition, 1935, Librairie Polytechnique Ch. Béranger, Paris

19. M. Seguin: *De l' influence des chemins de fer et de l' art de les tracer et de les construire,* Paris, 1839

20. A. Giesl-Gieslingen: *Lokomotiv-Athleten,* Verlag Slezak, Wien, 1976

21. *Forschungsarbeiten auf dem Gebiete des Ingenieurwesens,* Heft 251, 1921, Verlag des VDI, Berlin

22. F. P. Flury: *Die Dampflokomotive und ihre Bauteile,* Alba, Düsseldorf, 1975

23. *Organ,* 1907, S. 75

24. Griebl / Schadow: *Verzeichnis der deutschen Lokomotiven 1923−1965,* Verlag Slezak, Wien, 1967

25 K. Gölsdorf: *Lokomotivbau in Alt-Österreich 1837–1918*, Verlag Slezak, Wien, 1978

26 A. Giesl-Gieslingen: *Die Ära nach Gölsdorf*, Verlag Slezak, Wien, 1981

27 L. Wiener: *Articulated Locomotives*, Constable & Co., London, 1930

28 W. Messerschmidt: *1C1, Entstehung und Verbreitung der Prairie-Lokomotiven*, Franckh, Stuttgart, 1966

29 *Lok*, 1918, S. 80: *Die 1C1- und 2C1-Schnellzuglokomotiven der Pennsylvania-Eisenbahn*

30 A. B. Gottwaldt: *Geschichte der deutschen Einheitslokomotiven*, Franckh, Stuttgart, 1979

31 Th. Düring: *Die Einheits-Schnellzuglokomotiven der Deutschen Reichsbahn*, Franckh, Stuttgart, 1978

32 E. Born: Die 2C1-Lokomotive – *Der Weg zu einem Höhepunkt des europäischen Dampflokomotivbaus für den Schnellzugdienst*, im *Jahrbuch des Eisenbahnwesens*, Folge 9/1958, Röhrig Verlag, Darmstadt

33 *Railway Age Gazette*, New York, 1911

34 *LM* 3, Mai 1963: *Die preußische P10* (A. Mühl)

35 W. Messerschmidt: *1D1, Erfolg und Schicksal der Mikado-Lokomotiven*, Franckh, Stuttgart, 1963

36 J. O. Slezak: *Die Lokomotiven der Republik Österreich*, 1. bis 3. Auflage, Wien, 1970 bis 1983

37 Th. Düring: *Die Schnellzuglokomotiven der deutschen Länderbahnen*, Franckh, Stuttgart, 1972

38 *LM* 20 (Oktober 1966)

39 *LM* 110/111 (1981): *Der Lokomotivkonstrukteur einst und jetzt* (A. Giesl-Gieslingen)

40 *Die Lokomotive in Kunst, Witz und Karikatur*; Sonderpublikation der HANOMAG, Hannover-Linden, 1922

41 G. Lotter: *Handbuch zum Entwerfen regelspuriger Dampflokomotiven*, R. Oldenbourg, München/Berlin, 1909

42 L. R. v. Stockert: *Der Lokomotivbau in den Vereinigten Staaten von Amerika zur Zeit der Ausstellung von St. Louis 1904*, Selbstverlag und Allgemeine Bauzeitung, Wien, 1905

43 *Loco Cyclop.*

44 *Broad Firebox Locomotives*; Record of Recent Construction No. 27, 1901; The Baldwin Locomotive Works

45 R. Garbe: *Die zeitgemäße Heißdampflokomotive*, J. Springer, Berlin, 1924

46 *Revue Gén.*, 1935: *Locomotive à grande vitesse à bogie et 4 essieux accouplés* (A. Chapelon)

47 M. Demoulin: *La locomotive actuelle*, Edition Béranger, Paris, 1906

48 *Lok*, Dezember 1923

49 *Die Dampflokomotive*, Autorenkollektiv, 2. Auflage, Transpress, Verlag für Verkehrswesen, Berlin-Ost, 1965

50 *The Locomotive of To-Day*, 8. Auflage; The Locomotive Publishing Co., London, 1927

51 *Loktechnik*, Februar 1956, S. 31

52 *Locomotive Dictionary 1916* (Vorläufer der *Locomotive Cyclopedia of American Practice*), Simmons-Boardman, Publishing Corp., New York

53 *Bulletin No. 220* der *Engineering Experiment Station*, University of Illinois, Urbana, Ill., USA, Februar 1931

54 *LM* 100 (1980): *Der Lokomotiv-Kessel, das unbekannte Wesen* (A. Giesl-Gieslingen)

55 *Bulletin No. 10, British Transport Commission*, British Railmap: Performance and Efficiency Tests of Southern Region 'Merchant Navy' Class 3 cyl. 4-6-2 Mixed Traffic Locomotive, London, 1954

56 *Lok*, 1941: *Zur Geschichte der Verbrennungskammer*

57 L. R. v. Stockert: *Handbuch des Eisenbahn-Maschinenwesens*, J. Springer, Berlin, 1908

58 *Organ*, 15. Januar 1935, S. 31: *Einschweißen von Stehbolzen in kupferne Lokomotiv-Feuerbüchsen*

59 *RME*, New York, April 1948: *Staybolted Fireboxes*

60 *M + W*, Wien, Dezember 1953, S. 340: *Deutsche Ausfuhr-Dampflokomotiven* (P. H. Bangert)

61 *Annalen*, Okt. bis Dez. 1951: *Neue Erkenntnisse und Konstruktions-Richtlinien auf dem Gebiet des Lokomotiv-Hinterkessels*

62 *Annalen*, April 1953: *Das Ergebnis von Dehnungsmessungen bei verschiedenen Stehbolzenformen*

63 *LM* 39 (1969): *Die letzten deutschen Personenzuglokomotiven* (F. Witte)

64 *Lok*, Juli 1940: *Zur Stehbolzenfrage*

65 *ZVDI*, 31. August 1929: *Die neuere Entwicklung des Lokomotivkessels bei der Deutschen Reichsbahn* (R. P. Wagner)

66 *Organ*, 1930, S. 307 und Nachtrag 1931, S. 116: *Die Beanspruchung der Rohrwalzverbindungen eines Heizrohrkessels* (L. Schneider)

67 *Lok*, Juni 1944: *Die Beanspruchung der Heiz- und Rauchrohre und ihrer Walzverbindungen beim Stephenson-Lokomotivkessel – Ein Beitrag zur Frage seiner Grenzleistung* (W. Schwanck)

68 *Annalen*, 1921-I, S. 83

69 *Loc*, 1930, S. 235

70   M + W, Wien, Okt./Nov. 1956: *Der Flachejektor und thermische Verbesserungen an Lokomotivkesseln* (A. Giesl-Gieslingen)

71   *Loktechnik*, 1957, S. 31: *Der Strukturwandel und die Dampflokomotive der DB — Neue Kessel* (F. Witte)

72   New York Central Historical Society, 1975: *Road Testing of the Niagaras* (R. W. Dawson)

73   *RA*, New York, 8. Januar 1938

74   *Lok*, 1942, S. 143: Izett-Stähle

75   *ZVDI*, 1. Dezember 1929, S. 1731: *Die Kupferschweißung*

76   H. G. Lewin: *Early British Railways*, The Locomotive Publishing Co., London, 1925

77   W. Bauer / X. Stürzer: *Berechnung und Konstruktion von Dampflokomotiven*, C. W. Kreidel, Berlin, 1923 (Dieses Buch enthält viele Fehler, worauf L. Schneider im *Organ*, 1924, Heft 2, ausführlich hingewiesen hat, doch auch sehr gute Abbildungen.)

78   *Österreichische Lokomotiven in Deutschland*, in *Eisenbahn*, Wien, 1969, S. 167

79   Barkhausen: *Das Eisenbahn-Maschinenwesen der Gegenwart*, Erster Abschnitt, erster Teil, *Die Lokomotiven*, C. W. Kreidel, Wiesbaden, 1903

80   *Organ*, 1925, Heft 7: *Zur Frage des Kipprostes der Reichsbahnlokomotiven*

81   *Mechanical Engineering*, Zeitschrift der American Society of Mechanical Engineers, New York, 1949, S. 1011: *Coal Handling Systems for Locomotives*

82   R. Garbe: *Die Dampflokomotiven der Gegenwart*, erste Auflage, Berlin, 1907

83   *Railway and Locomotive Engineering*, New York, 1904, S. 560; weitere Berichte S. 255, 359, 387

84   *National Railway Historical Society*, Boston, Mass., USA, Bulletin Nr. 128, 1973

85   *Das sozialistische Verkehrswesen*, Moskau, 1939, Hefte 1 und 2 (I. Pirin)

86   *Železniční Doprava a Technika*, Praha, 1959, Nr. 1: *Plochá dýšna na lokomotivách ČSD* (V. Pantuček)

87   *The Engineer*, London, 11. August 1961, S. 239: *Tests on an 'Austerity' Locomotive fitted with a Mechanical Stoker*

88   *RG*, Mai 1963: *The 'Hunslet' underfeed stoker and gas producer system*

89   F. Meineke / Fr. Röhrs: *Die Dampflokomotive*, 1949, (Manuskript 1942 fertiggestellt, durch Aufnahme von Konstruktionen erweitert)

90   J. v. Poray Madeyski: *Rationelle Verfeuerung flüssiger Brennstoffe bei Lokomotiven unter besonderer Berücksichtigung der k. k. österreichischen Staatsbahnen*, Selbstverlag, Wien, 1911

91   *ASME Transactions*, New York, 1929, S. 147: *Railway Practices in Utilization and conservation of Oil* (J. N. Clerk, Southern Pacific Railroad)

92   *LM 4* (1963): *Die Ölfeuerung bei Dampflokomotiven der Deutschen Bundesbahn* (R. Th. Scheffer)

93   F. Hinz: *Über wärmetechnische Vorgänge der Kohlenstaubfeuerung unter besonderer Berücksichtigung ihrer Verwendung im Lokomotivkessel*, J. Springer, Berlin, 1928

94   R. Roosen: *Ein Leben für die Lokomotive*, Franckh, Stuttgart, 1976

95   *Eisenbahn*, Wien, 1951, S. 179: *Die Entwicklung der Kohlenstaublokomotive in den letzten 20 Jahren* (K. Pierson)

96   K. Pierson: *Kohlenstaub-Lokomotiven*, Franckh, Stuttgart, 1967

97   *ZVDI*, 9. Juli 1929: *Die Kohlenstaublokomotive* (H. Nordmann)

98   H. Wendler: *Die Dampflokomotiven der Deutschen Reichsbahn*, Verlag Technik, Berlin, 1960

99   *LM 19*, 1966: *Neubau und Rekonstruktion von Dampflokomotiven bei der mitteldeutschen Reichsbahn* (R. Th. Scheffer)

100 *Deutsche Eisenbahntechnik*, Berlin-Ost, Dezember 1958, S. 563: *Die Perspektive der Kohlenstaubfeuerung bei der Deutschen Reichsbahn* (J. Kolbaske)

101 *Organ*, 1865, S. 79: *Die Construction der Locomotiv-Essen* (A. Prüsmann)

102 *Der Zivilingenieur*, Freiburg im Breisgau, 1871, S. 1: *Über die Wirkung des Blasrohrapparates an Lokomotiven mit conisch-divergenter Esse* (G. Zauner)

103 *Annalen*, 1895 und 1896: *Die vorteilhaftesten Abmessungen des Lokomotiv-Blasrohres und des Lokomotiv-Schornsteins* (L. Troske)

104 R. Sanzin: *Versuche an einer Naßdampf-Zwillings-Schnellzuglokomotive; in Forschungsarbeiten auf dem Gebiete des Ingenieurwesens*, Heft 150/151, VDI-Verlag, 1914

105 *Der Zivilingenieur*, 1864, Band 10, S. 271: *Versuche über die beste Konstruktion der Lokomotivschornsteine*

106 *RA*, 1938, S. 488

107 *Revue Gén.*, 1928-II, S. 191 und 283: *Notes sur les échappements de locomotives* (A. Chapelon)

108 *Revue Gén.*, 1936-II, S. 164: *Perfectionnements appelés par le Compagnie du Nord aux échappements des ses locomotives* (M. Ledard)

109 *Eisenbahn*, Wien, 1954, S. 169: *Die Entwicklung der Lokomotiv-Blasrohranlage vom Zylinderschornstein bis zum Flachejektor* (A. Giesl-Gieslingen)

110 J. O. Slezak: *Der Giesl-Ejektor*, Verlag Slezak, Wien, 1967

111   *Technik-Geschichte*, Bd. 39 (1972), Nr. 3, VDI-Verlag, Düsseldorf

112   *Loktechnik*, Januar 1956: *Saugzuganlagen bei Dampflokomotiven der DB* (F. Witte)

113   *Journal of the Institution of Locomotive Engineers*, London, 1948, S. 673—745: *The Blower, its origin and its function on the locomotive* (C. A. Cardeur)

114   *RA*, 25. April 1931, S. 813: *Cyclone Front End*

115   *Organ*, 1. November 1935, S. 435: *Waikato-Funkenfänger*

116   *RME*, Oktober 1947, S. 547: *Front Ends, Grates, Arches and Ash Pans*

117   *Eisenbahn*, Wien, Februar 1958: *100 Jahre Dampfstrahlpumpe* (F. Scholz)

118   *Lok*, 1912, S. 49

119   *The Engineer*, London, 16. Januar 1867

120   *Lok*, Februar 1944: *Kesselsteinbildung bei Lokomotiven, ihre Usachen und Wirkungen*

121   *RME*, November 1950, S. 685: *Water Treatment and Fuel Saving* (A. G. Tompkins)

122   *Organ*, 15. Juni 1931, S. 239: *Einwirkung des Kesselsteins auf den Wirkungsgrad des Lokomotivkessels* (F. Böhm)

123   E. S. Cox: *Chronicles of Steam*, Ian Allan, 1967

124   *RME*, November 1939, S. 410: *New Locomotive Economy Devices*

125   *Loktechnik*, Mai/Juni 1962: *Wo Licht ist, da ist auch Schatten — Kritische Bemerkungen zur Kesselwasser-Innenaufbereitung* (F. Witte)

126   *Annalen*, April 1952, S. 87: *Die innere Speisewasseraufbereitung bei den amerikanischen Dampflokomotiven nach dem Nalco-Verfahren* (L. Kinkelda)

127   *Annalen*, April 1954, S. 81: *Äußere oder innere Aufbereitung des Kesselspeisewassers für Lokomotiven?* (W. Wisfeld)

128   *Annalen*, September 1959, S. 307: *Wie bereitet man heute das Kesselspeisewasser für Dampflokomotiven auf?* (A. Delke)

129   *Annalen*, 1916, Sonderheft (Artikel von Gustav Hammer)

130   *Loc*, Juni bis November 1913

131   *ZVDI*, 1907, S. 11—19: *2B-Lokomotiven, Ägypten*

132   *Organ*, 15. Februar 1937, S. 84: *Die Ausnützung des Abdampfvorwärmers im Lokomotivbetrieb* (H. Trautmann)

133   *Organ*, 20. März 1930, S. 165: *Die Entwicklung der Lokomotive in Frankreich im letzten Jahrzehnt* (C. Renevey-Ebert)

134   *RME*, Oktober 1937, S. 480

135   *LM 69, 70, 71* (1914/15): *Auftakt vor 60 Jahren: Anfang und Ende der Franco-Crosti-Lokomotiven* (W. Messerschmidt)

136   *ETR*, April 1953

137   Brückmann: *Die Eisenbahntechnik der Gegenwart*, 3. Auflage, 1920, Band I, S. 37

138   *Lok*, Januar 1907 bis September 1911: *Die Dampfüberhitzung im modernen Lokomotivbau*, in 14 Teilen (Otto Both, Elbing)

139   *Organ*, 1924, S. 52: *25 Jahre Heißdampflokomotive*

140   *Organ*, 1934, S. 279: *Der Wärmeübergang im Lokomotivrauchrohr* (C. Th. Müller)

141   *Lok*, Juni 1943, S. 95: *Berechnung der Wärmeübertragung im Lokomotivkessel* (G. Heise)

142   *Organ*, Oktober 1943: *Die Ermittlung des Wärmeüberganges im Lokomotivkessel* (N. Postupalsky)

143   U. Barske: *Rechnerische Untersuchung der Wärmeübertragung im Lokomotiv-Langkessel*; Dissertation an der T. H. Berlin, Hanomag, ca. 1932

144   *Revue Gén.*, September 1901, S. 240: *Locomotives à vapeur* (Nadal)

145   *Loc*, April 1910, S. 72/73: *Some historical points in the details of British Locomotive Design* (E. L. Ahrons)

146   *Lok*, 1909: S. 12 und 1916, S. 227

147   *Locomotives Large and Small*, Verlag Don Young Designs, Sandown, Isle of Wight

148   A. Giesl-Gieslingen: *ÖBB-Schmalspurlokomotiven — Dampf, Elektro, Diesel*; Verlag Slezak, Wien, 1979, (Eisenbahn-Sammelheft 13)

149   W. Krobot / J. O. Slezak / H. Sternhart: *Schmalspurig durch Österreich*, Verlag Slezak, Wien, 1984 (3. Auflage)

150   G. Strahl: *Einfluß der Steuerung auf Leistung, Dampf- und Kohlenverbrauch der Heißdampflokomotiven*, 1924

151   A. Chapelon: *La Locomotive à Vapeur*, Boillière et Fils, Paris, 1938

152   K. Bochmann: *BR 10, Lokomotiv-Portrait IV, die letzten beiden Neubau-Schnellzuglokomotiven der Deutschen Bundesbahn*, Bochmann Verlag, Mannheim, 1978

153   *Organ*, Juni 1939: *Geschweißte Lokomotivzylinder* (M. Reiter)

154   *Eisenbahnbetrieb und Werkstätte* (BBÖ, Wien), Heft 3, 1930

155   E. S. Cox: *Locomotive Panorama*, Vol. I, Ian Allan, 1965

156   *Organ, April 1932, S. 167: Schmiereinrichtungen an englischen Lokomotiven*

157   F. Westing: *Apex of the Atlantics*, Kalmbach Publishing Co., Milwaukee, Wis., USA, 1963

158   *Organ, März 1936, S. 99: Über das Schmieden der Kropfachswellen*

159   *Organ, Feb. 1937, S. 75: Kropfachs-Versuche der Paris—Lyon—Mittelmeerbahn*

160   *Organ, August 1937, S. 286: Die Herstellung von zusammengesetzten Kropfachsen bei den Eisenbahnen von Elsaß und Lothringen*

161   *Lok, März 1914: Neuere amerikanische Lokomotiven, bei deren Bau Vanadiumstahl vorgeschrieben wurde* (H. Steffan)

162   *Locmotive Data*, Taschenbuch der Baldwin Locomotive Works, 1944

163   Illmann / Obst: *Wälzlager in Eisenbahnwagen und Dampflokomotiven*, Wilhelm Ernst & Sohn, Berlin, 1957

164   *Lok, Januar 1941, S. 1: Die Entwicklung der Lokomotiv-Schiebersteuerungen* (G. Rüggeberg)

165   H. Dubbel: *Die Steuerungen der Dampfmaschinen*, 2. Auflage, J. Springer, Berlin, 1921

166   *Lokomotivkunde*, Verlag der Verkehrswissenschaftlichen Lehrmittelgesellschaft bei der DRB, 1931

167   *Lok, 1906, S. 207: Die Geschichte der Heusingersteuerung* (E. Jung, Berlin)

168   A. Wolff: *Dampflokomotiven der New York Central-Bahn für hohe Geschwindigkeiten*, Siemens, Berlin-Bielefeld, 1951

169   W. Messerschmidt: *Geschichte der italienischen Dampflokomotiven*, Orell-Füssli, Zürich, 1968

170   H. M. Le Fleming / J. H. Price: *Russian Steam Locomotives*, John Marshbank Ltd., London, 1960

171   M. Zenati / G. F. Ferro: *Le Locomotive F. S. Caprotti*, Edizione Ferro, Milano

172   *Bulletin No. 15 der British Transport Commission*, London, 1957

173   *Revue Gen., Februar 1933: La distribution Cossart* (L. Cossart)

174   *ZÖIAV, 1935, S. 3: Der Leerlauf der Dampflokomotive* (O. Weywoda)

175   *Jahrbuch des Eisenbahnwesens*, Nr. 28 (1977), Hestra-Verlag, Darmstadt

176   J. T. van Riemsdijk: *Drei Vorträge über The Compound Locomotive*, gehalten ab 14. Oktober 1970 am Science Museum in London

177   E. S. Cox: *Speaking of Steam*, Ian Allan, 1971

178   *Wochenschrift für den öffentlichen Baudienst*, Wien, Februar/März 1919: *Versuche mit Lokomotiven der österreichischen Staatsbahnen* (R. Sanzin)

179   *Lok, 1913, S. 193: Versuche mit Serie 109* (R. Sanzin)

180   *Revue Gen., März 1933: Les nouvelles locomotives de Baulieue* (De Cass)

181   *Organ, 1913, S. 104: Das Verhalten von Eisenbahnfahrzeugen im Gleisbogen* (H. Heumann)

182   *Lok, Jänner/Februar 1942: Grundzüge des Bogenlaufs von Eisenbahnfahrzeugen* (H. Heumann)

183   U. Schwanck: *Über die Laufeigenschaften der Dampf-Schnellzuglokomotiven* im Buch von Th. Düring: *Die Schnellzug-Dampflokomotiven der deutschen Länderbahnen 1907 — 1922*, S. 249 bis 294, Franckh-Verlag, Stuttgart, 1972

184   *Organ, 1941, S. 193: Laufsicherheitsprüfung bei der Deutschen Reichsbahn* (C. Th. Müller)

185   *Annalen, 1953, S. 264: Der Eisenbahn-Radsatz* (C. Th. Müller)

186   *ETR, 1964, S. 149: Lauftechnische Meß- und Auswertungsverfahren an Lokomotiven* (U. Schwanck)

187   J. Bellwood / D. Jenkinson: *Gresley and Stanier*, Publikation des National Railway Museums, York, England, 1976

188   *Lok, Jänner 1944: Die Entwicklung der Gegendruckbremse* (E. Metzeltin)

189   *ZÖIAV, 1860, S. 158: Hemmung der Eisenbahnzüge durch Absperren der Dampfabströmung an den Locomotiven* (Fischer von Röslerstamm)

190   Lechatelier: *Marche a contre-vapeur des machines locomotives*, Paris, 1869 (Streitschrift im Selbstverlag)

191   *ZÖIAV, 1866, S. 104: Die Benützung des Gegendampfes zum Bremsen der Züge auf starken Gefällen von Lechatelier und Ricour*

192   *Geschichte der Eisenbahnen der österreichisch-ungarischen Monarchie*, Wien, 1898, *Die Lokomotiven*, 2. Band, S. 438 (K. Gölsdorf)

193   *Lok, 1905, S. 91: Die österreichische automatische Vakuum-Schnellbremse*

194   *Lok, 1908, S. 41: Die automatische Vakuum-Güterzugbremse*

195   *Loc, 1910, S. 244: Improvements in the vacuum brake*

196   *Lok, 1910, S. 128: Versuche mit durchgehenden selbsttätigen Bremsen in Österreich* (J. Rihosek)

197   *Loc, 1934: The vacuum automatic brake* (Phillipson)

198   *Lok, Nov. 1943: Die Geschichte der Saugluftbremse*

199   *Eisenbahn*, Wien, Feb. und März 1962: *Die österreichische Vakuum-Schnellbremse 60 Jahre alt* (F. Scholz)

357

200 *ZÖIAV, 1947, S. 81: Anteil Österreichs an der Entwicklung der Druckluftbremse* (J. Rihosek)

201 *M + W, 1955, S. 79: Historische Entwicklung und neuester Stand der Eisenbahn-Druckluftbremse* (E. Möller)

202 *Lok,* Juli 1940: *Die ersten Führerhäuser*

203 *Eisenbahn,* Wien, Feb. 1950: *Lokomotivdienst einst und jetzt — Die Entwicklung des Führerstand-Schutzhauses* (F. Scholz)

204 *Revue Gen.,* Februar 1934: *Les nouvelles locomotives a marchandises . . . P. L. M.* (A. Parmantier)

205 *LM 42 (1970): Pennsy 6100 — größte Schnellzuglokomotive der Welt* (A. Haas)

206 A. Haas: *Dampflokomotiven in Nordamerika,* Franckh-Verlag, Stuttgart, 1978

207 *RA,* 12. Dezember 1942: *Pennsylvania 4-4-4-4 Locomotive*

208 *RME,* January 1946: *P. R. R. Q-2 Locomotives,* sowie *LM 49* (1971)

209 A. E. Durrant: *The Mallet Locomotive,* David & Charles, Newton Abbot, England, 1974

210 A. E. Durrant: *The Garratt Locomotive,* David & Charles, Newton Abbot, England, 1969

211 *Lok,* 1910, S. 41: *2B + C1-Vierzylinder-Verbund-Mallet-Personenzuglokomotive der AT & SF-Bahn*

212 *Loc,* 1910, S. 4: *Articulated locomotives,* AT & SF

213 *Loc,* 1911, S. 103: *2-6-6-2 Mallet compounds with flexible boiler,* AT & SF

214 *Revue Gen.,* 1936-I, S. 395: *Locomotives articulee double Pacific*

215 J. O. Slezak: *Breite Spur und weite Strecken,* Transpress-Verlag für Verkehrswesen, Berlin und Verlag Slezak, Wien, 1963

216 *Engineering,* London, 1894-I, S. 693: *Joy's fluid pressure reversing gear*

217 *ZVDI, 1922, S. 375: Neue Hilfsumsteuerung für Lokomotiven* (L. Schneider)

218 *ZVDI,* 1936, S. 693 und *Henschel-Hefte* 1936, S. 25: *Doppelstöckiger Stromlinienzug für 120 km/h* (P. Mauck u.a.)

219 *ZVME, 1938, S. 451: Betriebserfahrungen mit Doppeldeckzügen* (Gerteis und Mauck)

220 *Die Reichsbahn,* Berlin, 1936, S. 70: *Der Henschel-Wegmann-Zug* (Fuchs)

221 P. Clark: *Locomotives in China,* Waterloo N.S.W., Australien, 1983

Die in diesem Buch abgedruckten LONORM-Tafeln sind, wie uns das *Deutsche Institut für Normung e. V. (DIN)* mit Schreiben vom 21. Februar 1986 mitteilte, als nicht mehr gültig anzusehen.

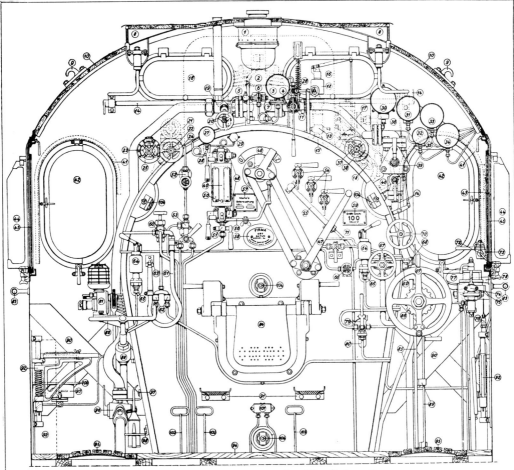

Ausrüstung des Führerstandes deutscher Lokomotiven.

1 Führerhauslaterne
2 Sicherheitsventil
3 Kesseldruckmesser
4 Halter für Kesseldruckmesser
5 Druckmesserhahn Eichdruckmesserhahn
6 Dampfentnahmestutzen
7 Lüftungsaufsatz
8 Haken zum Abheben des
9 Führerhauses
10 Holzbedachung
11 Strahlpumpendampfventil
12 Dampfpfeife
13 Dampfpfeifenhahn
14 Pfeifenzug
15 Untersatz zur Dampfpfeife
16 Klappfenster in der Führerhausvorderwand
17 Kesselspeiseventil
18 Feuerlöschstutzen
19 Dampfheizventil
20 Zug zur Dampfheizeinrichtung
21 Absperrventil zur Speisepumpe
22 Dampfventil zur Speisepumpe
23 Dampfventil zum Hilfsbläser
24 Zug zum Speisepumpendampfventil
25 Hilfsbläserzug
26 Dampfventil zur Koch- und Wärmeeinrichtung
27 Heizdruckmesser
28 Halter f. Heizdruckmesser

29 Vorwärmerdruckmesser
30 Fernthermometer
31 Ferndruckmesser
32 Druckmesser für Bremsluftbehälter
33 Druckmesser für Bremsleitung
34 Druckmesser für Bremszylinder
35 Halter zum Bremsdruckmesser
36 Halter für Druckmesser
37 Luftpumpendampfventil
38 Zug zum Luftpumpendampfventil
39 Strahlpumpe
40 Halter zur Strahlpumpe
41 Fensterschirm
42 Drehfenster in der Führerhausvorderwand
43 Fahrplanrahmen
44 Seitliches Schutzfenster
45 Schiebefenster in der Führerhausseitenwand
46 Reglerstopfbuchse
47 Reglerhandhebel
48 Wasserstandsanzeiger
49 Wasserstandsschutz
50 Wasserstandsmarke
51 Wasserstandsablaßhahn
52 Dampfventil zur Radreifenspritze
53 Strahlpumpe zur Radreifenspritze
54 Prüfhahn
55 Fangrohr
56 Laternenstütze zum Wasserstandsanzeiger

57 Untersuchungsschild
58 Kesselschild
59 Geschwindigkeitsschild
60 Ventil für Aschkasten-, Rauchkammer- und Kohlenspritze
61 Kohlenspritzschlauch
62 Rückschlagventil f. Rauchkammer- und Aschkastenspritze
63 Halter für Kohlenspritzschlauch
64 Handschmierpumpe
65 Halter zur Handschmierpumpe
66 Dampfventil zum Läutewerk
67 Ventil zur Gegendruckbremse
68 Anstellhahn für Druckausgleicher
69 Halter zum Anstellhahn für Druckausgleicher
70 Handrad zum Drosselventil für Gegendruckbremse
71 Dreiweghahn zum Preßzylinder
72 Zusatzbremshahn
73 Halter für Zusatzbremshahn
74 Führerbremsventil
75 Halter zum Führerbremsventil
76 Auslöseventil
77 Geschwindigkeitsmesser
78 Halter für Geschwindigkeitsmesser

79 Hahn zum Sandstreuer
80 Halter zum Hahn für Sandstreuer
81 Schmierpumpe
82 Träger zur Schmierpumpe
83 Handstangenstütze
84 Feuertür
85 Steuerbock und Halter
86 Steuerschraube u. Teile
87 Steuerrad
88 Spindelbock zum Kipprost
89 Führungsbock und Handhebel zum Zylinderventilzug
90 Holzversteifung der Führerhauswände
91 Tritte an der Stehkesselrückwand
92 Sitze
93 Werkzeugkasten im Führerhaus
94 Führerhausbodenbelag
95 Federnde Fußunterlage im Führerhaus
96 Dreiweghahn zur Dampfheizeinrichtung
97 Halter für Dreiweghahn
98 Halter für Ölflaschen
99 Teile zur Koch- und Wärmeeinrichtung
100 Teile zur Koch- und Wärmeeinrichtung
101 Schmiergefäß
102 Aschkastenzüge
103 Aschkastenbodenklappenzug
104 Waschluken mit Pilz

Register

Sachbegriffe und Namen sind einheitlich alphabetisch zusammengefaßt. Detailangaben zu den einzelnen Stichworten sind nach der Seitenfolge geordnet. Kommt Text zu einem Stichwort an mehreren Buchstellen vor, so ist jene Seite mit dem Schwerpunkt zu diesem Stichwort kursiv (35) gesetzt.

Lokomotivverzeichnis

Hier sind vor allem die in diesem Buch abgedruckten Fotografien sowie Textstellen mit Beschreibungen einzelner Lokomotivserien übersichtlich zusammengefaßt.

a) Lokomotiven der Frühzeit

AJAX 216
NORTHUMBRIAN 13, 14
ROCKET 13, 14

b) Lokomotiven aus der Zeit von etwa 1860 bis heute

Belgien
Decauville BB-Mallet (1888 Tubize) 328

Deutschland
KPEV S10.2 (DRB 17.2) 46
KPEV S11 (kkStB 310.300) 107
KPEV P8 (DRB 38.10) 42, 207
KPEV P10 (DRB 39.0) 25, 33
(KPEV) G10 (für Rumänien) 134
KPEV G12 (DRB 58.10) 209. 315
DRB BR 01 (2C1) 25, 32, 175
DRB BR 03 (2C1, Stromlinienverkleidung) 207, 346
DRB BR 05 (2C2, Stromlinienverkleidung) 34 6
DRB BR 23 (1C1) 207
DRB BR 42 (1E) 178
DRB BR 52 (1E) 272
DRB BR 54.0 (1C, BBÖ 60) 341
DRB BR 61 001 (2C2) 348, 349
DB BR 66 (1C2) 32, 47
DRB BR 89 (C) 209
DRB BR 96.0 (Bayr. DD-Mallet) 327
Lübeck – Büchen 1B1-Stromlinien-Lokomotive 347
Oberschlesische Sandbahnen (1E1) 348
Bt-Lokomotive von Arn. Jung (3583/1930) 16

Frankreich
PO 4500 (2C1) 53
PO 4700 (Umbau 2D) 48 bis 50

Großbritannien
LNER Klasse A4 (2C1) 31
LNER Klasse V2 (1C1) 269
BR Western Region Castle-Klasse (2C) 39
BR Klasse 7 (2C) 31
BR Klasse 9 (1E) 36
34092 CITY OF WELLS 36. 138, 154, 351
British Copper Manufactures (B)(B)-Garratt 329

Italien
FS 685 (1C1 Franco-Crosti) 184
FS 740 (1D Normalkessel) 183
FS 743 (1D Franco-Crosti) 183

Österreich
kkStB/BBÖ   4 (2B) 267
kkStB/BBÖ 306 (2B) 25, 26
kkStB/BBÖ 108 (2B1) 25, 27
kkStB/BBÖ 110 (1C1) 25, 29
kkStB   210 (1C2) Umschlag, 4, 25, 32, 33, 216
kkStB   310.300 (1C2) 107
          BBÖ 113 (2D) 279
          BBÖ 114 (1D2) 245, 321
          BBÖ 214 (1D2) 25, 34, 54, 245, 279
kkStB/BBÖ 29 (1C1) 45
kkStB/BBÖ 329 (1C1) 25, 28

Österreich (Fortsetzung)
kkStB/BBÖ 48 (C) 267
kkStB/BBÖ 60 (1C, als DRB 54.0) 341
kkStB/BBÖ 80 (E) 25, 34
kkStB/BBÖ 380.100 (1E) 236
          BBÖ 82 (1E1) 25, 34
kkStB/BBÖ 100 (1F) 205
Südbahn 32b (C) 25, 28
Südbahn 109 (2C) 25, 30

Rumänien
50-101 ff. (E, 1921) 134

Rußland/Sowjetunion
Serie Э (E) 96

Tschechoslowakei
387.0 (2C1) 270
Eisenwerk Kladno Nr. 4 (B) Umschlag, 4

Ungarn
424 (2D) 39

Übersee

Australien
New South Wales Klasse AD60 (2D2)(2D2) 335

Japan
Japanese National Railways Klasse C62 39

Ostafrika
Klasse 59 (2D1)(1D2) 335

Vereinigte Staaten von Amerika (USA)
Atlantic Coast Line (2D2) 268, 339
Belt Railway of Chicago (D) 27
B&O 2B von Baldwin 24
B&O 2C Camelback 30
N&W Klasse A (1C)C2 330
N&W Klasse J (2D2) 36, 277
N&W Klasse Y-6b (1D)D1 332
NYC Nr. 3000 (2B1) 289
NYC Niagara (2D2) 35
PRR No. 118 (Baldwin 1855) AUGHWICK (2C) 240
PRR Klasse Q2 (2BC2) 326
UP Klasse 800 (2D2) 25, 35, 352
UP Klasse 9000 (2F1) 76

Eisenbahn- und Straßenbahnbücher aus dem Verlag Josef Otto Slezak

Wiedner Hauptstrasse 42, A-1040 Wien, Telefon (0222) 587 02 59

IAL 1	Lokomotivfabriken Europas	60.—
IAL 2	Verzeichnis der dt. Lokomotiven	120.—
IAL 3	Schmalspurig durch Österreich	530.—
IAL 4	Deutsche Kriegslokomotiven	vergriffen
IAL 5	Kahlenbergbahn (bei Wien)	40.—
IAL 6	Györ—Sopron—Ebenfurt-B.	vergriffen
IAL 7	Der Giesl-Ejektor	vergriffen
IAL 8	Lokomotiv-Athleten	vergriffen
IAL 9	Fremde Lokomotiven b. DRB	in Arbeit
IAL 10	Lok ziehen in den Krieg, Bd. 1	330.—
IAL 11	ČSD-Dampflokomotiven, 2 Bde.	360.—
IAL 12	Lokomotiven der Rep. Österreich	440.—
IAL 13	BBÖ-Lokomotiv-Chronik	290.—
IAL 14	Deutsche Reichsbahn in Öst.	in Arbeit
IAL 15	Verz. d. ÖStB/ÖBB-Lok	in Arbeit
IAL 16	Krauss-Lokomotiven	240.—
IAL 17	Dampflok Jugoslawiens	290.—
IAL 18	Salzburger Lokalbahnen	490.—
IAL 19	Lok ziehen in den Krieg, Bd. 2	330.—
IAL 20	Dampftramway Krauss, Wien	290.—
IAL 21	100 Jahre Badner Bahn	290.—
IAL 22	Eisenbahnen in Finnland	330.—
IAL 23	Dampfparadies 60-cm-Spur	60.—
IAL 24	Hofsalonwagen d. Badner Bahn	40.—
IAL 25	NÖ. Südwestbahnen	240.—
IAL 26	Lokomotivbau in Alt-Österreich	440.—
IAL 27	Dampfbetrieb in Alt-Österreich	440.—
IAL 28	Die Ära nach Gölsdorf	440.—
IAL 29	Lok ziehen in den Krieg, Bd. 3	330.—
IAL 30	Aspangbahn	vergriffen
IAL 31	Stammersdorfer Lokalbahn	90.—
IAL 32	Mödling—Hinterbrühl	240.—
IAL 33	Wechselstromlok Öst/Dt. I	330.—
IAL 34	Wechselstromlok Öst/Dt. II	360.—
IAL 35	Gaisbergbahn (Salzburg)	240.—
Österreichisches Kursbuch 1914		590.—
Budweis—Linz—Gmunden (1106 mm)		290.—
Straßenbahn in Wien (1865—1972)		490.—
Wiener Straßenbahn-Panorama (bis 1982)		290.—
Wiener Straßenbahnwagen — Listen		390.—
Wiener Straßenbahnwagen — Techn./Fotos		190.—
Eisenbahnsignale in Österreich		120.—
Linienplan Straßenbahn Nürnberg 1938		30.—
Verzeichnis der SF-Züge vom 6.10.1941		120.—
Liste der belgischen Lokomotiven 1835/39		10.—
Mittenwaldbahn (Bildband)		180.—
Dampf in der Puszta (Bildband Ungarn)		180.—
Schmalspurig nach Mariazell (Bildband)		180.—
Heeresfeldbahn-Lokomotive 25983		270.—
Frühzeit der Schmalspurbahn		330.—
Gelenktriebwagen d. Salzburger Verk.betr.		90.—
Wagons-Lits, das exquisite Reisen		240.—

Stbf. 3	BBÖ-Reihe 570/113	36.—
Stbf. 4	kkStB-Reihe 6/106/206/306	36.—
Stbf. 5	kkStB-BBÖ-Reihe 30	60.—
Stbf. 6	BBÖ-Reihe 280/380/580	36.—
Stbf. 7	kkStB/BBÖ-Reihe 110/10	36.—
Stbf. 8	Reihe 108/208/308/227	60.—
Stbf. 9	Reihe 99/199/299/399	36.—
Stbf. 10	Zahnradlokomotiven Floridsdorf	60.—
Stbf. 11	BBÖ-Reihe 729	36.—
Stbf. 12	BBÖ-Reihe 82	36.—
Stbf. E1	ÖBB-Reihe 1010/1110	36.—
Stbf. E4	ÖBB-Reihe 1073	36.—
Stbf. E5	ÖBB-Reihe 1020	36.—
Stbf. 1, 2, 13, E2, E3 und E6		*vergriffen*
ESA 1	ÖBB-Schlepptenderlokomotiven	20.—
ESA 2	ÖBB-Tenderlokomotiven	20.—
ESA 3	ÖBB-Elektrolokomotiven	20.—
ESA 4	ÖBB-Diesellokomotiven	20.—
ESA 5	ÖBB-Triebwagen	20.—
ESA 6	Liliputbahn Wien-Prater	20.—
ESA 7	U-Bahn Wien	20.—
ESA 8	Straßenbahn Wien	20.—
ESA 9	Schafbergbahn (St. Wolfgang)	20.—
ESA 10	Salzkammergut-Lokalbahn	20.—
ESA 11	Murtalbahn	20.—
ESA 12	Österreichs Museumsbahnen	20.—
ESA 13	ÖBB-Schmalspurlokomotiven	20.—
ESA 14	Lokalbahn Wien—Baden	20.—
ESA 15	Semmeringbahn	20.—
ESA 16	Obus in Österreich	20.—
Straßenbahn Ybbs (erweiterte 2. Auflage)		60.—
Wien-Raaber und Gloggnitzer Bahn		60.—
Dampftriebwagen und Gepäcklokomotiven		90.—
Kaiser-Ferdinands-Nordbahn		492.—
Eisenbahnen in Südosteuropa		290.—
Umrechnungstabellen 1:45 / 1:87		10.—
Sonderfahrten des VEF		120.—
Gelenktriebwagen der Badner Bahn		40.—
Straßenbahn in Graz		290.—
Straßenbahn in Linz		290.—
Kursbuch Polen 1942 (Nachdruck)		190.—
Typenblätter öst. Dampflokomotiven		180.—
Typenblätter öst. E- u. Diesellokomotiven		180.—
Stadtschnellbahnen Sowjetunion		190.—
Schnellzüge überwinden Gebirge		490.—
Straßenbahn Klagenfurt		240.—
Südbahn-Fahrplan Winter 1913		120.—
Berliner Verkehrsgesellschaft 1934		180.—
Österreichische Personenwaggons		590.—
Lokomotivschnellfahrten in Österreich		50.—
Heizhaus Strasshof (ESA 17)		20.—
Schneebergbahn bei Wien (ESA 18)		20.—

IAL = Internationales Archiv für Lokomotivgeschichte / Stbf. = Steckbriefe österreichischer Lokomotiven
ESA = Eisenbahn-Sammelhefte // Preise (in öS) und Liefermöglichkeiten basieren auf dem Stand vom
Sommer 1986. Preisänderungen vorbehalten. Versand in alle Welt (ab Mindestbestellwert von öS 120.—).

== Lieferung durch den lokalen Buchhandel oder direkt vom Verlag ==